영양과 식사요법의 간호적용 제 5 판

박연환 김명숙 박정윤 방활란 서경산 신계영 장선주 공저

정문각

머리말

영양은 건강과 삶에 가장 중요한 영향을 미치는 요소로 현대인의 삶에서 영양의 중요성은 점점 증가하고 있다. 특히, 저출산 고령화, 기후변화, 코로나19 팬데믹 장기화, 보건의료기술의 발전 등 급변하는 건강관리체계 속에서 간호사의 역할이 변화, 확대되면서 간호사는 임상뿐아니라 지역사회의 다양한 현장에서 개인과 지역사회의 건강증진 활동에 기여하고 있다.

본서는 식품, 영양소 등 영양과 건강에 대한 정보를 토대로 간호사가 다양한 간호 현장에서 적용할 수 있는 영양 적용과 중재에 대한 내용으로 구성되었다. 2000년 초판을 출판한 이후, 2017년 1차 개정되었고 이번에 해당 분야의 전문가들을 저자로 추가하고 최신의 내용을 수정보완하여 보다 효율적인 교재가 되도록 노력하였다. 수정 · 보완된 주요 내용은 최근의 달라진 식습관과 주요 질환별 영양 관리로 간호사가 쉽게 이해하여 간호 현장에서 적용할 수 있는 핵심적 내용으로 구성하였다. 2020년 발간된 한국인 영양소 섭취기준 등을 토대로 각 영양소의 권장섭취량이나 충분섭취량을 제시하였고, 2022년 9월 발간된 임상영양관리지침서 4판을 토대로 다양한 질병의 병태 생리의 이해를 돕는 한편 각 질병의 단계에 요구되는 식이와 관련하여 한국인의 식사문화를 반영하여 간호실무에 실제 적용할 수 있도록 기술하고자 노력하였다. 이외에도 건강을 유지 · 증진시키기 위해 처방된 영양 치료를 따를 수 있도록 간호사가 대상자와 그의 가족에게 중재를 수행하고 교육하는 데 실질적인 도움이 되는 전문적인 내용을 다루었다. 따라서 본서는 간호학 전공 학생은 물론 다양한 건강 관리현장에서 건강 관련 업무를 담당하는 간호사, 전문간호사, 기타 건강관리 전문가들에게 유익한 문헌이 될 것으로 기대한다.

이러한 노력에서 여전히 미진하고 부족한 부분이 있을 수 있지만 독자 여러분의 많은 조언과 성원을 바라며, 추후 개정판에서 부족한 부분은 지속적으로 보완하고 개선할 것을 약속드린다.

끝으로, 본서가 출판되기까지 오랜 기간 동안 기다려 주고 적극적인 지원을 아끼지 않으신 정문각의 김재민 사장님과 담당하신 여러분들께 깊은 감사를 드린다.

2023년 3월
저자 일동

차례

1부

영양의 원리

1장

영양과 건강

01 건강과 영양의 관계

오늘날 영양(nutrition)은 누구나 관심을 갖고 있는 주제로서, 대부분의 사람들은 무엇을 어떻게 먹을지에 대한 나름대로의 의견과 방식을 가지고 있다. 또한 현대 사회는 영양을 통해 건강을 증진시킬 수 있는 다양한 정보와 기술로 넘쳐나고 있다. 그러므로 영양의 기본개념을 올바르게 이해하고 이를 건강과 관련된 많은 결정 과정에 제대로 적용하는 것이 중요하다. 건강을 관리하는 보건의료인들은 자신뿐 아니라 대상자의 식이 패턴과 영양에 주의 깊은 관심을 가져야 한다. 특히 대상자 교육은 간호의 기본적 책임 중 하나로서, '영양'에 대해 교육하는 간호사는 스스로가 생활방식에서 영양의 긍정적 가치를 경험하고 실천하는 좋은 역할 모델이 되어야 한다.

생명을 유지하고 성장하고 활동하기 위해서는 지속적으로 음식을 섭취하고 섭취한 음식에 함유된 영양소를 이용하는 것이 필요하다. 영양이란 유기체가 식품을 섭취하고 소화하는 일련의 과정으로서, 질병을 예방할 뿐 아니라 노화되었거나 손상된 조직을 재생시키며, 성장을 촉진하고, 열량을 내는 기능을 담당한다. 사람이 섭취하는 식품에는 신체가 필요로 하는 화학물질이 함유되어 있는데, 이를 영양소(nutrients)라 하며 열량 제공, 성장, 건강 유지 및 세포의 재생에 이용된다. 그 중 필수 영양소(essential nutrients)는 인체에서 만들어지지 않기 때문에 반드시 식품을 섭취하여 제공받아야 하는 것들이다. 영양소는 약 50여 종이 존재하고 크게 탄수화물, 단백질, 지질, 비타민, 무기질, 물 등으로 분류된다. 2021년 국민건강영양조사에서 발표한 지난 10년간 우리나라 성인의 영양소 섭취 추이를 보면 지방('10년 45.5g → '19년 51.1g) 및 포화지방산 섭취량('13년 14.2g → '19년 16.6g)은 증가 추세이며 심혈관계 질환의 위험과 관련된 포화지방산의 섭취가 증가하는 추세이기 때문에 지속적인 모니터링이 필요하다. 포화지방산은 주로 육류, 곡류, 우유류를 통해 섭취하고 있었는데 포화지방산 과잉섭취 분율은 남자 26.9%, 여자 15.5%이었다. 나트륨 적정섭취자 분율은 '20년 33.6%로 최근 5년간 비슷한 수준이었고, 과일 및 채소 1일 500g 이상 섭취자 분율은 '20년 26.2%로 '18년(기준치)과 동일했는데 과일 및 채소 적정섭취자 분율은 아동, 청소년과 청년층에서 낮은 경향을 보였다.

영양소의 일차적 역할은 신체가 효율적으로 기능하고 유지하는 데 필요한 구성물질을 공급하는 것이지만 그 영향은 매우 광범위하여 신체적 건강에서부터 영적 건강에 이르기까지 중요한 초석이 되고 있다. 과거에는 단지 질병이 없는 상태를 건강이라 정의하였으나, 오늘날에는 건강의 여러 질적 측면에까지 관심이 증대되고 있다. 세계보건기구(WHO)는 건강이란 질병이나 손상이 없을 뿐만 아니라 신체적, 지적, 사회적으로 완전한 안녕 상태라고 정의하였다. 즉, 건강이란 신체적 능력과 사회적, 인적 자원을 강조하는 적극적인 개념으로 생활의 목표이기 보다 일상생활에서의 자원으로 간주되고 있다. 건강에 대한 전인적, 포괄적 관점은 인간의 다양한 측면을 구체화하는 동시에, 대상자의 건강 수준을 더욱 개별적으로 사정할 수 있도록 한다.

신체 건강은 일일 에너지 요구량과 질병에 대한 면역 유지, 적절한 기능에 필요한 신체의 효율성을 의미하는 것으로 신체에서 이용하는 영양소의 양에 의해 상당히 좌우된다.

지적 건강은 환경의 변화를 학습하고 적응하는 지적 능력의 사용을 의미하며, 뇌와 중추신경계의 원활한 기능에 달려 있다. 철 결핍 빈혈과 같은 영양 불균형 상태는 지적 건강에 나쁜 영향을 미칠 수 있다. 예를 들어, 우유는 단백질, 칼슘, 인 등의 뛰어난 급원 식품이긴 하지만 철분(Fe)을 거의 함유하고 있지 않다. 따라서 어린이들이 우유를 너무 많이 마시면 철분의 좋은 급원이 되는 육류, 닭고기, 콩류, 푸른 잎 채소 등의 식품에 대한 식욕에 영향을 미치게 되어 철분 부족이 초래될 수 있고, 결과적으로 인지능력에 영향을 주어 학습장애가 발생할 가능성이 있다. 최근 인구의 고령화와 함께 치매 노인이 급증하면서 비타민 B_6, 비타민 B_{12}, 엽산과 같은 비타민 B군의 섭취 상태, 이와 관련된 혈중 호모시스테인 농도 등을 중심으로 인지기능 저하와 영양과의 관계를 확인하는 연구가 진행되고 있다.

정서적 건강은 감정을 쉽게 표현하거나 적절히 억제하는 능력으로 저혈당을 초래하는 불량한 식습관에 의해 쉽게 영향을 받을 수 있다. 저혈당은 공복 상태에서 정상적으로 나타나는 현상이지만, 너무 바빠서 식사를 할 수 없거나 잘못된 식사 계획으로 식사를 거르게 되는 경우와 같이 음식에 대한 신체의 요구를 무시할 때 불안감과 혼돈, 전율 등을 경험하게 되고 감정은 더욱 통제하기 어려워질 수 있다. 정서적 건강의 중요한 측면인 우울 증상은 비타민 D, 비타민 C, 비타민 E, 오메가3 불포화지방산, 야채, 과일, 생선 등과의 관련성이 연구되고 있다. 2014~2015년 국민건강영양조사 결과의 분석에 의하면 우리나라 성인들의 육류 · 가공식품 위주의 서양식 패턴은 우울 증상 증가와 관련이 있었고, 반대로 과일 중심의 채소, 잡곡, 콩, 유제품 등을 선호하는 변형된 채식 패턴은 우울증상 감소와 관련이 있었다.

사회적 건강은 가족 구성원과 친구, 동료 등과 바람직한 태도로 상호작용하고 관계를 유지하는 능력으로서, 휴일의 과식을 조장하는 사교적 모임으로부터 일상적인 식사에 이르기까지 식이로 섭취되는 영양과 관련성이 높다. 영양 상태는 가족과 친구와의 관계 속에서 즐겁게 식사하고 있는지 혹은 긴장과 압박 속에서 이루어지는지에 따라 영향을 받기도 한다. 최근 저출산 고령화로 국내 1인 가구가 증가하고 있는데 다인 가구와 비교하였을 때, 1인 가구는 일반적으로 아침 결식률이 높고 외식을 자주 하며 한국인 영양소 섭취기준의 권장섭취량 대비 1인 가구의 영양소 부족자 비율은 다인 가구에 비해 약 2배 정도 높은 것으로 조사되어 건강 및 식생활 문제로 인해 1인 가구는 새로운 건강취약계층으로 대두되고 있다.

영적 건강은 인간 실존에 대한 목적을 주는 문화적 신념으로 조직화된 종교적 가르침에 대한 믿음을 통해, 또는 자연이나 과학의 이해에서, 그 외에도 삶의 인본주의적 관점을 받아들임으로써 나타난다. 영적 건강과 관련된 식품의 예로는 이슬람교와 유대교 신봉자의 경우 종교적으로 돼지고기의 섭취를 금하고 있으며, 제칠일안식교는 계란과 우유는 허용하되 채식을 준수하고 육류와 생선, 가금류의 섭취는 금지하는 등 종교별로 다양하다.

영양표시를 이용한 안전한 식품 섭취, 만성질환을 고려한 건강한 식생활 실천도 건강에 매우 중요하다. 2021년 국민건강영양조사에 의하면 식품안정성 확보 가구 분율은 '20년 96.3%로 '18년(기준치) 대비 감소하였고, 1인 가구에서 식품안정성 확보 가구 분율이 가장 낮은 경향을 보였고 50세 이상 1인 가구의 경우 식품안정성 확보 가구 분율은 90% 미만이었다. 특히 식품안정성이 확보되지 않은 가구의 가구원은 확보된 가구원에 비해 과일 및 채소와 영양소 부족 섭취자 분율이 높은 경향을 보였다. 한편 포화지방산, 나트륨, 과일 및 채소, 영양표시 4개 지표 중 2개 이상을 만족하는 분율인 건강식생활실천율은 '20년 43.1%로 감소 경향을 보였다. 영양표시 이용률은 증가 추세로 HP2030 목표치(31.7%) 근접하고 있는데 아동, 청소년과 성인은 70% 이상이 영양표시를 알고 있으나 영양표시를 이용하는 분율은 50% 미만이었다. 노인은 영양표시 인지율과 이용률 모두 매우 낮은 수준이고 영양불량도 높은 편이어서 간호사 등 보건의료인의 적극적 관심과 지원이 필요하다. 노인의 주된 영양불량 원인은 식욕부진, 저작 장애, 식도 등의 기계적 장애와 신경근육 장애로 인해 삼키는 능력이 저하되는 것을 들 수 있으며 흡인폐렴, 탈수 등도 주요 원인이 된다. 따라서 노인에게 적절한 영양관리를 함으로써 영양불량에 의한 의료비용을 줄일 뿐만 아니라 영양불량을 조기에 발견하고 적정 시기에 영양치료를 시작할 수 있다. 노인환자에 대한 적극적인 영양지원은 회복과 예후에 중요한 영향을 미쳐 사망률의 감소로 이어질 수 있다.

만성질환 환자의 영양불량을 개선하기 위한 영양치료의 중요성은 매우 강조되고 있지만 만성질환이 3개 이상 경우 에너지, 단백질, 리보플라빈의 섭취가 다른 그룹에 비해 가장 낮게 나타났다. 전반적으로 만성질환의 보유수가 많을 때 대상자의 영양소 섭취량이 낮아 영양상태가 불량한 것으로 조사되었다. 복합만성질환자들은 에너지, 단백질 등의 영양소 부족과 영양 불균형에 의해 신체기능이 저하되어 영양불량 등 임상 결과에 좋지 않은 영향을 미칠 수 있다.

02 질병예방과 건강증진

개인의 건강 수준에 영향을 미치는 요인들은 환경(물리적 환경, 경제적 환경, 주산기 요인들), 유전(선천성 결함, 유전적 소인), 건강관리 서비스(기술, 이용시설, 인력 및 서비스의 용이성 및 접근성), 생활양식(식사, 운동, 스트레스, 수면) 등이 있다. 특히 오늘날 사망의 많은 부분이 생활양식 요인과 깊은 관련이 있다고 보고 있으므로 질병예방은 물론 건강유지 및 증진 측면에서 잠재력이 매우 크다고 할 수 있다.

질병예방은 일상생활에서 특별한 행동이나 생활양식의 변화를 통해 건강상 위험을 인지하고 감소시키는 것이다. 일차예방(primary prevention)은 건강이 나빠지거나 질병으로 발전되는 것을 피하기 위해 활동을 지속하는 것이다. 영양 측면에서 일차예방의 전략은 영양소 결핍을 막기 위하여 다양한 식품을 골고루 섭취하는 것이다. 건강문제가 발생하기 전에 평소 저지방, 고 섬유소를 섭취하는 것도 일차예방의 주요 전략이다.

이차예방(secondary prevention)은 질병의 영향을 감소시키거나 진행을 멈추기 위해 조기 발견하는 것이다. 어떤 질병들은 예방할 수는 없지만 조기 발견하면 건강에 미치는 부정적인 효과를 최소화할 수 있다. 영양측면에서 이차예방 전략은 식이 관련 만성 질환의 영향을 감소시키는데 유용하다. 특정 영양소의 섭취를 조절하면 관련 질병의 심각성을 줄일 수 있다. 예를 들어, 고혈압 환자의 경우 나트륨 섭취량을 감소시키는 저염, 저지방식이를 지키는 것만으로도 혈압을 낮추어 고혈압을 어느 정도 조절할 수 있다. 특히 고혈압은 관상동맥질환, 뇌졸중, 신질환의 위험인자이기 때문에 나트륨 섭취의 감소를 통한 혈압 저하는 이차적 예방 전략이 된다.

삼차예방(tertiary prevention)은 질병이 진행된 후에 합병증을 최소화시키거나 건강을 회복하도록 도와주는 것이다. 이를 위해서는 계속적인 의학적 치료가 병행되어야 하나, 식사요법이 환자에게 중요한 중재로서 자주 적용된다. 특히 중년이나 노년기에 주로 발생하는 궤양, 게실염, 관상동맥질환 등의 많은 질병은 치료 시 식이 중재가 포함된다. 일부 질병은 영양소를 흡수하는 능력 및 식품 섭취에 영향을 미치기도 하는데, 특히 암 치료를 위한 항암화학요법은 오심과 식욕부진 등의 부작용을 초래하므로 치료하는 동안과 치료 종료 후에 환자의 치유과정을 돕기 위해 영양섭취를 최대한 증가시키기 위한 영양 상담이 필요하다.

건강증진(health promotion)은 사람들이 생활양식을 변화시켜 최적의 건강상태를 향해 나아가도록 돕는 과정으로, 개인, 가족, 집단 및 지역사회의 건강 수준을 높이는 것이 목표이다. 지역사회와 직장 등의 환경에서 간호사가 수행하는 건강증진 전략은 주로 긍정적 건강 행위를 유도할 수 있는 생활양식 변화에 중점을 두고 있다. 이러한 행위의 변화는 지식, 기술 및 지역사회의 지지, 그리고 개인의 동기 등에 따라 크게 달라진다.

건강증진을 위한 구체적인 전략은 국가적 건강증진과 질병예방을 목적으로 수립된 미국의 “Health People 2000”에서 시작되었다. “Health People 2000”에서 제시한 목표 중 하나는 “건강한 삶이 함께하는 평균수명 연장”이었다. 영양은 이러한 목표를 성취하기 위한 우선적인 영역으로 선정되었으며, 정부와 건강관련 단체, 사업장 및 개인의 총체적 협력 하에 많은 긍정적 결과들을 가져와 “Health People 2010”을 발전시키고 “Healthy People 2020”, “Healthy People 2030”을 계획하는데 기여하였다. Healthy People 2030의 전략은 건강역량 차원의 개인과 조직 헬스 리터러시(health literacy) 강화, 건강의 결정요인으로 작용하는 3가지 환경 – 물리적·사회적·경제적 환경의 개선에 초점을 두고 건강목표 및 성과지표 체계에 반영하였다. 우리나라에서도 국민건강증진법에 따라 질병 사전 예방 및 건강증진을 위한 중장기 정책 방향을 제시하고자 2002년부터 10년 단위로 국민건강증진종합 계획을 수립하고 5년마다 보완계획을 마련하여 효율적인 운영 및 목표 달성을 위해 모니터링, 평가, 환류하는 사업을 시행하고 있다. 국민건강증진종합계획 2030은 “모든 사람이 평생 건강을 누리는 사회”를 비전으로 건강수명 연장과 건강형평성 제고를 목표로 제시하였다. 영양과 식이 영역은 인구집단별 맞춤형 영양관리 서비스 확대 및 접근성 강화, 만성질환의 예방 및 관리를 위한 영양 정책 추진, 그리고 올바른 식생활·영양정보의 효율적 제공 체계 구축을 목표로 한다. 식품 안전성 유지, 건강 식생활 실천율 증가, 영양서비스 접근성 강화 등을 세부 지표로 제시하면서 중재 전략도 함께 제시하고 있다. 대표적인 세부 목표는 건강한 식생활 실천의 일환으로 나트륨이나 포화지방산을 적정 분율로 섭취하는 인구 비율을 각각 42%, 74%에 도달하는 것이다. 간호사와 같은 건강관리자는 이 목표성취를 위한 건강증진 전략의 일환으로 지방 섭취와 관상동맥질환, 특정 암, 비만 등 질병과의 관계를 정확하게 파악하고, 지방이나 나트륨 함량이 높은 식품과 대중에게 기술적인 정보를 전달하는 효과적인 방법에 대한 지식을 갖추어야 한다. 또한 저지방, 저염 식품을 구매하고 요리하는 방법도 적절하게 교육할 수 있어야 한다. 지역사회의 지지체계로 저지방 대체 식품을 구비한 슈퍼마켓과 저지방 요리를 제공하는 식당이나 사회적 지지를 제공하는 친구와 가족 등에 대한 정보를 제공해야 하며 관상동맥질환, 암과 식이 지방 섭취 간의 관계를 알리는 방송매체 등에 대해서도 확인하는 등 포괄적 시각에서 총체적으로 접근해야 한다.

03 식품, 에너지 및 영양소

식품(food)은 대개 영양소의 혼합물을 함유하고 있기 때문에 흔히 식품에서 발견되는 가장 풍부한 영양소에 기초하여 하나의 식품으로 분류한다. 예를 들어, 보리빵은 단백질, 물, 소량의 비타민, 무기질, 미량의 지방도 포함되어 있으나 주로 복합당질을 함유하고 있어 탄수화물 식품으로 분류된다. 중요한 것은 특수 영양제의 복용으로는 인체가 필요로 하는 모든 영양소를 충분히 공급받을 수 없으므로, 반드시 균형잡힌 식사를 통하여 식품에 존재하는 다양하고 풍부한 영양소를 공급받아야 한다는 것이다.

영양소는 탄수화물, 단백질, 지질, 비타민, 무기질, 물의 6가지 종류로 구분할 수 있으며, 신체가 자체 생산할 수 있는지의 여부에 따라 필수, 불필수 영양소로 나뉜다. 필수 영양소는 신체 요구를 충족시킬 만큼의 충분한 양이 신체 내에서 자체적으로 합성되지 않는 영양소로서, 반드시 식품을 통해 공급해 주어야 한다. 필수 영양소는 성장과 신체조직의 재생을 돕고, 대사과정을 조절하며, 에너지를 제공한다. 에너지를 공급하는 영양소는 탄수화물, 단백질, 지질이다. 그 중에서 탄수화물은 에너지를 우선적으로 제공해 주는 반면, 단백질과 지질은 신체조직의 성장과 재생에 필수적이며 대사과정을 조절하는 데도 중요하다. 한편 비타민과 무기질은 에너지를 직접 생성하지는 않으나, 에너지를 생성하는 과정에서 촉매제로서 간접적 역할을 한다. 각종 비타민은 신체 대사과정의 조절에 관련하여 각기 특수한 기능을 갖고 있으며, 무기질과 물 또한 대사과정을 조절하고, 신체조직의 성장과 유지에 필요하다.

1) 에너지

에너지(열량: energy)란 일을 할 수 있는 능력으로 열과 빛 그리고 힘 등의 여러 형태로 전환될 수 있으며, 음식물이 체내에서 분해되고 연소되면서 나오는 것이다.

유기물(organic compound)인 탄수화물, 단백질, 지방은 몸 안에서 분해, 산화되어 열량을 낸다. 유기물은 수소, 산소, 탄소로 된 구조로 구성되어 있는데 이러한 유기물은 식물과 동물을 포함하여 생물체나 과거에 살았던 존재에 의해 생성되며, 체내에서 연소될 때(산화) 에너지가 방출되어 세포가 사용하기에 유용하다. 비타민도 유기물에 속하긴 하지만 열량을 얻을 수는 없다. 따라서 탄수화물, 단백질 및 지방만이 유일하게 열량을 내는 영양소로 분류된다.

하루에 섭취하여야 할 음식의 열량은 각자의 표준 체중과 활동 정도에 따라 다르다. 예를 들어 운동선수나 심한 노동일을 하는 사람은 하루 종일 의자에 앉아 사무를 보는 경우보다 더 많은 열량을 섭취하여야 한다. 하루 총필요 열량을 체중과 활동정도에 따라 계산하는 방법은 다음과 같다(그림 1-1). 예를 들어 표준체중이 60kg인 남자가 보통 활동을 한다면 하루 필요열량은 60×30 = 1800kcal이다. 한편 임신부나 수유부는 총열량요구량이 증가하므로 위에서 계산한 필요 열량에 300-500칼로리를 추가한다. 임신 전 체중이 표준체중의 범위에 속한 경우 임신기간 동안 약 10kg의 체중증가가 있도록 한다. 어린이나 청소년의 경우는 연령과 성장 정도를 고려해 필요 열량을 결정한다. 필요 열량을 정확하게 산정하기 위해서는 연령, 평소 식습관 및 실제 섭취량, 활동량 등을 종합적으로 고려하고 필요시 임상영양사와 상담하는 것이 좋다.

우리 몸이 필요로 하는 일일 에너지 요구량은 기초대사량, 활동대사량, 식품의 특이 동적 작용(specific dynamic action, SDA)에 의한 대사량을 합한 값으로도 산출되는데 성장 정도, 체격, 신체 조성 및 나이, 건강상태 등에 의해 영향을 받는다(그림 1-2).

기초대사량(basal metabolism)은 생물체가 생명을 유지하는데 필요한 최소한의 에너지량으로 체온 유지나 호흡, 심장 박동 등 기초적인 생명활동을 위한 신진대사에 쓰이는 하루 필요열량을 의미한다. 기초대사량은 개인의 신진대사율이나 근육량 등 신체적인 요소에 따라 차이가 있지만 일반적으로 남성은 체중 1kg당 1시간에 1kcal를 소모하고, 여성은 0.9kcal를 소모하는 것으로 알려져 있다. 따라서 일반적으로 70kg의 남성이 하루에 소모하는 기초대사량은 70kg×24시간×1kcal/(kg · 시간)=1680kcal이고, 체중 50kg의 여성이 소모하는 양은 50kg×24시간×0.9kcal/(kg · 시간)=1080kcal이다. 기초대사량은 우리가 하루에 소모하는 총 에너지의

육체활동이 거의 없는 경우
표준체중×25–30(칼로리/일)

보통의 활동을 하는 경우
표준체중×30–35(칼로리/일)

심한 육체활동을 하는 경우
표준체중×35–40(칼로리/일)

그림 1-1 표준체중, 활동정도에 따른 일일 칼로리 필요량

일일 에너지 요구량
= 기초대사량 + 활동대사량 + 식품의 특이 동적 작용에 의한 대사량

체중 55kg 키 165cm 활동량 중등 정도 여성의 일일 에너지 요구량의 예

▶ 기초대사량
55kg × 0.9kcal/kg/hr × 24hr/day = 1,188kcal/day

▶ 활동대사량
아주 가벼운 활동: 기초대사량의 20~40% 추가
가벼운 활동 : 기초대사량의 55~65% 추가
중등 활동 : 기초대사량의 70~75% 추가
심한 활동 : 기초대사량의 80~100% 추가

위 예의 활동대사량 1,188kcal/day × 0.7 = 831kcal/day

▶ 식품의 특이 동적 작용에 의한 대사량
일일 필요 에너지의 약 10% 정도
(기초대사량 + 활동대사량)/0.9 × 0.1 = (1,188 + 831)/0.9 × 0.1 = 224kcal/day

위 예에서 일일 에너지 요구량은
1,188kcal/day + 831kcal/day + 224kcal/day = 2,343kcal/day

그림 1-2 성인의 일일 칼로리 필요량

60~70%를 차지할 정도로 중요하다.

기초대사에 쓰이는 에너지 외에 일상생활에서 활동하면서 소모되는 에너지량을 활동대사량이라고 하며, 기초대사량과 활동대사량을 합한 양이 자신에게 필요한 일일 에너지량이다.

또한 식품의 특이 동적 작용은 식품이 체내에서 소화, 흡수 및 대사되는 동안 필요한 에너지를 말하며, 열량소대사량 또는 식사성 열발생 에너지라는 표현을 쓰기도 한다. 일일 필요에너지의 약 6~10%에 해당되며, 고단백질 식사 시 가장 높고 고지방 식이를 했을 때 가장 낮다.

식품에서 나오는 에너지의 단위는 칼로리(Cal) 또는 킬로칼로리(kcal)를 사용한다. 1kcal는 1kg의 물을 1℃ 높이는 데 필요한 열의 양을 말한다. 탄수화물과 단백질은 1g당 4kcal를 내는 반면, 지방은 두 배가 넘는 열량을 함유하고 있어 1g당 9kcal를 낸다.

알코올은 1g당 7kcal의 에너지를 생성하지만, 인체는 대사과정에서 알코올을 독소로 처리하기 때문에 영양소로 간주되지 않는다.

기초대사량과 활동대사량을 구하는 계산식에는 다양한 방법이 있으며, 일반적으로 건강한 성인의 경우 기초대사량을 산출한 후 활동량에 따라 필요 열량을 산출하는 경우가 많다.

환자의 영양소 필요량 산정을 위해서는 칼로리 뿐 아니라 단백질 및 다른 영양소의 필요량도 함께 결정해야 하지만 일반적으로 정상인의 영양요구량, 질환의 종류, 체내 영양소 보유 능력, 피부나 소변 또는 장관으로 손실되는 영양소, 약물과 영양소와의

표 1-1 기초대사량과 활동대사량 산출방법

활동계수	활동정도	상해계수	상해정도	스트레스 계수	스트레스정도
1.2	누워있는 환자	1.2	거벼운 수술 (minor surgery)	1.0	기아 (starvation)
1.3	거동이 가능한 환자	1.35	골격외상 (skeletal trauma)	1.3	가벼운수술 (minor surgery)
1.5	보통의 활동도	1.44	수술 (elective surgery)	1.3~1.5	다발성외상, 패혈증, 호흡기질환
1.75	매우 활동적	1.6~1.8	패혈증	1.0~1.2	유지
		1.88	외상 + 스테로이드	1.4~1.6	동화(anabolism)
		2.1~2.5	심한 화상	1.3~1.5	급성 췌장염
				1.0~1.3	만성 췌장염

상호작용 등을 종합적으로 고려해야 한다. 일반적으로 환자의 경우 산소소비량을 측정하여 정확한 에너지 요구량을 구하는 것이 바람직하므로 기초에너지량을 구한 후 환자의 활동량과 부상 정도 등을 고려하여 다음과 같이 산출한다(표 1-1).

- 1일 필요칼로리(kcal) = 기초대사량(Basal Energy Expenditure, BEE)×활동계수(activity factor, AF) 상해계수(injury factor, IF)
- 1일 필요칼로리(kcal) = 기초대사량(Basal Energy Expenditure, BEE)×스트레스계수(stress factor, SF)

2) 탄수화물

탄수화물(carbohydrate)은 주요 에너지원으로, 포도당(glucose)과 같은 단순당과 전분 및 섬유소를 포함하는 복합당질로 구성되어 있다. 단순당은 포도와 같은 과일이나 과즙에 함유되어 있고, 복합당질은 곡류, 근채류, 콩류 등에 많이 포함되어 있다. 섬유소를 제외한 모든 탄수화물은 단순당 중 포도당의 단위로 분해되어, 신체 특히 근육과 두뇌가 사용하기에 가장 효율적인 형태의 열량원이 된다. 섬유소는 인체의 소화기계에서 분해되지 않기 때문에 에너지를 낼 수 없으나 소화와 흡수과정에 작용하여 변비를 예방하고 대장암 발생을 감소시킨다.

3) 단백질

단백질(protein)은 열량을 내는 것 외에도 신체에서 광범위한 기능을 수행한다. 뼈, 근육, 효소, 호르몬, 혈액, 면역계, 세포막 등의 구조에도 중요하다. 단백질은 아미노산들이 다양한 결합을 이룬 형태로서, 생명을 유지하기 위해서는 20여 종의 아미노산이 필요하다. 그 중 9종의 필수 아미노산은 신체에서 합성되지 않기 때문에 반드시 동식물성 급원을 통해 섭취해야 한다. 동물성 급원으로는 육류, 생선, 가금류, 우유치즈와 같은 유제품들이 있으며, 식물성 급원은 곡물, 콩류, 씨, 견과류 등에 주로 함유되어 있고 그 밖에도 많은 야채에 소량 존재한다.

단백질은 영양적으로 매우 중요하지만 과잉으로 섭취할 때는 오히려 문제가 된다. 단백질을 권장량보다 더 많이 섭취한다고 해서 신체의 능력이 증가되는 것은 아니며, 오히려 대사과정에서 단백질을 처리하기 위해 신체에 부담을 줄 수 있다. 과도한 단백질은 아미노산으로 분해되어 에너지로 사용되거나 더 분해되어 소변으로 배설된다.

4) 지질

지질(lipid) 또는 지방(fat)은 식품에 존재하면서 에너지로 이용할 수 있는 가장 치밀한 형태이자 신체에 저장되는 에너지의 형태이기도 하다. 그 밖에도 지질은 모든 세포 구조의 구성성분으로서, 호르몬 생성에서 중요한 역할을 하며, 신체의 장기들을 보호하는 쿠션을 제공하기도 하고 음식의 맛도 증가시킨다. 식품의 지질에는 필수 지방산과 지용성 비타민 A, D, E, K가 포함되어 있다.

지질은 중성지방(triglyceride), 인지질(phospholipid), 스테롤(sterol)로 크게 분류된다. 중성지방은 그 형태에서 탄소 사슬이 수소가 포화되어 있는 정도와 탄소 사슬의 길이에 따라 포화지방산(saturated fatty acid), 단일불포화지방산(monounsaturated fatty acid), 다불포화지방산(polyunsaturated fatty acid) 등으로 불린다. 가장 보편적인 인지질은 레시틴(lecithin)이고, 스테롤 중 가장 대표적인 것은 콜레스테롤로서, 둘 다 식품을 통해 섭취하기도 하지만 신체 내에서 자체적으로 생성된다.

수소를 첨가하는 가공과정을 거쳐 생산되는 경화유 내에 존재하는 트랜스 지방이나 식품 내의 콜레스테롤, 포화지방이나 중성지방은 혈중 지질농도의 상승과 관계가 있어 관상동맥질환 발생이나 암 발생의 위험을 증가시키는 것으로 주목받고 있다. 이러한 점에서 건강전문가들은 식생활에서 지방과 콜레스테롤을 함유하고 있는 식품 섭취를 감소시키도록 강력히 추천하고 있다.

5) 비타민

비타민(vitamins)은 소화, 흡수, 대사, 배설의 모든 과정에서 다른 영양소를 간접적으로 돕는 복합물이다. 우리 몸은 13가지의 비타민을 필요로 하며 각 비타민은 특수한 기능이 있다. 비타민은 에너지를 내지는 못하지만 탄수화물, 지질, 단백질로부터 에너지가 생성되도록 도와준다.

비타민은 용해도에 기초하여 두 종류로 구분된다. 수용성 비타민은 비타민 B군(thiamin, niacin, riboflavin, folate, cobalamin; B_{12}, pyridoxine; B_6, pantothenic acid, biotin)과 비타민 C가 있고, 지용성 비타민은 비타민 A, D, E, K가 있다. 비타민은 여러 가지 식품 중에 존재하며, 특히 야채와 과일이 중요한 급원이다. 식품마다 각기 특정 비타민을 더 많이 함유하고 있으므로 식품을 다양하게 섭취하는 것이 충분한 양의 비타민을 얻는 최선의 방법이다.

6) 무기질

우리 몸에서 무기질(mineral)은 뼈와 치아 등의 구조물에 중요한 역할을 하며, 체액에도 존재한다. 체액의 무기질은 체액의 성질에 중요하여 근육과 중추신경계의 기능에 영향을 미친다. 16종류의 필수 무기질은 체내에서 필요한 양에 기초하여 다량 무기질(다량 원소)과 미량 무기질(미량 원소)의 두 범주로 구분하지만, 그 양의 많고 적음에 관계없이 둘다 매우 중요하다.

무기질은 야채, 과일, 유제품, 육류, 콩류 등에 많이 포함되어 있고, 대부분은 파괴되지 않으나 일부는 식품가공 과정에서 소실되기도 한다.

7) 물

물(water)은 우리 몸의 모든 조직에 매우 중요한 부분으로 물이 없이는 단 며칠 밖에 살 수가 없다. 물은 물질이 몸에서 분해되고 사용되기 위해서 재형성될 때 액체로서 기능하기도 하고, 혈액의 성분으로, 또 영양소를 세포 내외로 이동시키는 수단으로도 이용된다.

식품과 음료수을 통해 하루에 9~13컵에 해당되는 수분을 섭취해야 하는데, 실제로 충분한 양의 물이나 액체를 마시는 사람들은 많지 않다.

위에서 영양소를 간략히 살펴 본 바에 따르면, 좋은 영양이란 결국 탄수화물, 지질, 단백질, 무기질, 비타민, 물이 알맞은 양으로 포함되어 있는 음식물을 잘 섭취하고 흡수하는 것을 말한다. 식품들은 각기 함유하고 있는 영양소가 다르므로 균형잡힌 영양섭취를 위해서는 여러 가지 식품이 적절히 함유된 음식을 섭취해야 한다.

04 식사지침과 영양섭취기준

식사지침은 영양권장량을 기초로 하여 영양필요량을 충족시키고 만성 질병 및 영양소 결핍을 예방할 수 있도록 일반인이 실천하기 편리하게 주요 사항을 선정하여 제시한 것이다. 한국인을 위한 식사지침은 1986년 한국영양학회에서 모든 한국인의 건강한 삶을 유지하기 위해 제정하여 사용하기 시작하였고, 몇 차례 수정 · 개정되고 있다. 2016년 보건복지부는 농림축산식품부, 식품의약품안전처와 공동으로 국민의 건강하고 균형 잡힌 식생활 가이드라인을 제시하는 "국민공통식생활지침"을 제정 발표했다. 2021년에는 만성질환 감소, 비만 관리, 위생적 식문화 등을 강조한 9가지 수칙을 제시하는 "건강한 식생활을 실천해요! 한국인을 위한 식생활지침"을 발표하였다(Box 1-1). 한국인을 위한 식생활지침의 주요 내용은 다음과 같다.

9가지 수칙을 식품 및 영양섭취, 식생활 습관 관련 지침, 식생활 문화관련 지침으로 나누어 살펴보면 다음과 같다. 식품 및 영양섭취와 관련하여서는 만성질환 예방을 위해 균형 있는 식품 섭취, 채소 · 과일 섭취 권장, 나트륨 · 당류 · 포화지방산 섭취 줄이기 등을 강조하였다. 우리나라 국민의 과일 · 채소 섭취는 감소 추세에 있고, 나트륨 과잉 섭취와 어린이의 당류 과다 섭취의 문제는 지속되고 있어 만성질환의 효율적인 예방을 위한 영양 · 식생활 개선이 필요하다. 한국인 영양소 섭취기준(보건복지부, 2020)에 의하면 우리나라 19-64세 성인의 '나트륨 만성질환 위험감소 섭취량'은 2,300mg/일이나 한국인의 평균 나트륨 섭취량은 2019년 기준 3,289mg/일으로 '만성질환 위험감소를 위한 섭취량'에 비해 매우 높은 수준이다. 당류의 경우 유아 · 청소년의 첨가당 섭취량이 WHO 권고기준을 초과하고 있어 지속적인 관리가 필요하다. 한편, 한국영양학회에 따르면 물을 충분하게 섭취하는 비율은 2015년 42.7%에서 2018년 39.6%로 감소하였다. 물은 체온 조절 등 인체의 항상성 및 생명유지를 위해 반드시 필요하므로 충분한 섭취가 요구된다.

식생활 습관 관련 지침에서는 과식을 피하고 신체활동을 늘리기, 아침식사 하기, 술 절제하기 등 비만을 예방할 수 있는 수칙들을 제시하였다. 성인 뿐 아니라 아동 · 청소년 비만율도 꾸준히 증가하고 있는데 2019년 성인 남성 중 4명은 비만에

BOX 1-1 국민 공통 식생활지침

1. 매일 신선한 채소, 과일과 함께 곡류, 고기 · 생선 · 달걀 · 콩류, 우유 · 유제품을 균형있게 먹자.
2. 덜 짜게, 덜 달게, 덜 기름지게 먹자.
3. 물을 충분히 마시자.
4. 과식을 피하고, 활동량을 늘려서 건강체중을 유지하자.
5. 아침식사를 꼭 하자.
6. 음식은 위생적으로, 필요한 만큼만 마련하자.
7. 음식을 먹을 땐 각자 덜어 먹기를 실천하자.
8. 술은 절제하자.
9. 우리 지역 식재료와 환경을 생각하는 식생활을 즐기자.

출처: 보건복지부 보도자료. 건강한 식생활을 실천해요. 정부 한국인을 위한 식생활 지침 발표. 2021.4.21.

해당한다. 반면 신체활동 실천율, 아침식사 결식율, 고위험음주율 등은 개선되고 있지 않아 이에 대한 꾸준한 관리가 필요한 상황이다.

식생활 문화 관련 지침에서는 코로나19 이후 위생적인 식생활 정착, 지역 농산물 활용을 통한 지역 경제 선순환 및 환경 보호를 강조하였다. 우리나라의 음식물류 폐기물 배출량은 지속적으로 증가 추세이며, 코로나19로 인해 위생적인 식습관 문화 정착의 필요성이 더욱 커진 상황이다. 농식품부는 지역에서 생산된 농산물인 로컬푸드를 기반으로 지역 푸드플랜을 실행하여 지역경제 활성화와 함께 신선한 먹거리 제공, 푸드 마일리지 감소 등 환경 보호를 추구하고 있다.

5가지 기초식품군(표 1-2)은 일반인이 균형잡힌 식사를 하는데 도움이 되도록 식품에 함유된 다수 영양소의 종류에 따라 분류한 것이다.

보건복지부는 한국인 영양소 섭취기준을 바탕으로 식품구성자전거를 제안하였다(그림 1-4). 에너지, 비타민, 무기질, 식이섬유는 섭취 필요량의 100%를 충족하며, 탄수화물, 단백질, 지방의 에너지 비율은 각각 55~65%, 7~20%, 15~30% 정도를 유지하고, 설탕이나 물엿과 같은 첨가당 및 소금은 되도록 적게 섭취하도록 구성하였다. 식품군은 곡류, 고기 · 생선 · 달걀 · 콩류, 채소류, 과일류, 우유 · 유제품류, 유지 · 당류, 등 6개로 결정하였다.

표 1-2 5가지 기초 식품군

군별	식품류	주요 영양소	식품명
1. 단백질군	고기, 생선, 알 및 콩류	단백질, 철분, 비타민 B_{12}, 아연, 비타민 B_1, 니아신	쇠고기, 돼지고기, 닭고기, 생선, 조개, 굴, 두부, 콩, 땅콩, 된장, 계란, 햄, 베이콘, 소시지, 치즈, 두유, 생선묵
2. 칼슘군	우유 및 유제품, 뼈째 먹는 생선	칼슘, 단백질, 비타민 B_2, 비타민 B_{12}, 비타민 A	멸치, 뱅어포, 잔새우, 잔생선, 사골, 우유, 분유, 아이스크림, 요구르트
3. 무기질 및 비타민군	채소(녹황색 채소, 담황색 채소) 및 과일류	무기질 및 비타민	시금치, 당근, 쑥갓, 상치, 풋고추, 부추, 깻잎, 토마토, 배추, 무, 양파, 파, 오이, 양배추, 콩나물, 숙주, 사과, 귤, 감, 딸기, 포도, 배, 참외, 수박, 과일 주스, 과일 통조림, 미역, 다시마, 파래, 김, 톳
4. 당질군	곡류(잡곡 포함), 감자류	당질, 단백질, 아연, 비타민 B_1	쌀, 보리, 콩, 팥, 옥수수, 밀, 감자, 고구마, 토란, 밤, 밀가루, 미싯가루, 국수류, 떡류, 빵류, 과자류, 캔디, 초콜릿, 설탕, 꿀
5. 지방군	유지류	지방, 지용성 비타민	참기름, 콩기름, 옥수수기름, 채종유, 쇠기름, 돼지기름, 면실유, 들기름, 쇼트닝, 버터, 마가린, 깨실백, 호도

1) 곡류

곡류는 우리의 식생활에서 가장 풍부하고 값이 싼 에너지 공급원으로서, 탄수화물과 함께 단백질을 공급한다. 그 밖에 현미나 잡곡을 통해 비타민 B_1과 섬유질도 제공한다.

2) 고기, 생선, 달걀 및 콩류

고기, 생선, 달걀 및 콩류는 부식으로 섭취되는 동물성 식품들이다. 콩류는 식물성 식품으로서 대두만을 말한다. 질이 좋은 단백질을 얻을 수 있으며 지방, 철, 비타민 B_1 등도 공급받을 수 있다.

3) 채소 및 과일류

식물성 식품인 채소 및 과일류는 양적으로 많이 섭취해야 한다. 채소 및 과일군은 무기질, 비타민 A, 비타민 C를 주로 공급하고, 식이 섬유도 많이 함유한다.

표 1-3 대표식품별 1인 1회 분량표

식품군	1인 1회 분량	
유지, 견과 및 당류	식용유 1작은술(5g), 버터 1작은술(5g), 마요네즈 1작은술(5g), 땅콩(10g), 설탕 1큰술(10g)	
우유 및 유제품류	우유 1컵(200g), 치즈 1장(20g)*, 호상요구르트 1/2컵(110g), 액상요구르트 3/4컵(150g) 아이스크림 1/2컵(100g)	
고기, 생선, 계란, 콩류	육류 1접시(생 60g), 닭고기 1조각(생 60g), 생선 1토막(생 50g), 달걀 1개(50g), 두부 2조각(80g), 콩(20g)	
과일류	사과(중) 1/2개(100g), 귤(중) 1개(100g), 참외(중) 1/2개(200g), 포도(중) 15알(100g), 오렌지 주스 1/2컵(100g)	
채소류	콩나물 1접시(생 70g), 시금치나물 1접시(생 70g), 배추김치 1접시(40g), 오이소박이 1접시(60g), 버섯 1접시(생 30g), 물미역 1접시(생 30g)	
곡류 및 전분류	곡류 I (300kcal)	밥 1공기(210g), 국수 1대접(건면 100g), 식빵(대) 2쪽(100g)
	곡류 II (300kcal)	떡 2편(절편 50g), 밤(대) 3개(60g), 씨리얼 1접시(30g)

*치즈의 열량은 우유의 1/2

4) 우유 및 유제품류

우유 및 유제품 섭취량은 칼슘의 섭취를 위해 중요하다. 칼슘 이외에도 질이 좋은 단백질을 공급하며 비타민 B_2, 비타민 A도 함유하여 영양적인 가치가 매우 높은 식품군이다.

그 외에도 개인별 권장섭취 패턴을 고려한 식사계획이나 평가에 사용될 수 있도록 각 식품군에 속하는 식품 중 우리나라 사람들이 많이 섭취하는 대표 식품을 중심으로 한 번에 섭취하는 1인 1회 분량(serving size)이 제시되어 사용되고 있다(표 1-3).

영양소가 삶에 필수적이라는 것을 아는 것만으로는 충분하지 않다. 건강을 유지하기 위해 기본적으로 섭취해야 할 각 영양소를 얼마나 섭취해야 할지 그 양을 아는 것이 필요하다. 영양소의 양에 대한 인식없이 음식을 섭취하면 영양소를 적절하게 섭취하지 못할 수 있다.

영양권장량은 1941년 미국에서 제2차 세계대전에 참여할 군인들에게 필수 영양소를 공급하기 위해 처음으로 마련되었다. 그 이후 각 나라마다 특성에 맞게 제시되어 사용되던 중 변화된 식사 패턴에 맞춘 새로운 섭취기준을 도입할 필요성이 제기되면서 여러 국가에서 식이섭취기준(dietary reference intakes, DRIs)이 확정되었거나 제정과정에 있다. 우리나라에서는 1962년 '한국인 영양권장량'이 설정되었고, 2000년까지 7차례 개정되었다. 이후 2005년 한국영양학회는 '한국인 영양소 섭취기준'을 제정하였고, 2010년에 개정하였다. 영양소 섭취기준은 영양소 결핍을 예방하기 위한 평균필요량 및 권장섭취량과 과잉섭취로 인한 문제를 예방하기 위한 상한섭취량이 포함되어 있다. 2016년에는 과학적 근거들을 반영하여 총 36종의 영양소에 대해 '2015 한국인 영양소 섭취기준'을 제정하였고 2020년 개정하였다. 한국인 영양소 섭취 기준의 활용도를 높이기 위해 식품구성자전거와 식사구성안을 이용한 다양한 활용 도구를 개발하여 제시하고 있다.

2020 한국인 영양소 섭취기준에서는 안전하고 충분한 영양을 확보하는 기준치(평균필요량, 권장섭취량, 충분섭취량, 상한섭취량)와 식사와 관련된 만성질환 위험감소를 고려한 기준치(에너지적정비율, 만성질환 위험 감소 섭취량)를 제시하였다(그림 1-3, 표 1-4). 상한 섭취량(tolerable upper intake level, UL)은 인체 건강에 유해영향이 나타나지 않는 최대 영양소 섭취수준을 의미하는 것으로 특정 영양소를 기준 이상으로 섭취하지 말라는 경고에 해당한다. 이와는 달리 평균 필요량(estimated average requirement, EAR)이란 건강한 사람들의 일일 영양필요량의 중앙값으로서, 과도한 영양섭취를 막을 수 있다. 권장 섭취량(recommended intake, RI)은 대다수 사람의 필요 영양섭취량을 말하는 것으로 평균 필요량에 2배의 표준편차를 더해서 계산된 수치이다. 특히 만성질환 위험 감소 섭취량은 2020 한국인 영양소 섭취기준에서 신규로 설정되었다.

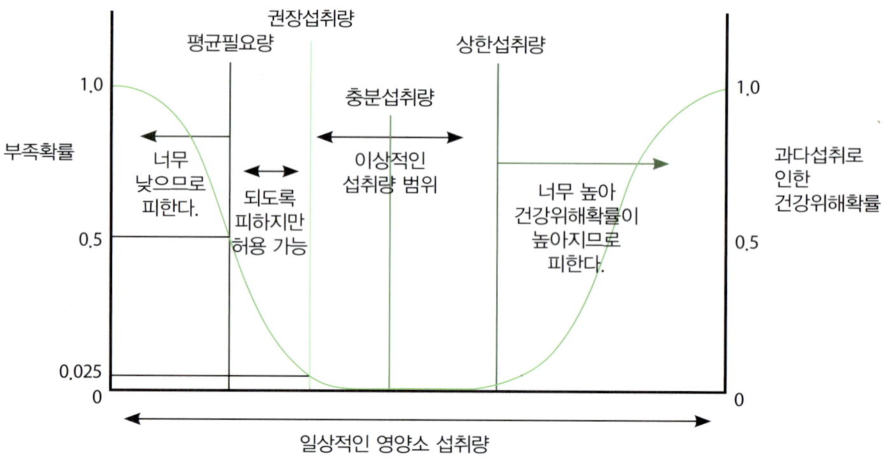

그림 1-3 영양소별 한국인 영양섭취기준 주요 지표

출처: 2020 한국인 영양소 섭취기준, 보건복지부 & 한국영양학회

표 1-4 영양소별 한국인 영양섭취기준 설정 현황

	영양소	영양섭취기준			
		평균필요량	권장섭취량	충분섭취량	상한섭취량
다량 영양소	에너지	○			
	탄수화물			○	
	n–6 불포화지방산			○	
	n–3 불포화지방산			○	
	단백질			○	
	아미노산(9종)				
	단백질	○	○		
	아미노산(9종)	○	○		
	식이섬유			○	
	수분			○	
지용성 비타민	비타민 A	○	○		○
	비타민 D			○	○
	비타민 E			○	○
	비타민 K			○	
수용성 비타민	비타민 C	○	○		○
	티아민	○	○		
	리보플라빈	○	○		
	니아신	○	○		○
	비타민 B_6	○	○		○
	엽산	○	○		○
	비타민 B_{12}	○	○		
	판토텐산			○	
	비오틴			○	
다량 무기질	칼슘	○	○		○
	인	○	○		○
	나트륨*			○	
	염소			○	
	칼륨			○	
	마그네슘	○	○		○

표 1-4 영양소별 한국인 영양섭취기준 설정 현황–계속

	영양소	영양섭취기준			
		평균필요량	권장섭취량	충분섭취량	상한섭취량
미량 무기질	철	○	○		○
	아연	○	○		○
	구리	○	○		○
	불소			○	○
	망간			○	○
	요오드	○	○		○
	셀레늄	○	○		○
	몰리브덴				○

*나트륨: 목표섭취량

출처: 한국영양학회. 한국인 영양섭취기준 p8. 도서출판 국진기획. 서울. 2005.

05 한국인의 식사구성안

한국인의 영양섭취기준을 충족시키기 위해 어떤 식품을, 얼마만큼, 어떻게 구성해서 먹어야 하는지에 대한 지침이 한국인의 식사구성안이다. 식사구성안은 에너지, 비타민, 무기질, 식이섬유를 자신에게 필요한 양의 100% 섭취하며, 한국인 영양소 섭취기준의 에너지적정비율에 따라 탄수화물은 55-65%, 단백질은 7-20%, 지방은 15-30% (1-2세의 경우 20-35%)로 섭취하고, 소금은 하루 5.75g 이하(나트륨으로 환산하면 2.3g 또는 2,300mg), 설탕이나 물엿과 같은 첨가당은 되도록 적게 섭취하는 것을 권장하고 있다.

식단을 작성하는 여러 가지 방법 중 식품구성자전거와 권장식사패턴은 일반인들이 식품을 쉽게 이해하고, 자신에게 알맞은 식단을 작성할 수 있도록 고안된 방법이다. 식단을 고안할 때 참고할 영양 목표(표 1-5)와 함께 연령별, 성별 에너지 권장기준을 기반으로 6개 식품군별 섭취 횟수에 따른 권장식사 패턴은 다음과 같다.

- 곡류군 : 한국인 식생활에서 주식인 곡류는 탄수화물의 주공급원인 밥, 국수, 빵, 떡 등을 주재료로 하는 음식들을 포함. 식이섬유 섭취를 늘리기 위해 잡곡류 사용을 권장함(1회 분량 기준 에너지 300 kcal 기준. 밥 1공기의 경우 210g).
- 고기 · 생선 · 달걀 · 콩류군: 단백질 공급원인 고기, 생선, 달걀, 콩을 주재료로 하는 음식들을 포함. 고기의 경우 살코기 기준, 지방 함량이 높은 식품을 이용할 경우에는 유지류를 추가 사용하는 것으로 간주해야 함(1회 분량 기준 에너지 100kcal 기준).
- 채소류군 : 비타민, 무기질, 섬유소의 주요 공급원으로서 채소, 버섯, 해조류 등을 주재료로 하는 음식을 포함. 소금 5.75g 이하의 영양 목표를 달성하기 위해

표 1-5 식사구성안 영양목표와 일반적 개념의 목표

섭취 허용		섭취 주의	
에너지	100% 에너지 필요추정량	지방	1~2세 총 에너지의 20~35%
단백질	총 에너지의 약 7~20%		3세 이상 총 에너지의 15~30%
비타민 무기질	100% 권장섭취량 또는 충분섭취량 상한섭취량 미만	당류	설탕, 물엿 등의 첨가당을 최소한으로 섭취
식이섬유	100% 충분섭취량		

출처: 2020 한국인 영양소 섭취기준, 보건복지부 & 한국영양학회

가능한 싱겁게 조리하도록 함(1회 분량 기준 에너지 15kcal 기준. 생채소 70g ; 나물 1작은접시).

- 과일류군: 비타민 C, 칼륨 등을 포함. 식이섬유 섭취를 높이기 위해 주스보다는 생과일 섭취를 권장함(1회 분량 에너지 50kcal 기준. 1/2개 ; 100g), 과일쥬스 100mL ; 1/2컵).
- 우유 · 유제품류군: 칼슘의 주 공급원으로 단순당이 적게 함유된 제품을 권장함(1회 분량 에너지 125kcal 기준. 칼슘 200mg 우유 1컵(200ml), 치즈 1장, 호상요구르트 100ml).
- 유지 · 당류: 조리 시 사용되는 양도 섭취 횟수 범위 내에서 사용함(1회 분량 에너지 45kcal 기준. 식용유 1작은술, 설탕 1큰술

식사구성안을 활용한 식단 작성법은 4단계로 구성되었다. 1단계에서는 자신에게 적합한 1일 에너지필요량을 확인하고, 2단계에서는 제시된 권장식사패턴 중에서 자신에게 필요한 에너지 섭취량과 가장 비슷한 식사패턴을 선택하여 각 식품군별 섭취횟수를 확인한다. 3단계에서는 각 식품군별 식품의 섭취횟수를 확인하고 간식을 포함하여 세 끼 배분을 한다. 최종적으로 4단계에서는 식품섭취량을 계산하고 메뉴를 결정한다.

권장식사패턴을 반영한 균형 잡힌 식단과 규칙적인 운동이 건강을 유지하는 데에 중요함을 전달하고자 식품구성자전거를 제작하였다. 2020 한국인 영양섭취기준에 따라 식품군별 대표식품에 대해 자전거 바퀴 모양을 이용하여 구성하였다. 각 식품군별 선정된 식품들은 다빈도 식품으로 추출되고, 2020년 새롭게 추가된 식품들 위주로 총 41개의 식품을 선정하였다(표 1-6). 자전거 바퀴 면적비율을 고려하여 각 식품군별 대표식품의 개수를 선정하였고, 그림으로 표현했을 때 가시성이 효과적으로 전달 될 수 있는 식품들을 위주로 선정하였다. 특히 수분의 적당한 섭취가 중요함을 강조하기 위하여 앞바퀴에 물이 담긴 컵을 표시하였다(그림 1-4).

표 1-6 2020 한국인 영양소 섭취기준 식품군별 식품구성자전거 대표식품

식품군	갯수	식품명(식품구성자전거)
곡류	9	현미밥, 쌀밥, 가래떡/백설기, 국수(말린 것), 식빵, 시리얼, 옥수수, 감자, 고구마
고기 · 생선 · 달걀 · 콩류	9	쇠고기(또는 돼지고기)[1], 닭고기, 고등어, 오징어, 새우, 달걀, 완두콩(또는 강낭콩)[1], 두부, 호두
채소류	8	당근, 오이, 고추, 브로콜리, 애호박, 배추김치, 김(마른 것), 표고버섯
과일류	8	수박, 딸기, 귤, 바나나, 포도, 사과, 블루베리, 자두
우유 · 유제품류	4	우유, 치즈, 요구르트(호상), 요구르트(액상)
유지 · 당류	3	설탕, 콩기름, 올리브유(또는 버터)[1]
총합	41	

1) 2020 KDRIs 식품구성자전거에 사용되는 대표식품들 중에서 그림으로 표현했을 때 대체가 가능한 식품들을 괄호안에 각각 표시함. 식품 구성자전거 개발 시 두 개의 식품 중에서 가시성이 높은 식품으로 선택 가능함.

출처: 2020 한국인 영양소 섭취기준, 보건복지부 & 한국영양학회

앞바퀴: 충분한 물 섭취를 강조하고 있으며, 가시성을 높이기 위해 배경색을 더 어둡게 하고 물 잔의 가장자리를 두껍게 표현함.
뒷바퀴: 각 식품군별 영역에 포함된 식품그림은 본 과제의 1세부에서 새로 도출한 6가지 식품군별 대표 식품 42종을 이미지화함.

- 곡류(총 9가지): 현미밥, 쌀밥, 가래떡/백설기, 국수(말린 것), 식빵, 시리얼, 옥수수, 감자, 고구마
- 고기 · 생선 · 달걀 · 콩류(총 9가지): 쇠고기(또는 돼지고기), 닭고기, 고등어, 오징어, 새우, 달걀, 완두콩(또는 강낭콩), 두부, 호두
- 채소류(총 8가지): 당근, 오이, 고추, 브로콜리, 애호박, 배추김치, 김, 표고버섯
- 과일류(총 8가지): 수박, 딸기, 귤, 바나나, 포도, 사과 블루배리, 자두
- 우유 · 유제품류(총 5가지): 우유, 치즈, 요구르트(호상), 요구르트(액상), 샤벳 아이스크림
- 유지 · 당류(총 3가지): 설탕, 콩기름, 올리브유(또는 버터)
- 식품 이미지의 가시성을 높이고 부드럽고 친근한 느낌을 주고자 배경색과 글꼴을 변경함.
- 뒷바퀴를 구성하는 곡류, 고기 · 생선 · 달걀 · 콩류, 채소류, 과일류, 우유 · 유제품류, 유지 · 당류의 각 식품군별 면적은 2020 한국인 영양소 섭취기준에 따른 생애주기별 권장식사패턴 중 2,000kcal에 해당하는 A와 B식단의 식품군별 섭취횟수와 식품군별 대표식품들의 1회 분량의 중앙값을 곱한 숫자의 합에 대한 각 식품 비율로 산출되었음.
  식품군별 면적 = 2,000kcal 기준 권장섭취횟수×식품군별 대표식품의 1회 분량(중앙값)

앉아있는 사람: 규칙적인 운동을 일상생활에서 실천한다는 의미로 편안하게 자연과 도시의 자전거도로에서 자전거를 타는 모습을 표현함.

그림 1-4 식품구성자전거

출처: 2020 한국인 영양소 섭취기준, 보건복지부 & 한국영양학회

>> 간호적용

간호과정은 간호를 계획하고 제공하는 체계적 방법이다. 간호과정의 목적은 대상자의 건강상태 및 관리 수준을 확인하고 실제적 건강문제나 건강문제의 위험성을 규명하고 확인된 요구에 부응하는 계획을 수립하고 특수한 간호중재를 전달하는 것이다. 이러한 목적을 달성하기 위해 사정과 진단, 계획, 중재, 평가하는 일련의 과정을 수행한다.

간호과정은 인간의 모든 요구에 적용할 수 있기 때문에 대상자의 영양적 요구에도 적용될 수 있다. 근무하는 환경이 어디든 간에 간호사는 대상자의 영양 요구를 확인하고 다음과 같이 적절한 간호 및 지지를 제공해야 한다.

- 쇠약하거나 신체적 문제가 있어서 식사시 도움을 필요로 하는 대상자에게 영양 공급하기
- 경관급식이나 비경구영양 공급하기
- 대상자가 식단에서 음식의 종류를 선택하도록 도와주기
- 새로운 식사에 따르는 지침을 대상자에게 교육하기

간호사는 영양사 정도의 전문적인 영양에 관한 지식을 갖추지는 못할지라도, 영양에 관련된 생활방식에 있어 각 대상자에게 전인적 사정을 수행하고 개인의 강점과 약점을 진단할 수 있다. 또한 간호사는 체계적 사정을 통해 대상자의 문화적 신념과 사회 경제적 수준, 생리적 변화와 사회적 환경과 같이 영양상태에 영향을 미치는 요인을 확인할 수 있다. 간호중재를 제공할 때는 강화, 교육, 진료 의뢰, 또는 영양사 의뢰 등의 활동이 포함된다. 간호사는 효과적인 접근을 위해서 다양한 건강문제를 지닌 대상자에게 영양을 공급하는 원칙을 이해해야 한다. 또한 간호사는 대상자를 위해 선별한 중재의 과학적 근거를 명확히 할 수 있어야 한다. 기본 영양에 대한 철저한 지식을 갖춘 간호사는 건강을 유지하고 질병이나 손상에서 회복되는데 필요한 식이 섭취의 중요성을 분명히 인식해야 한다. 간호사는 대상자들이 건강과 치유, 안녕을 위해 적절한 영양을 제공받을 수 있도록 대상자의 옹호자로서 활동한다.

생각해보기

1. 항암화학요법 치료를 받고 있는 암환자를 간호할 때 영양측면에서의 3차예방 전략으로 고려할 점은 무엇인가?
2. 제왕절개 수술 후 입원 치료 중인 산모의 일일 영양소 섭취량 산출 시 고려할 점은 무엇인가?
3. 한국인의 영양소 섭취기준에 근거하여 70세 당뇨 환자에게 식사지침을 교육할 때 고려할 사항은 무엇인가?

2장

영양소의 소화 · 흡수 및 대사

인간의 건강은 성장과 유지 및 에너지 요구를 충족시키기 위해 이용할 수 있는 영양소에 기반을 두고 있으므로, 영양섭취가 부적절하면 식품을 이용하는 신체의 건강에도 부정적인 영향을 미친다. 신체 건강은 신체기능을 유지하기 위한 첫 번째 정거장인 위장관과 함께 시작된다고 해도 과언이 아니다. 만일 식품 안에 함유된 영양소를 소화 · 흡수할 수 없다면, 더 이상 생명을 유지하기 어렵기 때문이다.

이 장에서는 세포가 필요로 하는 에너지와 영양소를 제공하기 위해 위장관에서 협동하여 일어나는 소화, 흡수 및 대사과정을 간략히 소개하고자 한다.

01 소화

소화기계의 주요 기관은 입으로부터 항문에 이르는 7~8m의 위장관으로 형성되어 있다. 우리가 먹는 모든 것은 위장관을 통해 소화, 흡수된다. 소화기계는 섭취한 영양소를 소화시켜 흡수되도록 준비하는 한편, 장내로 들어온 미생물과 독성물질로부터 보호한다. 소화 과정은 음식물 섭취, 음식물과 찌꺼기의 이동, 점액, 수분, 효소의 분비, 음식의 기계적 · 화학적 소화, 소화 물질의 흡수, 그리고 배설을 포함한다. 섭취, 소화, 흡수 및 배설의 과정은 위장벽의 운동성과 소화액 및 효소의 분비에 의해 좌우된다.

근육작용과 화학작용의 협동으로 일어나는 소화는 크게 기계적 소화와 화학적 소화로 나눌 수 있다. 기계적 소화는 치아의 분쇄작용 및 근육에 의한 이동작용을 의미하는 것으로, 저작과정과 함께 소화액을 이용하여 음식물을 잘게 쪼개고 혼합하여 장 점막에서 영양소가 보다 잘 흡수되도록 한다. 이러한 소화는 음식 덩어리가 위장계를 통과하도록 추진하는 연동운동(peristalsis)과 분절운동(segmentation)의 근육 작용에 의해서 이루어진다. 연동운동은 음식을 위장관의 하부 쪽으로 내려보내는 파동과 같은 움직임을 일으키는 근육의 율동적인 수축이다. 이와는 달리 분절운동은 소장의 환상근(circular muscle)이 일정 간격을 두고 규칙적으로 수축과 이완을 반복하여 일어나는 운동으로서, 음식 덩어리가 앞 또는 뒤로 여러 번 움직이면서 소화액과 잘 섞이고 장 점막과 충분히 접촉하여 흡수를 용이하게 하는 근육작용이다.

이러한 근육작용은 위장관을 형성하는 네 겹의 조직에 의해 일어난다. 점막층(mucosa)은 점막으로 형성되어 있고 위장관의 가장 안쪽을 덮고 있다. 점막하층(submucosa)는 결체조직층으로 이루어져 있으며, 점막하에 분포된 혈관과 신경의 작용으로 소화를 조절한다. 점막하층을 둘러싸고 있는 것은 근육층(muscularis)이라고 부르는 근육조직의 두꺼운 층이다. 위장벽의 가장 바깥층은 장막층(serosa)으로 구성되어 있는데, 복부의 골반강을 따라 장기들을 보호하고 있는 복막의 내장층이다. 이러한 근육층의 협응으로 소화에 필요한 다양한 운동이 가능하고 음식덩어리가 위장관을 통과하도록 조절한다. 또한 괄약근은 음식 덩어리의 운동을 전진 방향으로 조절하기 위한 판막(valve) 기능을 하는 보다 강력한 환상근으로서, 괄약근 이

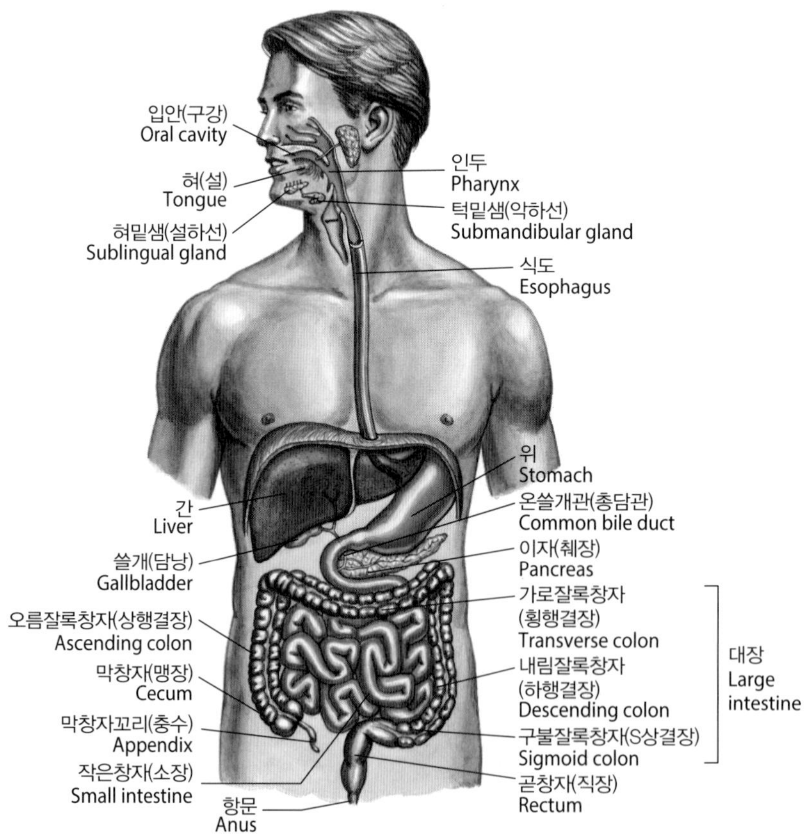

그림 2-1 소화계통 구성

출처: Bauldoff G, Gubrud, P., Carro MA. (2020). LeMone & Burke's Medical-Surgical Nursing. Clinical Reasoning in Patient Care. Pearson.

완 시 열리고 수축 시 완전히 닫혀 역류를 예방한다.

소화 분비액, 위액 및 효소는 음식이 위장관을 통과할 때 음식의 화학적 성분을 변화시키는 화학적 소화를 담당한다. 이러한 과정은 영양소가 흡수되도록 음식물을 잘게 분해하는 것이며, 특정 효소는 일부 위액이 효과적으로 기능할 수 있도록 위의 산도를 조절한다. 화학적 소화작용 물질인 효소는 단백질로부터 형성되는 유기 촉매제로서, 특정 pH에서 기능하며 계속적으로 생성되고 파괴되는 가운데 각 영양소에 특이적으로 작용하여 음식물을 하나의 형태에서 보다 단순한 형태로 변화시킨다.

위액과 효소 분비를 조절하는 호르몬은 장기들 사이에서 필요한 분비물의 방출을 일으키는 전달자로서 작용하며, 특히 위, 장, 담낭으로부터의 분비에 영향을 주어, 위액의 pH뿐 아니라 소화의 속도를 조절한다.

1) 입

배가 고프거나 맛있는 음식을 생각할 때, 또는 음식을 먹기 시작할 때 입안에는 묽고 점액같은 침이 분비된다. 침은 입에 있는 타액선에서 나오는 분비물로서 하루에 약 1.5L가 생성된다. 타액선은 3개가 있으며 각기 다른 분비물을 생성한다. 가장 큰 타액선인 이하선(귀밑샘, parotid gland)은 효소를 공급하는 장액성의 침을 분비하고, 악하선(턱밑샘, submandibular glands)은 점액과 효소성분을 생성한다. 가장 작은 설하선(혀밑샘, sublingual glands)은 점액성의 침을 분비한다. 이러한 분비물은 반사기전에 의해서 조절되는데, 입안의 음식물은 화학적, 기계적 소화 과정을 자극한다. 침은 씹고 있는 음식물을 적셔줄 뿐 아니라 전분을 분해시키는 효소인 아밀라아제가 함유되어 있어 화학적 소화를 담당한다.

입안에서 일어나는 또 다른 소화 과정은 치아에 의한 저작이다. 성인은 32개의 영구치아를 가지고 있는데 치아는 소화를 위해 음식물을 자르고, 찢고, 부수거나 갈아 좀 더 작게 만들어 음식물이 침과 섞이도록 한다. 치아를 덮고 있는 에나멜질은 우리 몸에서 가장 단단한 물질로서, 단단한 음식을 씹을 때 치아를 보호한다. 혀는 음식물을 씹는 위치로 이동시키고 잘게 부서진 음식물을 식도로 넘기는 역할을 담당한다. 혀에는 2,000개 이상의 돌기가 있어 단맛, 쓴맛, 신맛, 짠맛을 느끼는 중요한 미각의 기능을 수행한다. 유아기 때는 미뢰(taste bud)의 수가 가장 많아서 맛에 대해 상당히 민감하기 때문에 자극성이 적은 음식이 좋은 반면, 성장하면서 미뢰의 수는 점차 감소되므로 노인이 되면 맛을 민감하게 느끼지 못한다. 미뢰의 감각과 협응적으로 작용하는 후각은 음식의 다양한 향미를 지각하고 즐기는데 중요하며, 특정 음식에 대해 나타나는 긍정적 또는 부정적 반응은 음식 선택에 영향을 미친다. 부서지거나 잘 저작된 음식은 혀의 작용으로 둥근 모양의 덩어리가 되어 삼켜지고 후두개(epiglottis)를 지나 5~7초 이내에 식도로 들어간다. 후두개는 음식 덩어리가 폐로 흡인되는 것을 막기 위해 기관지를 닫아주는 덮개의 역할을 한다.

2) 식도

식도(esophagus)는 음식 덩어리가 입에서 위로 이동할 때 통과하는 근육으로 이루어진 관으로 횡격막의 중심을 관통한다. 식도의 소화 과정은 식도의 가장 윗부분에서 시작되는 연동운동으로 음식 덩어리를 위장관으로 내려 보내는 것이다. 식도상부는 음식물이 통과할 때 수축과 이완을 하고 식도하부는 평활근(민무늬근육)으로 되어 있어 음식물을 위로 밀어내는 기능을 한다. 식도 중간부위의 근육층에는 샘이 있어 점액을 분비하여 음식물이 식도를 부드럽게 통과하도록 해준다. 식도의 하부 끝부분에 있는 하부식도괄약근, 분문괄약근(cardiac sphincter)은 음식 덩어리가 식도에서 위로 이동하는 것을 조절해주고, 위 내용물이 식도로 역류하는 것을 막아준다.

3) 위

위는 복강의 좌상부에 위치하며 위쪽 끝은 식도와 연결되고 아래쪽 끝은 소장과 연결된다. 음식 덩어리는 식도와 연결되는 위저부(fundus)를 통해 위(stomach)로 들어오게 된다. 위의 중간부위를 위체부(body)라 하며 하부를 유문부(pylorus)라 한다. 위벽은 위오목(gastric pit)이 분포하고 있는 점막(mucosa)으로 싸여 있다. 위오목의 기저에는 위선(gastric gland)이 분포되어 있는데, 그곳의 주세포(chief cell)에서는 위액과 소화효소가 포함된 점액(mucus fluid)이 분비되고 벽세포(parietal cell)에서 염산인 위산이 분비된다. 위는 음식을 저장하고, 기계적으로 잘게 부수며, 단백질 소화를 시작하고 음식을 위액과 섞어 미즙(chyme)이라 불리는 진한 액체로 만든다.

하루 2~2.5L에 해당하는 위액의 분비는 뇌, 위, 장의 세 단계에서 일어난다. 첫째는 정신적 요소가 가스트린(gastrin) 호르몬의 분비를 자극하는 뇌의 단계이며, 두 번째는 위에 음식이 채워질 때 가스트린이 위액의 분비를 증가시키는 위의 단계이다. 세 번째 단계는 걸쭉한 반액체 상태의 미즙(chyme)이 십이지장으로 통과할 때 위 분비물이 변화하는 것이다. 위액 분비는 외분비와 펩티드(peptide), 세크레틴(secretin), 장점막 세포에서 분비되는 호르몬인 콜레시스토키닌(cholecystokinin)의 신경반사에 의해 억제된다.

위가 수용할 수 있는 음식의 양은 약 1.5L(4컵) 정도 되며, 음식 덩어리가 위를 통과하는 데는 약 2~6시간이 소요된다. 음식물이 위액과 잘 섞여 반유동성 혼합물인 미즙(chyme)이 된 후 위의 유문부로 들어가 팽만해지면 가스트린 호르몬이 미즙이 계속 분해되기 위해 염산이 필요하다는 메시지를 보내게 되고, 염산이 위선에서 분비되어 pH 1.5에 도달되면 호르몬의 분비는 정지되는 반면, 진한 점액이 위벽을 염산으로부터 보호하도록 분비된다.

미즙은 호르몬과 위장반사(enterogastric reflex)의 신경계 기전에 의해서 매 20초마다 십이지장으로 방출된다. 이 기전은 위산과 위의 팽만에 민감한 점막의 십이지장 수용체로 구성되어 있는데, 감각 및 운동 섬유소에 들어오는 신경 충동이 미주신경에서 위의 연동운동을 억제하도록 반사를 일으킨다. 지방에 대한 반응으로 십이지장에서 분비되는 위억제 펩티드(gastric inhibitory peptide)는 위 근육의 연동운동을 저하시키고 미즙의 통과를 늦추는 작용을 한다.

미즙은 기계적 소화(연동운동의 강력한 근육운동)와 화학적 소화(위액의 영향)의 협동작용에 의해 형성되며 유문괄약근의 작용으로 위에 오래 머무르면서 십이지장으로 천천히 넘어가게 된다.

지금까지 살펴본 바와 같이 위는 음식물이 위에 머물면서 어느 정도 소화가 이루어지도록 가능하며, 위액을 생성하고, 근육운동으로 음식물과 위액을 혼합시켜 음식물을 잘게 부순다. 또한 비타민 B_{12} 흡수를 돕는 내인자(intrinsic factor)를 분비하고, 가스트린을 방출하고, 산도를 유지하며 우연히 섭취할 수 있는 병원체를 파괴하도록 돕는 기능을 한다.

4) 소장

소장(small intestine)은 소화의 중심기관이자 소화의 최종단계가 일어나는 곳이며, 음식으로 섭취한 대부분 영양소의 흡수가 일어나는 곳으로 소화와 흡수작용 모두를 조절한다.

십이지장으로 들어온 미즙이 연동운동과 분절운동의 작용에 의해 소장을 통과하는 데는 약 5시간이 소요된다. 연동운동은 장점막에서 분비되는 호르몬인 콜레시스토키닌에 의해 시작되는데, 십이지장과 공장 상부에서 분절운동의 협동작용으로 미즙은 췌장과 간, 장의 점막에서 분비되는 소화액들과 잘 혼합되어 완전히 흡수될 수 있는 수준이 된다.

소장벽은 점막층으로 덮여 있어 소화액으로부터 보호되는 한편, 흡수과정을 최대화하기 위한 구조를 갖추고 있다. 즉, 융모(villi)는 점막층의 표면적 넓이를 증가시켜 영양소의 흡수를 촉진시키며, 미세융모(microvilli)가 돌출되어 있어 표면영역을 증가시켜 흡수가 더욱 증가하게 된다. 이러한 구조는 소장의 총 흡수면적을 600배나 극대화하는데 그 규모가 아파트 80평(250m^2)에 달한다.

미즙이 소장으로 들어오면, 호르몬은 미즙의 소화과정이 계속되도록 소화액의 분비를 조절하는 메시지를 보내기 시작한다. 이러한 분비액에는 소장에서 분비되는 효소, 간에서 생성된 담즙, 췌장에서 분비되는 소화액 등이 포함된다.

소장에서 분비되는 세크레틴은 췌장에서 중탄산염(bicarbonate)을 소장으로 분비하게 하는 호르몬으로 미즙의 산도를 감소시킨다. 산도가 저하되면 기타 췌장액이 유입되어 외분비 소화 기능이 시작된다. 췌장의 외분비 기능을 시작하는 콜레시스토키닌은 위의 염산분비를 억제하여 가스트린과는 반대로 작용하며, 담낭의 수축을 활성화시켜 담즙을 십이지장으로 방출시킨다. 간에서 생성되고 담낭에 저장되는 담즙은 소장으로 방출되어 지방을 유화시킴으로써 지방 소화를 돕는다. 콜레시스토키닌과 세크레틴은 지방 소화를 돕기 위해 담낭이 담즙을 분비하도록 자극한다. 소장은 그 외에도 소화과정을 돕는 효소를 생성한다. 미즙 속의 대부분 영양소는 소장에서 흡수되지만 섬유소와 무기질, 물 등은 다음 괄약근인 회맹판(ileocecal valve)을 지나 대장으로 들어간다.

5) 대장

대장(large intestine)은 맹장, 결장, 직장으로 구성되어 있는데, 그 중 결장은 일부 무기질과 수분을 최종적으로 흡수하는 부위이다. 대장에 상주하는 세균은 비타민 K와 같은 비타민을 일부 합성하는데, 합성된 비타민은 장에서 흡수된다. 대장에 도달한 섬유소는 수분을 끌어당겨 내용물을 부드러운 상태로 만들고, 연동운동으로 내용물이 위장관을 계속 통과하도록 작용하여 직장을 통해 항문으로 대변을 배출하게 한다.

소화를 담당하는 주요 기관들은 일생동안 발달하고 변화하므로 대상자의 연령을 고려해야 한다. 특히 영아의 장점막은 미성숙하여 단백질이 소화되지 않은 채 흡수될 수 있다. 이러한 상태는 면역체계에 의한 알레르기 반응을 일으킬 수 있으므로, 영아의 위장관이 충분히 성숙할 때까지는 고형식 도입을 늦추는 것이 바람직하다. 연령과 관련하여 유의해야 할 또 다른 상태는 신체에서 유당을 분해하는 효소인 락타아제(lactase)를 생성하지 못하여 발생하는 유당 불내성(lactose intolerance)이 있다. 그 밖에 중년기에는 담낭질환과 소화성 궤양이 주로 발생하며 더 나이가 들면 신체활동과 연동운동은 감소하는 반면 만성적으로 저 섬유식을 섭취하는 경향이 있어 변비와 게실염이 흔히 발생한다.

02 흡수

음식덩어리가 위장관에 들어와 여러 시간 머물렀다 해도 영양소로 흡수되기까지는 실제로 체내에 있다고는 볼수 없다. 흡수(absorption)란 물질이 소장 점막을 통과하여 혈액이나 림프계로 들어가는 과정이며, 운반과정은 영양소가 소장의 벽을 통과하는 과정을 의미한다. 이러한 과정에는 수동적 확산(passive diffusion)과 삼투(osmosis), 촉진적 확산(facilitated diffusion), 에너지가 요구되는 능동적 운반(active transport), 빨아들이는 포액작용, 음세포작용(pinocytosis) 등이 관여한다.

수동적 확산과 삼투는 농도가 높은 곳에서 낮은 곳으로 물질이 이동하는 것으로 에너지를 필요로 하지 않는 과정이다. 촉진적 확산은 양압에도 불구하고 물질분자의 도움 없이는 점막을 통과할 수 없을 때, 특수한 구형 점막단백질(membrane protein)이 운반체로 작용하여 분자량이 큰 영양소를 모세 혈관막을 통해 운반해 준다. 에너지-의존 능동적 운반은 체액의 압력이 영양소의 통과 방향과는 반대로 작용할 때 일어나는 능동적 과정으로 에너지가 필요하다. 이러한 에너지는 특수한 점막단백질 운반체가 도와주는 "펌프"기능과 세포에 의해 공급된다. 음세포 작용은 액체나 영양소 등이 융모막에 접촉되면 물질 주위를 에워싸는 공포(vacuole)가 형성되어 세포질(cytoplasm)을 통해 순환계로 유리된다.

비타민과 무기질은 몸에 저장되어 있는 정도와 영양소에 대한 즉각적인 요구도에 따라 흡수되는 양이 달라지는 반면, 지방과 탄수화물, 단백질 등은 필요한 수준에 무관하게 흡수된다.

영양소의 흡수에 영향을 미치는 요인은 다양하다. 영양소가 섬유소나 결합체 등과 결합되면 위 장관을 너무 빠르게 통과하여 최적의 흡수가 일어나기 전에 이동하기도 하며, 음식과 함께 약물을 섭취하면 약물의 흡수가 감소되고 섭취한 음식에 포함되어 있는 다른 영양소의 흡수도 저해될 수 있다.

일단 흡수된 영양소는 혈류나 림프계와 같은 순환계로 들어간다. 영양소는 혈류로 들어온 직후 간을 통과함으로써, 간이 영양소를 일차적으로 선택하도록 한다. 간은 광범위한 기능을 하는 체내 발전소의 역할을 하기 때문에 간에서의 영양소 요구가 다른 기관보다 우선한다. 영양소는 간에서 중간대사를 거친 후 심장을 거쳐 순환계를 통과한다. 순환계는 흡수된 단백질, 탄수화물, 비타민과 무기질을 받아 전신으로 운반해 주는데, 지질과 지용성 비타민은 이차 순환계인 림프계로 들어간 후 심장 가까이에 있는 혈류로 들어간다. 그 이후 모든 영양소는 혈액에서 전신을 순환하면서 각 세포의 영양 요구에 맞게 제공된다.

일부 영양소는 뼈와 간, 신장에 저장됨으로 여정이 끝나지만, 세포에서 사용되지 않거나 여분의 영양소는 신장에서 여과되어 재흡수되거나 소변으로 배설된다.

03 배설

대변이나 신체 노폐물의 배출을 배변(defecation)이라고 하는데, 노폐물이 직장에 축적되어 팽만되면 배변하려는 반사가 일어난다. 대변의 내용물은 75%가 수분이며, 25%는 고형물로 구성되어 있다. 잔류물(residue)은 죽은 세균이 1/3을 차지하며 그 밖에 셀룰로오스나 기타 식이 섬유소와 같이 인체의 효소로는 소화될 수 없는 물질들이나 소화되지 않은 지방이 칼슘과 마그네슘 등의 무기질과 결합한 형태의 물질들이 섞여 있다.

04 대사

잡곡밥에 김치찌개 한 그릇으로 식사한 것이 신체 세포의 일부로 변한다는 것을 상상하기는 쉽지 않다. 놀랍게도 인체는 음식에 함유된 영양소를 세포가 필요로 하는 물질로 변형시킬 수 있다. 대사(metabolism)란 흡수된 영양소가 세포에서 에너지 생성에 이용되고 신체의 구조를 형성하고 기능을 유지하는데 이용되는 일련의 과정이다. 대사의 중요한 두 가지 과정은 이화작용(catabolism)과 동화작용(anabolism)이다. 이화작용은 식품 성분이 보다 작은 분자의 입자로 분해되어 열과 화학적 에너지로서 에너지를 방출하는 것이다. 동화작용은 새로운 뼈나 근육조직과 같은 물질이 형성되는 합성과정으로서, 두 과정 모두 세포 내에서 동시에 일어난다.

영양소가 각 세포에 최종적으로 도달되었을 때, 동화작용을 통하여 새로운 세포 구조를 형성하도록 돕거나 호르몬과 효소 등의 새로운 물질로 생성하도록 화학적으로 변화된다. 일부 비타민과 무기질은 세포 내에서 탄수화물이나 단백질, 지방이 변형되고 이용되도록 돕는 촉매제나 조효소로서 작용한다. 그 밖에 영양소는 DNA 재생에 이용되거나 단백질과 기타 분자, 신경 자극이나 근육수축을 일으키는 생명 유지 과정에 에너지로 이용될 수 있다. 일부 에너지는 언제든지 사용될 수 있는 형태로 저장된다.

대사산물은 세포에서 빠져나와 혈중으로 보내진 후 폐와 신장 또는 대장으로 배설된다. 과잉의 수분과 이산화탄소는 폐를 통해 배출되며, 대사산물과 과잉의 비타민, 무기질은 신장에서 여과되어 배설되거나 재흡수된다. 장의 노폐물 또한 대장을 통해 대변으로 배설되지만, 다행히도 인간은 이러한 과정을 의식적으로 통제할 필요가 없다. 다만, 우리는 좋은 식품을 섭취하여 적절히 영양소를 제공해 주고 위장관의 기능을 강화시킬 책임이 있다.

05 소화, 흡수, 배설에 관련된 건강문제

인간의 생활양식은 위장관의 기능과 건강에 영향을 주어 영양 상태에 영향을 미친다. 특히 일부 위장관의 건강 문제는 매일의 일상생활에 의해 좌우되는 경향이 있다.

1) 속 쓰림

속 쓰림(heartburn)은 위로 이미 넘어간 음식이 분문괄약근을 통해 식도로 역류될 때 식도에서 느껴지는 쓰리거나 타는 듯한 감각이다. 식도는 위와는 달리 점액이 나오지 않기 때문에 역류된 음식물의 산성 혼합물이 식도의 벽을 화끈거리게 하며 손상을 입히는 역류성 식도염 환자들이 주로 호소하는 증상이다.

역류성 식도염은 위산의 역류로 인하여 식도 하부에 궤양이나 미란 등의 형태학적 변화를 일으킨 상태를 말한다. 역류성 식도염의 가장 대표적인 증상이 속 쓰림과 위산역류이다. 역류성 식도염이 발생하는 주요 원인 및 위험요인은 하부식도괄약근의 구조적 이상, 식도의 연동운동 기능이 떨어져 역류된 위산 등이 식도에 오래 머물러 있는 경우와 위 배출이 지연되어 음식물과 산에 노출되는 기회가 많아지는 경우 등이 있다. 최근에는 비만, 특히 복부비만과 서구화된 식습관 등이 역류성 식도염과 관련성이 있다는 보고가 있다. 역류성 식도염의 위험요인은 다음과 같다.

- 변비 : 배변을 하려고 애쓰는 것은 부가적인 압력을 주어 위의 내용물에 영향을 미친다.
- 식후에 즉시 눕기 : 위가 가득 찬 상태로 눕거나 수면을 취하면 내용물이 분문괄약근 쪽으로 밀어 올려지기 때문에 식후에는 1~2시간 후에 눕거나 머리와 어깨를 높인 자세로 기대어 눕는다.
- 고지방식 : 고지방식을 섭취하면 음식물이 위에 머무는 시간이 길어지면서 역류의 기회가 증가한다.
- 조이는 옷 : 허리와 횡격막 부위를 조이는 옷은 위의 기능에 영향을 미치고 위의 압력을 증가시킬 수 있다.
- 급하게 먹기 : 스트레스 상황에서 다른 활동을 하면서 동시에 식사를 하면 음식을 충분히 씹지 않게 되어, 위에 있는 큰 음식 덩어리가 압력을 주게 되고 위의 근육이 강하게 반응함으로써 역류가 일어날 수 있다.
- 특정 식품과 음료 : 초콜릿, 알코올, 페퍼민트, 스피어민트, 카페인, 토마토, 감귤류 등
- 특정 약물 : 경구용 피임약, 항히스타민제, 발륨(valium)과 같은 정온제의 규칙적인 복용

2) 구토

구토(vomiting)는 연동운동이 역으로 일어나는 것으로 음식이 위장관으로 내려가지 않고 연동운동을 주도하는 근육이 위의 내용물을 식도를 통해 입으로 강력히 밀어내는 작용을 하는 것이다. 구토는 사람이 쉽게 조절할 수 없는 불수의적인 근육운동이며, 위 내용물이 이미 산도가 높은 위액과 섞인 상태일 때는 통증을 동반하기도 한다.

구토는 인체 스스로 보호하는 방법이기도 하다. 바이러스나 독소가 위장관으로 들어오면 구토를 함으로써 제거한다. 그 밖에 비행기나 배를 타고 여행하는 동안 신체의 평형감각에 문제가 초래되어 구토가 일어날 수 있다.

구토가 계속되면 탈수가 발생하여 체액과 마그네슘, 칼륨, 나트륨 등의 전해질 손실을 초래하는데, 특히 영아는 체액이 차지하는 비율이 높기 때문에 탈수의 위험이 크다.

또한 자신의 체중을 조절하는 방법으로 구토를 유발하거나 신경성 식욕부진(anorexia nervosa)과 폭식증(bulimia)으로 고통받는 사람은 특히 의학적으로 위험하다. 스스로 유발하는 반복적 구토는 식도를 손상시키고 치아의 에나멜질을 마모시키기 때문에 이러한 자기파괴적 행동을 보이는 사람은 가능한 빨리 의사에게 진찰을 받아야 한다.

암 환자가 증가하면서 구토는 오심과 함께 항암화학요법의 대표적인 부작용으로 알려져 있다. 대부분의 항암제가 정도의 차이는 있지만 오심, 구토를 일으킬 수 있으며, 실제 약 70~80%의 환자가 항암화학요법 중 오심, 구토를 경험한다. 원인은 항암제가 뇌의 중추신경계와 위장관의 점막에 작용하기 때문이다. 대개 항암제를 투여한 후 1시간에서 길게는 8시간 후에 증상이 나타나기 시작하며, 항암제 투여 후 1주까지도 오심, 구토가 있을 수 있다. 어떤 환자는 항암제를 맞으면 구토한다는 이전의 경험으로 항암제를 투여 받기 전부터 오심, 구토를 느끼기도 한다. 그러나 항암화학요법과 관련된 오심과 구토는 대부분 억제가 가능하고, 약물치료를 통해 증상을 경감시킬 수 있으므로 오심 증상이 나타나면 의료진에게 즉시 상의하는 것이 좋다.

3) 연하장애

음식을 입으로 먹는 것은 인간의 기본적인 욕구이며, 매우 큰 즐거움의 하나이다. '연하'란 음식을 삼키는 과정을 일컫는 의학적 용어이다. 음식물을 입으로 받아들이고, 이것을 위까지 보내기 위해서는 목, 즉, 인두를 통과해야 하는데, 안전하고 효과적으로 음식을 삼키기 위해서는 매우 복잡한 신경생리학적, 해부학적 조건이 작동해야 한다. 연하과정은 음식물을 확인하고 입에 넣는 과정, 음식을 씹거나 타액(침)과 섞어서 삼키기 좋은 상태의 음식덩어리(식괴)를 형성하는 구강 준비기, 음식을 목(인두)으로 보내는 구강 이동기, 인두를 통과하여 식도로 보내는 인두기, 식도를 통과하는 식도기 등 5단계로 이루어진다. 연하장애(dysphagia)는 음식물이 구강에서 위까지 전달되는 5가지 단계에서의 기능장애로 인한 식이 섭취 장애로 노인들에게 매우 흔하며 흡인성 폐렴으로 치명적인 결과를 유발할 수 있는 중요한 건강문제이다. 음식을 입으로 먹는 것은 우리가 너무나 당연하게 생각하는 신체의 기능이지만, 뇌졸중, 파킨슨병과 같은 신경 질환은 물론 갑상선 등 두경부암 수술이나 치료와 관련해서 연하장애(삼킴장애)가 종종 발생한다. 연하장애가 있으면 음식을 삼키는데 어려움이 있어 식사 중 음식물이 목에 걸리고 사레에 걸리거나 속 쓰림 등의 증상이 생길 수 있다. 또한 식사 자체가 힘들기 때문에 식욕이 저하되어 다양한 건강문제를 유발할 수 있다. 따라서 환자에게 적합한 식이로 변형하여 섭식 훈련을 진행하고 정상 식이까지 섭취할 수 있도록 단계적으로 재활을 시행한다. 연하장애를 효과적으로 관리하여 합병증 발생을 최소화하려면 간호사, 의사, 작업치료사, 영양사 등 관련 전문인들의 다학제적 접근이 필수적이다.

4) 장의 가스

장의 가스 또는 방귀(intestinal gas, flatus)는 불쾌하며 때로 당혹감을 안겨주기도 한다. 실제 모든 사람의 하부 장에서 가스를 생성하여 방출시키는데, 대부분의 가스는 냄새가 없기 때문에 의식하지 못하는 가운데 장을 벗어나지만, 때때로 가스가 너무 빠르게 통과할 때 요란스런 소리가 나기도 한다.

대두와 검은 콩 등에 있는 탄수화물은 소화되지 않은 채 발효되면 대장 내의 세균작용으로 가스가 생성될 수 있다. 유당을 분해할 수 없는 젖당 불내성, 유당 불내성(lactose intolerance)의 경우, 유당이 발효하면서 가스 축적, 팽만, 설사를 초래한다. 소화되지 않는 음식은 대장에 오래 머물수록 발효가 일어나기 좋은 조건이 되어 가스 형성을 초래한다. 이러한 경우는 미즙의 위장관 통과가 천천히 일어나는 변비에서 주로 발생한다. 또 다른 요인으로는 음식을 너무 빠르게 먹을 때 큰 덩어리를 그대로 삼키게 되어 미즙상태로 되는데 많은 시간이 소요되는 경우이다.

장의 가스 생성을 감소시킬 수 있는 행위는 다음과 같다.

- 섬유소 섭취를 증가시키려면 신체가 적응할 수 있도록 마른 콩과 같은 섬유소 식품을 점차로 증가시킨다.
- 우유 섭취 후 반응에 주의한다. 유유 섭취 후 문제가 발생하면 유당이 적게 함유된 제품을 섭취할 것을 고려한다.
- 음식 섭취 전 식품에 문제가 있는지 생각할 시간을 갖는다. 각 사람마다 장내 가스의 원인은 다를 수 있다.
- 더 천천히 먹고 더 철저히 씹는다.

5) 변비

변비(constipation)는 다양한 정의가 가능해 명확한 정의가 없이 일반적으로 배변과 관련된 어려움과 불편감으로 간주된다. 개인마다 이 용어를 각기 다르게 해석하고 있으며, 배변하고자 하는 자연적 긴급성도 각 개인마다 다르다. 모든 사람이 매일 배변을 해야 할 필요는 없지만, 정상적으로는 대개 1~3일의 범위 내에서 배변을 한다. 변비는 일반적으로 단단하고 건조한 대변으로 인해 배변하는데 고통을 겪는 것을 의미한다.

변비의 원인은 쉽게 변화될 수 있는 생활양식 행위와 관련되어 있다. 변비를 예방하기 위한 전략은 다음과 같다.

- 섬유소, 특히 밀기울과 같은 불용성 섬유소를 많이 섭취한다 : 통곡류 빵, 과일, 야채는 섬유소의 중요한 급원으로 대변을 부드럽게 하여 배설을 용이하게 해 준다.

- 신체의 신호에 주의하여 변의가 있을 때 배변할 수 있도록 노력한다 : 배변하고자 하는 자연적인 변의를 무시하면 대변이 결장 내에 오래 머무르게 하는 원인이 되어 수분을 더욱 빼기게 되고 대변은 더 단단해진다.
- 규칙적으로 운동한다 : 운동 부족은 하부 위장관의 근육 긴장도 소실을 초래할 수 있다.
- 수분을 충분히 마신다 : 하루에 약 9~13컵의 수분 섭취가 요구된다.
- 긴장을 푼다 : 스트레스는 몸 전체의 근육을 긴장시켜 적절한 장 기능을 저해할 수 있다.
- 규칙적인 식사를 한다 : 신체는 영양소와 섬유소를 매일 규칙적으로 섭취할 때 가장 잘 기능한다.

생활양식으로 초래되는 변비는 이러한 전략으로 호전되지만, 변비가 완화되지 않는다면 보다 심각한 질환이 있는 것은 아닌지 의사와 상담해야 한다.

6) 설사

설사(diarrhea)는 장 내용물이 너무 빠르게 통과하여 대장에서 수분이 흡수되지 않은 채 무르고 물과 같이 배출되는 것이다. 세균이나 바이러스 감염, 젖당 불내성, 오염된 식품이나 스트레스 등은 설사를 초래할 수 있다. 일시적인 설사는 큰 문제가 아니지만, 지속적으로 설사를 하면 많은 체액과 전해질이 손실되어 탈수가 일어날 수 있다. 손실된 체액을 보충하기 위해서는 수분을 충분히 마셔야 하는데, 특히 탈수 위험이 가장 높은 영아와 노인에게 중요하다. 영아는 자신의 갈증을 쉽게 표현할 수 없는 반면에, 신체의 많은 부분이 체액으로 구성되어 있다. 체액의 과도한 소실은 전해질 불균형은 물론 체온을 유지하는 능력에도 영향을 미쳐 심각한 결과를 초래한다. 이에 반해 노인은 갈증을 느끼는 능력이 감소되며, 인지기능 저하와 관련된 것으로 알려져 있는 지남력 상실이 때로는 탈수의 징후일 수도 있으므로 잘 감별해야 한다. 설사는 대개 질병의 증상이기 때문에 2일 이상 계속될 때는 실제 원인을 규명하기 위해 의사와 상의해야 한다.

생각해보기

1. 점심식사로 섭취한 음식물 속에 포함된 영양소들은 체내에서 어떤 과정을 거쳐 흡수, 운반될까?
2. 속 쓰림'을 호소하는 대상자에게 건강문제의 예방 및 치료 전략으로 교육할 사항은 무엇이 있을까?

3장
영양소

01 탄수화물

자연에는 에너지를 내는 우수한 급원인 탄수화물(당질)이 풍부하게 존재한다. 주로 식물에 존재하는 탄수화물(carbohydrate)은 단어 그 자체가 탄소(carbon)와 물(H_2O)의 결합체라는 뜻으로 사람들에게 에너지를 제공해 주는 편리하고도 경제적인 급원이다. 탄수화물은 포도당(glucose)과 자당(sucrose) 등의 당류와 전분(starch)과 식이 섬유소(dietary fiber)와 같은 복합당질로 분류하며, 그 각각은 우리 몸에 필요한 영양을 공급하는데 서로 다른 역할을 담당한다. 탄수화물은 에너지의 일차적인 급원으로서 주된 역할을 하며, 그 중 일부는 감미료로 작용하여 식품을 더 맛있게 먹을 수 있게 하고, 건강에 유익을 주는 식이 섬유소도 제공한다.

최근 다이어트를 하는 사람들에게 지방 섭취는 늘리고 탄수화물을 줄이는 '고지방 저탄수화물' 다이어트가 화두로 떠올라 인기몰이를 하는 가운데, 언뜻 탄수화물이 비만의 주범인 듯한 오해를 불러일으키고 있다. 그러나 대부분의 전문가들은 올바른 영양섭취 계획이 없는 무분별한 '저탄수화물 고지방 식사'가 국민건강에 심각한 위해를 초래할 수 있다고 경고하고 있다.

의학 및 영양 전문학회는 탄수화물, 지방, 단백질의 균형이 잘 잡힌 식단으로 적정 칼로리를 유지해야 하며, 총 열량의 55~65%를 탄수화물로 섭취하되, 총당류 섭취량을 총 에너지섭취량의 10~20%로 제한하고, 특히 식품의 조리 및 가공 시 첨가되는 첨가당은 총 에너지섭취량의 10% 이내로 섭취하도록 권고하고 있다.

1) 기능

탄수화물은 에너지, 섬유소 및 천연 단맛을 제공한다. 탄수화물이 갖는 영양소로서의 핵심적 기능은 에너지를 내는 것이기 때문에 이 역할을 보다 잘 살펴볼 필요가 있다.

탄수화물 1g은 체내에서 완전히 산화되면 4kcal의 에너지를 내며, 우리 몸에서 사용되는 가장 효율적인 형태로 에너지를 공급한다. 인체는 탄수화물을 매일 적정량을 섭취해야 하는데 주된 이유는 다음과 같다.

첫째, 지질과 단백질도 필요에 따라 에너지를 제공하지만, 두뇌는 비상시를 제외하고는 포도당만을 에너지원으로 사용하므로 매일 적절한 양의 탄수화물을 섭취하는 것이 중요하다. 단식상태나 당뇨병 환자에서처럼 포도당이 세포내로 제공되지 못하는 상황에서는 일부 아미노산으로부터 포도당을 합성하여 이용할 수는 있으나 지질로부터 포도당을 만들 수 없어 상당히 제한적이다.

둘째 매일 신체가 필요로 하는 에너지를 만족시킬 만큼 충분한 탄수화물이 공급된다면, 단백질은 에너지를 내는데 쓰이지 않고 절약되어 신체 구성성분과 호르몬, 효소, 면역체 등 특수한 단백질 기능에 이용된다. 이러한 탄수화물의 역할을 단백질 절약 효과(protein-sparing effect)라고 한다.

셋째, 적절한 탄수화물의 섭취는 지질의 산화에 필수적이다. 만약 탄수화물을 제대로 섭취하지 않고 단백질과 지질만으로 구성된 식사를 계속하거나 인슐린의 부족으로 세포에서 포도당의 이용이 제대로 되지 않는 당뇨병의 경우에는 케톤증(ketosis)이 발생한다.

2) 소화와 흡수

탄수화물의 급원은 주로 이당류와 복합당질(전분)의 형태로 존재하므로, 위장관은 이러한 탄수화물을 흡수되기 쉬운 단당류로 소화시키는 역할을 한다.

포도당이 직선상의 형태로 연결되어 있는 전분은 입에서 기계적 소화과정을 통해 더 작은 조각으로 분쇄되고 아밀라아제(amylase)가 섞여 있는 침과 혼합되어 더 단순한 형태인 맥아당(maltose)과 덱스트린으로 가수분해 된다. 소장에서는 전분의 중간형태를 단당류로 분해하기 위해 장의 효소와 췌장의 아밀라아제가 계속 작용한다. 소장의 융모막에서 분비되는 효소들[유당 분해효소(lactase), 자당 분해효소(sucrase), 맥아당 분해효소(maltase)]은 이당류를 단당류로 가수분해한다. 단당류인 포도당, 과당, 갈락토오스는 일반적으로 흡수되는데 에너지가 요구되는 능동적 흡수과정을 통해 소장 세포에서 흡수된다. 단당류는 일단 소장 융모로 들어가서, 문맥계를 통해 간으로 운반된다. 포도당은 즉시 에너지를 내는데 이용되거나 탄수화물의 저장형태인 글리코겐(glycogen)으로 저장되어 필요 시 언제든지 열량원이 된다. 그러나 과당과 갈락토오스는 간에서 포도당으로 전환되어 사용된다(그림 3-1).

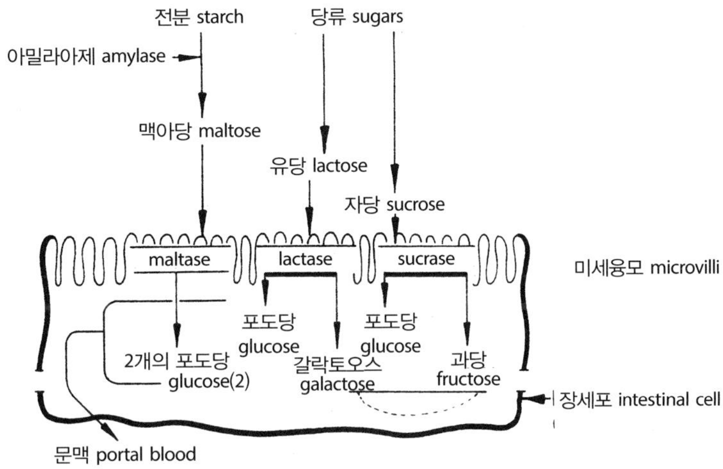

그림 3-1 탄수화물의 소화와 흡수

3) 글리코겐: 탄수화물의 저장형태

전분은 식물성 탄수화물의 저장형태인 반면, 글리코겐(glycogen)은 간과 근육에 저장되는 동물성 탄수화물 형태로서 성인 근육에 저장되는 양은 약 150~250g(600~1,000kcal)이고, 간에는 약 90g(360kcal)이 저장된다. 이렇게 저장되어 있던 글리코겐은 에너지가 필요할 때 글루카곤에 의해 포도당으로 빠르게 분해된다. 일반적으로 12~18시간 금식 후에는 저장되어 있던 글리코겐이 모두 혈당으로 분해되어 소모된다. 글리코겐의 저장정도는 운동과 식이조절을 통해 상당히 증가될 수 있다.

4) 대사

탄수화물 대사의 일차적인 기대 결과는 공복 시 혈당(fasting blood sugar, FBS)이 70~120mg/dL로 일정하게 유지되는 것이다. 순환혈액에 존재하는 포도당인 혈당(blood sugar)은 탄수화물뿐 아니라 비탄수화물로부터도 얻어진다. 일차적으로 식사를 통해 섭취하는 전분과 단순당은 소화와 흡수과정을 거쳐 혈당이 된다. 혈당은 모든 세포의 열량원으로서 즉시 이용되거나, 나중을 위해 일부는 글리코겐으로 전환되어 간이나 근육에 저장되고, 잉여분은 지방으로 전환되어 피하조직에 저장된다. 전환된 두 가지 형태 모두 필요 시에는 에너지원으로 사용된다.

혈액을 통해 세포내로 이동한 포도당 1분자는 산소가 충분할 때 총 38개의 ATP를 생성한다. 이 중 8ATP는 세포질 내에서 해당과정을 거쳐 생성되며, 나머지 30ATP는 생성된 2개의 피루브산(pyruvic acid)이 미토콘드리아로 이동하여 시트르산 회로

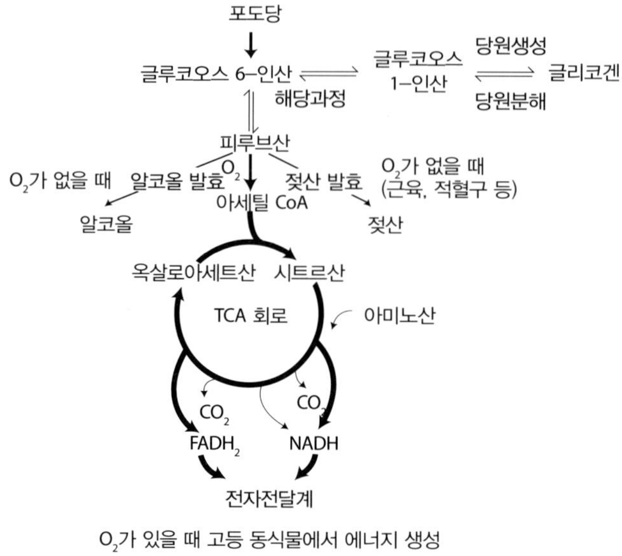

그림 3-2 포도당 대사경로

(TCA cycle)를 거치면서 생성된다(그림 3-2).

저장되어 있던 글리코겐은 필요 시 당원분해를 통해 포도당으로 다시 전환될 수 있지만, 저장되었던 피하지방은 원래의 급원이 탄수화물이었더라도 포도당으로는 다시 생성될 수 없고, 필요에 따라 지방으로만 대사된다.

- 해당과정(glycolysis) : 포도당을 피루브산으로 분해하는 과정
- 당원생성(glycogenesis) : 포도당이 글리코겐으로 합성되는 과정
- 당원분해(glycogenolysis) :글리코겐이 포도당으로 전환되는 과정
- 포도당 신생합성(gluconeogenesis) : 탄수화물이 아닌 물질로부터 포도당을 만드는 과정

격렬한 운동을 장기간 계속하는 경우, 공급되는 산소량보다 소모되는 산소량이 더 많아져 어느 순간부터 근육세포는 혐기상태에 처하게 된다. 산소가 부족한 혐기상태에서는 해당과정을 거쳐 생성된 피루브산이 시트르산회로로 들어가지 못하고 젖산으로 전환된다. 젖산의 일부는 간으로 가서 포도당 신생합성을 통해 포도당으로 전환되어 혈당을 공급하거나 다시 근육으로 이동하여 글리코겐으로 저장되지만, 나머지 젖산은 근육에 쌓여 피로와 통증을 유발하게 되는데, 이것이 심한 운동 후에 다리가 뻐근해지는 이유이다.

체조직은 다양한 열량원을 사용할 수 있으나 두뇌기능과 세포형성, 특히 임신과 성장에는 포도당이 기본이 된다. 성인의 경우 두뇌와 적혈구가 하루 소모하는 포도당은 약 180g 정도이므로 매일 탄수화물을 적정량 섭취하는 것이 필요하다. 식사로 섭취하는 탄수화물이 불충분하면, 신체는 포도당 신생합성을 통하여 비탄수화물인 아미노산과 젖산, 글리세롤 등으로부터 포도당을 일부 생성하여 공급할 수 있으나, 필요한 양을 채울 만큼 충분하지는 않다.

케톤체는 이용가능한 탄수화물이 없을 때 지방산이 에너지를 내기 위해 분해되는 과정에서 생성된다. 이 케톤체(keton body)는 비상 시에 에너지원으로 이용될 수 있지만, 이러한 지방대사 과정은 불완전하며, 케톤체가 축적되면 산-염기 불균형 상태인 케톤산증(ketoacidosis)이 발생한다. 케톤산증이란 강산의 특성을 갖는 케톤체(ketone body)가 혈액에 증가하는 현상이다(그림 3-3).

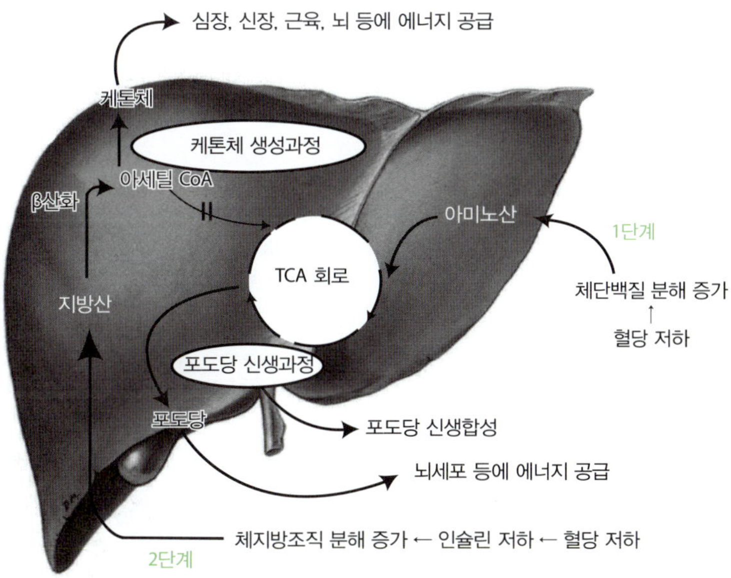

그림 3-3 케톤체의 대사

산의 특성을 갖는 케톤체가 적을 때는 소변을 통해 쉽게 체외로 배설되지만 지나치게 많아지면 케톤산증이 발생한다. 주된 증상으로 호흡할 때 아세톤냄새, 식욕저하, 다뇨, 갈증을 동반하며 심한 경우 뇌손상 등의 치명적인 결과를 초래한다.

5) 혈당조절

정상상태의 혈당은 공복 시에 70~120mg/dL이다. 포도당 대사와 혈당치의 조절은 정교한 호르몬계에 의해 조절된다. 췌장 랑게르한스섬의 β 세포에서 생성되는 인슐린(insulin)은 혈당을 낮추는 기능을 한다. 인슐린은 혈중의 포도당이 세포 내로 들어가도록 문을 열어주는 열쇠 역할을 담당하며, 여분의 포도당을 당원생성 과정을 통해 글리코겐으로 전환시키거나 지방조직에 지방으로 저장함으로써 혈당을 낮추는 기능을 한다. 이와는 반대로 췌장의 α세포에서 분비되는 글루카곤은 간에 저장된 글리코겐을 포도당으로 분해하여 혈당으로 공급한다. 또한 간의 포도당 신생합성을 증가시켜 혈당치를 정상으로 회복시키는 역할을 한다(그림 3-4).

혈당은 주로 음식물의 소화에 의해 소장에서 흡수되거나 간의 글리코겐 분해 및 포도당 신생합성에 의해 증가된다. 이 혈당은 조직의 에너지 생성에 쓰이고 유당 · 당지질 · 핵산 등의 합성에 이용된다. 또한 혈당은 간이나 근육에 글리코겐으로 합성되어 저장되고 여분은 체지방으로 합성되어 저장된다. 혈당이 170mg/dL 이상인 경우에는 소변으로 당이 배설되고, 40~50mg/dL 이하로 떨어지면 심한 공복감과 두통을 느끼는 저혈당증이 온다(그림 3-5).

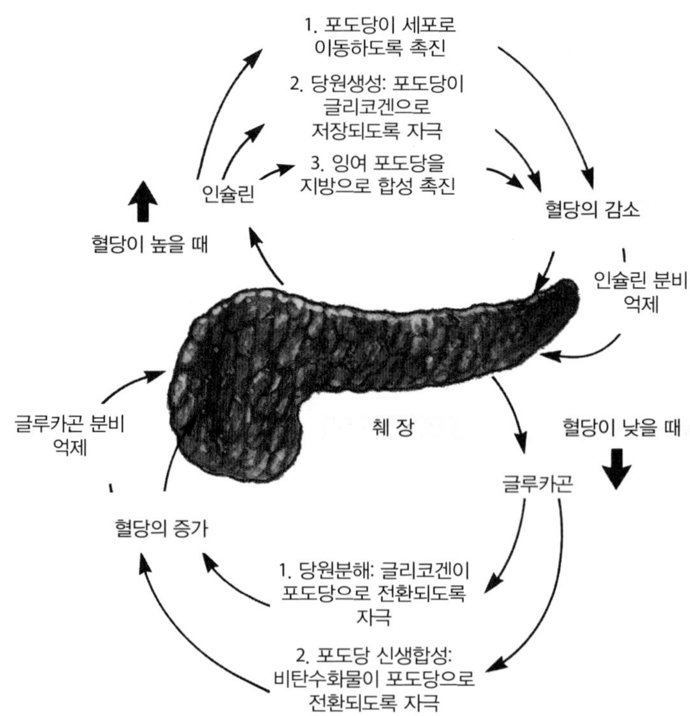

그림 3-4 혈당수준을 유지하기 위한 인슐린과 글루카곤의 기능

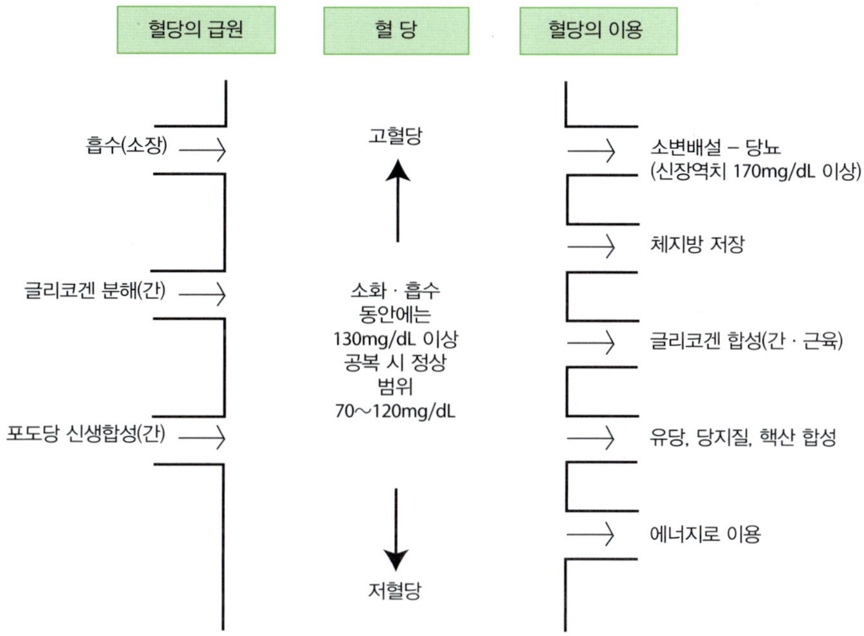

그림 3-5 혈당의 조절

아침식사를 영어로 'breakfast'라 하는데 이는 '장기간의 금식(fast)을 깨뜨리는(break)' 것이 곧 아침식사라는 의미를 내포하고 있다고 볼 수 있다. 즉, 저녁식사 후에는 아침까지 장시간동안 혈당을 유지하기 위해 글리코겐이 분해되어 혈당을 공급하게 되나 아침에는 다 소진하게 된다.

6) 급원식품

(1) 당류

당류란 과당, 포도당, 갈락토오즈와 같은 단당류와 자당, 맥아당, 유당과 같은 이당류를 통칭하는 개념으로, 당류섭취와 건강과의 관계에 과학적 근거가 확인되면서 당류의 섭취량에 대한 관심이 높아지고 있다. 우리가 일반적으로 섭취하는 당류는 식품에 내재하는 당과 가공 및 조리 시에 첨가하는 첨가당으로 구분할 수 있다. 총당류란 식품에 내재하거나 식품을 가공, 조리하면서 첨가하는 포도당, 과당, 갈락토오즈 등의 단당류와 맥아당, 유당, 자당 등의 이당류의 총량을 말한다. 첨가당은 식품의 제조과정이나 조리 시에 첨가되는 당과 시럽으로 백설탕, 흑설탕, 옥수수시럽, 고농도의 과당 시럽, 단풍밀 시럽, 맥아시럽, 팬케이크 시럽, 꿀, 물엿, 당밀, 덱스트로즈 등을 포함한다.

① 단당류

단당류(monosaccharides)는 당질의 기본단위이며 단당류가 모여서 이당류 및 다당류를 만든다. 세 가지 단당류는 탄소 수소 산소로 구성되어 분자량과 재료($C_6H_{12}O_6$)는 모두 같지만 수소와 산소의 위치가 약간 다르고 그에 따라 모양과 맛이 다르다.

- 포도당(glucose) : '포도에 많이 들어있다'하여 붙여진 이름으로 혈액 중에 존재
- 과당(fructose) : 단맛이 가장 강한 단당류로 과일과 꿀에 주로 존재
- 갈락토오스(galactose) : 우유 속에 있는 이당류인 유당(lactose)의 일부로 존재

② 이당류

포도당, 과당, 갈락토오스의 세 가지 단당류를 두 개씩 묶되, 포도당을 한 개 이상 들어가도록 결합하면 이당류(disaccharides)가 된다.

- 자당(sucrose) : 포도당과 과당
- 맥아당(maltose) : 포도당과 포도당
- 유당(lactose) : 포도당과 갈락토오스

자당은 포도당과 과당이 결합된 형태로서 흔히 설탕이라 부르는 것으로 매우 당도가 높으며 과일, 사탕수수, 사탕무 등에 천연적으로 존재한다. 밥을 오래 씹을 때 단맛이 나는 것은 다당류인 전분이 아밀라아제의 작용으로 분해되어 맥아당이 생성되기 때문이다. 맥아당은 맥주 및 보리음료를 만드는데 원료로 사용되며 발효되면서 알코올이 형성된다. 유당은 주로 유즙에 많이 함유되어 있다. 모든 형태의 설탕은 화학적으로 유사하기 때문에 과일 속의 자당이나 크림도넛에 들어 있는 자당은 똑같지만, 과일에는 자당 외에도 비타민, 무기질, 섬유소가 상대적으로 풍부한 반면 도넛은 영양소는 거의 없고 열량만 많이 내는 '빈 열량 식품'(empty-calorie foods)에 속한다.

③ 당알코올과 인공 감미료

1g당 2~3kcal를 내는 당알코올(sugar alcohol)은 영양이 있는 천연 감미료(sweetener)로써 주로 과일에 자연적으로 존재하는 솔비톨, 만니톨, 자일리톨이 해당된다. 당알코올은 몇 가지 장점이 있다. 당알코올은 자당에 비해 치아 부식성이 낮고 일반 당질에 비해 구강 내 세균 증식을 촉진하지 않는 편이다. 또한 다른 당질보다는 천천히 흡수되어 혈당이 서서히 상승되기 때문에 당뇨 환자의 경우 적당량 섭취하면서 혈당 조절도 가능하다. 그러나 장내에서 당알코올이 포도당으로 전환되기 위해서는 다른 당에 비해 시간이 더 소요될 뿐 아니라, 다량 섭취 시에는 장내에서 발효되기 시작하여 설사를 일으킬 수 있다.

한편 인공 감미료는 식품 가공품에 단맛을 내기 위해 제조되는 화학적 물질로써 영양소는 전혀 없고 열량은 극히 적은 비영양물질이다. 인공 감미료는 단맛은 있으면서 열량을 거의 없기 때문에 설탕이나 꿀 등의 천연 감미료 대신 사용할 수 있으며, 대표적인 것으로는 아스파탐, 사카린 등이 있다.

아스파탐(aspartame)은 필수 아미노산인 페닐알라닌과 아스파르트산이 결합된 것으로써 섭취하면 소화되어 2개의 아미노산으로 분해되어 흡수된다. 아스파탐은 자당과 같은 열량을 내지만 자당보다 180~200배나 더 달다. 따라서 같은 정도의 단맛을 내기 위해 설탕의 1/200 정도의 소량만 사용하면 되고 대신 열량은 매우 적게 내는 잇점이 있다. 예를 들어, 설탕이 첨가된 일반 콜라는 1캔당 113kcal의 열량을 내지만 아스파탐이 첨가된 같은 용량의 다이어트 콜라는 0.9kcal만을 낸다. 이러한 점에서 우리나라에서도 1985년이래로 식품첨가제로 허용되어 콜라 제로, 막걸리, 곡류, 껌, 빙과류, 푸딩과 같은 매우 다양한 식품에 사용되고 있다. 미국 질병예방통제센터(center for disease prevention and control)는 아스파탐 섭취와 보고된 부작용과의 관계가 제한조치를 내릴 정도로 명백한 것은 아니라고 결론을 내리고 있으나, 아스파탐의 유해성에 대해서는 지속적으로 제기되고 있으므로 가급적 섭취하지 않거나 주의를 기울이는 것이 좋다. 아스파탐은 시중에서 화인 스위트, 이퀄 등의 상품명으로 시판되고 있다. 일반 성인의 일일 섭취량은 체중 1kg당 50mg 이하로 제한할 것을 권장하고 있다.

» 주의

선천성 아미노산 대사장애인 페닐케톤뇨증(phenylketonuria, PKU)의 경우에는 아스파탐을 섭취하지 말아야 한다. 페닐케톤뇨증은 특정효소의 부족으로 페닐알라닌이 티로신으로 전환되지 못하고 페닐알라닌이 혈중에 증가하게 된다. 티로신부족은 멜라닌 색소의 결핍이나 신경전달물질의 부족으로 행동장애를 초래하고 페닐알라닌대사산물의 축적으로 심한 경우 뇌손상까지 초래되는 대사장애이다. 태아의 PKU 여부를 알 수 없는 상태에서 아스파탐이 함유된 식품을 섭취하면 PKU가 있는 태아는 아스파탐의 대사산물인 과잉의 페닐알라닌에 노출될 수 있기 때문에 모든 임신부는 임신기간 중에 아스파탐의 섭취를 하지 않는 것이 가장 안전하다.

설탕보다 300~700배 가량 당도가 높은 사카린(saccharin)은 1879년에 우연히 발견되어 사용되어 왔으며, 뒷맛이 씁쓸하기 때문에 상쇄하기 위해 다른 감미료와 함께 식품과 음료수, 약품에 첨가되어 활용되고 있다.

(2) 다당류; 복합당질

다당류(polysaccharides; complex carbohydrates)는 여러 단위의 단당류가 여러 종류의 화학결합으로 이루어진 것으로서, 이러한 결합은 다당류를 소화시키는 능력에 영향을 미치기 때문에 다당류를 복합당질로 간주하고 있다.

① 전분

식물성 탄수화물의 저장형태인 전분은 포도당 결합체로서 위장관에서 소화과정을 거쳐 포도당으로 분해된다. 전분은 곡류와 콩류, 근채류, 감자에 많이 존재하며 그 중 곡류는 전분의 최대 급원으로서 밀, 보리, 쌀, 귀리, 옥수수 등이 이에 해당된다.

빵이나 씨리얼, 팬케이크, 오트밀 등의 식품은 고품질의 복합당질이 포함되어 있으므로 통곡류 상태로 섭취하면 섬유소도 풍부하게 공급된다. 그 밖에 피자, 쌀 요리, 파스타 등도 복합당질의 급원이 된다. 크래커, 케이크, 파이, 과자 등도 성분은 다당류이지만 설탕과 지방이 상당량 포함되어 있으므로 섭취량을 적절히 조절해야 한다. 콩과류도 지방은 적고 섬유소와 철분, 단백질은 아주 풍부하여 복합당질의 중요한 급원이다. 뿌리식물인 감자의 경우 복합당질과 섬유소, 비타민, 일부 단백질의 발전소라 할 수 있다. 감자의 가치를 극대화하기 위해서는 가능한 한 그대로 섭취하는 것이 가장 좋다.

② 섬유소

섬유소는 다수의 단순당이 결합되어 있는 형태로서, 사람의 소화액에는 섬유소를 분해하는 효소가 없어 전분과는 다르게 소화가 되지 않는다. 식물 세포의 세포막을 구성하는 성분 중 하나인 식이 섬유소에는 에너지나 영양소는 포함되어 있지 않다. 식이 섬유소는 수용성에 기초하여 수용성과 불용성으로 분류되며 기능성 작용이 다르다.

수용성 식이 섬유소로는 특히 사과와 과일의 백색 부분에 존재하는 펙틴(pectin), 검(gums) 등이 해당된다. 수용성 섬유소를 섭취하면 장에서 쉽게 용해되어 팽윤되며, 끈끈한 점성이 있어 포만감을 준다. 주로 과일에 존재하는 점성의 펙틴은 위에서 소장으로의 당 이동속도를 늦춤으로써 당 섭취 후 혈당이 급격히 상승하는 것을 막아주는 작용을 하므로 당뇨병에 도움을 준다. 또한 수용성 섬유소는 담즙산과 결합하여 담즙산의 배출을 촉진함으로써 간에서 생성되는 콜레스테롤이 상대적으로 담즙산 생성에 많이 쓰이게 되어 결과적으로 혈청 콜레스테롤 수치를 낮춰준다.

불용성 식이 섬유소는 식물 세포벽의 구성분으로 셀룰로오스(cellulose)와 반셀룰로오스(hemicellulose)가 이에 해당된다. 불용성 섬유소는 위장관에서 물을 보유하도록 작용하여 대변의 부피를 증가시킴으로써 이동속도를 빠르게 하고 변비와 게실증, 직장암 등을 예방을 예방한다. 섬유소는 인체의 소화액으로는 소화시킬 수 없으나, 결장에 정상적으로 존재하는 미생물이 섬유소를 발효의 매질로 이용하여 비타민 K, 비오틴 등의 비타민 합성과 짧은 길이의 지방산(short chain fatty acid, SCFA)

을 생성한다. 이때 생성된 짧은 길이의 지방산은 흡수되어 결장의 점막에서 에너지를 내는데 이용됨으로써 결장 상피세포의 건강을 유지시키며, 대변의 부피도 증가된다. 그러나 불용성 섬유소를 지나치게 많이 섭취하면 장운동이 지나치게 항진되어 오히려 철분이나 아연, 구리, 칼슘 등의 무기질 흡수를 저해한다.

한국영양학회는 식이 섬유소의 섭취 수준을 1일 20~25g 정도 권장하고 있으며, 대표적으로 오이 1개 2.2g, 고구마 1개 2.2g, 사과 1개 1.5g 등의 섬유소를 함유하고 있다. 다음 표 3-1은 수용성 및 불용성 섬유소가 다량 포함되어 있는 식품의 예를 제시하고 있다(표 3-1).

표 3-1 섬유소와 식품급원

섬유소	급 원
불용성	
셀룰로오스(cellulose) 반셀룰로오스(hemicellulose) 리그닌(Lignin)	통곡류, 검은 쌀, 통밀, 귀리, 정제 않은 씨리얼, 야채, 밀겨, 씨, 팝콘, 호두, 땅콩버터, 잎푸른 채소
수용성	
펙틴(pectin) 검(gum)	강낭콩, 대두, 사과, 배, 바나나, 포도, 감귤류, 귀리겨, 귀리죽, 감자, 당근, 옥수수, 보리

7) 탄수화물과 관련된 건강문제

사람은 하루 종일 음식을 섭취하기 때문에 대부분의 인체는 이용가능한 포도당에 반응하고 식사와 식사 사이에 포도당을 공급하는데 효율적으로 적응한다. 그러나 조절기능이 제대로 작동하지 않는 이들은 혈당의 갑작스런 변화를 경험하게 되므로 음식물 섭취를 신중히 해야 한다. 탄수화물 대사에 관계되는 대표적인 건강문제로는 영양소 결핍, 충치, 비만, 당뇨 등이다. 그 외 아동의 설탕 섭취가 과다행동이나 주의력 결핍장애를 일으킨다는 주장이 계속 있으므로 과도한 섭취를 하지 않도록 주의를 요한다.

(1) 영양소 결핍

영양소 결핍은 완전한 식품을 섭취하는 대신 설탕이 첨가된 캔디와 소다수와 같은 것들을 주로 섭취할 때 발생할 수 있다. 섭취하는 식사가 저지방, 고섬유소식이라면 중등도의 설탕 섭취는 수용 가능하되, 단순당을 더 첨가하지 않는 것이 바람직하다. 또한 과일과 야채 섭취를 충분히 자주 섭취한다면 단순당의 섭취를 상대적으로 줄일 수 있을 것이다.

(2) 충치

충치는 농축된 당과 점착성이 높은 탄수화물을 섭취할 때 일어난다. 설탕은 플라크의 형성을 촉진하는 세균이 성장하도록 도와준다. 이러한 위험을 감소시키는 방법은 설탕 섭취의 빈도와 양을 줄이고, 식간보다는 식사 끝에 당을 섭취하는 것이 좋고, 식후에는 치아관리를 잘 해서 플라크 형성을 줄이는 것이다.

(3) 비만

과도한 당 섭취는 반드시 그런 것은 아니지만 때로 비만의 원인이 된다. 대개 설탕이 들어있는 음식이 지방 함유량도 높아 에너지를 가장 많이 낸다는 점에서 주의가 필요하다.

(4) 당뇨병

당뇨병(diabetes mellitus)은 인슐린이 절대적 또는 상대적으로 부족하여 발생하는 탄수화물 대사 장애로서, 고혈당이 특징이다. 당뇨병은 인슐린의 부족으로 포도당이 세포 내로 들어가지 못하고 혈중에는 과도하게 높아지게 되는 질환으로, 세포는 에너지원인 포도당을 적절히 공급받지 못한다.

설탕 섭취와 인슐린 비의존형 당뇨병의 발생위험 간에 직접적인 관계는 없지만, 당뇨 환자의 경우 인슐린 요구도를 조절하기 위하여 농축당의 섭취를 제한하도록 권고하고 있다.

저혈당 상태(hypoglycemia)는 질병 자체가 아니고 기저질환이 있을 때 나타나는 하나의 증상이다. 장시간 아무 것도 섭취하지 못하여 공복감을 느끼기 시작하면 누구나 저혈당을 경험할 수 있다. 만일 음식을 계속 섭취하지 않으면 우리 몸은 에너지를 대체 급원으로부터 얻게 되는데, 이때 글루카곤과 에피네프린이 방출되어 간에 저장된 글리코겐을 에너지로 쓸 수 있는 포도당으로 만드는 작용을 활성화한다. 대표적인 저혈당증 증상은 빠른 심박동, 땀, 쇠약감, 불안, 공복감이다.

음식을 잘 먹는 데도 불구하고 이러한 증상이 자주 일어난다면 검사를 해봐야 한다. 대표적인 경우는 간에 포도당이 적절히 저장되지 않았거나 췌장의 인슐린 생성이 과다하여 혈당이 지나치게 낮아지거나 포도당의 장 흡수장애에 의한 것이다. 또한 부신 종양이 에피네프린의 과도분비를 일으키기도 하며 순환계 문제가 뇌로 가는 혈류량에 영향을 주어 저혈당과 관련된 혼돈과 두통 및 기타 증상을 일으킬 수 있다.

만성 저혈당증과 유사한 증상은 음식 섭취 양상이 적절치 못하거나 충분히 섭취하지 않을 때도 발생할 수 있으나 진성 저혈당은 드물다. 저혈당이 의심된다면 식이섭취 양상을 분석해 보아야 하며, 음식조절을 통해서도 저혈당 증세가 제거되지 않을 때는 의학적 치료가 뒤따라야 한다.

02 지방

지방(fat)이라면 무조건 공포를 느끼는 사람이 많지만, 지방이 항상 건강에 해로운 것은 아니며 건강 유지에 꼭 필요하고 유용한 영양소이다. 단맛에 대한 선천적인 선호는 출생 시 이미 관찰되지만, 지방에 대한 선호도는 영아기나 아동기 초기에 발달한다. 아동은 성장하면서 지방이 들어있고 단맛을 내는 음식의 맛과 향미, 질감을 더 선호하게 된다. 지방 섭취를 줄이기 위해서는 식품선택의 습관이나, 특정 식품에 관련된 상징적 의미, 식품내 지방에 대한 감각적 가치때문에 많은 시간과 노력이 필요하다. 지방은 실제로 지질(lipid)이라 불리는 화학군을 지칭하는 것이다. 지질은 중성지방(triglyceride), 인지질(phospholipid), 스테롤(sterol)로 구분된다. 식품과 신체에 존재하는 지질의 약 95%는 중성지방 형태이며, 레시틴(lecithin)은 가장 잘 알려져 있는 인지질의 한 종류이고, 콜레스테롤(cholesterol)은 스테롤의 대표적인 종류이다.

1) 기능

지질의 기능은 식품 특성과 관련되는 기능과 신체 건강과 관련되는 생리적 기능으로 나눌 수 있다.

(1) 식품 기능

① 열량원

지방은 식품과 신체에 저장된 에너지 중 가장 밀도가 높은 형태로서, 탄수화물이나 단백질이 1g당 4kcal의 에너지를 내는데 비해, 지방은 9kcal로 거의 2배 이상을 낸다. 예를 들면, 순지방인 버터 1g은 설탕이나 말린 생선살같은 탄수화물과 단백질 1g이 내는 에너지보다 2배를 낸다.

② 맛과 향미

지방은 음식의 맛과 냄새를 좋게 해 주어 입맛을 증강시켜 준다. 질병으로 입맛을 잃은 환자에게는 전략적으로 식사에 소량의 지방을 첨가하면 입맛을 증가시켜 영양섭취를 증가시킬 수 있다.

③ 포만감

열량이 높은 지방은 소화과정이 천천히 일어나면서 위장관이 충만하고 만족된 상태로 느끼게 해 주기 때문에 식간의 공복감을 막아 준다.

④ 식품 가공

지방은 영양적 가치 외에도 조리할 때 아주 요긴하게 이용된다. 마가린같이 가공된 경화유는 식품 가공품 내에 존재하는 지방이 산패되는 것을 막아준다. 또 인지질의 일종인 레시틴은 기름과 물을 잘 섞어주는 유화제로 역할을 하여 지질의 전반적인 섭취량을 증가시킨다.

⑤ 영양소 급원

지방에는 필수 지방산인 리놀레산(linoleic acid)과 리놀렌산 등이 함유되어 있을 뿐 아니라 지용성 비타민 A, D, E, K의 운반과 흡수에 관여한다. 필수 지방산의 최소 필요량은 다불포화지방산의 급원인 식물성 기름 2티스푼 정도면 충족되기 때문에 결핍증은 거의 드물다. 그러나 당뇨병 합병증인 말초혈관질환이 있는 노인 환자나 지방 흡수불량 환자, 단백질 영양실조증으로 저지방, 고단백식 치료를 받는 환자에게서는 결핍증이 발생할 수 있다. 그 밖에도 심각한 사고와 화상으로부터 회복하는 경우나 건강상 목적으로 지방 섭취가 극도로 낮거나 식이장애가 있는 사람도 결핍증이 발생할 수 있다.

(2) 생리적 기능

① 에너지 저장

체지방 세포는 80% 이상이 중성지방 형태로 거의 순 지방이다. 지방조직 1kg은 다른 조직에 비해 물이 상대적으로 적게 함유되어 있어 약 7,726kcal의 열량을 생성할 수 있는 반면, 포도당의 저장형태인 글리코겐은 더 많은 물과 함께 저장되기 때문에 열량의 측면에서 체지방에 비해 효율이 떨어진다. 지방조직(adipose tissue)은 질병이나 음식이 제한되는 시기 동안 중요한 열량원이 되며, 근육의 중요한 열량원이기도 하다. 지방조직 또는 체지방 수준이 20% 이하인 여성은 생식능력이 위태로울 수 있다.

② 장기 보호

저장 지방은 에어로빅 운동이나 스노보드와 같이 충격이 큰 활동을 할 때 신체의 장기를 보호하는 쿠션 역할을 한다.

③ 체온 조절

피부 바로 아래 있는 지방층은 체온을 조절하는 단열제로서 작용하여 열 손실을 최소화한다.

④ 절연체

주로 지방조직으로 구성된 수초(myelin)는 신경섬유를 둘러싸고 신경자극의 전달을 가능하게 하는 전기적 절연체 역할을 담당한다.

⑤ 세포막 강화

중성지방의 주요 구성성분인 필수 지방산은 혈압, 혈소판 응집을 통한 혈액응고, 위산분비 등 여러 신체기능을 조절하는 프로스타글란딘(prostaglandins)과 같은 화합물을 만드는 필수물질이다. 세포막의 전반적인 강도는 필수 지방산에 의해 좌우된다. 필수 지방산이 결핍되면 세포막 투과성이 증가되어 세포막 파괴를 초래하여 피부병과 습진이 발생하며, 상피조직의 염증 및 감염에 대한 감수성이 증가될 수 있다.

(3) 인지질과 스테롤의 기능

인지질(phospholipid)은 적혈구 막과 세포막 구조의 부분으로 중요하며, 또 유화제로 작용하면서 지방이 체액에서 흩어지지 않게 안정적으로 보호해 준다. 대표적인 인지질인 레시틴(lecithin)은 지방과 콜레스테롤을 운반하는 지질 운반체인 지단백(lipoprotein)의 구성성분이기도 하다. 식이 레시틴은 신체의 운반체계에 작용하기보다는 소화되어 체내에서 다른 지질처럼 이용된다.

지질의 한 그룹인 스테롤(sterol)은 우리 몸의 복잡한 조절성분의 중요한 구성요소로써 담즙과 비타민 D, 성 호르몬, 뇌세포와 신경조직을 만드는 기본 물질이다. 특히 콜레스테롤은 모든 세포막과 신경조직의 핵심부분이며 호르몬의 기본 구성물질이다. 콜레스테롤은 간에서 하루에 0.5~1g이 합성되며, 그 일부는 식이 지방을 흡수하는데 필요한 유화제인 담즙산으로 전환되어 장으로 배설된다.

2) 지질의 급원 및 구조

(1) 포화지방산과 불포화지방산

중성지방(triglyceride)은 3개의 지방산과 글리세롤(glycerol) 1분자로 구성되어 있다. 글리세롤은 탄수화물로부터 유도된 것이지만 지방산과 비교할 때 매우 작은 부분이며, 지방산은 길거나 짧은 사슬형태의 탄소원자로 이루어져 있다. 모든 천연지방은 여러 형태의 지방산이 혼합되어 있다.

① 포화지방산(saturated fat)

포화지방산(saturated fat)은 탄화수소의 사슬을 이루는 각 탄소가 2개의 수소원자와 2개의 탄소원자를 갖고 있으면서 이중결합이 없는 탄소사슬이다. 포화지방산으로는 탄소가 16개인 팔미틴산(16C: palmitic acid), 탄소가 18개인 스테아린산(18C: stearic acid) 등이 있으며 대표 급원식품으로는 육류, 가금류, 계란 노른자, 유제품 등 동물성 식품이다. 팜유와 코코넛유는 식물성 기름이지만 불포화지방산보다는 포화지방산의 함량이 많아 실온에서 고체로 존재하므로 포화지방산의 급원식품에 해당된다.

② 불포화지방산(unsaturated fat)

불포화지방산(unsaturated fat)은 탄소사슬에 1개 이상의 불포화 이중결합을 갖고 있다. 이때 이중결합의 수에 따라 단일불포화지방산(monounsaturated fatty acid), 다불포화지방산(polyunsaturated fatty acid)으로 구분한다. 불포화지방산은 이중결합의 수가 많을수록 융점이 낮아 상온에서 액체상태로 존재하며, 단일결합에 비해 불안정하여 공기 중에서 쉽게 산화된다. 단일불포화 지방산에 해당되는 올레인산(oleic acid)은 주로 올리브유와 땅콩기름에 들어 있고, 다불포화지방산의 급원식품은 옥수수유, 대두유, 해바라기유, 참깨유, 생선 등이다(그림 3-6).

지방산 대사는 지방산에 존재하는 이중결합의 위치에 따라 달라진다. 오메가는 그리스 문자의 가장 끝 알파벳에 해당되는데, 지방산의 말단에 있는 메틸기(CH_3; omega 말단)으로부터 6번째 탄소에 최종 이중결합이 있으면 오메가-6(omega-6)계열이고, 3번째에 이중결합이 있으면 오메가-3(omega-3)계열이라 한다(그림 3-7).

다불포화지방산의 두 범주인 omega-6계열(ω-6)과 omega-3계열(ω-3)은 필수 지

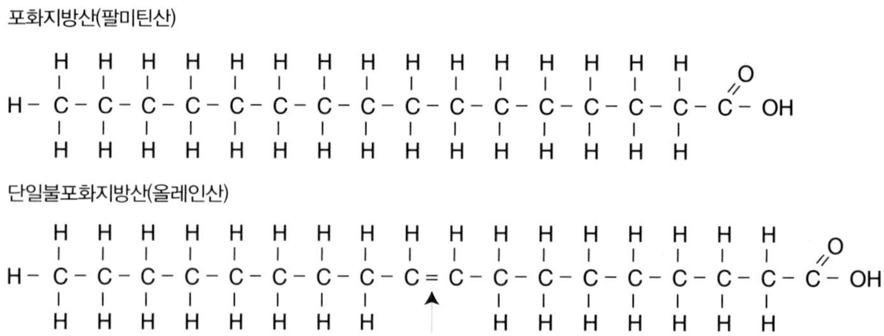

그림 3-6 포화지방산과 불포화지방산

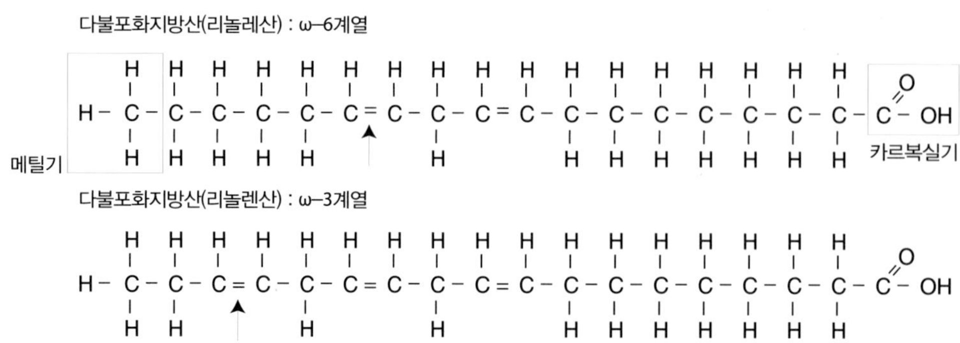

그림 3-7 오메가-3 지방산과 오메가-6 지방산

방산인 리놀레산(linoleic acid)과 리놀렌산(linolenic acid)을 각각 함유하고 있어 반드시 음식으로 섭취하여야 한다.

omega-3계열은 특히 생선 섭취와 관계가 있다. 알래스카와 그린란드의 에스키모인을 대상으로 실시한 역학조사에서 이들이 지방이 매우 많은 식사를 하는데도 불구하고 심장질환으로 인한 사망률이 매우 낮게 나타났다. 이는 식단의 주류를 이루는 심해어의 지방 섭취와 관련이 깊은 것으로 밝혀졌다. 특히 생선에 존재하는 omega-3계열 지방산 중 하나인 EPA(eicosapentaenoic acid)는 리놀렌산에서 유도된 지방산으로서, 혈액응고 과정을 감소시키고 혈중 콜레스테롤 농도를 감소시켜 심장질환의 위험을 낮춘다는 것이 규명되었으며, 항암효과에 대해서도 계속 연구되고 있다.

omega-3 지방산이 많이 함유된 급원식품으로는 참치, 연어, 멸치, 송어, 고등어 등 등푸른 생선을 들 수 있다. 건강 상의 유익을 얻기 위해서는 등푸른 생선을 한 토막씩 일주일에 네 번 이상 섭취하는 것이 권장된다. 불포화지방산을 섭취할 때는 omega-6과 omega-3의 급원식품 간에 적절한 균형을 유지하는 것이 지방산 대사과정에 바람직하다. 사람들은 omega-3를 식사로 섭취하기 보다는 시판되는 정제어유 캡슐을 이용하는 경향이 있다. 그러나 그 적절한 양이나 안전성, 부작용 등에 관한 의문들이 여전히 해결되지 않고 있는 상태이므로, 최선의 접근방법은 중요한 지방산을 함유하고 있는 급원식품의 섭취를 증가시키는 것이 바람직하다(표 3-2).

이중결합이 있는 지방산이 같은 화학식을 갖고 있으면서 화학적 구조가 다른 2개의 이성질체 형태로 존재할 수 있다. 자연계에 존재하는 불포화지방산의 경우 시스형(cis)이 대부분이지만 가공과정에서 물리적 성질을 변화시키고 산패를 억제하기 위해 수소를 첨가하는 경우가 많은데, 이 과정에서 시스형이 트랜스형(trans)으로 바뀌는 경우가 많다. 시스형은 이중결합의 수만큼 꺽여 있고 트랜스형은 일직선상으로 펴져 있다. 즉, 불포화지방산이 수소 첨가 공정을 통해 경화유로 변신한 마가린, 쇼트닝 등은 실온에서 고체로 존재하는 포화지방산과 유사한 특성을 갖게 되어 체내에서 결과적으로 혈중 콜레스테롤 농도를 높인다(그림 3-8).

표 3-2 Omega 지방산의 급원식품

지방산	급원식품
Linoleic acid(ω–6) Arachidonic acid	식물성 기름 : 옥수수유, 대두유, 면실유, 참깨, 해바라기씨 아라키돈산 육류(또는 linoleic acid로부터 만들어짐)
Linolenic acid(ω–3)	유지 : 대두, 호두, 밀배아, 대두로 만든 마가린과 쇼트닝 견과류, 종자류 : 호두, 대두
EPA, DHA(ω–3)	모유, 어패류 : 고등어, 참치, 연어, 멸치류, 청어, 송어, 정어리 등 리놀렌산으로부터 유도

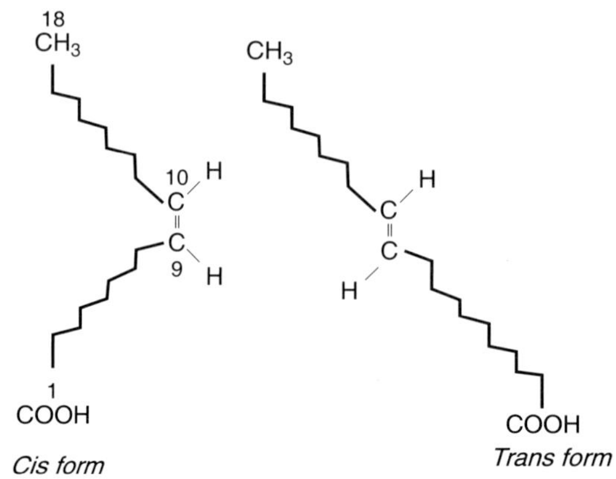

그림 3-8 시스 지방산과 트랜스 지방산

(2) 인지질

식품에 함유된 인지질(phospholipid)은 대부분이 레시틴이며 유화제로 작용한다. 즉, 인지질은 한 분자내에 물과 결합하는 친수성 부분과 기름과 결합하는 소수성 부분을 동시에 가지고 있어 서로 섞이지 않는 물과 기름을 잘 섞이게 하는 매개체 역할을 담당한다. 대두에서 얻는 레시틴은 유화 목적으로 식품가공에 사용된다. 계란 노른자에 함유된 레시틴도 식초와 기름이 분리되지 않도록 마요네즈 제조에 사용되며, 또한 코코아 버터와 결합된 다른 유화성분들을 유지하여 초콜릿을 제조하고 케이크와 제빵류의 신선함을 유지하기 위해 사용되기도 한다.

모든 세포에 존재하는 인지질은 신체에서 만들어지기 때문에 필수 영양소는 아니다. 레시틴은 폐포에서 분비되는 표면활성제의 주요 성분이기도 하여 폐포의 확장을 도와주며, 세포막 지질의 구성성분으로서 세포막이 유동성을 유지하고 수용성 및 지용성 영양소를 모두 통과하도록 도와준다.

(3) 스테롤

스테롤(sterol)은 인지질과 같이 체내에서 합성되므로 필수 영양소는 아니다. 식사로 콜레스테롤을 섭취하지 않으면 간은 신체기능을 위해서 필요한 양의 콜레스테롤을 생산할 수 있다. 일반적으로 식이성 콜레스테롤(외인성)은 전체 콜레스테롤의 약 25%만을 차지하며, 나머지는 간에서 필요량에 따라 생산된다. 콜레스테롤의 급원식품은 모두 동물성으로 쇠고기, 돼지고기, 닭, 베이컨, 런천 미트, 계란, 생선, 유제품(우유, 버터, 치즈) 등이며, 식물성 식품에는 콜레스테롤이 함유되어 있지 않다.

3) 지방 섭취와 콜레스테롤

대한내분비학회, 대한당뇨병학회, 대한비만학회, 한국영양학회, 한국지질동맥경화학회 5개 전문 학술단체는 공동으로 '건강한 식단을 위한 3가지 실천사항' 중 건강한 지방 섭취에 대해 권고하고 있다. 특히 포화지방을 과다 섭취할 경우 LDL-콜레스테롤(나쁜 콜레스테롤) 수치 증가에 의한 심혈관질환 발생률이 높아지며, 비정상적으로 고지방식만 고집할 경우 미량 영양소 및 섬유소 섭취 감소로 인한 문제를 부를 수 있다고 지적하고 있다.

(1) 식품의 지방 함량

고지방 식품은 열량이 가장 농축되어 있는 식품이다. 대부분의 식품에는 영양소가 혼합되어 있기 때문에 식품구매를 할 때에는 식품 포장에 기록되어 있는 영양가 표시를 잘 살펴보고 선택하는 것이 필요하다.

(2) 식품 콜레스테롤과 혈중 콜레스테롤

콜레스테롤(cholesterol)은 사람을 포함하여 동물의 모든 조직에 존재하는 왁스 물질로서, 고기와 계란, 생선, 가금류, 유제품과 같은 모든 동물성 급원식품에 함유되어 있다. 콜레스테롤이 가장 많이 함유된 식품은 계란 노른자와 육류의 간과 신장 등이다.

지단백(lipoprotein)은 중성지방, 지방산, 인지질, 콜레스테롤 및 지용성 비타민을 포함하는 지질의 혼합체로서, 단백질로 구성된 바깥층으로 둘러싸여 있다. 이러한 지단백의 친수성 바깥층은 혈액 등의 수용성 환경에서 지질 복합체의 이동을 가능하게 해주어 순환계로 운반된다. 지단백 중 하나인 유미지립(킬로마이크론; chylomicron)은 음식물로 들어오는 외인성 중성지방을 운반하는 기능을 담당한다. 즉, 장벽에서 흡수된 지방을 간 세포로 운반함으로써 지방이 지단백의 합성에 이용되도록 한다.

초저밀도 지단백(very low-density lipoprotein, VLDL)은 신체에서 새롭게 생성된 내인성 중성지방을 조직세포로 운반하기 위해 지방과 지질 복합물로 채운 뒤 간에서 유리된다. 저밀도 지단백(low-density lipoprotein, LDL)은 다양한 기능을 위해서 콜레스테롤을 전신의 조직세포로 운반하는 역할을 한다. 고밀도 지단백(high-density lipoprotein, HDL)은 다른 세 지단백(chylomicron, VLDL, LDL)과는 대조적으로 조직세포로부터 콜레스테롤을 걷어서 간으로 되돌려 운반해 준다. 그림 3-9은 주요 지단백의 조성을 보여주고 있다.

총 혈중 콜레스테롤은 LDL과 HDL에 들어있는 콜레스레롤의 정도를 반영한다. 체내의 콜레스테롤 활성을 확실히 사정하기 위해서는 HDL-콜레스테롤치와 LDL-콜레스테롤치의 검사가 중요하다. 앞서 언급한 바와 같이 LDL은 갖고 있는 콜레스테롤을 말초혈관 내부벽에 운반해 주어 동맥경화증을 유발시킬 수 있으므로 LDL-

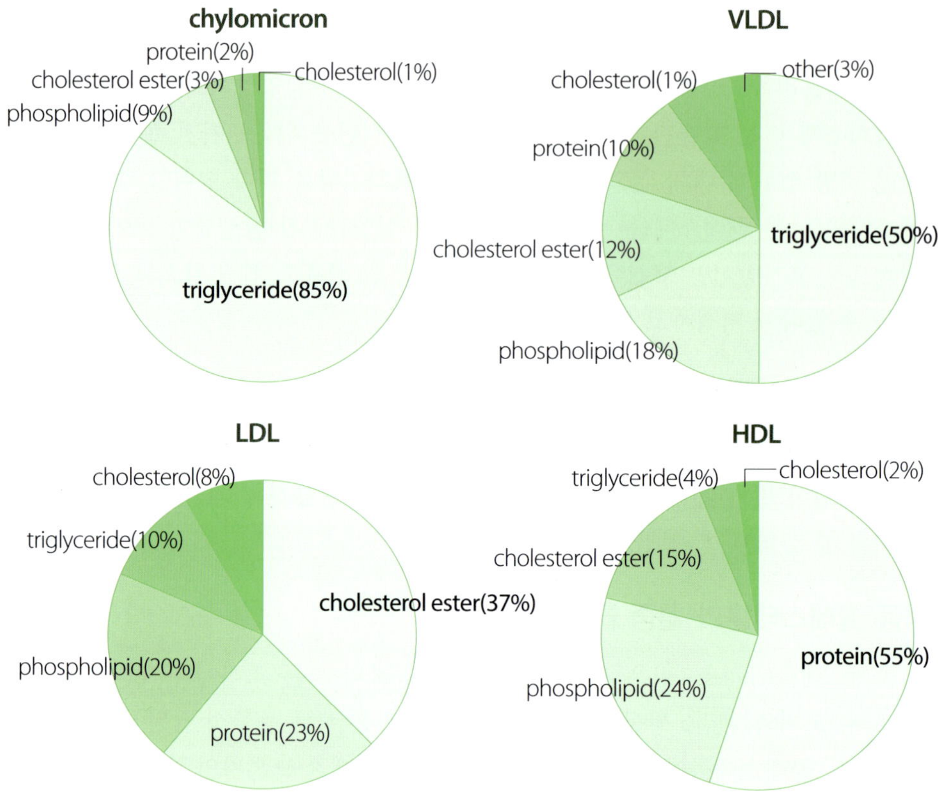

그림 3-9 주요 지단백(lipoprotein)의 조성

콜레스테롤은 '나쁜 콜레스테롤'로 불려지고 있다. 이에 반해 HDL은 혈액을 순환하다가 말초혈관에 쌓여 있는 콜레스테롤을 걷어내어 간으로 이동시키는 역할을 담당하므로 HDL-콜레스테롤을 '좋은 콜레스테롤'이라고 한다. HDL-콜레스테롤 농도는 남성보다 여성에서, 또 평소 운동하는 사람과 비흡연자에게서 상대적으로 높다.

콜레스테롤이 간에서 75%가 생성되기 때문에 음식으로 콜레스테롤을 섭취한다고 해도 우리 몸은 항상성을 유지한다. 혈중 콜레스테롤을 높히는 주 요인은 식품에 포함되어 있는 콜레스테롤 함량 못지 않게 포화지방산 함량이다. 즉, 콜레스테롤 함량이 높으면서 포화지방산도 많이 들어있는 식품을 섭취할 때 특히 문제가 된다. 이러한 영향을 감소시키기 위해서는 조리방법과 섭취하는 방법을 고려해야 한다.

계란은 콜레스테롤 함량이 높은데 대개 지방 함유량이 높은 베이컨이나 소시지와 함께 섭취함으로써 지방이 혈중 콜레스테롤을 더욱 증가시킨다. 새우는 콜레스테롤 함량이 높지만 포화지방산은 상대적으로 적게 들어 있어 튀김 대신 찌개에 넣어 조리한다면 혈중 콜레스테롤 농도에 미치는 영향은 크지 않다고 본다. 각종 식품이 혈액의 콜레스테롤 농도에 미치는 영향을 손쉽게 비교하는 지수(콜레스테롤-포화지방산지수, Cholesterol-Saturated fat Index, CSI)를 살펴보면 새우는 6인 반면, 쇠고기 · 돼지고기 9~18, 달걀은 29에 해당되어 혈중 콜레스테롤에 미치는 영향은 달걀이 가장 크다.

$$CSI = [콜레스테롤(mg/100g식품)\times0.05] + 포화지방산(g/100g식품)$$

옥수수유, 홍화유, 두유 등을 재료로 만든 식용유의 겉포장에서 종종 발견하는 '콜레스테롤 제로' 홍보문구는 구매자로 하여금 다량 섭취해도 아무 문제가 없을 것으로 착각하게 하지만, 식물성 기름은 순 100% 지방이므로 많은 양을 섭취할 때는 혈중 콜레스테롤을 높이는 역할을 한다는 것을 기억해야 한다. 따라서 혈중의 지방농도나 콜레스테롤을 낮추기 위해서는 식사 자체의 콜레스테롤만 낮추기보다 포화지방산의 섭취량도 함께 제한해야 한다(표 3-3).

미국심장협회는 심혈관질환 예방을 위해 포화지방산과 단일불포화지방산, 다불포화지방산의 1 : 1 : 1의 균형잡힌 섭취를 권고하고 있다. 동시에 다불포화지방산인 오메가-3지방산과 오메가-6 지방산과 균형은 모유에 함유된 비율인 1 : 4 ~ 1 : 10의 범위를 유지하는 것이 좋다고 전문가는 추천하고 있다.

표 3-3 식품의 콜레스테롤 함유량

식품종류	목측량	콜레스테롤 함량(mg)	식품종류	목측량	콜레스테롤 함량(mg)
탈지유	1컵	4	전지유	1컵	33
마요네즈	1Ts	8	쇠고기		
저지방우유(2%)	1컵	18	돼지고기	85g	70~85
크림치즈	28g	28	닭고기		
핫도그	1개	29	새우	85g	166
10% 유지방 아이스크림	1/2컵	30	계란노른자	1개	213
버터	1Ts	31	쇠간	85g	410

4) 소화

구강에서의 지방 소화는 지방음식을 저작하는 기계적 과정에서 시작된다. 혀에서는 지방 분해 효소인 리파아제(lipase)가 분비되어 긴 사슬의 지방산을 분해한다. 지방의 기계적 소화는 위에 이르러서도 연동운동의 강력한 작용을 통해 계속 일어난다. 위에서 분비되는 리파아제는 중성지방으로부터 지방산을 가수분해한다. 십이지장으로 들어온 지방은 십이지장벽에서 분비되는 국소호르몬인 콜레시스토키닌(cholecystokinin, CCK)을 유도함으로써 담낭에서 소장으로 담즙을 분비하도록 자극한다. 담즙은 지방입자를 잘게 쪼개어 소화액과 잘 섞이도록 해 주는 유화제로 작용하는 한편, 지방덩어리는 근육작용을 통한 기계적 소화의 결과로 췌장 리파아제의 작용을 받게 된다. 이 효소는 중성지방을 지방산과 monoglyceride, 글리세롤 분자로 분해시키는 일차적 소화효소이다. 그러나 일부 지방은 완전히 분해되지 않고 소화되거나 흡수되지 않은 채로 그대로 배설되기도 한다.

5) 흡수

지방산, monoglyceride, 콜레스테롤은 장에서 융모로 흡수되기 위해 이동할 때 담즙염의 도움을 받는다. 소장에서 담즙염에 의해 생성된 미포(micelle)는 지질을 둘러싼 형태로서, 지질이 세포막벽을 통과하여 확산되도록 도와준다. 세포막 벽을 통과할 때 지방산과 글리세롤은 새롭게 중성지방으로 결합된다. 중성지방은 지단백의 하나인 유미지립(chylomicron)에 의해 림프계를 통해 혈액순환계로 유입되고 문맥계를 거쳐 간에 도달하게 된다. 일부 글리세롤과 짧은 길이의 지방산과 중간 길이의 지방산은 모세혈관으로 직접 흡수되어 문맥과 간으로 들어 간다.

혈중 유미지립 내의 중성지방은 지단백 리파아제(lipoprotein lipase)의 도움으로 지방산과 글리세롤로 분해되며, 이때 유리된 지방산의 대부분은 주변의 근육세포와 지방세포로 흡수되어 열량원으로 사용되고 일부는 저장을 위해 중성지방으로 다시 만들어진다(그림 3-10).

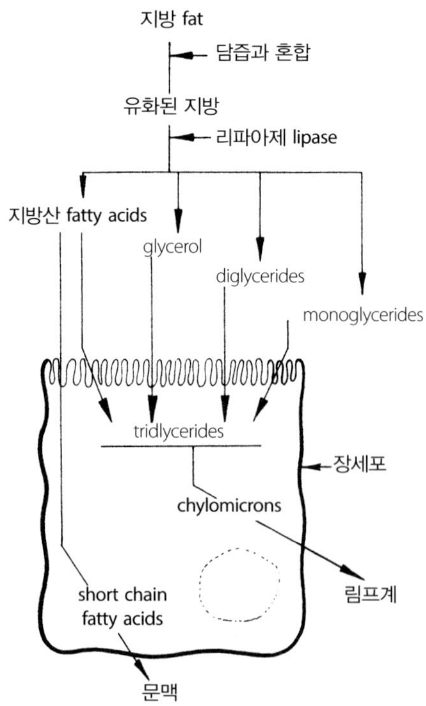

그림 3-10 지방의 소화와 흡수

6) 대사

지방대사는 여러 과정으로 이루어진다. 에너지를 내기 위한 이화작용에는 중성지방이 가수분해되어 아세틸 CoA로 전환되는 과정이 포함된다. 아세틸 CoA는 시트르산 회로(TCA cycle)로 들어가서 산화과정을 거쳐 ATP 형태로 열을 방출하면서 이산화탄소와 물을 생성한다. 이때 에너지를 내는 탄수화물이 부족하면 저장되어 있던 지방이 매우 빠르게 분해되면서 간세포는 케톤체라 불리는 중간산물을 생성한다. 이 케톤체는 혈중에 축적되어 케톤산증(ketoacidosis)을 초래하게 된다.

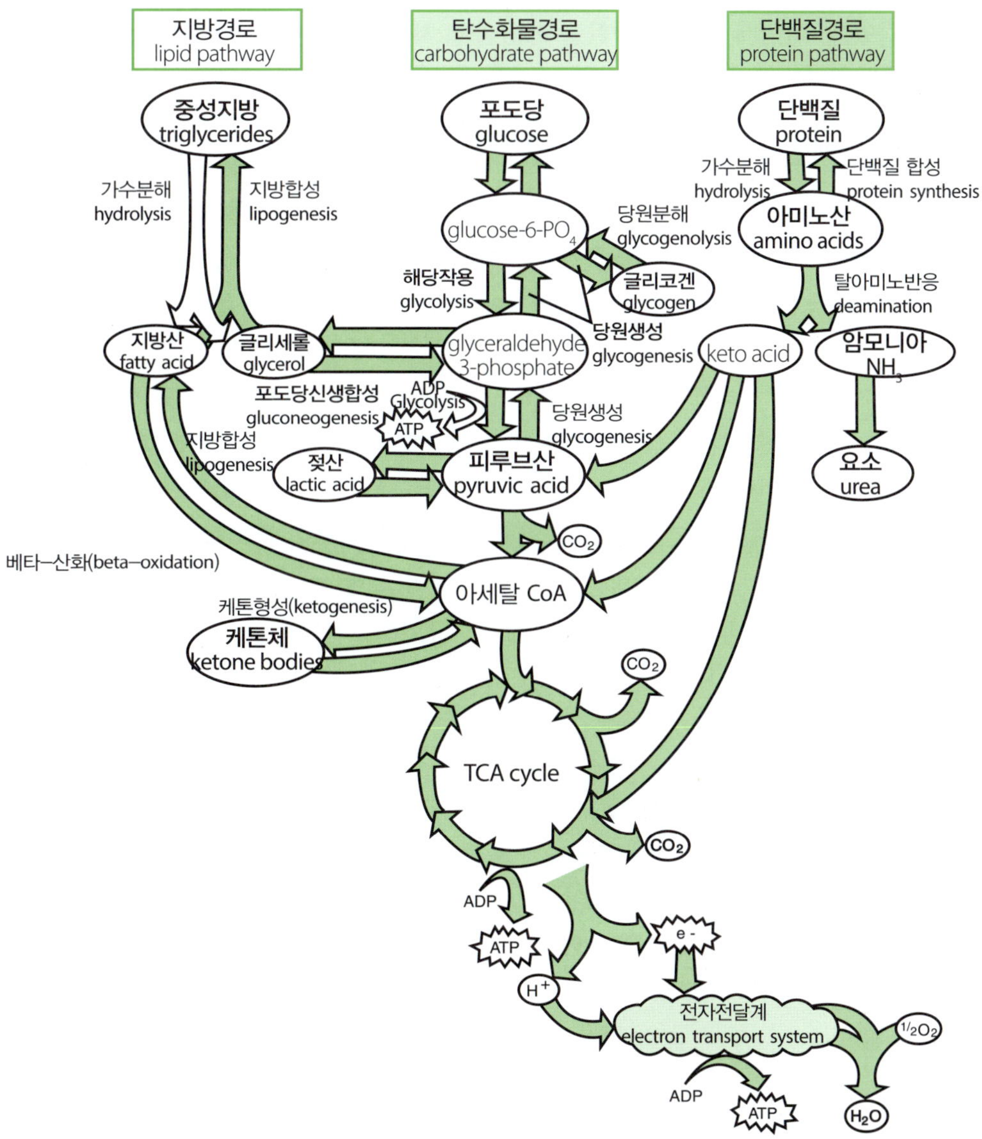

그림 3-11 포도당, 지방산과 글리세롤, 아미노산 대사의 주요 경로

지질의 동화작용은 체내에서 중성지방, 인지질, 콜레스테롤, 프로스타글란딘 등을 형성하는 것이다. 중성지방과 인은 지방산과 글리세롤로부터 형성되거나 과잉의 포도당이나 아미노산으로부터 형성되며, 다른 급원에서 온 과잉의 탄소, 수소, 산소는 중성지방으로 전환되어 지방조직에 저장될 수 있다. 에너지를 생성하는 포도당과 중성지방, 단백질 대사의 주요 경로는 다음과 같다(그림 3-11).

7) 지방 섭취 관련 질환

고지방식은 관상동맥질환이나 일부 암과 같은 여러 만성질환과 직접적인 관계가 있고, 인슐린 비의존형 당뇨병과 고혈압과도 간접적으로 관계가 있는 것으로 알려져 있다. 따라서 이러한 질환을 예방하고 치료하기 위한 건강지침으로는 평소보다 지방 섭취를 줄일 것을 권장하고 있다.

(1) 관상동맥질환(coronary artery disease)

고지방식은 혈중 콜레스테롤치에 미치는 포화지방산과 식이성 콜레스테롤 섭취의 영향에 기초하여 관상동맥질환 발생의 위험요인이 되고 있다. 혈중 콜레스테롤치의 상승은 특히 HDL-콜레스테롤에 대한 LDL-콜레스테롤치의 비율이 높을 때 관상동맥질환과 잠재적인 심장발작 위험의 신호로 간주되고 있다. 흔히 HDL-콜레스테롤/LDL-콜레스테롤 또는 HDL-콜레스테롤/총콜레스테롤 지표가 이용된다.

LDL이 운반하는 콜레스테롤은 산소 공격에 더 취약하여 대식세포(macrophage)라 불리는 커다란 청소세포(scavenger cell)를 끌어당긴다. ③ 대식세포는 지방질이 많은 거품세포(foam cell)로 변형되어, 동맥벽의 안쪽에 모이게 되어 지방층을 초래하는 볼록한 부위를 형성하게 되는데, 이것이 플라크 형성의 시작이다. 동시에 거품세포는 화학물질을 생성하여 동맥을 손상시킨다.

(2) 암

1960년대 이래 지방 섭취가 대장암, 전립선암 등 여러 암(cancer)의 위험증가 간에 관련성이 제기되면서 계속적으로 연구되고 있다. 지난 수십 년 간 역학 연구결과, 총지방 섭취는 유방암의 위험과 중등도의 상관관계가 있는 것으로 밝혀졌다. 또한 대장암의 위험도 붉은 살코기의 섭취가 증가할수록 증가하는 것으로 알려져 있는데, 이는 육류가 높은 온도에서 조리될 때 형성되는 발암성 물질이나 육류 내의 특정 지방에 의해 초래되는 것으로 보고 있다. 대장암을 감소시키는 전략으로는 규칙적인 운동, 금연, 비타민 B군과 엽산 등의 적절한 섭취를 들고 있다. 그 밖에도 전립선암의 경우 포화지방산, 구운 고기, 유제품은 위험을 증가시키는 반면, 토마토, 브로콜리, 양배추, 오메가-3 지방산 등이 예방하는 효과가 있다고 알려져 있다. 다불포화지방산과 단일불포화지방산을 많이 섭취하면 암발생의 위험도 줄고 오히려 심장질환의 위험을 감소시키는 효과도 기대할 수 있다.

(3) 인슐린 비의존형 당뇨병과 고혈압

당뇨병(NIDDM)과 고혈압은 지방 섭취와 간접적인 관계가 있다. 두 질환은 모두 순환계에 악영향을 미친다. 즉, 고지방 섭취는 죽상경화증이 발생할 위험을 증가시킴으로써 순환계의 기능을 제한할 수 있다. 따라서 지방 섭취를 줄여서 체중조절을 하면 더욱 효과적으로 관리될 수 있다.

>> 간호적용

- 대상자가 당신에게 자신의 식사를 쇠고기에서 닭고기로 바꾸어 지방 섭취를 낮추었다고 얘기한다. 그녀가 지방 섭취를 낮추었다는 받아들이기 전에 이 대상자에게 어떤 것들을 물어보아야 할까?
- 대상자가 많이 먹기는 해도 항상 식간에는 아무것도 먹지 않는다고 말할 때 무엇을 고려해야 할까?
- 심장질환이 있는 남성이 자신의 심장에 막힌 동맥이 있는데, 콜레스테롤 섭취를 줄인다면 이 문제를 조절할 수 있을 것이라고 말한다. 옳은 생각인가? 그렇다면 그 이유는 무엇이며, 그렇지 않다면 왜 그러한가?
- 항상 지방의 일일 권장량 이하로 섭취하는 아동에게는 어떤 일이 일어날 것인가?
- 십대들은 전유 대신에 탈지유를 마시는 것이 자신의 연령에 맞는 지방 섭취 조절로 생각한다. 이것은 옳은 가정인가?
- 식사에서 설탕과 탄수화물을 낮추는 것이 열량을 감소시키는 가장 효율적인 방법인가?
- 당뇨병 환자의 부인이 육류에서 지방을 제거하고 탈지유를 주는 등의 방법으로 남편에게 저지방식을 제공해 왔다고 말한다. 그녀의 남편이 섭취하는 지방 섭취량이 적절한지를 결정하기 위해 해야 할 기타 사정 내용은 어떤 것이 포함되어야 하는가?

03 단백질

'Protein'이라는 말은 '제1위를 차지한다'의 뜻을 지닌 희랍어 proteus에서 유래되었다. 단백질은 그 이름에서 암시하듯이 생명체를 유지함에 있어 매우 핵심적 기능을 하고 있다. 식품에 함유된 단백질은 인체의 모든 부분을 형성하는 수천 개의 단백질을 만드는데 절대적으로 필요한 아미노산의 유일한 급원이다.

흔히 단백질을 많이 먹으면 먹을수록 면역계가 더욱 강화되고 근육이 잘 발달될 것으로 생각하고 있다. 물론 우리 몸에서 형성되는 단백질이 이러한 기능에서 중요한 역할을 담당하는 것이 맞지만, 실제 우리가 섭취하는 단백질의 양은 권장섭취량보다 너무 많거나 모자라는 경우가 많다. 그러므로 건강증진 차원에서 단백질의 급원식품과 적절한 섭취 방법을 제대로 아는 것이 중요하다.

1) 단백질의 구조: 아미노산

아미노산은 포도당과 마찬가지로 탄소, 수소, 산소로 이루어진 유기 복합물이면서, 질소도 함유하고 있어 다른 영양소와는 뚜렷하게 구별된다. 자연계에는 약 300여종의 아미노산이 존재하지만 인체에서 발견되는 종류는 약 40여 가지이고 이중 20여 가지 아미노산만이 펩티드 결합에 의해 서로 연결되어 체내의 단백질을 형성한다. 어떠한 종류의 아미노산들이 어떠한 순서로 연결되는가 하는 것이 특정 단백질의 종류를 결정짓는 열쇠이다.

아미노산은 9종의 필수 아미노산과 11종의 비필수 아미노산으로 분류할 수 있다. 필수 아미노산은 체내에서 합성되지 않거나, 합성되더라도 그 양이 생리기능을 달성하기에 불충분하여 반드시 식사로 공급되어야 하는 아미노산이다. 아동의 경우에는 히스티딘이 필수 아미노산이어서 추가로 섭취되어야 된다. 필수 아미노산이 충분히 공급되지 않으면 체내에서 단백질 합성이 지연되고 단백질의 분해가 합성보다 더 많이 일어나 건강이 나빠진다. 비필수 아미노산 중 불필수 아미노산은 5종으로 체내합성이 용이하며, 조건적 필수 아미노산 6종은 정상적인 상황에서는 체내 합성으로 충족되더라도 특정 생리 상태일 경우 그 합성이 제한된다. 나머지 불필수 아미노산은 필수 아미노산이나 당질의 중간대사물과 질소로부터 합성될 수 있다(표 3-4).

아미노산 풀(amino acid pool)은 식사로 섭취하는 필수 아미노산과 간에서 합성되는 불필수 아미노산으로 끊임없이 재공급되는 집합소로서, 세포가 단백질을 쉽게 만들 수 있도록 해 준다. 아미노산 풀이 너무 크면, 과잉 아미노산들이 에너지, 포도당, 지방 생성에 사용되고, 단백질 섭취가 부족하면 아미노산 풀이 감소하여 세포 내 단백질을 분해함으로써 부족한 아미노산을 보충해 준다(그림 3-12).

표 3-4 필수 아미노산과 불필수 아미노산의 종류

필수 아미노산	비필수 아미노산	
	조건적 필수 아미노산	불필수 아미노산
히스티딘 이소류신 류신 라이신 메티오닌 페닐알라닌 트레오닌 트립토판 발린	아르기닌 시스테인 글루타민 글라이신 프롤린 티로신	알라닌 아스파라긴 아스파르트산 글루타메이트 세린

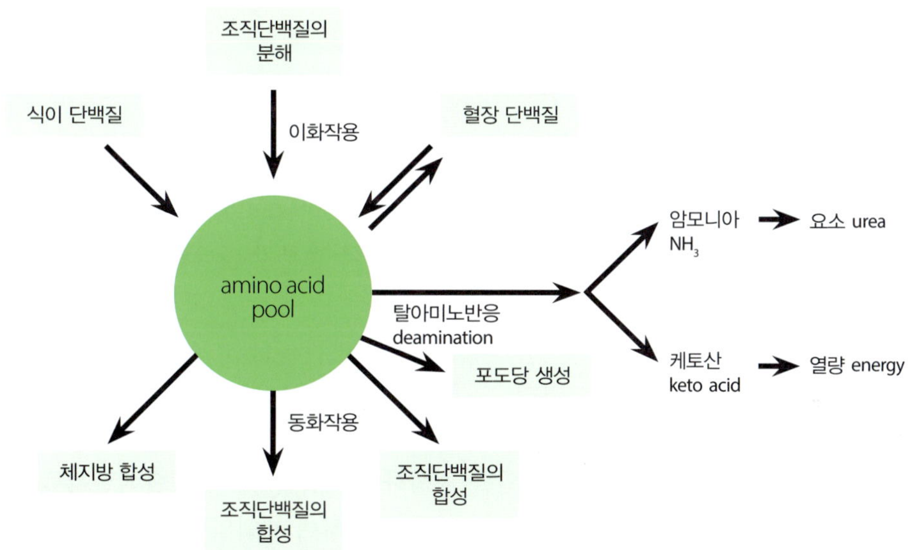

아미노산 풀 : 신체의 평형은 단백질 합성과 분해속도 간의 균형에 의해 좌우된다.

그림 3-12 아미노산 풀

2) 기능

단백질은 성장과 유지, 전달자와 촉매제 생성, 면역계 반응, 체액 조절, 산-염기 평형, 수송 등 수많은 기능을 담당한다.

(1) 성장과 유지

신체 성장은 아미노산의 충분한 공급에 달려 있다. 아미노산은 근육과 조직, 뼈 형성 및 세포 자체를 지지하는데 필요한 단백질 합성에 필수적이다. 단백질로 구성된 체세포는 계속적으로 쇠퇴하고 새로운 세포로 대체되기 때문에 신체를 유지하기

위해서는 아미노산의 일정하고도 지속적인 공급이 필요하다.

특히 단백질 콜라겐(collagen)은 성장과 유지에 필요하다. 콜라겐은 인대와 건 등의 결체조직을 형성하며 동맥벽을 완전한 상태로 유지하는 접착제로서 작용하며, 뼈와 치아의 형성에도 관여하여 칼슘과 인과 같은 무기질로 채워지는 구조적 틀을 형성하고, 흉터 조직의 합성에도 중요하다.

(2) 전달자와 촉매 생성

우리 몸에서 생성되는 많은 중요한 물질들이 단백질로 되어 있다. 특히 호르몬은 장기의 기능을 조절하거나 신체의 각각 다른 부위 사이에서 전달자로서 작용하며, 효소 또한 필요 시 체내에서 일어나는 화학반응이나 생물학적 변화를 일으키는 촉매제로 작용한다. 혈액응고에 관여하는 fibrinogen 등 여러 응고인자도 단백질에 해당된다.

(3) 면역계 반응

신체의 방어 시스템은 몸을 공격하는 바이러스와 세균에 대한 반응의 결과로 생성되는 단백질에 의해 좌우된다. 항체(antibody)라 불리는 이 단백질은 각 침입자에 대해 특이적으로 반응하므로 아미노산의 양이 충분치 않다면 항체를 생성할 수 없어 건강을 유지하는 것이 어려워진다.

(4) 체액조절

수분은 혈액, 세포내 및 세포간질의 세 구획에서 균형을 이루고 있다. 단백질과 무기질은 물을 끌어 당겨 삼투압을 형성하는 역할을 하므로, 단백질이 체내를 순환하면서 세 구획 간에 물이 적절히 분배되도록 하여 체액의 균형을 유지한다.

(5) 산–염기 평형

체내에서 발생하는 일부 반응은 산성 물질이나 염기성 물질의 분비를 초래한다. 아미노산의 화학적 구조는 산(COOH기; 카복실기) 또는 염기(NH_2기; 아미노기)를 갖고 있기 때문에 체액의 pH에 따라 산 또는 염기로서 작용한다. 이는 단백질이 체액의 정상적인 pH 수준을 유지하도록 중요한 역할을 한다는 것을 의미한다. 산과 염기 사이에서 균형을 조절하는 단백질의 능력을 단백질 완충효과(buffering effect)라 하며, 이는 신체의 모든 단백질을 보호하는데 결정적인 역할을 한다. 체액이 강한 산성이거나 알칼리성으로 치우치면 단백질 형태가 변성되어 고유의 일반적 기능을 수행할 수 없다.

(6) 수송

단백질은 영양소와 여러 중요한 물질을 운반하는 운반체로 작용한다. 각 세포에서 단백질은 운반체로 작용하여 영양소의 세포내와 세포외로의 이동을 돕는다. 지질, 무기질, 비타민과 같은 영양소는 지단백(lipoprotein)에 의해 운반되어 신체의 모든 부분에서 이용될 수 있다. 또 단백질로 구성된 특수 운반체인 혈색소(hemoglobin)는 혈액에서 산소를 운반하며, 또 미오글로빈(myoglobin)은 근육 내에 산소를 저장하는데 필수적이다.

3) 단백질 급원

(1) 단백질 식품의 질과 제한아미노산

식품 단백질은 함유된 필수 아미노산에 따라 완전 단백질과 불완전 단백질로 분류된다. 완전 단백질은 우리 몸의 성장과 유지를 돕는 가장 질이 좋은 9가지 필수 아미노산이 모두 들어 있는 양질의 단백질을 의미한다. 완전단백질이 들어있는 동물성 식품은 육류, 가금류, 생선, 계란, 대부분의 유제품 등이다. 식물성 식품 중에는 대두만이 유일한 급원식품이다.

양질의 단백질 식품이란 필수 아미노산이 최상의 균형을 이루고 불필수 아미노산도 충분히 들어 있으면서 소화되기 쉬운 식품을 말한다. 가장 질 좋은 대표적인 단백질 식품으로는 계란과 모유를 들 수 있다. 계란은 생명을 유지하는데 필요한 모든 필수 아미노산을 함유하고 있고, 모유는 인간이 성장하는데 가장 이상적인 완벽한 식품이다.

불완전 단백질은 9가지 필수 아미노산 중 하나 이상이 결핍되어 있어 체내에서 단백질 합성에 필요한 모든 아미노산을 공급하지 못하는 단백질이다. 대부분의 식물성 식품은 불완전 단백질을 상당량 포함하고 있다. 신체가 필요로 하는 특정 단백질을 합성하기 위해서는 재료가 되는 각 아미노산이 모두 필요한 양만큼 준비되어 있어야 한다. 한 가지 아미노산이라도 부족하면 단백질 합성이 더 이상 이루어지지 않고 중단된다.

이때 불완전 단백질에서 신체의 필요성을 고려할 때 가장 부족한 필수 아미노산을 그 식품의 **제한 아미노산**(limiting amino acid)이라 한다. 제한 아미노산은 식품에 포함되어 있는 단백질의 가치를 감소시킬 뿐 아니라 신체에서 합성될 수 있는 단백질의 수를 제한한다. 식물성 단백질은 대개 한 가지 이상의 제한 아미노산을 가지고 있다. 예를 들면, 쌀단백질에는 라이신이 부족하고 콩단백질에는 메티오닌이 부족하다.

(2) 단백질의 상호 보완작용

한 단백질에서 필수 아미노산이 부족할 때는 그 제한 아미노산을 충분히 공급하는 다른 형태의 단백질을 동시에 섭취함으로써 보충될 수 있는데, 이를 단백질 보완작용이라고 한다. 다양한 종류의 식물성 식품을 섭취하게 되면 불완전 단백질이 완전 단백질의 아미노산 구성에 가까워지므로 질이 낮은 식물성 단백질 식품을 하나만 섭취하였을 때보다 효과가 증가한다. 이러한 점을 고려할 때 식물성 급원식품만으로 단백질을 섭취하는 완전 채식주의자들은 필수 아미노산을 충분히 확보하기 위해 불완전 단백질을 함유하고 있는 음식을 다양하게 많이 섭취하도록 특별히 주의를 기울여야 한다. 보완작용을 통해 부족한 아미노산을 보충할 수 있는 식품 혼합의 예로는 라이신이 부족한 곡류와 라이신이 풍부한 콩류를 함께 섭취하거나 유제품, 가금류, 육류, 생선과 같은 동물성 식품 소량과 콩류를 함께 섭취하는 것이다.

4) 단백질의 소화, 흡수, 대사

식품으로 섭취하는 단백질과 우리 몸에서 사용되는 단백질이 동일한 것은 아니다. 사실 식품에 존재하는 단백질의 영양적 역할은 모든 단백질의 기본 구성요소인 아미노산을 제공하는 것이다.

(1) 소화, 흡수

① 단백질은 복잡한 구조로 구성되어 있다. 단백질은 위와 췌장에서 분비되는 많은 단백질 분해효소의 작용을 받아 작은 단위의 펩티드(peptide)로 가수분해되고 최종적으로는 아미노산으로 흡수된다.

② 단백질의 기계적 소화는 입안에서 저작과정을 통해 단백질 식품이 작게 쪼개지고 침과 혼합되는 과정이다. 펩시노겐(pepsinogen)은 단백질 분해효소인 펩신의 불활성 형태로서 위의 점막에서 분비되며 염산(HCl)의 작용을 받아 활성화된다. 펩신은 나선형으로 꼬여 있던 단백질의 사슬을 풀어주고 아미노산들이 연결되어 있는 펩티드 결합을 분해하는 단백질 가수분해 과정을 시작한다. 그 결과로 형성된 매우 작은 단위의 폴리펩티드(polypeptide)는 소장으로 들어가 더욱 가수분해가 이루어진다.

③ 단백질 분해효소인 레닌(rennin)은 영아의 위에서만 분비되는 응유효소이다. 레닌은 영아의 위에서 모유나 조제유의 단백인 락토 알부민과 카제인을 응고시키고 위에서 소화가 충분히 일어나도록 천천히 이동하게 해 준다.

④ 단백질 분해효소인 peptidase, trypsin, chymotrypsin 등이 췌장과 소장에서 분비되어 단백질을 가수분해하고 최종적으로 흡수가능한 아미노산으로 완전히 가수분해한다. 아미노산이 흡수되기 위해서는 운반체로 비타민 B_6를 필요로 하며 경쟁적인 능동적 운반과정에 의해 소장벽을 통과하여 쉽게 혈류로 들어간다(그림 3-13).

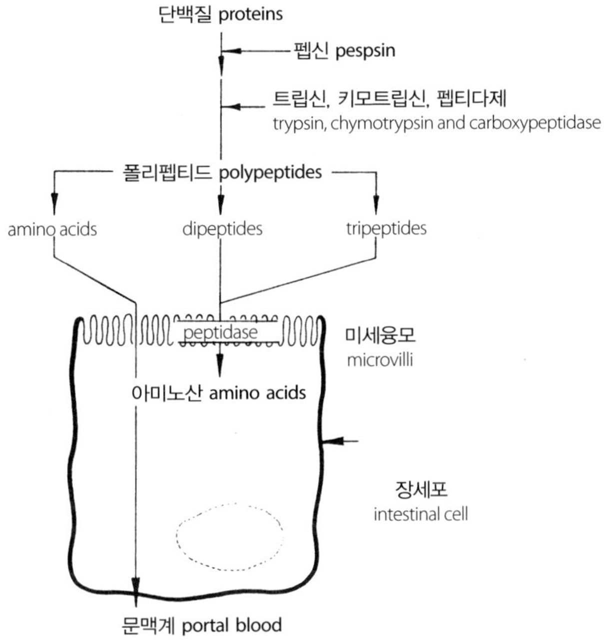

그림 3-13 단백질의 소화와 흡수

(2) 대사

호르몬은 단백질 대사의 조절에서 중요한 역할을 한다. 동화작용(합성)은 성장 호르몬과 남성 호르몬인 테스토스테론의 영향에 의해 강화되는 반면, 이화작용(분해)에는 부신피질 자극호르몬(ACTH)에 의해 분비되는 당류 코르티코이드(glucocorticoids)가 영향을 준다. 이 과정은 세포에 있는 단백질을 유리시켜 아미노산으로 분해하고, 아미노산은 혈류로 들어가 아미노산 풀을 채우는데 쓰인다.

간세포는 탈아미노 반응(deamination)을 통해 이화작용의 과정을 시작한다. 탈아미노 반응이란 아미노산 분자로부터 암모니아(NH_3)와 케토산 각각 한 개씩의 분자를 생성한다. 암모니아의 대부분은 간세포에서 요소(urea)로 전환되어 소변으로 배설된다. 케토산은 시트르산 회로(TCA cycle)로 들어가 에너지를 내는데 이용되거나 포도당 신생합성(gluconeogenesis)과 지방생성(lipogenesis)을 통해 포도당과 지방으로 전환된다.

(3) 질소평형(Nitrogen Balance)과 배설

신체가 필요로 하는 단백질 고유의 기능을 하기 위해서는 충분한 단백질을 매일 공급하여 질소평형이 유지되어야 한다. 정상적으로 건강한 성인의 질소평형 상태는 식이 단백질 섭취를 통한 질소의 섭취량과 소변과 대변으로 배설되는 질소의 손실량이 동일한 상태로 유지되는 것을 의미한다.

성인은 더 이상 성장하지 않기 때문에 신체에 들어오는 질소는 새로운 조직을 만들기보다는 신체를 유지하는데 필요하다. 그러나 성장기 어린이나 회복기 환자, 임신부 등은 양의 질소평형(positive nitrogen balance)을 이뤄야한다. 즉 매일 손실되는 양보다 단백질 섭취량이 더 많아야 한다. 반대로 음의 질소평형(negative nitrogen balance)은 식품으로부터 얻는 질소보다 배설되는 질소가 더 많을 때를 의미한다. 노화, 질병, 과도한 스트레스, 기아, 수술, 식이 장애 등은 음의 질소평형을 나타나는 대표적인 예이다.

5) 단백질 영양실조

영양실조(malnutrition)는 영양소의 과도한 섭취부터 지나치게 부족한 섭취에 이르기까지 다양하다. 기아를 표현하는 용어인 단백질 열량 영양실조(protein energy malnutrition, PEM)는 단백질이나 열량, 또는 그 모두가 부족하였을 때 초래되는 상태이다. PEM은 5세 이하의 15억 아동이 영향을 받을 정도로 전 세계적으로 문제가 되고 있다. PEM은 어린 아동의 경우, 뇌의 성장이 대부분 생의 초기에 일어나기 때문에 영구적인 불능을 초래할 수 있다. 심각한 PEM의 유형으로는 마라스무스(marasmus: 소모증)와 콰시오커(kwashiokor: 단백질 결핍증)가 있다(그림 3-14).

(1) 콰시오커

극심한 단백질 결핍으로 초래되는 영양실조증이다. 단백질이 심각하게 부족한 경우에는 항체의 충분한 양을 생성할 수 없기 때문에 감염에 대한 저항력이 저하되어

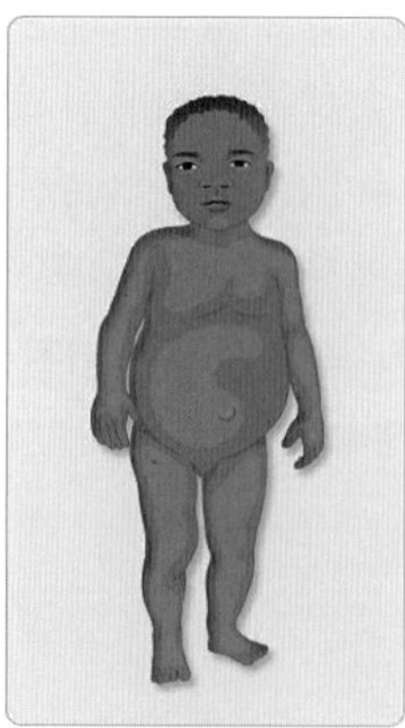

콰시오커(Kwashiorkor)
주로 단백질이 모자라서 발생

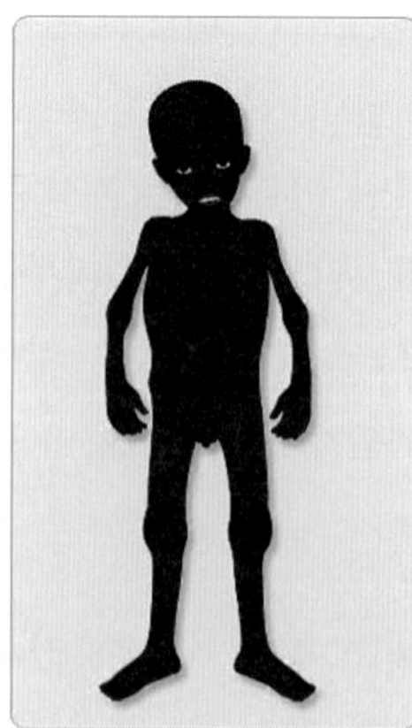

마라스무스(Nutritional marasmus)
열량과 단백질이 함께 결핍되어 발생

그림 3-14 마라스무스와 콰시오커

치명적인 상태가 될 수 있다. 흔히 아프리카에서 둘째가 태어나면서 젖을 물려주고 곡물에 전적으로 의존하여 영양을 얻어야 하는 첫째 아이에게 발생한다. 콰시오커는 열량은 비교적 충분할지라도 단백질 섭취가 성장하는 신체의 요구에 미치지 못한다. 아동의 외모는 수분 정체로 인한 부종으로 복부가 부어 있고 뺨이 불룩하다. 그러나 적절한 영양이 공급되면 부종은 사라지면서 피하지방의 소실이 뚜렷하게 드러나고 피부는 뼈에 느슨하게 걸쳐 놓은 듯 마라스무스와 유사한 모습이 된다. 콰시오커 아동은 무표정하고 근육의 위축과 성장불량, 머리카락의 변색, 피부염이 나타난다. 단백질결핍으로 운반체 지단백이 부족하면 간에서 생성되는 지질이 간을 떠나지 못하고 그대로 축적되어 지방간이 발생하게 된다.

(2) 마라스무스

극심한 기아상태에서 열량이 절대적으로 부족할 때 초래되는 영양실조증이다. 이 경우 아동은 극도로 말라 있어 마치 골격에 피부를 입혀 놓은 듯하다. 피부에 저장된 지방은 최소한의 신체기능을 유지하는데 필요한 에너지를 내기 위해 동원되고, 근육도 사용되어 근육량이 점차 감소되고 그 상황이 지속되면 심장, 폐, 신장과 같은 주요 장기도 손상된다. 뇌가 집중 발달하는 6~18개월 사이에 마라스무스가 발생하면 영구적인 뇌 손상이 초래될 수 있다.

>> 간호적용

단백질 관련 사례

대상자는 69세의 노숙자로 지난 몇 달 전, 다리에 생긴 궤양이 점차 커져 내원하였다. 그의 영양상태는 매우 나빠 보였으며, 그는 거리에서 먹을 것을 구걸하거나 거리에서 따뜻한 음식을 제공하는 무료 급식소에 가야 음식을 먹을 수 있다고 하였다. 간호사는 대상자의 상처를 먼저 깨끗이 씻고, 당뇨병이나 다른 문제가 있는지 알아보기 위해 지시된 검사과정을 수행하였다.

(1) 간호사정

① 주관적 자료

- 육류, 계란, 완전 단백질 식품의 섭취 부족
- 식욕부진, 피로감을 호소

② 객관적 자료

- 180cm, 체중 63kg

- 양쪽 사지의 근위축, 근력감소, 피부 탄력성 저하, 가늘고 윤기없는 머리카락, 양쪽 발목부 종, 간비대, 다리궤양의 치유지연

③ 검사 결과

- 총 혈장 단백질 5.4gm/dL, 혈청 알부민 3.1m/dL, 혈청 transferrin 200μg/dL

(2) 간호진단

- 식품이용 부족과 관련된 영양불균형: 신체 요구량보다 적음(단백질 결핍)

(3) 간호계획

- 대상자는 단백질의 중요성과 다양한 단백질 급원을 이해하고 있음을 표현할 것이다.
- 궤양의 치유가 3개월 내에 있을 것이다.
- 체중이 3개월에 2~3kg 증가할 것이다.

(4) 간호중재

- 단백질과 단백질 급원에 대해 교육한다.
- 병원을 방문할 때마다 고단백 보충식 통조림을 공급한다.
- 일주일에 두 번은 병원을 방문하여 다리궤양 부위에 항생제 연고를 바른다.
- 다리가 회복될 때까지 노숙자를 위한 쉼터공간에 머무르도록 격려한다.
- 최소한 하루에 한 끼라도 시설이나 무료 급식소을 이용하여 식사를 하도록 격려한다.
- 김 할아버지가 지낼 수 있는 시설과 접촉한다.

(5) 간호평가

- 4회의 병원 방문 후에 환자는 자신이 매일 섭취한 고단백 식품을 기술하였다.
- 다리 궤양의 직경이 1개월 안에 감소되었으며, 3개월째에 치유되었다.
- 체중이 3개월 후에 2.3kg이 증가되었다.

04 비타민

비타민(vitamins) 존재에 대해 알게 된 것은 Casimir Funk가 쌀겨에서 항각기병 물질을 추출, 분리해 낸 20세기 초에 이르러서이다. 비타민 연구는 전 세계적으로 사람들의 건강과 안녕을 해치는 결핍 증상과 질병 예방에 필요한 비타민의 양을 규명하는데 집중되어 왔다. 비타민은 다른 영양소에 비해 화학적 구조가 복잡하고 자연식품에 매우 미량 함유되고 있다. 비타민은 대부분 우리 몸에서 합성되지 않기 때문

에 식이 섭취를 통해 공급해야 하는 필수 영양소로서, 각각의 특수한 대사기능을 수행한다. 카로티노이드(carotenoid)같은 일부 비타민과 관련 물질들은 항산화제와 호르몬 유사물질로 기능하면서 특정 만성질환의 발생 위험을 감소시키는 역할을 하는 것으로도 알려져 있다.

◎ 비타민 명명

각 비타민은 오늘날 명명하는 방법에 영향을 미친 나름대로의 역사를 갖고 있다. 1929년 비타민 K는 코펜하겐에서 Henrik Dam에 의해 발견되었는데, 이 성분은 혈액이 응고되지 않는 출혈성 질환을 멈출 수 있는 유일한 물질이었다. Dam은 이 물질을 덴마크어로 응고를 뜻하는 'koagulation'의 K를 따서 비타민 K라고 하였다. 또 비타민 B 복합체는 B라고 붙인 같은 실험관에서 분리한 순서대로 B_1, B_2, B_3라고 각각 명명하였다. 과학계는 1970년대에 들어 모든 비타민을 공식적인 생화학명으로 불러야 한다고 선언하였으나, 오늘날 많은 사람들과 의료인들은 여전히 기존의 단순한 글자와 숫자를 붙인 이름으로 사용하고 있다.

비타민의 일차적 결핍증은 생리적 요구에 부응하는 충분한 양을 섭취하지 못할 때 발생하며, 이차적 결핍증은 흡수불능이거나 과잉배설로 인해 생체이용률이 제한됨으로써 발생한다. 대부분의 결핍증은 임상검사와 생화학적 사정을 통해 발견된다. 비타민결핍증이 그리 보편적인 것은 아니지만, 임신부는 필요량이 증가하기 때문에 필수 비타민의 경계성 결핍 위험이 높고, 노인 역시 흡수능력이 저하되고 경제적, 물리적 제한으로 인해 위험이 높아진다. 가난이나 만성 알코올 및 약물남용도 비타민 결핍증을 초래하는 압도적인 요인이다. 그 밖에 AIDS나 신장질환, 암으로 인해 장기적인 치료를 받게 되는 사람들도 다양한 비타민 결핍증이 초래될 수 있다.

비타민 독성은 식품섭취로는 거의 발생하지 않지만, 고용량의 보충제를 지나치게 복용할 때 초래될 수 있다. 지금까지 비타민은 생리적 효과나 건강유지에 필요한 기본 요구량에 집중하여 연구되어 왔기 때문에 권장섭취량은 이러한 수준을 반영하여 정해진다. 그러므로 이러한 수준에서의 기능과 안전성에 관해 연구되어 있지 않은 상태에서 아무런 지침 없이 비타민을 임의로 고용량으로 복용하는 것은 문제의 소지가 높다.

1) 비타민의 분류

비타민은 용액에 용해되는 성질에 기초하여 두 종류로 나눈다. 수용성 비타민은 비타민 C, B 복합체(thiamin, riboflavin, niacin, folate, pyridoxine, Vit. B_{12}, biotin, pantothenic acid)이며, 지용성 비타민은 지방조직이나 물질에서 용해되는 비타민

A, D, E, K가 해당된다.

용해의 특성은 비타민이 흡수되고 운반되는 방법에 영향을 미친다. 수용성 비타민은 소장에서 쉽게 흡수되어 혈류로 들어가는 반면, 지용성 비타민은 다른 지방함유 물질과 같이 복잡한 경로를 거치게 되고 지방의 흡수불량이 존재하면 지용성 비타민의 결핍증 위험이 있다. 수용성 비타민은 과잉으로 섭취해도 최소한으로만 저장되고 소변으로 쉽게 배설되어 독성이 발생되지 않는다.

2) 급원식품

비타민은 거의 모든 식품에 존재하지만 각종 비타민이 모두 들어 있는 단일 식품은 없다. 비타민이 풍부한 급원식품으로는 신선한 과일과 야채를 들 수 있고 그 밖에도 콩류, 통곡류, 육류와 생선, 가금류, 계란, 유제품 등이 있다. 식물성 기름과 버터의 순지방은 비타민 E와 A를 주로 공급한다. 비타민을 섭취하는 방법은 식품에서 얻는 것이 가장 좋다. 합성 비타민도 비타민의 기능을 수행하기는 하나 식품으로 섭취할 때 여러모로 이롭다.

3) 수용성 비타민

(1) 티아민

오랫동안 모든 아시아인들에게 영향을 미친 불가사의한 질환이 있었다. 이 심각한 질환은 환자들이 일어나려고 할 때 근육이 소모되어 "나는 할 수 없어, 나는 할 수 없어"라는 뜻의 타이 말 "beri beri"를 울부짖었다고 해서 beriberi라고 명명되었다. 그 후 1890년에 이르러 각기병(beriberi)은 백미만 섭취했을 때 발생하며, 현미가 이를 예방하거나 치료한다는 것이 발견되었고, 그 이후에 통곡류의 겉껍질에 있는 티아민(Thiamin, 비타민 B_1)이 성분으로 규명되었다.

① 기능

티아민의 주 기능은 탄수화물이 에너지로 전환되는 대사에서 조효소로서의 역할을 하며, 근육에 관련하여 신경이 기능하는데 필수적이다. 티아민의 요구량은 대사율이 증가하면 높아진다. 따라서 격심한 신체활동을 하는 사람일수록 에너지를 더 많이 소모하게 되므로 대사과정에 티아민이 더 필요하다.

② 급원

티아민의 급원식품은 돼지고기 등심, 현미, 감자, 닭고기 등이다. 백미에 비하여 현미에 약 두 배 가량의 티아민이 함유되어 있다. 쌀을 주식으로 하는 한국인은 당질대사를 위해 쇠고기보다는 티아민이 많은 돼지고기 섭취가 더 권장된다. 식품 중의 티아민은 조리하거나 식품가공 과정에서 파괴되는 비율이 높아 조리국물 내로 녹아나오거나 열에 의해 파괴된다. 그러나 대부분 사람들은 정상 식사만으로도 티아민을 충분히 섭취하고 있다.

③ 결핍증

각기병은 티아민이 적은 백미를 주식으로 섭취하는 아시아에서 여전히 발생하고 있다. 쌀을 오래 씻으면 티아민이 손실되고, 익히지 않은 생선에는 티아민을 파괴하는 효소 thiaminase가 함유되어 있어 각기병이 발생할 수 있다. 또한 알코올 중독자는 식품 섭취를 제대로 하지 않아 장 흡수도 저하되는 한편, 알코올 해독을 위한 티아민의 요구량은 높아져 티아민 결핍증이 발생할 수 있다.

티아민결핍증은 신경계, 근육계, 위장계, 심혈관계에 광범위하게 영향을 미친다. 중증의 만성 결핍증인 각기병은 운동실조, 통증, 식욕부진, 지남력 상실, 빈맥의 특성을 보인다. 건성 각기병은 신경계에 영향을 미쳐 마비와 심각한 근육쇠약을 보이는 다발성 신경염을 초래한다. 경계성 결핍증에서는 정신장애, 반복성 두통, 심한 피로감, 과민반응이 나타난다. 습성 각기병은 부종이 특징이며 심장기능에 영향을 미쳐 심근과 혈관계를 약화시킨다. 심각한 결핍 시에는 뇌성 각기병인 베르니케-코르사코프 증후군(Wernicke-korsakoff syndrome)이 발생할 수 있다. 만성적인 알코올 중독자에게 흔히 나타나는 기억상실, 정신적 혼돈, 운동실조는 티아민결핍증에 기인하고 있다. 그밖에 티아민결핍증의 위험은 혈액투석을 받는 신장질환 환자나 비경구영양을 받는 환자, 티아민 이용에 영향을 미치는 유전질환이 있는 사람에게서 나타날 수 있다.

» 주의

임상적으로 영양실조 환자에게 포도당 용액을 비경구적으로 주입할 때는 주의해야 한다. 영양이 결핍된 사람은 티아민도 최저 수준이기 때문에 뇌로 유입되는 포도당이 급격히 증가하면서 알코올 섭취 정도에 관계없이 베르니케-코르사코프 증후군이 유발될 수 있으므로, 비경구액에 비타민 B 복합제제를 혼합하여 투여해야 한다.

④ 독성

과잉의 티아민은 소변으로 배설된다.

(2) 리보플라빈

리보플라빈(Riboflavin, 비타민 B_2)은 황색 결정체로서 물에 약간 녹으며 산, 공기, 열에 강하지만 알칼리와 광선에는 쉽게 파괴된다. 우유 포장용기가 불투명한 판지나 플라스틱으로 만들어진 이유는 우유에 포함되어 있는 리보플라빈이 빛에 노출되지 않도록 보호하기 위함이다.

① 기능

티아민과 같이 리보플라빈의 주 기능도 당질, 지질 및 아미노산이 대사되어 에너지와 물로 분해되는 과정에서 조효소로서 작용한다. 리보플라빈의 필요량은 총 에너지 섭취량, 신체 크기, 대사율, 성장률에 관계된다. 상처 치유나 아동의 성장기, 임신, 수유기간과 같이 단백질이 많이 필요한 상황에서는 리보플라빈의 요구도 높아진다.

② 급원식품

리보플라빈의 주요 급원식품은 우유이며 동물의 근육, 계란 노른자, 간, 콩팥, 심장 등 동물성 식품에 다량 함유되어 있다.

③ 결핍증

리보플라빈 결핍증은 단시일 내에 증상이 나타나지 않지만, 당질과 지방 및 단백질 대사에 절대적으로 필요한 요소이기 때문에 결국 여러 조직에 손상을 초래한다. 대표적인 증상으로는 입술이 붓고 입가가 갈라지는 구순구각염, 혀가 붓고 자줏빛이 되는 설염, 귀와 코, 입부위가 번들거리면서 껍질이 벗겨지는 지루성 피부염이 발생한다. 또한 눈이 아프고 흐려지며 광선에 눈이 부시는 눈부심증(photophobia)도 나타난다.

④ 독성

리보플라빈의 과량 섭취 시 발생하는 독성에 대해서는 아직 알려진 바가 없다.

(3) 니아신

니아신(Niacin, 비타민 B_3)은 니코틴산과 니코티나미드의 두 가지 형태로 자연에 존재한다. 니아신은 산과 알칼리, 열과 광선에 비교적 안정된 성질을 지니고 있다. 니아신을 규명하기 전에는 결핍증으로 지남력을 상실하여 고통당하던 환자들이 정신병원에 보내지기도 하였다.

① 기능

니아신은 비타민 B_2와 함께 당질, 지질 및 단백질 대사과정을 촉매하는 조효소로 작용한다.

② 급원식품

필수 아미노산인 트립토판 60mg은 식품 안에 체내에서 니아신 1mg으로 전환될 수 있기 때문에 단백질을 적절히 섭취하면 니아신도 적당히 얻을 수 있다. 양질의 단백질 식품은 니아신과 트립토판의 좋은 급원인 반면 채소와 과일에는 거의 존재하지 않는다. 니아신의 주요 급원은 쇠고기, 돼지고기, 닭고기, 생선, 내장육, 달걀, 우유, 밀가루, 버섯, 밀겨(통곡식품), 땅콩, 맥주(효모) 등이다.

③ 결핍증

니아신 결핍증인 펠라그라(pellagra)는 옥수수를 주식으로 하는 가난한 인구집단에서 흔히 발생하였다. 이는 옥수수에는 니아신이 흡수되지 않는 결합형으로 존재하는 한편, 트립토판과 니아신이 풍부한 단백질식품을 제대로 섭취하지 못하였기 때문이다. 펠라그라의 원인이 밝혀지면서 니아신이 풍부한 밀가루를 섭취하면서 펠라그라의 발생률은 극적으로 감소하였다. 그러나 아프리카와 동남아시아에서는 아직 만연하고 있으며, 알코올 중독자, 당뇨환자, 만성설사, 흡수불량 환자는 결핍되기 쉽다. 펠라그라에 걸리면 일반적으로 4D(diarrhea, dermatitis, dementia, death)의 특징을 갖고 있다.

④ 독성

대량 섭취 시에는 니아신과 니코틴산이 혈관을 확장시켜, 몸 전체에 홍조효과(flushing effect)를 가져온다. 니아신의 고용량 투여는 총 콜레스테롤과 LDL-콜레스테롤을 낮추고 HDL-콜레스테롤을 높이는 효과 때문에 치료적으로 사용되고 있는데, 이러한 치료적 용량은 간 손상, 통풍 및 관절반응에 주의를 기울이면서 투여되어야 한다.

(4) 피리독신

비타민 B_6와 피리독신(pyridoxine, 비타민 B_6)은 관련 화학분자군을 대표하는 포괄적인 용어로서 피리독신, 피리독살, 피리독사민 등 세 가지가 자연계에 존재한다. 이 세 가지 형태는 신체에서 이용되기 위해 조효소인 피리독살인산(pyridoxal phosphate, PLP)으로 전환된다. PLP는 가장 활성이 높은 형태로 여러 가지 생체대사에 관여하므로 비타민 B_6 영양상태를 평가하는 가장 일반적인 지표로 사용되고 있다. 비타민 B_6는 열에 안정적이나 자외선에는 쉽게 산화되고 파괴되며 알칼리에 약하다.

① 기능

비타민 B_6는 에너지 생성과정에 직접 관여하지는 않지만 아미노산 합성과 단백질 대사에 조효소로서 기능한다. 따라서 단백질 섭취가 증가하면 대사과정을 위해 비타민 B_6도 증가되어야 하는데, 단백질 함량이 높은 식품의 경우 비타민 B_6도 많이 함유되어 있다. 그 밖에 혈색소 합성과정에도 관여하며 임신 초기의 입덧, 차멀미 등의 구토증상을 치료하는데도 효과적이다.

② 급원식품

비타민 B_6는 식품에 광범위하게 존재한다. 특히 훌륭한 급원식품은 통곡물과 씨리얼, 콩류, 닭고기, 생선, 돼지고기, 계란 등으로 동물성 식품에 함유된 비타민 B_6의 흡수율이 더 좋다.

③ 결핍증

비타민 B_6 결핍증은 단독으로는 거의 발생하지 않지만 다른 비타민 B군을 소량 섭취하면 복 합적인 결핍증세를 나타낸다. 항결핵제인 Isoniazid는 피리독신의 길항제이므로 장기 복용 시 비타민 B_6를 함께 섭취하지 않으면 결핍증세로 피부염 및 신경성 질환이 나타나게 된다.

에스트로겐이 함유된 경구 피임약을 장기 복용하는 여성은 임신과 수유동안 모체 혈장의 비타민 B_6 농도가 저하되고 모체의 저장량이 낮아져 신생아에게 결핍증이 초래될 수 있다. 대표적인 증상으로는 피부염, 신경기능의 변화, 쇠약, 성장부진, 경련, 소구성 빈혈(microcytic anemia)이 나타난다.

④ 독성

비타민 B_6를 치료적 목적으로 장기적으로 고용량 복용하는 경우에 운동실조와 감각신경증이 발생할 수 있다.

(5) 엽산

엽산(folate, folic acid)은 시금치 농축물에서 처음 추출된 사실에 근거하여 라틴어로 '잎'을 뜻하는 folium에서 'folate' 즉 엽산이라는 이름이 붙여졌다. 엽산과 관련 복합물은 여러 생물학적 과정에서 필수적인 역할을 한다. Folate는 식품에서 자연적으로 발견되는 비타민 형태인 반면, Folic acid는 비타민제나 제조 식품에 사용되는 합성형으로 흡수율이 더 좋다.

① 기능

엽산의 가장 중요한 생리기능은 핵산 합성에 조효소로서 관여하여 세포분열이나 성장인자로 작용하는 것이다. 또한 아미노산인 호모시스테인으로부터 메티오닌을 합성하는 과정에도 필수적이다. 엽산은 태아의 신경관이 적절히 형성되는데 결정적인 역할을 담당하며, 혈색소의 헴(heme) 형성에도 관여한다. 신체에서 활성형 엽산이 잘 이용되기 위해서는 비타민 B_{12}가 있어야 한다.

엽산의 필요량은 생리적 상태에 따라 크게 달라진다. 임신동안 여성의 혈액공급이 증가하고 여러 조직이 증식하면서 엽산의 요구량도 증가한다. 수유 동안에도 모유의 영양적 조성에 맞게 공급되기 위해 엽산의 요구가 높아진다.

② 급원식품

엽산은 식품에 광범위하게 존재하며, 특히 잎이 푸른 야채, 콩류, 씨리얼, 일부 과일 및 주스에 많다. 엽산은 열, 산화 및 자외선에 의해 쉽게 영향을 받으므로, 신선한 식품을 가공하고 요리하는 과정 중에 손실된다. 엽산은 비타민 C가 풍부한 식품에 존재하는데, 이때 비타민 C는 엽산의 산화를 막아 주는 역할을 한다. 1컵의 오렌지 주스에는 엽산 일일 필요량의 약 1/2 정도 함유되어 있다.

③ 결핍증

결핍증은 감염, 암, 화상, 혈액손실, 위장관 손상, 임신과 같이 세포분열이 빠르게 일어나는 상황에서 초래될 수 있다. 엽산이 결핍될 때 발생하는 태아의 신경관 결손은 뇌와 척수의 발달에 영향을 미쳐 이분척추(spina bifida)와 무뇌증(anencephaly)을 초래한다. 이분척추는 척추의 선천성 결손으로 척수를 보호하지 못하는 상태가 초래되어, 마비와 실금을 포함하는 다양한 불능상태가 나타난다. 전 세계 임신부의 약 1/3이 엽산결핍증의 영향을 받고 있으며, 임신 후 첫 1개월간 엽산 수준을 적절히 유지하면 출생 후 심각한 손상이 감소하는 것으로 알려져 있다. 엽산결핍증은 거대적아구성 빈혈(megaloblastic anemia)을 초래하여 산소를 적절히 운반하지 못하게 된다. 대표적 위험군으로는 저소득층 노인과 만성 알코올 중독자와 같이 섭취량과 식품 종류가 제한되어 있는 사람이 해당된다.

엽산의 흡수에 영향을 미치거나 엽산의 길항제로서 작용하는 약제로는 항경련제, 경구 피임약, 아스피린, 항암제, 비스테로이드성 항염증제(NSAID), 제산제 등이 있다. 특히 항암제인 methotrexate는 엽산과 구조가 비슷하여 다량 투여 시 엽산대사를 방해하고 DNA 합성을 저하시킴으로써 설사와 구토, 탈모 등의 부작용을 나타내는데, 이는 엽산결핍증에서 나타나는 대표적 증상이다.

엽산을 보충하기 전에 우선적으로 비타민 B_{12} 결핍증의 존재 유무를 알아야 한다. 비타민 B_{12} 결핍증이 있는 상태에서 엽산을 투여하면 거대적아구성 빈혈은 개선이 되지만, 비타민 B_{12} 부족으로 인한 중추신경계 손상은 계속된다.

④ 독성

엽산의 지나친 섭취는 바람직하지 않다. 과량의 엽산 섭취는 비타민 B_{12} 결핍상태를 은폐하는 한편, 과량의 엽산이 신장에 축적되어 신장비대와 신장손상을 초래하며, 암세포의 성장을 조장하는 경우도 있다고 보고되었다.

(6) 코발아민

코발아민(cobalamin, 비타민 B_{12})과 비타민 B_{12}는 코발트를 함유하고 있는 복합물을 지칭하는 포괄적 용어로서, 보충제에 사용되는 약학명은 cyanocobalamin이다.

① 기능

비타민 B_{12}는 엽산의 운반과 저장에 필수적이며 당질, 지방산 및 아미노산 대사에도 관여한다. 또한 조혈작용에 관련하여 적혈구의 정상적인 구성에 중요하며, 모든 세포 특히 골수, 신경계, 위장관의 정상적 기능과 신경세포를 보호하는 신경수초의 발달과 유지에도 관여한다.

② 급원식품

비타민 B_{12} 흡수는 위점막에서 생성되는 내인자(intrinsic factor)에 달려 있다. 악성빈혈의 치료제로 사용되는 간의 추출물 속에는 항빈혈인자가 존재한다는 사실이 밝혀진 바 있다. 즉, 악성빈혈을 치료하려면 내인자 및 외인자가 필요한데, 비타민 B_{12}는 외인자이고, 정상 위액에 존재하는 mucoprotein은 내인자에 해당된다.

동물성 식품은 비타민 B_{12}의 유일하게 확실한 급원으로서 육류, 가금류, 계란, 유제품이 모두 훌륭한 급원식품이다. 채식주의자들은 비타민 B_{12} 보충제나 강화제품을 섭취해야만 한다.

③ 결핍증

비타민 B_{12} 결핍증은 대개 이차적으로 나타난다. 비타민 B_{12} 결핍으로 나타나는 악성 빈혈이나 엽산 기능장애로 인한 거대적아구성 빈혈이 발생한다. 또한 신경수초 합성의 저해로 척수의 손상을 가져와 뇌와 눈, 말초 신경에 영향을 미친다.

비타민 B_{12} 결핍증은 완전 위절제술로 위액 분비의 기능이 손상된 사람에게서나, 노인에서의 내인자 결핍 시, 또는 엄격한 채식주의자에서 나타나기 쉽다. 노인은 위 점막에서 내인자 생성이 자연적으로 감소되기 때문에 결핍증의 위험이 더 크다.

④ 독성

비타민 B_{12} 독성은 알레르기 반응을 제외하고는 그리 알려진 것이 없다. 비타민 B_{12}를 경구 또는 주사로 투여할 때 항체가 생성되어 피부반응이나 과민성 쇼크가 발생될 수 있다.

(7) 비오틴

비타민 B 복합체의 하나인 비오틴(biotin)은 미량이 필요하지만 체내 기능에 대단히 중요하다.

① 기능

비오틴은 이산화탄소를 한 복합물에서 다른 복합물로 운반하여 지방산 합성과 당질대사 과정에 유입시켜 사용할 수 있도록 해 준다.

② 급원식품

비오틴은 장내 세균에 의해 체내에서 일부 합성이 되지만 여전히 필수 영양소에 해당되므로 식품을 통해 섭취해야 한다. 가장 풍부한 급원식품은 동물의 간, 신장, 땅콩버터, 계란 노른자, 이스트, 치즈 등이다.

③ 결핍증

비오틴은 인체 내에서 일부 합성되고 동물성 식품에도 널리 존재하기 때문에 결핍증이 흔하지 않다. 비오틴결핍증은 비오틴과 결합하는 날계란 흰자단백에 존재하는 아비딘(avidin)을 대량 섭취할 때 발생하는 것으로 알려져 있다. 그러나 아비딘은 열에 변성이 되므로 계란을 삶게 되면 비오틴 상태에 아무런 영향을 주지 않으며,

실험상으로 날계란을 1주일에 60~70개 정도는 먹어야 결핍증을 유발할 수 있으므로 그리 염려할 필요는 없다. 한편 장기적인 항생제 복용 시에는 정상상재균총이 감소되어 비오틴 합성이 저해될 수 있다. 그 밖에 장기적으로 비경구영양을 받는 환자도 결핍증에 걸리기 쉬우므로 주의를 기울여야 한다.

④ 독성

비오틴의 과량 섭취에 의한 독성 현상은 알려져 있지 않다.

(8) 판토텐산

판토텐산(pantothenic acid)은 모든 살아있는 것에 존재한다. 판토텐산의 이름은 '모든 곳으로부터'라는 뜻을 지닌 그리스어 'pantothen'에서 유래되었으며, 효모에서 분리한 물질이 피부염을 예방하고 성장을 촉진하는 기능을 갖고 있음이 밝혀지면서 연구되기 시작하였다.

① 기능

판토텐산의 기본 활성형은 Coenzyme A의 일부로서 탄수화물, 지방, 단백질의 에너지 대사에 관여한다.

② 급원식품

판토텐산은 동식물성 식품에 널리 존재하며 특히 통곡류, 두류, 육류, 생선, 가금류, 버섯, 효모, 간, 계란, 우유, 채소 등은 좋은 급원이다.

③ 결핍증

인체에서 결핍증은 자연적으로는 발생하지 않는다.

④ 독성

하루에 10~20g을 섭취하면 설사나 수분 정체를 일으킨다는 연구 보고가 있으나 비교적 독성이 낮은 비타민에 속한다.

(9) 비타민 C

오늘날 비타민 C(아스코르빈산; ascorbic acid)는 누구에게나 친숙하고 널리 알려진 영양소이다. 괴혈병은 오래 전부터 알려진 질병으로 히포크라테스의 기록에서도 찾아볼 수 있다. 십자군 장기간의 항해 선원들, 광산촌의 많은 사람들이 괴혈병에 걸렸는데, 이를 치료하기 위해 비타민 함량이 높은 감귤류를 재배하면서 괴혈병이 사라졌다. 비타민 C의 ascorbic acid란 '괴혈증이 없는'이란 뜻에서 유래되었다. 1928년과 1932년에 이르러 세포의 접착제 역할을 하는 물질이 Dr. Szent-Gyorgy와 Dr. Glen King에 의해 각각 분리되면서 비타민 C에 대해 밝혀지게 되었다.

비타민 C는 건조한 상태에서는 안전하나 수용액 내에서는 공기, 열, 빛, 구리, 철분 등에 의해 쉽게 파괴되며, 알칼리 환경에서 산화가 촉진되므로 식품의 조리 및 저장 시 주의가 요구된다. 식품을 조리할 때 물이나 버터를 최소한으로 넣고 전자레인지에서 요리하면 비타민 C 함량을 극대화할 수 있다.

① 기능

비타민 C의 가장 중요한 역할은 뼈의 기질, 치아, 연골 및 결체조직을 위한 콜라겐(collagen) 합성이다. 콜라겐은 세포와 세포 사이를 결합하고 연결시키는 시멘트와 같은 역할을 하는 물질이다. 콜라겐 조직이 취약하면 모세혈관벽이 약하게 형성되어 가벼운 충격에도 쉽게 멍이나 출혈이 발생한다. 새로운 조직 형성이 필요한 상처 치유에도 비타민 C가 필요하다.

비타민 C는 천연 항산화제(antioxidant)이자 조효소(coenzyme)로서 작용을 한다. 항산화제란 그 자신이 산화됨으로써 세포 내에서 생성되는 활성산소를 제거하고 세포를 손상으로부터 보호해 주는 화합물이다. 비타민 C는 수용성 환경에서, 비타민 E와 β카로틴은 지용성 환경에서 천연 항산화제로서 기능을 한다.

이러한 점에서 비타민 C는 암 발생 위험을 줄이는데 중요한 역할을 하는 것으로 주목을 받고 있다. 비타민 C의 또 다른 기능으로는 식물성 식품에 존재하는 비헴철(nonheme iron)의 장내 흡수를 촉진하며, 엽산의 체내 이용을 원활하게 하므로, 비타민 C가 결핍되면 빈혈이 유발될 수 있다.

② 급원식품

우리는 비타민 C의 95%를 과일과 야채에서 얻는다. 감귤류, 붉은 고추와 푸른 고추, 딸기, 토마토, 감자, 브로콜리 및 녹색 채소 등은 뛰어난 급원식품이다. 일일 권장량에 부합하는 비타민 C가 포함된 식품의 양은 표 3-5과 같다.

일부 식품과 음료수에는 비타민 C가 첨가되기도 한다. 씨리얼의 경우 하루 필요량의 약 25%에 해당되는 비타민 C와 곡물에는 없는 다른 비타민들을 첨가하고 있으며, 사과 주스와 포도 주스에도 자체에 함유된 비타민 C에 추가적으로 첨가하여

표 3-5 일일 권장량에 부합하는 비타민 C 함유식품

식 품	목측량	비타민 C
브로콜리	1/2컵	58mg
포도	1/2컵	47mg
키위	1개	75mg
오렌지	1개	80mg
오렌지 주스	3/4컵	93mg
고추	1/2컵	64mg
딸기	3/4컵	64mg

하루 필요량의 약 100%를 제공하도록 가공하기도 한다.

③ 결핍증

비타민 C 결핍증은 식사 섭취가 매우 불량한 만성 알코올 중독자나 약물 중독자에서 여전히 발생하고 있다. 또한 노인들은 신선한 식품을 구입하고 조리하는데 어려움이 있기 때문에 최소한의 섭취를 하기 쉽다.

괴혈증(scurvy)은 비타민 C 결핍증의 극단적인 결과를 대표하는 것이다. 비타민 C가 부족하면 아교와 같은 물질인 콜라겐이 합성되지 않기 때문에 모세혈관벽이 약하게 형성되고 몸 전체의 결체조직이 퇴행한다. 그 결과 치은염으로 인해 잇몸출혈이 나타나며, 근육퇴행으로 인한 관절과 사지의 통증, 새로운 결체조직의 형성부전, 혈관계의 약화로 인한 타박상이나 출혈이 발생하며, 혈관손상의 결과로서 플라크가 형성되는 등 결국 모든 신체기능이 붕괴되어 사망할 수 있다. 또한 결핍증상으로는 상처치유 지연, 치아와 뼈의 성장부진 등이 있으며, 온 몸의 조직 통합성이 위협을 받아 감염되기 쉽다.

④ 독성

비타민 C가 함유된 식품을 과량 섭취하더라도 독성은 발생하지 않는다. 그러나 시판되고 있는 비타민제를 1,000~1,500mg 정도의 고용량으로 지속적으로 복용하게 되면 경련, 설사, 오심, 신결석 형성, 통풍을 초래할 수 있고, 항응고제의 효과에도 영향을 미칠 수 있다.

만일 고용량의 비타민 C를 계속 복용하면 체내를 순환하는 여분의 비타민 C를 파괴하는 기전이 발달할 수 있다. 몇 달간 또는 그 이상으로 고용량으로 복용하다가 갑자기 끊으면, 반동효과가 일어나서 신체의 방어기전이 계속 작동하게 되어 비타민 C는 계속 파괴된다. 이러한 경우 권장량을 매일 섭취한다고 해도 괴혈병의 증상이 나타날 수 있다. 대표적으로 자궁에서 고용량의 비타민 C에 노출된 신생아는 이러한 반동효과를 경험할 수 있다. 모든 사례에서 반동효과가 나타나는 것은 아니지만, 고용량의 비타민 C를 복용하다가 중지할 경우에는 약 2~4주에 걸쳐 점차적으로 줄여야 한다.

4) 지용성 비타민류

(1) 비타민 A

오늘날에도 먹을 것이 부족한 취약 지역에서는 많은 아동이 극단적 비타민 A 결핍증인 야맹증에 걸리고 있다.

① 기능

담황색의 유상 물질인 비타민 A는 신체의 피부와 점막을 유지하는 기능을 담당하는 일군의 화합물이다. 비타민 A는 레티날, 레티놀, 레티노익산 등의 생체 활성

물질이 존재하며 이들을 레티노이드(retinoid)라고 부른다. 동물성 식품에 존재하는 레티놀은 곧바로 체내에서 활성을 띠는 반면, 식물성 식품에 존재하는 카로티노이드는 비타민 A 전구체로서, 그 중에 베타 카로틴(β-carotene)이 가장 대표적이다.

비타민 A의 특별한 기능은 시각과 뼈의 성장, 면역계의 기능 및 정상적인 생식이다. 어두운 곳에서 물체를 보는 것과 같이 빛의 변화에 적응할 수 있는 눈의 기전은 로돕신(rhodopsin)이라 하는 시색소(visual purple)에 달려 있다. 로돕신은 비타민 A의 한 형태인 레티날과 단백질인 옵신(opsin)이 결합하여 형성된다. 비타민 A가 충분치 않으면 로돕신이 형성될 수 없고, 망막은 빛의 변화에 쉽게 반응하지 못하여 점차 야맹증(night blindness)이 발생한다.

또한 비타민 A는 골단에 새로운 뼈가 형성되도록 도와서 성장하게 하므로 결핍 시에는 성장부진이 나타난다. 그 밖에 비타민 A는 신체에 분포한 상피조직의 통합성을 유지함으로써 감염으로부터 보호하여 최적의 기능을 유지한다.

비타민 A 전구체인 베타 카로틴(β-carotene)에는 많은 이중결합이 존재하여 세포 손상을 가져 오는 체내의 유리기(free radical)와 과산화물을 효과적으로 처리하는 우수한 항산화제로서 작용하고, 결과적으로 암 발생을 억제하는데 일익을 담당하고 있는 것으로 제시되고 있다.

② 급원식품

비타민 A는 간, 우유, 달걀, 지방이 많은 생선과 같은 동물성 식품과 비타민 A 전구체가 많이 함유된 녹황색 채소, 과일과 같은 식물성 식품으로부터 섭취할 수 있다. 우리나라 사람들은 주로 당근, 시금치, 과일 등 카로티노이드 함량이 높은 식물성 식품으로부터 비타민 A를 섭취하고 있다. 식품 중 카로티노이드의 비타민 A 전환율은 1/2배이므로, 간, 우유, 달걀, 생선 등의 다양한 급원을 통해 비타민 A를 섭취해야 한다.

③ 결핍증

비타민 A 결핍증은 일차적으로 식이 섭취 부족으로 오며 이차적으로는 만성 지방 흡수 불량의 결과로 나타난다. 간에 저장되어 있는 비타민 A가 결핍됨에 따라 증상이 발전된다. 야맹증이 올 수 있으며, 눈 자체를 보호하는 상피조직의 퇴행으로 안구 건조증이 발생한다. 그밖에도 상피조직의 손상은 호흡기 감염, 설사 및 기타 위장장애를 초래한다. 비타민 A가 결핍되면 전반적으로 면역계도 위험에 처하여 심각한 상태에 빠질 수 있다. 뼈 성장에 필요한 비타민 A 의존형 단백질이 부족하면 성장지연이 나타난다.

④ 독성

비타민 A 독성은 장 · 단기적으로 보충제를 복용하였을 때만 발생한다. 대부분 급원식품은 독성을 초래할 만큼 비타민 A 수준이 높은 것은 아니다.

식물성 급원에 풍부한 카로티노이드는 섭취를 통해서는 독성이 발생하지 않는다. 단, 카로티노이드를 과잉 섭취하게 되면 피부는 일시적으로 오렌지색을 띠게 되고 섭취를 줄이면 곧 사라진다. 비타민 A 독성의 즉각적인 증상으로 피부 수포, 허약감, 식욕부진, 구토, 두통, 관절통, 과민성, 비장과 간 비대 등이 나타나며, 장기적으로는 뼈의 기형과 간의 손상이 있다.

(2) 비타민 D

비타민 D는 비타민 A에 이어 지용성 비타민 중 두 번째로 발견되었다. 비타민 D의 발견은 1922년 북유럽과 북미지역에서 자주 발생하였던 구루병(rickets) 치료에 효과가 있는 항구루병성 인자가 간유에 존재한다는 사실이 밝혀지면서이다. 비타민 D 활성을 가진 물질들이 현재까지 10여종 발견되었으며, 그 중 비타민 D_2와 비타민 D_3이다.

우리 몸은 자외선이나 햇빛에 충분히 노출하면 피하에 있는 콜레스테롤의 한 형태를 활성형 비타민 D_3(콜레칼시페롤)로 전환시켜 자체 공급이 가능하다. 비타민 D는 신체에서 생성이 되기 때문에 일종의 호르몬이라 할 수 있고, 식사로 공급될 때는 비타민 역할을 한다. 그러나 분류되는 방법에 관계없이 비타민 D는 뼈와 치아의 정상적인 발달 외에도 신체의 다양한 조절과정에 필수적인 물질이다.

동물 피하조직에 존재하는 비타민 D_3 전구체는 7-디하이드로콜레스테롤(7-dehydro cholesterol)이고, 식물성 식품에 존재하는 비타민 D_2 전구체는 에르고스테롤(ergosterol) 형태로 존재한다.

① 기능

활성을 띠는 비타민 D는 칼슘과 인의 장흡수에 작용하며, 혈중 칼슘 및 인 농도를 조절하는 역할을 담당함으로써 뼈의 무기질 축적(bone mineralization)과 항상성(homeostasis)에 영향을 미친다.

◎ 비타민 D와 칼슘대사

- 소장 점막세포에서의 칼슘과 인산염 흡수 촉진
  비타민 D는 혈중 칼슘 농도를 높이기 위해 칼슘의 장내 흡수를 증가시킨다.
- 골격에서의 칼슘 용출
  골격은 칼슘과 인의 저장고로 칼슘의 혈중농도 유지에 중요한 역할을 한다. 비타민 D는 혈중 칼슘 농도를 높이기 위해 파골세포에서 뼈의 칼슘이 용해되어 나오는 것을 촉진시킨다.
- 신장에서의 칼슘 재흡수 촉진
  비타민 D는 혈중 칼슘 농도를 높이기 위해 신장에서 칼슘의 재흡수를 도와 체내에 보유하도록 한다. 이는 혈액 내의 칼슘과 인산염의 농도를 적절하게 유지시켜 골격의 석회화(calcification)를 이루게 하는 중요한 과정이다.

비타민 D에 의한 칼슘조절 기전을 정리하면 다음과 같다.

칼슘 섭취 부족 → 혈청 칼슘 농도 저하 → 부갑상선 호르몬 분비 증가 → 신장에서의 활성 비타민 D로의 전환 촉진 → 소장의 칼슘 흡수 촉진, 뼈에서의 칼슘 용출 촉진, 신장에서의 칼슘 재흡수 촉진→ 혈청 칼슘 농도 증가

② 급원

비타민 D는 식품을 통해서나 신체 합성을 통해 얻어진다. 인체에서의 비타민 D 생성량은 자외선, 대기상태, 피부색 및 노출시간에 달려 있다. 구름이 많이 끼고 비가 오는 지역적 조건과 계절은 비타민 D 합성을 감소시키며, 피부색도 햇빛 가리개나 옷으로 가릴 때와 마찬가지로 자외선 효과를 감소시킨다. 그 밖에 노화도 자외선 노출로 형성되는 비타민 D의 양을 저하시킨다.

비타민 D는 버터, 계란 노른자, 지방이 많은 생선, 간유, 표고버섯 등의 동 · 식물성 식품에 널리 존재한다. 우유 자체가 비타민 D의 좋은 급원은 아니지만, 비타민 D를 강화하면 칼슘과 인의 흡수도 높여주고 비타민 D를 공급하는데도 매우 효과적이다. 채식주의자들은 동물성 식품을 전혀 섭취하지 않기 때문에 반드시 보충제가 필요하며, 규칙적으로 햇빛을 쬐는 것이 필요하다.

③ 결핍증

비타민 D 결핍증은 구루병과 골연화증을 초래할 수 있다. 아동 구루병은 뼈와 치아 기질에 무기질 축적이 충분하지 않아 체중을 지탱할 수 없게 되고, 휘어진 다리, 늑골과 가슴의 비정상적 각도, 비정상적 치아형성 등 골격의 기형을 초래한다. 성인의 골연화증은 뼈가 약해 골절 위험이 높아진다.

구루병은 영양섭취가 좋은 집단에서는 거의 발생하지 않으나, 짙은 피부색, 비타민 D 합성이 제한되는 두꺼운 옷의 착용, 비타민 D 강화 분유 섭취가 제한된 채 모유만 먹은 아동, 영양섭취가 부족한 노인 등에서 발병 위험이 높은 것으로 나타났다. 이러한 경우에는 식품을 통해 섭취를 증가시켜야 하며, 보충제를 사용하는 것이 바람직하다.

④ 독성

비타민 D는 비타민 중 독성이 가장 강한 비타민이다. 생선간유 또는 고단위 비타민 D를 과다섭취 시에는 독성이 유발될 가능성이 크다. 과잉 섭취 시에는 고칼슘혈증과 고칼슘뇨를 일으켜 신장과 심혈관계의 손상을 가져올 수 있고, 탈모, 체중저하, 설사, 경련 등의 증상이 나타난다.

(3) 비타민 E

비타민 E(tocopherol)의 화학명은 토코페롤(tocopherol)로, 출산의 뜻을 지닌 그리스어 'tokos'에서 유래되었다, 이 비타민은 정상적인 수태와 태아의 정상 발육 및 출산에 필

요한 물질로 밝혀지면서 번식 비타민 또는 항불임 비타민이라는 별명이 붙었다.

비타민 E는 중요한 기능을 수행하는 필수 영양소로서, 질병예방에 관련하여 많은 역할을 담당하고 있음이 밝혀지고 있다.

① 기능

비타민 E의 가장 중요한 기능은 항산화 기능이다. 비타민 E는 지용성 환경에서 쉽게 산소와 결합함으로써 항산화제로 작용하여 세포막에 있는 다불포화지방산과 비타민 A를 산화적인 손상으로부터 보호해 준다.

항산화 이론에 따르면 비타민 E는 세포막은 물론 미토콘드리아, 마이크로좀, 리소좀 등을 싸고 있는 막에 집중 분포되어 있으면서 막의 주요 구성물질인 인지질이나 콜레스테롤과 접촉하게 된다. 이 두 물질에는 모두 다불포화지방산이 함유되어 있는데, 이때 비타민 E는 산화되기 쉬운 다 불포화지방산이 활성산소에 의해 산화되고 파괴되는 것을 막아준다.

비타민 E의 이러한 기능은 특히 대량의 산소에 노출되는 폐와 적혈구 막의 통합성을 보호하는데 중요하다. 특히 적혈구 막에 있는 불포화지방산은 유리기에 의한 공격에 대단히 취약한데, 이 때 비타민 E는 적혈구 막의 손상을 막을 수 있다.

그러나 미숙아의 경우 어머니로부터 충분한 비타민 E를 공급받지 못한 상태이고, 호흡기 치료 시 고농도 산소에 노출되기 쉬워 유리기에 의한 손상위험이 높아지고, 그 결과 적혈구에 손상을 가져와 용혈현상이 유발되기 쉽다. 따라서 미숙아에게 특수 처방과 비타민 E를 보충하게 되면 적혈구의 용혈현상과 미숙아 망막증을 비롯한 여러 증상을 감소시킬 수 있다.

비타민 E은 셀레늄(Se)과 상호보완적으로 작용하며 세포막에서 활성산소에 의한 지질과산화를 방지하여 세포막을 안정시키고 노화를 방지한다.

② 급원

α-토코페롤은 가장 광범위하게 발견되는 형태이면서 가장 활발하게 기능한다. 식품 내의 비타민 E 활성도는 α-토코페롤 당량(α-TE)으로 측정한다. 다불포화지방산의 섭취가 증가하면 산화로부터 보호하기 위해 비타민 E가 더 많이 필요하다. 또한 모유수유 시에는 더 섭취하도록 권장하고 있다.

비타민 E의 가장 좋은 급원은 옥수수유, 대두유, 면실유, 마가린 등의 식물성 기름이다. 통곡류와 씨앗, 견과류, 밀 배아, 짙푸른 채소도 비타민 E를 적당량 공급한다. 이러한 식품에 함유된 비타민 E 함량은 가공과정에서 감소될 수 있다.

③ 결핍증

비타민 E의 일차성 결핍증은 매우 드물다. 이차성 결핍증은 미숙아와 정상적으로 지방을 흡수하지 못하는 사람에게서 발생한다. 결핍증이 발생할 수 있는 만성 지방흡수장애는 낭포성 섬유증과 담관폐쇄증 등이다. 비타민 E가 결핍되면 세포 파괴로

오는 신경계 질환과 용혈성 빈혈이 나타난다.

④ 독성

비타민 E는 비교적 독성이 적은 편이다. 그러나 고용량의 비타민 E 보충제 투여는 항응고제의 효과를 악화시킬 수 있으므로, 항응고 치료를 받는 환자나 비타민 K 결핍증 환자는 출혈의 위험 때문에 비타민 E를 복용하지 않는 것이 좋다.

(4) 비타민 K

1935년 지용성 비타민 중 가장 늦게 발견된 비타민 K는 '혈액응고'를 의미하는 'koagulation'의 첫 글자를 따서 명명되었다. 비타민 K는 신체에서 유사한 기능을 갖고 있는 여러 관련 화합물 이라는 것이 발견되었다. 자연계에서 주로 존재하는 두 가지 형태 중, 비타민 K_1는 식물체에서 합성되어 식품으로 공급되고 비타민 K_2는 인체의 장내 세균에 의해 합성된다.

① 기능

비타민 K의 주 기능은 혈액응고에 관여하는 프로트롬빈(prothrombin)이 합성되는 과정에서 조인자(cofactor)로서 작용하기 때문에 '출혈을 방지하는 비타민'으로 알려져 있다. 비타민 K가 부족하면 혈액응고에 소요되는 시간이 연장되는 현상이 나타난다.

② 급원식품

비타민 K는 실제 식물과 동물의 조직에 여러 형태로 존재하는 화합물로 이루어져 있어서, 급원식품으로 얻을 수도 있고 공장과 회장에 존재하는 미생물에 의해 일부 합성되어, 모두 간에서 생화학적 활성형인 메나퀴논(menaquinone)으로 전환된다.

비타민 K는 미생물에 의해 체내에서 일부 합성되기는 하지만, 생성하는 양이 혈액응고에 필요한 수준에 부합되는 것은 아니기에 여전히 식사로 섭취해야 한다는 점에서 필수 영양소로 분류된다. 비타민 K의 일차적인 급원은 짙푸른 잎채소이며, 그 밖에 유제품, 씨리얼, 육류, 과일, 종자, 뿌리에서도 적은 양이 발견된다.

③ 결핍증

일반 식품 중에 널리 분포되어 있어서 결핍증은 거의 발생하지 않는다. 비타민 K 결핍증은 혈액응고를 저해하는데, 이러한 현상은 흡수불량 질환이나 약물 상호작용에 관련되는 임상적 상황에서 관찰될 수 있다. 장기적인 항생제 투여는 비타민 K를 생성하는 장내 미생물을 사멸시킴으로써 합성을 저해한다. 또한 지방흡수에 문제가 있게 되면, 흡수되는 지용성 비타민의 양에도 영향을 미친다.

미숙아와 신생아의 장은 너무 깨끗하여 미생물이 존재하지 않기 때문에 비타민 K를 즉각적으로 생성할 수 없다. 따라서 출생 직후 신생아에게는 출혈성 질환을 예방하기 위해 비타민 K를 근육주사하고 있다.

④ 독성

비타민 K가 들어 있는 식품을 섭취하는 정도로는 독성 문제가 발생하지 않는다. 메나디온(menadione)형태의 비타민 K를 치료적으로 투여하는 경우, 신생아에게 용혈성 빈혈과 고빌리루빈혈증과 같은 반응을 초래하여 황달이 일어날 수 있다.

05 물

신체를 순환하는 체액은 모든 세포를 적셔주며, 화학반응과 신경자극의 전달, 영양소와 노폐물의 수송이 일어나도록 한다. 물은 체액의 일차적인 구성요소이며, 체액의 일부는 혈액, 림프 및 세포의 구조를 형성한다.

사람은 음식 없이도 몇 주간은 살 수 있지만 물이나 액체 없이는 단 며칠밖에 살 수 없다. 우리 몸이 에너지를 내는 영양소를 저장하고 있어도, 세포의 기능을 위해서는 수분 섭취가 꼭 필요하며, 신체 노폐물을 소변으로 배설하는 용액으로서도 수분은 필수적이다.

1) 급원

사람이 물만 마셔도 체액에 대한 신체 요구를 충족시킬 수 있으나, 대부분은 다른 음료도 섭취하고 있다. 우유, 과일 주스, 스프 등에 함유되어 있는 영양소와 수분함량을 살펴보면, 식품의 종류에 따라 각기 수분함량에 뚜렷한 차이가 있다. 특히 수박과 포도, 오렌지, 무, 토마토 등의 수분함량은 85~95%에 이를 만큼 매우 높다.

수분 권장량은 성인의 경우 정상적인 상황에서 소모하는 에너지 kcal당 1~1.5mL 또는 2,000kcal당 2L 정도이다. 이는 성인 남성의 경우 하루에 13컵, 여성은 9컵에 해당되는 수분에 해당된다. 건강한 성인에게 필요한 최소한의 양은 약 4컵이지만 개인의 생리적 상태와 열 생산을 고려하여 이보다 더 많이 섭취하는 것이 바람직하다.

수분을 얻는 급원 중에 청량음료, 알코올, 커피, 차 등은 일차적인 급원에 포함시키지 않는다. 왜냐하면 커피와 차, 알코올은 이뇨제로서 작용하여 신장을 통한 수분소실을 증가시키고, 청량음료는 수분 이외에도 설탕과 소금, 다양한 화학물질과 같은 용질을 함유하고 있어 희석되어 배설되기 때문이다. 즉, 소다수를 마시면 용질의 농도가 혈중에 증가되고, 설탕과 소금을 희석시키기 위해 세포로부터 혈류 내로 수분을 끌어당긴 후 소변으로 배설되면서 혈관 내에 있던 수분도 함께 잃게 된다. 혈중 용질이 증가하고 수분이 감소하면 갈증 기전이 유발된다.

2) 물의 질

물에 존재하는 무기질은 다양하다. 경수는 칼슘이나 마그네슘과 같은 무기질을 많이 함유하고 있는 물을 일컫는 용어로, 이러한 물에는 영양소가 상당량 포함되어 있다. 이 경우 경수를 사용하는 가정용 기구나 기계들은 무기질이 침전되면서 손상될 수 있다. 이러한 문제를 줄이기 위해서는 소금으로 일부 무기질을 대치시키는 여과 과정을 통해 연수화시킬 수 있다. 나트륨을 많이 함유하고 있는 연수는 나트륨에 민감한 사람들에게 고혈압의 위험을 높일 수 있다.

질 차원에서 또 다른 측면은 오염이다. 오래된 건물에는 납땜으로 연결한 수도관이 있어 납이 물에 녹아날 수 있다. 납은 적은 양일지라도 정상적인 성장발달에 심각한 손상을 미칠 수 있기 때문이다. 일부 오염문제는 물을 관리하는 과정 중에 바로 잡을 수 있으나, 산업공해와 같은 문제는 규명하기 어렵다. 특히 물이 세균 오염이나 발암성 산업 물질에 노출되는 경우 단순한 위장염으로부터 암에 이르기까지 다양한 건강문제를 초래할 수 있다. 그밖의 건강문제로는 개발도상국에서 주로 발생하는 콜레라와 이질이 있다. 기술적인 지식과 자원, 재정적 지원이 없다면, 많은 사람들은 세균에 오염된 물을 마심으로써 이러한 수인성 질병에 걸릴 수 있다. Helicobacter pylori에 오염된 물은 위암의 증가와 관련성이 있다.

3) 영양소로서의 물

(1) 구조

물의 구조는 두 개의 수소 원자와 한 개의 산소 원자로 구성되어 있다. 물은 신체에서 일어나는 생화학적 반응의 기초를 제공하며 신체 체계와 세포의 다양한 구획 사이의 물질이동을 가능하게 해 준다. 수분은 그 안에 각각 특성과 전하(electrical charge)가 다른 물질이 포함되어 있다. 세포내액은 칼륨과 인이 들어 있는 수분으로 구성되며, 세포간질액은 나트륨과 염소가 함유되어 있다.

(2) 소화와 흡수

물은 무기물이기 때문에 소화되지 않은 채 소장을 빠르게 통과한다. 대부분의 물은 일단 소장에서 흡수되고 나머지는 결장에서 조절되어 흡수되거나 대변으로 배설된다.

(3) 대사

물은 위장관에서 분해 또는 대사되지 않지만 대사과정의 통합적 성분이다. 또 물은 ATP로부터 에너지를 방출하는 산화과정의 부산물로서 생성되기도 한다. 이때 방출된 물은 노폐물로 배설되거나 체내의 다른 곳에서 이용된다. 근육과 간에 저장된 글리코겐은 구조적으로 수분을 함유하고 있어 글리코겐이 에너지 생성에 이용될 때 활용된다.

(4) 기능

물은 신체에서 여러 중요한 기능을 수행한다. 물은 중요한 신체 구조의 성분으로 세포의 형태와 강도를 부여하고 열의 흡수와 분산, 전도를 통해 체온을 항상 일정하게 유지한다. 모든 신체 조직에는 수분이 함유되어 있다. 지방조직의 20~25%, 골격은 10~25%, 근육은 75%가 수분이다. 물은 우리가 의식하지 못하는 가운데 폐와 피부의 표면을 통해 증발되면서 체열을 방출함으로써 신체를 시원한 상태로 유지시키는데, 이러한 형태의 수분손실을 불감성 발한(insensible perspiration)이라 한다.

관절액과 점액 형태로 존재하는 물은 윤활제로서 작용한다. 양수 주머니, 척수, 눈과 같은 조직의 물은 충격을 흡수하는 액체 쿠션의 역할을 담당하며 혈액, 림프, 소변의 주요 구성분으로서 영양소를 전달하거나 노폐물을 제거하기도 한다. 또한 용매로서 무기질, 비타민, 포도당 등 작은 분자들을 전신에 수송해 주며 불소, 아연, 구리와 같은 미량 무기질도 공급한다. 그러나 납, 카드뮴, 살충제와 같이 산업폐기물에 의한 독성 중금속 무기질의 급원이 되기도 한다.

물은 생화학 반응에서 반응물로서도 참여한다. 예를 들면, 다당류와 지방, 단백질과 같이 큰 분자는 물의 작용으로 더 작은 분자로 쪼개진다. 결국 물이 없이는 성장이나 세포의 재생이 일어날 수 없다. 따라서 물은 모든 세포의 부분이며 화학반응을 위한 매개물과 공급물의 운반체이다.

4) 체액의 조절

신체는 적절한 체액 수준을 유지하는 매우 섬세하고 효율적인 기전을 갖고 있다. 수분 섭취량은 소변, 땀, 대변, 불감성 수분 손실을 통한 배설량과 균형을 이룬다. 체액의 조절은 체중의 대부분이 물로 이루어져 있기 때문에 생리적으로 중요하다. 여성은 체중의 50~55%, 남성은 55~60%가 물이고, 영아의 경우에는 체중의 75~80%에 달한다.

체액의 항상성은 세포 외의 나트륨과 세포 내의 칼륨 분포에 의해 유지된다. 물은 이러한 무기질 수치에 반응하여 세포 안으로 또 세포 사이의 간질쪽으로 이동하며, 불균형 상태는 갈증을 일으키는 기전과 정체된 수분을 배출하는 신장의 능력을 조절하는 기전에 의해 교정된다.

입이 건조해지는 갈증은 액체를 마시고 싶은 욕구를 자극한다. 신체의 수분이 저하되면 혈중 용질 수치는 증가하게 되고 혈액에 수분을 더 많이 보충하기 위해 타액선에서 물을 끌어오는 양상이 되어 결과적으로 침이 더 감소하고 입은 마르게 된다. 갈증이 있으면 액체를 더 마시게 되지만, 질병이나 신체적 과로에서와 같이 갈증 기전에 문제가 있을 때는 호르몬의 작용으로 소변 배출이 감소되고 수분을 보유하게 된다.

신장 기전은 배설되는 수분의 양을 조절하는데, 섭취하는 양에 관계없이 하루에 최소한 500mL 정도 필수적인 수분 배출이 이루어져야 한다. 이 기전은 뇌와 신장, 뇌하수체, 부신의 합동작용으로 일어난다. 체액이 적어지면 시상하부는 뇌하수체를 자극하여 항이뇨 호르몬(ADH)을 분비한다. 항이뇨 호르몬은 나트륨 수준이 높거나 저혈압 또는 저혈량에 반응하여 분비된다. 이 호르몬의 표적 장기는 신장으로, 수분의 배설을 감소시켜 재순환에 이용되도록 한다.

신장의 나트륨 농도가 높아져 수분이 너무 많이 배설되면, 저혈량과 저혈압을 상쇄하기 위해 또 다른 과정이 일어난다. 신장은 레닌(renin)을 방출하여 혈장 단백질인 angiotensin을 활성화시킨다. 이 물질은 혈관을 좁혀 혈압을 높이는 혈관수축제로서 작용하는 한편, 부신을 자극하여 aldosterone을 분비하게 한다. aldosterone의 표적 장기는 신장으로, 나트륨 배설을 감소시켜 체내에 수분을 보유하도록 한다.

5) 수분과 전해질

체액에 용해되어 있는 무기질염은 세포 내외의 체액 분포를 조절하는데 필요하다. 수분은 염분의 농도를 따라 이동하며 균형을 이룬다. 전해질은 물에 녹아 있을 때 전하 또는 이온을 운반하는 무기질이다. 이러한 무기질은 양이온과 음이온으로 구분되는데, 체액 중 일차적인 세포외 전해질은 나트륨(Na^+/양이온)과 염소(Cl^-/음이온)이며, 세포내의 중요한 전해질은 칼륨(K^+/양이온)이다. 물은 전해질 농도를 따라 이동하며, 전해질이 세포막 내외로 이동하기 위해서는 운반 단백질이 필요하다. 특히 Na^+/K^+ 펌프는 세포 내의 나트륨을 세포 외의 칼륨과 교환하는 일을 담당한다.

신장은 수분 외에도 전해질 농도를 조절한다. 만일 나트륨 농도가 낮으면, aldosterone은 신장이 나트륨을 재흡수하거나 보유하도록 작용하고, 그 결과 칼륨은 배설되어 전해질의 균형이 유지된다.

6) 체액의 불균형

수분의 조절기전이 균형을 유지할 수 없다면 어떤 일이 발생할까? 체액에 비정상적인 이동이 있을 때 체액부족이나 체액과다의 문제가 일어난다.

(1) 체액부족

인체는 체액이 부족하게 되면 혈관과 세포 수준의 탈수를 경험하며, 체중의 10%에 해당되는 체액이 손실되는 심한 체액부족 상태는 의학적으로 응급상황이다. 위나 장의 바이러스 감염에서 경험하는 증상인 설사, 구토, 고열 등은 체액부족을 유발시킬 수 있고, 발한, 이뇨제 사용, 다뇨증도 체액부족의 원인이 될 수 있다.

체액부족 증상이 탈수에 기인하는 것인지 질병으로 인한 것인지 구분하는 것은 어려울 수 있다. 체액부족 시에는 소변 배설량 감소, 피부 탄력성 저하, 건조한 점막, 구강 건조, 일상적이지 않은 기면상태(drowsiness), 지남력 상실, 극심한 갈증, 오심, 느리거나 빠른 호흡, 갑작스런 체중감소 등의 특징을 나타내며, 기립성 저혈압을 경험할 수 있다. 체액손실이 꽤 오래 지속되는 경우에는 반드시 의사에게 진찰을 받아야 하며, 중등도나 중증인 경우에는 체액을 보충하기 위해 정맥내 주사요법이 이루어진다.

병이 없을 때도 심한 발한을 일으키는 격렬한 신체적 활동 시에나 뜨겁고 건조한 날씨에서도 신체의 냉각기전을 과도하게 작용시켜 체액부족을 초래할 수 있다. 이 경우에는 갈증이 없더라도 충분히 수분을 섭취하면 이러한 위험을 완화시킬 수 있다.

노인과 영아는 체액부족의 위험이 가장 높은 집단이다. 노인은 갈증 기전의 민감성이 떨어질 뿐 아니라 체액 보유상태도 저하되는데, 체액부족의 증상을 노쇠함으로 오진하기 쉽다. 영아는 스스로 섭취할 수 없을 뿐 아니라, 수분이 체중에서 차지하는 비율이 성인보다 높고 세포외액의 비율도 더 높아 체액손실로 인한 탈수가 빠르게 발생할 수 있다. 영아의 체액이 결핍되면 대천문이 함몰될 수 있다.

(2) 체액과다

체액과다는 체액의 정체와 부종이 있는 상태로서, 수분 섭취나 나트륨 섭취가 너무 많거나 조절기전에 문제가 있을 때 나타난다.

부종은 수분이 순환계로부터 세포간질 공간으로 이동하여 과다 축적되거나 수분이 정상보다 10% 이상 정체될 때이다. 특히 나트륨 함량이 높은 식사를 많이 하게 되면, 붓는 것을 느끼게 되고 다음 날에는 어느 정도 체중증가를 보인다. 이러한 체중증가는 실제 체중의 증가가 아니고 나트륨의 과잉 섭취에 반응하여 발생하는 단순한 수분 정체이다. 이 경우에 체중과 신체의 수분은 수일 내에 평소 수준으로 되돌아온다. 그러나 나트륨에 민감한 사람은 나트륨을 많이 섭취할 때 수분만 정체되는 것이 아니라 고혈압을 유발한다. 보다 심각한 부종은 콰시오커에서 관찰할 수 있다. 즉, 혈장 단백이 매우 부족하면 교질 삼투압이 낮아져 체액이 혈관에서 세포간질공간으로 이동하고, 그 결과 얼굴 및 사지에 수분이 정체되는 양상이 나타난다.

수분중독은 단시간에 대량의 수분을 섭취하였을 때 근육의 경련, 저혈압, 쇠약 등이 나타난다. 또한 탈수로 인해 전해질의 손실이 심할 때 전해질 보충없이 물만 공급한다면 수분중독이 일어날 수 있다. 일반적으로, 이러한 상황은 물을 그만 마시라는 생리적 신호에 적절히 반응하지 못하는 정신질환자에게서 발생할 수 있다.

>> 간호적용

수분결핍 사례

82세는 양노원 시설에 거주하고 있다. 어느날 밤 그는 위장관의 바이러스 감염으로 오심과 구토, 설사를 하였다. 반복적인 구토와 설사가 나타난 지 8시간 후, 간호사는 대상자에게 체액 결핍상태가 발전될 수 있다고 생각하고 문제를 찾고 해결하기 위해 간호과정 기술을 적용하였다.

(1) 간호사정

① 객관적 자료

- 75kg에서 72kg으로 체중감소
- 건조한 점막상태
- 손등 정맥의 정상적인 충만
- 맥박 80회/분에서 86회/분으로 증가
- 혈압 정상
- 체온 38.1℃
- 명료한 정신

(2) 간호진단

- 구토와 설사와 관련된 체액 부족

(3) 간호계획

- 더 이상의 수분 결핍이 없이, 36시간 내에 정상적인 수분 균형을 획득할 수 있도록 의사에게 상담을 의뢰한다.

(4) 간호중재

- 진토제와 지사제 투약을 위한 처방을 받는다.
- 매 2시간마다 활력 징후를 측정한다.
- 진토제 투여 1시간 후에 입술을 축이고 육즙을 마시도록 한다.
- 섭취량과 배설량을 측정한다.
- 하루에 한 번 체중을 측정한다.

(5) 간호평가

- 36시간 안에 점막이 촉촉한지를 평가한다.
- 36시간 안에 섭취량과 배설량이 평형을 이루고 있는지 평가한다.
- 4일 이내에 75kg로 회복되었는지를 평가한다.

06 무기질

무기질(mineral)은 비타민과 같이 건강 유지에 활력소 역할을 하며 다양한 기능을 한다. 무기질은 구조적으로 치아와 골격에 강도와 힘을 제공하며, 신체의 요구에 부응하기 위한 저장고로서 기능한다. 신경과 근육의 기능은 무기질의 영향을 받아 적절한 근육수축과 이완을 한다. 그 밖에도 조효소로서 작용하며, 체액의 산-염기균형을 적절히 유지하고, 혈액응고, 조직의 회복과 성장에도 필수적이다.

16종의 필수 무기질은 인체가 하루에 필요로 하는 양에 기초하여 다량 무기질(major mineral)과 미량 무기질(trace mineral)로 나뉜다(표 3-6). 다량 무기질은 신체의 요구에 부합하기 위해 매일 식품으로 100mg 이상이 필요한 반면, 미량 무기질은 매일 20mg 이하가 필요하다.

나트륨과 칼륨 및 염소 등은 신체의 주요 전해질이면서 무기질로서 매우 특수한 기능을 담당한다. 이러한 무기질의 분포는 체액의 산-염기평형을 조절하며, 신경과 근육의 정상적인 기능을 제공한다.

표 3-6 신체의 필수 무기질

다량	칼슘	염소	마그네슘	인	칼륨	나트륨	황	아연
미량	크롬	구리	불소	요오드	철	망간	셀레늄	

1) 체내 영양소로서의 무기질

① 구조

무기질은 돌에서 나오는 단일원소로 구성된 물질이다. 체액에 녹아 이온의 형태로 존재하며 양전하와 음전하를 운반한다.

② 소화와 흡수

무기질이 함유된 동·식물성 식품을 섭취하면 무기질이 신체의 뼈, 장기 및 체액으로 흡수되게 한다. 무기질은 신체내로 들어온 음식으로부터 분리되어 소화과정없이 그대로 흡수된다. 다양한 식품 자체를 그대로 섭취한다면 무기질의 섭취 수준은 적절히 유지된다.

③ 대사

무기질은 유기물과는 달리 에너지를 내지 않고 대사과정을 돕는 조인자(cofactor)로서 역할을 한다.

2) 급원식품

무기질의 가장 중요한 식물성 급원은 대부분의 과일, 야채, 콩류, 통곡류이며, 동물성으로는 쇠고기, 닭고기, 계란, 생선, 유제품 등이 주요 급원이다. 무기질은 비타민과는 대조적으로 조리할 때 매우 안정적이며 파괴되지 않는다. 따라서 조리 시 국물로 빠져 나올 수 있지만 그 액체를 섭취하면 여전히 안정된 상태로 흡수된다.

생체이용률이란 섭취한 영양소의 양과 체내에서 사용된 양의 비율을 의미한다. 식물은 다양한 무기질을 풍부하게 함유하고 있으나 일부 무기질은 식물성 식품에 존재하는 피틴산(phytic acid)과 수산(옥살산, oxalic acid), 섬유소와 같은 결합체와 결합되어 신체에서 이용할 수 없는 상태가 되기도 한다. 흡수되기 쉬운 식물성 무기질의 양은 식물이 자라는 토양의 무기질에 의해 좌우되기도 한다.

동물성 식품의 무기질은 식물성보다 쉽게 흡수될 수 있어 생체이용률은 좋지만 지방 함량에 주의를 기울여야 한다. 저지방 식품인 유제품과 육류제품은 생체이용률이 좋은 편이며, 동물의 간도 철분과 아연을 함유하고 있는 좋은 무기질 급원이지만 콜레스테롤과 포화지방산이 높고 동물이 독소에 노출된 적이 있다면 독소가 함유되어 있을 수 있다.

식품 가공은 무기질의 이용률을 감소시킬 수 있다. 예를 들면, 통밀가루를 흰 가루로 가공하면 철분을 제외한 아연, 셀레늄, 구리 등 무기질의 상당한 손실을 초래한다. 일부 무기질은 자연상태로는 충분한 양을 얻기 어렵기 때문에 식품제조 과정에서 첨가한다. 요오드가 첨가된 소금이나 철분과 각종 비타민, 무기질을 첨가한 씨리얼 등은 좋은 예이다.

3) 다량 무기질류

(1) 칼슘

① 기능

칼슘(calcium, Ca)은 성인 체중의 약 2%를 차지하는 가장 풍부한 무기질로서, 약 99%가 뼈에 존재하면서 구조적 기능과 저장 기능을 담당한다. 나머지 1%는 혈액이 뼈를 통과할 때 체액에 유리된다. 칼슘은 혈액과 뼈 사이에서 일어나는 지속적인 상호작용을 통해 신체 전체에 배분된다. 또한 혈청 칼슘은 신경전도, 근육 수축과 이완, 혈액응고 및 혈압 등을 조절한다.

뼈로부터 칼슘이 용출되는 것은 체액의 칼슘 농도를 조절하는 호르몬에 의해 조절된다. 부갑상선 호르몬(parathyroid hormone)은 혈청 칼슘 농도가 저하될 때 분비되며 신장에서 활성 비타민 D로의 전환을 촉진시킴으로써 조절기전에 관여한다. 당초 비타민 D는 비활성형인데 신장에서 수산화과정(hydroxylation)을 통해 활성을 띤다. 활성형 비타민 D는 뼈와 소장, 신장에 작용하여 혈청 칼슘 농도를 높인다.

갑상선의 소세포엽에서 분비되는 칼시토닌(calcitonin)은 혈청 칼슘 농도가 높을 때 뼈로부터 칼슘이 유리되는 것을 억제하고 오히려 뼈에 칼슘을 침착시킴으로써 혈청 칼슘과 인의 농도를 낮추는 역할을 한다.

만일 비타민 D 결핍이나 호르몬 기능장애로 인해 조절기전이 저해되면 혈청 칼슘 농도는 매우 낮거나 극도로 높은 수준이 될 수 있다. 혈청 칼슘 농도가 지나치게 높으면 근육이 뻣뻣해지는 칼슘 경직(calcium rigor)이 발생할 수 있고, 반대로 너무 낮을 때는 근육과 신경의 흥분성 증가로 경련인 칼슘 테타니(calcium tetany)가 발생할 수 있다.

◎ 칼슘의 조절기전

식품을 통한 칼슘 섭취는 칼슘이 뼈에 침착되는데 영향을 미친다. 그러나 혈청 칼슘 농도는 매일 섭취하는 식이 칼슘의 양에 의해 좌우되지 않고, 뼈로부터 공급되어 순환계를 통해 전신에 칼슘을 공급해 준다. 만일 혈청 칼슘 농도가 저하되면 칼슘의 항상성을 유지하기 하기 위해서 다음과 같은 세 가지 작용이 일어날 수 있다.

- 뼈로부터 칼슘의 용출이 촉진
- 소장에서 칼슘의 흡수가 증가
- 신장에서 칼슘의 재흡수가 증가

② 급원식품

칼슘의 일차적 급원은 우유와 아이스크림, 요구르트, 치즈, 푸딩 등 유제품이다. 버터, 크림치즈 등도 유제품이긴 하나 지방이 많아서 칼슘의 좋은 급원은 아니다. 비유제품으로는 브로콜리와 케일, 겨자잎 등의 짙푸른 채소, 뼈째 먹는 작은 생선, 콩류 등이다. 최근에는 칼슘이 첨가된 오렌지 주스에서부터 제빵류에 이르기까지 다양한 칼슘 강화식품이 시판되고 있다.

시금치와 같이 일부 짙푸른 채소 중에는 칼슘과 결합하는 수산이 함유되어 있어 흡수되지 못하므로 이러한 식물성 식품은 칼슘 급원으로 간주되지 않는다. 각종 차에는 탄닌 외에도 수산이 들어있어 차와 함께 칼슘 함유 음식을 섭취하면 흡수를 저해할 수 있다. 특히 오늘날 청소년 여아와 젊은 층에서 인기가 있는 아이스티의 경우 이러한 영향을 고려해야 한다.

유당 불내성(lactose intolerance)은 유당소화에 필요한 lactase가 부족한 선천성 대사이상이다. 유당 불내성이 있는 경우에는 유당이 함유된 제품은 피하되, 칼슘을 얻기 위해 다른 급원식품들을 규칙적으로 섭취해야 하며, 필요에 따라서는 칼슘 보충제가 처방될 수 있다.

③ 흡수 관련 요인

우리 몸은 생리적 요구에 기초하여 칼슘을 흡수한다. 아동의 성장기 동안에는 섭취한 칼슘의 75%까지 흡수할 수 있는 반면, 일단 성장이 끝난 다음에는 30~60%가 흡수된다. 또한 임신과 수유기 동안에는 생리적 요구가 높아지면서 흡수율도 더 높아진다.

- **칼슘 흡수율 촉진요인**
  - **유당**은 자연적으로 존재하면서 칼슘 흡수를 증가시킨다.
  - 충분한 **비타민 D**는 칼슘의 소장 흡수를 촉진시킨다.
  - 칼슘은 **산성**에서 잘 용해되며, 식사의 일부분으로 섭취될 때 흡수가 더 잘 된다. 위의 염산은 칼슘 흡수를 도와준다. 연령이 증가하면서 염산의 양은 점차 감소되어 칼슘 흡수도 적어진다.
- **칼슘 흡수율 저해요인**
  - 자연에 존재하는 피틴산과 수산은 식물성 식품에 존재하는 칼슘과 결합할 수 있다. 사람의 소화과정은 **결합물질**로부터 칼슘을 분리시킬 수 없고, 결국 둘 다 배설되어 칼슘 흡수량을 감소시킨다.
  - **식이 지방**은 칼슘과 만나 불용성 비누를 형성할 수 있다. 불용성 비누는 너무 단단하여 소화되기 어려우므로 흡수되는 칼슘의 양이 감소된다. 그러나 저지방 및 중등도의 지방을 섭취할 때는 이와 같은 불용성 덩어리가 형성되지 않는다.
  - **고섬유식과 완하제 남용**은 음식덩어리가 위장관을 너무 빠르게 통과시켜 칼슘과 같은 무기질의 흡수를 방해한다.
  - 정적인 생활양식, 신체 활동이 적은 생활양식은 골밀도 저하를 유발한다. 이와 반대로 자신의 몸무게를 스스로 지탱하는 체중부하 운동은 골질에 칼슘 침착을 촉진하는 효과가 있다.
  - 항경련제, 테트라사이클린, 코티존, 갑상선 호르몬제, 알루미늄 함유 제산제 등의 **약물**은 칼슘 흡수를 저하시킨다. 카페인도 칼슘 흡수에 영향을 미칠 수 있다.

④ 결핍증

칼슘은 일부 식품에만 제한적으로 함유되어 있어 칼슘 부족 현상이 쉽게 초래된다. 특히 11~24세의 청소년, 임신부와 수유부는 칼슘결핍증의 위험이 가장 높다. 성장기 동안 칼슘 섭취를 제대로 하지 않으면 골밀도(bone density)가 감소되고 심하면 성장을 저해한다. 성인의 장기간 칼슘 결핍은 골다공증 위험 요인 중 하나로서, 척추 뼈가 약해져 붕괴되고 등은 구부러지고, 머리는 아래로 처지게 된다. 척추만곡으로 인해 영향을 받은 내부 장기는 효과적으로 기능을 할 수 없게 되고 여러 건강문제가 발생한다.

골다공증의 원인은 골연화증과는 달리 여러 가지 요인이 있으며, 모든 요인은 뼈의 무기질 밀도와 관련이 있다. 유전, 식사, 생활양식은 골밀도의 결정인자이다. 일생을 통해 최고 골밀도(peak bone density)에 도달하는 시기는 20세 후반에서부터 30대 초반까지이다. 그 이후부터는 골격으로부터 용출되는 칼슘의 양이 축적되는 양보다 더 많아져서 골밀도는 점차로 감소하게 된다. 따라서 아동기부터 20대 이전에 칼슘 섭취를 충분히 하여 골밀도를 높이면 높일수록 골다공증의 잠재적 위험은 감소된다.

가. 수정 불가능한 골밀도 영향요인

- 인종; 백인과 아시아 여성
- 성별; 여성
- 가족력; 엄마로부터 딸에게 유전적으로 세대 간에 전달

나. 수정 가능한 골밀도 영향요인

- 적은 영양/칼슘 섭취
- 만성 알코올 섭취
- 흡연
- 카페인 과다 섭취
- 정적인 생활양식, 또는 지나친 운동

◎ 칼슘 섭취 권장교육

- 연령별 칼슘 권장섭취량은 500~1,000mg의 범위로, 가장 좋은 급원은 칼슘이 풍부한 식품이다.
- 유당 불내성이 있거나 칼슘 함유 식품을 즐기지 않는 경우에는 칼슘 보충제를 투여하는 것이 바람직하다.
- 칼슘 보충제를 복용한다고 해서 골다공증과 관련된 다른 위험요인을 경감시키거나 골다공증이 완전히 치료되는 것은 아니다.
- 골밀도를 높이기 위해서는 칼슘 보충제의 규칙적인 복용이 중요하며, 이따금 복용하는 것은 별 도움이 되지 않는다. 더 좋은 것은 평소 칼슘급원식품을 통해 칼슘을 얻는 것이다.
- 칼슘의 급원은 이용 가능한 칼슘의 양에 영향을 미친다. 탄산칼슘염(calcium carbonate) 성분의 정제(500~600mg)는 시트르산칼슘염(calcium citrate)보다 칼슘이 더 많이 들어 있어 적은 분량으로도 권장량을 충족시킬 수 있는 반면, 시트르산칼슘염은 더 쉽게 흡수되는 장점이 있다.

- 칼슘을 정제로 만들 때는 다른 물질과 결합시킨다. 한 알의 정제는 탄산칼슘염 1,200mg을 함유하고 있으나 그 중 500mg만이 실제 칼슘이다. 피해야 할 보충제는 백운석, 뼈가루, 조개껍질 등과 섞어 제조한 것으로, 납과 독성 중금속으로 오염되어 있을 수 있다.
- 칼슘 보충제에 비타민 D가 첨가되어 있는지 확인한다. 복합 비타민제를 별도로 섭취하는 경우에는 비타민 D를 과용하기 쉽기 때문에 반드시 의사의 처방하에 투여해야 한다.
- 칼슘 보충제를 투여하기 전에 먼저 며칠 동안 식이 칼슘의 양과 급원을 주의 깊게 관찰하여 섭취량이 적절한가를 평가해 본다. 섭취가 적절치 못한 경우에는 우선 식품을 통해 섭취량을 증가시켜 보고, 그 다음에 보충제를 고려하는 것이 바람직하다.

⑤ 독성

칼슘 함유 식품을 섭취하는 것으로는 독성이 나타나지 않는다. 문제는 식품 대신 칼슘 보충제와 기타 영양제를 사용하는 경우이다. 과잉 보충은 변비와 결석형성, 요오드와 아연 및 무기질의 흡수 감소를 일으킬 수 있다.

(2) 인

① 기능

인(phosphorus)은 칼슘과 함께 골격조직을 구성하는 풍부한 무기질로서, 체중의 0.8~1.1%를 차지한다. 인의 85%는 칼슘과 결합하여 인산칼슘염의 형태로 골격과 치아를 구성한다. 나머지 15%는 에너지 운반에 관여하고 DNA와 RNA 유전물질의 일부를 형성하며, 산-염기평형의 완충역할을 하고, 또 인지질의 성분으로서 작용한다. 그 밖에도 대사과정에서 에너지를 내는 영양소는 인과 결합하는 인산화과정을 통해 연소되면서 ATP를 방출한다.

② 급원

인은 자연계에 널리 분포되어 있다. 급원으로는 질 좋은 단백질 식품으로 육류, 어류, 달걀, 우유가 있으며 식물성 식품으로는 견과류, 채소와 곡류, 두부 등이 있다. 인스턴스 식품과 청량음료에는 인산염 형태로 많이 첨가되어 있는 반면, 과일과 채소에는 적게 함유되어 있다.

최근 인 섭취량이 증가하고 있어서, 인 급원식품을 섭취할 때는 칼슘의 비율을 고려하도록 권고하고 있다. 특히 보충제나 식품 첨가물을 통한 인의 섭취량을 낮추기 위하여 가공식품의 섭취를 자제할 것을 권장하고 있다.

③ 결핍증

인 결핍증은 거의 발생하지 않는다. 그러나 소아지방변증 같은 장질환은 인의 흡수를 저하시키며, 고용량 또는 장기간 제산제(알루미늄이나 마그네슘 화합물)나 항경련성 약물을 복용하면 결핍 증상이 발생할 수 있다.

④ 독성

인을 많이 섭취하면 칼슘/인(Ca/P)의 비율에 영향을 미쳐 칼슘의 흡수를 감소시킬 수 있다. 칼슘과 인의 섭취 비율은 흡수와 이용을 고려하여 1 : 1로 권장하고 있으나, 우리나라 성인의 인 섭취량은 항상 칼슘보다 많다. 한국인이 자주 섭취하는 콩과 곡류에도 인이 많이 함유되어 있고, 아이스티와 같은 음료로 인의 과잉 섭취가 우려된다. 칼슘과 인의 균형이 깨지면 뼈에서 칼슘용출이 촉진되어 뼈가 약화된다.

(3) 마그네슘

① 기능

마그네슘(magnesium, Mg)은 뼈와 치아의 구성요소이며, 인체 내 300여종 이상 효소의 조효소 역할을 한다. 마그네슘은 세포막을 안정시키고 신경의 자극을 전달하며 지방, 단백질, 핵산의 합성 등에 관여한다. 마그네슘은 식물체에서 엽록소의 구성요소로 존재하며 칼슘, 인과 함께 대부분(65%)이 뼈에 존재하면서 구조적 기능과 저장기능을 하고 있다. 마그네슘은 전체 세포의 생명현상 유지에 중요한 여러 효소반응을 촉매하는 필수 물질이며, 심장활동을 포함하는 신경자극전달과 근육의 긴장 및 이완을 조절한다. 마그네슘은 근육을 이완시키고 신경을 안정시키는 효과가 있는 반면, 칼슘은 근육을 긴장시키고 신경을 흥분시키는 반대작용을 한다. 그 외 혈액 응고 과정에서도 역할을 담당하고 있다.

② 급원

마그네슘은 일상적으로 많이 섭취하는 식품에 포함되어 있으며, 특히 정제되지 않은 곡류, 두류, 견과류, 종실류 등의 식물성 식품에 다량 함유되어 있다. 그러나 정제되지 않은 곡류와 시금치 등에는 피틴산이 함유되어 있어 마그네슘의 흡수를 방해한다.

③ 결핍증

마그네슘결핍증은 이차적 원인과 관계되어 나타나는 경향이 있다. 이차적 원인으로는 병리적 상태에 의한 심한 구토와 설사를 들 수 있다. 마그네슘이 부족하면 테타니(tetany), 혈청 칼슘 농도 저하 등의 증세를 보일 수 있다. 자궁의 조기수축으로 조산위험이 있을 때 마그네슘이 처방되기도 한다. 결핍증의 증세는 신경근육계 및 중추신경계 과민성 증가, 진전, 지남력 상실, 강축, 경련 등이다. 그러나 대두 및 관련 제품을 많이 섭취하는 우리나라에서는 마그네슘 결핍증이 잘 발생하지 않는다.

④ 독성

마그네슘보충제를 과잉 복용 시에는 설사나 탈수 등과 같은 위장 질환이 초래될 수 있다. 신부전이 있는 경우에는 마그네슘을 투여할 때 중추신경계 억압과 혼수, 저혈압을 발생시킬 수 있다.

(4) 황

① 기능

황(sulfur, S)은 단백질 구조의 화합물로서 모든 세포에 존재하며 여러 아미노산의 구성성분이다.

② 급원

단백질이 적당히 들어 있는 식사를 통해 충분한 양의 황을 얻을 수 있다.

③ 결핍증

황은 체세포 구조의 기본이므로 결핍증은 발생하지 않는다.

④ 독성

황 독성은 건강에 문제가 되지 않는다.

4) 전해질류: 나트륨, 칼륨, 염소

(1) 나트륨

① 기능

나트륨(소듐, sodium; Na)은 세포막 전압을 유지하는 중요한 인자로서, 삼투압 유지와 수분 평형에 관여하며, 산염기의 균형 조절 및 신경 자극 전달에도 중요한 역할을 한다. 또한 나트륨은 소장에서 탄수화물과 아미노산의 흡수에도 작용한다. 흡수된 나트륨은 세포외액에 남아 Na^+/K^+ pump를 통해 세포외액의 농도를 유지하게 된다. 나트륨 섭취가 부족하면 혈장량이 줄어들어 심박출량의 감소로 혈압이 저하되고, 교감신경계 활성화에 의한 피부와 근육의 혈관 수축이 발생하여 전신 혈관저항이 증가한다.

② 급원식품

대부분의 나트륨은 소금을 통해 섭취된다. 이론상 소금 100mg에는 나트륨은 39.316mg, 염소는 60.684mg이 함유되어 있으므로, 나트륨의 생리적 필요량인 500mg은 하루 약 1.3g(1/4작은술)의 소금에 해당 된다. 소금 5g(1작은술)은 약 2,000mg의 나트륨을 함유하고 있다.

나트륨의 주요 급원은 양념류, 국 · 찌개 · 탕류, 면류, 김치류 등이다. 인스턴트식

표 3-7 가공한 식품의 나트륨 함량

감자	구운 감자 1개 프렌치 프라이드 감자 10개 감자가루와 고기로 만든 요리 1컵	16mg 108mg 835mg
닭	구운 닭고기 0.1g 반죽입혀 튀긴 닭 0.1g 닭고기 너겟 6조각	64mg 231mg 542mg
귀리	물로 만든 오트밀 1컵 오트밀 빵 1장 씨리얼용 귀리	2mg 124mg 307mg
사과	사과 1개 사과소스 1컵 사과 파이 1장	미량 8mg 476mg

품과 가공식품에는 나트륨이 상당량 첨가되어 있다(표 3-7). 예를 들어, 순수 밀가루 100g에는 원래 2mg의 나트륨이 함유되어 있으나 식빵을 만드는 과정에서 베이킹파우더($NaHCO_3$)가 첨가되면서 나트륨의 함량은 520mg으로 높아진다.

③ 결핍증

나트륨의 결핍은 탈수나 심한 설사 시 일어날 수 있다. 심한 발한을 일으키는 전형적인 운동이나 육체노동은 탈수와 나트륨 손실을 유발할 수 있으나 수분을 마시고 음식을 섭취하면 곧 원래 상태로 회복된다. 나트륨결핍증의 증상은 두통, 근육경련, 쇠약, 집중능력 저하, 기억 및 식욕상실이다. 그러나 식품 자체에 나트륨이 충분히 존재하기 때문에 결핍증은 거의 발생하지 않는다.

④ 독성

나트륨을 과량 섭취하면 신체를 조절하기 어려워지며, 나트륨에 민감한 사람은 과다한 섭취에 반응하여 고혈압과 부종이 발생할 수 있다. 나트륨의 과량 섭취는 대부분 특별한 문제를 일으키지 않지만 유익한 점도 없다. 나트륨은 사람들이 섭취하는 음식으로 인해 과잉 섭취할 수 있는 몇 안 되는 영양소이다.

(2) 칼륨

① 기능

칼륨(포타슘, potassium; K)의 98%가 세포내액에 일차적인 양이온으로 존재하면서 나트륨 이온과 함께 정상적인 삼투압을 유지시킴으로써 수분평형을 유지하며 세포액을 보전하는 기능을 한다. 칼륨은 나트륨, 수소 이온과 함께 세포 내외의 농도, 전위, 전압차를 일으킬 수 있는 산, 염기 조절인자로 작용하며 근육, 특히 심장근육을 이완시키는 기능을 한다. 체조직의 파괴가 심할 때는 혈청 칼륨 수준이 너무 높아져 심장근육이 이완되고 심박동이 정지된다. 또한 혈압에 있어서 나트륨과 칼륨은 서로 반대의 작용을 하고 있어, 과잉의 나트륨 섭취로 나타나는 고혈압에 대해 보호기능을 갖는다.

② 급원

전혀 가공하지 않은 식품 중 특히 바나나와 오렌지에 많이 포함되어 있다. 그 밖에도 과일, 야채, 유제품, 육류, 콩류는 칼륨의 좋은 급원이다.

③ 결핍증

칼륨결핍증은 구토와 설사, 이뇨제, 완하제 오용으로 인한 탈수로 유발될 수 있다. 고혈압 치료목적으로 이뇨제를 장기적으로 사용하는 경우에는 칼륨을 적절히 섭취하기 위해 특별한 주의를 기울여야 한다. 이뇨제의 종류에 따라 칼륨 배설을 높이거나 배설에 영향을 주지 않기도 하므로, 칼륨 보충제는 반드시 의사 처방하에 사용되어야 한다. 칼륨 결핍증상은 구토, 근육쇠약, 혼돈, 식욕상실, 심부정맥, 불안, 마비성 장폐색, 저혈압 등이다.

④ 독성

칼륨 독성은 음식 섭취로는 오지 않고 보충제 투여 시 발생한다. 신장이 제 기능을 한다면 음식으로는 대개 독성이 발생하지 않는다. 그러나 신장질환이 있는 사람에게는 고칼륨 음식이 매우 유독하다. 독성의 증상은 결핍증과 유사하여 두피와 안면, 혀, 수족 끝의 마비나 호흡부전, 근육 쇠약, 구토가 나타나며, 극도로 높은 수준에서는 심장마비를 일으킨다.

(3) 염소

① 기능

세포 외액의 핵심 음이온인 염소(chloride, Cl)는 세포 내외의 체액 균형 유지를 도와준다. 그 밖에도 염소는 위액인 염산의 구성성분이다. 염소이온은 타액의 아밀라아제를 활성화시켜 나트륨과 함께 삼투압을 조절하고 인, 유기산 등과 함께 산성반응을 하여 체액의 pH를 조절한다.

② 급원

염소의 필요량은 소금을 섭취함으로써 쉽게 충족되며, 나트륨이 함유된 식품에는 대체로 염소도 함께 들어 있다.

③ 결핍증

염소는 적절한 양이 쉽게 충족되므로 결핍증은 매우 드물다. 그러나 나트륨결핍증이 일어나는 환경이라면 염소결핍증도 일어날 수 있다.

④ 독성

독성은 탈수로 인해 다른 전해질에 대한 염소 불균형이 초래될 때 발생할 수 있다. 그러나 탈수로 인한 다른 결과가 더 심각하다.

5) 미량 무기질류

미량 무기질(trace minerals)은 신체 내에서 체중의 0.005% 이하를 차지하고 전체 무기질 중에서 1% 이하로 존재하는 미량원소를 말한다.

(1) 철분

① 기능

체내에 존재하는 철분(iron, Fe)의 약 70%는 혈색소의 헴 부분 형성에 사용되고 5%는 미오글로빈 성분으로 존재한다. 20%는 간 · 비장 · 골수에 페리틴 형태로 저장되어 있고, 5%는 산화 효소의 구성성분으로 분포한다. 혈색소(hemoglobin)에 존재하는 철분은 모든 세포에 산소를 운반해 주고, 미오글로빈(myoglobin)은 근육 세포에 산소를 저장하였다가 필요 시 빠르게 이용한다.

철분은 몸에 보존되고 재순환된다. 적혈구가 노화되거나 손상되면, 간이나 비장에서 파괴되며, 이때 분리된 철분의 일부는 나중에 적혈구 형성에 이용되기 위해 비장에 저장되고 나머지는 간에 보내진다. 혈장 철분은 운반 단백질인 트랜스페린(transferrin)에 결합된 상태로 간으로부터 골수로 운반되며 새로운 적혈구 형성에 재이용된다. 철분은 소변과 땀으로 일부 배출되며 출혈이 있을 때 잃게 되므로 식품 섭취를 통해 보충해야만 한다.

② 급원

식품 중의 철은 헴철(heme iron)과 비헴철(nonheme iron)의 형태로 존재한다. 생체이용률이 높은 헴철은 헤모글로빈과 미오글로빈이 풍부한 육류, 가금류, 생선에 많고, 생체이용률이 낮은 비헴철은 곡류, 과일, 채소, 두부 등의 식물성 식품과 유제품(우유, 치즈) 달걀에 주로 존재한다.

여성은 월경으로 인해 철분손실이 일어나기 때문에 매월의 손실과 임신의 철분요구 증가에 기초하여, 여성의 전반적인 필요량은 남성보다 더 높다. 한국인 성인 남성의 권장량은 10mg인 반면, 여성은 14mg이다. 임신한 여성의 혈액공급은 정상 여성보다 1.5배 많기 때문에 임신중에는 24mg을 권장하고 있다.

③ 흡수

철분 권장량은 식사를 통해 섭취되는 철분의 흡수율에 따라 달라진다. 섭취한 식사 중 철분의 약 10~15%만이 흡수되는데, 철분이 부족한 경우에는 20%까지 증가된다. 또한 철분의 흡수는 생리적 요구가 높아지면 흡수율이 증가하여 성장기나 임신, 수유기, 빈혈 등의 상황에서 평소보다 더 높아진다. 간, 살코기, 생선, 가금류 등 동물성 식품에 주로 들어있는 헴(heme)철은 식물성 식품에 존재하는 비헴(non-heme)철보다 더 쉽게 흡수되어 20% 이상의 흡수율을 보이며, 비헴철의 흡수율은 헴철의 1/3정도로 추산된다.

철분은 소화기관 내의 산성 환경에서 흡수가 잘 되므로, 철분 보충제는 식간(식사와 식사사이)에 투여할 것을 권장하고 있다. 또한 흡수율이 낮은 비헴철과 철분 보충제는 비타민 C와 함께 섭취하면 흡수가 높아지고 생체이용률이 증가한다. 예를 들어, 오렌지 주스를 마시거나 멜론 한 조각을 함께 섭취하면 흡수되는 철분의 양이 증가된다. 철분 섭취를 증가시키는 또 다른 방법은 가마솥이나 철로 된 조리기구를 이용하여 요리하는 것이다. 조리기구의 헴철이 음식과 함께 섭취되어 철분섭취를 높이는 쉬운 수단이 된다.

철분흡수 저해 요인으로는 피틴산과 수산과 같은 결합물질이 들어 있는 식품을 섭취하면 식품 내의 철분이 분리되지 못한다. 차나 커피 안의 탄닌 성분도 철분의 흡수를 방해한다. 그 밖에 제산제를 지속적으로 복용하면 철분의 흡수를 방해한다.

④ 결핍증

철분결핍증은 오늘날에도 전 세계적으로 가장 흔하게 발생하는 결핍증의 하나이다. 결핍증의 위험이 가장 높은 그룹은 미숙아, 6~24개월의 성장기 아동과 청소년, 가임기 여성, 임신부이다. 급성 위궤양으로 인한 내출혈이나 자궁근종으로 인한 과다월경 등은 철분 손실의 보이지 않는 원인이 될 수 있다.

철분결핍증의 증상은 매우 다양하여 종종 발견되지 않거나 다른 질환으로 오해받기도 한다. 철분 결핍은 산소의 이용률에 영향을 미친다. 심한 결핍 시에는 혈색소와 헤마토크릿이 너무 낮아짐으로써 혈액에서 운반되는 산소의 양이 감소되어 창백해지고 피곤한 빈혈상태가 된다. 철분 결핍성 빈혈의 적혈구 성상은 소구성(microcytic)이면서 저색소성(hypochromic)의 특징을 나타낸다. 근육에 충분한 산소를 공급하지 못하기 때문에 신체 활동이나 노동이 어려워지고, 인지기능도 위협을 받아 아동의 경우 쉽게 산만해지고 과제에 집중할 수 없어 학습에 문제가 발생할 수 있다. 또한 체온이 적절히 조절되지 않는 것처럼 항상 한기를 느낄 수 있고, 면역계도 영향을 받아 상처 치유능력이 저하된다. 임신기간 동안의 철분 결핍성 빈혈은 조기분만과 저체중아 출생을 초래할 수 있다.

철분결핍증과 관련된 특이한 행동은 이식증(이미증, pica)이다. 이식증은 얼음, 옥수수 전분, 진흙, 쓰레기 등과 같이 식품이 아닌 것을 먹으려고 하는 공복감과 식욕을 특징으로 한다. 이러한 물질은 철분이 없을 뿐 아니라 다른 무기질의 손실을 초래할 수도 있다. 특히 철분 결핍성 빈혈의 위험이 높아지는 임신동안 가장 심하다.

철분이 풍부한 급원식품을 많이 섭취해도 개선되지 않으면 보충제가 처방되어야 한다. 용량은 생리적 요구량을 사정하여 결정되며, 신체의 철분저장량을 복구하기 위해서는 장기 복용이 필요하다.

⑤ 독성

혈철증(hemosiderosis)는 몸에 철분이 너무 많이 저장되는 건강문제이다. 이러한 상태는 철분흡수가 많이 일어나는 유전적 질환인 혈색소증(hemochromatosis)에 의해서 발생하기도 하고 철분 함유 식품을 너무 많이 섭취함으로써 초래될 수 있다. 철분의 과잉 상태는 너무 많은 철분이 간, 피부, 췌장 등의 조직에 농축됨으로써 다양한 기능부전을 초래할 수 있다.

위험이 높은 그룹은 만성적으로 알코올을 과다 섭취하는 남성과 혈색소증의 위험이 유전적으로 있는 사람이다. 남성은 월경이나 출산을 하지 않고 철분강화 식품을 더 많이 섭취하는 경향이 있어 필요량보다 철분이 더 많이 저장되기 쉽다. 알코올의 과잉 섭취는 간이 알코올로 인해 제대로 기능을 할 수 없게 되어 오히려 철분을 너무 흡수하기 때문에 위험에 처할 수 있다. 혈색소증 치료는 정기적으로 혈액을 뽑아주고 철분 함유 식품의 섭취를 줄여야 한다.

철분 독성은 아동에서 발생하는 철분 중독사고의 결과일 수 있다. 철분 보충제를 6~12알 복용하면 아동에게 치명적일 수 있다. 모든 보충제는 의약품으로 취급되어야 하며 아동의 손에 닿지 않도록 해야 한다. 급성 철분중독증의 증세는 위장관 경련과 동통, 오심, 구토와 함께 경련과 혼수를 나타낼 수 있다.

(2) 아연

① 기능

아연(zinc, Zn)은 100여 개 효소 및 조효소의 구성요소로 작용하여 촉매활성에 기여하고, 유전자 발현 조절과 면역 작용 및 세포분화에 관여한다. 또한 성장과정과 미각 및 후각의 능력에도 영향을 미칠 뿐 아니라 인슐린 기능을 보조함으로써 탄수화물 대사에도 중요하다.

② 급원

아연의 주요 급원식품은 붉은 살코기, 해산물, 전곡류, 콩류 등이며, 동물성 급원식품이 식물성 급원식품에 비해 체내 아연의 흡수율이 높다. 아연의 섭취기준을 적용할 때 같은 연령과 성별이라 하더라도 근육량에 따라 필요량이 달라질 수 있음을 고려해야 한다.

③ 결핍증

아연결핍증은 동물성 식품을 규칙적으로 섭취하지 않고 곡물을 주식으로 섭취하는 나라에서 여전히 발생하고 있다. 곡류에는 위장관에서 아연과 결합하는 피틴산이 함유되어 있고, 인체의 소화액으로는 이 결합을 분해할 수 없고, 효모같은 물질만이 분해하여 이용할 수 있도록 해 준다.

결핍증의 증상은 성장불량, 식욕부진, 면역질환 등으로 나타난다. 성장기 동안의 심한 아연결핍증은 왜소증(dwarfism)과 성선 기능저하증 등으로 성적 발달이 지연된다. 아연결핍증에서 나타나는 식욕부진은 특히 미각과 후각의 저하와 관련이 깊다. 일단 식욕이 감소되면, 아연의 급원식품을 더 적게 섭취하게 되어 결핍증은 더욱 악화된다. 노인의 식이 섭취 부족은 아연 결핍을 초래하여 상처치유를 지연시키고 맛과 후각능력 및 면역기능에 영향을 미친다.

④ 독성

보충제를 과용하여 발생하는 아연독성은 위장문제를 일으켜 구토, 설사, 열, 극도의 피로감을 동반하는데, 마치 유행성 감기와 유사하다. 또한 이러한 보충제의 지속적인 사용은 철분과 구리의 수준을 감소시키고 HDL-콜레스테롤도 저하시켜 관상동맥질환의 위험을 증가시킨다. 따라서 섭취 수준은 권장량보다 높아서는 안 된다.

(3) 요오드

① 기능

식사를 통해 섭취한 요오드(iodine, I)는 위와 소장 상부에서 대부분 흡수되어 갑상선과 신장으로 이동한다. 갑상선에 흡수된 요오드는 갑상선 호르몬인 티록신(thyroxine, T_4)과 triiodothyronine(T_3)의 합성에 필요한 정도만 선택적으로 농축되고, 나머지는 대부분 소변으로 배설된다. 티록신은 여러 생화학적 대사에 중요하며 성장과 발달, 기초대사율과 체온조절에 깊이 관여한다.

② 급원

요오드는 이온 상태로 해수에 포함되어 있으며, 맑은 천연 소금물에서 상당한 양이 발견되기 때문에 주 급원식품으로 다시마, 미역, 김 등의 해조류와 고등어를 들 수 있다. 이 밖에 돼지고기, 달걀, 요구르트 등에도 매우 낮은 함량으로 존재한다. 식물의 요오드 함량은 그 식물이 자란 토양에 함유되어 있는 요오드의 양에 따라 다르다. 많은 나라에서 요오드를 적절히 공급하기 위해 요오드를 강화한 소금을 시판하고 있다.

③ 결핍증

요오드결핍증은 티록신 생성량을 감소시켜 체중증가와 느린 행동양상을 나타낸다. 임신동안 심하게 결핍되면 태아의 선천성 갑상선 기능저하증(cretinism)을 유발하여 영구적인 정신지체 및 신체발달 지연을 가져온다. 갑상선이 비대해지는 갑상선종(simple goiter)은 심각한 요오드결핍증에서 나타난다. 갑상선은 낮은 요오드 농도를 보상하기 위해서 커지고, 다시 요오드를 충분히 섭취하더라도 갑상선종은 그대로 유지된다.

과거에는 바다와 전혀 접할 수 없는 지역에 사는 인구집단에서 풍토병으로 발생하였으나, 오늘날에는 요오드가 첨가된 소금 시판과 운송체계의 발달 및 냉동기술의 향상으로 해산물을 쉽게 이용할 수 있어 결핍증이 감소되었다.

④ 독성

요오드의 과잉 섭취나 보충제의 과다 복용은 갑상선 기능항진증 또는 그레이브스병이라고 하는 갑상선중독증을 일으킬 수 있다.

(4) 불소

① 기능

불소(fluoride, F)는 충치 발생을 억제하는 작용을 한다. 충치의 주요 요인은 주로 치아 에나멜층이 구강 내 세균이 생성하는 산에 의해 부식되는 것이다. 이때 불소는 충치를 일으키는 세균이나 효소작용을 억제한다. 그 외에도 뼈 생성을 자극하고 뼈에 무기질이 축적되는 것을 돕는 기능이 있다.

② 급원

불소는 해조류, 고등어, 정어리 등의 어류, 불소가 첨가된 식수 및 차 등에 함유되어 있다. 대부분은 식사나 식수를 통해 공급되지만 불소가 첨가된 치약이나 치과에서 불소를 도포하는 과정에서도 공급된다.

불소의 섭취는 음용수와 음료수, 식품 이외에도 구강용품, 그리고 보충제를 통해 이루어지며, 식품보다도 구강청결제 또는 불소가 첨가된 식수 등을 통해서 더 많은 양이 섭취된다.

③ 결핍증

불소가 부족하면 충치의 위험이 증가하며, 구강 건강과 식품 선택, 가족의 유전경향 등 다른 요인도 플라크에 영향을 미쳐 충치를 유발시킨다.

④ 독성

불소 과잉증은 유아와 어린이에게는 치아 불소증으로, 성인에게는 골격 불소증으로 나타난다. 치아 불소증은 주로 9세미만 아동 치아의 에나멜에 갈색 반점이 나타나고 치아의 조직이 엉성하고 조악한 상태가 되는 한편, 성인에서는 골격에 불소가 과잉 침착되어 관절염과 유사한 증세가 나타난다.

(5) 셀레늄

① 기능

셀레늄(selenium, Se)은 인체에 매우 미량으로 존재하지만 강한 항산화성을 나타내는 영양소이다. 비타민 E와 셀레늄은 산화 물질로부터 세포와 지질막 손상을 보호하는데 협동으로 작용한다. 비타민 E가 지용성 천연 항산화제로서 인지질의 산화를 방지하는 1차적 방어선이라면, 셀레늄은 세포막과 세포 내의 산화를 방지하는 2차적 방어선으로 기능한다. 그 밖에도 셀레늄은 갑상선 호르몬 대사, T-cell 면역반응, 염증반응조절에 관여한다.

② 급원

셀레늄은 육류의 내장, 생선류 및 난류, 육류의 살코기에 많이 함유되어 있고, 식물성 식품인 밀, 마늘, 브로콜리에도 함유되어 있다. 동 · 식물의 셀레늄 함량은 재배된 토양의 셀레늄 함량에 의존하기 때문에 같은 종류의 식품도 셀레늄 함량에는 차이가 있다.

③ 결핍증

셀레늄의 부족은 지방과산화를 초래하고, 섬유성 간 퇴화, 갑상선과 면역능 저하, 병원균 감염, 심혈관질환, 남성생식능 저하, 일부 암의 발생이 촉진된다. 장기간의 셀레늄 부족으로 인한 질환으로는 토양의 셀레늄 함량이 낮은 지역의 풍토병인 케산병(Keshan disease)을 들 수 있다. 그 증상으로 어린이와 가임기 여성에서 심근비대, 골관절 이상이 알려져 있다.

낮은 혈중 셀레늄 농도는 암 발생률 증가와 관련이 있는 것으로 알려져 있는데, 이는 셀레늄이 담당하는 항산화제 기능과 관련이 있는 것으로 보인다.

④ 독성

셀레늄 과잉은 풍토적으로 토양의 셀레늄 함량이 높은 지역에서 나타나고, 우울증과 피로감, 성장장애, 탈모, 신경증, 손톱변형 및 알칼리병을 초래한다.

(6) 구리

① 기능

구리(copper, Cu)는 여러 효소의 구성성분으로 산화환원반응에 관여하며 철의 운반, 항산화작용, 결합조직의 가교결합 형성을 비롯한 다양한 체내 기능을 수행하는 데에 필수적으로 사용된다.

② 급원

구리 함량이 많은 식품은 내장육, 곡류 및 코코아 제품이며, 주요 급원은 차, 감자, 우유, 생선 및 닭고기이다. 또한 상수도관의 구리 함량에 따라 음용수의 섭취가 구리 과부하의 위험 요인이 될 수 있다.

③ 결핍증

구리가 부족하면 구리가 성분인 효소의 활성저하를 초래하여, 빈혈, 저색소증, 호중구감소증, 신경학적 이상을 초래하는 것으로 알려져 있다.

④ 독성

구리의 과잉 섭취로 나타나는 증상은 위장 장애, 메스꺼움, 설사 및 조직손상 등인데, 이들은 구리 과다에 의한 산화적 스트레스, 특히 간 손상에 기인한다. 선천성 질환인 윌슨병(Wilson's disease)은 간, 뇌, 각막에 구리의 축적을 일으켜 결과적으로 경화증, 간부전, 신경질환을 초래한다. 세계적으로 구리 독성의 발생은 음식을 조리하고 저장하는 구리용기 사용과 관련이 있다. 치료는 과잉의 구리를 몸 밖으로 배출시키는 착화요법(chelation therapy)과 함께 식이 제한을 하는 것이다.

생각해보기

1. 최근 '고지방 저탄수화물 다이어트'가 인기몰이를 하는 가운데 탄수화물이 비만의 주범인듯한 오해를 불러일으키고 있다. 그러나 대부분 전문가들은 이에 우려를 표하고 있다. 매일 탄수화물을 일정량 섭취해야 하는 이유는 무엇인가?
2. 식품에 함유된 불완전한 단백질에서 신체의 필요성을 고려할 때 가장 부족한 필수 아미노산을 무엇이라 하며, 보완할 방법은 무엇인가?
3. 트랜스 지방산은 시스지방산에 수소를 첨가함으로써 얻어지는 지방산이다. 트랜스지방산이 높은 식품의 섭취를 가급적 줄여야 하는 이유는 무엇인가?

4장

영양 사정

한 개인의 영양상태는 일상수행능력과 안녕상태, 성장과 발달 및 질병에 대한 저항에 영향을 미친다. 영양사정이란 영양상태를 평가하고 영양관련 질환을 규명하며 영양지침이나 영양적 지지가 필요한가를 결정하는데 이용되는 과정이다. 영양소의 결핍은 영양소 섭취가 부족하여 나타나는 일차적 요인이거나 일단 흡수된 영양소가 신체에서 비효율적으로 사용되는 이차적 요인 때문이며 영양실조가 될 위험이 높다. 질병에서 회복될 능력 또한 영양상태에 달려 있다. 즉, 영양 상태가 나쁘면 회복이 더디거나 저해를 받는 반면, 좋은 영양상태는 치유와 회복을 증진시킨다.

환자는 질병에 따라 독특한 영양 요구를 갖는다. 효과적이고 성공적인 영양 중재를 위해서 체계적이고 논리적인 전략이 필요하다. 영양 중재 과정은 영양에 관련된 문제를 확인하고 해결하기 위해 영양사정 – 사정 자료 분석 – 영양 중재 계획 – 수행 – 지속적인 평가, 다섯 단계를 거친다.

포괄적인 영양사정이란 환자의 요구에 기반을 두고 적절한 영양치료를 하기 위해 수행하는 절차이다. 이러한 과정은 주로 **ABCD** 접근법을 사용하여 다양한 자원으로부터 수집되는 자료를 이용한다.

- 신체계측(**A**nthropometric measurement)
- 생화학적 검사(**B**iochemical tests)
- 임상적 사정(**C**linical assessment)
- 식사 평가(**D**iet evaluation)

영양사정에 하나의 방법만 있는 것이 아니다. 전반적인 영양상태를 해석하려면 대상자의 개별적, 사회적, 경제적인 배경의 상황에서 이러한 요소들을 종합적으로 활용해야 한다.

영양상태를 판정하는 목적은 첫째, 적극적인 영양집중지원이 요구되는 대상자를 파악하고, 둘째, 개인별 영양적 상태를 유지하거나 회복시키며, 셋째 적절한 영양치료

행위를 결정하고, 넷째 시행된 영양치료 행위들에 대한 효과를 모니터링 하는 것이다.

포괄적인 영양사정과 함께 영양판정에서 고려해야 하는 것이 **영양선별검사(영양검색**, nutrition screening)이다. 영양선별검사란 영양문제가 있는 환자 혹은 개인, 집단을 규명하는 과정이다. 영양상태가 불량하거나 위험이 있는 환자를 선별하여 빠르게 규명하고, 추가적인 영양평가가 필요한지를 결정하는 것으로 전문가적인 경험을 통한 판단이 필요하다.

영양사정 도구는 간단하면서도 비용효과적이면서 선별도구로서 민감도와 특이도가 높은 지표나 도구를 활용하는 것이 바람직하다. 영양사정 도구를 구성하는 객관적 지표에는 키, 체중 등이 포함되며 주관적 지표에는 식사 섭취량, 식욕 등이 포함된다.

대표적인 도구로는 Malnutrition Screening Tool (MST), Malnutrition Universal Screening Tool (MUST), Nutrition Risk Screening 2002 (NRS 2002), Mini Nutrition Assessment (MNA) short form 등이 있다(표 4-1, 그림 4-1).

NRS 2002는 입원 환자에게 유용한 영양 선별 도구로써 4가지 기준 중 1가지라도 해당되면 2차 사정을 시행한다. MNA short form은 거동이 가능한 노인을 대상으로 적용하며, 간단하고 신뢰도가 높은 선별 검사 방법이다. Patient-generated Subjective Global Assessment (PG-SGA) short form 은 영양불량 고위험 환자를 선별하는데 민감도와 특이도가 높은 것으로 평가되었다(그림 4-2). 그 외에도 DETERMINE checklist는 질병(Disease), 불량한 섭취(Eating poorly), 치아소실/구강통증(Tooth loss/mouth pain), 경제적 어려움(economic hardship), 사회적 접촉 감소(Reduced

표 4-1 영양선별검사 도구

MST(Malnutrition Screening Tool)		
최근의 체중감소 없음 = 0 확실하지 않음 = 2 있음(1∼5kg 손실 = 1 6∼10kg 손실 = 2 11∼15kg 손실 = 3 >15kg 손실 = 4)	식욕부진으로 최근에 식사를 잘 못하는가? 아니오 = 0 예 = 1	
평가 총점 ≥2:영양불량 위험 <2:영양상태 양호		
MUST(Malnutrition Universal Screening Tool)		
BMI BMI >20 = 0 BMI 18.5~20 = 0 BMI <18.5 = 2	체중감소 체중감소 <5% = 0 체중감소 5∼10% = 1 체중감소 >10% = 2	급성질환 없음 = 0 있음 = 2
평가 총점 0점 = 영양불량 저위험, 1점 = 영양불량 중등도위험, 2점 = 영양불량 고위험		

표 4-1 영양선별검사 도구–계속

NRS(Nutrition Risk Screening)2002			
	체중감소	질병	연령
1점	3개월 내 체중감소가 5% 이상 또는 전주 섭취량이 필요량의 50~75%	골발 골절, 급성증상이 있는 만성 질환 환자, 간경변, 만성폐쇄성폐질환, 투선, 당뇨, 암환자	≥70세
2점	2개월 내 체중감소가 5% 이상 또는 BMI 18.5~20.5 이면서 전반적인 신체상태 저하 또는 전주 섭취량이 필요량의 25~60%	주요 복부 수술, 중증의 폐렴, 뇌졸중, 혈액암	
3점	1개월 내 체중감소가 5% 이상 또는 BMI <18.5이면서 전반적인 신체상태 저하 또는 전주 섭취량이 필요량의 0~25%	두부 손상, 골수이식, APACHE>10의 중환자실 환자	
	평가 총점 0점 = 위험없음, 총점 3~4점 = 영양불량 중등도 위험,	총점 1~2점 = 영양불량 저위험, 총점 5점 이상 = 영양불량 고위험	

Mini Nutritional Assessment
MNA®

Nestlé Nutrition Institute

이름: ☐ 성별: ☐ 나이: ☐ 키: ☐ cm 체중: ☐ kg 일자: ☐

※해당 사항에 체크하시고, 오른쪽 빈 칸에 점수를 적으십시오.

Screening

A 지난 3개월 동안 밥맛이 없거나, 소화가 잘 안되거나, 삼키는 것이 어려워서 식사량이 줄었습니까?
0 = 많이 줄었다 1 = 조금 줄었다 2 = 변화 없다 ☐

B 지난 3개월 동안 몸무게가 줄었습니까?
0 = 3kg 이상 감소 1 = 모르겠다 2 = 1~3kg감소 3 = 변화 없다 ☐

C 거동 능력
0 = 외출 불가, 침대나 의자에서만 생활 가능
1 = 외출 불가, 집에서만 활동 가능
2 = 외출 가능, 활동 제약 없음 ☐

D 지난 3개월 동안 정신적 스트레스를 경험했거나 급성 질환을 앓았던 적이 있습니까?
0 = 예 2 = 아니오 ☐

E 신경 정신과적 문제
0 = 중증 치매나 우울증 1 = 경증 치매 2 = 없음 ☐

F1 체질량 지수 = kg 체중 / (m 높이)^2 ☐
0 = BMI<19 1 = 19≤BMI<21 2 = 21≤BMI<23 3 = BMI≥23 ☐

체질량 지수를 모를 경우 F2로 가십시오.
F1응답을 하신 분은 F2를 하실 필요가 없습니다.

F2 종아리둘레 (Calf circumference, cm)
0 = CC<31 3 = CC≥31 ☐

Screening Score(총 14점) ☐☐

12~14점 ☐ 정상
8~11점 ☐ 영양불량 위험 있음
0~7점 ☐ 영양불량

그림 4-1 Mini Nutrition Assessment MNA Short form

출처: http://www.mna-elderly.com/mna_forms.html

social contact), 다약제복용(Multiple medicines), 의도치 않은 체중변화 (Involuntary weight loss/gain), 자가간호 도움 필요(Needs assistance in self care), 80세 이상 노인(Elderly above 80 year)의 내용을 선별하며 지역사회 거주 노년기 영양 상태를 선별하기 위해 사용될 수 있다. 선별 검사에서 영양불량 고위험군으로 판단되면 대상자에 맞는 목표를 설정하고 영양중재를 시행한다.

Scored Patient-generated Subjective Global Assessment(PG-SGA)

1~4번 Box는 환자가 작성하도록 설계됨.
1~4번 Box는 PG-SGA Short Form(약식)이라고 함.

1. 체중
현재 체중 ______kg
키 ______cm
한달 전 체중 ______kg
6개월 전 체중 ______kg

지난 2주간 체중변화
□ 감소(1) □ 변화없음(0) □ 증가(0)

[점수1] ______

2. 식사섭취
평소와 비교하여 지난 한달간 섭취량
□ 변화 없음(0)
□ 평소보다 증가(0)
□ 평소보다 증가(1)
현재 섭취 상태
□ 정상식사를 평소보다 적게(1)
□ 죽 형태(2)
□ 미음 형태(3)
□ 영양보충음료(3)
□ 매우 소량만 섭취(4)
□ 경관유동식 또는 정맥영양(0)

[점수2] ______

2. 식사섭취
지난 2주간 식사섭취를 저해했던 증상(모두 표시)
□ 문제없음(0) □ 식욕없음(3) □ 메스꺼움(1)
□ 구토(3) □ 변비(1) □ 설사(3)
□ 입안 통증(2) □ 입안 건조(1)
□ 입맛 변화(1) □ 음식 냄새(1)
□ 삼키기 어려움(2) □ 조기 만복감(1)
□ 피로감(1)
□ 통증(위치:________)(3)
□ 기타____________(1)
(예: 우울증, 경제상태, 치아문제 등)

[점수3] ______

4. 활동 및 기능상태
지난 한달간 활동상태
□ 제한 없이 정상활동(0)
□ 힘들지만 거의 정상활동(1)
□ 정상활동이 어렵고 하루의 반 정도는 눕거나 앉아 지냄(2)
□ 거의 대부분을 침대에서 보냄(3)
□ 침대에 누워만 지냄(3)

[점수4] ______

총점(1+2+3+4) __________ (A)

그림 4-2 PG-SGA short form

출처: https://pt-global.org/pt-global

01 신체계측

신체계측(anthropometric measurements)은 신체의 크기, 체중 및 신체구성비를 측정하는 것으로서 흔히 이용되는 것은 키, 체중 및 체중변화, 상완 삼두근 피부두겹 두께(triceps skin fold thickness, TSF) 및 상완의 둘레(mid-arm circumstance, MAC), 체질량지수(body mass index, BMI), 허리-엉덩이 둘레와 그 비율 (waist-hip ratio, WHR) 등이 있다. 신체계측은 병원에 입원한 환자나 일반인의 경우 단백질 결핍 여부, 비만, 영양 처방 후의 변화를 파악하는 데 사용될 수 있다. 한 가지 방법만을 사용하면 그 효과는 제한적이지만, 이러한 일련의 측정은 일정 기간에 걸친 체구성의 변화나 발육상태를 사정하기에 유용할 수 있다. 타당하고 신뢰성 있는 측정이 되기 위해서는 표준화된 기술이 사용되어야 한다. 신체계측 자료의 평가는 동일 연령의 표준치와 실측치를 비교하여 이루어진다.

(1) 신장, 체중, 머리둘레

신장과 체중은 영유아기에 성장을 나타내는 가장 민감하고 기본적인 지표이다. 2세 이하의 아동은 머리둘레를 측정해야 한다. 일반적으로 키는 실제보다 크게, 체중은 실제보다 적게 보고하는 경향이 있기 때문에 직접 측정해야 한다. 키는 신장계를 이용하여 선 키를 직접 측정한다. 골다공증, 관절의 퇴화, 척추 변형 등으로 키가 작아지는 것을 고려할 필요가 있다. 체중은 성장정도를 측정하는 외에도 체액 상태와 같은 심각한 건강문제를 인지하는 데 유용하다. 체중은 입원 시 체중, 현재 체중, 평소 체중을 비교하여 과부족 여부를 판단하고 기간에 따른 체중 변화를 평가한다. 표준체중(ideal body weight)은 브로카(Broca) 변법에 의하거나 체질량지수(BMI)를 이용하여 계산할 수 있다.

- 브로카 변법에 의한 표준체중 계산방법
  키 > 160cm : 표준체중 kg = (키 cm − 100) × 0.9
  키 150~160cm : 표준체중 kg = (키 cm − 150) × 0.5+50
  키 < 150cm : 표준체중 kg = 키 cm − 100
- 체질량지수를 이용한 표준체중 계산방법
  남자 표준체중 = 키/(m)^2 × 22
  여자 표준체중 = 키/(m)^2 × 21

체중 변화의 정도와 경향은 아프거나 쇠약해진 대상자에게서 더욱 의미가 있다. 매우 급격한 체중 감소는 근육조직의 손실 및 탈수 등으로 인한 이화상태의 항진을 뜻한다. 체중 변화는 또한 신체 구성의 실제적 변화보다 체액상태를 더 반영하기 때문에 복수와 부종 또는 탈수가 있는지 확인하기 위해 주의를 기울여야 한다. 표준체중백분율(% of ideal body weight)은 표준체중에 대한 현재 체중의 비율로 나타내며 계산 방법은 아래와 같고 평가 기준은 표 4-2와 같다.

- 표준체중백분율(%) = 실제체중/평소체중 × 100
- 체중변화율(%) = (표준체중 − 실제체중)/평소체중 × 100

표 4-2 체중 변화의 평가 기준

	의미있는 체중 감소	심각한 체중 감소
1주간 체중 변화율	1~2%	>2%
1개월간 체중 변화율	5%	>5%
3개월간 체중 변화율	7.5%	>7.5%
6개월간 체중 변화율	10%	>10%
1년	*20%*	>20%

(2) 신장–체중지수: 체질량지수(Body Mass Index, BMI)

BMI는 신장에 대해 교정한 체중을 산출하는 것으로 영양 과잉과 영양 부족 여부를 평가할 수 있으며 체지방 비율과 비교적 높은 상관관계를 나타낸다.

$$\text{BMI} = \text{체중(kg)}/[\text{신장(m)}]^2$$

BMI를 이용한 비만도 평가는 인종에 따라 다른 기준을 적용하며 서양의 경우 BMI 30 이상을 비만으로 정하고 있다. 그러나 우리나라의 경우는 WHO 기준을 사용하여 BMI 25 이상을 비만으로 판정한다(표 4-3).

표 4-3 체질량지수 평가

평가	WHO	WHO아시아·태평양 지역 및 대한비만학회
저체중	<18.5	<18.5
정상	18.5~24.9	18.5~22.9
과체중	25.0~29.9	23.0~24.9
비만	≥30	≥25

출처: 대한비만학회(2020): 대한비만학회 비만 진료지침 2020

(3) 신체조성의 측정과 평가

영양상태에 따라 신체 조직의 조성이 달라진다는 점을 근거로 하여 주로 체지방량과 체단백질량을 측정하는 방법으로, 체질량지수 평가, 상완근육둘레, 피부두겹두께, 허리-엉덩이둘레의 비 등이 속한다.

① 체지방량 측정

피부두겹두께(skinfold thickness)는 캘리퍼(caliper)를 이용하여 피하지방의 축적이나 지방분포 양상을 산출하는 데 유용하다. 상완 삼두박근의 피부두께(triceps skinfold, TSF)는 가장 흔하게 사용되는 부위이다. 필요한 기구는 줄자와 캘리퍼(caliper)이며, 피부두겹두께는 표준 백분율과 비교해야 되며, 여러 신체부위에서 얻어야 하고, 지방 변화를 사정하기 위해 연속적인 측정과 경험이 중요하다.

허리-엉덩이둘레 비율(waist-hip circumference ratio, WHR)은 체지방 분포를 측정하기 위한 방법 중 하나로서 인종에 따라 다른 기준을 적용한다. 남성 1.0, 여성 0.8 초과 시 상체비만 혹은 중심성 비만으로 판정한다. **허리둘레**는 복부비만을 평가하는 방법으로 대한비만학회에서는 복부비만 기준을 남자 90cm 이상, 여자 85cm 이상을 복부비만으로 정했다.

② 체단백질량 측정

체단백질의 60%는 근육에 존재하며 영양결핍 시에는 근육에서 단백질의 분해가 일어난다. **중간팔상완근육둘레**(mid-arm muscle circumference, MAMC)는 골격근의 양을 나타낸다. 신체의 단백질량을 측정하는 가장 간단한 방법은 **삼두박근 피부두겹두께와 상완둘레**(mid-arm circumference, MAC)를 측정하여 계산하는 것이다. 이 측정의 두 가지 이점은 시간이 적게 걸리고 부종의 영향을 받지 않는다는 것이다. 그러나 이 사정 결과는 질병 중이거나 영양 보충요법 중일 때 일어날 수 있는 작은 변화에는 민감하지 않다. 우리나라에는 아직 표준치가 존재하지 않으므로 연속적인 측정을 통해 변화량을 평가한다.

- 상완위 근육둘레(MAMC) = MAC(cm) − π × (TSF)cm
- 상완위 근육면적 = $\frac{[\text{MAC(cm)} - 3.14\ \text{TSF(cm)}]^2}{4\pi}$

기타 체성분을 측정하는 방법으로 빠르고 안전한 생체전기저항분석법(bioelectrical impedance analysis, BIA)를 많이 이용하고 있다. 미세한 전류를 몸에 흐르게 하여 신체 총수분량, 제지방량, 체지방량을 산출할 수 있다.

02 생화학적 검사

영양 상태를 잘 평가하기 위해서는 적절한 임상검사를 선택하여 수행하고 그 결과를 잘 해석해야 한다. 생화학적 검사결과는 건강상태에 영향을 미치는 영양상태나 의학적 상태를 결정하는 정보를 제공해 준다. 주로 혈액검사와 소변검사가 이용된다. 철분은 혈중 수치를 통해 사정이 가능한 영양소이다. 소변검사는 신체가 포도당과 단백질을 사용하고 다른 영양소를 배설하는 효율성을 나타낼 수 있다.

영양치료에 대한 단기 반응을 평가하는 데 유용한 단일 검사는 없기 때문에 검사결과를 해석하는 데 주의가 요구된다. 생화학적 검사는 신체계측 자료, 임상자료, 식이섭취 사정자료들과 함께 종합적으로 평가되어야 한다. 연속적으로 이루어진 임상검사는 단일 검사보다 정확한 정보가 되며, 결과는 참고치와 비교하여 평가되어야 한다(표 4-4).

표 4-4 주요 생화학적 검사 결과 참고치

혈액검사					
포도당	71~106 mg/dL	인	2.5~4.5 mg/dL	혈액요소질소	8~20 mg/dL
총콜레스테롤	130~200 mg/dL	ALP	30~120 U/L	크레아티닌	0.72~1.18 mg/dL
중성지방	50~150 mg/dL	ALT(GPT)	0~50 U/L	적혈구	4.2~6.3×10^6/μL
총단백질	6.6~8.3 g/dL	AST(GOT)	0~50 IU/L	혈색소	13~17 g/dL
알부민	3.5~5.2 mg/dL	총빌리루빈	0.3~1.2 mg/dL	적혈구 용적률	42~52%
트랜스페린	200~360 mg/dL	Na^+	136~146 mmol/L	MCV	80~94 fL
프리알부민	19~43 mg/dL	K^+	3.5~5.1 mmol/L	MCHC	33~37 g/dL
총철결합능	280~400 μg/dL	Cl^-	101~109 mmol/L	WBC	4~10×10^3/μL
칼슘	8.8~10.6 mg/dL	HCO_3^-	22~29 mmol/L		
소변검사					
비중	1.010~1.025				
pH	5.0~8.0				
단백질	Trace				
요당	(–) 당뇨 시 2~10 g/dL				
케톤	(–)				
헤모글로빈	(–)				

주: 생화학적 검사 결과의 참고치는 검사 방법에 따라 달라질 수 있으며, 임상적인 상황에 따라 결과 해석상의 차이가 있을 수 있다.
출처: (재)한국영양교육평가원 (2018): 임상영양 실습지침서 개정판. p.147–158
Mahan LK, Raymond JL (2017): Krause's Food & the Nutrition Care Process, 14th ed.

(1) 혈청 알부민

혈청 알부민(serum albumin)은 내장 단백질 상태를 사정하는 지표가 된다. 알부민은 반감기가 비교적 길어 영양결핍의 초기에는 감소되지 않으므로, 장기적인 영양 변화를 관찰할 때 가장 많이 사용된다. 결핍 상태에서도 만일 환자에게 탈수가 있거나 알부민이나 신선한 냉동혈장이 투여되고 있다면 수치는 정상으로 나타날 수 있다. 비정상적으로 낮은 수치는 감염, 단백질 섭취부족, 스트레스, 화상, 외상, 울혈성 심부전, 체액 과부하, 중증 간부전 등을 의미할 수 있다. 염증성 스트레스에서는 알부민 농도가 급격하게 감소할 수 있다. 단백질 섭취 부족으로 야기되는 콰시오커는 혈청 알부민 농도가 감소되어 전신부종이 나타나는 반면, 에너지 부족으로 야기되는 마라스무스는 혈청 알부민 농도가 일정 수준으로 유지되는 것이 일반적이다.

프리알부민(prealbumin, transthyretin)은 반감기가 알부민이나 트랜스페린에 비해 영양상태 변화에 민감하게 반응하고 단백질 섭취 증가 시 증가하지만, 염증성 스트레스 상황 시 급격히 농도가 감소하여 염증 지표로 보는 것이 타당하다. 암환자나 단백소모성 질환 환자에서도 혈청 프리알부민 농도가 감소한다. 신증후군 환자에서 농도가 증가할 수 있다. 프리알부민 농도가 낮을 경우 염증 상태 외에 식사 섭취 상태와 병력 조사, 아연 결핍 등을 함께 평가한다.

(2) 총 림프구 수

백혈구의 일종인 림프구는 항체 형성에 관여하므로 총 림프구 수(total lymphocyte count)는 면역기능을 사정하는 검사이다. 1,500개/mm^3 이하는 단백질 열량 영양실조(PEM)와 관계된 면역손상의 위험을 나타낸다. 총 림프구 수가 비정상적으로 낮은 경우는 감염과 같이 심한 스트레스, 스테로이드 요법, 수술, 신부전, 암, 방사선 요법과 화학요법, 면역억제제 투여 등이며, 높은 경우는 감염, 백혈병, 골수종과 암, 부신부전 등을 의미한다.

(3) 질소평형

신체 내에서 질소의 최종 대사산물은 소변으로 배설된다. 소변 내 주요 질소 화합물은 요소, 암모니아, 요산과 크레아티닌으로, 단백질의 섭취에 따라 변화를 보인다. 단백질이 정상적으로 함유된 식사를 하면 소변 내 질소의 80% 이상이 요소의 형태이지만, 식이 단백질 함유량이 적을 때는 이 비율보다 낮아지게 된다. 굶을 경우 암모니아 형태의 질소 절대량과 구성 비율이 높아지게 되고 그 결과 산증을 일으킨다. 그러나 크레아티닌은 식사와 무관한 경향을 보인다.

질소평형(nitrogen balance)은 질소의 섭취량과 배설량을 비교하는 방법으로 영양상태의 중요한 지표로 이용된다. 영양치료의 효과를 확인하기 위해 영양 치료의 시작 혹은 방법을 변경한 48시간 이내 검사해야 한다.

(4) 혈청 트랜스페린

혈청 트랜스페린(serum transferrin)은 약 20~55% 정도가 철분과 결합된 형태로 존재하며 반감기가 약 8~10일로 알부민에 비해 반감기가 짧고 체내 저장량이 적으므로 영양결핍의 초기에 변화를 보인다. 간질환에서 영양상태와 관계없이 감소할 수 있고 철결핍성 빈혈, 임신 등에 의해 영향을 받으므로 결과 해석에 주의가 필요하다.

(5) 무기질과 비타민

Calcium, phosphorus, Na^+, K^+, cl^-와 같은 무기질과 비타민 또한 영양상태 평가에 이용될 수 있다. 영양소의 혈장 또는 혈청 농도가 가장 흔히 이용되고 있으나 혈액을 순환하는 대부분의 영양소 농도는 실제 영양상태를 민감하게 또는 특이하게 반영하는 지표가 되지는 못한다. 왜냐하면 섭취가 부족하거나 조직의 저장이 감소되어 있는 경우라도 항상성 기전이 작동하여 정상에 가까운 농도를 보일 수 있기 때문이다. 혈색소(hemoglobin)는 영양 결핍일 때를 비롯하여 출혈, 용혈, 유전자 이상, 신장질환이 있는 환자에서 감소한다.

03 임상적 사정

영양상태의 임상적 사정은 병력, 사회력, 약물복용, 신체검진 등에서 수집된 자료에 근거한다. 이러한 정보는 병력을 검토하거나 직접적인 면담을 통해 얻어질 수 있다. 병력이나 사회력에는 알코올 남용, 가난, 특별한 식품군 회피, 체중감소, 약물남용, 선천성 결함의 가족력, 흡연력 등이 포함된다. 사회적 요인이나 가족적 요인은 영양섭취뿐 아니라 의학적 상태에 영향을 줄 수 있다. 영양실조와 관련된 많은 신체 징후와 증상은 영양 상태를 사정하는 통합적 부분이다.

영양소 결핍의 뚜렷한 증상은 결핍증의 말기에 이르러야 나타나기 때문에 그 가치에 있어서 제한적인 측면이 있다. 또한 관찰된 일부 증상이 결핍 이외의 다른 상태에 기인하는 것일 수도 있기 때문에 의무 기록이나 직접적인 면담을 통한 병력과 사회력을 통합적으로 고려해야 한다. 임상증상은 광범위하여 수술이나 상처도 해당되며, 출혈, 거칠고 건조하고 갈라진 머리카락, 발열, 치은의 출혈 등 다양하다. 전체적인 외모와 활력징후, 세포 교체가 빠르게 일어나는 신체 부위는 물론 심폐기계, 근육, 뼈 등을 포함한 말초부위, 소화기계, 신경계 및 인지기능에 대한 평가를 포함한다. 영양불량 시 나타나는 신체 각 부위별 임상 증상은 표 4-5와 같다.

신체 기능 평가는 골격근의 기능이나 근력을 측정하는 평가 방법으로 일상생활

능력(ADL)에 대한 평가까지 포함할 수 있다. 악력은 근력을 측정하는 악력계(dynamometer)를 사용하여 평가할 수 있으며, 골격근의 기능과 관련한 영양 상태를 평가하는 데 있어 유용하다.

표 4-5 영양불량 시 나타나는 임상적 증상

신체 부위	증상	결핍 영양소
머리카락	탈모 잘 부서짐 색깔 변화 건조 쉽게 빠짐 나선형으로 휘어짐	단백질, 비타민B_{12}, 엽산 비오틴 아연 비타민A 및 비타민E 단백질, 비오틴, 아연 비타민A 및 비타민C
피부	표피 박리 점상 출혈 모낭 출혈 반상 출혈 노인성 건조증, 쌀겨 모양의 표피 박리 색소 침착, 갈라짐 여드름 모양 병소, 모낭각화증, 모낭건조증 말단 누공 피부염, 홍반, 수포, 농포	리보플라빈 비타민A 및 비타민C 비타민C 비타민C 와 비타민K 필수지방산 나이아신 비타민 A 아연
눈	비토 반(bitot's spot), 건조증 눈꺼풀염	비타민 A 리보플라빈
구강	설염 자홍색 혀 잇몸 출혈, 치은염, 치아 손실	나이아신, 엽산, 비타민B_{12} 리보플라빈 비타민C
팔다리	관절통 종아리 통증	비타민C 티아민
신경계	안근마비, 발처짐(foot drop) 지각 이상 진동 감각(vibratory sense)과 위치 감각 저하, 기억 장애 불안, 우울, 환각 상태 반사 저하(hyporeflexia)	티아민 티아민, 비타민B_{12}, 비오틴 비타민B_{12} 나이아신 티아민, 비타민B_{12}

출처: Charles Mueller et al(2017): The A.S.P.E.N. Adult Nutirtion Support Core Curriculum 3rd ed. ASPEN, pp. 141–163

04 식사 평가

식사 평가(diet evaluation)는 실질적이고 습관적인 섭취에 관련된 정보를 수집하는 것으로 식품, 음료, 보충제 섭취에 대한 정보를 포함한다. 가장 흔한 방법은 면담을 통한 식사력 조사가 있으며(표 4-6), 식사력은 오랜 기간에 걸쳐 형성된 개인의 식습관을 대략적으로 나타낸다. 훈련받은 전문가는 면담을 통해 대상자의 평소 식품섭

표 4-6 식사력 조사 내용

구분	면담내용
식사력	식욕저하 여부 의지 사용 여부 다양하지 못한 식사나 유행식품의 사용 여부 질병에 따른 식사제한 여부 신경성 식욕부진 여부 입맛의 변화 여부(미각상실증 포함) 두경부의 외상 및 수술 여부 저작 및 연하능력 문제 유무 문화 및 종교에 따른 식품 선택의 제한 여부 장기간(10일 이상)의 금식 여부(정맥영양액 투여 및 항생제 과다사용 여부) 약과 영양소와의 상호 작용 노인의 경우:장기간의 부적절한 식습관, 불충분한 영양지식, 유행식품의 남용 여부

취, 약물 사용, 알코올, 담배 사용, 식품알레르기, 식품 선택에 영향을 미치는 문화적, 종교적 사항, 대상자의 영양지식, 배설형태에 대한 정보를 조사할 수 있다.

식사 섭취량은 후향적인 회상법이나 식품섭취빈도조사법, 식사일기 등을 통해 수집할 수 있다(표 4-7). 섭취량에 대한 자료로 영양소별 섭취량을 분석하고 권장량과 비교하여 적정한지 평가한다.

(1) 24시간 섭취 회상법

24시간 섭취 회상법(24-hour recall method)은 대상자가 지난 24시간 동안 섭취한 모든 식품과 음료를 기억해내도록 면담자가 질문을 하는 것으로, 모든 식품과 음료수, 조리방법, 상품 이름, 양념 등을 제공되는 1인 분량의 그릇 등과 함께 상세히 기술하는 것이 포함된다. 이 방법은 식이처방의 이행을 평가하기 위해 추후 검사하거나 선별하는데 이용되며, 15~20분 정도 소요될 정도로 신속히 이루어지며, 어떤 연령집단에도 사용이 가능하다는 것이 장점이다. 면담이나 전화, 대상자의 자가 보고 등에 의해 얻어지며, 1일 섭취를 조사하기 때문에 실제 식사를 대표하지 않을 수도 있다.

(2) 식품 섭취 기록

식품 섭취 기록(식품 기록, food record)은 섭취한 모든 식품과 음료수, 간식 등을 대상자가 직접 1~7일에 걸쳐 종류와 양을 직접 개별적으로 측정하고 기록하는 방법이다. 이 방법은 대상자가 섭취에 주의를 기울여야 하고 다소 시간이 소요된다. 대상자는 식품 모형과 측정 컵, 기타 측정 도구의 사용을 훈련받아야 하고, 조리방법과 재료, 첨가물 등을 최대한 완전하고 정확하게 기록할 필요가 있다. 평소 섭취에 대한 정보를 보다 실제적으로 제공할 수 있다. 영양 패턴 이외에도 행동양상 정보가 필요하다면, 섭취한 식품은 물론 장소와 시간, 상황과 감정까지 기록하도록 기록자에게 요청할 수 있다. 이러한 종류의 정보 수집에는 7일간이 최적으로 간주되고 있으나 지루한 경향이 있으므로 주중 2일과 주말 1일을 포함시켜 약 3일의 기록이 많이 이용되고 있다.

(3) 식품 섭취 빈도 조사지

식품 빈도 조사지(food frequency questionnaire)를 이용한 방법은 개인이 특정 식품을 섭취한 횟수를 조사하는 것이다. 24시간 회상법과 함께 사용하면 회상의 정확성을 타당화하는데 도움이 되며, 개인 섭취양상을 더 잘 파악하게 된다. 이 방법은 시간이 적게 소요되는 장점이 있으나 불량한 식습관을 파악하고 변화시키는데 제한적인 측면이 있다.

표 4-7 섭취량 조사방법

방법	내용	장점	단점
24시간 회상법	전일 24시간 동안 음식물 섭취상태에 대한 정보 조사	– 빠르고 간편함 – 환자의 평소 식사 패턴에 영향을 주지 않음	– 환자가 사실대로 말하지 않을 수 있음 – 환자의 기억에 의존하므로 부정확할 수 있음 – 섭취량에 대한 지식 필요 – 평소 섭취량을 반영하지 못할 수 있음 – 면담 기술을 가진 영양전문가 필요
평상시 음식 섭취량 조사	평상시 음식물 섭취상태에 대한 정보 조사	– 빠르고 간편함 – 24시간 회상법에 비해 평상시 식사 상태를 잘 반영	– 환자의 기억에 의존하므로 부정확할 수 있음 – 면담 기술을 가진 영양전문가 필요
식품 섭취빈도 조사	각 식품 또는 식품군별 섭취 빈도에 대한 조사	– 표준화 용이 – 24시간 회상법과 함께 사용할 때 유용함 – 일정기간 동안의 주요 영양소의 전반적인 섭취 상태를 알려줌	– 읽고 쓰는 능력 필요 – 식습관에 대한 정확하고, 세부적인 정보를 알수 없음.
식사일기	– 3~7일간의 실제 음식물 섭취 상태에 대한 정보 조사 – 보다 정확한 분석을 위해 주중과 주말 조사 포함 – 기록한 날이 많을수록 정확도 증가	– 매일의 섭취량 기록 – 식품의 양, 조리과정, 식사 · 간식시간에 대한 정보 제공 가능	– 읽고 쓰는 능력 필요 – 섭취량을 측정하거나 판단하는 능력 필요 – 기록 과정에서 평상시 식사패턴에 영향을 미쳐 평소의 섭취상태를 대변하지 못할 수 있음 – 최소 3일 이상의 기록 필요
입원 환자 식사 직접 조사	환자의 음식 섭취 상태를 직접 보고 기록	– 실제로 섭취량을 관찰하여 기록 – 식사 전후 식품의 중량을 측정하므로 정확한 분석 결과 제공	– 일반인의 섭취량 조사에 적용할 수 없음

출처: 대한영양사협회(2008): 임상영양관리지침서 3판 p.12
Mahan LK, Raymond JL(2017): Krause's Food & the Nutrition Care Process, 14th ed

05 영양불량의 진단

대상자의 임상적 상태에 따라 성인의 영량불량이란 염증이 없는 장기간의 기아 상태로 인한 영양불량은 기안 관련 영양불량, 경증에서 중등도의 염증이 만성적으로 있는 경우 만성 질환 관련 영양불량, 심한 급성 염증이 있는 경우 급성 질환 관련 영양불량으로 분류하여 정의한다(그림 4-3).

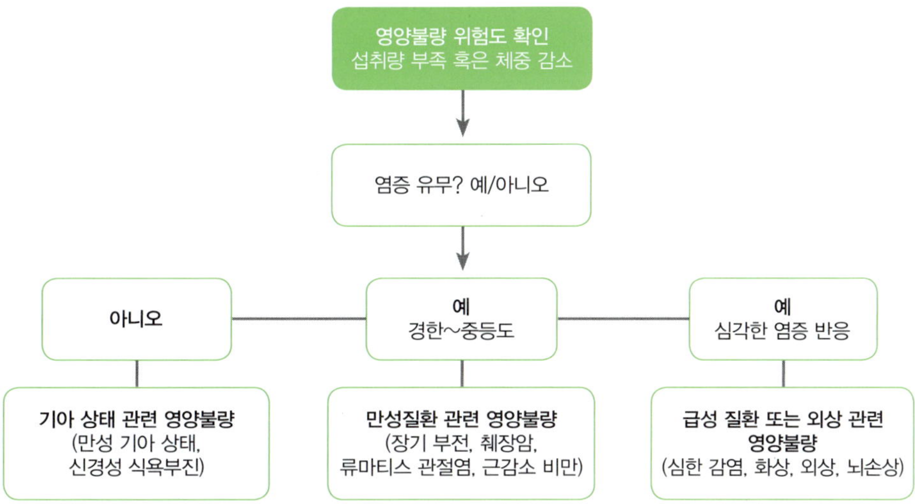

그림 4-3 병인에 근거한 영양불량의 진단

영양진단을 위한 지표로 에너지 섭취 부족 기간과 정도, 체중 감소 기간과 정도, 근육량 손실 정도, 피하지방 손실 정도, 체내 수분 축적 정도, 악력 등으로 평가한 기능 상태 항목 6가지 중 2개 이상 해당하는 분류의 영양불량으로 진단할 수 있다. 임상에서 영양상태를 평가하기 위한 다양한 영양판정 도구들 중에 대표적인 것이 Mini Nutrition Assessment(MNA) 와 PG-SGA 이다. 최근 세계 영양 관련 학회들에서 제시한 global leadership initiative on malnutrition(GLIM) 은 성인의 영양불량 진단기준으로 병인론적 기준과 표현형 기준으로 나누어 해당 상황이 1개 이상 동시에 존재할 때 영양불량으로 판정한다(표 4-8).

표 4-8 영양불량 진단 기준(GLIM)

<table>
<tr><td rowspan="3">A. 병인론적 기준</td><td>식사량 감소</td><td colspan="2">□ 에너지 요구량의 50% 미만/1주
□ 2주 이상 섭취량 감소</td></tr>
<tr><td>소화 · 흡수장애[1)]</td><td colspan="2">□ 만성 소화 · 흡수상태 장애</td></tr>
<tr><td>염증</td><td colspan="2">□ 급성질환/상해[2)]
□ 만성질환 관련[3)]</td></tr>
<tr><td rowspan="4">B. 표현형 기준</td><td></td><td>중등도의 영양상태 불량</td><td>중증의 영양상태 불량</td></tr>
<tr><td>체중 감소</td><td>□ 5～10%/6개월 미만
□ 10～20%/6개월 이상</td><td>□ >10%/6개월 미만
□ >20%/6개월 이상</td></tr>
<tr><td>체질량지수(kg/m^2)[4)]</td><td>□ 17～18.5(70세 미만)
□ 17.8～20(70세 이상)</td><td>□ <17(70세 미만)
□ <17.8(70세 이상)</td></tr>
<tr><td>근육량 감소[5)]</td><td>□ 약간～중등도 감소</td><td>□ 심한 감소</td></tr>
</table>

- 영양불량 진단 – 적어도 병인론적 기준 1개 이상 + 표현형 기준 1개 이상일 때
- 영양불량 중등도 – 표현형 기준으로 판정

1) 소화 · 흡수장애의 예: Short bowel syndrome, pancreatic insufficiency, after bariatric surgery, esophageal strictures, gastroparesis, intestinal pseudo–obstruction, chronic diarrhea, steatorrhea, high output ostomy, GI symptom (dysphasia, nausea, vomiting, diarrhea, constipation)등
2) Severe inflammation: major infection, burns, trauma, closed head injury
   Mild–moderate inflammation: other acute disease–/injury related
3) Chronic of recurrent mild to moderate inflammation: malignant disease, chronic obstructive pulmonary disease, congestive heart failure, chronic renal desease, of any disease with chronic of recurrent inflammation
4) 아시아인 기준으로 수정 제시함
5) DEXA, BIA, CT, MRI 결과, Mild arm muscle circumference/calf circumference 측정결과

출처: 한성림 등(2021): 사례로 이해를 돕는 임상영양학, 교문사

생각해보기

1. 간경화로 입원 치료 중인 대상자의 포괄적인 영양사정을 위해 고려할 사항은 무엇인가?
2. 영양상태를 판정하기 위한 체중변화 지표에는 어떤 것이 있으며 실제로 대상자의 체중변화를 측정할 때 고려할 사항은 무엇인가?
3. 입원 치료 중인 대상자의 영양상태를 평가하기 위한 생화학적 검사는 무엇인가?
4. 지역사회에 혼자 거주하는 58세 중년 남성의 식사평가를 위해 고려할 사항은 무엇이고 식사평가에 포함하여야 하는 내용은 무엇인가?

2부

생애 주기별 영양

5장

임신 · 수유기의 영양

01 임신기의 영양

임신 전과 임신기 동안의 영양 상태는 모체와 더불어 아기와 그 다음 세대의 건강에도 영향을 미친다. 임신기 동안 적절한 영양상태가 유지되면 태아는 최적의 성장발달을 하며 영양소를 충분히 지니고 알맞은 출생체중의 신생아로 태어나게 된다. 즉, 임신기의 적절한 영양은 건강한 임신과 출산에 있어 매우 중요한 부분이다. 이 장에서는 임신기간 동안의 영양섭취에 관해 자세히 살펴보고자 한다.

1) 임신기의 신체 변화

(1) 호르몬 변화

프로게스테론(progesterone)은 임신을 유지하는데 중요한 호르몬이다. 프로게스테론은 자궁내막의 발달을 촉진하고 자궁 평활근(smooth muscle)을 이완시켜, 태아의 성장에 따라 자궁을 늘려주고 자궁의 조기 수축을 예방한다. 그러나 위장관의 평활근도 이완시켜 장운동이 감소하므로 변비가 생길 수 있다.

에스트로겐(estrogen)은 분만 과정에서 중요한 호르몬이다. 에스트로겐은 자궁내막과 자궁근육의 증식을 촉진하여 분만 시 강력한 수축이 가능하게 한다. 에스트로겐은 만삭이 다가올수록 프로스타글란딘(prostaglandin) 합성에 관여하는 효소를 자극하여 자궁경부의 결합조직을 유연하고 부드럽게 한다. 이로 인해 자궁경부가 늘어나 분만이 진행되며, 이때 프로스타글란딘은 자궁근육의 수축을 촉진하여 분만이 이루어지도록 작용한다. 에스트로겐은 뇌하수체 후엽 호르몬인 옥시토신 수용체의 발현을 증가시킴으로써 자궁수축을 가장 강력하게 자극하는 옥시토신의 자궁수축

작용을 증가시킨다.

(2) 대사 변화

임신기간 동안 기초대사율은 15%에서 최대 20%까지 증가한다. 대사율은 태아와 모성 지지조직의 산소 요구가 늘어남에 따라 증가한다. 대사율뿐 아니라 단백질, 탄수화물, 지방 대사도 변화한다. 임신 3기의 태아는 포도당을 일차 에너지원으로 사용한다. 모체는 태반을 통해 포도당을 운반하여 태아가 먼저 사용하게 하는 한편, 모체는 지방을 에너지원으로 사용한다. 임신기간 동안 임부의 에너지 섭취 증가는 이러한 대사적 요구에 부응하기 위한 것이다.

(3) 해부 생리 변화

혈장량은 임신 2기부터 증가되기 시작하여 약 2배 정도 많아진다. 혈장이 증가되면 혈액이 희석되어 혈색소, 혈청 단백, 비타민 등이 상대적으로 저하된다. 증가된 혈장량에 적응하기 위한 심장의 비대와 환기율 증가도 나타난다. 신장에서는 태아의 노폐물 배설과 늘어난 모체 혈장의 여과를 위해 사구체여과율이 증가된다. 사구체여과율이 증가하면 포도당, 아미노산, 수용성 비타민이 소변으로 배출될 수 있다. 임신성 고혈압과 함께 단백뇨가 검출되는 경우는 전자간증(preeclampsia)에 해당하여 적절한 관리가 필요하다. 프로게스테론의 영향으로 인해 위장관 운동성이 저하되어 나타나는 변비와 가슴앓이 그리고 위배출 지연은 자궁과 태아의 무게가 더 늘어나는 임신 후기에 더욱 심해진다.

(4) 임신 중 체중증가

임신기간 동안 적절한 체중증가는 성공적인 출산에 영향을 준다. 적절한 체중증가를 위해서는 모체의 신체 활동에 따른 에너지의 균형과 함께, 임신 전 체중, 나이, 영양 상태, 체지방율, 태반-태아의 성장 발달을 포함한 기초대사율 등의 여러 요소에 대해 에너지가 균형을 이루어야 한다. 임신 전 정상체중이었던 건강한 임신부는 체중이 10~12kg 증가한다. 체중은 첫 12주까지의 임신 1기 동안 1~2kg 정도 증가하고, 이후에는 매주 0.3~0.5kg씩 증가한다. 임신 중 권장되는 체중증가 정도는 아래와 같다(표 5-1).

모체의 체중증가가 충분하지 않으면 태아의 자궁 내 성장지연(intrauterine growth retardation, IUGR)을 초래하고 부당경량아(small for gestational age, SGA)나 저체중 출생아(low birth weight infant, LBW), 혹은 사산을 초래할 수도 있다. 체중증가는 서서히 꾸준하게 이루어져야 한다. 체중의 급작스러운 증가는 과다한 수분 저류와 관계가 있다. 체중이 13kg 이상 증가하면 임신중독증, 당뇨병, 거대아, 지연분만 및 이완출혈, 조기파수 등의 각종 합병증과 산과적 이상의 발생이 높아지는 것으로 보고되었다.

표 5-1 임신 중 체중증가(비만도 기준 – 혈당이 정상인 임신부 기준)

단태아			
비만도 (BMI=(kg/m²))		총 체중 증가(kg)	중기 말기 체중 증가
저체중	〈18.5	12~18	0.5kg/주(2kg/월)
보통	18.5 ~ 24.9	11~15	0.35kg/주(1.4kg/월)
과체중	25 ~ 29.9	6~11	0.2~0.3kg/주(0.9kg/월)
비만	≥ 30.0	5~9	0.2kg/주(0.8kg/월)
쌍태아			
비만도 (BMI=(kg/m²))		총 체중 증가(kg)	중기 말기 체중 증가
보통	18.5 ~ 24.9	16~24	0.7kg/주(2.7~3kg/월)
과체중	25 ~ 29.9	14~22	0.6kg/주(2.3~2.5kg/월)
비만	≥ 30.0	11~19	0.5kg/주(1.8~2kg/월)

출처: Institute of Medicine. Weight gain during pregnancy: reexamining the guidelines. 2009.

2) 임신 시의 열량 및 영양소 필요량(표 5-2)

(1) 에너지

임신 중의 에너지 필요량은 개인에 따라 다양하며 국가별로도 권장량 지침이 다르다. 한국인 영양섭취기준에서는 임신 1기에는 비임신 성인여성과 같은 1일 2,000kcal, 2기에는 추가로 340kcal, 3기에는 추가로 450kcal 씩 섭취하도록 권장하고 있다. 최근에는 추가로 필요한 열량이 그다지 많지 않다는 데 의견이 모이고 있어, 일부 선진국에서는 3기에도 200kcal 정도만 추가하도록 권장하기도 한다.

표 5-2 임신 · 수유부의 주요 영양소 섭취기준 – 필요추정량 및 권장섭취량

구분		열량(kcal/일)	단백질(g/일)		칼슘(mg/일)		철(mg/일)		엽산(μgDFE/일)	
나이(세)		필요추정량	필요추정량	권장섭취량	필요추정량	권장섭취량	필요추정량	권장섭취량	필요추정량	권장섭취량
15~18		2,000	45	55	700	800	11	14	330	400
19~29		2,000	45	55	550	700	11	14	320	400
30~49		1,900	40	50	550	700	11	14	320	400
임신부	1분기	+0	+0	+0	+0	+0	+8	+10	+200	+220
	2분기	+340	+12	+15						
	3분기	+450	+25	+30						
수유부		+340	+20	+25	+0	+0	+0	+0	+130	+150

출처: 보건복지부, 한국영양학회. 2020 한국인 영양소 섭취기준 활용연구. 2021.

(2) 단백질

임신 중에는 모체 조직 및 태반과 태아의 성장, 모체 혈액량의 증가에 따라 단백질 요구량이 증가하고, 분만 및 출산과 수유에 대비한 단백질을 비축하느라 단백질 요구량이 증가한다. 단백질은 임신 2기에는 비임신 성인여성의 55g/일에 15g 추가하여 70g/일, 임신 3기에는 85g/일로 하루 30g의 단백질 추가섭취를 권장한다.

(3) 탄수화물과 섬유소

탄수화물은 모체와 태아의 뇌기능을 위한 포도당을 제공하고 태아에게 필요한 열량을 제공한다. 임신 중에는 탄수화물 섭취를 전체 열량의 50% 내외로 구성할 것을 권장한다. 탄수화물 급원은 전곡류, 과일, 채소, 우유와 같은 식품으로 구성한다. 섬유소는 식후 인슐린 반응이 서서히 일어나도록 할 뿐 아니라, 프로게스테론의 영향으로 인해 내장평활근이 이완되어 생기는 변비를 완화하므로 권장된다.

(4) 지방과 필수 지방산

지방은 세포막 구성이나 호르몬 대사에 필요한 지용성 비타민의 수송을 돕는다. 불포화 지방산은 태아의 뇌조직과 신경계의 발달 및 망막의 발달에 중요하다. 필수 지방산인 리놀렌산(linoleic acid)과 α-리놀렌산(α-linoleic acid), 도코사헥사인산(Docosahexaenoic acid, DHA)은 카놀라유, 콩기름, 연어, 고등어 등 다양한 음식의 지방을 통해 충분히 섭취하도록 한다. 임신 중에는 지방 섭취를 전체 열량의 30% 내외로 구성한다.

(5) 무기질과 비타민

임신 중에는 일부 무기질과 비타민 등 미량영양소의 권장량이 증가한다. 미량영양소는 균형 잡힌 식사를 하는 것만으로도 충족되는 편이지만 철분, 엽산 및 칼슘은 특별히 주의를 기울여 섭취해야 한다.

① 철과 비타민 C

철(iron)은 모체의 적혈구 증량 및 태아와 태반조직의 형성에 필요하고, 태아의 간에 철 저장을 위해 필요하다. 철 결핍성 빈혈은 가장 흔한 임신 합병증이다. 철이 결핍되면 조산, 저체중, 영아 철 결핍이 나타나기 쉽고, 장기적인 인지 및 뇌기능에도 영향을 미친다. 철 결핍증으로 인한 특이한 행동은 식품이 아닌 물질에 식욕을 느끼는 이식증(pica)으로 나타난다. 임신 중 모체의 철 저장량은 670mg 정도로 증가하여야 하는데, 이는 일반적인 식사로는 충족되지 않으므로 추가적인 철 보충제 섭취를 권장한다. 임신 중 철 섭취는 비임신 성인여성의 14mg/일보다 10mg 추가된 24mg/일을 권장한다. 철 결핍성 빈혈이 있는 임신부는 60~120mg/일을 섭취한다.

비타민 C는 철분의 흡수를 돕는다. 또한 태반조기박리(placental abruption)와 조기양막파열(premature rupture of membranes)을 예방하므로 채소와 과일을 통한 섭취를 충분히 하도록 한다. 비타민 C의 임신 중 권장섭취량은 비임신 성인여성의 1일 100mg보다 10mg 많다.

② 엽산과 비타민 B_{12}

엽산(folate, folic acid)은 DNA 합성에 필수적인 수용성 비타민으로 세포분열이 활발한 임신수유기, 유아기, 성장기에 필요량이 증가한다. 임신 초기에 엽산이 부족하면 태아의 신경관 형성에 영향을 주어 이분척추와 무뇌증과 같은 신경관 결손 기형아 출산 확률이 높다고 알려졌다. 엽산과 비타민 B_{12}는 거대적혈모구빈혈(megaloblastic anemia), 태반 혈관 이상, 조산, 저체중아, 부당경량아 위험을 감소시킨다. 엽산은 체내에 저장되지는 않아도 생과일과 채소를 포함한 적절한 식사를 통해 충분히 섭취할 수 있다. 그러나 일반적으로 인구의 5% 가량은 엽산이 결핍되어 있고, 엽산 결핍 시 태아에게 심각한 문제를 초래할 수도 있으므로, 임신 중에는 엽산을 보충해 주는 것이 좋다. 임신 중 엽산 섭취는 비임신 성인여성의 400μg/일보다 220μg 많은 620μg/일을 권장한다.

③ 칼슘과 비타민 D

칼슘(calcium)은 뼈와 치아형성, 혈액응고, 근육수축 및 대사과정에 필요하다. 임신 중에는 태아 체조직의 생성과 발육, 모체 기관의 증대로 인해 칼슘의 요구량이 증가한다. 그러나 이러한 체내 칼슘 요구량의 증가에 대해서는 생리적인 적응 반응이 일어난다고 제시되었고, 추가 섭취가 건강상 도움이 된다는 근거가 없어 한국인 영양섭취기준에서도 추가 섭취량을 권고하지 않았다. 그러나 임신부의 칼슘 섭취와 상관없이 태아의 칼슘 요구량이 충족되다 보니, 임신부의 칼슘 섭취가 적으면 모체의 뼈에서 칼슘이 용출되어 골다공증 위험이 커질 수 있다. 따라서 칼슘을 충분히 섭취하지 못하는 여성은 칼슘 보충제 투여 여부를 담당의에게 문의해야 한다. 칼슘 보충제를 복용하면 임신 동안의 고혈압성 질환의 발병 위험이 감소하는 것으로 나타났다.

비타민 D는 면역 기능과 신경계 기능에 필요하며 모체에 저장되었던 칼슘을 태아에 축적하는 걸 매개하여 태아의 골격 성장을 돕는다. 임신 전 · 후반기의 비타민 D 충분섭취량은 비임신 성인여성과 같은 10μg/일이며, 이 정도는 햇빛을 충분히 쐬고 우유, 간, 달걀 등을 섭취하는 걸로 충분하다. 임신 중 추가로 비타민 D를 섭취하면 신생아의 고칼슘혈증과 독성을 일으킬 수 있으므로 주의해야 한다.

④ 요오드

요오드(iodine)는 태아의 갑상샘 기능과 신경계 발달을 위해 필요하다. 임신 중 요오드의 권장섭취량은 비임신 성인여성의 150μg/일보다 90μg 많다. 그러나 우리나라 국민의 하루 평균 요오드 섭취량은 570μg으로 권장섭취량을 훨씬 넘으므로 추가적인 섭취는 필요하지 않다. 요오드 추가섭취가 필요하면 다시마, 김, 해산물, 어패류 등의 음식을 통해 섭취하도록 권장한다.

3) 임신과 관련된 문제

임신기간 동안의 흡연, 알코올, 카페인 및 일부 약물은 태아의 기형이나 저체중출생, 생후 발달지연 및 학습장애를 일으킬 수 있다. 임신부의 나이와 운동 정도, 고혈압, 당뇨, 페닐케톤뇨증과 같은 의학적 상태도 임신 과정 결과에 영향을 미친다.

(1) 흡연

모성의 흡연(smoking)은 전치태반, 태반조기박리, 조산, 사산, 저체중출생아 위험을 높인다. 영아돌연사증후군(sudden infant death syndrome, SIDS), 지적 능력 장애, 주의력 결핍을 초래하기도 한다. 많은 가임기 여성이 흡연을 계속하는 경향이 있고, 간접흡연으로도 위험이 증가하므로 산전 간호에 금연계획을 포함해야 한다.

(2) 알코올

임신기간에 알코올을 섭취하면 태아 알코올 증후군(fetal alcohol syndrome, FAS)을 초래하여 작은 눈, 편평한 위턱뼈, 얇은 윗입술의 기형아를 출산할 수 있다. 또한 소두증과 전반전인 성장지연, 중추신경 및 두뇌발달 장애를 일으킨다. 임신 중의 알코올 섭취는 그 적정량이 알려진 바가 없고 누구에게도 안전하지 않다. 간호사는 이러한 예방 가능한 위험으로부터 아기를 보호해야 할 위치에 있음을 기억하고 금주를 적극적으로 권장해야 한다.

(3) 카페인

카페인 섭취와 임신 결과 간의 관계는 분명치 않지만, 카페인은 태반을 통과하여 태아의 신경계와 심혈관계 형성에 직접적인 영향을 미칠 수 있다. 카페인은 커피, 녹차, 콜라, 청량음료, 초콜릿뿐 아니라 감기약, 두통약, 각성제 또는 체중조절약 등의 약물에 들어있어 섭취 시 주의해야 한다. 임신 1기 동안은 150mg/일 이하, 2기 이후에는 300mg/일 이하로 섭취할 것을 권장하므로, 다른 카페인 함유 음식을 먹거나 약물을 복용하지 않는 경우 하루 2잔 정도의 커피는 허용할 수 있다. 그러나 FDA에서는 예방적으로 임신 중에는 카페인 함유 식품과 약물의 투여를 금지하도록 권장하고 있다.

(4) 약물

임신한 여성은 의사의 처방 없이 어떠한 약도 투여해서는 안 된다. 임신 1기 동안은 태아의 장기가 형성되는 시기이므로 특히 민감하다.

(5) 운동

운동은 지나친 체중증가를 막아주고 분만에 대비하게 하며 특히 당뇨 임신부의 혈당조절을 돕는다. 그러나 운동을 격렬하게 하면 운동 근육에서 혈액이 먼저 이용되어 태아로 보내는 혈액공급이 25%까지 감소될 수 있다. 또한 격렬한 운동으로 임신부의 체온이 상승하면 태아의 체온과 심박수도 증가하는 바람직하지 않은 결과를 초래할 수 있다. 임신 중 운동은 걷기, 정지형 자전거 타기 등의 중등도 운동을 규칙적으로 하는 게 좋다. 운동 시에는 열량이 소모되므로 공복상태에서 운동하는 것은 피하고, 수분 섭취를 충분히 하고, 적절한 옷의 선택으로 열 발산이 제대로 이루어질 수 있도록 한다.

(6) 모성의 나이

11~18세에 임신하는 경우를 청소년 임신이라 정의한다. 청소년 임신은 임신성 고혈압, 미숙아 및 저체중아 출산과 사산, 빈혈 등의 위험이 큰 고위험 임신에 해당한다. 태아의 성장뿐 아니라 모체도 성장해야 하는 청소년 임신에서는 더 많은 영양소가 필요하다. 끼니를 거르거나 영양소 밀도는 낮고 열량이 높은 음식을 주로 섭취하는지 확인하고 양질의 음식으로 적절한 횟수의 식사를 하도록 관리한다. 임신 중 체중증가를 걱정할 수 있으므로 적절한 체중증가의 필요성을 교육하고 임신 중 체중이 최소한 11kg 이상 증가하도록 한다. 출산 후 십대 산모는 앞으로의 피임에 관해 상담이 필요하다.

35세 이후에 임신하는 여성은 임신성 고혈압의 위험이 크고, 이전의 병력이나 경구피임제 장기 복용, 오래된 불량 식습관 등에 따른 특별한 영양 요구가 있을 수 있다. 임신성 합병증을 일으키는 영양결핍의 위험을 사정하고, 체중증가와 염분 섭취, 약물 및 영양섭취를 주의 깊게 평가하여야 한다.

(7) 임신으로 인한 고혈압

임신으로 인한 고혈압(pregnancy-induced hypertension)은 급격한 체중증가와 심한 부종, 급격한 동맥압 상승이 특징이다. 과거에는 임신중독증(toxemia)이라고 불렸으며, 모성 및 태아의 사망, 미숙아 출산의 주된 원인이다. 임신으로 인해 혈압만 상승하면 임신성 고혈압(gestational hypertension), 고혈압에 부종과 단백뇨가 동반되면 전자간증(preeclampsia), 단백뇨와 함께 발작이 동반되면 자간증(eclampsia)이라고 한다. 일반적으로 임신 20주 이후에 발생하며 십대 임신과 35세 이후 첫 임신에 흔히 나타나며, 40세 이상에서는 고혈압이 약 3배 더 흔하다. 본태성 고혈압의 경우 임신으로 인해 상태가 악화될 수도 있다.

임신성 고혈압 치료를 위한 영양관리의 특별한 기준은 없고, 균형 잡힌 식사를 통해 단백질과 열량, 무기질과 비타민을 공급하도록 한다. 나트륨 섭취가 과도하지 않은 정도라면 혈압 때문에 나트륨을 제한하지는 않는다.

(8) 당뇨병 임신부와 임신당뇨병

당뇨병 임산부란 임신 전에 이미 당뇨병(diabetes mellitus)을 가진 여성이 임신한 경우를 말하며, 임신당뇨병과 구별된다. 당뇨병 임산부의 경우 선천성 기형으로 인한 태아 사망과 장애의 위험이 매우 크다. 선천성 기형은 임신 첫 6주 동안의 혈당 상승에 비례하여 증가하므로 임신 전과 초반에 혈당관리를 철저히 해야 한다. 당뇨병 임산부는 규칙적인 혈당검사, 식사요법 준수, 적당한 운동, 처방된 인슐린의 철저한 투여 등이 필요하다. 임신 초기에는 인슐린 민감도의 증가로 저혈당이 빈번하게 나타날 수 있어 인슐린양, 작용시간 등을 고려하여 식사 및 간식량과 시간을 조정해야 한다. 경구용 혈당강하제는 태아 기형을 유발할 수 있어 임신 중에는 권장되지 않는다.

임신당뇨병(gestational diabetes mellitus)은 임신으로 인한 생리적 변화로 임신 중에 당뇨병이 처음 발생한 경우를 말하며, 4kg 이상 거대아 출산력, 주산기 사망 경험, 당뇨병 가족력, 30세 이상의 나이, 비만, 이전의 임신당뇨병 등이 위험요인이다. 최근에는 임신 연령이 증가하고 비만 임신부가 늘어나면서 임신당뇨병이 증가하는 추세다. 임신당뇨병일 때는 중등도의 운동과 식이조절을 통해 체중이 적절하게 증가하도록 해야 한다. 혈당이 조절되지 않으면 인슐린 치료를 적용한다. 임신당뇨병이 나타났던 여성의 대다수는 출산 후 정상적인 혈당으로 돌아오지만, 이후에 인슐린 비의존성 당뇨병이 발생할 수 있다.

식사요법은 당뇨병 임산부와 임신당뇨병 관리의 가장 우선적인 치료법이며, 정상 혈당 유지, 산모와 태아에게 적절한 영양 공급, 케톤산증 예방, 태아의 건강을 목표로 한다. 알맞은 열량 섭취를 통해 적절하게 체중을 증가시키고, 필요한 무기질과 비타민을 보충하는 게 중요하다. 임신 초기에는 열량 섭취를 늘릴 필요는 없고, 임신 2기와 3기에는 하루 약 300kcal~400kcal를 추가 섭취하도록 한다. 에스트로겐과 프로게스테론은 인슐린에 길항적으로 작용하므로 인슐린양을 조정할 필요가 있다. 태아는 지속적으로 일정하게 모체의 포도당을 사용하므로, 공복 시 저혈당으로 인한 케톤증이 나타날 수 있다. 따라서 하루 세끼 식사와 함께 2~3회 간식을 소량씩 자주 섭취한다. 전체 당질(탄수화물)은 아침에 10%, 점심 20~30%, 저녁 30~40%, 간식 30% 정도로 나누어 섭취할 것을 권장한다. 적정량의 야식 섭취로 새벽의 저혈당과 케톤증 발생을 예방할 수 있다.

(9) 모성의 페닐케톤뇨증

페닐케톤뇨증(phenylketonuria, PKU)은 간에 존재하는 페닐알라닌 분해효소의 결핍으로 체내에 페닐알라닌이 축적되고 페닐알라닌이 티로신으로 전환되지 못하여 뇌기능 저하, 경련 및 발달장애를 일으키는 열성유전질환이다. 페닐케톤뇨증 임신부는 자연유산 가능성이 크고 소두증, 정신지체, 선천성 심장기형, 저체중출생아를 출산할 위험이 있다. 저페닐알라닌 식이를 철저히 이행하면 이러한 위험을 줄일 수 있으므로, 페닐케톤뇨증이 있는 여성은 가임기 내내 페닐알라닌을 제한하는 식사조절을 계속하도록 한다. 하지만 페닐알라닌은 필수아미노산이라 성장에 필요한 양은 공급되어야 하므로, 페닐알라닌 함량을 보통 식사의 25% 이하로 낮추어 혈액 농도를 유지하도록 한다.

(10) 다태아 임신

태아가 둘 이상인 다태아 임신(multiple gestation)일 경우에는 조산, 자간전증 및 당뇨병의 위험이 커진다. 다태아 임신부에 대한 영양소 필요량에 대한 기준은 알려져 있지 않으나, 균형식과 함께 종합 비타민과 무기질 보충제 복용이 권장된다. 임신 2~3기 동안의 체중은 두 쌍둥이의 경우 주당 0.7kg, 세쌍둥이는 주당 0.8~0.9kg 정도 증가하는 것이 적절하다고 본다. 임신기 동안 총 체중은 두 쌍둥이의 경우 16~20kg, 세쌍둥이의 경우 20~25kg 늘어나는 정도가 적절하다. 다태아 임신 시에는 중등도 운동도 피하는 것이 좋다.

(11) 입덧

입덧(morning sickness)은 임신 초기에 흔한 증상으로 임신부의 80%가 경험한다. 하루 중 아무 때나 나타날 수 있으며 구토를 동반하기도 한다. 일반적인 입덧 시에는 소량씩 자주 먹고, 공복상태를 피하고, 자극적이거나 기름지지 않으며 소화가 쉬운 당질 식품을 먹도록 한다. 수분은 식사 시 함께 섭취하지 말고 식사 사이에 섭취하도록 한다. 임신기간 내내 심한 입덧으로 오심과 구토가 지속되는 임신오조(hyperemesis gravidarum)의 경우에는 체액 및 전해질 변화, 체중감소와 영양결핍을 일으킬 수 있어 경장영양이나 비경구영양 치료를 시행해야 한다.

02 수유기의 영양

아기를 출산하고 젖을 먹이는 수유기 동안의 생리적 요구는 임신기와 다르며 적절한 영양상태를 유지하기 위한 지원이 필요하다. 수유기에는 임신과는 다른 생리적 요구로 인해 적절한 영양상태가 중요하며, 이는 모유의 양과 질에도 영향을 준다. 특히 청소년 임신, 임신 동안의 불량한 식사패턴, 질환으로 인한 식사제한, 임신 중 불충분한 체중증가, 다태아 출산, 수유 중 임신한 경우 등은 영양 위험군 수유부에 해당한다. 이런 경우에는 주의 깊은 영양사정과 영양지원이 필요하다.

수유부가 음식을 섭취하는 정도와 상관없이 모유의 열량, 단백질, 엽산, 무기질은 일정하므로 수유부가 적게 섭취하면 수유부의 영양이 고갈될 수 있다. 임신 전 체중으로 빨리 돌아가고 싶다고 해도, 모유수유를 하는 동안 덜 먹으면서 급격하게 체중을 감소하는 건 바람직하지 않다. 많은 연구에서 모유수유와 산후 체중감소의 상관관계를 제시하고 있으므로, 모유수유를 하면서 자연스럽게 산모의 체중을 감량하는 게 바람직하다.

1) 모유수유

완전모유수유(exclusive breastfeeding)는 영아기의 성장과 발달을 위한 우선적인 영양분을 제공한다. 대한소아청소년과학회와 WHO는 특별한 이유가 없는 한 생후 첫 6개월까지는 모유만 먹일 것을 권장한다.

(1) 모유수유의 장점

모유수유는 영아와 산모 모두에게 좋은 점이 많다.

① 영아에게 좋은 점

- 사람에게 특별하게 적합하며 아기 성장발달에 가장 적합하다.
- 생체이용률이 높은 영양소를 충분하게 제공한다.
- 영아에게 많이 발생하는 호흡 및 위장계 질환에 대항할 수 있게 한다.
- 당뇨병, 림프종, 크론씨병 등의 만성질환을 예방한다.
- 아토피, 천식 및 식품알레르기의 위험이 낮아진다.
- 영아 돌연사 증후군, 괴사성 장염의 발생빈도가 낮아진다.
- 뇌신경 발달과 시각기능 성숙에 좋다.

② 산모에게 좋은 점

- 옥시토신 증가로 자궁수축을 촉진하고 산후 출혈을 조절하여 산후 회복이 빠르다.
- 무월경 상태를 지속시켜 수유부에게 철분이 저장되도록 한다.
- 임신 전 체중으로의 회복을 돕는다.
- 산후 뼈의 재골화를 촉진한다.
- 난소암, 갱년기 전 유방암 위험이 낮아진다.
- 모아애착을 증진시킨다.
- 경제적이고 편리하다.

(2) 모유의 면역기능

아기는 모유를 통해 면역조절 능력을 키워 각종 유해균에 대처할 수 있다. 엄마의 상피세포, 대식세포, 중성백혈구, 림프구 등의 세포가 모유를 통해 그대로 넘어가 아기 몸에서 항체를 만들고 다양한 기능을 한다. 초유에는 면역글로불린(secretory IgA)과 락토페린(lactoferrin)이 고농도로 들어있으며, 이후에도 모유량이 점차 늘기 때문에 아기가 섭취하는 면역물질의 양은 일정하게 유지된다. 모유의 면역글로불린은 항감염작용을 하고, 락토페린은 철 결합 단백으로 세균번식을 막고 항산화 효과를 나타낸다. 모유에는 항균, 항바이러스, 항독소, 항염인자 외에도 장점막을 성숙시키고 회복을 빠르게 하는 성장인자가 있다. 또한 비타민 C, 토코페롤(tocopherol), 시스테인(cysteine), 그리고 여러 항산화 효소가 있다. 이러한 여러 가지 물질은 신생아의 장에서 소화되어버리지 않고 유익하게 작용한다.

(3) 모유의 영양성분

출산 후 3일까지의 젖은 초유(colostrum)로 지방이나 카제인 단백질 함량은 낮지만 다양한 면역물질과 모유올리고당이 풍부하여 아기의 면역력을 높인다. 시중에 판매되는 초유 성분 첨가 조제분유에는 사람의 초유가 아닌 소의 초유가 극히 소량 들어가 있으며, 첨가된 초유 성분의 유효성에 대한 임상적 근거도 부족하여 다른 나라에서는 초유성분 분유제품을 판매하지 않는다. 그러므로 가능하면 모유수유를 통해서 초유를 먹이도록 한다. 출산 2주까지는 이행유(transitional milk)로 점차 영양성분인 지방과 단백질, 유당의 함량이 높아진다. 출산 2주 이후 젖인 성숙유(mature milk)는 아기의 성장에 최적화된 전형적인 모유이다. 모유는 하루에 750mL~1,000mL 생성되어 아기에게 500~700kcal/일의 열량을 공급한다. 모유의 주요 영양소는 엄마의 영양상태에 영향받지 않고 거의 일정하게 유지된다. 수분은 87% 정도로 아기의 수분균형을 적절하게 맞춰 준다.

2) 수유기간의 열량과 영양소 필요량

(1) 에너지와 단백질

수유하는 첫 6개월 동안 열량은 성인여성 권장량에 320kcal를 추가한 2,420kcal/일을 섭취하도록 권장하고 있다. 출산 후 체중을 줄이기 위해 열량을 제한하는 건 좋지 않으며, 열량 섭취가 1,800kcal/일 미만이 되지 않도록 한다. 특히, 지방은 아기의 두뇌발달에 매우 중요하므로 수유모 식이에서 지방을 지나치게 제한하는 것은 주의해야 한다. 위에 언급한 영양 위험군에 속하는 수유부의 경우에는 열량을 추가로 공급한다. 수유 시 필요한 단백질은 모유 분비량에 따라 달라지지만, 성인여성 권장량 55g/일에 25g을 추가한 80g/일을 섭취하도록 추천하고 있다. 산모가 잘 균형 잡힌 식사를 한다면 증가된 권장량을 충분히 보충할 수 있다.

(2) 칼슘, 엽산, 비타민

평소 칼슘 섭취가 700mg/일 정도로 충분하다면 수유부가 추가로 칼슘을 섭취하지 않아도 된다. 그러나 칼슘과 엽산은 모유로 분비되므로 평소 섭취가 부족한 경우에는 추가로 섭취해야 한다. 엽산은 400μg/일에 150μg를 추가로 섭취할 것을 권장하고 있다. 비타민 A, B군, C, D, 지방산, 요오드는 수유부가 섭취하는 정도에 따라 모유 내 함유정도가 달라지므로 주의하여 충분히 섭취하도록 한다.

(3) 수분

모유는 하루 평균 750mL~1,000mL 정도 생성되기 때문에 수유기간에는 적절한 수분 섭취가 중요하다. 일반 성인여성의 2,100mL/일에 700mL를 추가한 만큼의 수분섭취를 권장한다. 하지만 물이나 주스를 충분히 섭취하면 분비량을 충당할 수 있다.

3) 수유와 관련하여 고려할 점

(1) 기호 식품

커피나 콜라류는 이뇨를 일으키고, 음료 안의 카페인이 모유로 분비되기 때문에 가능하면 마시지 않거나 하루 2잔 이내로 섭취하도록 한다. 수유부의 알코올 섭취가 모유량을 늘려준다거나 또는 반대로 해롭다는 증거는 없다. 그러나, 알코올은 쉽게 모유를 통해 연약한 아기에게 전달되므로 아기가 졸려 하거나 깊은 잠에 빠져 충분한 모유섭취를 못할 수 있다. 또한 옥시토신의 작용을 방해하여 젖의 사출반사가 저해되어 결국 젖 분비가 줄어든다는 연구결과가 있다. 수유부는 하루에 맥주 2캔 정도 이상은 섭취하지 않도록 한다(Box 5-1).

BOX 5-1 임신·수유부를 위한 식생활 실천 지침

- 우유 제품을 매일 3회 이상 먹자
  ① 우유를 매일 세 컵 이상 마신다.
  ② 요구르트, 치즈, 뼈째 먹는 생선 등을 자주 먹는다.
- 고기나 생선, 채소, 과일을 매일 먹자
  ① 다양한 채소와 과일을 매일 먹는다.
  ② 생선, 살코기, 콩제품, 달걀 등 단백질 식품을 매일 한 번 이상 먹는다.
- 청결한 음식을 알맞은 양으로 먹자
  ① 끼니를 거르지 않고 식사를 규칙적으로 한다.
  ② 음식을 만들 때는 식품을 위생적으로 다루고 먹을 만큼만 준비한다.
  ③ 살코기, 생선 등은 충분히 익혀 먹는다.
  ④ 보관했던 음식은 충분히 가열한 후 먹는다.
  ④ 식품을 구매하거나 선택할 때 청결한 것을 선택한다.

■ 짠 음식을 피하고, 싱겁게 먹자
① 음식을 만들거나 먹을 때는 소금, 간장, 된장 등 양념을 보다 적게 사용한다.
② 나트륨 섭취량을 줄이기 위해 국물은 싱겁게 만들어 적게 먹는다.
③ 김치는 싱겁게 만들어 먹는다.

■ 술은 절대로 마시지 말자
① 술은 절대로 마시지 않는다.
② 커피, 콜라, 녹차, 홍차, 초콜릿 등 카페인 함유식품을 적게 먹는다.
③ 물을 충분히 마신다.

■ 활발한 신체활동을 유지하자
① 임신부는 적절한 체중증가를 위해 알맞게 먹고, 활발한 신체활동을 규칙적으로 한다.
② 산후 체중조절을 위해 가벼운 운동으로 시작하여 점차 운동량을 늘려간다.
③ 모유수유는 산후 체중조절에 도움이 된다.

출처: 보건복지부, 생애주기별 식생활 지침. 2010.

생각해보기

35세 김여인은 임신 30주이다. 현재 둘째를 임신한 상태이다. 첫 임신 때부터 양질의 음식을 먹고 술은 마시지 않는 등, 임신을 위한 세심한 준비를 했었다. 첫 아이는 3.6kg으로 건강하게 태어나서 현재 18개월 되었다.

- 신체계측: 키는 156cm이다. 첫 임신 당시 체중은 임신 전 53kg에서 25kg 늘어난 78kg이었다. 출산 후 10kg만 빠져서 68kg이 되었고 현재 86kg으로 둘째 임신 전 체중 68kg보다 18kg이 늘어난 상태이다.
- 건강력: 특별한 이상은 없고 혈압도 정상범위이다. 음주나 흡연은 하지 않는다. 운동을 별로 좋아하지 않아 헬스장에 등록해도 얼마 못 가 그만두는 편이고, 산모교실에서 걷기프로그램을 했으나 친구가 이사 간 뒤로는 혼자 걷고 싶지 않아 운동을 전혀 하고 있지 않다고 한다. 두 번의 임신 모두 초기에 오심이 상당히 심했고 간간이 구토도 했으며 과도하게 피로했었다. 김여인은 지난번 임신과 마찬가지로 임신 말기에 들어서 속이 쓰리고 피로하며 설사와 변비가 나타나고 발목이 붓는다고 호소한다.
- 임상검사: 지난주 50g 당부하검사(oral glucose tolerance test)에서 1시간 후 혈당치가 120mg/100mL였다. 헤마토크릿(hematocrit)은 31%였다.
- 보충제: 철 30mg을 포함한 비타민 영양제를 간간이 복용하고 있다. 입덧이나 위장관의 불편감이 이것 때문이 아닐까 걱정을 하고 있으며, 생선유(fish oil), 아연이나 칼슘보충제를 더 먹어야 할지 궁금해하고 있다.
- 식이: 아침 식사는 주로 커피나 우유 한잔 정도 마시고 점심이나 저녁은 육아에 지쳐 배달음식이나 패스트푸드를 자주 먹는다고 한다.

1. 김여인의 영양상태와 관련하여 문제가 되는 부분은 무엇인가?
2. 김여인의 체중 상태가 이번 임신에 미치는 영향은 무엇인가?
3. 임신 중 체중증가, 음식 섭취, 운동, 식이보충제, 임신 관련 증상 등에 대해 어떤 조언을 해야 할까?

6장

소아 · 청소년기의 영양

01 영아기의 영양

영아기는 생후 1년까지를 말하며, 일생 중 성장 속도가 가장 빠르고 단위 체중당 영양요구량이 높은 시기이다. 첫해 동안 영아의 몸무게는 3배 증가하고, 키는 약 1.5배가 된다. 신체 외적인 성장 발달뿐 아니라 뇌와 신장 등의 장기도 계속 발달하고 성숙하므로 단위 체중 당 영양소 요구량은 상대적으로 매우 많다. 그러나 영양소를 비축할 여유가 없으므로 필요한 영양소를 매일 적절하게 먹이는 것이 중요하다.

1) 영아기의 에너지와 영양 요구

(1) 에너지

영아는 성인보다 체중에 대한 체표면적 비율이 높아 열손실이 많고 대사율도 높아서 에너지가 많이 필요하다. 우리나라 영아의 에너지 권장량은 영아 전기(0~5개월)에는 500kcal/일, 영아 후기(6~12개월)에는 600kcal/일이다. 영아의 에너지필요추정량(Estimated Energy Requirements, EER)은 영아의 에너지 소비량에 성장에 필요한 에너지 축적량을 더하여 산출한다. 영아기에 섭취한 에너지의 85%~90%는 신체조직의 유지와 성장에 사용되고 10~15%는 활동을 위한 에너지로 사용된다.

(2) 단백질과 필수 아미노산

신체조직 형성 및 성장이 급격하게 이루어지는 영아기에는 단백질이 많이 필요하다. 이 시기에 에너지 섭취가 부족하면 단백질이 에너지 급원으로 사용되어 아기의 성장 속도가 늦어지고, 뇌성장 지표인 머리둘레의 증가도 느려질 수 있다. 영아

전기의 단백질 충분섭취량(Adequate Intake, AI)은 10g/일이고, 영아 후기의 단백질 평균필요량(Estimated Average Requirement, EAR)은 12g/일, 권장섭취량(Recommended Nutrient Intake, RNI)은 15g/일이다.

영아에게는 필수아미노산이 충분히 함유된 완전단백질을 공급하도록 하는데, 특히 히스티딘(histidine)은 영아기 성장에 필요한 필수아미노산이다. 영아 전기의 히스티딘 충분섭취량은 0.1g/일이고, 영아 후기의 평균필요량은 0.2g/일, 권장섭취량은 0.3g/일이다. 한편, 영아의 단백질 섭취가 많으면 비만 위험의 가능성이 높은 것으로 보고되었다. 또한, 고단백질 섭취가 사구체 여과율을 변화시키는 것으로 보고되어, 아직 신장 기능이 미숙한 영아에게는 권장량보다 많은 단백질을 공급하지 않도록 한다.

(3) 지방

지방은 영아에게 가장 중요한 에너지 공급원이며, 필수지방산의 섭취는 영아의 성장발육 및 뇌신경계의 왕성한 발달에 중요하다. 리놀레산(linoleic acid, 오메가-6 지방산)은 영아 전기에는 5g/일, 영아 후기에는 7g/일이 충분섭취량이다. 알파-리놀레산(α-linolenic acid, 오메가-3 지방산)은 영아 전기에는 0.6g/일, 영아 후기에는 0.8g/일이 충분섭취량이다. 두뇌발달과 망막형성에 필요한 DHA의 충분섭취량은 영아 전기에는 0.2g/일, 영아 후기에는 0.3g/일이다.

(4) 당류

포도당으로 분해되는 모유의 유당은 열량원으로 이용되어 케톤증을 예방한다. 또한 유당은 단맛이 적고 뇌신경 조직의 구성성분이 되며, 장내 유산균의 번식을 촉진하기도 하고 칼슘 용해성을 증가시켜 체내에서의 칼슘 흡수를 도와준다. 영아의 뇌에서 사용되는 에너지는 총 에너지 사용량의 60%로 체중 당 포도당 요구량이 성인의 4배 정도 높다. 그러나 당질 필요량을 정하는 것은 어려우므로 모유섭취량을 기반으로 영아 전기에는 60g/일, 영아 후기에는 90g/일을 충분섭취량으로 설정하였다.

(5) 무기질

모유를 먹는 영아의 경우에는 대부분의 무기질을 충분히 섭취하게 된다. 그러나 철과 불소는 때로 모유만으로 충분하지 않아서 보충이 필요하다.

① 철

철은 헤모글로빈의 필수 성분으로, 신체의 성장, 신경의 발달, 세포의 기능, 일부 호르몬의 합성 등에 기여한다. 임신 3기 동안 집중적으로 태아에게 저장되는 철은 생후 4~6개월이면 고갈되고, 모유만으로는 철 필요량을 충족할 수 없다. 따라서 생후 4개월이 지나면 고기와 철 강화 곡분 등을 이유식으로 추가하여 철을 보충하도록 한다. 조산아는 만삭아보다 더 일찍부터 철을 보충하도록 한다. 모유 내 철은 50% 정도가 흡수되는 데 비해 조제유의 철은 7%만이 흡수되어 생체이용률이 낮다. 체중 1kg당 1mg의 철을 섭취하면 영아의 헤모글로빈 농도가 적정수준으로 유지된다. 그러나 너무 많은 양의 철을 보충하는 것은 유해하다는 보고가 있다. 저체중출생아(1~2.5kg)와 헤모글로빈이 감소된 영아의 경우 생후 2개월 이후부터 체중 1kg당 2mg의 철을 보충하되, 하루 총섭취량이 40mg을 넘지 않도록 한다. 철 보충제 형태는 황화철(ferrous sulfate) 형태를 권장한다.

② 불소

불소는 충치를 억제하며 뼈 생성을 자극하고 뼈에 무기질이 축적되는 것을 돕는 기능이 있어 치아가 발달하는 영아와 아동기 초기에 특히 중요한 무기질이다. 영아는 모유에서 하루 0.01mg의 불소를 섭취하는데, 이 정도로도 충치가 크게 증가하지는 않으므로 영아 전기에는 불소의 충분섭취량을 0.01mg/일로 하였다. 그러나 즉석조제유를 먹는 영아와 식수의 불소함량이 낮은 지역의 모유영양아는 매일 0.25mg의 불소를 보충하도록 권장하고 있다. 영아 후기에는 0.4mg/일이 충분섭취량이다. 과잉의 불소는 치아 에나멜질에 반점을 형성하는 치아불소증의 원인이 되므로 용량을 잘 지켜야 한다.

(6) 비타민

수유모의 식이는 모유의 비타민 농도에 영향을 미친다. 어머니가 균형 잡힌 식사를 하면 모유를 통해 영아가 대부분의 비타민을 적절하게 공급받을 수 있다. 그중 비타민 D는 모유에 소량만 함유되어 있어 어머니가 채식만 하거나 비타민 D의 합성이 이루어질 만큼 영아가 충분히 햇빛에 노출되지 못하면 구루병(rickets)이 발생할 수 있다. 따라서 임신부는 계란과 버섯 등 비타민 D의 급원 식품을 충분히 섭취하고 충분한 자외선을 쬐는 것이 중요하고, 필요한 경우 영아에게는 비타민 D 보충제를 먹여야 한다. 영아의 비타민 D 충분섭취량은 5μg/일이며, 상한섭취량인 25μg/일을 초과하지 않도록 하며, 특히 조제유에는 비타민 D가 함유되어 있으므로 인공수유 영아는 따로 보충할 필요가 없다.

신생아는 비타민 K를 합성하는 장내 박테리아가 부족해서 체내 비타민 K 저장량이 적다. 모든 신생아는 출생 직후에 비타민 K를 근육주사(0.5~1mg)로 공급하여 출혈성 질환을 예방해야 한다. 이후에는 점차 장내 박테리아가 비타민 K를 합성하므로 지방 소화에 문제가 있는 경우를 제외하고 추가 보충은 필요하지 않다. 비타민 K의 충분섭취량은 영아 전기에 4μg/일, 영아 후기에 6μg/일이다.

2) 영아기의 영양섭취

(1) 모유영양

생후 6개월까지 영아의 이상적인 음식은 모유이다. 모유는 면역학적으로 유리할 뿐 아니라, 모든 필수 영양소가 균형 있게 들어있어 영양상 우수하다. 또한, 심리적, 생리적, 사회적, 경제적, 위생적인 측면에서 엄마와 아기 모두에게 유리하다. 특히 초유(colostrum)는 단백질, 지용성 비타민과 항염증성 물질을 많이 함유하고 있어 신생아의 초기면역을 강화시킨다. 모유의 성분은 아기가 성장함에 따라 변화하며, 생후 4~6개월이 되면 일부 영양소의 보충이 필요하다.

신생아는 하루에 10~12회 수유해야 하지만, 점차 영아가 잘 빨게 되어 더 많은 젖이 나오게 되면 수유 빈도는 줄어든다. 수유 시간은 양쪽 유방의 젖을 모두 먹는데 10~15분 정도가 적당하다고 보지만, 영아에 따라 차이가 있다. 영아 전기에는 모유를 750mL/일, 영아 후기에는 보충식을 먹으므로 모유를 600mL/일 섭취하는 것으로 보고되었다.

(2) 모유의 영양성분

모유의 평균 칼로리 조성은 지방 55%, 단백질 7%, 당질 38%로 이루어져 있으며 모유영양 말기에는 지방의 비율이 높아진다.

① 단백질

모유의 단백질은 유장단백질(whey protein, 유청단백질)와 카제인(casein) 외에도, 효소나 성장인자와 같은 소량의 단백질로 구성되어 있다. 엄마의 영양 상태가 양호하다면 모유 내 정상 단백질 함량은 0.8-0.9g/dL로, 단백질의 양은 조제유에 많지만, 질적으로는 모유가 우수하다. 카제인은 위액 응유효소 렌닌(rennin)에 의해 응고되는데, 조제유는 크고 단단한 응유(curd)를 형성하는 반면, 모유는 부드럽고 소화되기 쉬운 응유를 형성하여 소화가 잘 된다. 또한, 모유의 락토알부민(lactoalbumin)은 생체이용률 측면에서 더 우수하다. 모유에는 아기의 성장과 발육을 위해 가장 이상적으로 조성된 아미노산과 면역기능이 있는 면역글로불린과 락토페린(lactoferrin)이 있다. 이러한 모유의 단백질은 알레르기를 일으키지 않는다.

② 지방

모유의 지방은 약 90%가 트리글리세라이드(triglyceride, 중성지방)로 구성되어 있으며, 필수지방산인 리놀레산(linoleic acid)이 많이 포함되어 있다. 모유는 전체 열량의 6~9%가 리놀레산이지만, 조제유에는 리놀레산이 1~2%만 포함되어 있다. 모유의 지방은 입자가 작을 뿐 아니라 모유에는 지방분해효소가 있어 소화흡수와 배변이 용이하다. 모유의 지방은 항균작용도 한다. 조제유에는 포화지방산이 더 많아 쉽게 흡수되지 않는다.

③ 탄수화물

모유의 주된 탄수화물은 유당(lactose)과 유당에서 유래된 올리고당(oligosaccharide)이다. 유당은 수분 다음으로 가장 많은 성분으로 모유에 약 7%(70g/L) 함유되어 있으며, 이는 조제유의 4.8%보다 많다. 유당은 포도당으로 분해되어 뇌의 에너지원으로 쓰이고, 칼슘과 인, 마그네슘과 기타 무기질의 흡수를 도와준다. 모유의 올리고당은 프리바이오틱스(prebiotics)의 기능이 있어 아기의 장에서 정상세균총이 잘 자랄 수 있게 하고, 유해균이 장점막에 달라붙지 못하게 한다. 또한, 모유에는 아밀라아제(amylase)가 들어 있어 당질의 소화를 돕는다.

④ 무기질과 비타민

모유의 무기질 함유량은 조제유보다 적지만 쉽게 흡수되는 이점이 있다. 모유의 철은 최대 50%까지 흡수되는 반면 조제유는 약 10%만이 흡수된다. 조제유의 모든 무기질 함량은 모유보다 많아서 신장에 부담을 준다. 모유는 비타민 A와 비타민 E의 좋은 급원이며, 비타민 C도 모유에 더 많이 포함되어 있다. 비타민 K는 조제유보다 적은 편으로, 출생 직후 비타민 K를 1mg 근육주사하여 비타민 K 결핍으로 인한 신생아 출혈성 질환을 예방하도록 한다.

⑤ 면역체

모유에는 질병에 대한 저항성을 높여주는 면역물질이 함유되어 있다. 특히 IgA 항체는 모유의 우수한 면역체로, 성숙유보다는 초유에 많이 들어있고, 위장관을 감염시키는 대장균(*E. coli*) 등의 세균에 대항하는 가장 중요한 항체로 증명되었다.

(3) 인공영양

산모가 모유수유를 하지 않거나 모유수유를 할 수 없는 건강문제가 있는 경우에는 인공영양을 한다. 아기에게 의학적 문제가 있는 경우에는 특수조제유를 이용한다. 부모는 자신의 아기에게 가장 적합한 분유에 대한 상담을 받도록 한다.

① 조제유

조제유의 영양소 조성은 모유를 기준으로 하여 권장량에 맞게 제조한다. 단백질은 모유보다 조제유에 많지만 면역단백질을 공급할 수 없다는 것이 결점이다. 조제유의 지방 급원은 식물성 기름이라서 콜레스테롤 함량이 매주 낮은 편이다. 그러나 모유영양 영아와 인공영양 영아의 혈청 콜레스테롤 수준에는 차이가 없다는 연구가 있다. 시판되는 조제유의 종류에는 모유대체 조제유, 대두단백 조제유, 특수조제유, 미숙아 분유 등이 있다.

조제유는 제품에 지시된 대로 정확하게 혼합해야 한다. 물을 충분히 섞지 않으면 신장의 용질부하가 커져 미성숙한 영아의 신장에 부담을 주게 되며, 너무 희석하면 영양불량을 초래할 수 있다. 화상의 위험이 있으므로 조제유를 전자레인지로 가열하지 않도록 한다. 곡분이나 다른 음식, 또는 설탕이나 꿀 등을 조제유와 섞어 먹이지 않도록 한다. 일반적으로 수분을 추가로 제공할 필요는 없다. 조제유는 영아의 요구량에 맞추어 공급하고, 성장곡선이나 체중 당 열량 필요량에 기초하여 섭취량을 산정하여 과식하지 않도록 한다. 수유 후 남은 조제유는 침 안의 효소와 세균으로 오염되므로 2시간 이내에 사용하지 않으면 버려야 한다.

② 우유

우유는 생후 6개월 미만의 영아에게는 주지 않도록 한다. 우유의 지방은 모유나 조제분유의 지방보다 소화가 어렵고, 철은 더 적게 들어 있지만 나트륨과 단백질은 더 많다. 이러한 용질은 신장 용질부하(renal solute load)를 증가시켜 탈수나 고나트륨혈증(hypernatremia)을 일으킬 위험이 있다. 우유의 응유는 크고 거칠어서 느리게 소화되며 위장관에서 출혈을 일으킬 수 있고 알레르기 반응도 더 많이 일으킬 수 있다. 우유에는 비타민 C, 필수지방산, 아연 및 기타 미량 무기질도 제한적으로 들어있다. 특히 저지방우유는 칼로리 함량이 부족하여 영아의 성장을 늦추므로 생후 1년 이내에는 먹이지 않도록 한다. 우유를 먹이는 영아는 고형식으로 철을 보충하여도 철결핍성빈혈의 발병률이 높으므로 생후 1년까지는 지방 함량이나 형태와 관계없이 우유섭취는 제한하는 것이 좋다.

표 6-1에 정상 영아의 생후 1년간의 영양권장량과 모유, 조제유, 우유의 조성이 비교되어 있다.

표 6-1 정상영아의 생후 1년간의 영양권장량과 모유, 조제유, 우유의 조성 비교

구분	영양권장량 (/일)		유즙별 영양소 함유량 (1,000mL당)		
	0~5개월	6~11개월	모유	조제유	우유
칼로리(kcal)	500[a]	600[a]	670	670	600
단백질(g)	(제시하지 않음)	15[c]	11.3	15~16	29.5
지방(g)	26[b]	25[b]	35.9	36~37	32.5
당질(g)	60[b]	90[b]	72	70~72	47
엽산(μg DFE)	65[b]	90[b]	2.05	50~100	6.1
칼슘(mg)	250[b]	300[b]	276.8	550~600	1,017
인(mg)	100[b]	300[b]	143.5	440~460	915.3
철(mg)	0.3[b]	6[c]	1.03	1.4~12.5	1.02
아연(mg)	2[b]	3[c]	1.64	2.0~4.0	–

주: a=필요추정량, b=충분섭취량, c=권장섭취량
출처: 보건복지부, 한국영양학회, 2020 한국인 영양소 섭취기준 활용, 2021
대한영양사협회, 임상영양관리지침서 제3판, 사단법인 대한영양사협회, 2008.

(4) 보충식

생후 4~6개월 이후에는 영아의 성장에 따라 영양필요량이 증가하고, 태내에서 저장되었던 영양저장량은 고갈되며, 모유의 영양소 함량도 점차 적어진다. 이때에는 모유만으로 충분한 영양 공급이 어려우므로 보충식(complementary food)이 필요하다.

① 보충식 도입 시기

WHO의 2001년 지침에 의하면 첫 6개월간은 완전모유수유를 하고 그 이후에 보충식을 먹이도록 권장하고 있다. 영아는 생후 4~6개월이면 반고형식을 먹을 수 있을 만큼 생리적 발달이 이루어진다. 이 시기보다 앞서 고형식을 시작하면 너무 적게 먹거나, 포만감을 표현할 수 없어 과식할 수도 있고, 단백질과 지방 및 당질이 적절하게 배분된 열량 섭취가 어렵고, 식품 알레르기나 위장 불편감을 겪게 된다. 반면, 고형식을 너무 늦게 먹이기 시작하면 계속 젖만 먹으려 하고 음식을 뱉거나 토할 수도 있다. 따라서 보충식은 너무 이르거나 늦지 않도록, 생후 17주 이후에 시작하고 늦어도 26주에는 보충식을 먹이기 시작해야 한다.

체중이 출생 시 체중의 2배가 되고, 한 번에 먹는 우유나 조제유의 양이 240mL 이상이고 4시간 이내에 배고파할 때, 하루에 8회 이상 수유해야 하거나 하루에 총 960mL 이상을 먹는 경우라면 보충식이 필요하다.

② 보충식 도입 지침

생후 5~6개월의 영아는 턱과 입술, 혀를 독립적으로 움직여 고형식(solid food)을 받아들이고, 혀를 굴려 음식덩어리를 식도로 보낼 수 있다. 영아가 입을 벌리거나 몸을 앞쪽으로 기울이면 먹고 싶다는 표시이다. 만일 영아가 머리를 돌리면서 입을 벌리려 하지 않고, 숟가락이 다가올 때 얼굴을 찡그리는 것은 포만감을 표현하는 것이다. 이때에는 강제로 먹여서는 안 된다. 영아가 너무 피곤하거나 먹는데 관심을 보이지 않으면 나중에 다시 주도록 한다. 영아가 9~12개월에 이르면 스스로 먹는 것을 즐기게 된다.

보충식은 곡분, 과일, 야채, 동물성 식품 등으로 다양하게 제공하도록 한다. 단백질 섭취량의 65~70%는 필수아미노산이 풍부한 고기, 생선, 가금류, 계란 등의 동물성 식품을 통해 섭취한다. 채소류와 콩, 곡류, 견과류는 필수아미노산을 모두 포함하지 않으므로 채식주의 부모의 경우는 아이의 식사 구성을 잘 살펴야 한다. 고기, 생선, 가금류, 계란 등은 가능한 매일 주도록 하고 철 강화 곡분과 고기로 철을 보충한다. 고기는 철과 아연 등 필수 미량영양소를 공급하므로 보충식으로 꼭 사용하도록 한다(표 6-2).

표 6-2 월령별 고형식 도입 지침

월령	고형음식 종류
5~6개월	쌀, 유아용 곡분
6~7개월	채소, 과일 및 주스(컵으로 마실 수 있다면)
7~8개월	단백질 급원식품(쇠고기, 난황, 치즈, 요거트) ※ 생선이나 가금류보다는 살코기를 더 자주 사용하고, 달걀은 다소 적게 사용할 것

출처: 대한영양사협회. 임상영양관리지침서 제3판, 사단법인 대한영양사협회, 2008.

가. 고형식품 도입

고형식 도입 초기에는 철 함량이 높은 식품이 권장된다. 철 강화 영아용 곡분 1~2작은 술을 모유나 조제유로 희석하여 이유식용 순가락으로 먹이기 시작한다. 곡분 다음으로는 채소와 과일을 시도해 본다. 과일의 단맛에 익숙해지면 채소를 받아들이기 어려울 수 있으므로 채소부터 시도하는 것이 바람직하다. 갈거나 으깬 식품부터 주기 시작하여 좀 더 단단한 식품으로 신체 발달에 따라 질감을 변화시켜 제공한다. 소량씩 시도하고 섭취를 강요하거나 빨리 먹이지 않는다.

고형식은 한 번에 한 가지씩 4~5일의 간격을 두고 서서히 제공하여 새로운 식품의 맛을 충분히 익히고 각 식품에 대해 적응할 수 있도록 한다. 새로운 식품을 한 가지씩 도입하면 특정 식품에 대한 알레르기 반응도 쉽게 확인할 수 있다. 새로운 질감이나 맛을 거부할 때는 다른 식품을 주도록 하고 1~2주 후에 다시 시도한다. 구토, 설사, 발진 등이 나타나면 특정 식품에 대해 불내성이 있는 것으로 생각할 수 있다. 달걀흰자, 감귤류, 견과류, 초콜릿, 주스, 밀, 가공품 등은 알레르기를 잘 일으키므로 초기에 제공하지 않는다.

시판되는 이유식 외에 가정에서 만드는 것도 좋은 방법인데, 음식을 직접 준비할 때는 소금과 설탕을 첨가하지 말고 위생에 특별한 주의를 기울이도록 한다.

나. 액체식품 도입

고형식 섭취가 증가함에 따라 모유나 조제유의 섭취량과 섭취빈도는 점차 감소시켜야 한다. 생후 7~8개월에는 과일주스를 컵에 담아서 주도록 한다. 주스는 생후 12개월 이내에는 하루 120cc, 그 이후에도 하루 최대 240cc를 넘기지 않도록 한다. 우유는 철 함량은 낮은데 단백질과 나트륨 함량이 높아 신용질 부하(renal solute load)가 높고 위장관 출혈의 위험이 크기 때문에 생후 1년까지는 먹이지 않도록 한다. 유치가 발현하는 생후 6개월 이후에 주스, 조제유, 모유 등 당분이 있는 액체를 젖병에 담아서 물고 자면 우유병 우식증(nursing bottle caries)이 유발될 수 있다. 젖병을 물고 자려고 하는 영아에게는 물을 담은 젖병을 물려주도록 한다.

영아기에 권장되는 식품의 종류와 권장량을 정리하였다(표 6-3).

표 6-3 영아기 권장되는 식품과 양

연령	식품	권장량	비고
출생~5개월	모유 혹은 철 강화 조제유	1일 총량(mL) 0~1개월 400~500 1~2개월 600~700 2~3개월 700~800 3~4개월 800~900 4~5개월 900~1100	영아의 빨기 반사가 적절히 발달하면 우유나 조제유의 섭취가 가능하다. 고형음식이나 수저가 입에 닿으면 밀어내기 반사로 혀를 밀어낸다.
	수분	특별한 권장량은 없음	더운 날씨나 설사 등 특수한 상황 하에서는 소량씩 수분을 제공한다.
5~6개월	철 강화 곡분: 쌀가루로 시작(오트밀은 6개월 이후)	4~8작은술	밀어내기 반사 감소: 영아는 혀를 이용해서 반고형 식품을 수저에서 입의 뒷부분으로 이동시켜 삼킬 수 있게 된다. 곡분은 철과 비타민 B 복합체의 급원이 된다. 새로운 식품은 3~4일 간격으로 시도한다.
	모유 혹은 철 강화 조제유	1일 총량(mL) 5~6개월 900~1200	수분을 조제유나 모유의 대체로 사용하지 않도록 하고 추가의 수분급원으로 활용한다.
6~8개월	으깬 과일(과일 디저트는 피함)	3~4작은술	치아로 물고 씹을 수 있는 능력 향상: 비타민 A, C 급원
	무가당 요구르트	1~2작은술	으깬 과일과 혼합 가능
	으깬 채소(육류와 채소를 혼합한 것은 피함)	3~4작은술	새로운 풍미와 질감 도입: 비타민 A, C 급원
	으깬 육류(혼합식품이나 가공식품은 피함)	1~2작은술	육류는 철과 단백질, 비타민 B 군을 제공
	크래커, 토스트, 무가당 곡분	1인분	씹는 동안 안정감을 줄 수 있다.
	철 강화 곡분	4~6작은술	
	무가당 과일 주스(비타민 C 강화)	55~115g	오렌지, 파인애플, 자몽, 토마토 주스는 후반기에 제공한다. 주스는 소아용 컵에 제공한다.
	모유나 철 강화 조제유	680~910g	영아가 육류 등의 식품을 충분하게 섭취하지 못하기 때문에 철 강화 조제유나 모유를 계속 제공해야 한다.
	수분	원할 때	추가의 수분을 공급하기 위해 컵에 제공한다.
9~10개월	손가락으로 잡을 수 있는 식품: 잘 익혀서 부드럽게 으깬 한입 크기의 육류, 과일, 채소, 베이글, 머핀 등의 부드러운 빵	소량씩	율동적인 씹기 운동 시작: 씹어야 하는 식품으로 발달을 자극한다. 단단한 식품 섭취가 증가함에 따라 으깬 식품 섭취는 감소한다.
	철 강화 곡분	4~6작은술	
	과일 주스	115g	
	과일	6~8작은술	

표 6-3 영아기 권장되는 식품과 양(계속)

연령	식품	권장량	비고
9~10개월	채소	6~8작은술	
	육류, 생선, 가금류, 요구르트, 치즈, 난황	4~6작은술	모유 섭취량이 감소함에 따라 칼슘, 리보플라빈, 단백질 급원 식품을 제공한다.
	모유나 철 강화 조제유	680~910g	
	수분	원할 때	
11~12개월	부드러운 식품: 곡류(철 강화 곡분)	4~6작은술	운동기술 발달: 손가락으로 잡는 식품을 제공하여 발달을 돕고, 소아용 수저를 이용하여 스스로 섭취할 수 있도록 한다.
	빵류: 크래커, 토스트, 무가당 곡분	4~6작은술	좀 더 오래 식품을 입안에 물고 있을 수 있게 된다.
	과일주스	115g	
	과일: 부드러운 통조림 과일이나 잘 익은 바나나(12개월까지 껍질 벗긴 생과일 제공)	4~6작은술	모유나 조제유로부터의 영양 공급량이 감소한다. 다양한 고형식품(과일, 채소, 전분, 단백질식품, 유제품)을 적절하게 선택하여 필요량을 충족시킬 수 있도록 한다.
	채소: 부드럽게 익혀서 한입 크기로 썰은 것	4~6작은술	
	육류: 살코기, 갈은 고기, 치즈, 땅콩버터	55g 혹은 다진 고기 1/2컵	
	으깬 감자, 밥, 국수	680~850g	
	수분	원할 때	

출처: Nevin-Folino NL, Pediatric manual of clinical dietetics, 2nd ed, American Dietetic Association, 2003.

3) 특수영양 요구

선천성 또는 후천성 건강문제를 가진 영아의 영양 요구는 특별한 주의를 요한다. 이러한 영아는 대개 영양요구량이 증가되는 반면 영양손실이나 흡수불량도 많으며, 약물과 영양소의 상호작용도 발생하기 때문이다.

(1) 미숙아

미숙아(premature baby)는 재태 기간 37주 미만에 태어난 영아를 말한다. 재태주령과 상관없이 출생 시 체중이 2.5kg 미만은 저체중출생아(low birth weight infant, LBWI)로, 저체중출생아의 2/3는 미숙아이다. 미숙아는 출생 시 영양저장량이 만삭아보다 적고, 폐와 위장관의 구조와 기능이 미성숙하며, 에너지와 무기질의 보유량 저하 등으로 인해 성장이 영향을 받는다. 영양저장량은 적지만 따라잡기 성장(catch-up growth)을 위해 성장률이 매우 빠른데, 이에 따라 영양요구량은 증가된다. 그러나 소화효소 및 담즙염의 농도는 낮아 소화흡수 능력이 부족하며, 적은 위용량과 부족한 장운동으로 인해 섭취 가능한 용량에 제한이 있다. 재태 기간 34주에야 조화로워지는 빨기반사(sucking reflex)와 삼킴반사(swallowing reflex) 및 여러 의학적인 상태로 인해 미숙아는 대부분 정맥을 통한 총비경구영양(total parenteral nutrition, TPN)이나 경장영양(enteral nutrition)을 하는 경우가 많다.

① 미숙아의 영양 요구

미숙아는 단백질, 에너지, 칼슘, 인, 나트륨, 철, 아연, 비타민 E 및 수분의 요구량이 증가된다. 미숙아의 기초대사율은 정상 신생아보다 낮으나 점차 높아져, 생후 3~4주에는 에너지 요구량이 체중 1kg당 130kcal/일로 증가한다. 미숙아는 정상 출생아보다 작은 열량저장고를 갖고 태어나므로 영양공급이 부족하면 제한된 열량저장고가 빠르게 고갈된다. 두뇌의 급속한 성장 발달이 일어나는 시기에 열량과 영양소가 제대로 공급되지 않으면 비가역적인 신경손상이나 발달 지연을 일으킬 수도 있다.

② 수분

미숙아는 단위 체중 당 체표면적이 넓고 피부와 피하조직에서의 증발량이 많으며 신장의 소변 농축능력이 미숙하여 수분손실량 및 불감 수분손실량이 많고, 따라서 수분요구량은 증가한다. 미숙아의 최소 수분요구량은 체중 1kg당 약 130mL/일이다.

③ 열량

미숙아의 열량요구량은 기초에너지 소모량(basal energy expenditure, BEE)인 체중 1kg당 50kcal의 열량에 활동대사, 특이동적 대사, 분변을 통한 손실, 추위에 대한 스트레스 및 성장에 필요한 열량을 더하여 계산한다. 미숙아는 체중 1kg당 120~130kcal/일의 열량이 필요하며, 총에너지의 40~60%를 포도당으로 공급한다. 미숙아에게 발병위험이 큰 기관지폐형성이상(bronchopulmonary dysplasia, BPD), 선천성 심장결손, 경련, 자궁내성장지연(intrauterine growth retardation, IUGR)이 있는 경우에는 열량요구량이 더 증가할 수 있다.

④ 단백질

미숙아는 정상아보다 더 많은 단백질이 필요하므로 체중 1kg당 2~3g/일을 공급하는 것이 적절하다. 미숙아는 필수아미노산을 대사하는 효소가 미성숙하여 시스틴(cystine), 타우린(taurine), 티로신(tyrosine), 히스티딘(histidine) 등의 필수아미노산을 공급해 주어야 한다. 소아용 아미노산 수액에는 이런 필수아미노산의 함량이 높다. 모유에는 시스틴과 타우린이 풍부하고, 모유의 유장단백질은 분유의 카제인보다 소화가 잘되므로 미숙아에게는 모유수유가 가장 이상적이다.

⑤ 지방

미숙아는 장내 담즙산 농도가 낮고 리파아제(lipase) 분비가 미숙하여 지방의 흡수가 불충분하다. 정맥영양용 지방유액(lipid emulsion)은 미숙아에게 에너지와 필수

지방산의 공급원인데, 지방을 체중 1kg당 0.5~1.0g/일 공급하면 필수지방산 결핍을 예방할 수 있다. 모유를 먹는다면, 모유의 지방분해효소로 인해 지방의 흡수가 잘 된다. MCT(medium chain triglyceride, 중쇄중성지방) 조제유의 중쇄중성지방은 담즙산염을 필요로 하지 않아 소화흡수가 쉽다.

⑥ 미숙아 수유

수유는 미숙아가 적응할 수 있는 경우에만 진행한다. 체중 1,800g 미만의 미숙아는 모유나 희석된 미숙아 분유로 수유를 시작하고, 체중 1,800g 이상의 미숙아는 일반 조제분유나 모유로 수유를 시작한다.

가. 모유

미숙아 엄마의 젖에는 단백질, 나트륨, 일부 무기질이 만삭아 엄마의 젖보다 더 많이 함유되어 있지만, 수유 시작 1주일 후에는 급속히 감소하여 미숙아의 빠른 성장을 위한 단백질 요구량을 충족시키기 어렵다. 또한, 젖을 빠는데 에너지 소모가 높아 아기가 쉽게 피로해지고, 입원으로 인해 엄마와 아기가 분리되어 있게 될 경우도 있어, 미숙아의 체중이 2,000g이 될 때까지는 분유로 보충하는 것이 좋다.

나. 조제유

미숙아의 특수조제유는 일반 조제유에 비해 소화흡수가 쉽도록 영양소가 구성되어 있다. 조성은 다양하지만, 장쇄지방산 및 중쇄지방산으로 구성된 지방, 카제인보다 유장단백질 비율이 높은 단백질, 그리고 포도당 중합체와 유당으로 구성된 당질로 이루어져 있다. 칼슘과 인의 함량 또한 일반 조제유보다 2~4배 높다.

대두단백 조제유의 경우, 대두단백의 생물학적 활성도가 낮아 일반 조제유보다 더 많은 단백질을 함유하고 있으며, 혈청 인의 수준을 낮게 하고, 골다공증이나 구루병을 초래할 수 있어 일반적으로 미숙아에게 먹이는 것은 바람직하지 않다.

다. 경장영양

미숙아는 잘 빨거나 삼키지 못하므로 경장영양을 하는 경우가 많다. 미숙아의 입을 통해 위까지 삽입한 구위관(orogastric tube)을 통해 영양을 공급하며, 모유를 사용하는 게 원칙이지만, 모유가 없으면 조제유를 사용한다. 조기 경장영양은 장점막의 위축을 방지하고 장운동을 성숙시키는 장점이 있다. 최근 연구에서는 괴사성 장염(Necrotizing Enterocolitis)을 앓는 미숙아에게도 경장영양을 적용한 경우 생존률이 매우 높다고 보고하였다. 따라서 미숙아의 상태가 양호하고 호흡에 문제가 없으면 출생 후 4~6시간 이내에 엄마의 초유나 살균된 물로 경장영양을 시작하는 걸 권장한다. 이후 점진적으로 모유나 1/2 농도의 조제유를 먹이다가 전농도의 조제유를 먹이도록 한다.

(2) 성장장애

성장장애(성장부전, failure to thrive, FTT)는 영유아의 키와 체중의 증가 정도가 비정상적으로 낮아 해당 연령의 표준성장 5백분위수 이하인 경우로 정의하고 있다. 대사질환과 같은 의학적 원인에 의해 에너지 섭취가 부족해서 나타나는 기질적 요인의 성장장애는 30% 정도이고, 70%는 특별한 의학적인 문제 없이 심리적 학대나 방임, 또는 잘못된 영양공급으로 인해 발생하는 비기질적 성장장애이다. 성장장애는 기질적 원인의 치료뿐만 아니라, 부적절한 모아애착, 가난, 아동학대나 방임 및 정신적 문제 등의 비기질적 원인의 치료와 체중증가를 위한 영양 중재가 필요하다.

영양불량인 상태에서 영양공급을 할 때는 적은 양으로 시작한다. 영아에게 열량과 영양을 보충하기 위해서는 이유식에 기름, 분유, 당질 보충제를 추가하여 제공하도록 한다. 정상 요구량보다 많은 열량과 단백질을 공급하면 정상적인 성장상태로 회복되는 따라잡기 성장(catch-up growth)이 가능해진다. 성장을 만회하기 위해서 에너지 요구량은 연령별 요구량의 150%까지 증가시키고, 단백질은 일반 단백질 요구량의 150%에서 시작하는데, 양의 질소평형을 촉진하기 위해서 증량할 수 있다.

(3) 선천성 대사이상

영양분의 대사에 필요한 효소의 결함으로 인한 대사이상 질환은 주요 장기의 손상과 발달 장애를 초래한다. 정부에서는 2006년부터 페닐케톤뇨증, 갑상선기능저하증, 갈락토오스혈증, 호모시스틴뇨증, 단풍시럽뇨병(단풍당뇨증), 선천성 부신과형성증 등 6종의 유전성 대사이상 질환에 대한 신생아 선별검사(newborn screening test)를 지원하고 있다. 선별검사는 생후 48시간부터 생후 7일 이내에 모유나 분유를 먹이고 2시간 후, 또는 다음번 수유 직전에 채혈하여 검사한다. 대부분의 대사이상 질환 치료는 약물과 영양치료를 병행하며, 질환 별 대사경로의 생화학적 평형을 유지하면서 성장 발달을 위한 적절한 영양을 공급하는 게 목표다. 대사이상 질환으로 특수조제분유나 식품이 필요한 18세 미만 환아는 의료비를 지원받을 수 있다.

① 페닐케톤뇨증

페닐케톤뇨증(phenylketonuria, PKU)은 상염색체 열성질환으로, 단백질에 2~5% 정도 함유된 페닐알라닌을 분해하는 효소가 결핍되는 선천성 대사이상 질환이다. 페닐알라닌의 혈중 농도가 올라가면서 아미노산 불균형이 생기고, 페닐알라닌이 티로신으로 전환되지 못해 체내 티로신은 저하된다. 티로신 저하로 멜라닌, 도파민, 노어에피네프린과 같은 주요 물질 합성이 안 되면 뇌기능 장애가 초래될 수 있고, 멜라닌 생성이 감소하여 피부와 모발의 색이 정상아보다 연해진다. 신생아 선별검사를 통해 조기발견하여 즉시 식사요법을 시작하고, 성인시기까지 식사요법을 시행하면 장기적인 예후는 좋은 편이다. 치료하지 않으면 페닐알라닌과 그 대사산물로 인해 중추신경계가 손상되고 정신지체, 집중력 장애, 사회성 결여, 기분장애, 불안 등이 초래된다.

페닐알라닌 섭취는 제한하고 티로신은 보충하는 게 페닐케톤뇨증 치료의 중요한 부분이다. 페닐알라닌은 필수아미노산이므로 성장에 필요한 양은 충분히 공급하면서도 혈중 농도는 일정 범위 이하 유지하도록 단백질 섭취를 조절한다. 페닐알라닌 농도가 2mg/dL 미만이면 오히려 지능지수가 감소할 수 있어 영아기에는 2~4mg/dL를 유지하고, 성인은 3~15mg/dL 범위를 유지하도록 권장한다.

페닐케톤뇨증 특수조제유는 페닐알라닌이 없거나 그 함량이 매우 낮으며, PKU-1(신생아에서 3세), PKU-2(4세에서 성인), PK-AID4(소아와 성인) 등이 있다. 영아 성장에 필요한 페닐알라닌은 특수조제유 외의 다른 식품으로 공급하도록 한다. 모유의 페닐알라닌 함량은 일반 조제유보다는 적지만 모유만 먹이면 페닐알라닌을 많이 섭취하게 되므로 특수조제유를 함께 사용하도록 한다. 특수조제유에는 페닐알라닌이 낮은 대신 단백질과 당질이 농축되어 있어 이걸 먹는 영아는 모유나 일반 조제유를 먹는 영아보다 갈증을 더 느끼게 된다. 따라서 특수조제유나 조제식을 먹는 아이들은 추가적인 충분한 수분 공급이 필요하다.

4~6개월 영아는 정상아와 마찬가지로 고형식을 먹기 시작해야 하고, 점차 일반 식사로 이행함에 따라 저페닐알라닌 식이요법을 하는 데에 있어 주의 깊은 계획이 필요하다. 저페닐알라닌 식이는 성인기에 이를 때까지 지속하도록 권장된다.

② 갈락토오스혈증

갈락토오스혈증(galactosemia)은 상염색체 열성질환으로 갈락토오스를 대사하는 효소 GALT(Galactose 1-phosphate uridyltransferase)가 결핍되는 대사이상 질환이다. 모유와 조제유의 당질인 유당(lactose)은 포도당과 갈락토오스로 구성된 이당류이다. 따라서, 갈락토오스혈증 영아가 모유나 조제유를 섭취하면 수일 내로 구토, 설사 및 황달 등의 증상이 나타난다. 치료하지 않는 경우 성장지연, 간비대, 패혈증 및 백내장, 정신지체가 나타날 수 있고 사망률도 높아서 갈락토오스를 제한하는 식이조절을 시행해야 한다.

유당이 함유된 조제유는 즉시 제한하고 카제인 가수분해 분유나 두유를 사용하도록 한다. 국내 제품은 두유, 앱솔루트 소이, 임페리얼드림XO 알레기 1과 2, 호프알레기 등이 있고, 외국 제품은 Isomil, ProSobee, Soyalac, Nursoy 등이 있다. 갈락토오스는 유당의 구성성분이므로 우유, 치즈, 버터, 유장분말, 카제인, 커드 등 유제품과 모든 유당이 함유된 일반 식품을 제한해야 한다. 환자와 보호자에게는 갈락토오스 제한식이에서 허용되는 식품과 제한해야 하는 식품에 대한 적절한 교육이 필요하다.

③ 기타 선천성 대사이상

영양치료가 필요한 그 밖의 선천성 대사이상으로는 단풍시럽뇨병(maple syrup urine

disease), 호모시스틴뇨증(homocystinuria), 폼페병(Pompe Disease) 등이 있다. 단풍시럽뇨병은 분지형 아미노산 제한식을 해야 한다. 호모시스틴뇨증은 저메치오닌(methionine) 식이를 하고 시스틴 섭취는 증가시켜야 한다. 둘 다 특수조제유가 상품화되어 있다. 폼페병은 분지형 아미노산을 많이 섭취하는 고단백 식이를 해야 한다.

02 유아기 및 아동기의 영양

영아기의 급속한 성장은 약 1세경에 완만해지며, 청소년기까지 다양한 성장속도를 보인다. 아동의 영양권장량은 정신적, 생리적 발달 단계에 따라 다르다. 아동이 무엇을 얼마나 먹어야 하는지는 연령, 성별 및 영양권장량에 따라 다르지만, 아동에게 음식을 제공하는 성인에 의해 좌우되기 마련이다. 성인은 자녀에게 제공하는 음식의 양과 질, 식사환경에 대한 책임이 있다. 아동은 먹는 결정을 하고 얼마나 먹을지를 결정하므로 실제 섭취량은 아동에게 달려있다.

가정에서의 식사 규칙성은 학교생활을 성공적으로 하도록 도와준다. 아침식사는 학교에서 학습하는데 필요한 오전 시간의 에너지를 제공한다. 점심식사는 숙제, 공부, 취침 전의 이완을 도와준다. 아이들은 간식으로 쿠키나 사탕처럼 단것을 먹기도 한다. 통념상 설탕이 아동의 활동과다를 조장한다고 알려졌지만 명백한 증거는 아직 없다. 그러나 설탕이 다른 여러 영양소를 대치함으로써 영양소 결핍을 초래할 수 있으므로 빈도와 양을 조정할 필요가 있다.

아동은 유치원 등 가정 밖에서의 음식과 사회를 경험하면서 다양한 식품과 식습관에 대한 수용을 넓히게 되고, 또한 TV의 영향도 받는다. 연구에 따르면 TV는 아동의 식품 선택에 부정적인 영향을 미치는 것으로 나타났다. 부모와 간호사는 음식광고를 아동과 함께 보면서 제품형태를 사정하고 영양상 도움이 되는지에 대해 이야기를 나누는 것이 좋다.

최근 아동비만이 증가하는 추세에 있으므로 지방 섭취에 주의를 기울여야 한다. 성인이 되어 식습관을 바꾸는 건 어렵기 때문에 아동기에 가정에서 지방이 적은 식품을 섭취하는 데에 자연스럽게 익숙해지도록 해야 한다.

1) 유아기 아동(1~2세)

(1) 유아기의 영양

유아기는 아동이 자율성을 성취하는 시기이다. 음식과 식사도 유아에게는 새로운 발견과 활동의 장이 된다. 1세 이후에는 손가락으로 음식의 감촉을 느끼면서 스스로 먹는 걸 좋아하는데, 음식의 맛과 질감을 식별하게 되면서 좋아했던 음식을 갑자기 싫어하기도 한다. 2~3세에는 편식을 시작하는 경우가 종종 있다.

유아는 소량씩 먹으므로 계획적인 간식을 통해 식간에 필요한 영양소를 추가로 제공하도록 한다. 평생 동안의 식품에 대한 긍정적인 태도와 행동은 이 시기의 식사 경험에 달려있으므로 좋은 식사분위기를 조성하도록 한다.

(2) 영양 요구

에너지는 유아의 성장과 기초대사 및 끊임없는 활동에 필요하다. 1~2세 유아의 에너지 필요추정량은 약 900kcal/일 정도이며, 에너지의 20~35%를 지방으로 섭취하도록 권장한다. 2세 미만의 유아는 지방과 콜레스테롤을 제한하지 않으며, 필수지방산 결핍을 예방하기 위해 리놀레산(linoleic acid)과 리놀렌산(linolenic acid)을 총 에너지의 2~5% 정도 섭취하도록 한다. 근육도 계속 성장하므로 1~2세 유아의 단백질 평균필요량은 15g/일이고, 권장섭취량은 20g/일로 증가된다. 생후 1년째 체내 단백질량은 체중의 14.6%이다.

BOX 6-1 영유아를 위한 식생활 지침

- 생후 6개월까지는 반드시 모유를 먹이자
  - 초유는 꼭 먹이도록 한다.
  - 생후 2년까지 모유를 먹이면 더욱 좋다.
  - 모유를 먹일 수 없을 경우에만 조제유를 먹인다.
  - 조제유는 정해진 양대로 물에 타서 먹인다.
  - 수유 시에는 아기를 안고 먹이며 수유 후에는 꼭 트림을 시킨다.
  - 자는 동안에는 젖병을 물리지 않는다.
- 이유보충식은 성장단계에 맞추어 먹이자
  - 생후 만 4개월 이후 6개월 사이에 시작한다.
  - 여러 식품을 섞지 말고 한 가지씩 시작한다.
  - 신선한 재료를 사용하여 간을 하지 않고 조리해서 먹인다.
  - 이유 보충식은 숟가락으로 떠먹인다.
- 유아의 성장과 식욕에 따라 알맞게 먹이자
  - 일정한 장소에서 먹인다.
  - 쫓아다니며 억지로 먹이지 않는다.
  - 한꺼번에 많이 먹이지 않는다.
- 곡류, 과일, 채소, 생선, 고기, 유제품 등 다양한 식품을 먹이자
  - 과일, 채소, 우유 및 유제품 등의 간식을 매일 2–3회 규칙적으로 먹인다.
  - 유아음식은 싱겁고 단백하게 조리한다.
  - 유아음식은 씹을 수 있는 크기와 형태로 조리한다.

출처: 보건복지부. 생애주기별 식생활지침. 2009

유아가 젖병으로 먹는 게 버릇이 되어 우유나 주스를 종일 많이 마시면 철이 풍부한 육류, 생선, 가금류, 계란, 콩류 등은 덜 먹게 되어 철결핍성빈혈이 생길 수 있다. 우유는 식사와 함께 주고, 주스는 희석하여 식간에 컵으로 주도록 한다.

2) 학령전기 아동(3~5세)

(1) 학령전기의 영양

여전히 성인을 모방하긴 해도 독립적인 식사 양식의 특징을 나타낸다. 이때는 식사시간의 틀을 이해하고 식욕을 참을 줄도 안다. 이 시기에는 입맛이 자주 변하고 식사보다는 놀이에 집중하여 식사시간을 놓치기도 한다. 또한, 음식에 대한 흥미가 많지 않고 먹는 기술도 충분히 발달하지 않아서 식사시간이 길어지는 경향이 있다. 부모는 인내심을 갖고 충분하게 식사시간을 허용하도록 해야 한다.

이 시기의 아동은 채소, 과일 및 저지방과 같이 도움이 되는 식품에 대해 이해할 수 있다. 때로 편식을 하기도 하는데, 부모와 간호사는 다양한 식품에는 각기 다른 종류의 영양소가 있다는 것을 가르쳐야 한다. 그리고 실제 그 식품들을 제공하여 아이들이 선택할 수 있도록 하면 편식이 줄어들고 아동은 더욱 폭넓게 식품을 선택할 수 있게 된다. 간식은 여전히 영양섭취에 있어서 절대적으로 필요한 부분이다.

(2) 영양 요구

이 시기의 에너지 요구량은 1,400kcal/일로 증가된다. 3세까지는 하루에 2~3컵의 우유를 섭취하고, 고기나 고기 대용품은 하루에 최소 한두 번은 먹어야 한다. 저지방 식품을 주기 시작해도 되지만 지방 함유식품을 지나치게 제한하면 안 된다. 포화지방은 총에너지 섭취량의 8% 미만으로 유지한다. 3~5세의 단백질 권장섭취량은 조직의 유지뿐 아니라 새로운 조직의 합성을 위해 25g/일까지 증가한다. 체내 단백질량은 만 4세에 18~19%에 이른다.

3) 학령기 아동(6~11세)

(1) 학령기의 영양

이 시기에도 꾸준히 성장은 하고 있으나 체중과 신장의 증가속도는 완만하다. 이때는 사춘기의 급성장에 대비하며 저장하는 시기이기 때문에 먹는 게 적당하고 신체활동을 계속한다면 어느 정도 살이 붙는 건 괜찮다. 하지만 과식은 경계해야 한다. 배고픔이나 피곤함 또는 갈증은 서로 다른 것이므로 배가 고플 때만 먹도록 해야 과식을 막을 수 있다. 또한, 기분전환을 위해 간식을 먹는 건 피하도록 한다. 정상 체중인 학령기 아동은 식욕이 자연스럽게 조절되어 열량 필요량과 섭취량 사이의 균형을 유지할 수 있다.

아이들은 학교에 다니고 친구들과 어울리면서 다양한 식이 형태에 노출되며, 식품 선택에 대한 또래의 영향이 커진다. 학교급식에서 단백질, 복합당질이 어느 정도 제공된다면, 부족한 영양소는 방과 후 간식을 통해 보충할 수 있다.

(2) 영양 요구

에너지 필요추정량은 성별과 나이에 따라 1,500~2,000kcal/일의 범위 내에 있다. 단백질은 성적 성숙에 따라 평균필요량은 30~40g/일, 권장섭취량은 35~50g/일로 증가한다. 성적 성숙기에 특히 남아는 근육량이 증가하기 때문에 단백질을 더 많이 섭취해야 한다. 또한, 뼈의 성장과 무기질 침착이 증가하므로 10세경 칼슘 권장섭취량은 800mg/일로 증가한다. 철과 아연을 비롯한 기타 무기질의 필요량도 증가한다. 균형 잡힌 식이 섭취는 이러한 영양소를 충분히 제공할 수 있다.

BOX 6-2 어린이를 위한 식생활 지침

- 음식은 다양하게 골고루
  - 편식하지 않고 골고루 먹는다.
  - 끼니마다 다양한 채소 반찬을 먹는다.
  - 생선, 살코기, 콩제품, 달걀 등 단백질 식품을 매일 한 번 이상 먹는다.
  - 우유를 매일 두 컵 정도 마신다.
- 많이 움직이고, 먹는 양은 알맞게
  - 매일 한 시간 이상 적극적으로 신체활동을 한다.
  - 나이에 맞는 키와 몸무게를 알아서, 표준체형을 유지한다.
  - TV시청과 컴퓨터게임을 모두 합해서 하루에 두 시간 이내로 제한한다.
  - 식사와 간식은 적당한 양을 규칙적으로 먹는다.
- 식사는 제때에, 싱겁게
  - 아침식사는 꼭 먹는다.
  - 음식은 천천히 꼭꼭 씹어 먹는다.
  - 짠 음식, 단 음식, 기름진 음식을 적게 먹는다.
- 간식은 안전하고, 슬기롭게
  - 간식으로는 신선한 과일과 우유 등을 먹는다.
  - 과자나 탄산음료, 패스트푸드를 자주 먹지 않는다.
  - 불량식품을 구별할 줄 알고 먹지 않으려고 노력한다.
  - 식품의 영양표시와 유통기한을 확인하고 선택한다.
- 식사는 가족과 함께 예의 바르게
  - 가족과 함께 식사하도록 노력한다.
  - 음식을 먹기 전에 반드시 손을 씻는다.
  - 음식은 바른 자세로 앉아서 감사한 마음으로 먹는다.
  - 음식은 먹을 만큼 담아서 먹고 남기지 않는다.

출처: 보건복지부. 생애주기별 식생활지침. 2009

03 청소년기의 영양

1) 청소년기

청소년기는 여러 가지 변화가 뚜렷한 시기로 급속한 성장과 발육이 이루어지는 시기이다. 체중이 증가하면서 시작되는 사춘기는 육체적 성장을 위한 영양필요량이 증가할 뿐만 아니라 자아개념의 변화와 사회정서 발달이 이루어지는 시기이다. 청소년은 바쁜 학교 일과 및 교과 외 활동으로 인해 끼니를 거르거나 불규칙하게 먹게 되고 패스트푸드나 편의점 음식을 많이 이용하게 된다. 패스트푸드가 식사의 대부분을 차지하면 비타민 A, C 등의 영양소는 부족한 반면 지방과 열량은 과잉 섭취하게 된다. 이 시기에는 정서적으로 불안정하고 외모에 대한 관심과 스트레스로 인해 체중 감소나 과식, 또는 신경성 식욕부진(anorexia nervosa)이나 폭식증(bulimia) 등의 섭식장애가 나타날 수 있다. 또한, 사회인식이 발달함에 따라 또래 집단에 소속되고자 식습관이 변화될 수 있다. 일부 십대는 채식을 선택할 수도 있는데, 잘 계획하여 채식을 고수하면서도 영양상 균형 잡힌 식사를 하도록 지도해야 한다. 청소년이 자신의 행위와 건강에 대해 스스로 책임져야 하는 건 맞지만 스트레스가 높은 청소년에게 적절한 신체적, 정서적 지지는 여전히 필요하다.

2) 영양 요구

테너(Tanner)의 성적 성숙단계 분류에 의하면, 여아는 2단계에 키의 최고 성장(peak height velocity)이 시작되어 3~4단계까지 계속되며 4단계의 초경(menarche) 이후에는 키 성장이 둔화한다. 남아는 3단계에서 최고 성장이 시작된다. 신체적 성장 속도와 시기는 개인차가 있지만, 급속한 성장에 따라 에너지와 영양요구량은 급증한다.

청소년 여아는 약 2,000kcal/일의 에너지가 필요하고, 단백질은 평균필요량이 45g/일, 권장섭취량은 55g/일이다. 청소년 남아는 2,500~2,700kcal/일의 에너지가 필요하고, 단백질은 평균필요량이 50~55g/일, 권장섭취량은 60~65g/일이다. 우리나라 청소년은 하루 일과의 대부분을 대학입시 준비로 학교와 학원에서 공부하는 데 할애하고 있어 신체활동량이 부족한 저활동적 수준을 적용하여 에너지 필요추정량이 산출되었다. 실제 활동량에 따라 필요량을 조정해야 한다.

칼슘, 철, 아연, 마그네슘, 질소 등은 다른 시기에 비해 2배 이상 체내에 축적된다. 또한, 철은 남녀 모두 이 시기에 요구량이 가장 높다. 남아는 근육량이 많아지면서 혈액량이 증가하고, 여아는 생리로 혈액이 손실되므로 철 요구량이 많아진다. 청소년기 철 권장섭취량은 남녀 모두 14mg/일, 12~14세 여아는 16mg/일이다.

생애주기 중 청소년기에 총 골격 성장의 45%가 이루어지므로 칼슘의 충분한 섭취가 중요하다. 칼슘 권장섭취량은 여아 800~900mg/일, 남아 900~1,000mg/일이다. 그러나 십대 여아들은 외모에 신경 쓰느라 식품을 제대로 섭취하지 않는 경향이 있어 칼슘이나 철 섭취가 충분하지 않다. 보건복지부의 2008년 국민건강 · 영양조사에 의하면, 청소년의 칼슘 섭취가 권장섭취량의 50% 수준으로 크게 부족하였고, 아침 결식율도 26%로 높았다. 이 시기에 영양섭취가 적절하지 않으면 성인기에 다양한 결핍증이 나타날 수 있고, 특히 임신 시 영양 요구량에 부합하지 못한다. 될 수 있는 대로 우유와 유제품의 섭취를 늘리고, 철과 비타민 등의 영양소가 풍부한 식품을 골고루 섭취하도록 지도해야 한다.

BOX 6-3 청소년을 위한 식생활 지침

- 각 식품군을 매일 골고루 먹자
  - 밥과 다양한 채소, 생선, 육류를 포함하는 반찬을 골고루 매일 먹는다.
  - 간식으로 신선한 과일을 주로 먹는다.
  - 우유를 매일 2컵 이상 마신다.
- 짠 음식과 기름진 음식을 적게 먹자
  - 짠 음식, 짠 국물을 적게 먹는다.
  - 인스턴트 음식을 적게 먹는다.
  - 튀긴 음식과 패스트푸드를 적게 먹는다.
- 건강 체중을 바로 알고, 알맞게 먹자
  - 내 키에 따른 건강 체중을 알아본다.
  - 매일 1시간 이상의 신체활동을 적극적으로 한다.
  - 무리한 다이어트를 하지 않는다.
  - TV시청과 컴퓨터게임 등을 모두 합해서 하루에 2시간 이내로 제한한다.
- 물이 아닌 음료를 적게 마시자
  - 물을 자주, 충분히 마신다.
  - 탄산음료, 가당 음료를 적게 마신다.
  - 술을 절대 마시지 않는다.
- 식사를 거르거나 과식하지 말자
  - 아침식사를 거르지 않는다.
  - 식사는 제 시간에 천천히 먹는다.
  - 배가 고프더라도 한꺼번에 많이 먹지 않는다.
- 위생적인 음식을 선택하자
  - 불량식품을 먹지 않는다.
  - 식품의 영양표시와 유통기한을 확인하고 선택한다.

출처: 보건복지부. 생애주기별 식생활지침. 2009

생각해보기

은혜는 고등학교 상급생이다. 하루는 그녀의 체육교사가 보건교사를 찾아와 은혜에 관해 상담을 청하였다. 체육교사는 은혜가 최근 체중이 많이 줄었으며, 결석하지는 않지만 매우 마르고 창백해 보이며, 전반적으로 건강한 것 같지 않다고 하였다. 보건교사는 은혜를 불러서 상담을 하였다.

사정: 관찰과 건강기록부, 은혜가 말한 정보를 통해 다음의 사정을 실시하였다.

- 주관적 자료
  - 다이어트를 하면서 체중이 약간 줄었다.
  - 아직 뚱뚱하기 때문에 좀 더 체중을 감량시킬 필요가 있다고 생각하고 있다.
  - 피곤을 느끼지만, 정상적인 활동을 계속 유지하고 있다.
  - 본인은 잘 먹고 있다고 주장한다.
  - 그동안 월경이 없었다.
- 객관적 자료
  - 신장 165cm
  - 1년 전 체중 56kg, 현재 체중 45kg
  - 모발이 윤기가 없고 쉽게 빠진다.
  - 피부가 창백하다.

1. 정상적인 청소년기의 영양 요구는 무엇인가?
2. 은혜의 현재 영양상태와 관련하여 문제가 되는 부분은 무엇인가?
3. 신경성 식욕부진을 의심할 수 있는 자료는 무엇인가?
4. 바람직하지 않은 체중감소 및 감량 의도와 요구량보다 적은 영양상태에 대해 어떤 조언을 해야 할까?

7장

성인 · 노인기의 영양

성인기는 신체적 성장이 완성된 후 안정적인 시기로, 적절한 생리적 기능을 유지하기 위하여 균형 잡힌 영양공급이 이루어져야 하는 시기다. 성적 성숙과 생식 능력의 발달을 포함하는 신체적 성장은 나이가 들면서 점차 감소한다. 사회경제적 상태, 심리사회적 변화 및 영양 수준은 신체적 상태와 함께 평생 개인의 전반적인 건강과 안녕에 영향을 미친다. 성인기에는 연령에 따른 차이, 심리적, 생리적 상태 및 임신 · 수유 등의 특수한 상황에 따라 영양 요구가 달라진다.

01 성인기의 영양

1) 성인기(20~49세)

(1) 성인기의 영양

성인기는 인생의 중요한 변화와 다양한 과업이 이루어지는 시기이다. 부모로부터의 독립, 개인생활과 직장생활, 그리고 결혼 및 출산도 대부분 이 시기에 이루어진다. 임신기의 영양과 건강 요구에 대해서는 제5장에 자세히 설명되어 있다. 임신과 출산, 자녀양육, 그리고 건강문제와 관련하여 어머니와 아버지 모두에게 중요한 책임이 있다. 아이를 양육하는 첫 몇 해 동안은 육체적 원기가 많이 요구되는 시기이므로 어머니뿐만 아니라 아버지도 최적의 건강상태를 유지해야 한다. 이 기간에는 이러한 요구 외에 직장인과 사회 구성원으로서의 책임도 증가되며 이는 영양과 건강행위에 영향을 미친다. 일반적으로 성인이 되면 학창시절보다 더 잘 먹고, 더 많이 자고, 스스로를 잘 돌볼 수 있다고 생각하지만, 실제로는 더욱 시간에 쫓기며 살고 있고, 규칙적인 식사습관이나 운동과 같은 건강행위는 우선순위에서 제외되는 경향이 있다. 따라서, 식이와 관련된 질병의 발병을 예방하고 건강을 증진하기 위한 식사습관을 확립할 필요가 있다.

(2) 영양 요구

신체적 성장은, 여성의 경우 10대 후반에, 남성의 경우는 20대 초반에 완성된다. 남성은 근육의 비율이 높고 대사활동이 활발한 반면, 여성은 지방비율이 높아 휴식기 에너지사용량(resting energy expenditure, REE)이 낮다. 성인 남성의 에너지 필요추정량은 2,500~2,600kcal/일이고, 여성은 1,900~2,000kcal/일이다. 일반적으로 성인기에는 신체활동이 학생 때에 비해 적기 때문에 에너지 요구량이 감소한다. 따라서 에너지 섭취를 줄이지 않으면 체중증가가 일어날 수 있다.

단백질 권장섭취량은 성인 남성 65g/일, 여성 50~55g/일로 설정되었다. 비타민과 무기질 섭취는 청소년기와 비슷하지만, 성인기에 접어들어 골격 성장이 완료되므로 칼슘과 인에 대한 요구는 감소한다. 성인 남성의 칼슘 권장섭취량은 800mg/일이며, 여성은 700mg/일이다. 철 권장섭취량은 남성이 10mg/일, 여성은 14mg/일이다. 임신 또는 수유 중에는 에너지와 영양소를 추가로 섭취해야 한다(제5장 참조). 체중조절을 위해 음식섭취를 제한하는 경우에는 특히 칼슘과 철의 섭취가 부족해지지 않도록 해야 한다. 이 시기에 칼슘을 충분히 섭취하지 않으면 노년기에 골다공증과 골절의 위험이 커질 수 있다.

2) 중년기(50~64세)

(1) 중년기의 영양

중년기는 가족과 직장생활 및 지역사회에 관련된 일들을 활발하게 하는 성인기로부터 노년기로 가는 과도기로, 신체적 기능이 감소하고 사회적 역할 상실이 일어나기도 하는 중요하고 의미있는 단계이다. 이 시기에는 연로한 부모님을 부양하는 스트레스와 책임감이 증가하지만, 자녀양육의 부담은 감소하기에 어느 정도는 상쇄되는 것처럼 보이기도 한다. 아이들이 장성하여 독립하면 부부, 부모님 또는 자신만이 남는 '빈 둥지'시기가 된다. 이때는 어느 정도 경제적 여유도 있어 집에서 식사준비를 하기보다는 음식점을 많이 이용하기도 한다. 그러나 만성질환을 예방하기 위해 건강한 식이를 위한 요리방법과 식이양상을 고려하여야 한다. 규칙적인 운동과 아울러 긍정적인 식사 패턴은 제2형 당뇨병이나 관상동맥질환과 같은 식이관련 질환의 발생을 예방하거나 지연시킬 수 있다. 좋은 체력은 건강한 식이와 건강한 생활습관을 유지함으로써 가능한 것이다.

(2) 영양 요구

중년기는 세포복제보다는 세포손실이 더 많은 시기이다. 남성과 여성 모두 영양 요구량이 적어진다. 제지방체중(lean body mass, LBM)이 적어지고 대사가 느린 지방으로 대체됨에 따라 에너지 요구량이 감소된다. 특히 중년 여성은 신체의 지방의 비율이 증가하는데, 운동과 근력강화 훈련을 통해 제지방체중을 유지하고 지방으로의 대체를 지연시킬 수 있다. 에너지 필요추정량은 성인 남성의 경우 2,200kcal/일로 약간 감소한다. 여성도 1,700kcal/일로 감소한다.

단백질은 중년기 남성은 60mg/일, 여성은 50mg/일 섭취를 권장한다. 여성은 폐경 이후 철 손실이 감소되어 권장섭취량이 30~40대는 14mg/일인 반면 50대 이상에서는 8mg/일로 감소한다.

전반적으로 영양이 풍부하고 저지방식이면서 섬유소를 함유한 과일, 야채, 곡물 등을 골고루 섭취하는 식사형태가 중년기의 영양 요구에 가장 적합하다고 할 수 있다(Box 7-1).

BOX 7-1 성인을 위한 식생활 실천 지침

- 각 식품군을 매일 골고루 먹자
  ① 곡류는 다양하게 먹고 전곡을 많이 먹는다.
  ② 여러 가지 색깔의 채소를 매일 먹는다.
  ③ 다양한 제철 과일을 매일 먹는다.
  ④ 간식으로 우유, 요구르트, 치즈와 같은 유제품을 먹는다.
  ⑤ 가임기 여성은 기름기 적은 붉은 살코기를 적절히 먹는다.

- 활동량을 늘리고, 건강체중을 유지하자
  ① 일상생활에서 많이 움직인다.
  ② 매일 30분 이상 운동한다.
  ③ 건강 체중을 유지한다.
  ④ 활동량에 맞추어 에너지 섭취량을 조절한다.

- 청결한 음식을 알맞게 먹자
  ① 식품을 구매하거나 외식을 할 때 청결한 것으로 선택한다.
  ② 음식은 먹을 만큼만 만들고, 먹을 만큼만 주문한다.
  ③ 음식을 만들때는 식품을 위생적으로 다룬다.
  ④ 매일 세끼 식사를 규칙적으로 한다.
  ⑤ 밥과 다양한 반찬으로 균형 잡힌 식생활을 한다.

- 짠 음식을 피하고, 싱겁게 먹자
  ① 음식을 만들거나 먹을 때 소금이나 간장을 적게 사용한다.
  ② 국물을 짜지 않게 만들고 적게 먹는다.
  ③ 음식을 먹을 때 소금, 간장을 더 넣지 않는다.
  ④ 김치는 덜 짜게 만들어 먹는다.

BOX 7-1 성인을 위한 식생활 실천 지침-계속

- 지방이 많은 고기나 튀긴 음식을 적게 먹자
  ① 고기는 기름을 떼어내고 먹는다.
  ② 튀긴 음식을 적게 먹는다.
  ③ 음식을 만들 때 기름을 적게 사용한다.
- 술을 마실 때는 그 양을 제한하자
  ① 남자는 하루 2잔, 여자는 1잔 이상 마시지 않는다.
  ② 임신부 절대로 술을 마시지 않는다.

출처: 보건복지부. 성인을 위한 식생활 지침. 2010.

02 노년기의 영양

1) 노년기(65~74세)

노년기에는 노화가 진행되면서 신체적 능력이 저하되고 심리적으로나 정신사회적으로 새로운 도전에 직면하게 된다. 노화는 신체 전반의 생리적 기능을 변화시키며, 노화로 인한 사회경제적, 심리적인 변화도 영양상태에 영향을 미친다.

(1) 노화로 인한 변화

감각기능의 저하로 미각이 둔해지고 후각 및 시각이 저하되어 식사의 즐거움이 감소된다. 미각 둔화로 맛에 대한 민감도가 감소되면 음식을 짜게 먹게 된다. 치아에 문제가 있거나 인지기능에 문제가 있으면 정상적인 음식섭취가 어렵다. 타액분비 감소, 연동운동 저하, 위산분비와 소화효소 분비 감소 등 위장관계 기능이 저하되어 영양소의 소화흡수가 영향을 받는다. 간 크기 감소로 간 기능도 저하된다. 심박출량 감소와 신장의 사구체여과율 감소로 노폐물의 제거 능력이 떨어진다. 근육조직이 소실되고 지방조직은 많아져서 제지방체중이 적어진다. 비만이나 당뇨병이 있는 경우에 대사율과 당질에 대한 내성이 감소된다.

인생의 후반기에 맞게 되는 실직이나 퇴직, 배우자나 친구의 죽음 등의 상실은 고립과 우울로 이어질 수 있다. 의료비나 생활비 부담 등의 재정적 문제로 빈곤상태가 될 수도 있다. 사회적 지지체계와 가족의 지지가 충분하지 않으면 이러한 상황은 지속될 수도 있는데, 이런 어려움에 대처하는 과정에서 알코올 남용이 문제가 되기도 한다. 다양한 영양불량 위험요인을 극복하고 규칙적인 운동과 건강한 식생활을 실천하는 바람직한 생활양식을 유지하면 건강한 노년기를 영위할 수 있다.

(2) 영양 요구

노인의 영양요구량은 크게 달라지지 않지만, 특정 영양소를 처리하거나 합성하는 능력은 감소한다. 근육량, 대사율, 활동량이 감소함에 따라 에너지 필요량이 청장년기에 비해 감소하므로 젊은 성인보다 열량은 줄이고 영양밀도가 높은 식사(nutrient dense diet)를 하도록 권한다.

① 에너지

총 에너지 요구량은 하루에 200~500kcal가량 감소하여 노인 남성은 2,000kcal/일, 여성은 1,600kcal/일이 필요하다. 개인의 신체활동 정도에 따라 추가할 수 있으며 왕성한 활동을 하는 노인의 경우 27~45%가량 열량 증량이 필요하다.

② 단백질

노인은 근육이 감소하기 때문에, 총 에너지 요구량이 감소하는 것과 달리 단백질 요구량은 많이 감소하지 않는다. 근감소증과 노쇠 등의 질환을 예방하고 일상생활 기능 및 건강을 유지하기 위해서는 단백질을 충분히 섭취해야 한다. 중증의 질병 또는 부상을 입은 경우는 체중 1kg당 2g/일까지 필요할 수도 있다. 단백질은 권장섭취량은 노인 남성은 60g/일, 여성은 50g/일이다.

③ 지방

지방은 단위 질량당 열량이 높고 당뇨 및 심혈관질환을 일으킬 수 있어 콜레스테롤이 많은 식품은 횟수와 양을 조절해야 한다. 하지만, 건강한 영양 상태를 유지하기 위해서는 적절한 지방 섭취가 필요하다. 지나치게 기름진 식단은 피하되, 밥과 다양한 반찬을 균형 있게 갖춘 하루 세끼 식사를 규칙적으로 하면서 건강하고 적절하게 지방을 섭취하도록 한다.

④ 수분

노인은 부적절한 수분섭취 및 다약제 치료와 이뇨제 사용으로 인해 탈수와 전해질 불균형의 위험에 노출되기 쉽다. 노인의 수분 요구량은 의료적 처치나 투약에 의해 특별히 명시되지 않는 한 하루에 약 8컵 정도로 일반 성인의 요구량과 똑같다. 건강한 노인의 수분필요량은 체중 1kg당 30mL/일, 또는 1mL/kcal로 추산하여 노인 남성은 2,100mL/일, 여성은 1,800mL/일이 충분섭취량이다. 그러나 울혈성 심부전(congestive heart failure, CHF)과 같은 순환계 질환이 있는 경우에는 수분을 제한할 수도 있다. 부적절한 수분 공급은 노인의 이환율과 사망률을 높일 수 있으므로 적절한 수분섭취에 관해 관심을 가져야 한다.

⑤ 비타민과 무기질

칼슘과 비타민 D는 노인에서 가장 흔히 결핍되는 미량 원소이다. 골격계 질환 예방을 위한 칼슘의 보충은 충분히 유지되어야 하며, 칼슘 권장섭취량은 노인 남성이 700mg/일, 여성은 800mg/일이며, 골다공증이 심한 노인은 1,200mg/일의 칼슘이 필요하다. 비타민 B_6, B_{12}, D의 필요량도 증가하므로, 햇볕을 더 쬐도록 하고, 비타민 부족증이 확실하면 보충제를 투여한다. 비타민 B_{12} 흡수에 필요한 내인자(intrinsic factor)의 생산도 감소하여 악성 빈혈의 위험이 증가하므로, 악성 빈혈이 확실하면 비타민 B_{12}를 근육주사 한다. 이외에도 여러 미량 영양소의 필요량이 증가될 수 있으나 이를 약제로 보충할 것인지는 생화학적인 영양평가를 통해 결정하도록 한다.

2) 후기 노년기(75세 이상)

이 시기에는 이전에 비해 감소된 양의 칼로리 요구량을 충족시키지 못할 정도로 음식 섭취가 줄어들 수 있어 영양실조와 저체중이 더욱 나타나기 쉽다. 이 시기의 노인에게는 좀 더 영양밀도가 높은 식사를 하도록 권해야 한다. 특히, 단백질은 근감소증 예방, 근력 강화 등을 위해 65-74세 섭취기준과 동일하게 노인 남성은 60g/일, 여성은 50g/일을 권장한다.

3) 노년기 영양관리 시 고려할 사항

노인의 영양에 영향을 미치는 요인에는 만성질환, 흡연, 음주, 식이양상, 교육정도, 치아상태, 생활습관, 생활환경 등이 포함된다. 노인을 위한 영양 관리는 이러한 요인들을 고려해야 한다.

(1) 만성질환 및 약물

2014년도 한국보건사회연구원의 보고에 의하면, 우리나라 65세 이상 노인의 고혈압, 관절염, 당뇨 등의 만성질환 유병률은 약 90%에 달한다. 또한, 한 가지 이상의 만성질환을 앓는 복합이환자도 69.7%로 매우 높은 수준이다. 만성질환을 앓는 경우 치료식을 시행하는 경우가 흔한데, 평소 먹던 식품을 제한하는 경우가 많아 음식섭취량이 부족해질 수 있다. 따라서 건강을 위해 반드시 필요한 경우에만 치료식을 적용하고 본인의 동의하에 식사조절을 하도록 한다.

노인의 경우 여러 가지 약물을 복합적으로 사용하므로 주의가 필요하다. 노인의 경우 약물의 대사가 저하되어 약물의 유해반응이 더 나타나기도 하며, 음식과 약물 간 상호작용으로 영양소의 흡수, 대사 및 배설이 영향을 받게 된다. 항고혈압제는 신장으로의 배설이 감소하여 저혈압을 초래할 수 있다. 관절염에 처방되는 비스테로이드성 항염제(non-steroidal anti-inflammatory drugs, NSAIDs)는 위장관 출혈을 일으킬 수 있다. 항우울제는 변비를 초래하기 쉬우므로 식이섬유소 섭취를 권장해야 한다. 아스피린은 장기복용 시 혈중 비타민 C와 엽산 수준이 저하될 수 있고 위장관 출혈로 인해 철결핍성 빈혈이 초래될 수 있다. 이렇듯 노인에게 주로 처방되는

BOX 7-2 노인의 식욕부진을 초래할 수 있는 약물

계통	약물
심혈관계 약물	Amiodarone, furosemide, spironolactone, digoxin
신경계 약물	Levodopa, fluoxetine, lithium
위장관계 약물	H_2 antagoinst, PPI(proton pump inhibitor)
항생제	Metronidazole, griseofluvin
항암제	대부분
근골격계 약물	NSAIDs, penicillamine, methotrexate

출처: Ahmed T. & Haboubi N. Assessment and management of nutrition in older people and its importance to health. Clinical Interventions in Aging. 2010; 5:207–16.

약물 중에 영양상태에 부정적인 영향을 미치는 약물이 적지 않다. 이외에도 노인에게 흔히 처방되는 많은 약물은 식욕부진을 초래한다(Box 7-2).

(2) 식욕부진

많은 수의 노인에서 관찰되는 식욕부진(anorexia)은 활동량의 감소에 기인할 수도 있고 우울증이나 치매, 또는 다른 심리적인 원인으로 나타날 수도 있다. 노화로 인한 감각기능의 저하도 입맛을 떨어뜨린다. 아연은 아주 소량이 결핍되어도 미각수용체의 민감도를 변화시켜서 쓰고 신맛에 대한 민감도는 높이고, 단맛과 짠맛에 대해서는 그 감각을 저하시킨다. 대게 입맛이 없는 경우 미각을 돋우기 위해 설탕과 소금을 과다하게 사용하기도 하는데, 이는 당뇨나 고혈압 같은 식이관련 질환을 악화시킬 수 있다.

식욕부진은 음식섭취 정도에 직접적으로 영향을 미치는 중요한 문제이므로 이를 극복하기 위한 전략이 필요하다. 쾌적한 식사환경을 조성하고 음식을 시각적으로 돋보이게 하고, 음식을 충분히 씹도록 하고 구강위생을 유지하는 것이 도움이 된다. 가능하면 금연하도록 하고 구강건조를 막기 위해 무설탕껌이나 사탕을 이용하거나, 심한 경우에는 인공 타액을 사용한다. Box 7-3은 노년기 영양섭취를 증진시키는 전략이다.

BOX 7-3 노년기 영양섭취 증진 전략

미각과 후각의 감소를 보완한다.	흡연자는 식사 한 시간 전에는 흡연을 자제한다. 입안의 건조를 막기 위해서 식사 전이나 식사 도중에 물을 조금씩 마시도록 한다. 소금 이외의 다른 조미료를 사용하여 맛과 향을 향상시킨다. 맛과 향을 충분히 느끼기 위해 음식을 잘 씹도록 권한다. 음식의 형태와 맛을 다양화한다.

BOX 7-3 노년기 영양섭취 증진 전략-계속

음식을 맛있게 보이도록 한다.	다양한 색깔의 음식과 테이블을 이용한다. 음식을 명확하게 볼 수 있도록 충분한 조명을 제공한다.
사회적 상호작용을 장려한다.	식사를 같이 즐길 의도가 있는 사람이 한자리에 하도록 한다. 노인정, 종교 모임 및 병원의 지역사회 프로그램 등을 통해 이용할 만한 집단적인 식사 프로그램을 찾는다. 보청기를 착용한 사람들은 소란스러운 식사 장소를 피한다.
외부 지원에 관한 정보를 제공한다.	밖으로 나가기 어려운 사람들을 위한 식사 배달 서비스를 이용한다. 무료식당 이용방법을 안내한다. 식품점에 배달 서비스를 의뢰한다. 매일 영양상태를 체크하고, 적당한 중재를 제공해 줄 수 있는 가정간호사 서비스를 소개한다.

(3) 탈수

체내에 수분이 부족한 상태인 탈수(dehydration)는 노인에게 흔히 나타나는 문제이다. 실금이나 야뇨가 있거나 혼자 화장실을 갈 수 없을 때 의도적으로 수분섭취를 제한하기도 하고, 갈증을 느끼는 감각이 둔해져서 충분한 수분섭취를 하지 못할 수도 있다. 탈수는 노년기에 흔히 나타나는 지남력 상실이나 인지장애를 일으킬 수도 있다. 일반적인 탈수의 징후는 혼돈, 허약감, 발열과 건조감, 갈라진 혀(furrowed tongue), 피부 긴장도 감소, 빈맥, 요중 나트륨치의 상승 등이다. 탈수 징후가 보인다면 그 원인을 파악해야 하며, 탈수를 예방하기 위해 하루 8잔의 물을 섭취하도록 한다.

(4) 구강건강과 연하곤란

치주 질환이나 치아 손실이 있으면 음식을 씹는 저작능력이 제한된다. 특히 아연의 주된 급원인 고기 등의 음식을 씹는 게 어려워진다. 틀니를 해도 본래 치아보다는 저작력이 떨어진다. 틀니는 주기적으로 다시 교정해 주어야 하는데, 오래되어 틀니가 잘 맞지 않는 경우 씹기 쉬운 음식만 선택하게 되어 영양 문제를 유발할 수도 있다. 치아 상태가 불량하거나 연하곤란(dysphagia)이 있는 경우에는 음식을 다지거나 갈아서 공급하도록 한다. 연하곤란은 자연적인 노화나 뇌졸중 등의 신경학적 원인으로 인해 발생하는 증상으로 노인에게 흔하다. 필요한 경우 음식에 점도증진제를 첨가하여 연하를 돕는다.

(5) 변비

소화계의 근육강도가 약화되고 연동운동이 저하되면서 변비(constipation)가 나타날 수 있으며 섬유질을 많이 섭취하지 않는 노인에게 심하게 나타난다. 이때에는 곡류, 과일, 채소 등의 식이섬유소 섭취를 증가시키고 1일 6~8컵의 물을 마시도록 한다. 위장관 불편감을 줄이기 위해 섬유소 섭취는 점진적으로 늘리도록 한다. 적절한 운동과 휴식, 규칙적인 식사와 배변습관을 갖는 것이 도움이 된다.

(6) 유당 불내성

노화에 의해 유제품에 대한 내성이 감소하여 유당 불내성(lactose intolerance)이 생길 수는 있지만 소량씩 먹는 경우에는 대부분 별 문제가 없다. 발효유제품이나 조리유제품을 섭취하도록 하고 유제품 외에도 칼슘이 풍부한 음식을 섭취하도록 한다. 골질량 감소를 예방하기 위해 칼슘 섭취 외에도 체중부하 운동(weight bearing exercise)과 신체활동을 적절히 하도록 권한다.

(7) 거주 형태 및 식사패턴

최근 독거노인이나 장기요양시설 혹은 노인주거시설에 거주하는 노인의 비율이 증가하는 추세여서 영양관리 측면에서 고려할 점이 적지 않다. 장기요양시설에서는 개인의 입맛에 맞는 식사를 기대하기는 어려워 음식섭취가 적어질 수 있다. 또한, 시설에 입소한 노인은 급성이나 만성질환을 앓는 경우가 많아 영양섭취의 조정이 필요하다. 독거노인의 경우 식사를 위한 도움을 받을 수 없는 경우가 많으며, 교통편이나 체력 또는 재정적 문제로 식료품 구매가 어려울 수 있다. 일단 구매했다 해도, 관절염 등의 만성질환으로 조리를 할 수 없거나, 끼니를 준비하는 것에 더는 흥미를 느끼지 못하기도 한다. 이런 이유로 노인들은 충분한 영양을 섭취하지 못하게 된다.

노인의 식사패턴과 선호도는 오랜 기간에 걸쳐 굳어졌기 때문에 아프고 외롭거나 스트레스를 받으면 이전에 즐기던 음식을 선호하게 된다. 개인이 선호하는 음식은 안전과 편안함을 제공하며, 정신적이고 사회적인 의미도 있어서 노인이 질병으로부터 회복하거나 변화된 환경에 적응하도록 돕는 데 중요한 역할을 한다.

4) 치매

치매(dementia)는 인지장애가 두드러지는 뇌질환 증후군으로, 기억력, 사고력, 이해력, 계산능력, 학습 및 언어능력과 판단력을 포함하는 뇌기능의 다발성 장애가 만성적이고 진행성으로 나타나는 질환이다. 알츠하이머 치매, 혈관성 치매, 알코올성 치매 등이 있다. 우리나라 치매 환자의 50% 이상은 알츠하이머 치매를 앓고 있다.

(1) 치매 노인의 영양섭취 문제

치매 노인은 기억력과 판단력이 떨어져서 식품구매와 저장 및 조리에 어려움을 겪는다. 상한 음식을 먹기도 하고 식사한 것을 잊어버려서 또 식사를 하기도 한다. 식욕조절에 문제가 생겨 음식섭취가 매우 저하되거나 좋아하는 음식만 골라먹어 영양불균형이 초래되기도 한다. 치매가 진행되면 배회를 하거나 활동이 증가하면서 에너지 필요량이 증가하는데, 이때 충분한 섭취가 이루어지지 않으면 영양실조와 체중감소로 감염 위험성이 높아질 수 있다. 식사 시 입을 벌리거나 씹고 삼키는 걸 잊어버리기도 하며 충분히 씹지 않고 삼켜서 질식할 우려도 있다. 치매 말기에는 음식을 인식하지 못하고 먹기를 거부하거나, 오히려 음식이 아닌 것까지 먹으려 할 수 있어 경관영양(enteral feeding)이 필요할 수도 있다.

(2) 치매 노인의 영양관리

치매 노인의 영양관리 목적은 적정체중 유지, 변비 예방, 독립적으로 식사하는 능력 함양과 탈수 예방이다. 충분한 단백질과 칼로리를 공급하고 적절한 비타민과 수분을 공급한다. 단 음식을 좋아하는 경향이 증가하므로 영양밀도가 높은 간식을 공급한다. 수분공급은 충분히 해야 하지만 야간에 과량의 수분공급은 피한다. 목마르다는 표현을 하지 않더라도 수분을 충분히 공급하도록 한다. 가능한 규칙적으로 식사를 하도록 하면서 식사에 대한 적절한 감독과 보호를 하도록 한다.

치매 노인에게는 소량씩 자주 음식을 공급하고 칼로리가 높고 영양이 풍부한 음식을 제공하도록 한다. 식사 도구를 손에 쥐여주고 어떻게 사용하여 먹는지 행동으로 알려준다. 입을 벌리고 씹고 삼키도록 식사 단계마다 말로 설명한다. 수분섭취가 너무 많거나 부족하지 않게 주의한다. 식사하는 동안에는 주의가 산만해지지 않도록 TV 시청을 금하고, 조용하고 안정된 분위기에서 편안하게 식사하도록 충분한 시간을 준다. 필요하면 영양보충제품을 제공한다.

저작에 문제가 있을 때는 부드러운 음식, 갈거나 으깬 음식과 액상의 음식을 준다. 연하곤란이 있을 때는 점도제를 첨가하여 음식의 질감을 조정한다. 식사 보조 시에는 제대로 삼키도록 주의를 환기시키고, 삼킬 때 침을 흘리거나 사레들거나 기침을 하는지, 삼킨 후에 목소리가 변하는지 등을 확인하고 흡인되지 않는지 확인한다.

식사는 똑바로 앉아서 하도록 하고 연하를 촉진하기 위하여 후두를 위쪽으로 쓰다듬어 준다. 음식물을 삼켰는지 반드시 확인하고 다시 음식을 주도록 한다.

5) 영양실조

노화로 인한 여러 가지 변화는 영양실조(malnutrition, 영양불량)의 원인이 된다. 나이가 들면서 체력저하로 음식준비가 어려워지면서 열량 섭취가 줄어들고 질병과 그에 수반되는 치료로 식욕이 감퇴되기도 한다. 식욕부진, 악액질, 근육 감소증, 탈수, 흡수 장애 및 과도한 대사도 영양실조의 주요 원인이다. 영양실조의 위험인자들이 Box 7-4에 기술되어 있다.

노인의 영양실조는 신체적, 정신적 기능 저하와 함께 삶의 질을 떨어뜨리고, 근육기능 장애, 골량 감소, 면역기능 장애, 빈혈, 인지기능 저하, 창상치유 지연, 수술회복 지연, 병원 재입원율 증가, 사망률 증가 등을 초래한다. 영양실조의 사정은 전문의료인의 책임이지만 특히, 가정간호사는 노인의 영양실조를 예방하고 막을 수 있

BOX 7-4 노인의 영양실조 위험요인

- 식욕부진, 저작과 연하의 어려움, 미각과 후각기능의 손상, 치아문제
- 신체적 기능의 감소, 근육 감소증, 악액질, 탈수
- 신경계 장애, 치매, 우울, 알코올 중독
- 만성폐질환, 당뇨, 다약제 치료, 외과적 수술
- 식사기술의 장애, 하루에 단 1회의 식사, 음식 구입과 준비의 어려움
- 빈곤, 장기요양시설 입소, 배우자 사별

출처 : Morley, J. E. (2012). Undernutrition in older adults. Family practice, 29, 89–93.

는 적합한 중재와 정기적인 영양사정을 수행하여야 한다. 따라서 적절한 영양평가를 통해 영양실조 위험을 사정하고 필요한 경우 구강보충제 또는 장관영양 등의 중재를 적용하는 것이 중요하다.

6) 노인의 영양평가

영양평가 도구는 노인의 영양불량을 초기에 파악할 수 있는 선별 방법이고, 노인 건강을 증진할 수 있는 효과적인 중재의 기초가 된다.

(1) DETERMINE Your Nutritional Health

DETERMINE은 미국의 Nutrition Screening Initiative(NSI)가 개발한 것으로 노인의 영양불량 위험요인 각 항목의 앞 알파벳을 모아 명명한 도구이다. 질병(disease), 섭취 부족(eating poorly), 치아 결손이나 구강 통증(tooth loss, mouth pain), 경제적 어려움(economic hardship), 사회적 고립(reduced social contact), 많은 약물 복용(multiple medicines), 체중 변화(involuntary weight loss or gain), 일상생활 기능의 저하(need for assistance in self-care), 80세 이상의 초고령(elderly; age > 80)의 평가 항목으로 이루어져 있다. 각 항목의 중요도에 따라 가중치를 부여하여, 총점이 0~2점이면 영양불량 위험도가 아주 낮은 상태, 3~5점은 중등도 위험군, 6점 이상은 고위험군으로 분류하고 있다(표 7-1).

(2) 간이영양평가

간이영양평가(mini nutritional assessment, MNA)는 노인 환자의 포괄적인 영양상태를 평가하는 방법으로 영양불량 환자를 매우 정확하게 선별할 수 있고, 사망률 예측에 유용하다. 단축형인 MNA short form(MNA-SF)은 기존의 MNA 중 일부만 시행하는 도구로 짧은 시간 안에 측정할 수 있다(표 7-2).

질병과 장애는 노인의 영양상태에 영향을 미치는 주요 원인이다. 노인에게 주로 발생하는 만성질환과 관련된 위험요인을 확인하는 것은 영양평가에서 중요한 부분

표 7-1 영양평가 DETERMINE Your Nutritional Health

항목	'예'라고 답하면
1. 평소에 먹던 음식의 종류나 양을 바꾸어야 할 정도의 질병이 있다. (Disease)	2
2. 하루에 한 끼의 식사를 한다. (Eating poorly)	3
3. 과일이나 야채, 우유 및 유제품을 거의 먹지 않는다.	2
4. 맥주나 소주, 혹은 와인 등의 술을 거의 매일 하루에 3잔 이상 마신다.	2
5. 치아나 구강문제로 음식을 먹는 데 지장이 있다. (Tooth loss, mouth pain)	2
6. 식품을 구입하는 데 필요한 돈을 충분히 가지고 있지 않다. (Economic hardship)	4
7. 거의 대부분 식사를 혼자 한다. (Reduced social contact)	1
8. 하루에 먹는 약의 종류가 3가지 이상이다. (Multiple medicines)	1
9. 원하지는 않았지만 지난 6개월 동안 체중이 5kg 이상 늘거나 줄어들었다. (Involuntary weight loss or gain)	2
10. 다른 사람의 도움 없이 시장을 보거나 요리하고 식사하는 것이 신체적으로 힘이 든다. (Need for assistance in self–care)	2

* 전체 영양 점수 판정
0~2 : 좋은 상태. 6개월 후에 다시 검사한다.
3~5 : 약간의 영양불량 위험 상태. 식습관과 생활습관 개선을 위해 노력해야 하며, 3개월 후 다시 검사한다.
6점 이상 : 높은 영양 위험이 존재. 의사나 영양사 등 전문가의 도움을 받아 영양상태를 개선시켜야 한다.

출처: Nutrition Screening Initiative Consensus Conference, 1991.

표 7-2 간이영양평가 단축형(Mini Nutritional Assessment–Short Form; MNA–SF)

A. 지난 3개월 동안에 밥맛이 없거나, 소화가 잘 안되거나, 씹고 삼키는 것이 어려워서 식사량이 줄었습니까?
0 = 예전보다 많이 줄었다.
1 = 예전보다 조금 줄었다.
2 = 변화 없다.

B. 지난 3개월 동안 몸무게가 줄었습니까?
0 = 3kg 이상의 체중감소
1 = 모르겠다.
2 = 1kg에서 3kg 사이의 체중 감소
3 = 줄지 않았다.

C. 집 밖으로 외출할 수 있습니까?
0 = 외출할 수 없고, 집안에서도 주로 앉거나 누워서 생활한다.
1 = 외출할 수는 없지만 집에서는 활동을 할 수 있다.
2 = 외출할 수 있다.

D. 지난 3개월 동안 많이 괴로운 일이 있었거나, 심하게 편찮으셨던 적이 있습니까?
0 = 예
1 = 아니요

E. 신경 정신과적 문제
0 = 중증 치매나 우울증
1 = 경증 치매
2 = 특별한 증상 없음

F. *체질량지수(BMI)=몸무게(kg)/신장(m²)
0 = BMI $\leq$ 19
1 = 19 $\leq$ BMI < 21
2 = 21 $\leq$ BMI < 23
3 = BMI $\geq$ 23

G. 평소에 어르신 댁에서 생활 하십니까?
0 = 아니요 1 = 예

H. 매일 3종류 이상의 약을 드십니까?
0 = 예 1 = 아니요

I. 피부에 욕창이나 궤양이 있습니까?
0 = 예 1 = 아니요

J. 하루에 몇 끼의 식사를 하십니까?
0 = 1끼
1 = 2끼
2 = 3끼

K. 단백질 식품의 섭취량
- 우유나 떠먹는 요구르트, 유산균 요구르트 중에서 매일 한 개 드시는 것이 있습니까?
□ 예 □ 아니요
- 콩으로 만든 음식(두부포함)이나 달걀을 일주일에 2번 이상 드십니까?
□ 예 □ 아니요
- 생선이나 육고기를 매일 드십니까?
□ 예 □ 아니요

* 0.0 = 0 또는 1개 '예'
0.5 = 2개 '예'
1.0 = 3개 '예'

L. 매일 3번 이상 과일이나 채소를 드십니까?
0 = 아니요 1 = 예

M. 하루에 몇 컵의 물이나 음료수, 차를 드십니까?
0.0 = 3컵 이하
0.5 = 3컵에서 5컵 사이
1.0 = 5컵 이상

표 7-2 간이영양평가 단축형(Mini Nutritional Assessment-Short Form; MNA-SF)-계속

N. 혼자서 식사할 수 있습니까? 0 = 다른 사람의 도움이 항상 필요하다. 1 = 혼자 먹을 수 있으나 약간의 도움이 필요하다. 2 = 도움 없이 식사할 수 있다. O. 어르신의 영양 상태에 대해 어떻게 생각하십니까? 0 = 좋지 않은 편이다. 1 = 모르겠다. 2 = 좋은 편이다.	P. 비슷한 연세의 다른 할아버지, 할머니들과 비교해 봤을 때, 어르신의 건강상태가 어떻습니까? 0.0 = 나쁘다. 0.5 = 모르겠다. 1.0 = 비슷하다. 2.0 = 자신이 더 좋다.
22점 이상(정상) 15~21.5점(영양 불량위험) 14.5점 이하(영양불량)	

출처: Park HK, Lim BK, Choi SH, Lee HR, Lee DS. Verification of the appropriateness when a shortened version of the mini nutritional assessment (MNA) is applied for determining the malnutrition state of elderly patients. KJPEN 2009;2:13-18.

이다. 당뇨병, 골다공증, 류마티스성 질환, 정신적 질환, 인지장애, 치과질환 및 간 질환은 노인의 영양적 위험을 높이는 질환들이다. 따라서 노인의 영양상태 평가에서는 기존 질환에 대해서도 종합적인 고려를 해야 한다.

7) 한국 노인의 영양섭취

2015년의 국민건강영양조사에 따르면, 우리나라 65세 이상 노인의 영양소 섭취는 이전에 비해 다소 향상되었지만 여전히 대부분의 노인이 대부분의 영양소를 부족하게 섭취하고 있는 것으로 나타났다. 에너지 섭취량은 노인의 연령이 증가할수록 낮아져서, 65~74세 노인은 55~58%가, 75세 이상 노인은 70% 이상이 필요추정량 기준 미만으로 에너지를 섭취하고 있다. 단백질, 인, 철을 제외한 나머지 영양소도 노인의 반수 이상에서 평균필요량 미만으로 섭취하는 것으로 나타났다. 특히 칼슘, 리보플라빈과 비타민은 70% 이상의 노인이 평균필요량 미만으로 섭취하였다. 반면 우리나라 노인의 나트륨 섭취량은 약 4,000mg으로, 이는 충분섭취량의 3배, 목표섭취량의 2배 이상에 해당하는 양이다. 나트륨의 경우에는 과잉섭취가 문제점으로 늘 지적되어 왔다. 세계보건기구(WHO)는 나트륨 목표섭취량을 2,000mg으로 설정하였으나 우리나라 노인의 70% 이상이 목표섭취량 이상으로 섭취하고 있어 나트륨 과잉섭취를 야기하는 위험요인을 파악하고 나트륨 섭취를 줄이기 위한 중재 프로그램의 개발이 필요해 보인다.

우리나라 노인은 연령이 높을수록, 소득수준과 교육수준이 낮을수록, 저작에 문제가 있거나 활동제한이나 우울증상 경험이 있는 경우에 영양섭취 부족의 위험이 커지는 것으로 나타났다. 또한, 독거노인이나 노인가구의 경우 가족과 함께 사는 노인들과 달리 스스로 식생활을 관리해야 하므로 식품구매나 식사 준비에 어려움이 따르며 사회적 고립에 따라 섭취하는 식품의 가짓수도 적어지게 되고, 식욕감퇴와 함께 식

품섭취량도 감소하여 전반적으로 영양상태가 좋지 않다. 다른 연령층보다 만성질환과 식품매개 질환에 취약한 노인 인구에 대해서는 식품안전과 영양에 대한 인식을 높이고 바람직한 식생활 행동으로 변화시키기 위한 가이드를 제공할 필요가 있다.

노년기의 영양 상태는 건강을 결정하는 주요한 요인이다. 또한, 균형 잡힌 식사를 섭취할 경우 당뇨, 고혈압, 심혈관계질환 등의 만성질환 및 골다공증 등의 만성 퇴행성 질환의 발병을 예방할 수 있으므로, 노인의 영양섭취 향상을 위한 영양섭취부족 위험요인을 사정하고 해결하는 방안이 모색되어야 하겠다.

우리나라 노인의 식생활의 문제점을 고려하여 보건복지부(2010)에서 노인에게 권장하는 식이지침의 내용은 Box 7-5과 같다.

BOX 7-5 어르신을 위한 식생활 실천 지침

■ 채소, 고기나 생선, 콩 제품 반찬을 골고루 먹자
① 다양한 채소반찬을 매끼 먹는다.
② 고기나 생선, 계란, 콩 제품 반찬을 매일 먹는다.

■ 우유 제품과 과일을 매일 먹자
① 우유, 요구르트나 두유를 매일 먹는다.
② 다양한 제철 과일을 먹는다.

■ 짠 음식을 피하고, 싱겁게 먹자
① 장아찌, 젓갈과 같은 짠 음식을 적게 먹는다.
② 음식을 만들거나 먹을 때 소금이나 간장을 적게 사용한다.
③ 국과 찌개의 국물을 적게 먹는다.

■ 많이 움직여서 식욕과 적당한 체중을 유지하자
① 자신에게 알맞은 운동을 규칙적으로 한다.
② 많이 걷고 움직이는 생활을 한다.

■ 술은 절제하고 물을 충분히 마시자
① 되도록 술을 마시지 않는다.
② 술을 마실 때는 하루 1잔 이내로 제한한다.
(2잔은 소주로 1.5잔, 맥주로 1캔, 양주로 1잔에 해당)
③ 물을 자주 마신다.

■ 세끼 식사와 간식을 꼭 먹자
① 세끼 식사를 규칙적으로 한다.
② 조금씩 자주 먹는다.

■ 음식은 먹을 만큼 준비하고, 오래된 것은 먹지 말자
① 음식은 한꺼번에 많이 만들지 않는다.
② 남은 음식은 바로 냉장 보관하고, 오래된 것은 버린다.

출처: 보건복지부. 2010 어르신을 위한 식생활 지침. 2010. (개정 예정)

생각해보기

대상자는 70세 여성이다. 과체중인 대상자는 당뇨와 고혈압을 오랫동안 앓고 있다. 고콜레스테롤혈증(hypercholesterolemia)과 당뇨병 및 무릎관절질환에 대해 스타틴(statin), 경구혈당강하제 및 비스테로이드성 항염증제(NSAIDs)를 투약 중이다. 현재 독거노인으로 살고 있으며 식재료 장을 보고 음식을 준비하기에는 넉넉하지 않은 형편이라고 말한다. 대상자의 큰딸이 몇 주에 한 번씩 집에 들러 반찬을 해놓지만 먹지 않은 채 냉장고에 그대로 남아있는 경우가 많다고 한다.

사정:

- 주관적 자료
  - 지난 6개월 동안 5kg 가까이 체중이 감소하였다.
  - 밖에 나가기도 어렵고 일상생활을 해나가는 게 점점 힘들다.
- 객관적 자료
  - 신장 157cm
  - 체중 75kg, 6개월 전 체중 80kg
  - 혈압 135/85mmHg, 맥박 분당 72회
  - 공복혈당(fasting glucose): 130mg/dL, 당화혈색소(HbA1c): 7.0%, 콜레스테롤(cholesterol): 180mg/dL, 고밀도지단백(HDL): 45mg/dL: 중성지방(triglycerides): 125mg/dL, 혈청 알부민(albumin): 4.1g/dL, 백혈구(wbc): 5100/mm3, C 반응성 단백질(CRP), 48mg/L
  - 의자에서 일어나는 것도 힘들어 보였고 전반적으로 힘이 없고 무릎이 아파서 거동이 어려워 보임

1. 정상적인 노년기의 영양 요구는 무엇인가?
2. 김노인의 현재 영양상태와 관련하여 문제가 되는 부분은 무엇인가?
3. 영양불량(영양실조)을 의심할 수 있는 자료는 무엇인가?
4. 만성질환을 가진 김노인의 영양상태에 대해 어떤 조언을 해야 할까?

3부

임상 영양의 개요

8장

경장영양과 정맥영양

1996년 국내 일부 병원에서 영양지원에 관심있는 의사, 간호사, 영양사, 약사의 자발적인 모임으로 영양집중지원팀(nutrition support team, NST)이 시작되었으며, 정맥영양(parenteral nutrition)과 경장영양(enteral nutrition)을 투여받고 있는 환자들을 대상으로 효율적이고 안전한 영양지원을 목적으로 활동하고 있다. 영양집중지원이란 영양상태의 회복 및 질병 치료를 위해 경구나 경장 또는 정맥을 통해 영양소의 전부 또는 일부를 제공하는 것이다.

NST 업무는 2004년 의료기관 평가 시범항목으로 시작하여 현재 정규항목으로 평가받고 있다. 영양 치료에 대한 중요도가 높아지면서 2015년부터 '집중영양치료'로 건강보험 수가에 산정되고 있다. 국내외 관련 연구결과에 따르면 영양 지원이 제대로 이뤄질 경우, 사망률이 낮아지고 예후 역시 개선되면서 의료비 절감효과를 거두는 것으로 나타났다.

01 경장영양

경장영양(enteral nutrition)이란 경구로 필요한 영양소를 섭취할 수 없을 때 관을 이용하여 위장관으로 영양소를 공급하는 것을 말한다.

경장영양은 영양소의 대사 및 이용에 효율적이고, 외상 직후에도 빨리 시작할 수 있으며, 장 조직의 유지로 면역이 증가되어 박테리아전이, 패혈증, 복합장기부전 등의 위험을 방지한다. 담낭염의 위험을 감소시키고, 정상적인 담낭의 기능을 유지한다. 외상 또는 스트레스 이후에 조기 경장영양은 이화작용을 감소시키고 장내 점막세포의 성장을 촉진하는 여러 가지 호르몬의 생성을 자극한다. 정맥 영양에 비해 감염과 같은 합병증 발생이 적고 비용이 저렴하다.

1) 경장영양의 적응증

소화관 기능이 정상이지만 구강을 통해 필요한 영양소를 충족할 수 없는 환자에게 경장영양을 고려해야 하며 진단명, 임상상태, 경구섭취량 등을 종합적으로 판단해서 결정한다. 장기능 부전이나 심한 염증으로 소장이 제 기능을 못하거나 수술 후 또는 다발성 외상 초기로 장의 운동이 없는 경우 등 금기증을 제외하고(표 8-1) 위장관 기능이 있는 거의 모든 경우에 시도할 수 있다.

경장영양은 5일 정도 경구 섭취가 부적절하여 단백질-에너지 영양불량(protein energy malnutrition, PEM)이 있는 환자나 7~10일간 필요량의 50% 이하로 영양을 섭취한 환자이거나, 그 밖에 심한 연하곤란, 심한 화상, 소장 절제로 인해 장이 짧아진 상태일 때 이용된다. 경장영양이 도움이 되긴 하지만 반드시 처방되지는 않는 경우로는 심한 외상, 방사선 요법, 화학요법, 급만성 간부전 또는 심한 신부전 등이 해당된다. 만일 화학요법 때문에 위장관의 기능부전이 초래되었거나, 수술 후 적절한 경구 섭취가 5~7일 내로의 회복이 기대되지 않는 경우라면 경장영양의 가치는 제한적이다. 그 밖에도 방사선 치료에 따른 이차적 급성 장염, 급성 감염, 급성 염증성 장질환이 있거나 수술로 인해 소장이 10% 미만 남아 있는 경우에도 이 방법이 유용한 지에 대해 이견이 있다.

표 8-1 경장영양의 금기증

- 장기능 부전이나 심한 염증으로 소장이 제 기능을 못하거나, 수술 후 또는 다발성 외상 초기로 장의 운동이 없는 경우
- 완전 장 폐쇄, 화상이 심하거나 다발성 외상으로 위나 장에 튜브를 거치할 수 없는 경우
- 공장루가 위에 가깝게 위치하여 영양분이 모두 배출되는 경우
- 혈역학적 불안정 상태(평균동맥압 < 50 mmHg)

2) 경장영양의 공급 경로

경장영양 공급 경로는 환자의 임상상태나 경장영양 예상기간 등 다양한 요인들을 고려해야 한다. 경관영양이 요구되는 예상기간에 따라 경장영양관을 외과적으로 삽입해야 할지를 결정한다. 만일 경장영양이 단기간만 필요하다면 비수술적으로 삽입이 이루어질 수 있으나, 장기간 또는 영구적으로 경장영양 공급을 해야 한다면 수술적인 삽입이 필요하다. 경장영양 공급의 선택은 다음과 같다(그림 8-1).

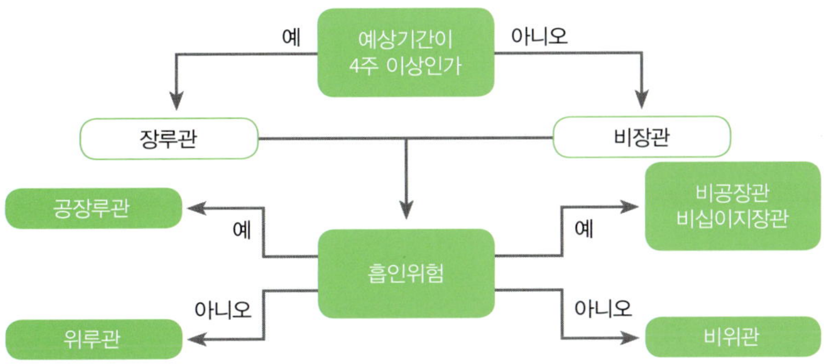

그림 8-1 경장영양의 공급 경로 선택

(1) 비장관(nasoenteric tube)

4~6주 미만의 단기간의 경장영양이 예상될 때 선택한다. 수술없이 코를 통해 위, 십이지장, 공장 등으로 관을 삽입하는 것이 가장 간단하면서도 일반적으로 사용되는 기술이다. 이러한 방법은 즉각적인 경장영양이 요구되는 환자에게 유용하다. 관을 위로 삽입하는 것은 정상적인 위장관의 기능을 자극하는 장점은 있지만 구역질 반사와 기침 반사가 완전한 환자에게만 사용해야 한다.

소장에 관을 위치시키는 것은 기도로의 흡인 위험은 적지만 보다 잘 흡수되기 위해서는 필수 조제영양액이 필요하고 지속적 주입이 더 바람직하다.

① 비위관(nasogastric tube)

경장영양관을 환자의 코를 통과하여 위에 거치하는 것을 말하며, 위장관 기능이 정상인 환자에게 적용한다(그림 8-2).

관의 삽입과 제거가 용이하고 비용이 저렴하며 위에 거치되므로 저장량이 크고 약물 투입이 가능하다.

경장영양액에 의한 흡인 위험이 있어 위 배출 사정이 필요하며, 환자가 삽입된 관으로 불편감을 가진다. 그 외 부비동염, 코피, 식도천공, 호흡곤란을 야기할 수 있다.

② 비공장관(nasoenteric tube, nosojejunal tube)

경장영양관을 환자의 코를 통과하여 유문의 끝 또는 트라이츠 인대(ligament of treitz)를 넘어 거치하는 것을 말하며, 흡인의 위험이 높거나 위배출 지연, 위마비(gastroparesis), 위식도역류 질환 등이 있을 때 사용한다(그림 8-3).

내시경이나 영상의학적 방법으로 관을 삽입해야 하며, 숙련된 전문가를 필요로 한다. 간헐적인 경장영양 공급시 부적응 발생 위험이 있어 지속적 공급이 요구될 수 있다.

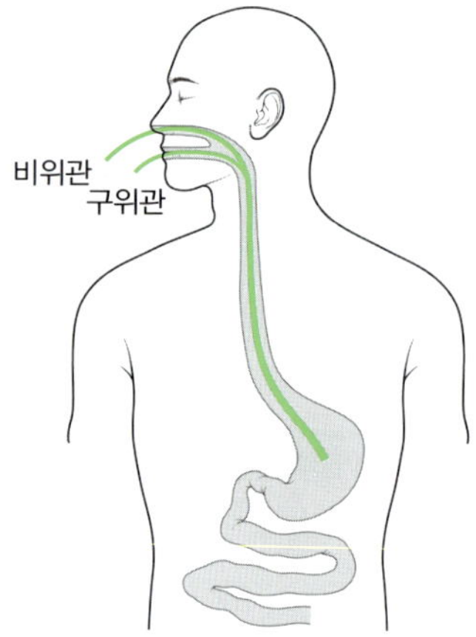

그림 8-2 비위관과 구위관

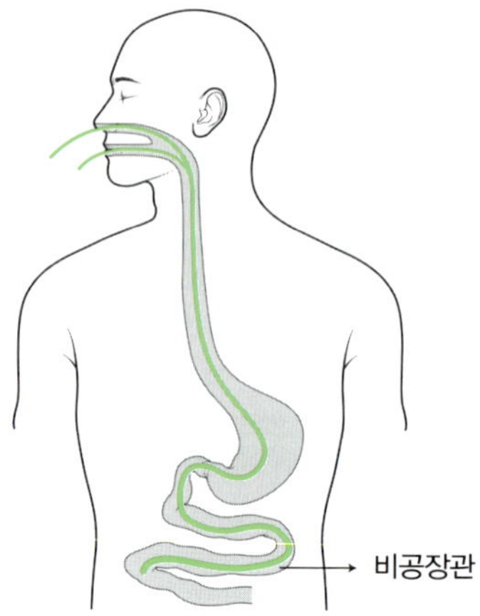

그림 8-3 비공장관

(2) 장루관(enterostomy tube)

4~6주 이상의 장기간 경장영양 공급이 예상될 때 선택한다. 수술을 통한 경장영양관의 삽입은 장기적인 사용이 예상되거나 폐쇄로 인해 코를 통한 삽입이 불가능할 때 이루어진다. 이 시술은 전신마취를 하고 수술로 이루어진다. 경피 내시경을 이용한 위루술(percutaneous endoscopic gastrostomy, PEG)로 경장영양관을 삽입하면 최소한의 진정제만으로 시행될 수 있고 수술보다 합병증도 더 적다.

① 위루관(gastrostomy tube)

외과적, 내시경적, 또는 방사선 중재 하에 경피적으로 삽입하며 위장관 기능이 정상일 때 선택한다(그림 8-4).

경장영양관의 내경이 크기 때문에 약물투입이 가능하고, 위에 거치하므로 저장량이 크고 환자가 관을 덜 의식하게 된다. 흡인의 위험이 높은 환자에게는 추천되지 않는다.

② 공장루관(jejunostomy tube)

외과적, 내시경적, 또는 경피적으로 삽입하며, 상부 소화기를 이용할 수 없거나 위 운동 장애, 식도의 역류, 흡인의 위험이 있을 때 선택한다(그림 8-5).

수술 후 조기 영양공급이 가능하고 흡인의 위험을 감소시킬 수 있다. 그러나 관의 구경이 작은 관은 막히기 쉬우며, 복강 내의 누출 및 장축염전증(volvulus)의 위험 가능성이 있다.

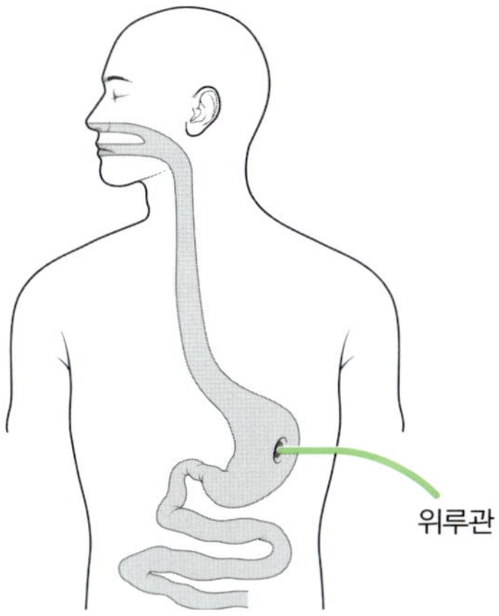

그림 8-4 위루관

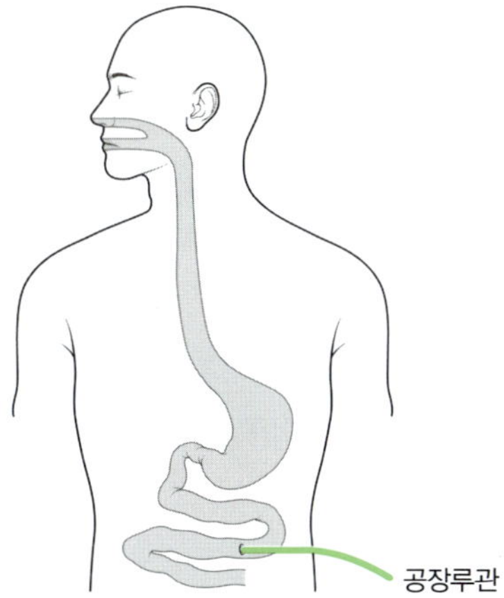

그림 8-5 공장루관

3) 경장영양의 주입 방법

경장영양의 주입 방법은 환자의 임상상태, 장기능 상태, 관의 위치, 삶의 질을 고려하여 결정한다. 경장영양액의 주입방법에 따른 대상과 장단점은 표 8-2과 같다.

(1) 간헐적 주입(Intermittent feeding)

간헐적 주입은 매 4~6시간 간격으로 200~300cc를 30~60분 동안 하루 3~6회 주입하는 방법이다. 중력이나 자동펌프를 이용할 수 있다. 적응도가 양호하면 하루 간격으로 100cc/회 만큼 증량하여 목표량까지 도달시킨다. 주입속도에 따라 유연하게 주입 양을 조절할 수 있고, 주입 시간 외에는 자유 시간을 가질 수 있다는 장점이 있지만 흡인, 구토, 복통, 복부팽만, 설사 등의 위장관 부작용의 위험이 높다는 단점이 있다.

(2) 지속적 주입(Continuous feeding)

지속적 주입은 자동펌프나 중력에 의해 24시간 지속적으로 주입하는 방법이다. 첫 주입시 20cc/hr 속도로 시작하여 적응도가 양호하면 8~12시간마다 10~20cc/hr 또는 하루에 20cc/hr씩 주입 속도를 높여 목표량까지 도달시킨다. 위내 잔여물의 과다 축적, 흡인의 위험 및 혈당 상승과 같은 대사적 합병증의 위험을 최소화할 수 있다는 장점이 있다. 단점으로는 24시간 동안 지속적으로 투여하므로 활동을 제약할 수 있고, 주입 전용 펌프가 요구될 수 있다.

(3) 주기적 주입(Cyclic feeding)

주기적 주입은 환자의 적응도를 보면서 8~20시간 동안 주입하는 방법이다. 주입방법은 지속적 주입과 동일하며, 목표열량만큼 주입되도록 최종 속도를 결정한다.

표 8-2 경관영양액의 주입방법에 따른 적용 대상과 장단점

주입방법	적용	장점	단점
지속적 주입 (주입 펌프나 중력 이용)	• 경관 급식 초기 • 중환자 • 소장으로의 주입 • 간혈적 주입에 부적응 시	• 흡인의 위험과 위 잔여물을 최소화함 • 혈당 상승과 같은 대사적 합병증의 위험을 최소화함	• 행동의 제약 • 20~24시간에 걸친 주입 • 퇴원 후 가정에서 사용 시 비용증가
간혈적 주입 (주입 펌프나 중력 이용)	• 중환자가 아닌 일반 환자 • 가정에서의 경관 급식 • 회복기 환자	• 주입시간 이외에는 자유로움	• 흡인과 위장관 부적응의 위험증가 • 주입속도의 증가에 따른 위장관의 부적응초래 가능
볼루스 주입 (주사기나 중력 이용)		• 주입이 용이함 • 저렴 • 단시간의 주입(15분 미만)	
주기적 주입 (주입 펌프나 중력 이용)		• 이동이 자유로움 (8~16시간 동안) • 정상식이로의 전환에 유리함	• 짧은 시간(8~16시간)동안 주입하므로 주입속도나 칼로리 및 단백질 농도의 증가 필요 • 주입속도 증가에 따른 위장관의 부적응 초래 가능

출처: Gottschlich MG, Matares LE, Shronts EP. Nutrition support dietetics core curriculum, 2nd ed, ASPEN, p.90, 1993.

주입 시간 이외에는 활동이 자유롭고, 낮동안 경구섭취를 시도할 수 있으며 밤동안 부족한 량을 보충할 수 있다.

(4) 볼루스 주입(Bolus feeding)

볼루스 주입은 주사기나 중력으로 짧은 시간 여러 번 주입하는 방법이다. 30분 이내 짧은 시간 동안 중력이나 주사기의 압력으로 하루 3회 이상 주입한다. 정상 식사와 유사하여 이동이 편하고 외부에서도 주입이 가능하며 가장 저렴하지만, 흡인, 구토, 복통, 복부팽만, 설사 등의 위장관 부작용 위험이 있다.

4) 경장영양액의 종류와 특징

경장영양은 19세기 후반부터 이용되어 왔다. 과거에는 고기, 토스트, 비타민/무기질을 포함한 조제영양액 등이 공급되었으나 오늘날에는 시판되는 다양한 종류의 조제영양액이 이용되고 있다.

국내에서 사용되는 경장영양액은 환자용 식품 또는 전문의약품으로 등록되어 있으며, 국내 생산 제품과 수입완제품의 형태가 있다. 그 중 영양적으로 완전한 것도 있고, 특수 질환이나 상태에 맞게 조제된 것도 있으며, 식사나 조제영양액을 보충하기 위해 특수한 영양소만을 제공하는 것도 있다. 시판용 제품은 주요 영양소 성분과 삼투질 농도 조절, 세균학상의 안전, 용액의 적절한 농도 등이 확보되기 때문에 가정이나 병원에서 전반적으로 선호한다.

환자가 영양소를 소화하고 흡수할 수 있는지의 여부가 필수 조제영양액과 중합성 조제영양액 중 어느 것을 선택해야 할지를 결정하게 된다. 또한 필요 영양소에 따라 경장영양제제 유형과 양이 결정되며, 기존의 의학적인 영양치료와 함께 영양상태와 경장영양액에 대한 환자의 수용상태를 계속 사정하는 것이 필요하다.

(1) 조제영양액의 종류

① 중합성 조제영양액

중합성 조제영양액(polymeric formula)은 인공적으로 가수분해시키지 않은 영양소로 구성되어 있으므로 함유된 영양소가 소화흡수되기 위해서는 위장관의 정상적인 기능이 필요하다. 종류에 따라 1~2kcal/mL의 열량을 제공하며 우유 조제품, 혼합 조제영양액, 고열량의 유당 제거 조제영양액, 정상 열량의 유당 제거 조제영양액 등으로 나뉠 수 있다. 정상 열량의 유당 제거 조제영양액은 등장성, 고장성, 고단백, 고섬유소 함유 제품 등으로 나뉜다. 혼합 조제영양액은 유제품을 함유하고 있는 일반 식품을 잘 혼합한 형태로서 점도가 높다. 가정에서 만들 수도 있고 전문영양사가 직접 만들거나 시판용을 쓸 수도 있다. 가정에서 만들면 비용은 매우 저렴하지만 세균에 오염될 위험이 있고 영양소의 구성에도 편차가 있다. 시판용 조제영양액은 영양소의 구성성분이 항상 일정하며 멸균된 제품이므로 환자의 안전을 위해서는 시판용을 사용하는 것이 좋다.

② 필수 조제영양액

필수 조제영양액(elemental formula)은 1~1.3kcal/mL를 제공하며 위장관의 기능이 부분적이거나 음식물을 소화하거나 영양소를 흡수할 능력이 없을 때, 또는 췌장부전, 담즙산염 결핍 환자에게 사용할 수 있는 것으로서 부분적 또는 완전히 가수분해된 영양소로 구성되어 있다. 이러한 제품은 유당이 포함되어 있지 않고 대개 삼투질 농도가 높고 맛이 매우 좋지 않기 때문에 경관급식에 적합하다.

③ 성분 조제영양액

3.8~4.0kcal/mL를 제공하는 성분 조제영양액(modular formula)은 포도당 중합체, 단백질, 지질 등의 단일 영양소이기 때문에 이 식품만으로는 영양적으로 완전하지 않다. 식품이나 경장용 조제영양액이 영양적 요구에 못 미치는 경우 첨가하여 사용하는 경우가 대부분이다.

④ 특수 조제영양액

특수 조제영양액(speciality formula)은 당뇨병이나 신부전, 간부전, 폐질환 또는 에이즈와 같은 특별환 질환의 영양 요구에 맞게 만들어진 것으로 1.0~2.0kcal/mL의 열량을 제공한다. 그 중 어떤 것은 비타민과 무기질, 미량원소를 보충해야 하는 것도 있으며, 맛이 없는 것도 있고 대부분 비싸다.

(2) 경장영양액 제품의 종류

사용 중인 경장영양제제는 다양하며, 기본균형식, RTH식, Low FODMaps식, 소아균형식, 농축식, 저탄수화물식, 고탄백식, 저포타슘식, 저단백식, 저장쇄중성지방식, 단장증후군식 등이 있다. 대부분 캔형이며, 일부 밀봉된 파우치에 담아져 있는 형태가 있다.

① 기본균형식

캔 제형으로 1 kcal/ml인 등장성 제품이며, 섬유소의 필요 유무에 따라 제품을 선택한다. 1L 공급시 한국인 영양권장량 수준의 미량영양소 공급 충족이 가능하다.

② RTH(Ready to Hang)형 균형식

밀봉된 파우치에 라인을 바로 연결하는 제품의 형태로 위생적인 경장영양 주입이 가능하다. 섬유소의 필요 유무에 따라 제품 선택이 필요하며, 장운동 저하 및 장허혈의 위험이 있는 중환자의 영양지원에는 섬유소가 포함되지 않은 제품을 추천한다. 전문의약품으로 분류된 제품으로 약물로 처방하게 된다.

③ Low FODMaps식

캔 제형으로 1 kcal/ml인 등장성 제품이며, 체내에서 가스를 생성하여 장을 자극할 수 있는 발효성당류(F)DMAP) 함량을 줄인 제품이다. 기본균형식에 비해 삼투압이 다소 낮으며, 섬유소가 포함된 제품으로 설사가 조절되지 않을 경우 선택해 볼 수 있다.

5) 경장영양 실무

경장영양 주입을 시작하기 전 영양평가와 X-ray 등을 이용하여 관의 위치를 확인하고 환자와 보호자에게 경장영양 계획에 대해 교육한다. 경장영양의 시작 시점과 주입량, 진행은 환자의 임상상태, 영양상태, 적응도에 따라 달라질 수 있다.

적응도 평가에는 복부신체검사를 통한 복통, 구토, 복부팽만감 여부를 확인하는 것과 배변 양상 확인, 위잔여량 확인이 포함된다. 의식이 없는 환자의 경우 복부 X-ray 검사를 시행하며, 위잔여량은 200cc를 기준으로 평가하고 있다.

경장영양 주입 속도는 목표량에 도달하기까지 점차 증가시키며 농도도 열량과 단백질 요구에 달하기까지 점차적으로 증가시킬 수 있다. 속도와 농도가 동시에 증가되어서는 안되며, 만일 환자가 주입증가를 견디지 못할 때는 속도나 농도를 이전 수준으로 낮춘 후 다시 점차적으로 증가시킨다. 조제품의 최적 수용과 급식의 안전을 확실히 하기 위하여 용액의 온도, 세균오염의 예방, 기도흡인 예방, 관의 개방상태, 투약, 환자 관찰 등도 이루어져야 한다.

경장영양의 합병증은 크게 위장관의 문제, 기계적, 대사적 문제로 나눈다. 위장관

문제는 설사, 오심과 구토, 복통, 팽만, 변비 등이 있다. 기계적인 합병증으로는 튜브의 위치 변화나 폐쇄, 폐흡인, 점막의 손상 등이 일어날 수 있다. 대사적 문제로는 고삼투성 탈수나 과수화(overhydration), 혈중 나트륨, 칼륨, 인, 마그네슘치의 비정상 농도, 고혈당, 호흡부전, 급속한 체중증가 등이 있다.

경장영양의 가장 흔한 합병증 중 하나인 설사는 고삼투성 급식용액으로 인해 초래되는 것으로 생각되어 왔으나, 최근에는 다른 요인이 설사를 일으키는 것으로 밝혀졌다. 경관급식을 받는 환자에게는 보통 물약을 많이 사용하는데, 이 약에는 고삼투성 설사를 일으킬 수 있는 솔비톨(sorbitol)이 들어 있다. Clostridium difficile에 의해 발생하는 세균성 이질도 설사의 흔한 원인이 되기에 설사의 원인을 고삼투액 때문으로 단정짓지 않아야 한다. 표 8-3는 안전한 경관영양을 위하여 고려해야 하는 내용이다.

표 8-3 경관영양액의 주입 시 고려사항

관련 문제	전 략
온도	지속주입 방식일 때는 냉장상태(얼음에 채움)에서 주입 간헐적이거나 식괴(bolus)로 줄 때는 실온으로 주는 것이 장관의 문제가 적다.
박테리아 오염의 예방	밀폐된 용기를 사용한다. 매일 튜브를 교환한다. 남은 용액에 새 용액을 섞지 않는다. 4~8시간 이상 실온에서 용액이 방치되어서는 안 된다.
흡인의 예방	용액 주입 전에 튜브의 위치를 확인한다. 소장에 튜브를 삽입하면 흡인 위험이 적다. 침대머리를 30~45도 정도 올리고 용액을 주입한다. 식물성 색소를 용액에 섞으면 흡인 여부를 조기에 발견 가능하다.
튜브개존성의 유지	6~8시간마다 튜브로 미지근한 물 40~50cc를 주입한다. 간헐적 혹은 bolus feeding인 경우 용액 주입 전후에 40~50cc 물을 주입한다.
약물	튜브로 주는 약은 액체상태이어야 한다. 약물 주입 전후에 20cc 정도의 물을 주입한다. 장용제(enteric coated), 서방정(time release capsule) 약은 부수어 주면 안 된다. 여러 가지 약을 섞어서 주기 전에 약사와 상의한다.
관찰내용	매 용액 주입 전에 튜브의 개방성을 확인한다. 최종 용액의 주입 수준이 결정될 때까지 매 근무주기마다 요당검사를 한다. 위관이 있는 경우 4시간마다 위잔류액의 양을 기록한다. 대변의 유무와 형태를 기록한다. 매일 기록: 체중, I/O 매주 기록: 혈청 전해질과 혈구 수, 영양지표 확인

출처: Grodner M, Long S, Walsingshaw BC: Foundations and clinical applications of nutrition ed 4, St.Louise, Mosby, 2007.

02 정맥영양

정맥영양(parenteral nutrition)은 경장영양 주입이 금지되거나 식사를 전혀 할 수 없을 때 환자에게 영양을 공급하는 방법으로 열량과 영양소를 위장관이 아닌 정맥 내로 공급하는 것이다.

정맥영양은 환자가 영양소를 흡수할 수 없거나 고용량의 항암요법, 방사선요법, 골수이식을 받고 있는 환자에게 적용되어야 하며, 췌장염과 심한 영양불량 또는 이화작용을 겪는 환자에게도 유익하다. 비경구영양이 도움이 되는 임상 환경은 대수술, 중등도의 스트레스/손상, 염증성 장질환, 임신오조, 중등도의 영양불량 등이 있다. 정맥영양 투여 전에 환자의 위장관장애의 특성, 영양불량의 정도, 의학적 예후, 환자의 선호도를 고려해야 한다.

1) 정맥영양의 분류

상대정맥(superior vena cava)이나 쇄골하정맥(subclavian artery)과 같이 큰 직경의 정맥으로 주입될 때는 중심 비경구영양(central parenteral nutrition, CPN) 또는 총비경구영양(total parenteral nutrition, TPN)이라 하고, 말초정맥이 이용될 때는 말초비경구영양(peripheral parenteral nutrition, PPN)이라 한다. 비경구영양을 표현하는 또 다른 용어로는 중심정맥영양(centeral venous nutrition), 말초정맥영양(peripheral venous nutrition), 고영양법(hyperalimentation) 등이 있다.

(1) 중심정맥영양(total parenteral nutrition, TPN)

혈액으로의 공급 및 검사를 위한 혈액 채취 등을 위한 목적으로 확보된 중심정맥경로를 통해 항암제, 고농도의 영양액 주입 등이 이루어진다. 중심정맥카테터 끝의 위치는 심장에서 가까운 상대정맥 또는 하대정맥에 위치한다. 900mOsm/L 이상의 고농도 영양액은 중심정맥으로 공급하는 것이 원칙이며, 대부분 혈류의 속도가 빠른 중심정맥 혈관을 통해 주입한다.

(2) 말초정맥영양(peripheral parenteral nutrition, PPN)

손이나 팔의 말초 혈관을 통해 정맥으로 영양을 공급하는 것이다. 요측피정맥(cephalic vein), 척측피정맥(basilic vein), 정중정완정맥(median antebrachial vein) 등을 주로 사용하며 일반적으로 10~14일 정도의 단기간 정맥영양 공급이 예상되거나 영양액 농도가 600~900mOsm/L 이하인 경우 사용된다.

2) 정맥영양의 투여 경로

정맥영양의 투여 경로는 정맥영양의 사용 기간에 좌우되며, 각 영양성분은 삼투압을 가지므로 투여 경로에 따른 삼투압 제한을 고려하여 결정해야 한다(그림 8-6).

(1) 말초정맥관(peripheral IV)

치료기간이 1주 이내, 말초혈관을 이용할 수 있는 경우에 선택한다. 주로 20~24G를 사용하며, 노인에게는 삽입관련 상해를 최소화하기 위해 22~24G가 추천된다.

(2) 비터넬형 중심정맥관(Nontunneled central venous catheter)

말초정맥 접근이 불가능한 환자의 단기간 정맥주사요법을 위해 선택한다. 접근혈관은 정맥관 관련 감염을 감소시키기 위해서 경정맥보다 쇄골하정맥이 추천된다. 병실이나 외래에서 삽입할 수 있고, 쉽게 제거할 수 있다.

(3) 턴넬널형 중심정맥관(Tunneled central venous catheter)

6개월~수년간 사용가능하며, 30일 이상 치료가 예상될 때 선택한다. Dacron cuff는 카테터 위치를 고정시키고 외부로부터 감염을 예방하는 기능이 있다.

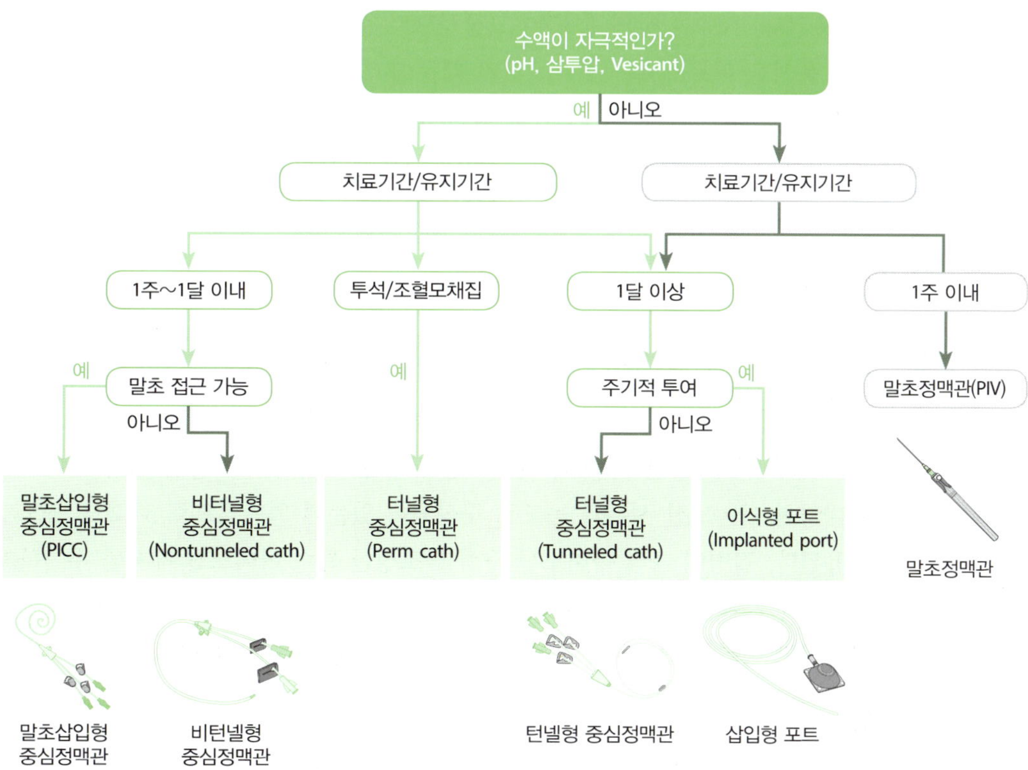

그림 8-6 정맥영양 투여 경로의 선택

(4) 삽입형 포트(Implanted port)

피하에 이식되며, 영구적 사용이 가능하다. 카테터가 피부 밖으로 노출되지 않아 활동이 자유롭다. 정맥영양 투여를 위해 삽입형 포트에 Huber needle을 꽂아 사용한다.

(5) 말초삽입형 중심정맥관(Perpherally inserted central catheter)

말초에서 삽입하여 카테터 팁을 상대정맥에 위치시키는 긴 관으로 기흉, 혈흉의 합병증 위험이 낮고, 중장기 사용 가능하다. 카테터가 삽입된 팔에서 혈압측정과 채혈은 금기이다.

3) 정맥영양액의 종류와 특징

(1) 정맥영양의 구성성분

① 탄수화물

정맥영양에 이용되는 가장 보편적인 탄수화물은 dextrose monohydrate로 수화형태이므로 1g당 3.4kcal의 열량을 낸다. 포도당 용액은 5~70%까지 다양하며, 농도가 높은 것은 환자에게 수분이 제한될 때 이용되고, 낮은 것은 고혈당을 조절해야 할 때 이용된다. 10% 이상의 농도는 고장성으로 중심 정맥으로 주입하여야 혈관의 손상없이 용액을 빠르게 희석할 수 있기 때문에 반드시 중심정맥관을 통해 공급되어야 한다. 포도당 용액은 아미노산과 다른 영양소를 혼합하여 최종 용액을 만드는데, 이때 포도당 요구 정도와 환자의 내성이 중요한 지침이 된다. 건강한 성인은 하루에 체중 1kg당 포도당 2g을 필요로 한다.

② 아미노산

단백질은 전해질 첨가 여부에 관계없이 이용 가능한 필수 및 불필수 아미노산의 혼합물로서 정맥으로 투여된다. 아미노산은 새로운 단백질 합성의 재료가 되는 질소를 공급하며 당신생합성 과정의 연료가 되고, 급성기 단백질 합성, 면역 물질의 생성, 상처 및 조직 회복에 사용된다. 1g의 아미노산은 4kcal의 에너지를 공급한다. 아미노산 용액은 다양한 아미노산 성분과 농도로 구성되어 있는데 일반적으로 3~20% 농도가 주로 사용된다. 질병에 따라 아미노산 구성을 조정한 특수 아미노산 제제를 투여하기도 하는데, 간질환의 경우 분자 아미노산 함량이 높고 방향족 아미노산 함량이 낮은 것을 사용하고 신질환의 경우 필수 아미노산 함량이 높은 것을 사용한다.

③ 지방

정맥 내 지방유화액(intravenous fat emulsion, IVFE)은 농축된 열량원이며 지방산 결핍증을 예방하기 위해서 이용된다. 시판되는 지방유화액은 홍화유, 대두유 또는 그 혼합물로 구성되어 있고 등장성을 위해 글리세롤이 첨가되고 유화물질로는 계란의 인지질이 첨가된다. 정맥으로 공급하는 지방유화액은 필수 지방산 결핍을 예방하기 위하여 하루 총 칼로리의 2~4% 정도 공급되어야 하며 이는 20% 250mL 지방유화액을 주 2회 공급하는 정도이다. 지질용액은 열량밀도가 높아서 용액량을 제한해야 할 때 유용하다. 10% 지방 유화액 500mL은 550kcal의 열량을 내며(1.1kcal/mL), 20% 용액은 500mL에 1,000kcal(2kcal/mL)의 열량을 낸다. 지방유화액의 또 다른 이점은 정맥 용액의 삼투성을 증가시키지 않으면서 열량을 증가시키는 것이다. 지방유화액은 일반적으로 말초 정맥으로 공급되며, 정맥 내 지질이 비단백성 열량의 대부분을 공급하는데 유용하나, 체중 1kg당 2.5g을 초과하여 투여하지 않는다. 또한 정맥 내로 지질을 투여하기 전에 중성지방의 농도를 검사하고 투여 중에는 정기적으로 검사해야 한다.

④ 총 영양 혼합액(total nutrient admixture, TNA)

단백질, 당질과 지방유화액, 즉 3대 영양소를 모두 함유하는 3-in-1의 형태로 주입된다. 포도당과 아미노산 혼합액에 지질 유상액을 첨가할 때 총 영양 혼합액이라 한다. TNA의 장점은 2개의 라인을 필요로 하지 않고 라인이 하나로 감소되어 카테터 관련 감염이 감소될 수 있으며, 24시간 내내 지질 주입이 가능해져 이산화탄소 생성이 감소되고 장기적인 포도당 사용으로 초래되는 지방의 간 축적을 줄여줄 수도 있다. 그러나 수용성 환경에 지방유화액이 함께 존재하여 발생할 수 있는 안정성에 대한 문제를 고려해야 한다.

⑤ 전해질

전해질과 무기질은 일반적인 아미노산 용액에 첨가되어 공급된다. 전해질과 무기질은 정상적인 신체 기능에 필수적이며 질환으로 초래되는 무기질의 결핍과 과잉을 조절하는데 필요하다. 시판용 전해질 용액도 이용될 수 있다. 영양상태가 심하게 나쁜 환자나 농도가 높은 포도당 용액을 사용하는 경우에는 마그네슘, 인, 칼륨의 요구량이 증가된다.

⑥ 비타민

성인과 소아에게 사용할 수 있는 정맥용 비타민 복합제가 상품으로 나와 있다. 비타민 결핍증이 명백하면 임상상태에 따라 일일 필요량보다 더 많이 투여할 수 있다, 성인용에는 비타민 K가 포함되어 있지 않기 때문에 근육주사하거나 필요에 따라 정맥주사용제를 정맥영양에 첨가하여 투여할 수 있다.

⑦ 미량원소

미량원소는 정맥영양용액의 필수 성분이지만 초기에 나온 정맥영양 조제품에는 들어 있지 않아 임상적인 결핍증을 초래하였었다. 그러나 오늘날에는 아연, 구리,

망간, 크롬, 셀륨이 들어 있는 조제품이 시판용으로 나와 있고 필요에 따라 병원 내에서 직접 첨가하여 사용되기도 한다.

(2) 중심 정맥영양액과 말초 정맥영양액

정맥영양액은 다른 경장영양에 들어 있는 같은 영양소와 구성성분을 함유하고 있다. 전형적으로 물, 아미노산, 포도당, 전해질과 비타민, 미량원소 등을 포함하고 있다(표 8-4).

10% 이상의 포도당과 5% 이상의 아미노산이 들어 있는 정맥영양용액은 고장성이기 때문에 중심정맥으로만 투여될 수 있다. 말초정맥을 통해 투여되는 정맥영양용액은 정맥의 손상을 예방하기 위해 등장성이어야 한다. 등장성 용액은 대개 5~10%의 포도당과 3~5%의 아미노산을 포함하며 필요에 따라 전해질, 비타민, 무기질, 지방이 첨가된다. 이러한 용액은 제한된 양의 열량과 단백질만을 공급할 수 있다. 말초 정맥영양은 일반적으로 단기간 동안 영양 공급이 필요할 때 가장 흔하게 이용된다.

표 8-4 상업용 정맥영양 제제의 구성

구분		말초(peripheral)							중심(central)				
		2-in-1			3-in-1				2-in-1				3-in-1
		Nutriflex Peri 40	Clinimix N9G15E	Combiflex Peri	Combiflex Peri 1,440	Kabiven peri 1,500	Kabiven peri 2,000	Oli Clinimix N4-550E	PN-Twin1	PN-Twin2	PN-Twin3	Com biflex	Kabiven 1,000
조성	amino acid(g)	40	28	12	37	34	45	33	20	30	40	50	34
	dextrose(g)	80	82.5	120	97	97	130	120	120	180	250	250	100
	lipid(mL)	–	–	–	20% 255	20% 255	20% 340	20% 300	–	–	–	–	20% 200
	Na(mEq)	27	35	37.5	32	32	43	32	50	50	51	52.5	32
	K(mEq)	15	30	25	24	24	32	24	30	30	30	45	24
	Mg(mEq)	4	5	5	8	8	10.6	3.3	3	3	3	7.5	8
	Ca(mEq)	2.5	4.6	4.5	4	4	5.4	3	4	4	4	6.8	4
	acetate(mEq)	19.5	50	47	39	39	53	46	34	40	46	45	39
	phosphate (mM)	5.7	15	7.5	11	11	14	13	8	8	8	15	10

4) 정맥영양 실무

환자가 장으로 영양을 취할 수 없는 경우에는 정맥영양이 생명을 유지하기 위한 치료로 이루어질 수 있다. 아미노산, 포도당, 지방 유화액, 비타민과 무기질 등이 중심정맥이나 말초정맥을 통해 환자의 요구에 맞추어 공급되어야 한다. 무엇보다 환자의 영양 목표에 부합되면서 비경구영양의 합병증 위험을 최소화하기 위해 안전한 장비 사용 및 규칙적인 관찰을 통해 철저히 관리해야 한다.

정맥영양지원을 하는 경우 수액내 부유물이나 미립자 항원, 미량 침전물, 병원성 미생물, 공기색전증 등으로 인한 피해를 예방하기 위해 필터가 내장된 수액세트(In-line filter) 사용을 권고한다. 일반적인 정맥주입용 수액과 약물을 위한 필터는 0.2, 0.45, 1.2, 5.0micron이 있으며, 지질이 포함되지 않은 PN제제(2-in-1)를 사용할 때는 0.2-micron 필터, 지질이 포함된 PN제제(3-in-1)를 사용할 때는 1.2-micron 필터가 권장된다(표 8-5). 필터는 수액이 주입되는 마지막 지점에 위치시켜 필터링이 된 수액이 몸으로 주입될 수 있도록 하고, 필터 기능을 최적화시키기 위해 필터에 수액이 충분히 적셔지도록 하는 것이 중요하다.

정맥영양의 합병증은 영양집중지원팀에 의한 적절한 모니터링과 전문적 관리에 의해 최소화될 수 있다. 정맥영양시의 합병증은 카테터 관련 합병증, 위장관 합병증, 대사적 합병증, 수분전해질 불균형 등으로 구분되며 각각의 합병증에 대한 원인을 파악하고 적절한 치료가 이루어져야 한다.

정맥영양에서 발생하는 합병증의 대부분은 카테터의 위치와 관계되는 기술적인 합병증이다. 가장 흔한 것은 폐기흉인데, 이는 중심정맥 카테터를 주의깊게 주입함으로써 예방할 수 있다. 카테터를 다룰 때 무균적인 간호가 이루어지지 않으면 감염이 국소 혹은 전신적으로 일어날 수 있다. 정맥영양 공급으로 위장관 사용이 중단되면서 위장관 합병증이 발생할 수 있으며, 이중 간담도 합병증이 대표적이다. 간담도 합병증은 정맥영양 시작 2주 후부터 간수치인 tranaminase와 alkaline phosphatase가 상승되며 빌리루빈도 상승할 수 있다. 이러한 간 효소 수치의 증가는 정맥영양을 계속

표 8-5 필터의 종류와 사용

Pore Size	Membrane	임상적 예방	사용시간
+0.2㎛ 필터	Positive Charged Nylon	내독소, 박테리아, Fungus, 정맥염, 공기색전, 미립자, 감염	96시간
0.2㎛ 필터	PES (Polyether sulfone)	박테리아, Fungus, 정맥염, 공기색전, 미립자, 감염	24시간
1.2㎛ 필터	PES (Polyether sulfone)	Fungus , 정맥염, 공기색전, 미립자, 감염	24시간
5㎛ 필터 (needle 필터 & IV 필터)	PES (Polyether sulfone)	미립자, 공기색전	

유지해도 정상화될 수 있으나 대부분 정맥영양을 중단하면 정상수치로 회복된다.

대사 합병증은 환자마다 대사적 요구량이 다르기 때문에 가장 흔하게 발생하는데, 특히 고혈당증이 가장 흔하기 때문에 투여 중 혈당검사가 필요하다. 때로 정맥영양 용액에 인슐린을 첨가함으로써 포도당 부하를 줄이거나 총 열량이 과잉되지 않도록 할 수 있다. 장기간 정맥영양을 공급하는 미숙아는 대사성 골질환이 발생하여 인, 칼슘, 비타민 D의 결핍과 골형성과 뼈의 무기질 조성 감소 등이 유발될 수 있다.

이 외 저나트륨혈증, 고나트륨혈증, 저칼륨혈증, 고칼륨혈증, 저칼슘혈증, 고칼슘혈증 등 다양한 수분 전해질 불균형이 발생할 수 있다.

03 영양집중지원팀

영양집중치료팀(nutrition support team, NST)은 영양불량이 있거나 영양불량의 위험이 있는 환자를 대상으로 집중적인 영양치료를 제공하여 환자의 영양상태를 개선시키고, 질병의 빠른 회복, 합병증 감소, 입원기간 단축, 의료비 절감을 목표로 의사, 간호사, 영양사, 약사로 구성된 다학제팀이다(표 8-6).

환자의 영양지원이 적절하게 이루어지지 못하면 감염, 수분 및 전해질 불균형, 산

표 8-6 영양지원팀 구성원의 역할

구성원	역할
의사	· 영양집중지원을 받는 환자에 대한 전반적인 책임을 진다. · 각종 질병상태에서의 영양과 대사에 대한 정보를 제공한다. · 영양결핍시 임상증상과 병태 생리를 알아야 한다. · 영양을 공급하기 위한 각종 방법을 터득하고 영양공급 경로를 확보할 수 있어야 한다.
약사	· 정맥영양 수액제의 조제 및 조제액의 안정성에 관한 정보를 제공한다. · 영양집중지원을 받는 환자 경과에 대한 모니터링 및 합병증 모니터링을 실시한다. · 약물과 영양소의 상호작용에 대한 정보를 제공한다.
영양사	· 환자의 영양상태를 평가한 후 영양상태 경과를 모니터링을 실시한다. · 경장영양 및 정맥영양의 공급에 대한 계획 및 효과를 측정한다. · 질병과 건강에 대하여 음식과 특수 영양소의 관계에 대한 정보를 제공한다. · 영양소 대사에 영향을 미치는 약물 및 치료 작용에 대한 정보를 제공한다.
간호사	· 환자의 영양집중지원팀, 해당 담당 주치의 사이의 가교 역할을 한다. · 경장영양 및 정맥영양의 공급을 실행한다. · 환자의 식사, 배변, 약물 복용, 음식물의 섭취 정도, 영양치료의 부작용 등을 가장 먼저 알아내어 교정하는 역할을 한다.

염기 불균형 등 잠재적인 위험이 초래될 수 있다. 이러한 문제를 해결하기 위하여 영양지원의 표준 시행 지침에 근거하여 전문적인 의료인들에 의한 관리를 받는 영양집중지원팀(nutrition support team)의 활동이 관심을 받고 있다.

영양집중지원팀은 영양지원의 치료 효과를 극대화하기 위하여 대상자의 영양상태 평가, 칼로리 및 단백질 요구량 산정, 영양불량 정도의 결정, 경장영양이나 정맥영양 적응증 판단, 영양치료를 위한 경로의 적합성 평가와 함께 경장영양과 정맥영양의 시작과 관리를 종합적으로 관리하는 책임과 역할을 수행한다.

생각해보기

1. 맑은 유동식과 전 유동식의 차이점은 무엇이고 각각의 병원식에 허용되는 식품의 예로는 어떤 것이 있는가?
2. 경장영양액을 선택할 때 고려해야 할 사항은 무엇인가?
3. 장기간 정맥영양을 공급받고 있는 대상자의 합병증 예방을 위한 간호는 무엇인가?
4. 영양집중지원팀의 구성원으로 간호사의 역할은 무엇인가?

4부

질병별 식이

9장

위장관계 환자 식이

음식을 씹고, 삼키고, 소화하고, 흡수 배설하는 능력은 위장관이 하는 일이다. 사과를 먹는 간단한 것도 위장관에 장애가 발생했을 때는 쉬운 일이 아니다. 이런 장애는 신체의 다른 장기와 기관에 영양소를 공급하는 데에 영향을 미치게 되며 결과적으로 전반적인 건강에 문제를 일으킨다.

01 연하곤란

연하곤란(dysphagia)이란 삼키는 데 어려움이 있는 것이다. 이런 환자를 위해서는 영양 요구량은 충족시키면서 기도로 흡인되는 것을 예방하도록 식이를 고려해야 한다. 연하곤란이 있는 경우 진한 액체보다 묽은 액체가 삼키기 더 어려우므로, 환자의 요구량을 충족시키고 연하를 용이하게 하기 위해서는 진한 농도의 음식을 제공하는 것이 좋다. 연하곤란 환자의 영양요법에서 중요한 점은 기도 흡인을 예방하면서 특별한 구조적, 기능적 요구에 맞는 형태로 영양을 제공하는 것이다.

우리는 호흡이나 심장박동에 대해 거의 의식하지 않듯이 삼키는 것도 거의 의식하지 않는다. 삼키는 것은 표 9-1에서와 같이 입안에서 음식을 씹어 침과 섞여 구강에서 삼킬 수 있게 준비되면 구강 이동, 인후 이동, 식도 이동의 3단계로 진행된다. 이 단계 중 일부 장애는 의학적 영양요법을 필요로 한다.

치료 식이의 지침

연하곤란 환자를 위한 식이는 삼키는 능력과 개인의 음식 선호도에 따라 개별화하여야 한다. 삼키는 것은 음식의 양, 점도, 온도, 밀도 등에 따라 달라진다. 연하곤

BOX 9-1 연하곤란 경고증상

- 음식이 혀 아래, 볼, 구개 위에 모여 있음
- 음식이나 침을 흘림
- 혀 조절이 안됨
- 과도한 혀 움직임
- 구강에서의 이동 시간이 느림
- 삼킬 때 후두융기(laryngeal prominentia, Adam's apple)가 올라오는 것이 지연되거나 없음
- 삼키기 전 또는 후에 기침을 함
- 목이 멤
- 식사 후에 끓는 목소리
- 코, 입 또는 기관절개관을 통해 음식이 역류함
- 과도하게 긴 식사시간
- 먹는데 장애가 있음 : 이를 꽉 물거나 음식을 밀어내거나 목을 붙잡음
- 부적절한 음식 섭취에 따른 체중감소

란 환자 식이는 이러한 특성을 고려하여 계획하여야 한다.

연하곤란 환자를 간호할 때 음식물의 밀도, 환자의 자세, 먹는 속도, 삼키는 기술을 고려해야 한다. 신체적 문제에 따라 음식의 밀도는 다르게 계획되어야 한다. 예를 들어, 뇌졸중 노인에서 가장 흔한 연하문제는 인두의 연하작용이 지연되거나 없기 때문이다. 이런 장애를 가진 환자는 연하반사 자극을 유발하도록 갈아서 만든 음식을 제공하는 것이 좋다. 인두의 연하작용이 단지 감소되었다면 액체는 연하곤란을 일으킬 수 있으나, 상부 식도괄약근의 조절이 상실된 환자에게는 묽은 액체가 더 적당하다.

연하곤란 환자에게 가장 안전한 식사 자세는 상체를 세운 자세이다. 환자가 스스로 앉을 수 없다면 침대 머리쪽을 높이고 필요하면 베개로 팔, 머리, 목, 가슴을 지

표 9-1 연하단계

단계	작동
구강	음식이 입으로 들어가서 씹힌다. 음식이 침과 섞여 습해지고 덩어리 모양이 되어 구개 쪽으로 밀린다. 혀는 음식물덩어리를 목의 뒷부분으로 움직여서 불수의적인 연하반사가 일어나게 한다.
인두	비강으로의 역류를 방지하기 위해 연구개가 닫힌다. 음식물덩어리는 인두를 통해 식도 상부 괄약근 쪽으로 이동한다. 폐로 음식이 들어가는 것을 방지하기 위해 후두개가 닫힌다. 음식물덩어리를 식도로 내려보내기 위해 목의 근육이 수축할 때 호흡은 일시적으로 멈춘다.
식도	음식물덩어리는 식도 아래로 이동하여 식도의 연동운동과 중력에 의해 식도괄약근을 통과해서 위로 들어간다.

출처: Mahan LK, Escott-Stump S: Krause's food, nutrition, & diet therapy, ed 11, philadelphia, Saunders, 2004.

지한다. 상체를 세운 자세는 음식이 식도를 통과하는 데 중력이 작용하도록 하고 목메임과 기도 흡인을 예방하는 데 도움이 된다. 어떤 환자들은 입안 가득히 음식을 채우고 급히 삼킬 때 목이 메는 경우도 있다. 의료진은 환자가 다음 음식을 먹기 전에 완전히 삼켰는지 살펴야 한다.

연하문제에 대한 보상 기술을 교육하는데 언어치료사의 도움이 필요하다. 그 기술로는 성문위 연하(supraglottic swallow)와 멘델슨기법(Mendelson maneuver)이 있는데, 성문위 연하는 후두기능이 감소된 환자에게 적당하다. 이 기술은 환자로 하여금 삼키기 전에 호흡하고 삼키는 동안에는 의식적으로 호흡을 참으며 삼킨 후에는 부드럽게 기침하고 입안을 완전히 비우기 위해 다시 한 번 삼키도록 가르친다. 멘델슨기법은 윤상인두장애(cricopharyngeal dysfunction)가 있는 사람에게 유용하다. 삼키는 동안 음식이 통과하도록 최대한으로 후두개를 자의적으로 올리도록 교육한다. 간호사는 환자를 돕기 위해 몇 가지 기술을 적용할 수 있다. 식사시간 전에 음식에 대해 생각하거나 이야기하도록 격려하는 것은 침의 분비를 자극하여 씹고 삼키는 과정을 돕는다. 신 음식은 침의 생성을 자극할 수 있다. 환자로 하여금 입술을 모으고 휘파람을 불도록 하는 것은 입근육을 강화하는 데 도움이 되며, 이것은 수저 주위로 입술을 모으는 것을 배우는 데에도 도움이 된다. 연하곤란 환자를 위해 제공하는 음식은 감촉, 응집력, 밀도, 점도, 온도 등을 고려해야 한다. 감촉은 환자가 음식을 씹고 삼킬 수 있는 정도에 따라 다르므로 필요하다면 음식물을 자르거나 갈아서 제공한다. 음식을 갈면 액체화되는 경향이 있으며 젤라틴과 같은 물질을 첨가하면 고체화되므로 환자의 상태에 따라 선택한다. 응집력은 감촉과 관계있으며 음식이 뭉치는 정도이다. 응집력이 높은 음식에는 카스테라, 참치샐러드, 치즈, 녹말가루를 첨가한 식품 등이 있다. 밀도가 높은 음식은 연하감각이 감소된 환자에게 자극을 줄 수 있으며 밀도가 낮은 음식은 구강 내부가 민감하거나 근육이 이완된 환자에

BOX 9-2 연하곤란 환자를 위한 안전대책

- 상체를 세운 자세(가능한 한 90°)를 취한다.
- 환자가 식사에 모든 주의를 기울일 수 있도록 주의산만을 제거한다(먹는 동안 말하지 않는다).
- 환자가 입에서 음식을 완전히 비운 후에 액체를 마시도록 한다. 입에서 음식을 비우는데 도움이 되도록 물 없이 삼키는 동작을 하도록 자주 격려한다.
- 음식을 삼키는 능력이 손상되었으면 한 번에 적은 양(1/2~1티스푼)을 먹도록 격려한다.
- 식사 동안 목소리의 상태를 관찰한다. 거친 목소리는 음식이 성대에 남아 있음을 나타낸다.
- 천천히 먹도록 격려한다.
- 한 번에 한 가지 음식만 먹도록 한다.
- 먹는 동안 주위 환경을 편안하게 유지한다.
- 식후에 30~45분간 앉은자세를 유지한다.

게 좋다. 음식물의 이동시간을 늦추거나 연하기전을 자극하기 위해서는 밀도가 낮은 음식에 밀도를 높이는 물질을 첨가하여 제공할 수 있다. 점도는 액체의 진한 정도를 나타내는 것으로, 연하반사가 지연되었거나 구강조절이 저하된 환자에게 점도가 낮은 음식을 제공하는 것은 제한한다. 필요하다면 젤라틴이나 녹말을 첨가하여 점도를 높여 제공할 수 있다. 온도가 낮거나 높은 음식은 연하반사를 자극하나, 환자가 견딜 수 있는 정도와 선호도에 따라 개별화하는 것이 바람직하다.

식사시간의 초반기에 연하문제를 방지하거나 최소화하기 위한 간호가 필요하다. 액체나 음식의 밀도에 변화가 필요한지 결정하기 위해 정기적으로 환자를 재평가해야 한다. 환자의 칼로리와 영양소 섭취량을 평가하고 기록함으로써 적당한 영양섭취와 상태를 확인할 수 있다. 환자의 영양 요구량이 구강 섭취로 충족되지 않으면 다른 방법을 고려해야 한다.

연하곤란 환자는 식사를 안전하게 할 수는 있지만 식사 자체를 즐거운 것으로 만들기는 어려울 것이다. 안전하게 식사를 하기 위해 간호사가 할 수 있는 일은 먹는 속도를 환자에게 맞추도록 하는 것이다. 환자의 영양상태를 유지하고 어려움을 최소화하면서 먹도록 하는 데는 인내가 필요하다.

02 이완불능증

이완불능증(achalasia)은 식도 하부의 신경성 장애로서 식도 하부 2/3 부위에 비능률적인 연동운동, 연하 및 하부 식도괄약근의 이완불능으로 그 부위에 긴장이 고조되는 것이 특징이다. 이때 연동운동은 비효율적이며 하부 식도괄약근의 수축으로 인해 폐색이 발생하여 식도가 팽창하게 된다.

이완불능증의 원인은 불분명하지만 식도 부교감신경의 신경전달 반응이 손상되어 나타나는 것으로 본다. 이것은 모든 연령에서 발생할 수 있지만 대부분 20~40세에서 많이 발생한다. 증상은 연하곤란, 흉통, 역류, 체중감소가 있고 합병증은 식도에 궤양과 출혈이 있을 수 있고, 부종을 동반한 식도염, 식도 내용물이 기도로 흡인되어 호흡기계 합병증, 영양결핍, 식도종양이 발생할 수 있다.

치료 식이의 지침

이완불능증 환자는 반고형식 또는 유동식을 소량씩 자주 섭취하는 것이 가장 좋다. 편안한 환경에서 천천히 먹고 마시도록 환자에게 교육해야 한다. 식사와 함께 음료를 마시는 것은 음식이 위로 이동하는 것을 용이하게 한다. 비타민과 무기질 보

표 9-2 이완불능증 환자의 의학적 영양요법의 지침

지침	영양요법
감촉	반고형식 또는 유동식이 좋다. 연하를 좀더 쉽게 하려면 저섬유성 식이를 제공한다.
식이형태	소량씩 자주 먹는 것이 좋다.
영양소	중정도의 탄수화물, 단백질 및 지방의 증가는 하부 식도괄약근의 압력과 위액분비를 감소시킨다.
온도	너무 뜨거운 음식은 피한다.
자극물	신 음식은 식도에 남아 있게 되면 식도점막을 자극하여 손상을 일으킬 수 있으므로 피한다.

충제의 복용이 필요하다. 이완불능증은 예방이 어렵다. 이완불능증 환자의 영양 요법 지침은 표 9-2와 같다.

03 위식도역류, 식도염, 식도 열공탈장

정상적으로 하부 식도괄약근은 위의 내용물이 식도로 역류되는 것을 막아주지만 여러 가지 요인에 의해 괄약근 기능이 떨어지면 위의 내용물이 식도로 역류하는 현상을 일으키며 이를 위식도역류(gastroesophageal reflux)라고 한다. 위식도역류는 일반적으로 식후 1~4시간 내에 발생한다. 식도점막은 위점막과는 달라서 역류로 인해 산성의 위 내용물에 반복적으로 노출되면 손상을 받는데 이를 치료하지 않으면 식도염(esophagitis)을 일으킨다. 식도 열공탈장(hiatal hernia)은 횡격막 탈장이라고도 하며 위의 일부가 흉곽 내로 밀려 올라간 상태이다(그림 9-1). 이 경우에도 역류가 발생하여 가슴앓이를 경험할 수 있다. 역류는 식사 후 눕거나 스트레스, 복압의 상승에 의해 악화된다. 복압상승은 기침, 허리를 굽히는 것, 구토, 비만, 임신, 외

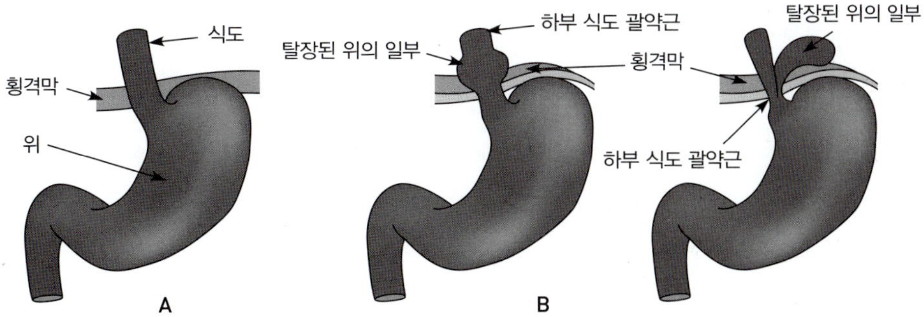

그림 9-1 A: 정상 위. B: 식도 열공탈장

상, 꽉 조이는 옷을 입는 것, 심한 신체활동 등으로 발생할 수 있다. 노인은 종종 폐렴, 만성 기관지염, 천식을 경험하기도 한다.

위식도역류는 복압을 감소시키고 위액 생성을 줄임으로써 치료가능하다. 역류를 피하기 위해서는 복압을 상승시키는 활동을 제한하거나 밤에 침대 머리쪽을 올리고, 허리를 조이는 옷을 입지 않으며, 식후 3시간 동안은 눕지 않음으로써 해결할 수 있다. 표 9-3은 위식도 역류시 사용하는 약물을 요약하였다.

■ 환자 교육

특정 음식의 섭취를 피하거나 섭취의 방법을 조절하면 위식도역류를 피하거나 감소시킬 수 있다.

위식도역류의 원인

- 임신에 의한 프로게스테론 수치의 증가
- 프로게스테론을 함유한 경구용 피임약 복용
- 월경주기의 후반기
- 과도한 운동
- 식도이완불능증
- 식도열공탈장

위식도역류를 예방하기 위한 식습관

- 한꺼번에 많은 음식을 섭취하지 않는다. 체중의 유지나 증가를 위해 에너지가 더 필요한 경우에는 오전이나 오후 중간에 간식을 먹는다.
- 눕기 전 최소한 2시간 동안에는 음식 섭취를 피한다.

표 9-3 위식도역류 치료에 사용되는 약물

분류	약물	작용
제산제	마그네슘, 알루미늄 복합제(Maalox)	위산중화
히스타민 H_2 수용체 차단제	cimetidine(Tagamet)	위산분비억제
알긴산 제산제	알긴산나트륨, 탄산수소나트륨, 탄산칼슘 합성제(Gaviscon)	위산중화 및 보호막 형성
콜린제	bethanechol(Urecholine)	하부식도괄약근 압력과 식도의 산 제거 증진
도파민 길항제	metoclopramide(Reglan)	위장의 수축력을 증가시키고 하부식도괄약근과 위 비우기 증진
항구토제	ondansetron(Zofran)	구토, 기침, 배변 시 긴장으로 인한 복압상승 예방
기침억제제	benzonatate(Tessalon)	
배변완하제	bisacodyl(Dulcolax)	

- 알코올, 구풍제(박하향 기름, 마늘, 양파), 초콜릿, 고지방 음식(튀긴 음식, 고지방 육류, 육즙, 크림소스, 마가린, 버터, 샐러드 드레싱)과 같이 하부 식도괄약근을 이완시키는 음식이나 음료의 섭취를 피하거나 제한한다.
- 식도의 점막을 자극하여 손상을 주는 음식이나 음료(신 과일, 주스, 커피, 후추, 강한 맛의 양념, 매우 뜨겁거나 찬 음식 등)를 제한하거나 피한다.
- 저지방 단백질(1% 우유, 치즈, 요구르트), 저지방 탄수화물(빵, 크래커, 과일)과 같은 식도괄약근의 압력을 낮추는 데 영향을 주는 음식의 섭취를 늘린다.

04 위염

1) 급성 위염

급성 위염(acute gastritis)은 위의 점막이 자극으로 인해서 상처를 입은 상태이다. 과음이나 과식을 하고 몇 시간 후에 갑자기 상복부에 통증이 있고, 구토, 식욕부진, 설사, 발열, 안면 창백, 두통 등의 증상이 있다.

원인

몹시 뜨거운 음식을 먹었을 때, 아이스크림, 빙수 등 위가 얼 정도로 차가운 음료를 많이 먹었을 때, 카레라이스, 겨자, 고추, 후추같이 매운 음식을 많이 먹었을 때, 과량의 알코올을 공복 시 섭취하였을 때, 땅콩, 오징어, 나무열매같이 소화가 잘 되지 않는 딱딱한 식품을 많이 먹었을 때, 그 밖에 식중독, 독성물질, 약물, 알레르기, *Helicobacter pylori* 감염 등에 의해서 발생한다.

치료 식이의 지침

위점막에 염증이 발생한 상태이므로 구강 섭취는 하지 않는 것이 좋다. 절식하더라도 수분은 공급해야 한다. 1~2일간 음식을 먹지 못할 경우에는 맑은 유동식으로 수분을 공급한다.

- 첫째 단계 : 음식은 거의 액체 형태로 섭취한다. 우유, 과일 주스, 미음, 보리차, 시지 않은 사과 주스, 콩나물 삶은 국물 등을 알맞은 온도로 맞추어서 소량씩 섭취한다.
- 둘째 단계 : 환자가 식욕이 있어 음식을 원하면 부드럽고 자극이 없는 음식을 섭취한다. 흰죽보다는 고기, 생선, 채소 등을 혼합한 죽을 먹는다. 만약 설사가 일어나면 우유는 먹지 않는다.

- 셋째 단계 : 평소에 먹던 음식 중 자극이 적은 음식 위주로 섭취한다.
- 음식을 천천히, 잘 씹어서 먹는다.
- 식사를 소량씩 여러 번에 나누어 먹는다.
- 술, 커피, 고춧가루, 단 것, 신 것, 고섬유소 함유 식품 같이 위에 자극이 되는 음식은 몇 주일간 금한다.
- 위염은 재발하기 쉬우므로 주의하도록 한다.

2) 만성 위염

만성 위염(chronic gastritis)은 급성 위염이 오랫동안 완쾌되지 않았거나 위벽 자극이나 올바르지 못한 식습관으로 인하여 장기간에 걸쳐서 위점막에 상처가 발생한 상태이다.

복통, 위 불쾌감, 팽만감, 구토, 메스꺼움, 식욕부진, 체중감소, 빈혈 등의 증상이 나타난다.

원인

- 외인성 인자 : 알코올, 담배, 향신료, 약물, 잘 씹지 않은 음식
- 내인성 인자 : 정신적 혹은 심리적 인자, 위점막의 혈액순환장애 등에 의한 영양장애, 아스피린 남용, 악성 빈혈, 노화, 호르몬 이상
- 식이성 인자 : 뜨겁거나 차가운 음식, 자극적인 음식, 습관적인 폭음 · 폭식

치료 식이의 지침

- 원인을 제거하고 좋지 못한 식습관을 개선한다.
- 부드러운 음식 위주로 섭취한다.
- 강한 양념의 자극적인 음식보다는 맛이 순한 음식을 섭취한다.
- 지나치게 뜨겁거나 찬 것을 피한다.
- 술을 금한다.
- 향신료, 커피, 홍차, 탄산음료, 흡연을 금한다.
- 음식을 소량씩 자주 섭취한다.

05 소화성 궤양

소화성 궤양(peptic ulcer)은 위, 식도 말단 또는 십이지장 점막에 궤양을 일으키는 질환이다. 대부분의 십이지장 궤양은 십이지장의 기시부 3~4cm 지점, 즉 십이지장 팽대부에 발생하고 위궤양은 소만곡부에 흔히 발생한다. 소화성 궤양은 여러 요인에 의해 발생하는데 위액의 과다 분비, 점막 방어기전의 손상, 비스테로이드성 소염제(NSAIDs) 사용, *Helicobacter pylori*, 흡연, 유전 요인, 스트레스와 같은 것들이 궤양을 일으킬 수 있는 소인이다(그림 9-2).

관리 목표는 증상을 완화하고, 궤양을 치료하며, 재발을 방지하고, 합병증을 예방하는 것이다. 효과적인 치료를 위해서는 산분비 억제와 다른 의학적 치료를 병행하고 균형잡히고 규칙적인 식사를 권장한다.

치료 식이의 지침

궤양의 치료기간과 위산분비를 억제하는 면에서 일반 식이보다 죽 또는 궤양식이 더 효과적이지는 않다. 추천 식이는 위산분비의 증가, 증상의 악화, 식도·위·십이지장의 궤양을 자극하는 음식을 피하는 것이다. 이런 방법은 반드시 개별화되어야 한다.

탄수화물은 위액분비 능력과 위내 체류시간이 적당하여 기본 식사로 제공한다. 단백질은 산을 중화시키지만 위액분비를 촉진시키는 단점이 있다. 지방은 위액분비는 억제하지만 위내 체류시간이 길다. 그러나 적당량을 섭취하는 것은 권장한다. 과거의 소화성 궤양 식사는 우유나 크림과 같은 부드러운 연식이 이용되었으나 이러한 식사는 철분 부족으로 빈혈을 유발할 수 있고, 비타민 C 등 여러 가지 영양소가 결핍되기 쉽다.

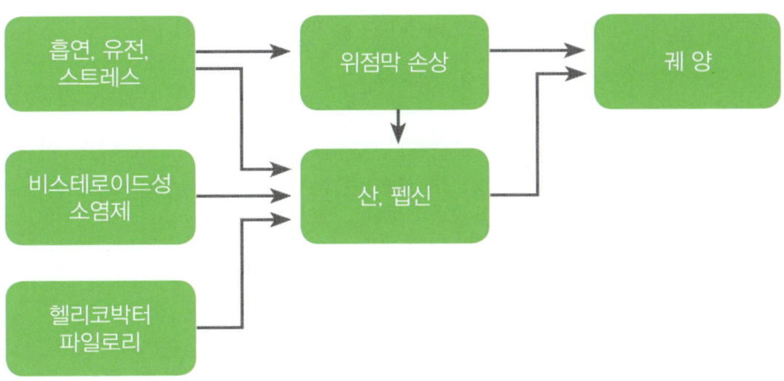

그림 9-2 소화성 궤양의 병리기전

우유는 위산을 중화하는 효과가 있어 궤양 치료에 중요하게 생각해 왔다. 우유를 다른 식품과 함께 먹으면 일시적인 중화효과는 있으나 우유 내 다량의 칼슘과 단백질로 인해 섭취 2~3시간 후에는 오히려 위산분비를 촉진한다. 따라서 너무 잦은 우유 섭취는 권하지 않는다.

알코올은 위점막을 손상시키므로 궤양 치료를 받는 동안은 섭취를 최소한으로 하는 것이 좋다.

생과일, 생야채, 말린 과일, 잡곡류, 마른 오징어와 같은 거칠고 딱딱한 식품은 위점막을 자극하므로 제한한다. 대부분의 양념, 조미료, 감귤류와 튀긴 음식 등은 위점막을 자극하지는 않는 것으로 밝혀졌다. 따라서 위점막을 자극할 수 있는 고춧가루, 후추, 겨자, 카레가루 등의 양념을 제외하고 환자의 적응 정도에 따라 다양한 식품을 섭취하는 것은 무방하다.

급성기에는 소량씩 자주 먹도록 한다. 그러나 경과에 따라 그 횟수를 조절한다. 잦은 간식은 위산분비를 증가시킬 수 있으므로 권하지 않는다.

기타 위점막을 손상시킬 수 있는 흡연은 궤양의 치유를 지연시키고 재발을 일으키므로 반드시 금연한다. 만약 심장질환의 위험이 있다면 지방 섭취는 포화지방 대신에 불포화지방으로 섭취하도록 한다.

■ 환자 교육

- 균형잡힌 식사를 한다.
- 음식은 잘 씹어서 삼킨다.
- 조용하고 편안한 환경에서 천천히 삼킨다.
- 알코올, 흡연, 아스피린, 고춧가루, 후춧가루, 식초는 금한다.
- 수면 동안 산분비 자극의 예방을 위해서 취침 2시간 전에는 먹지 않는다.
- 위산분비를 자극하는 카페인이나 비카페인 음료는 적게 먹고, 위가 비어 있을 때나 취침 시간에는 금한다.
- 커피(디카페인 커피 포함)나 카페인 함유 식품(코코아, 콜라 등)은 위산분비를 자극하므로 제한해야 한다. 다만 증상이 없는 경우라면 커피를 식사 직후 또는 다른 식품과 함께 마심으로써 자극을 줄일 수 있다.
- 너무 차거나 뜨거운 음식은 피한다.
- 특정 음식 섭취가 반복적인 불편감을 주지 않는다면 완전히 금할 필요는 없다.
- 필요하면 제산제를 투여하고 궤양치료제 중 변비를 일으키는 약물을 복용할 경우 섬유질을 충분히 섭취한다.
- 식후 30분 정도 편안한 자세로 안정을 취한다.
- 음식을 되도록 끓이거나 쪄서 먹고 날것으로 섭취하지 않는다.

06 염증성 장질환

염증성 장질환(inflammatory bowel disease)에 속하는 질환은 만성 궤양성 대장염(chronic ulcerative colitis)과 크론병(Crohn's disease)으로서, 장에 원인불명의 만성적인 염증상태를 일으킨다. 주요 증상은 복통, 설사, 장내 출혈, 단백질 상실, 발열이며 이 모든 증상은 영양결핍을 초래한다. 염증성 장질환에서 영양결핍의 원인은 섭취량 감소, 흡수장애, 영양소 손실 증가, 영양소 이용의 증가와 이로 인한 요구량 증가, 장절제, 설사, 약물-영양소 상호작용 등이다. 치료는 염증을 조절하기 위한 약물요법과 수술이 가능하며 영양지지와 함께 영양상태를 유지하는데 끊임없는 관심을 기울이는 것이 필요하다. 수술은 염증성 장질환에서 완화적인 방법이지만 대부분의 크론병 환자는 수술 후 재발되는 경향이 있다.

치료 식이의 지침

영양관리의 목표는 염증 진행과정에서 발생하는 영양소 손실 및 체내 영양소의 결핍을 교정하고 충분한 영양소를 공급하여 열량, 단백질, 수분, 전해질의 균형을 맞추는 것이다. 식사를 통해 영양권장량은 충족할 수 있으나, 질환 자체의 흡수불량 때문에 비타민(A, D, E, K, B_{12}, 엽산)은 주사로 보충하고 무기질(철분, 아연, 마그네슘, 칼슘, 칼륨), 단백질, 지방(말단 회장부를 절제하거나 이 부위에 염증이 심한 경우)은 구강으로 보충할 수 있다. 그림 9-3은 장의 영양소 흡수부위이므로 장의 일부분에 염증이 발생하거나 제거 수술을 했을 때 영양소의 흡수장애가 나타나는 양상을 나타내고 있다.

궤양성 대장염에서 증상이 조절되면 저섬유성 식이가 가장 좋다. 증상이 감소되면 견딜 수 있는 범위 내에서 섬유소을 첨가할 수 있다. 크론병 환자는 증상의 심각성에 따른 영양지침을 이용한다(표 9-4).

환자의 영양 요구량을 산출하기 위해서는 영양상태를 평가하여야 하며 장의 기능, 질병 진행과정의 정도 및 위치, 예상되는 치료방법(약물, 수술 등)을 고려하여 식사조절을 적용하여야 한다.

1) 잘록창자 창냄술과 돌창자 창냄술

때때로 직장을 포함한 대장의 질병이나 폐색이 해결되지 않으면 장의 일부 또는 전부를 제거한다. 영양요법은 장을 절제한 부위에 따라 다르다. 돌창자창냄술(회장조루술, ileostomy)을 시행한 경우 배출물은 좀더 액체 형태이다. 물, 나트륨, 그 외 무기질을 잃어버리므로 수분과 전해질을 공급하는 것이 중요한 목표이다. 잘록창자

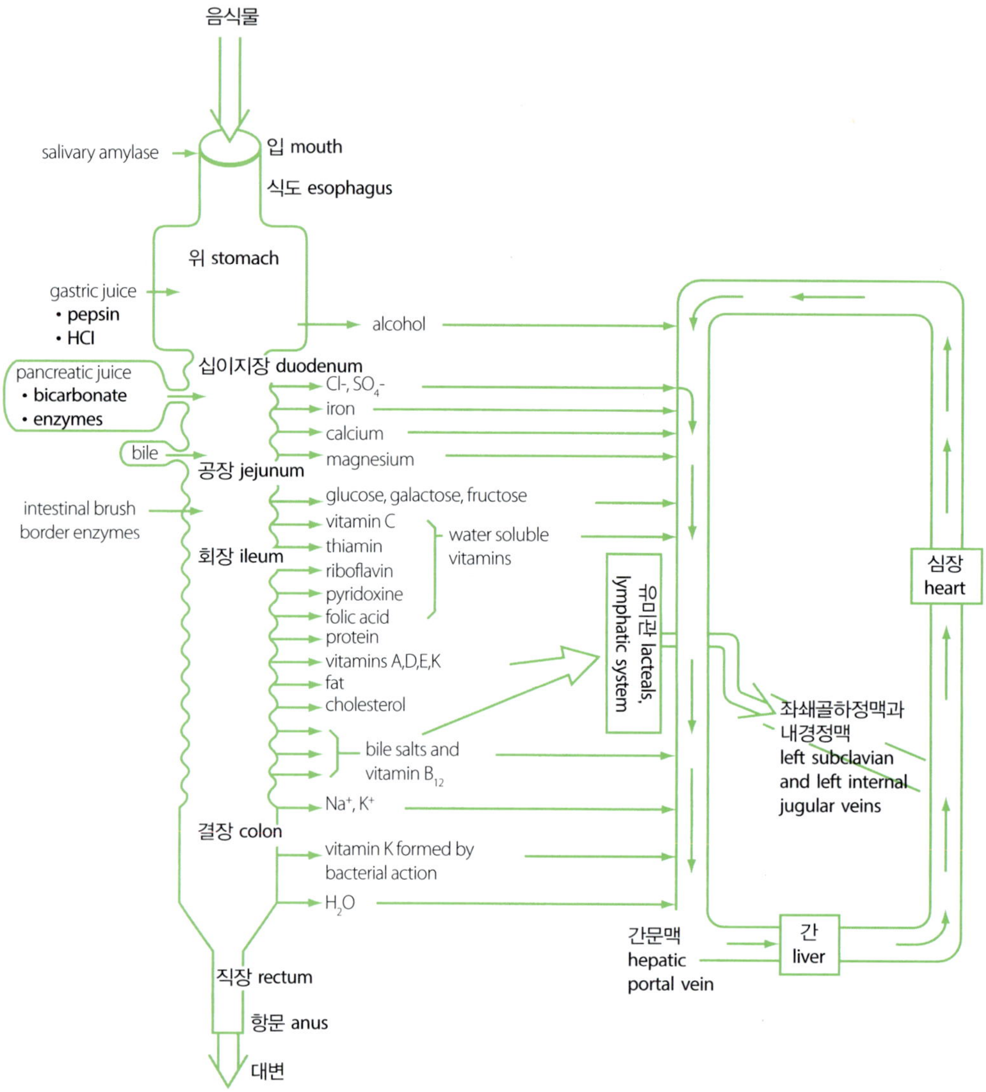

그림 9-3 영양소 흡수 위치

표 9-4 염증성 장질환의 치료적 영양요법 지침

질병의 심각성	영양요법	영양 추천
경증	자극적 또는 흡수가 잘 안 되는 음식 제한	섬유질 섭취 제한(특히 팝콘, 곡류, 땅콩, 과일, 과일 껍질, 브로콜리, 마른 콩), 유당 함유식품 제한, 고지방 식품 제한
경증에서 중증	영양결핍 교정, 열량 섭취 증가	열량 섭취 1일 300~500kcal로 증가, 단백질 섭취는 1일 1.5~3g으로 증가 RDA의 100~150%로 비타민과 무기질 함유한 보충제 투여
중증에서 아주 심각	장 휴식	구강 또는 급식관으로 영양액 투여, 전체적으로 폐색이 있거나 누공이 있으면 비경구 영양 적용

*RDA: recommended dietary allowance

출처: Davis JR, Sherer K : Applied Nutrition and Diet Therapy for Nurses, ed 2, Philadelphia, Saunders, 1994.

창냄술(결장조루술, colostomy)을 시행한 경우 배출물의 형태는 남아 있는 장의 길이에 비례한다(그림 9-4). 대변이 묽을수록 수분과 전해질 상실은 커진다. 섭취하는 음식물의 제한은 환자 개인의 내성에 따라 이루어져야 한다.

치료 식이의 지침

영양요법의 목표는 염증과정에서 상실된 영양소를 공급하고 결핍을 교정하며 에너지, 질소, 수액, 전해질 균형을 유지하기 위해 적당한 영양을 제공하는 것이다. 과거의 장절제 부위와 병변 위치 및 범위, 내 · 외과적 치료를 포함한 장기능에 대해 주의를 기울여야 한다.

궤양성 대장염 환자에게는 증상의 조절을 위해 저섬유성 식이를 제공한다. 증상이 감소하면 견딜 수 있는 범위 내에서 섬유소를 첨가할 수 있다. 크론병 환자는 증상의 심각성에 따라 다른 영양지침을 이용한다. 표 9-5에 치료 식이지침을 요약하였다.

■ 환자 교육

- 가스 생성 음식 : 콩, 배추, 브로콜리, 탄산음료, 양파
- 불완전하게 소화되는 음식 : 양배추, 샐러리, 옥수수, 오이, 말린 과일, 피망, 땅콩, 버섯, 콩, 피클, 과일이나 채소의 거친 껍질

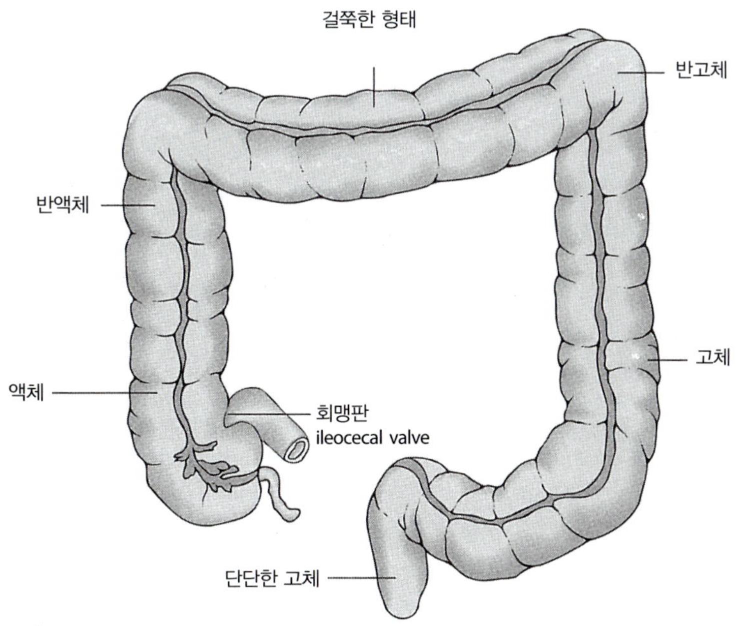

그림 9-4 대장부위에 따른 배설물의 양상

표 9-5 잘록창자창냄술이나 돌창자창냄술 환자의 음식 섭취 전략

제 안	근 거
규칙적(최소한 하루에 3번)으로 식사한다.	배변양상이 더 규칙적으로 된다.
음식은 잘 씹는다.	잘 씹는 것은 소화를 돕고 창냄 막힘의 기회를 줄인다.
매일 8~10컵의 수분을 섭취한다.	충분한 수분의 섭취는 변비와 탈수를 예방한다.
과도한 체중증가를 피한다.	과도한 체중증가는 위기능에 영향을 미친다.
과도하게 가스를 생성하거나 변을 묽게 만들고 완전히 소화되지 않는 음식은 제한한다(환자교육에서 제시함).	잘록창자창냄술–수술 전에 문제를 일으켰던 음식물은 잘록창자창냄 생성과 상관없이 잘록창자에 도달하기 전에 소화되므로 계속 문제를 일으킨다. 돌창자창냄술–첫 4~6주 동안 창냄 막힘의 기회를 줄이고, 가스와 대변의 양을 줄이기 위해 수술 전에 문제를 일으켰던 음식물은 제한한다.
저녁에는 소량씩 먹는다.	야간의 배변횟수를 줄인다.
한 번에 한 가지씩 새로운 음식물을 시도한다.	음식 내인성을 결정하는데 도움을 준다.
몇 차례 시도해 보아서 계속 같은 불편감이 있다면 해당 음식은 제외시킨다.	

출처: American Dietetic Association : Nutrition care manual, Chicago, 2005.

- 냄새를 줄이는 음식 : 버터, 우유, 크랜베리 주스, 요구르트, 파슬리
- 냄새를 생성하는 음식 : 아스파라거스, 달걀, 어류, 양파, 마늘
- 수분함량이 낮은 음식 : 사과 소스, 바나나, 빵, 치즈, 피넛, 버터
- 수분함량이 높은 음식 : 각종 주스

2) 단장 증후군

단장 증후군(short bowel syndrome)은 질병이나 손상으로 인해 소장을 절제했을 때 발생할 수 있는 여러 가지 증상을 말한다. 증상과 이에 따른 결과는 제거부위, 제거범위, 제거 후 경과된 시간, 회맹판의 존재 여부, 남아있는 장의 상태 그리고 대장의 연속성 여부에 따라 다르다. 가장 흔한 증상은 흡수장애, 지방변, 잠재적인 비타민과 무기질 결핍이다.

치료 식이의 지침

영양요법은 개인의 소화 및 흡수능력을 고려해야 한다. 환자가 적당한 영양소를 소화하지 못하거나 경장영양이 증상을 악화시키면 비경구영양을 시행한다. 그러나 위장관의 위축을 예방하기 위해서는 가능한 빨리 경구영양으로 회복하는 것이 좋다. 식이성 지방 제한과 중쇄 중성지방(medium-chain triglyceride, MCT)의 섭취가 유효할 수 있다. 영양상태, 특히 수분과 전해질 균형을 자주 관찰하는 것이 중요하다.

07 게실질환

장벽의 근육이 약해지면 게실(diverticulum)이 종종 발생하여 다발성 게실증(diverticulosis)을 일으킨다. 이것은 장기간의 저섬유성 식이습관과 장운동에 저항을 줄 수 있는 대장 내 압력의 상실 결과 발생하는 것으로 생각된다. 대개 이러한 상태는 게실이 대변으로 막히고 대장 내 세균에 의해서 감염되어 염증을 일으킨 후 발견된다. 그 결과 생기는 합병증을 게실염(diverticulitis)이라 한다.

치료 식이의 지침

염증기간 동안의 치료 목표는 장을 휴식시켜 감염이 해결되도록 하는 것이다. 환자는 금식한 상태에서 점차적으로 맑은 유동식을 섭취한다. 염증이 소실되면 배변 동안의 긴장을 줄이기 위해 식이성 섬유소 함유량을 점차 증가시킨다. 일반 식이에서 섬유소가 많은 과일, 채소, 콩류, 밀빵, 곡류를 증가시키고 고섬유소 식이를 계획한다. 섬유소 첨가는 장이 적응할 수 있도록 점차적으로 증가시켜야 한다. 그렇게 함으로써 복통, 팽만감, 방귀, 경련, 설사와 같은 잠재적 부작용을 최소화한다.

그 밖에도 하루에 적어도 8~12컵 정도의 수분 섭취를 하도록 주의를 기울여야 한다.

08 유당 불내성

유당 불내성(lactose intolerance)은 이당류의 하나인 유당을 분해하는 효소인 락타아제(lactase)의 결핍으로 인해서 섭취한 유당을 소화시키지 못하여 일어나는 장내 증상이다. 완전 유당 불내성은 거의 없으며, 그 정도는 다양하다. 사실 이 상태는 정상이라 할 수 있을 정도로 전 세계적으로 성인에서 흔하다.

락타아제는 유당(젖당, lactose)을 포도당(glucose)과 갈락토오스(galactose)로 가수분해시킨다. 장내 효소인 락타아제의 양이 부족하면 소화되지 않는 유당이 장내에 남아 있게 되고 삼투력에 의해 소화되지 않은 유당이 소화관 안으로 물을 끌어들여 장내 증상을 일으킨다. 소화되지 않은 유당은 대장에서 정상 대장 세균에 의해 발효되어 지방산, 탄산가스, 수소를 생성한다. 유당 불내성의 증상은 유당 섭취 직후나 몇 시간 후에 복부 경련, 장내 가스, 설사가 발생한다. 증상의 경중은 유당에 대한 불내성의 정도와 섭취한 유당의 양에 따라 달라진다.

유당 분해효소 결핍은 1차와 2차로 분류된다. 1차 불내성은 장질환 없이 나타난다. 유당 분해효소의 결핍은 흑인, 동양인, 그리스인, 유태인, 멕시코인, 아메리카 인디안 같은 사람들에게서 많이 나타난다. 2차 락타아제 결핍은 열대성 스프루 혹은 복강 스프루(celiac sprue), 크론병(궤양성 대장염), 소장이나 위 절제수술을 한 사람과 같은 장의 손상과 관련된 급·만성 질환에서 발생할 수 있다. 또한 장기간의 총비경구영양(TPN)으로 장관을 오랫동안 사용하지 않았던 환자들에게서 나타나는데, 이런 경우에는 장기간에 걸친 점진적인 식사 공급으로 회복이 가능하다.

치료 식이의 지침

이런 사람들의 식사관리는 영양이 적합한 식이와 그 사람이 견딜 수 있는 수준에서 증상을 최소화하거나 제거하는데 목표를 둔다. 유당 불내성으로 판명이 된 사람에게 도움이 되는 지침은 다음과 같다.

- 유당이 전혀 포함되지 않은 식이에서부터 소량씩 추가하여 점진적으로 증가시킨다.
- 대부분의 사람들은 일정한 시간에 유당 5~8g(우유 1/2컵에 포함된 양)을 견딜 수 있다.
- 개인이 견딜 수 있는 정도로 소량씩 하루에 여러 차례 나누어 섭취한다.
- 유당은 음료수나 스낵처럼 단독으로 섭취하는 것보다는 다른 음식과 함께 섭취하면 일반적으로 견딜 수 있다.
- 요구르트 배양 시에 발견되는 세균성 락타아제가 유당을 가수분해하기 때문에 우유보다는 요구르트를 더 잘 견딜 수 있다.
- 엄격한 유당 불내성이 아닌 경우 유당을 줄인 우유를 섭취하거나, 유당이 포함된 음식 섭취 직전에 유당 분해효소 정제를 복용하면 도움이 된다.
- 코코아와 초콜릿 우유는 개인에 따라 우유보다 더 잘 견딜 수 있다.
- 저유당 식품들이 상품화되어 있으므로 그런 것을 사용할 수 있다.
- 유산균(*Lactobacillus acidophilus* : 유아나 우유를 많이 섭취하는 성인의 분변 속에 있는 그람 양성의 혐기성 간균)이 함유된 우유가 일반 우유보다 수용도가 높다고 할 수는 없다.
- 개인에 따라 따뜻한 우유를 찬 우유보다 잘 견디는 경우가 있다.

09 글루텐 민감성

1) 셀리악병, 스프루

셀리악병(celiac disease) 또는 스프루(sprue)는 소장, 특히 십이지장과 공장의 점막이 글루텐 민감성으로 인해 손상된 만성 장질환이다. 경증에서는 소장의 미세융모가 손상되어 흡수면적이 감소한다. 좀더 심한 경우에는 융모 자체가 무뎌지거나 없어져서 장의 흡수면적이 더욱 더 감소한다. 정확한 기전은 알려지지 않았지만 이런 장의 손상은 밀, 귀리, 호밀, 보리에서만 발견되는 단백질의 일종인 글리아딘(gliadin)에 의해 초래되는 것으로 알려져 있다. 소장의 이런 변화는 설사, 지방변, 방귀, 복부팽만, 허약감, 체중감소를 초래한다.

초기에는 지방 흡수장애가 다른 영양소의 흡수장애보다 더 전형적으로 나타나는데 이런 상태를 특발 지방변증(idiopathic steatorrhea)이라 한다. 좀더 심한 경우에는 단백질, 탄수화물, 칼슘, 비타민 K, 엽산, 비타민 B_{12}, 철분 등의 영양소가 흡수되지 않는다. 이러한 흡수장애는 심한 영양결핍, 체중감소, 골연화증(osteomalacia), 비타민 K 결핍으로 인한 혈액응고장애 및 비타민 B_{12}와 엽산의 흡수장애로 인한 악성 빈혈의 형태인 거대적혈구성 빈혈을 초래한다.

2) 포진피부염

포진피부염(dermatitis herpetiformis)은 피부의 만성 염증성 질환으로 청장년에 흔히 발생하며 소양증, 수포성 발진이 나타난다. 환자의 대부분에서 스프루와 비슷하게 공장에 병소를 동반한다. 소화기 증상은 나타나긴 하나 없는 경우가 더 많다. 공장과 피부 발진은 글루텐(gluten)을 섭취하지 않으면 호전되었다가 섭취하면 다시 악화된다. 따라서 지속적인 글루텐 제한이 요구된다.

치료 식이의 지침

일단 글루텐을 식이에서 제외시키면 몇 주 또는 몇 개월에 걸쳐 증상이 점차 호전되어 소장점막은 거의 정상 상태로 회복된다. 불행하게도 밀, 귀리, 호밀, 보리의 섭취를 피하는 것은 그리 쉬운 일이 아니다. 무의식적으로 글루텐을 섭취하는 것이 증상의 재발을 초래하는 가장 흔한 원인이므로 환자들은 상품의 내용물을 주의깊게 읽어야 한다. 더불어 집 밖에서 식사를 할 때에는 밀빵이나 크래커 같은 제품도 피해야 한다. 이 4가지 곡물을 제한하는 식이는 맛이 없다. 표 9-6은 글루텐 함유 식품의 예를 제시하였다.

표 9-6 글루텐 함유 식품

식품 구분	함유 식품	함유 가능 식품	비함유 식품
곡류 및 제품	각종 빵, 크래커, 국수(밀, 보리, 맥아 귀리, 호밀, 밀눈 등이 함유된 곡류제품)	상품화된 쌀가루와 감자가루	밀전분, 쌀, 감자, 콩가루, 옥수수 가루로 만든 빵, 팝콘
육류 및 제품	고기를 넣은 빵	고기를 넣은 빵과 과자, 빵가루를 묻힌 칠면조, 치즈 식품, 콩단백 고기 대용품	쇠고기, 돼지고기, 가금류, 계란, 코티지 치즈, 땅콩버터
국류	보리나 밀가루가 함유된 스프	상품화된 스프육수, 스프가루	옥수수, 밀가루, 감자가루, 콩가루와 혼합된 스프
음료	곡류음료, 보리음료, 맥주	초콜릿 우유, 코코아 혼합 가루, 기타 가루 음료수	커피, 홍차, 탄산음료, 포도주, 코코아 음료
우유류	맥아 함유 우유음료	상품화된 초콜릿 우유	전유, 저지방유, 탈지유, 버터우유
채소	상품화된 야채빵이나 크림, 혹은 치즈소스	상품화된 채소 조미제품 채소 통조림	모든 생채소
당류		상품화된 캔디, 특히 초콜릿	
지방과 기름류	상품화된 육즙, 크림소스	상품화된 샐러드 드레싱 상품화된 마요네즈	버터, 마가린, 식물성 기름
과일			모든 생과일, 가당 과일 통조림
후식	상품화된 케이크, 과자, 페이스트리	상품화된 아이스크림 상품화된 샤벳	젤라틴, 글루텐이 제거된 재료로 만든 것
양념		케첩, 겨자, 간장, 피클, 식초, 시럽	모노소듐 글루타메이트(MSG), 조미소금, 후추, 향신료, 효모, 인공향료

출처: Nelson, J, K, et al., Mayo Clinical Diet Manual, ed 7, Mosby, 1994.

시판되는 가공품에 많이 쓰이는 유화제(emulsifier), 농후제(thickening agent)와 여러 가지 첨가물에 글루텐을 함유한 곡식들이 사용되므로 글루텐 제한을 하는 것은 매우 어렵다. 글루텐 제한 식이가 실패하는 이유로는 자신도 모르는 사이에 글루텐을 섭취하거나 대체 식품에 대한 혐오감 및 외식 시 적절한 음식 선택이 어렵기 때문이다.

초기에 흡수장애가 발생하여 체중감소가 나타나면 고단백 고열량식이를 추천하며 비타민과 무기질 보충도 필요하다. 흡수가 증진되면 계속하지 않아도 된다.

10 장내 가스와 방귀

위장관 내의 과다한 가스는 몇 가지 요인에 의해서 일어날 수 있다(표 9-7). 트림은 전형적으로 식사동안 공기를 삼키는 습관에 의한다. 탄산음료와 같이 많은 양의 공기를 함유한 음식도 이런 문제를 야기한다. 흔히 공기를 삼키는 것이 대장의 가스 형성을 유발하는 것은 아니다. 대장내가스는 섭취한 음식에서 형성된 가스나 특정 음식이 장내 세균에 의해 발효된 결과이다. 가스는 장을 통과할 때 대장벽에서 흡수된다. 그러나 장운동이 방해받으면 흡수되지 못하여 팽만이 일어나고 복통을 초래한다.

치료 식이의 지침

섭취한 음식뿐 아니라 식습관도 가스 형성에 영향을 미칠 수 있으므로 환자의 식습관을 철저히 평가하는 것이 필요하다. 특정 치료는 가스를 형성하는 원인이 될 수 있으며, 가스 형성 식품도 불편감의 원인이 되므로 피한다. 식후 30분 동안 상체를 높인 자세로 있는 것도 도움이 된다.

표 9-7 장내 가스 및 방귀를 유발하는 요인

구분	내용
가스 형성 식품	마른 콩, 완두콩, 구운 콩, 양배추, 무, 양파, 브로콜리, 콜리플라워, 오이, 절인 양배추
공기를 삼키는 요인	잘 맞지 않는 의치, 껌, 씹는 담배, 딱딱한 사탕, 음료, 빠르게 먹기, 빨대로 음료수 마시기, 담배, 탄산수, 생크림, 먹으면서 말하기
기타	식후에 눕기, 비활동성(운동부족), 스트레스

출처: Nelson JK et al : Mayo Clinic Diet Manual, ed 7, St. Louis, Mosby, 1994.

11 변비

변비(constipation)의 원인은 다양하다. 장기 자체의 원인으로는 장의 폐색, S상결장의 경련, 게실염, 종양이 있다. 기능성 변비의 가장 흔한 원인은 변의에 대한 반응장애이며, 다른 원인은 섬유소와 수분 부족, 장기간의 침상안정, 규칙적인 운동 부족, 완하제 또는 습관적인 관장 등이다. 이런 상태가 치료되지 않으면 대장은 이완된다. 그 밖에 임신부들은 태아가 커짐에 따라 대변의 이동을 방해하여 임신 말기에 변비를 경험한다.

변비가 심해지면 배변횟수는 주 1회 정도로 빈도가 감소한다. 이로 인해 놀라운 양의 대변이 대장에 축적되어 7.5~10cm 이상 직경이 커지게 된다. 이런 거대결장(megacolon) 상태는 여러 가지 원인에 의해 생길 수 있다. 선천성 거대결장(congenital megacolon)은 대장의 평활근벽에 자율신경절세포의 결핍 때문이다. 그 결과 대장의 일부에서 배변반사나 연동운동이 일어나지 않는다. 독성 거대결장(toxic megacolon)은 궤양성 대장염의 합병증이며 대장의 천공, 패혈증, 사망을 초래한다. 선천성 및 독성 거대결장의 가장 일반적인 치료는 수술이다. 후천성 거대결장은 만성적으로 변의를 무시해서 생기며 대장은 대변의 축적으로 인해 팽창된다. 종종 완하제와 관장이 필요하다.

치료 식이의 지침

자가치료를 위해 완하제를 흔히 선택하지만 적절한 식이가 변비의 일반적인 치료 방법이다. 적당한 수분 섭취와 섬유소를 많이 함유한 식품을 다량 섭취할 것은 권장한다. 섬유소는 식이에서 음식의 양을 증가시키며 연동운동을 자극한다. 잠재적인 부작용을 피하기 위해 섬유소를 점차적으로 증가시키도록 주의해야 한다. 식이성 섬유소는 인간의 장에서는 소화되지 않지만 장내에 존재하는 세균에 의해서 파괴될 수 있다. 그 결과 방귀와 삼투성 설사가 일어날 수 있다.

섬유소가 많은 음식은 일반적으로 1일 25~50g의 식이 섬유소를 함유하는 것을 말한다. 섬유소 섭취량을 증가시키기 위해서는 전곡류(whole grain food), 과일류, 채소류의 양을 늘리고 식품을 조리하는 과정에서 섬유소가 감소될 수 있으므로 채소와 과일은 날 것으로 섭취한다. 수용성 섬유소는 물을 흡수하여 대변의 용적을 늘려 변비를 완화시키므로 수분 섭취도 증가시키도록 한다.

환자가 경험하는 위장관의 불편감 등을 줄이기 위해서는 고섬유소식의 섭취량을 점차적으로 증가시켜야 한다. 만약, 잘 적응하지 못하는 경우에는 어떤 식품에 가장 잘 적응하는지를 알기 위해 다양한 종류의 고섬유소 식품의 섭취를 시도해 보도록 한다. 매끼 일정한 시각에 균등한 양의 고섬유소식을 섭취했을 때가 가장 수용력이 좋고 증상이 개선되는 것으로 나타났다. 또한 규칙적인 운동이 장운동의 규칙성과 장의 건강을 개선시키는 데 도움이 된다.

BOX 9-3 고섬유소 식이를 위한 지침

- 채소, 과일, 콩류와 견과류의 섭취량을 증가시킨다.
- 과일과 채소는 익히지 않은 날것을 섭취한다.
- 정제된 식품 대신 준곡류로 만든 식품을 이용한다.
- 음료는 6~8컵 정도로 섭취량을 증가시킨다.
- 발효된 유제품(요구르트 등)을 섭취한다.

12 설사

설사(diarrhea)는 하나의 증상이지 질병은 아니다. 이것은 급성과 만성으로 분류되며, 치료는 원인에 따라 결정된다. 급성 설사는 전형적으로 단기적이며 주로 장염에 의해 생기고 그 밖에 약물의 부작용, 식이 습관의 변화, 또는 정서적 스트레스에 의해서도 발생한다. 2주 이상 지속되는 설사는 만성 설사이다. 장기간의 설사는 보통 위장계의 자극이나 흡수장애의 결과이다. 두 가지 모두 영구적인 식이 변화가 필요하다.

치료 식이의 지침

치료적 영양요법은 설사의 원인에 따라 다르다. 심한 경우에 환자는 위장관을 휴식시키기 위해 금식하지만 모든 식품을 금하지는 않는다. 경구 또는 정맥으로 수액(당질과 전해질 포함) 공급이 이루어져야 한다. 경장요법은 구강으로 수분을 섭취하고 맑은 유동식을 1~2일 동안 섭취하며 저지방, 저섬유소, 저유당 식이를 하게 된다. 3회 다량 섭취하는 것 보다 소량씩 자주 섭취하는 것이 더 좋다. 2~3일 후에 일반식으로 점차 바꾸는 것이 좋다. 설사의 원인과 예방에 대해서 환자를 교육시키는 것도 중요하다.

>> 간호적용

연하곤란 사례

대상자는 2년 전 근위축성 측삭경화증(amyotrophic lateral sclerosis, ALS)으로 진단받았고 다리로 진행되는 하지의 허약감을 경험하고 있다. 지금은 침대나 의자에 앉아서 생활하고 있고, 언어곤란과 구토반사(gag reflex)의 저하와 함께 연하곤란을 경험하기 시작하였다. 대상자는 집에서 가족과 가정간호사에 의해 간호를 받고 있다. 간호사는 적어도 일주일에 한 번 그를 방문하여 그의 건강상태를 평가하고 관리하고 있다.

(1) 간호사정

① 주관적 자료

- 식사 시에 질식과 역류가 증가하고 있다(지금은 거의 매일 한 번씩 발생한다).
- 질식은 일반적으로 묽은 유동식을 섭취하면 갑자기 발생한다.

- 지난 몇 개월간 음식을 씹고 삼키는 시간이 점점 길어지고 있다.

② 객관적 자료

- 신장 170cm, 체중 48kg
- 매일 800mL의 수분을 섭취한다.
- 지난 몇 개월간 매달 2.5kg씩 체중이 감소하였다.

(2) 간호진단

- 머리와 목 근육의 허약과 관련된 연하곤란

(3) 간호계획

- 대상자와 그의 부인과 함께 공동으로 목표를 세운다.
- 대상자는 일주일 이내에 질식 경험이 주5회 이하로 감소한다.

(4) 간호중재

- 매일 아침 구토반사를 확인한다.
- 똑바로 앉은 자세에서만 음식을 먹도록 한다.
- 소량씩 천천히 먹도록 한다.
- 묽은 액체의 섭취를 피하도록 한다. 진한 주스, 젤라틴을 섞은 물, 아이스크림을 섞은 우유를 섭취하게 한다.
- 입안에 있는 고체 음식을 삼키기 위하여 액체를 사용하지 않도록 하며, 환자로 하여금 음식이 남아 있을 때 삼키도록 교육한다.
- 음식을 삼키기 전에 숨을 쉰 후 삼키는 동안에는 숨을 참도록 하며, 음식을 삼킨 후에는 크게 숨을 내뱉도록 교육한다.

(5) 간호평가

- 지난 주와 비교하여 이번 주에는 질식과 역류의 발생횟수가 감소한 것을 평가한다.

생각해보기

대상자는 소적혈구성 빈혈로 입원한 35세 여성으로 2년 전 출혈성 궤양으로 전위절제술을 시행한 과거력이 있다. 입원 당시 체중 58kg, 신장 160cm이었으나 수술 후 체중이 8kg 감소하였다. 수술 후부터 황산철을 복용해 왔으며, 매달 비타민 B_{12} 주사를 맞아왔다. 입원 당시 임상검사 결과는 헤모글로빈 8.0g/dL, 헤마토크릿 26%, 혈청알부민 2.7g/dL이었고 현재의 식단은 다음과 같다.

아 침	마가린 1티스푼을 넣은 에그스크램블, 우유 200cc, 마가린 1티스푼을 바른 토스트 1쪽, 녹차 1잔
오전 10시	소금이 들어있는 크래커 6개, 다이어트 캔 콜라 400cc
점 심	구운 닭 날개 2조각, 조리한 당근 1컵, 중간으로 끓인 감자 1개, 중간 크기 바나나 1개, 보리차 400cc
오후 3시	흰죽 300cc, 김치 약간, 초콜릿 우유 200cc
저 녁	구운 닭 가슴살 1조각, 김치 약간, 뜨거운 홍차 1컵
오후 9시	소금이 들어있는 크래커 6개, 땅콩버터 1테이블 스푼, 녹차 1잔

1. 위절제술을 한 환자에게서 나타나는 일반적인 영양문제는 무엇인가?
2. 위절제술 후 철결핍성 빈혈로 발전할 수 있는 이유는 무엇인가?
3. 대상자의 식단에서 어떤 식품군이나 영양이 결핍되어 있는가?

10장

간 • 담낭 • 췌장 환자 식이

간, 담낭, 췌장은 소화 부속기관이며, 엄밀한 의미에서 소화기관의 일부는 아니지만 이들이 없으면 소화, 흡수 또는 대사가 거의 일어나지 않는다. 이러한 소화 부속기관의 질병이나 손상은 영양상태에 악영향을 미칠 수 있다.

신체에서 가장 큰 장기인 간은 우측 상복부 횡격막 아래에 위치하며 신체에서 일어나는 영양소의 대사에 중요한 역할을 한다. 영양상태는 간에서의 담즙생성과 탄수화물, 단백질, 지질, 비타민 대사의 매개 역할에 의해서 영향을 받는다. 따라서 간기능이 손상되면 대사와 영양상태에 심각한 불균형을 초래할 수 있고, 점진적인 영양장애는 간기능에 더욱더 손상을 초래할 수 있다. 그림 10-1은 대사와 영양상태에서의 간기능을 요약하였다.

식사요법의 목적은 간에 부담을 적게 주면서 간 조직의 퇴행성 변화를 막는 것이다. 적당한 식이와 휴식은 간의 손상을 막는 최선의 방법이다.

간질환의 식사에는 고단백식, 고열량식, 고비타민식을 원칙으로 한다. 환자의 상태에 따라서는 단백질을 추가하기도 하고 제한하기도 한다. 이에 대한 예는 표 10-1에 제시하였다.

하루 식사횟수를 6~8회로 나누어서 조금씩 섭취하는 것이 하루 3회에 많은 양을 섭취하는 것보다 효과적이다. 이것은 식욕이 좋지 않은 간질환자에게 적절한 영양 섭취를 유지하는 데 도움이 된다. 간질환자는 오전에 식욕이 좋으므로 오전에 많이 섭취하도록 한다.

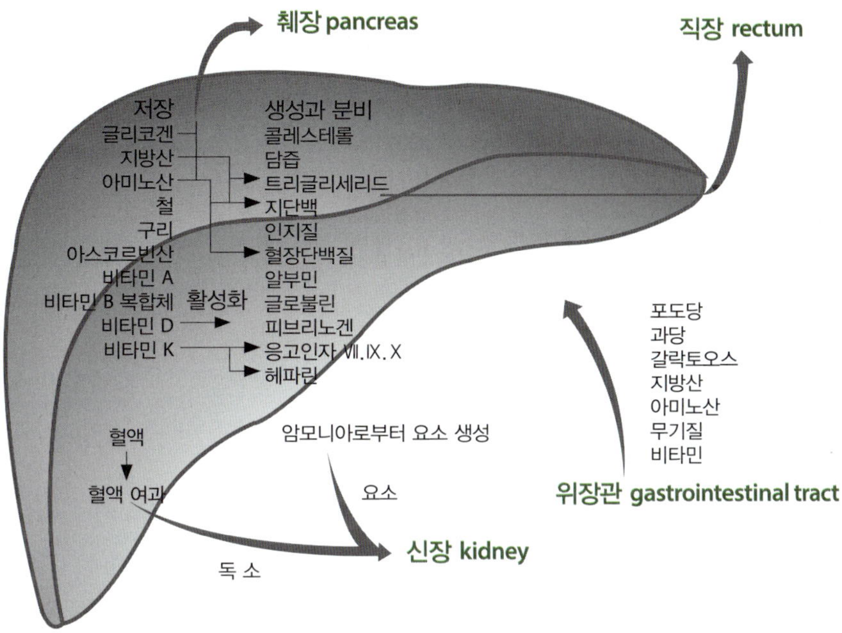

그림 10-1 간의 대사와 영양

표 10-1 간질환 환자의 일일 영양소 구성

(체중 60Kg의 예)

질환	열량(kcal)	당질(g)	단백질(g)	지방(g)
간염	2,100～2,400 (35～40/kg)	320～360 (총 열량의 약 60%)	100～120 (총열량의 약 20%)	45～55 (총열량의 약 20%)
간경화증	1,800～2,100 (30～35/kg)	300～350 (총 열량의 약 65%)	80～120 (총열량의 약 15～20%)	40～50 (총열량의 약 20%)
간성 뇌증	1,500～2,100 (25～35/kg)	300～400 (총 열량의 약 76%)	35～50 (총열량의 약 9%)	25～35 (총열량의 약 15%)

출처: 대한영양사협회. 임상영양관리지침서 제3판. 대한영양사협회. 2008.

BOX 10-1 간질환 증상에 대한 식사요법의 기본 원칙

- 복수, 부종 : 저염 식이
- 황달 : 지방 제한 식이
- 간성 혼수 : 단백질 제한 식이
- 식도 정맥류 : 거친 음식이나 고형식이 제한, 변비가 되지 않도록 주의

01 지방간

지방간(fatty liver) 또는 간성 지방증(hepatic steatosis)은 전형적인 잠재적 문제이다. 이것은 알코올성 간 질환의 가장 초기 형태이지만 과다한 열량 섭취, 비만, 약물요법의 합병증, 총비경구영양(TPN), 임신, 부적절한 단백질 섭취(kwashiorkor에서 볼 수 있음), 감염, 악성 종양에 의해서도 발생할 수 있다. 간의 지방침윤은 간조직에 중성지방(triglyceride)이 축적되어 발생하며 결과적으로 간이 비대해진다. 지방침윤은 부적절한 지방대사에 의해 발생되며 원인 요인을 제거하면 회복될 수 있다. 알코올 남용이 원인이었다면 침윤을 회복시키고 더 이상의 섬유화나 괴사를 예방하기 위해서 금주가 필요하다. 원인이 무엇이든지 균형잡힌 식사는 지방침윤을 회복시키는 데 중요하다.

02 바이러스성 간염

간의 염증으로 정의되는 급성 간염(hepatitis)은 감염성 단핵구증(infectious mononucleosis), 간경화, 독성 화학물질 또는 바이러스 감염의 결과로써 발생할 수 있다. 간염에는 바이러스성 간염과 독성 간염이 있고, 바이러스성 간염은 A, B, C, D, E 등의 형태가 있으며, 증상은 유사하지만 면역적 특성과 역학적 특성은 서로 다르다.

A형 간염은 보통 항문-구강 경로를 통해서 전염되며 음식과 식수 오염으로 인해서 대규모로 발생할 수 있다. 이것은 동남아에서 많이 발생하며 대부분 손씻기와 대변을 통한 예방조치를 소홀히 해서 감염되며 위생이 불결한 집단에 흔하다. 발병은 감염 후 보통 2~6주 내에 빠르게 일어난다. B형과 C형 간염은 오염된 혈액, 침, 정액을 통해 흔히 전염되며, 특히 C형은 수혈이나 정맥주사약 투여와 같은 혈액과 관련되어 있다. B형과 C형의 발병은 잠복기가 6주~6개월이며 만성간질환으로 이행될 수 있다. D형 간염은 B형 간염 환자가 D형 간염에 노출되었거나(superinfection), B형과 D형에 동시에 감염되었을 때(coinfection) 발생한다. D형 간염은 전세계적으로 발견되지만 지중해 유역, 중동 지역, 남아메리카 등에서 많이 발생한다. 이런 지역 외에서의 감염은 특히 다량의 수혈을 받은 사람과 미국에서는 정맥주사를 맞은 사람에서 발생한다. E형 간염의 전염은 A형 간염과 매우 유사하며 인도, 동남아, 아프리카, 멕시코와 같은 지역에서 많이 발생한다.

원인 바이러스와 관계 없이 바이러스성 간염의 증상은 유사하다. 즉, 식욕부진,

오심, 발열, 간의 압통(tenderness)과 간비대, 엷은 색깔의 회백색 변, 황달 등이 나타난다. 정상적으로 간염은 급성기에서 회복이 가능하지만 어떤 경우에는 간손상(지방침윤/괴사)이 간성 혼수나 간부전 또는 사망까지 초래할 수도 있다.

치료 식이의 지침

모든 형태의 간염 치료는 유사하다. 간염은 휴식과 적당한 식이가 치료에 중요하다. 오심과 구토가 있는 동안에는 정맥으로 수액공급이 필요하다.

구강 섭취는 가능한 한 빨리 시작해야 하며 유동식(liquid diet)으로부터 시작하여 점차 고형식으로 섭취할 수 있도록 한다.

❶ 열량

열량은 하루에 표준체중 1kg당 35~40kcal 정도로 충분히 섭취한다. 급성 간염 시에는 식욕부진으로 음식 섭취가 불충분해질 수 있으므로 영양섭취 계획을 따로 세워야 한다. 그러나 만성 간염의 경우에는 비만하거나 혈당이 높다면 지나친 열량 섭취는 피하도록 한다.

❷ 단백질

단백질은 손상된 간세포를 빠르게 재생시키고 지방간을 예방하기 위해 일일 표준체중 1kg당 1.5~2g(1일 100~120g) 정도를 섭취하여야 하며, 그 중 절반 이상은 질 좋은 동물성 단백질과 대두 단백질로 섭취하도록 한다. 지방성분이 적은 육류, 어류, 우유 및 유제품, 달걀, 두부 등을 이용한다.

❸ 탄수화물

체단백의 손실을 막기 위해 탄수화물은 충분히 섭취하는 것이 좋으나 충분한 단백질의 섭취 없이 탄수화물만 지나치게 섭취하면 지방간을 초래할 수 있으므로 주의한다. 간세포가 파괴되면 간의 글리코겐 저장량이 감소하므로 글리코겐 합성과 단백질 절약효과를 위해서 하루 300~400g의 당질을 공급한다. 급성기에는 식욕이 없으므로 탄수화물을 소량씩 자주 섭취한다.

❹ 지방

지방은 소화가 잘 되면 제한하지 않는다. 지방은 농축된 칼로리를 제공하고 음식 맛을 좋게 하는 데 중요한 역할을 하며, 식욕이 없는 상태에서 충분한 열량 섭취를 위해서 중요한 열량원이며, 지용성 비타민과 필수 지방산의 공급원인 지방의 적절한 섭취가 간기능 회복에 도움이 된다. 그러나 급성 간염 시 황달이 심하고 지방 소화장애가 있으면 1일 20g 정도의 저지방식을 섭취하도록 한다. 유화 형태의 지방이 소화가 잘 되므로 우유, 치즈, 버터, 달걀 노른자 등을 섭취한다(표 10-1).

수분 섭취는 다른 금기사항이 아니라면 고단백질 섭취에 적응하기 위해 많이(1일 2,500~3,000mL) 섭취해야 한다.

❺ 비타민과 무기질

간질환 환자는 각종 비타민의 저장과 활성화에 장애가 있으므로 비타민과 무기질이 많은 신선한 녹황색 채소와 과일을 충분히 섭취하도록 한다.

간에서의 비타민 흡수가 감소되어 있기 때문에 비타민 B 복합제(티아민과 비타민 B_{12}와 같은), 비타민 K(출혈경향을 정상화시키기 위한), 비타민 C, 아연 등을 포함한 비타민 보충을 하는 것이 좋다.

03 간경화증

간경화증(liver cirrhosis)은 간세포가 섬유성 결체조직과 지방침윤으로 대체되는 만성적인 퇴행병이다. 이런 손상은 알코올, 간염, 담관장애, 만성 자가면역성 질환, 대사장애, 또는 간독성 약물의 장기간 복용(표 10-2) 등에 의해 발생할 수 있다. 유해한 원인들이 간세포를 괴사시키고, 새로운 세포가 형성되면서 간 내의 혈관, 담도, 림프 등의 흐름을 폐쇄시킨다. 그래서 간순환에 울혈을 초래하며 그 결과 간기

표 10-2 간독성 물질

분 류	약 물
골격근 이완, 항경련제	dantrolene, carbamazepine, interferon beta, phenytoin, valproate
면역억제제	azathioprine/6–mercaptopurine, gold salts, infliximab, methotrexate
심혈관계 치료제	amiodarone, hydralazine, methyldopa, quinidine
항결핵제	isoniazid, pyrazinamide, rifampin
항생, 항원충제	amoxicillin–clavulanate, didanosine, efavirenz, erythromycin, flucloxacillin, interferon alpha/peginterferon, ketoconazole, minocycline, nevirapine, nitrofurantoin, sulfamethoxazole/trimethoprim, sulfazalazine, sulfonamide, telithromycin
항암제	busulfan, floxuridine, flutamide, thioguanine
항염제	acetaminophen, diclofenac, ibuprofen, nimesulide, sulindac
지질저하제	atorvastatin, simvastatin
호르몬제	anabolic steroids, 경구 피임제
기타	allopurinol, chlorpromazine, disulfiram, halothane, propylthiouracil, ticlopidine

출처: Björnsson ES : Hepatotoxicity by Drugs: The Most Common Implicated Agents. International Journal of Molecular Science, 17(2): 224, 2016 Feb.

능 저하, 문맥고혈압, 식도 정맥류가 발생한다.

간경화증의 합병증인 식도 정맥류(esophageal varix)는 간으로 들어가는 정상적인 혈류가 막혔을 때 식도 주위에 생기는 측부순환(collateral circulation)의 결과이다. 이는 식도 하부의 혈관이 팽대되어 식도 내측으로 돌출되어 있어 파열될 위험이 있으며, 파열되면 대량 출혈이 발생하여 생명에 치명적일 수 있고 재발될 수 있다.

간경화의 또 다른 합병증인 복수(ascites)는 문맥으로 들어오는 혈액을 간에서 수용하지 못하여 문맥혈압의 상승과 알부민치의 저하로 혈장이 혈관 내에서 복강으로 유출되어 일어난 결과로 복부팽만이 일어난다. 복수는 원인이 제거되면 사라진다.

식사요법의 목표는 적극적인 영양공급으로 간에 결체조직 생성과 지방세포 침착을 막고 간세포를 재생시키는 것이다.

치료 식이의 지침

❶ 열량

치료 식이에서 가장 중요한 점은 환자마다 충족되어야 할 개인적 영양 요구가 있다. 간경화시에는 충분한 열량 섭취를 위해 하루에 체중 1kg당 35~40kcal 정도로 공급한다(1일 2,000~3,000kcal). 당질은 단백질 절약 및 간기능의 회복을 위하여 1일 300~400g 정도를 섭취하도록 한다. 식사 섭취량이 적을 경우 과일이나 과일 주스, 사탕, 곡류, 꿀 등 농축된 당질의 섭취를 권한다.

❷ 단백질

단백질(근육)의 이화작용을 예방하고 동화작용을 위해 식이성 단백질은 저장할 만큼 충분히 섭취해야 한다. 단백질은 뇌증상을 유발하거나 악화시키지 않는 범위에서 체중 1kg당 1.2~1.5g을 목표로 하여 가장 많은 양을 공급해야 한다(표 10-1). 감염, 외상, 수술, 영양소 손실(지방변)과 같은 이화작용성 스트레스가 발생하면 그에 대한 보충이 이루어져야 한다. 간경화 환자는 식욕부진 또는 혼돈이 있을 수 있고 보통 일찍 포만감을 느끼므로 적당한 칼로리 섭취에 문제가 있을 수 있다. 따라서 칼로리 섭취를 증가시키기 위해 보충식을 식간에 제공하는 것이 필요할 수 있다. 간경화 환자는 아침에 식욕이 좋으며 시간이 지날수록 오심이 증가하는 경향이 있으므로 아침식사를 충분히 하도록 한다.

❸ 나트륨

부종이나 복수가 있으면 나트륨을 2,000mg 이하로 제한할 필요가 있다. 때때로 부종이나 복수가 이뇨제 치료에 효과가 없는 환자에게는 나트륨을 하루 500~1,000mg으로 제한할 필요가 있다. 나트륨을 이렇게 제한하는 식이는 매우 제한적이며 맛이 없고 적응하기 힘들며 칼슘의 결핍을 초래할 수 있다.

❹ 수분

수분은 섭취량/배설량 기록지, 매일의 체중, 전해질치에 따라 공급해야 한다. 수분 제한은 복수를 예방하거나 감소시키기 위해 종종 필요하다. 수분 제한은 보통 하루에 1,500mL부터 시작하여 환자의 반응에 따라 1,000~1,200mL까지 감소시키거나 전날의 총 소변량 만큼만 섭취하도록 한다. 간호사는 이런 수분 제한에 적응할 수 있도록 갈증에 대처하는 방법을 계획할 수 있어야 한다.

❺ 칼륨

신기능이 저하되어 있으면 칼륨 섭취를 제한해야 한다. 간경화 환자에서는 칼륨 배출 이뇨제(furosemide) 복용과 aldosterone 대사장애로 저칼륨혈증(hypokalemia)이 일어날 수 있다. 이때는 칼륨이 많이 든 바나나, 오렌지, 귤, 감, 토마토, 양파, 견과류 등의 섭취를 권장한다.

❻ 비타민

간경화 환자에서 비타민 결핍은 흔한 일이며 간장애가 발현되기 전에 영양섭취가 부적절했을 때 일어난다. 결핍이 있으면 엽산, 비타민 B_{12}, 티아민을 강화한 수용성 영양제가 필요하다. 지방변이 있으면 지용성 비타민을 수용성 형태로 공급해야 한다. 무기질은 결핍이 없으면 예방적으로 보충할 필요는 없다. 혈색소증 또는 윌슨병(Wilson's disease)과 같은 상태이면 무기질 독성이 일어날 수 있다. 식도 정맥류가 있으면 섬유소가 많은 식품이나 거칠고 딱딱한 음식은 정맥류를 파열시킬 수 있으므로 피하고 대신 연하고 부드러운 음식을 섭취하도록 한다.

■ 환자 교육

수분 제한에 적응하기 위한 제안

- 갈증을 해소할 만큼만 마신다. 고나트륨 음식 섭취를 피하면 갈증은 줄어든다.
- 습관적으로 마시는 것을 피한다.
- 식간에 차가운 과일을 먹는다.
- 레몬 조각은 타액분비를 촉진시켜 건조한 구강을 촉촉하게 해 준다.
- 양치질을 자주하여 구강을 청결하게 유지하며 물로 구강을 자주 헹군다.
- 타액분비를 촉진시키기 위해 껌을 씹거나 딱딱하면서 신맛의 사탕을 빨아 먹는다.
- 얼음을 물고 있는다; 대부분의 사람들은 얼음이 같은 양의 물보다 입에 더 오래 머물러 있으므로 만족스럽다고 한다.
- 얼음 조각을 먹을 때 레몬 주스를 같이 먹는다; 레몬의 신맛이 타액의 분비를 촉진하므로 더 적은 얼음 조각을 먹게 된다.
- 식사시간에는 수분을 제한한다; 가능하면 식사시간에 마시는 음료로 약을 복용한다.
- 수분섭취량을 줄이기 위해 가능한 한 한꺼번에 약을 복용한다.

- 한 번에 적은 양의 물을 섭취한다.
- 수분 섭취에 대한 욕구를 감소시키기 위해 가능하면 식사시간에 고지방 음식을 섭취한다(육즙이나 마가린은 음식을 부드럽게 하므로 삼키기 쉽다).

04 간성 뇌증

간질환이 점차적으로 진행됨에 따라 문맥순환이 원활하지 않게 된다. 간으로 들어온 혈액 중독 물질은 일단 간에서 해독을 하는데 간질환시 혈액을 간에서 수용하지 못하여 독성물질을 전신순환으로 내보내게 된다. 혈액이 간을 통과하지 못하여 독성물질이 혈액 내에 그대로 남아 있게 되어 간성 뇌장애를 초래하며 치료하지 않으면 간성 혼수에 이르게 된다. 결과적으로, 독소가 신체로부터 제거되지 않으며 영양소, 특히 아미노산 대사장애가 간성 뇌증 발생의 원인이 된다. 간성 뇌증(hepatic encephalopathy)이 발생하면 의식과 행동의 변화, 집중력과 기억력의 상실, 혼돈, 무감동, 인격변화, 그 외 정신적 증상들이 나타나게 된다. 신경학적 변화로는 경직, 근육경련, 무정위(asterixis)나 손떨림(flapping tremor; 손가락이 새가 날개를 펄럭거리는 것 같이 떨림), 하지의 굴곡(flexion)을 동반한 사지의 경직이 있다.

간성 뇌증의 정확한 원인은 밝혀지지 않았지만 몇 가지 요인들이 고려되어 왔다. (1) 과다한 암모니아와 질소 부산물의 축적, (2) 가성 신경전달물질(false neurotransmitters; BCAAs: AAAs의 비율 감소)의 축적, (3) 분지 중쇄 아미노산(branched-chain amino acids; BCAAs: 콩과 같은 식물성 식품에 함유)의 결핍 등 단백질 대사와 관련된 기전의 문제로 생각된다.

간기능의 장애로 인한 혈중 암모니아 상승은 요소 생성의 감소, 장내 세균에 의해서 질소 산물로부터 암모니아 생성의 증가(식이성 단백질, 위장계의 출혈), 요소의 장간순환(enterohepatic circulation), 신부전(요소의 장간순환 용이성의 증가), 변비(암모니아 생성의 증가와 대변의 정체로 인한 흡수의 증가) 등에 의해 초래될 수 있다.

혈중 암모니아 농도를 감소시키기 위해서 몇 가지 방법이 사용되지만 각각의 방법은 부작용의 가능성이 있다. 대표적으로 구강이나 관장으로 투여되는 lactulose는 흡수되지 않는 이당류로 장내 세균에 의해 대사된다. 이것은 암모니아와 방향족 아미노산(aromatic amino acids; AAAs: 동물성 식품에 함유) 형성을 억제하고 식이 단백질에 대한 내성을 증진시키며 완하작용이 있어 흔히 설사가 발생한다.

건강한 간에서는 방향족 아미노산(AAAs)은 이화되고, 분지 아미노산(BCAAs)은 문맥순환을 통하여 전신순환으로 나간다. 만성적인 간기능부전에서는 방향족 아미노산의 이화작용 장애로 혈중농도가 증가하게 된다. 반면 근육은 분지 아미노산을 대사시킬 수 있어 이를 에너지로 사용한다. 따라서 분지 아미노산의 혈장 농도가 저하된다(BCAAs 결핍).

방향족 아미노산은 신경전달물질의 전구물질이다. 즉, 방향족 아미노산의 증가는 특정 신경전달물질(dopamine과 norepinephrine)의 생성을 방해하며 그 대신 신경전달물질과 유사하게 작용하는 물질(가성 부산물: false neurotransmitter의 축적)을 생성한다. 이러한 물질이 간성 혼수를 일으키는 것으로 간주한다.

치료 식이의 지침

간성 뇌증이 있을 때는 혈중 암모니아 농도를 저하시키기 위해 식이 단백질 섭취를 제한한다(표 10-1). 단백질량이 건체중(혹은 표준체중) 1kg당 1.0~1.5g 수준에서 증상이 악화되면 0.5~0.75g으로 더 제한한다. 증상이 호전되지 않으면, 식이 단백질은 적당한 에너지 섭취가 유지되는 상태에서 하루에 11~20g으로 제한해야 하며 증상이 호전됨에 따라, 2~3일마다 11~20g을 증가시켜 가장 높은 적응 수준에 도달하도록 한다. 다시 뇌증 증상이 발현되면 증상이 없었던 이전의 제한 수준으로 제한한다. 단백질의 대부분을 우유 제품, 전분, 식물성 단백질로 공급하고 동물성 단백질은 하루에 20~40g으로 제한하면 좀더 많은 양의 단백질에 적응할 수 있을 것이다. 50g 이하의 단백질이 포함된 식이는 티아민, 리보플라빈, 칼슘, 니아신, 인, 철분이 결핍될 수 있다(표 10-1).

채소류와 유제품은 분지 아미노산을 다량 함유하고 있고, 육류보다 적은 양의 암모니아, 메티오닌, 방향족 아미노산을 함유하고 있다. 분지 아미노산은 다른 아미노산과 달리 간에서 대사되지 않고 근육에서 대사된다. 또한 식물성 단백질은 암모니아와 mercaptan 함량이 적다. 따라서 분지 아미노산의 섭취를 권장하고 방향족 아미노산이 많은 음식 섭취를 제한하도록 한다. 그러나 식욕부진과 조기 포만감으로 많은 양의 음식물을 섭취하기 어려운 간성 뇌증환자의 경우 식물성 단백질로 영양 요구량을 충족시키려면 많은 양의 음식을 섭취해야 하므로 어려워질 수 있다.

분지 아미노산이 비교적 많이 함유된 식품으로는 쌀밥, 우동, 식빵, 고구마, 토란, 감자, 두부, 된장, 간장, 우유, 호박, 당근, 시금치, 순무, 양배추, 오이, 강낭콩 등이 있다. 방향족 아미노산이 많아 혈청 암모니아치를 높이는 식품으로는 주로 동물성 식품으로 돼지고기, 쇠고기, 닭고기, 치즈류, 버터밀크, 젤라틴, 햄버거, 햄, 양파, 땅콩버터, 살라미 소시지 등이다.

술은 절대 금해야 한다. 술을 마시면 간에 염증을 일으키거나 간세포를 파괴한다. 또한 영양분은 전혀 포함되어 있지 않고 열량만 내므로 기본적으로 필요한 식품의 섭취를 저하시키고 구미를 저하시키며 영양소의 소화흡수를 방해하여 건강을 더욱 악화시킨다.

간성 뇌증의 식사계획은 단백질, 나트륨, 칼륨 조절을 위한 식품교환표를 이용한다(제13장 신장 질환의 식이 참조).

05 간 이식

간 이식(liver transplantation)이 최근에 말기 간질환에 적합한 치료로 시행되고 있다. 말기 간질환 환자는 대부분 영양상태 장애가 나타나므로 영양 요구에 대한 특별한 주의를 필요로 한다. 또한 간기능부전 이전에 간질환 치료에 이용되는 식이 제한은 영양를 악화시키는 요인이 된다. 간 장애 환자는 많은 사정 기준들(체중, 질소평형 검사, 총 림프구수, 혈청 단백질)이 부종, 복수, 간기능부전의 말기에 나타나는 간의 괴사에 의해 영향을 받기 때문에 영양상태를 사정하기가 어렵다. 그러므로 체중 변화나 식욕, 포만감 정도, 맛의 변화, 식이력, 위장계 증상과 같은 주관적 기준들을 이용하는 것이 더 적절하다.

치료 식이의 지침

이식의 각 단계에 따라 영양 요구가 달라진다. 이식 전 영양요법의 중요한 목표는 단백질 이화작용을 감소시키고 영양결핍을 교정하기 위해 에너지와 단백질을 충분히 공급하는 것이다.

이식 직후인 수술 후 4~8주는 환자의 요구에 따라 영양요법의 개별화가 필요한 시기이다. 복수, 부종 또는 과다한 체액은 칼로리와 단백질 요구량을 결정하는데 환

BOX 10-2 간질환 환자의 식욕증진 방법

- 환자가 먹고 싶은 것이 무엇인지를 물어 금해야 할 음식이 아니면 메뉴에 자주 넣어서 심리적으로 환자의 식욕을 유발하도록 한다.
- 질병 치료에 특별히 지장이 없는 한 향신료, 소량의 알코올 음료를 사용하도록 한다. 이것들은 대뇌의 반사작용과 국소 자극에 의한 위의 혈액순환을 촉진하여 식욕을 증진시킨다.
- 식탁에 오른 갖가지 음식을 조금씩 먹어 보도록 권하되 영양가가 적고 포만감을 주는 음식은 식후에 먹도록 한다.
- 식사횟수를 늘린다. 메뉴가 다른 음식을 여러 번 제공할 때 환자의 식욕이 증진된다. 또 같은 식품을 사용하더라도 조리방식을 바꾸면 좋다.
- 과도하지 않은 범위에서 적당한 기동이나 운동을 허용하고, 상쾌한 기분을 갖도록 한다. 운동은 생리적으로 열량을 요구하므로 의사가 허용하는 운동을 권장해서 식욕이 좋아지도록 한다. 특히 유쾌하거나 불쾌한 감정에 예민하므로 심리적인 안정과 상쾌함을 주어 식욕을 느끼도록 한다.

자의 체중을 이용하기가 곤란하게 한다. 이 경우는 표준체중이 좀더 좋은 기준점이다. 수술과 다량의 glucocorticoid로 인해 일어난 과이화작용성(과다대사작용이 아닌) 스트레스를 관리하기 위해서 적당한 칼로리와 단백질 섭취가 필요하다. 경장영양으로 영양 요구량이 충족되지 않으면 총비경구영양이 필요하다. 구강 섭취를 시작할 때 조기 포만감과 맛의 변화는 적절한 섭취를 방해할 수 있다.

Box 10-2는 간질환 환자의 식욕을 증진시키기 위한 방법을 제시하였다. 에너지와 단백질 목표량을 충족시키기 위해 식간 섭취와 보충식이 필요하다.

표 10-3 간 이식을 위한 저박테리아 식이에서 피해야 하는 식품

식품분류	피해야 하는 식품
고기와 달걀	요리하지 않은 식품 : 모든 치즈와 cottage cheese 제품
지방	없음
우유	살균하지 않은 우유와 유제품
전분	없음
채소	모든 생채소(샐러드와 고명 포함)
과일	껍질째 먹는 과일(포도, 체리, 딸기)
음료	없음
조미료	없음

출처: Nelson JK et al : Gordner, M., Foundation and Clinical Application of Nutrition : A Nursing Approach, Mosby, 1996.

이식 후 장기간 동안 건강하고 균형잡힌 식이가 필요하다. 과다한 체중증가, 고혈압, 고지혈증, 당뇨병과 같은 이식 후 합병증이 발생할 수 있으므로 에너지, 지방, 농축된 탄수화물의 조절이 필요하다.

병원에 따라서는 이식 수술을 기다리는 동안에 구강용 장정화제와 병행하여 저농도 박테리아식이를 섭취하게 하기도 한다(표 10-3).

06 담낭장애

담낭은 간의 우엽 아래에 위치하며 간관(hepatic duct), 담낭관(cystic duct), 총담관(common bile duct)이 담관계를 이룬다(그림 10-2). 간에서 배출된 담즙의 일부는 담낭으로 들어가고 일부는 총담관을 통해서 십이지장으로 배출된다. 담즙은 지방과 지용성 비타민, 특정 무기질의 흡수를 촉진하고 췌장효소의 분비를 활성화시킨다. 담낭의 담즙은 십이지장으로 분비될 때까지 담낭에서 농축되고 저장된다. 가장 흔한 담낭장애는 담석증, 담관결석증, 담낭염이다.

담즙의 주요 성분 중의 하나는 콜레스테롤이며 이것은 담석(gallstone)의 주요 성분도 된다. 담즙 내의 콜레스테롤량은 소모되는 식이성 지방량에 의해 어느 정도 결정된다. 장기적인 고지방 식이는 담석증 발생 위험을 증가시킨다. 담석은 다산한 여성, 에스트로겐 치료를 받는 여성, 구강용 피임약을 복용하는 여성, 비만한 사람,

앉아서 일하는 사람, 노인에게서 흔히 발생한다(Box 10-3). 담석을 형성하는 또 다른 요인은 당뇨, 장염, 가족력이 있다.

재미있는 현상은 최저 칼로리 식이나 체중감소 프로그램으로 매우 짧은 기간에 많은 체중감소를 한 사람은 비만한 사람보다 담석 발생의 위험이 더 높다는 점이다. 사실, 담석증은 자의적으로 체중을 감량한 경우에 가장 의미있는 의학적 합병증의 하나이다. 식이의 영양성분과 담석의 위험성을 직접적으로 연관 지은 연구는 없었지만, 최저 칼로리 식이는 섭취한 음식 중에 지방량이 너무 적기 때문에 저장된 담즙을 충분히 비울만큼 담낭을 수축시킬 수 없어서 담석형성의 원인이 된다고 보고

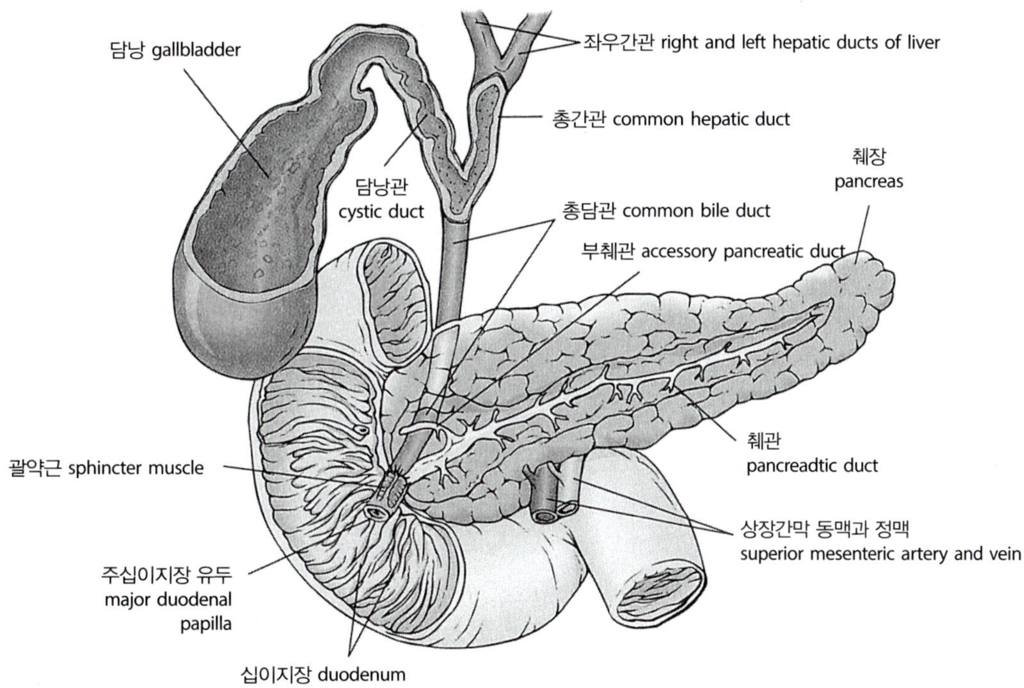

그림 10-2 담낭과 담관

BOX 10-3 담낭질환의 위험요인

- 연령(높을수록)
- 성(여성)
- 고지방 섭취로 인한 비만
- 호르몬의 불균형(에스트로겐, 프로게스테론, 인슐린)
- 특정 약물(경구용 피임약, clofibrate, cholestyramine)
- 효소 결함
- 매우 적은 칼로리 섭취(체중감량을 위해 의학적인 관찰하에 사용되는 최저 칼로리 식이)

있다. 담낭의 정상적인 수축을 위해서는 식이에 약 10g의 지방이 들어 있어야 한다. 체중을 단기간에 많이 감량한 사람은 과거의 병력, 개인적 상태, 적당한 체중감소 방법을 평가해야 한다.

담석증은 증상이 없으면 특별한 치료가 필요하지 않다. 증상은 주로 식후, 특히 고지방식 섭취 이후에 나타나는데 상복부 중앙에 통증이 있고 산통(colicky pain) 정도가 심해진다. 통증은 우상복부와 우측 견갑 아래부위로 방사되며 오심, 구토, 빈맥, 발한도 나타난다.

담낭염은 담석이 담관을 막거나 담낭의 울혈, 박테리아 감염, 허혈로 인해 발생한다. 지방 불내성(fat intolerance)은 위식도 역류, 방귀, 트림, 상복부 불편감, 소화불량, 속쓰림, 만성적인 상복부 통증, 오심과 같은 형태로 나타나며, 그 밖에 황달과 지방변도 나타날 수 있다. 담석증과 담낭염의 치료는 수술 등 여러 가지 방법이 있다.

치료 식이의 지침

담석증과 담낭염에서 영양요법의 주목표는 불편감을 감소시키는 것이다. 대부분의 환자는 불편감을 초래하는 식품을 피하게 된다. 저지방 식이가 담낭염을 치료하기 위해 전통적으로 이용되었지만 식품의 지방성분은 담낭의 활동에 거의 영향을 미치지 않음이 제기되고 있다. 급성 발작적 통증이 있으면 금식을 하면서 정맥으로 수액을 공급한다. 식이는 환자의 적응에 따라 진행하며 가스를 생성하는 채소를 제외한 저지방 식이를 추천한다.

염증을 동반한 만성 담낭염은 수술을 할 수 있기 전까지는 지방과 에너지를 조절한 식이로 치료한다. 적당한 탄수화물 섭취가 중요하다. 환자가 비만이면 수술하기 전에 체중을 감량하도록 한다. 지방 섭취를 줄이기 위해 피해야 하는 식품은 튀긴 음식, 지방성 육류이다. 위장계 불편을 초래하는 것으로 알려진 다른 식품도 피해야 한다.

담낭을 절제하면 담즙은 음식 섭취와 상관없이 계속 소장으로 분비된다. 수술 직후에는 일반식을 먹을 수 있을 때까지 유동식을 제공한다. 환자에 따라서 수술 후 수주 동안은 저지방 식이를 해야 할 필요가 있기도 하지만 적응을 잘하는 환자는 식이를 제한할 필요가 없다.

07 췌장염

췌장은 호르몬 생성기능 외에 단백질, 탄수화물, 지방의 소화에 필요한 효소를 분비한다. 산성인 위 내용물이 십이지장으로 들어오면 중탄산염(sodium bicarbonate)을 분비하여 중화시킴으로써 효소를 활성화시키기 위한 최적의 pH를 유지한다.

췌장염(pancreatitis)은 췌장에 염증을 일으킨 상태로 소화효소 및 중탄산염의 생성 감소와 지방과 단백질의 흡수장애가 특징이다. 이런 급성 염증은 췌장에 혈액을 공급하는 혈관의 투과성을 증가시켜 췌장 세포 사이의 공간으로 체액과 혈장 단백질이 유출되어 국소적 부종과 손상을 일으킨다. 췌장효소는 십이지장 내로 분비된다. 그러나 췌장이 손상을 받으면 효소가 췌장 내에 남아 있으면서 활성화되어 자가소화와 심한 통증을 유발한다. 또 아밀라아제와 리파아제 효소가 장내로 분비되지 못하고 혈류로 들어가 농도가 높아지게 된다. 혈청 아밀라아제 농도의 증가는 췌장염을 의미한다. 췌장염 환자에서는 심한 통증과 함께 오심과 구토가 발생한다.

급성 췌장염은 주로 과다한 알코올 섭취와 담낭질환에 의해 발생된다. 만성 췌장염은 흔히 만성 알코올 섭취와 관련 있으며 만성 통증과 효소 및 호르몬의 기능부전이 특징이다. 췌장의 β-세포가 파괴되어 인슐린 생성이 감소하면 만성 췌장염의 결과로 당뇨병이 발생할 수 있다.

치료 식이의 지침

치료의 첫 번째 목표는 췌장 분비는 최소화시키면서 영양 요구는 충족시키는 것이다. 이것은 경장영양 또는 비경구영양으로 수행되는데 통증이 조절되고 위장계 증상이 감소하면 중단하고 경구영양을 시작한다. 지방 및 단백질의 흡수장애와 심한 체중감소가 만성 췌장염의 특징이기 때문에 대부분의 환자들은 진단을 받았을 때 영양결핍 상태가 되어 있다. 이런 요인 때문에 가능한 한 빨리 영양공급을 시작하여야 한다.

경장영양을 할 수 있을 때 자극 감소를 목적으로 저지방, 조제 영양 식이를 추천한다. 이 방법은 하부 소장 속으로 음식을 주입함으로써 췌장의 자극을 피할 수 있다. 경장영양을 받는 환자에서 췌장효소의 증가, 복통의 증가 또는 불편감의 증가가 있는지 관찰해야 하며 이런 증상들이 나타나면 경장영양을 중단해야 한다.

말초 비경구영양은 일주일 이내의 금식이 필요한 환자에게 이용할 수 있고, 중심 비경구영양은 10일 이상 금식해야 하는 경우에 이용한다.

급식경로가 어디이든 환자는 췌장염의 정도에 따라 적당한 에너지와 영양소를 공급받아야 한다. 지방을 하루 50g 이하로 제한하면 지방변을 예방할 수 있다. 필요시에는 에너지 증가를 위해 먼저 중쇄 중성지방유를 사용하고 나머지는 단백질(1일 120g 이상)과 탄수화물(1일 450g 이상)로 공급한다. 환자는 일반적으로 식욕이 없기 때문에 적당한 영양섭취를 위해 하루 6회 식사를 제공하는 것이 좋다. 소화불량과 흡수장애를 조절하기 위해 식사와 함께 췌장효소 보충제를 경구로 투여한다. 알코올 섭취는 절대 금해야 한다.

08 낭성 섬유증

낭성 섬유증(cystic fibrosis)은 상염색체 열성 유전질환(autosomal recessive inherited disease)으로 점액생성 외분비선의 침과 눈물 속에 나트륨과 염소가 많이 함유되어 있고 땀 속에 전해질이 많으며 췌장, 기관지, 담관, 소장에서 막힐 정도로 진한 점도의 분비물을 분비하는 것이 특징이다. 평균 수명은 약 24~40세이다. 성장부진, 체중증가 장애, 복부팽만, 피하지방 결핍, 근육의 탄력성 저하와 같은 신체 증상을 흔히 보인다. 낭성 섬유증 환자는 잦은 폐감염, 췌장기능부전, 위장계 흡수장애로 인하여 심각한 영양 위기에 빠지게 된다. 대부분은 영양결핍, 기관지폐렴, 폐허탈, 심인성 폐에 의하여 사망한다.

치료 식이의 지침

영양은 낭성 섬유증 치료에서 가장 중요한 것이다. 영양결핍이 성장부진, 폐합병증, 감염에 대한 민감성의 원인이 된다. 낭성 섬유증 환자의 영양 치료의 주요한 목표는 에너지와 다른 영양소의 하루 권장량을 초과해야 한다. 영양사가 기초대사율, 활동 정도, 폐기능, 지방흡수에 기초하여 에너지 요구량을 계산한다. 췌장효소 투여 치료가 발전함에 따라 이전에는 금했던 식이성 지방량을 증가시킬 수 있게 되었다. 지방은 농축된 에너지원이므로 총칼로리의 30~40% 이하로 제한할 필요는 없으며 췌장효소의 투여는 환자의 섭취량에 따라 개별화하여야 한다. 무더운 날씨나 열성 질환이 발생했을 때 신체적 활동을 하는 동안에는 염분의 추가가 필요하다. 이런 환자에게는 복합 비타민제와 지용성 비타민을 공급해야 하는데 지방 흡수장애가 심하면 수용성 형태로 공급한다.

❶ 영아

영아에게는 모유를 포함한 모든 유제품과 함께 췌장효소를 공급하는 치료가 이루어져야 하고 보충 지방이나 탄수화물을 0.7kcal/mL 이상으로 증가시킬 수 있다.

❷ 어린이와 청소년

어린이는 자라고 독립적이기 때문에 식이의 영양 적합성, 췌장효소의 이행도, 성장 패턴을 관찰하여야 하며 이행도는 더 어렵다.

환자의 식이를 재평가하는 것은 추천한 양이 성장에 적합하고 영양상태를 유지하기에 적당한지 확인하기 위해서 중요하다. 질병과정에 변화가 있고 성장이 이뤄짐에 따라 영양 요구량도 변하므로 체중증가, 성장곡선, 췌장효소 공급의 수준을 사정해야 한다.

■ 간, 담낭, 췌장 장애와 안녕

- 신체적 영역 : 보조적인 소화기관으로서 이 기관들의 기능장애는 영양상태에 영향을 미칠 수 있다.
- 지적 영역 : 간경화나 췌장질환의 위험이 높은 경우 알코올 섭취와 지방 섭취의 수준과 관련된 생활방식을 결정하기 위한 판단이 필요하다.
- 정서적 영역 : 만성적으로 삶을 위협하는 질환을 가지고 살아가므로 그런 긴장이 정서적 건강을 해칠 우려가 있다.
- 사회적 영역 : 이러한 질병이 소화기능과 관련되어 있기 때문에 엄격한 식이 제한을 하게 되므로 다른 사람들과 함께 사회생활을 하는데 방해가 된다.

>> 간호적용

간경화증 사례

대상자는 만성 간염 후에 간경화를 심하게 앓고 있다가 최근 복수가 심하고 경미한 간성 뇌증의 증상이 나타나기 시작했다. 복수를 조절하기 위해서 이뇨제(spironolactone)와 암모니아치를 저하시키기 위해 lactulose를 투여받고 있다. 그러나 대상자는 음식을 섭취하는데 점점 더 어려움을 느끼고 있다.

(1) 간호사정

① 주관적 자료

- 식욕부진, 오심, 갈증

② 객관적 자료

- 복부팽만 : 복수
- 말초부종(하지)
- 공막과 피부의 황달
- 상지와 허벅지의 근육 소실
- 짙은 호박색의 소변
- 거의 대부분의 시간에 섬망과 지남력의 상실

③ 검사 결과

- BUN 7(정상 8~25mg/dL)
- hematocrit 40(정상 45~52%)
- total protein 7.5(정상 6.0~8.5g/dL)
- albumin 3.0(정상 3.5~5.0g/dL)

- total bilirubin 3.6(정상 0.4~1.0mg/dL)

(2) 간호진단

- 식욕부진, 오심, 단백질 제한과 관련된 영양불균형(신체 요구량보다 적음)

(3) 간호계획

- 처방된 식이를 섭취한다.
- 수분 소실에 의한 체중감량이 더 이상 없다.

(4) 간호중재

- 매일 아침 7시에 체중을 잰다.
- 수분과 음료수의 섭취/배설량을 기록한다.
- 필요한 경우 처방된 항구토제를 투여한다.
- 과거와 현재의 기호식품을 조사하고 기호식품을 섭취하도록 격려한다.
- 주식의 분량을 줄이고 간식을 늘리기 위해 영양사와 상의한다.

(5) 간호평가

- 차트에 기록된 음식의 섭취량과 체중 유지가 이루어졌는지 평가한다.

생각해보기

대상자는 남자 60세로 병원의 외래에서 간경화증으로 관리받고 있었다. 오늘 아침에 갑작스런 토혈과 의식이 혼미해져서(stupor) 응급실을 방문하였으며 당시 활력징후(vital sign)는 BP 100/70mmHg, PR 96회/분, BT 37.2℃, RR 24회/분이었고, 어제 저녁 일상적으로 섭취하던 식사를 했으며 아침에 부인이 깨웠더니 제대로 깨지 못하면서 갑자기 토혈이 있었다고 한다. 이전에 병원에서 처방된 약은 꾸준히 복용하고 있었으며 갑작스런 변화에 가족들은 당황하고 있다. 대상자의 외모에서 복부팽만(복수)이 확인되었고, 가족에게 소변 양상을 물었더니 하루에 6~7회라고 답하였다.

1. 간경화증에서 의식이 혼미해지는 경우는 무슨 문제가 발생한 것으로 볼 수 있는가?
2. 간성 뇌증이 발생하였다면 식이에는 어떤 변화가 필요한가?
3. 복부팽만과 소변 양상의 변화를 통해 확인하고자 하는 건강문제는 무엇인가?

11장

수술 및 화상 환자 식이

수술 환자와 화상 환자는 입원한 환자 중 영양불량이 발생하는 흔한 경우이다. 서양의 병원조사에 의하면 수술 환자의 대다수가 단백질-에너지 영양불량(protein-energy malnutrition, PEM)의 임상징후를 보이는 것으로 나타났다. 영양불량 상태가 되면 수술이나 화상 후 회복을 지연시키는 반면, 효과적인 영양공급을 하면 이러한 영양부족 상태를 회복시킬 수 있으며, 예후를 향상시키고 회복을 촉진시킨다. 수술 과정이나 화상 자체는 환자에게 생리적, 심리적 스트레스이므로 영양 요구량이 증가하고 임상적 문제가 발생할 위험이 높아진다.

이 장에서는 수술 환자와 화상 환자의 영양학적 요구와 영양공급을 위한 경관 및 정맥영양의 형태에 대해서 살펴보겠다. 수술 전후의 영양공급에 대한 적절한 중재가 합병증 발생을 감소시키고, 회복과 건강에 필수적인 자원을 제공할 수 있다. 수술과 화상 환자를 위한 영양공급의 특성은 다음 세 가지로 요약된다.

- 수술이나 화상 후에는 조직 치유와 빠른 회복을 위해 추가적인 영양공급이 필요하다.
- 위장관계 수술 후에는 정상적인 음식 이동과 소화과정에 영향을 미치므로 식이 변경을 필요로 한다.
- 수술 환자와 화상 환자의 식이관리는 최적의 영양공급을 하기 위해 경구 및 비경구영양을 포함한다.

01 스트레스와 영양

수술이나 화상은 신체에 심각한 스트레스를 일으킨다. 신체가 스트레스에 대해 일으키는 반응은 스트레스의 크기와 기간에 따라 다양하다. 스트레스는 호르몬과 중추신경계에 연쇄적인 반응을 일으켜 신체 전체에 영향을 미친다. 신체는 작은 변화에도 지속적으로 평형을 유지하기 위해 반응한다.

심한 질병이나 수술과 같은 스트레스가 신체에 발생하면 대사는 항진된다. 스트레스에 대한 반응은 두 단계의 과정을 거친다. 초기단계(early phase)는 상해(수술) 직후에 나타나며 산소사용이 감소하고 저체온상태가 되고 나른한 상태가 된다. 이 시기에 의학적인 중요 문제는 심혈관계의 효율과 조직의 혈류를 유지하는 것이다. 신체는 상해가 발생한지 36~48시간 후에는 혈류단계(flow phase)로 전환된다. 이때에는 산소를 더 많이 사용하고 체온이 상승한다. 또 대사증가 요구에 반응하여 탄수화물, 단백질, 중성지질의 분해가 증가되고 질소 배설이 많아진다. 이 혈류단계는 상처가 회복될 때까지 며칠, 몇 주, 몇 달이 걸릴 수 있다.

스트레스가 많아지는 것은 사실 질병 치료와 관련된 것인데 예를 들면 수술을 기다리며 심리적인 스트레스를 받고 수술 전에 금식을 하고 수술 후에도 금식이나 유동식만을 먹는 기간이 있기 때문에 이러한 것들이 모두 신체에는 스트레스가 된다. 만일 환자가 수술 전에 영양상태가 좋지 않았다면 단백질 합성 부족으로 인해 폐렴이나 상처감염이 발열과 함께 생길 수 있다. 에너지 요구가 외부에서 채워지지 못하면 내부에서 에너지를 사용하게 된다. 그러므로 단백질을 이용하여야 하는 항체합성에 어려움이 생기고 이로 인해 감염의 가능성이 커진다.

대사항진에 의해 영향을 받는 영양소는 단백질, 비타민, 무기질, 총열량이며 수분 섭취도 포함된다. 중정도의 대사 스트레스가 있을 때 단백질 요구량은 평소체중 1kg당 0.8g에서 1~1.5g으로 증가하게 된다. 심한 스트레스(체표면적의 20% 이상의 화상)가 있을 때는 단백질 요구량이 체중 1kg당 1.5~2.0g으로 증가하게 된다.

02 일반 수술 환자의 영양 요구

수술을 받는 환자는 매우 큰 생리적, 심리적 스트레스에 직면하게 된다. 그 결과 이 기간 동안의 영양 요구가 크게 증가하고, 영양불량 상태가 되기 쉽다. 이러한 영양불량 상태가 해결되지 않은 채로 수술을 받게 되면 수술 후 임상적으로 문제들이 발생할 수 있다. 따라서 수술 전에 환자의 영양상태와 필요한 영양요법에 대해 세심한 관심을 갖는 것이 필수적이다. 이러한 요구가 충족되면 합병증 발생 위험도 적어지고, 빠른 상처치유와 회복이 촉진될 것이다.

1) 수술 전 영양간호: 영양소 보존

수술이 응급상황이 아니고 선택적인 경우에는 수술기간과 수술 후 일정 기간 동안 환자는 제한된 음식만으로 견디어야 하므로 미리 고열량의 유동식 상품으로 필요한 요구량을 충분히 확보하여 신체 내 영양소를 저장해 두는 것이 좋다. 수술 전에 특별히 요구가 높은 영양소는 단백질, 열량, 비타민과 무기질이다.

(1) 단백질

단백질 부족은 수술 환자에게 자주 발생하는 문제이다. 한 연구에 의하면 단백질-열량 영양불량과 수술 후 합병증 간의 관련성이 큰 것으로 나타났다. 수술을 받는 모든 환자는 실혈에 대처하고 수술 직후의 조직 파괴를 방지할 수 있도록 적절한 체단백을 축적해 두는 것이 필요하다.

(2) 열 량

조직 재건을 위해 단백질 요구가 증가되는 상황이라면 충분한 열량이 제공되어야 한다. 열량을 증가시켜 수술로 증가된 에너지 요구량을 충족시켜 주어 단백질이 조직 재건에 사용될 수 있도록 한다. 탄수화물 섭취의 증가는 즉각적인 열량을 제공할 수 있는 자원인 동시에 간에 적정량의 글리코겐을 저장하는 데에도 필요하며, 단백질이 조직 합성에 사용되도록 유도한다. 환자가 과소체중인 경우 수술 전에 이상적 표준체중으로 증가시키기 위해 여분의 에너지가 필요하며, 과다체중인 경우에는 수술 합병증 위험을 감소시키기 위해 일정량의 체중감량도 필요하다.

(3) 비타민과 무기질

단백질과 열량 증가가 필요한 경우에는 단백질과 열량 대사에 관여하는 비타민과 무기질도 적절히 공급하여야 한다. 빈혈 등의 영양불량 상태는 미리 교정하여야 한다. 탈수를 방지하고 전해질과 수분 균형을 이루도록 한다.

(4) 수술 준비 단계

일반적인 수술의 경우, 수술 전 적어도 8시간 동안은 아무것도 먹어서는 안 된다. 위 안의 음식물은 마취 또는 마취 후 회복기에 구토 발생시 음식물의 흡인으로 인한 폐 합병증의 원인이 될 수 있다. 뿐만 아니라 위 안에 남아 있는 음식물은 수술 후 회복을 방해하거나 수술 후의 위 정체나 확장의 위험을 증가시킬 수 있다. 보통 위장관 수술 전에는 수술부위에 음식 잔유물이 적게 남도록 하기 위해 며칠 동안 저잔류식(low residue diet)을 섭취한다.

응급수술은 예측이 불가능하므로 영양 예비량을 미리 비축해 둘 수 없다. 이러한 이유에서 평소에 규칙적이고 건강한 식사 습관을 통해 좋은 영양상태를 유지해 두는 것이 중요하다. 최적 상태의 영양 예비량을 만들어 두면 스트레스 시에 필요한 요구량을 신속하게 충분히 공급해 줄 수 있다.

2) 수술 후 영양간호: 상처치유를 위한 영양 요구

영양공급은 수술 후의 회복을 돕기 위해서 필요하다. 수술 뿐 아니라 외과적 중재가 필요한 질환은 영양손실이 크다. 동시에 음식 섭취가 크게 감소되거나 일정기간 동안 섭취를 못할 수도 있다. 이렇게 추가적으로 필요한 영양을 공급하기 위해서는 중요 영양소에 대해 특별한 관심을 가져야 한다.

(1) 단백질

수술 후 회복기 동안 최적의 단백질 섭취는 모든 수술 환자에게 중요하다. 단백질은 수술 도중의 손실량을 보충하고 상처 치유과정의 증가된 요구를 공급하기 위해 필요하다. 수술 직후에 체조직은 보통 상당한 이화(catabolism)과정을 거치게 된다. 이것은 조직 파괴와 손실의 과정에서 생기므로 조직 재건에 필요한 양보다 더 많은 영양이 필요하다는 것을 의미한다. 이때에는 하루 20g 정도까지 음의 질소평형이 발생할 수 있는데 실제로 하루 0.5kg 이상의 조직단백을 잃을 수 있다. 이는 상처부위 출혈, 다량의 체액손실이나 삼출물을 통한 혈장단백의 손실 등에 의한 것이다. 또한 광범위한 조직 파괴, 염증, 감염 및 손상으로 인해 단백질 손실은 더 증가할 수 있다. 기존에 영양불량 상태였거나 만성 감염이 있었던 환자에서는 단백질 결핍이 심해지며 심각한 합병증이 발생할 수 있다. 단백질 요구량이 증가하는 데는 다음의 몇 가지 이유가 있다.

① 조직 형성

상처치유 과정에서는 막대한 양의 새로운 체조직 형성이 필요하다. 체조직 형성은 단백질 섭취나 신체에 저장된 단백질로부터 충분한 양의 필수 아미노산이 순환혈액을 통해 조직에 전달될 수 있을 때만 가능하다. 9가지 필수 아미노산은 체내에서 만들어질 수 없는데, 조직형성을 위해서는 반드시 필요한 것이다. 따라서 필수 아미노산은 식이 단백질 섭취를 통해서 공급해야 하고 환자가 장기간 정상적으로 먹을 수 없을 경우에는 정맥주입을 통해 공급해야 한다. 그러나 보통 경구식사를 통해 이 문제를 해결 할 수 있다. 따라서 환자가 수술 후 가능한 한 빨리 식사를 할 수 있도록 돕는 것이 중요하다. 손실된 단백질을 재저장하고 상처부위의 조직을 재형성하기 위해 1일 100~150g의 식이 단백질 섭취를 증가시킬 수 있다.

② 쇼크 관리

혈액량을 유지하기 위해 알부민과 같은 혈장 단백질이 충분히 공급되어야 한다. 혈장 단백질량이 저하되면 모세혈관과 세포 사이의 순환조직액을 보유하는데 중요한 혈장 교질삼투압이 낮아진다. 그러면 수분이 모세혈관 밖으로 빠져나가 혈액량의 감소와 동시에 혈액을 보유하려는 신체의 보상작용이 일어나 쇼크가 발생한다.

③ 부종 관리

혈청 단백질량이 저하되면 모세혈관과 주변 조직 사이의 정상적인 수분 이동을 유지하는데 적절한 삼투압보다 저하되어 부종이 발생한다. 부종은 순환혈액 내로 되돌아오는 수분량보다 조직 내에 남아 있는 수분량이 많아져 생기는 조직의 종창 또는 부푼 상태를 의미한다. 전신부종은 심장과 폐의 기능에 영향을 줄 수 있다. 상처부위의 국소적 부종은 정상 치유과정을 방해한다.

④ 골 치유

정형외과적 문제로 골 수술을 한 다음에는 광범위한 골 치유가 필요하다. 적절한 골형성을 위해서는 무기질과 단백질 공급이 필수적이다. 단백질은 적절한 가골(callus)을 형성하기 위해 칼슘과 인을 보존하고 강화시키는 데 필요한 기질(matrix)을 제공해 준다. 따라서 단백질은 튼튼한 골조직을 형성하는데 필수적인 무기질이 뼈에 침착되도록 하는데 중요하다.

⑤ 감염에 대한 저항

감염에 대한 방어를 담당하는 신체 면역체계의 주성분은 단백질이다. 이러한 방어인자에는 백혈구 외에도 림프구라는 항체, 혈구세포, 호르몬, 효소 등이 있다. 튼튼한 조직은 감염에 대해 주요한 방어벽이 된다.

⑥ 지질 운반

지질은 조직구조에 있어 중요한 요소이다. 지질은 세포벽의 중심을 형성하며 여러 대사활동에 관여한다. 조직의 구조와 활동을 유지하기 위해서 지질을 운반하는데 단백질이 필요하다. 또한 단백질은 지방대사를 위하여 간에 지질을 전달하기 위해 필요하다. 간에 있는 단백질이 지방(고밀도지단백)과 결합하여 지방(저밀도지단백)을 제거함으로써 간질환의 원인이 되는 지방침윤을 방지한다. 이와 같이 단백질은 수술 후 회복에 중요한 역할을 하기 때문에 이 시기에 단백질이 부족하면 많은 임상적 문제를 야기할 수 있다. 즉, 상처치유 불량, 봉합선 파열, 골절치유 지연, 심폐기능 저하, 빈혈, 위장관 장루의 기능장애, 감염에 대한 저항력 저하, 간 손상, 과도한 체중감소, 사망위험의 증가 등은 단백질 부족 시 일어날 수 있는 문제이다.

(2) 수분

수술 후 환자의 경우 수분균형에 관심을 기울여야 한다. 대사항진 상태에서 수분섭취는 나이에 영향을 많이 받는다. 55세 이하의 성인이라면 체중 1kg당 35~40mL로 계산하여 수분섭취를 권장한다. 55세~75세 성인이면 체중 1kg당 30mL 정도로 적게 섭취해도 되고, 75세 이상이면 25mL를 추천한다. 합병증이 있거나 중환이거나 배액량이 많은 환자에서는 1일 7L까지 수분 요구가 증가할 수 있다. 또한 수술 후 회복기간 동안 흔히 구토, 출혈, 발열, 이뇨로 인해 많은 양의 수분이 손실될 수 있다. 수술 후 초기에는 보통 정맥주입으로 수분 요구량을 공급하게 된다. 그러나 가능한 한 빨리 경구 섭취를 시작하여 충분한 양의 수분 섭취가 유지되도록 해야 한다.

(3) 열량

조직형성을 위해 단백질 증가가 필요할 경우에는 열량 요구량을 충족하는 비단백열량을 공급하여 단백질은 필수적인 조직형성에만 사용될 수 있도록 비축해야 한다. 따라서 열량 공급원인 탄수화물과 지방이 식이에서 충분히 공급되어야 한다. 과도한 지방은 일반적으로 건강문제를 야기하므로 탄수화물이 주열량 급원이 되도록 한다. 수술 후 식이에서 단백질이 열량으로 전환되지 않고 조직형성에만 전적으로 사용될 수 있도록 하기 위해 총 열량을 하루 2,500~3,500kcal로 증가시켜야 한다. 광범위한 수술 또는 화상과 같은 급성 대사성 스트레스가 있는 상황에서는 섭취 열량을 하루 4,000~5,000kcal까지 증가시킬 수 있다. 탄수화물은 조직형성을 위한 단백질을 비축할 뿐 아니라 간조직 내 글리코겐 보유량을 유지함으로써 간 손상을 방지한다. 그러나 지방 조직은 치유를 저하시키고 감염에 대한 민감성을 높이므로 과도한 열량 섭취로 체지방을 저장하는 것은 금해야 한다.

(4) 비타민

상처의 치유를 위해서는 몇 가지 비타민에 대해서도 관심이 필요하다. 비타민 C는 튼튼한 조직을 형성하기 위해 필요하고 세포 사이에 시멘트같은 물질인 콜라겐을 합성하여 형성된 조직을 강하게 만든다. 또한 교원조직, 새로운 모세혈관벽, 전반적인 조직 기반물질을 형성하는데 있어 유용하다. 광범위한 조직형성이 필요한 경우에는 매일 1,000mg 정도의 비타민 C가 필요하다. 그리고 칼로리와 단백질이 증가되면 단백질과 에너지 대사에 중요한 조효소의 역할을 하는 비타민 B, 특히 thiamin, riboflavin, niacin도 증가되어야 한다. 기타 B-복합 비타민, folate, B_{12}, pyridoxine, pantothenic acid도 혈색소(hemoglobin)의 형성에 중요한 역할을 하므로 증가된 혈액공급량과 전체 대사적 스트레스에 대한 요구량을 충족할 수 있어야 한다. 혈액응고에 필수적인 비타민 K는 장내 박테리아에 의해 합성되므로 간질환이 있는 환자 외에는 별 문제가 없다.

(5) 무기질

식이에서 적정량의 무기질이 공급되도록 관심을 갖는 것이 필요하다. 수술과 같이 조직이 파괴될 때 세포 내 칼륨과 인이 소실된다. 또한 체액 손실 때문에 나트륨과 염소의 전해질 불균형이 야기된다. 혈액 손실 또는 철 흡수장애로 인해서 철 결핍성 빈혈이 발생할 수 있다. 상처치유에 중요한 또 다른 무기질은 아연이다. 대부분 식이로 섭취하는 아연은 동물성 단백질 식품에 포함되어 있으므로 적정량의 단백질을 섭취하면 필요량은 충족된다. 때때로 광범위한 수술이나 아연이 부족한 경우에는 아연 보충제를 사용할 수 있다.

3) 일반적 식사 관리

(1) 수분 및 전해질의 초기 정맥주입

수술 후 관례적인 정맥주입은 에너지와 영양소를 유지하기 위해서가 아니라 필요한 수분과 전해질을 공급하기 위한 것이다. 예를 들어, D_5W(5% dextrose solution) 1,000mL에는 5g dextrose/dL, 즉 약 20kcal/dL 또는 200kcal/L 열량 밖에 포함되어 있지 않으며, 필요한 전체 열량은 이 양의 약 10배이다. 따라서 정상 식사로 빨리 돌아갈 수 있도록 도와주는 것이 필요하다.

(2) 영양공급 방법

영양공급 방법에는 두 가지의 기본 방법이 가능하다.

- 경장영양(enteral nutrition) : 경구 섭취 또는 경관영양에 의해 정상적인 위장관을 통해 영양분을 공급하는 방법으로 가능하면 비경구영양보다 우선된다.
- 비경구영양(parenteral nutrition) : 말초정맥이나 중심대정맥을 통해 영양소를 공급하는 방법이다.

① 경장영양

위장관을 통하여 영양섭취를 할 수 있는 경우에는 입으로 먹거나 또는 튜브를 이용하는 경장영양섭취를 하는 것이 정맥주입보다 더 좋은 방법이다.

② 경구영양

대부분의 수술 환자들은 가능한 빨리 경구 섭취를 할 수 있도록 해야 한다. 경구영양으로는 필요한 영양분을 대량으로 공급할 수 있으며, 정상적인 위장관 기능을 자극한다. 정상 장음이 돌아오면 대부분 음식을 먹을 수 있다. 경구 섭취를 시작하면 대개 맑은 유동식에서 미음으로, 다음에는 연식 또는 일반식으로 점차 변경하게 된다. 개인의 내구성과 요구량에 따라 다르지만 수술 후 환자의 일반 간호에서는 환자들이 가능한 빨리 식사를 하도록 권장하고 도와 주어야 한다. 환자의 상태에 따라 뉴케어, 그린비아 등과 같은 전체 에너지-영양소 보충 식품 유동식이를 식사 시 또는 식간에 추가할 수 있다. 또한 일반식에 양념을 추가함으로써 음식의 열량 섭취를 증가시킬 수 있다. 식사는 부피가 작은 음식을 소량씩 자주 먹고, 잘 씹어 먹는 것이 유용하다.

③ 경관영양

정상적인 경구 섭취가 불가능한 경우에는 특수 영양 유동식을 관을 통해 제공할 수 있다. 가장 흔한 경로는 비위관(nasogastric tube)을 이용한 경관영양으로, 관을 코를 통해서 위까지 삽입한다(그림 11-1). 부드럽고 유연한 폴리우레탄이나 실리콘으로 만든 작은 구멍이 있는 비위장관(small-bore nasoenteric feeding tube)을 사용할 수도 있다. 이러한 영양관들을 통해 장관영양 보충 유동식을 이용하여 환자에게 더 편안하며 다양한 영양소들을 공급해 줄 수 있다. 유동식과 영양공급 장비들이 발달함에 따라 이전에 식품을 믹서로 갈아서 혼합하여 사용했을 때 일어났던 문제점들이 거의 없어지게 되었다. 식품을 믹서로 갈아 혼합하는 방법은 다음과 같은 문제점들이 있었다.

- 물리적 형태 : 관을 쉽게 통과하지 못하고 끈적거리는 큰 입자의 혼합물을 주입해야 하므로 직경이 큰 관을 사용해야 했다.
- 안전성 : 믹서기로 간 유동식은 박테리아 성장 및 감염과 고형성분이 밑으로 가라앉아 영양소의 분포가 일정하지 못한 문제가 있었다.
- 소화 및 흡수 : 갈아서 혼합한 유동식을 소화하여 유리된 영양소를 흡수하기 위해서는 완전한 소화–흡수 체계가 필요하다. 그런데 많은 환자들은 위장관의 기능이 불완전한 상태이므로 이러한 식품섭취의 어려움이 있었다.

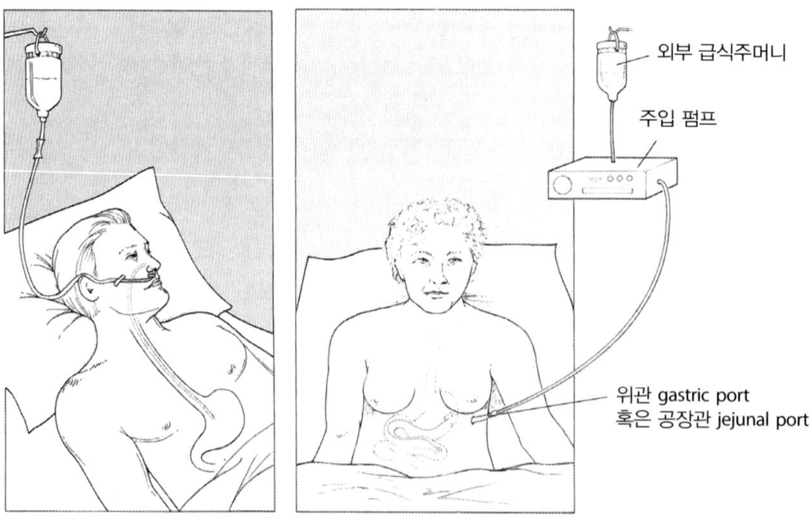

A. 일반적인 비위관 경관영양
B. 위조루술 ; 공장관 경관영양

그림 11-1 경관영양의 형태

시판되는 유동식 상품들은 적합한 균질용액이 완전한 형태 또는 전소화된 형태이고 멸균되었기 때문에 직경이 좁은 관을 통해 영양소를 공급할 수 있도록 만들어져 있다.

④ 경장영양의 대체경로

앞에서 기술한 비위장경로는 많은 임상적 상황에서 4~6주 동안의 단기간 치료에 이용된다. 그러나 장기간의 영양공급을 위해서는 위장관의 일부에 관을 설치하는 수술인 장루술(enterostomy)을 시행한다. 장조루술은 다음과 같은 방법들이 있다.

- 식도조루술(esophagostomy) : 경부 식도조루술은 흔히 암 또는 상해 환자의 두경부 수술 후에 경추 부분인 목의 측면에 시행한다. 이 방법은 코를 통해서 관을 삽입하였을때 발생하는 불편감을 해소해 주며, 입구 부분을 옷으로 쉽게 가릴 수 있다.
- 위조루술(gastrostomy) : 환자에게 기도 흡인의 위험이 있는 경우, 외과적으로 복벽을 통해서 위조루관을 위 안에 설치할 수 있다. 최근에는 내시경을 이용하여 피부를 통해 직접 위 안으로 통로를 만드는 피부경유 내시경위조루술(percutaneous endoscopic gastrostomy, PEG)를 많이 활용하고 있다.
- 공장조루술(jejunostomy) : 환자에게 기도 흡인 위험이 있는 경우, 외과적으로 복벽을 통해서 소장의 중간부분인 공장에 공장조루관을 설치할 수 있다. 이 절차는 구토반사가 상실되었거나 위암 또는 위궤양 질환이 있는 환자에게 사용한다.

⑤ 비경구영양

비경구영양(parenteral nutrition)은 정상적인 위장관경로가 아닌 다른 경로로 영양을 공급하는 것이다. 즉, 이것은 위장관을 사용할 수 없는 경우에 정맥을 통해 순환혈액 내로 직접 전소화된 영양소를 공급하는 특수한 방법이다. 영양 요구량에 따라 두 가지 경로를 이용할 수 있다.

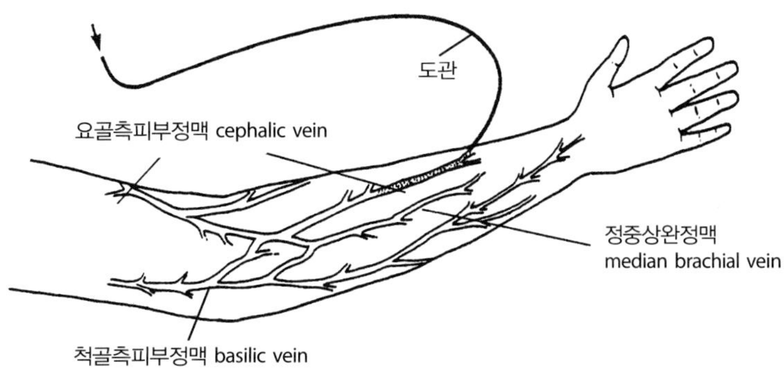

그림 11-2 팔의 소정맥을 통한 말초 비경구영양 주입

말초 비경구영양(peripheral parenteral nutrition, PPN)은 에너지 요구량이 1일 2,000kcal 이상인 경우에 사용하며, 10일 이하의 단기간 영양을 공급하는 방법이다. 단기간 저농도 용액을 공급하기 위해 사용하는 방법으로 보통 팔의 작은 말초혈관을 사용한다(그림 11-2).

총비경구영양(total parenteral nutrition, TPN)은 열량 및 영양 요구량이 많은 경우 사용되며, 장기간 정맥으로 전체 영양분을 공급하기 위해 필요하다. 영양공급을 위한 도관(catheter)을 외과적으로 설치할 때는 심장으로 가는 상대정맥에 직접 연결되는 쇄골하정맥과 같은 중심대정맥을 이용한다(그림 11-3).

총비경구영양은 위장관수술을 포함한 대수술이나 합병증이 있는 경우, 또는 환자가 경구적으로는 충분한 영양을 섭취할 수 없는 경우에 사용한다. 이는 다량의 포도당, 아미노산, 전해질, 무기질, 비타민이 포함된 용액으로 중요한 영양분을 공급해준다. 필요한 에너지와 필수 지방산인 리놀렌산을 공급하기 위해 지질 유탁액 형태의 지방이 사용된다. 기본 총비경구영양 용액은 2.75% 결정 아미노산과 25% 포도당 용액, 전해질, 비타민 등이 함유되어 있다(표 11-1). 영양요법팀 의사와 영양사는 환자의 개별 영양에 대한 자세한 사정을 기초로 하여 필요한 영양식을 결정해야 한다. 영양요법팀의 약사는 처방에 따라 신중하게 용액을 준비해야 한다. 그러나 용액 투여는 간호사의 중요한 책임이다(Box 11-1). 가정에서 장기적으로 총비경구영양을 사용하는 것은 많은 환자의 생명을 보전하는 중요한 방법이지만 비용이 비싼 단점이 있다.

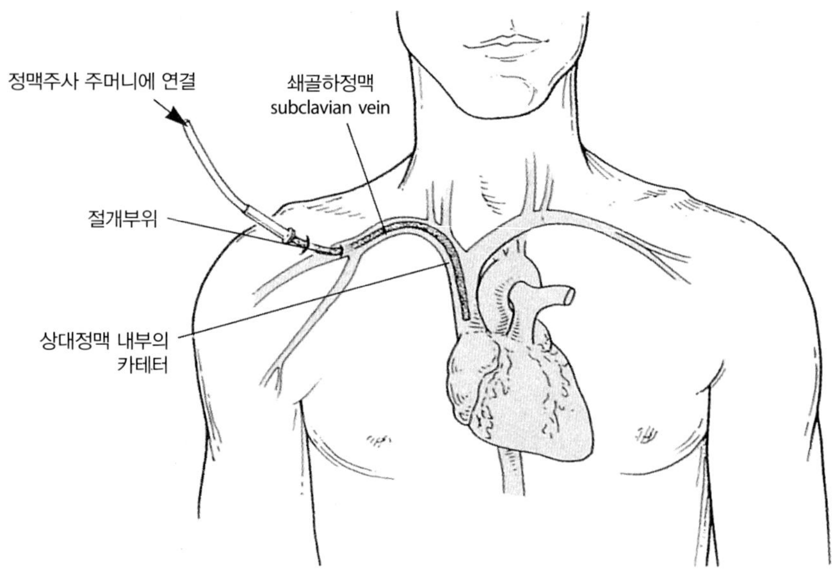

그림 11-3 쇄골하정맥을 통한 상대정맥으로 영양을 주입하기 위해 설치된 총비경구영양의 도관

표 11-1 총비경구영양 용액의 기본 성분의 예

성분	양	성분	양
기본 용액		비타민 C(하루)	500mg
결정아미노산	2.75%	소량의 용액내 성분(하루)	
포도당	25%	Zn	3mg
추가		Cu	1.6mg
전해질		Cr	2μg
Na	50mEq/L	Se	120μg
Cl	50mEq/L	Mn	2μg
K	40mEq/L	I	120μg
HPO_4	25mEq/L	Fe	1.5μg
Ca	5mEq/L	**필요 시 추가**	
Mg	8mEq/L	Regular insulin	0∼25U/L
비타민		Heparin	1,000U/L
종합 비타민	1.7mL conc./L		

BOX 11-1 총비경구영양 시의 간호

총비경구영양은 신중하게 투여해야 한다. 구체적 프로토콜은 기관에 따라 다양하지만 보통 다음과 같은 내용을 포함한다.

- 증가된 포도당 농도와 용액의 삼투압에 적응하기 위한 시간이 필요하므로 서서히 주입량을 늘린다.
- 주입을 신중하게 계획한다. 보통 주입 펌프를 통해 처음 24시간 동안은 1∼2L를 느린 속도로 조절하면서 지속적으로 주입한다.
- 포도당(200mg/dL 미만)과 전해질의 대사 효과를 주의깊게 관찰한다.
- 첫 날 이후 점차적으로 양을 증가시키고 기대하는 하루 목표량까지 증가시킨다.
- 모든 변화에 주의하고 천천히 진행시킨다.
- 시간당 주입 속도를 정확히 유지하며, 속도를 너무 빠르거나 느리지 않도록 한다.
- 총비경구영양 공급 중단은 점차적으로 이루어져야 하며, 하루 약 1L의 양을 서서히 감소시킨다.

05 위장관계 수술 후의 특수영양 요구

위장관계는 음식을 소화 · 흡수하는 기능이 있으므로 위장관계의 일부를 수술하게 되면 식이에 대한 특별한 관심 또는 변경이 필요하다.

1) 구강, 턱, 목 수술

구강, 턱, 목부위의 수술은 음식 섭취방법의 변경이 필요하다. 대개 환자들은 정상적으로 씹거나 삼킬 수 없으므로 개인의 상태에 따라 조정이 이루어져야 한다.

(1) 경구적 유동식 공급

적은 양으로 적절한 영양을 공급하기 위해 용액을 농축시켜야 한다. 필요한 영양을 공급하기 위해 뉴케어, 그린비아 등과 같은 영양소가 강화된 유동식 상품을 하루에 여러번 사용할 수 있다.

(2) 경관영양

근치적 경부나 안면부위 수술, 혼수상태이거나 심하게 쇠약한 경우에는 경관영양을 하게 된다. 직경이 좁은 관의 발달로 경관영양법이 훨씬 쉬워졌다. 따라서 개선된 기구와 표준화된 유동식 상품으로 장기간 경관영양이 필요한 환자에게 가정에서 지속적으로 경관영양을 제공할 수 있게 되었다. 일반적으로 비위관을 사용한다. 그러나 식도 폐색이 있는 경우에는 위조루술을 통해 관을 복벽 내로 삽입하게 된다. 일반적으로 경관영양 유동식은 환자의 영양학적 요구량과 내구성에 따라 의사와 임상 영양사에 의해 처방된다. 특정 형태의 경관영양은 유동식의 양과 주입 속도를 조절하는 것이 중요하다. 보통 하루에 2L이면 충분하다. 주입은 3~4시간 간격으로 하고 한 번에 240~360mL를 초과해서는 안 된다. 설사는 경관영양 유동식을 하는 환자의 60%에서 발생하는 문제이다. 1% 용액의 수용성 섬유소 펙틴(pectin)을 보충한 유동식(1mL pectin/100mL formula)을 주입하면 장기능이 개선되고 설사 발생을 감소시킨다는 연구결과들이 있다.

특별한 요구량을 충족시킬 수 있는 다양한 유동식 상품들이 있다. 이 상품에는 소화와 흡수기능이 완전한 환자에게 적용할 수 있는 완전한 영양소로 된 것에서부터 최소량만 남기고 즉시 흡수되는 전소화 성분 영양소로 만들어진 것까지 다양하다. 또한 당뇨병이나 심장질환 등 특수한 문제가 있는 환자들을 위한 유동식도 있으며 단백질, 탄수화물, 지방 등의 단일 영양소로 되어 있어 환자의 개별 요구에 따라 임상 영양사가 계산하여 혼합할 수 있는 제품들도 있다. 경관 유동식 상품들은 성분이 표준화되고 즉시 사용 가능한 장점이 있다. 또한 멸균상태이며 저장할 수도 있다.

표 11-2는 주요 경관 유동식 상품의 예이다.

표 11-2 경관 유동식의 예

상표명	제조회사	탄수화물	단백질	지방
		급원		
표준 일반식: 완전 대영양소				
그린비아(마일드)	정식품	덱스트린, sucrose	유단백, 대두단백	soy oil, MCT oil
Sustacle HC	Mead Johnson	corn syrup, sucrose	casein	soy oil
Isocal HCN	Mead Johnson	corn syrup	casein	soy & MCT oil
Ensure	Ross	corn syrup, sucrose	casein	corn oil
Osmolite	Ross	corn syrup	casein, soy protein isolate soy	corn, MCT oil
표준 일반식: 가수분해된 탄수화물 및 단백질				
Vital HN	Ross	glucose oligosaccharide	small peptide	safflower oil
Reabilan HN	O'Brien/KM	maltodextrin	small peptide	MCT oil, EFA
특수식: 상해 시				
그린비아 (하이프로틴)	정식품	덱스트린, sucrose	분리유단백, 대두단백	대두유, MCT oil
Criticare HN	Mead Johnson	maltodextrin	peptide	safflower oil
Vivonex T.E.N	Norwich Eaton	glucose oligosaccharide	crystalline amino acid	safflower oil
특수식: 신장질환				
Amin-Aid	McGaw	maltodextrin, sucrose	crystalline amino acid	soy oil
Travasorb Renal	Baxter	glucose oligosaccharide	crystalline amino acid	sunflower oil, MCT
특수식: 간질환				
그린비아(알디)	정식품	덱스트린, sucrose	분리유단백	safflower oil
Hepatic-Aid	McGaw	maltodextrin, sucrose	crystalline amino acid	soy oil
Travasorb Hepatic	Baxter	glucose oligosaccharide	crystalline amino acid	sunflower oil, MCT
특수식: 폐질환				
Pulmocare	Ross	glucose oligosaccharide	crystalline amino acid	soy oil
특수식: 단백질-에너지 영양불량, 소아 1~6세				
PediaSure MCT	Ross	corn syrup, sucrose	casein-whey	safflower-soy oil

모든 유동식들에는 필수 영양소들(비타민, 무기질)이 충분히 강화되어 있다.
약어 : HC ; High calories, MCT ; Medium chain triglycerides, EFA ; Essential fatty acids, HCN ; High calories and nitrogen, HN ; High nitrogen, T.E.N ; Total enteral nutrition.

2) 위 수술

(1) 영양학적 문제

위는 위장관 중 첫 번째 주요한 음식 저장고이므로 위 수술을 받는 경우 적절하게 영양을 유지하는데 많은 문제들이 야기될 수 있다. 대개의 문제는 수술방법의 형태와 환자의 개별 반응에 따라서 수술 직후에 발생한다(그림 11-4). 또 어떤 합병증은 환자가 일반식을 먹기 시작하는 후기에 발생할 수 있다.

(2) 수술 직후 단계

위 절제 시에 위액 분비를 자극하는 중요한 기능을 담당하는 미주신경을 절단하는 미주신경절단술(vagotomy)을 함께 시행했을 경우에는 위 팽만이 증가될 수 있다. 정상적인 신경자극이 없으면 위는 정상 근긴장이 없는 무긴장성이 되어 제대로 위를 비우지 못하게 된다.

음식이 위 안에서 발효되면 팽만, 가스, 설사를 유발한다. 특히 전위절제술(total gastrectomy, 그림 11-4C) 후에는 심각한 영양결핍이 발생할 수 있다. 광범위한 위 수술 후에는 흔히 체중이 감소한다. 이러한 환자들 중 50% 정도는 체중을 적정 수준으로 회복하지 못한다.

환자의 상태에 따라 다르지만 일반적으로 수술 후에는 식사를 소량씩 자주 먹는 것이 좋다. 위절제술 직후의 일반적인 식사요법의 기본 원칙은 다음과 같다.

- 식사량 : 소량씩, 자주
- 식사 내용 : 쉽게 소화되며, 부드럽고, 부피가 적은 음식

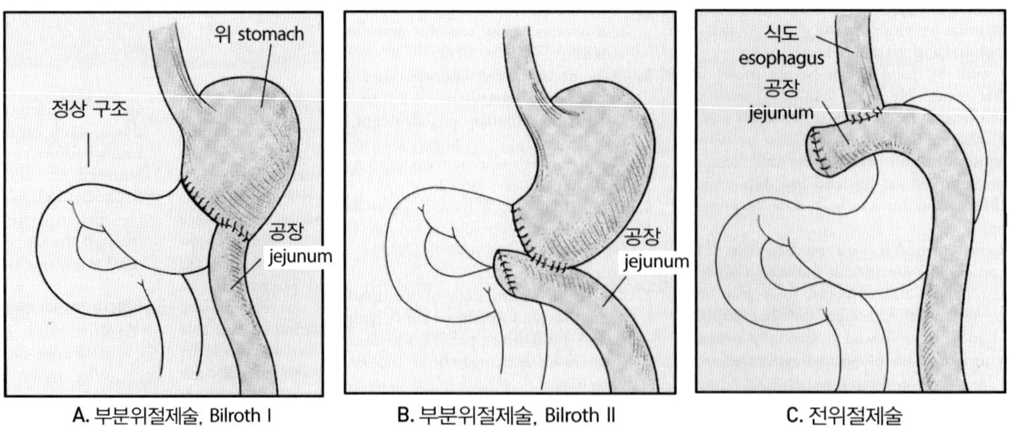

그림 11-4 다양한 위 수술 방법

출처: She Rodwell Williams : Basic Nutrition and Diet Therapy, Mosby, 1995.

그러나 수술 직후의 영양 요구량을 충족시키기 위해 위절제술 후에 공장조루술(공장에 개구부를 만드는 것)을 시행하여 일시적인 도관으로 수술 후 초기에 최적의 영양공급을 받을 수 있도록 성분 유동식을 제공할 수도 있다.

(3) 급속이동 증후군

급속이동 증후군(dumping syndrome)은 위절제술을 광범위하게 실시한 후에 흔히 발생하는 합병증이다. 수술 후 초기 회복 후에 환자들이 상태가 좋아짐을 느끼기 시작하고 다양한 종류의 일반식을 다량 먹으면서 발생하는데 식사한 지 약 15분 후에 불편한 느낌을 경험하는 것이다. 경련성의 꽉 찬 느낌이 생기고, 맥박이 빠르고, 약해지며, 식은 땀이 나고, 어지러움을 느낀다. 종종 오심 및 구토를 동반한다. 이러한 음식 섭취 후의 괴로운 반응은 불안을 증가시킨다. 그 결과 음식 섭취량이 점점 감소하고, 체중감소와 전반적인 영양불량이 발생하게 된다.

이와 같은 복합적인 증상은 고농도의 수용성 탄수화물이 급속히 소장으로 이동함에 따라 생기는 쇼크 증상들이다. 위를 제거하면 그림 11-4C와 같이 음식은 식도에서 바로 소장으로 이동하게 된다. 이렇게 급속히 이동하는 음식덩어리는 주변의 순환혈액과 비교할 때 농축된 용액이다. 따라서 소장 내 용액과 주변의 순환혈액 간에 삼투질 균형을 이루기 위해 수분이 순환혈액에서 장쪽으로 빠져 나오게 된다.

이러한 수분 이동은 혈관 용적의 급속한 위축을 일으키고, 그 결과 혈압이 떨어지고, 혈량을 회복하기 위한 심장의 보상작용에 의해 빈맥, 식은 땀, 허약감, 진전이 일어난다. 2시간 정도 후에는 보통 이차적인 문제로, 초기의 농축된 탄수화물 용액이 빠르게 소화되고 흡수되어 혈당이 급격히 증가하게 되며 이에 대한 반응으로 인슐린이 과다 생성되고 이로 인해서 다시 혈당이 정상 수준 이하로 떨어져 경한 저혈

BOX 11-2 급속이동 증후군을 예방하기 위한 고려사항

- 식사는 하루 5~6회로 나누어 먹고 1회에 소량씩 섭취한다.
- 음식물의 소화를 지연시키고 체중유지를 돕는 고지방 식품을 섭취한다.
- 조직을 재형성하고 체중을 유지하는 고단백 식품(살코기, 달걀, 치즈)을 섭취한다.
- 단순당질(꿀, 설탕)보다는 복합당질(곡류, 감자류, 기타 전분성 식품)을 섭취하도록 한다.
- 우유는 한 번에 소량씩 마신다.
- 식전 및 식후 적어도 한 시간 동안은 음료수를 마시지 않는다.
- 섬유소가 적은 음식을 섭취하고 가능하면 가공하지 않은 식품을 이용한다.
- 음식물이 위에서 소장으로 이동하는 속도를 지연시키기 위해 식후 15~30분간 똑바로 눕는 것은 도움이 될 수 있다.
- 과일이나 채소에 함유된 팩틴은 증상을 완화시키는 데 도움이 된다.
- 음식은 천천히 먹고 잘 씹은 후 삼킨다.
- 찬 음료는 위장 운동을 증가시키는 원인이 되므로 피한다.

당 증상이 일어난다. 신중하게 식이조절을 하면 이러한 증상들이 경감되고 감소된 체중을 점차적으로 회복할 수 있다. 급속이동 증후군을 예방하기 위한 중재방안은 Box 11-2에 요약되어 있다.

위장 수술의 양상에 따라 다르나 광범위한 위절제를 한 경우에는 영양소의 흡수에 문제가 있을 수 있다. 특히 철분, 칼슘, 엽산, 비타민 B_{12}가 문제가 되기 쉽다. 필요 시에는 영양소 보충제를 복용하고 비타민 B_{12} 주사를 맞아야 한다.

우유는 하루 2컵 이상 마시는 것이 좋으나 코코아가 섞인 것이나 차가운 우유는 피한다. 일반적으로 단 음식은 증상을 악화시킬 수 있으므로 바나나 우유도 피한다. 채소는 충분히 섭취한다. 건조시킨 과일이나 시럽에 재운 통조림 과일은 피하는 것이 좋으나 다른 과일은 충분히 섭취한다. 고기류는 특별히 피해야 할 필요가 없으므로 충분히 섭취한다.

3) 담낭 수술

급성 담낭질환인 담낭염 또는 담석증(그림 11-5)이 있는 환자들을 치료하는 방법은 보통 효과적으로 담낭을 제거하는 담낭제거술(cholecystectomy)이다. 담낭은 담

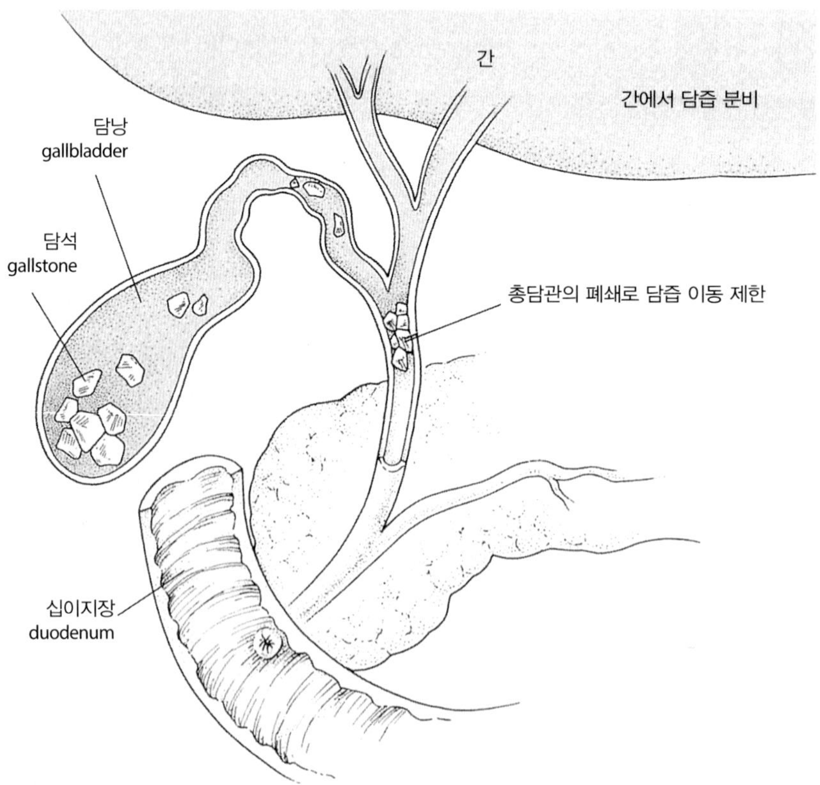

그림 11-5 담석증(cholelithiasis)

즙을 농축시키고 저장하며, 지방의 소화와 흡수를 돕는 기능을 하므로 담낭 수술 후에는 지방 섭취를 어느 정도 줄일 필요가 있다. 신체가 이전보다 희석된 담즙으로 지방의 소화와 흡수를 도울 수 있는 상태로 재적응하는 데 시간이 필요하기 때문이다. 개인의 내구성과 반응에 따라서 담낭질환이 있을 때와 같이 저지방식이 필요할 수 있다.

4) 장의 수술

종양, 병변, 폐색 등의 장질환이 있는 경우 해당 부위를 절제하는 경우가 있다. 장의 광범위한 부분에 문제가 있거나 소장의 대부분을 절제하는 경우에는 영양공급에 어려움이 커진다. 그러한 경우 구강으로는 소량씩 음식을 먹도록 하고 대부분의 영양공급은 총비경구영양을 이용한다. 덜 심각한 경우에는 식이섬유가 적은 식이를 제공하는 것이 치유와 편안함에 도움이 된다. 일부 질환의 경우 분변을 제거하기 위해 장에서 바깥쪽으로 연결되는 장루(stoma)를 복벽에 만드는 것이 필요하다(그림 11-6). 개구부가 회장일 경우를 회장조루술(ileostomy)이라고 하고 이 경우 장 내용물이 거의 액체이므로 관리하는데 많은 문제점이 있다. 대장의 마지막 부분인 결장에 개구부를 만드는 경우는 결장조루술(colostomy)이라 한다. 대장에서는 수분이 대부분 재흡수되므로 장내에 남아 있는 분변이 보다 관리하기 쉬운 고형에 가까운 성분이 된다.

수술 시에 장루를 만드는 경우 장루에 적응하는 데 어려움이 따르기 때문에 환자

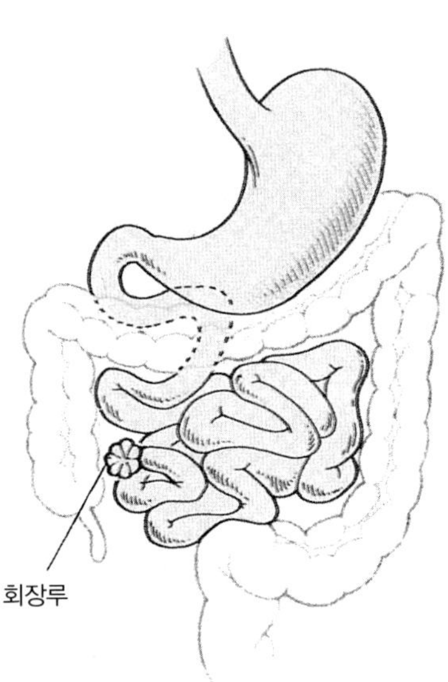

A. 회장조루술

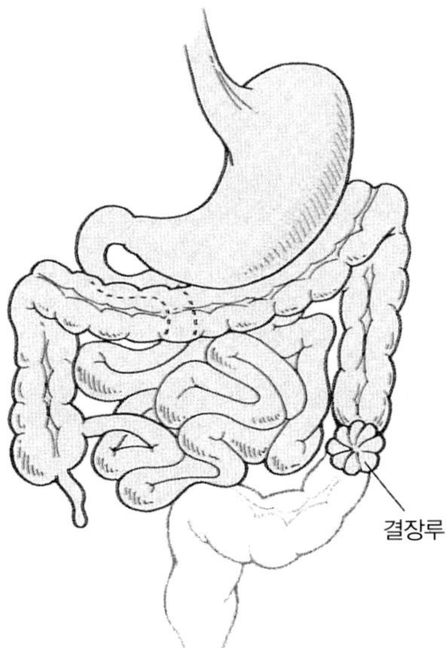

B. 결장조루술

그림 11-6 회장루와 결장루의 위치

들은 자가 간호를 배우기까지 많은 지지와 도움이 필요하다. 일반적으로 처음에는 저섬유소 식이가 유용할 수 있지만 가능한 빨리 일반식으로 바꾸는 것이 좋다. 일반식으로의 진행은 영양학적 가치와 정서적 지지를 위해 중요하다. 일반식이는 환자들에게 심리적인 안정을 제공하며, 음식에 보다 쉽게 적응하도록 돕는다. 만약 설사가 발생하면 일시적으로 다시 저섬유소 음식을 섭취하도록 한다.

5) 직장 수술

치핵절제(hemorrhoidectomy)와 같은 직장 수술 후에는 배변 시 통증을 감소시키고 치유를 돕기 위해 단기간 맑은 유동식이나 저잔류식(low residue diet, 표 11-3)이 필요하다. 잔류는 소화되지 않는 음식물, 장관의 세포 찌꺼기, 장내 박테리아 등이다. 우유나 육류의 결체조직과 같은 식품은 섬유소 함량은 낮으나 변의 용적을 증가시키므로 잔류가 높은 식품에 속한다. 수술 후에는 흔히 수술부위가 치유될 때까지 장운동을 지연시키기 위해 저잔류식을 한다. 그러나 일반적으로 수술 후 빠른 시간 내에 일반식 섭취가 가능하다.

표 11-3 일반 저잔류식과 수술 후 저잔류식

■ 일반 저잔류식

1. 섬유소, 씨앗, 껍질이 없고, 최소한의 잔여물만 남기는 식품들로 구성한다.
2. 과일 주스 이외의 과일 또는 채소는 제외한다.
3. 우유는 제외한다.
4. 식이에서 단백질과 칼로리가 적절해야 하는데 대략 단백질 75g, 지방 100g, 탄수화물 250g과 열량 2,260kcal로 구성한다. 비타민 A, 칼슘, 리보플라빈이 부족할 수 있다.
5. 환자가 장기간 이 식사를 해야 한다면 비타민 및 무기질 보충제를 사용해야 한다.

저잔류식 식품의 선택

식품	허용 식품	제한 식품
음료수	탄산 음료, 커피, 차	우유 및 유제품
빵	크래커, 바삭하게 구운 얇은 토스트, 딱딱하게 구운 비스켓	통곡류의 빵
시리얼	정제된 밀, 전분, 옥수수 가루, 맥아, 쌀, 쌀죽	통곡류의 시리얼
치즈		제한하지 않음
디저트	케익, 쿠키, 젤라틴 디저트, 얼음	패스트리, 기타 모두
달걀	삶은 달걀	달걀 후라이
기름	버터 또는 대용식품, 소량의 크림	제한하지 않음
과일	과일 주스	일반 과일
고기, 생선	연한 쇠고기, 닭, 생선, 양, 간, 송아지, 베이컨	기름에 튀기거나 질긴 고기, 돼지고기

표 11-3 일반 저잔류식과 수술 후 저잔류식–계속

저잔류식 식품의 선택–계속

식품	허용 식품	제한 식품
감자 또는 대용식품	면류, 스파게티, 정제한 쌀	감자, 옥수수, 정제하지 않은 쌀
스프	육즙, 쇠고기 등의 묽은 스프	기타 모두
단 식품류	딱딱한 사탕, 캔디, 젤리, 설탕, 시럽, 꿀	기타 사탕, 잼, 마멀레이드
채소	토마토 주스	기타 모두
기타	소금	후추

수술 후 저잔류식

1. 일반 저잔류식보다는 잔류량이 조금 많으며 감자, 빵 제품, 가공 치즈, 소스, 우유로 만든 디저트, 커피용 프림, 시리얼 등보다 다양한 음식을 포함한다.
2. 평균 1일 단백질 85g, 열량 2,300kcal와 비타민 및 무기질을 포함한다.

수술 후 저잔류식 식품의 선택

일반 저잔류식 선택 목록에 추가할 내용

- 감자 : 껍질을 벗겨 조리한 감자
- 빵 : 겨 없는 종류의 빵, 하얀 빵, 롤, 팬케익, 와플
- 기름 : 지방 함유량이 적은 음식
- 디저트 : 과일과 견과류를 제외한 모든 종류의 디저트

〈비고〉 열량 섭취를 증가시키기 위해 과일 주스나 사탕을 식간에 섭취할 수 있다.

04 화상 환자의 특수영양 요구

1) 영양공급의 기초

(1) 치료와 예후

화상의 범위가 넓은 경우에는 영양학적 문제가 크다. 실제로 영양공급은 생존과 치유를 결정하는 요인이 된다. 몇 가지 요인들이 간호계획과 결과에 영향을 미친다.

- 연령 : 노인과 소아들이 더 취약하다.
- 건강상태 : 기존의 건강 문제나 다른 손상이 있으면 간호가 더 복잡해진다.
- 화상양상 : 화상의 위치와 중증도, 화상 후 치료받기 전 지체된 시간이 매우 중요하다.

(2) 화상의 정도와 범위

화상의 깊이(그림 11-7)는 치료 및 치유과정에 영향을 미친다. 1도 부분 화상(partial-thickness burn)은 피부 맨 윗층에 있는 표피세포가 손상된 것이다. 2도 부분 화상은 피부 맨 윗층과 두 번째 층인 진피세포까지 손상된 것이다. 전체 화상(full-thickness burn, 3도 화상)은 기저에 있는 지방층을 포함한 피부 전체에 손상이 있는 경우이다. 총 신체 면적의 15~20%, 소아와 노인에서는 10%에 해당하는 부분 화상 및 전체 화상(2, 3도 화상)을 입으면 매우 위중한 상태이며, 집중적인 간호가 필요하다. 체표면적의 50% 이상에 해당하는 깊은 화상은 치명적이다. 심한 화상을 입은 환자는 보통 화상 전문시설에서 치료를 받아야 한다.

2) 단계별 영양간호

심한 화상을 입은 성인이나 소아에게 적절한 영양학적 간호를 제공하는 것은 상당히 힘든 일이다. 이는 개인의 요구와 반응에 따라 계속적으로 조정되어야 한다. 각 단계에서는 조직 재형성에 필요한 아미노산과 수분-전해질 균형, 에너지 보충에 집중적인 관심을 기울여야 한다. 일반적으로 영양관련 간호는 쇼크 직후기, 회복기, 이차 영양기의 세 단계로 나눌 수 있다.

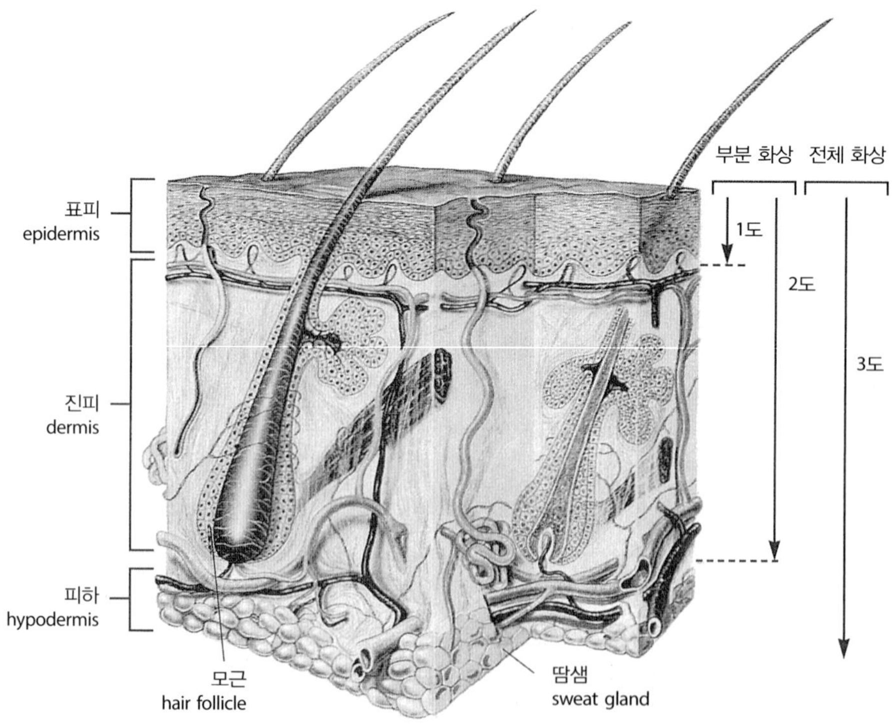

그림 11-7 손상부위에 따른 화상의 분류

(1) 쇼크 직후기

화상 후 첫 수 시간에서 2일째까지 화상부위는 매우 심하게 붓고 진물이 흘러 나오게 된다. 보호작용을 하는 피부가 손상되었으므로 수분과 전해질(주로 나트륨) 및 단백질을 계속 잃게 된다. 손실량을 보충하기 위해 주변의 혈액에서 계속 수분이 빠져 나오므로 전체적으로 수분 손실이 계속되고 혈액량과 혈압이 저하되며 소변량도 감소한다. 손실된 조직액을 보상하기 위해 세포 내 수분이 빠져 나오게 되어 세포 탈수상태가 발생한다. 또한 세포 내 칼륨이 감소하고 순환혈액 중 칼륨 농도가 증가한다. 링거액(Ringer's solution)과 같은 염분이 포함된 수액을 정맥으로 공급하여 수분과 전해질을 보충해 준다. 약 12시간 후에는 혈관 투과성이 정상으로 회복되어 화상부위의 손실이 감소하기 시작하는데, 이때는 혈액량을 유지하기 위해 알부민 또는 혈장액을 투여한다. 화상치료 초기에는 다음과 같은 이유로 단백질 및 에너지 요구량의 충족에는 큰 비중을 두지 않는다.

- 이 시기의 포도당 주입은 고혈당을 유발할 수 있다.
- 아미노산은 화상부위를 통해 손실된다.
- 화상 후에는 무력성 장폐색증(adynamic ileus: 장근육의 정상적인 작용이 상실되어 장이 폐쇄되는 상태)이 발생한다.

이러한 요인들 때문에 이 시기에 위장관을 통한 음식물 섭취는 어렵다.

(2) 회복기

약 48~72시간 후에는 조직액과 전해질이 점차 재흡수되어 균형을 이루게 되며 과도한 조직손실의 양상이 재생조직으로 바뀌게 된다. 초기의 치료가 성공적이면 소변량은 증가한다. 보통 환자들은 화상 후 일주일의 말기 무렵이면 손상 이전의 체중을 회복하게 된다. 수분의 섭취와 배설에 대한 지속적인 감시(monitoring)를 통해 탈수 또는 수분과다의 징후를 관찰하는 것이 중요하다.

(3) 이차 영양기

화상 후 일주일이 지나면 장기능이 적절하게 회복되므로 집중적인 식사 프로그램을 시작해야 한다. 환자가 우울하거나 식욕상실이 있더라도 이 시기에는 집중적인 영양요법이 필요하다. 이 시기에 영양소 및 에너지 요구를 증가시켜야 하는 이유는 다음과 같다.

- 조직 재건을 위해서 다량의 단백질과 전해질을 필요로 하므로 보충이 필요하다.
- 화상 이후에는 무지방근육(lean body mass), 질소의 손실 및 조직 이화가 일어난다.
- 감염이나 발열이 있으면 추가 에너지를 보충하고 조직 대체와 피부이식 시의 단백질 대사 요구를 충당하기 위해서 대사가 증가하고 에너지 요구량도 증가한다.

치료 식이의 지침

성공적인 치료 식이는 단백질 및 에너지의 충분한 섭취를 기본으로 한다.

❶ 고단백

단백질 요구량은 화상범위에 따라 1일 150~400g까지 다양하다. 소아는 연령별 단백질 권장량의 2~4배를 필요로 한다. 일반적으로 성인에게 질소평형을 이루기 위해서는 체중 1kg당 2~3g의 단백질이 필요하다.

❷ 고칼로리

대부분의 성인에게는 증가된 대사에 따른 에너지 요구량을 공급해야 하는데 재형성에 필수적인 단백질을 비축하기 위해 기초대사량의 2배인 3,500~4,500kcal가 필요하다. 전체 에너지의 많은 부분은 탄수화물로 섭취하고, 나머지 부분은 약간의 지방으로 섭취하도록 한다.

❸ 고비타민

아미노산의 조직 재형성을 돕기 위해 비타민 C 섭취를 하루에 1,000~2,000mg 정도까지 증가시키는 것이 필요하다. 증가된 에너지와 단백질의 대사를 위해 티아민, 리보플라빈, 니아신도 증가시킨다.

(4) 식사 관리

중요한 영양 요구량을 충족시키기 위해 경장 또는 비경구영양 방법을 사용한다. 영양 목표량을 달성하기 위한 식이공급 방법을 적용하거나 환자의 식이 섭취에 대해 자세히 기록하여 영양섭취 상태를 계속적으로 측정해야 한다.

① 경구 또는 경장영양

가능하면 비경구영양보다는 경구영양섭취가 바람직하다. 단백질 또는 아미노산이 첨가된 농축 유동식을 경구로 섭취하도록 제공한다. 주기적인 영양공급을 위해 뉴케어나 그린비아와 같은 농축유동식 상품을 섭취하게 할 수 있다. 대략 2주째에는 개인의 기호에 따라 고형 음식을 섭취할 수 있다. 일부 환자는 정확한 요구에 맞추어 영양을 공급하기 위해 경관영양이 필요할 수 있다. 이 경우에는 부피가 적은 한정된 유동식을 내강이 좁은 관을 통해 제공한다. 어느 경우에서나 지속적인 지지와 격려가 필요하며, 음식은 가능한 보기 좋고 식욕을 자극할 수 있도록 조리해야 한다. 기호에 따라 영양가 높은 음식을 제공하며 싫어하는 음식은 피하도록 한다.

② 비경구영양

일부 환자는 경구 섭취나 경장영양 만으로 증가된 영양 요구량을 충족시키는 데 부적합하거나 부족할 수 있으며, 손상 또는 합병증으로 인해 경장영양 자체가 불가능할 수 있다. 그러한 경우 영양공급을 위해 정맥을 통한 비경구영양을 시행한다.

3) 추후 관리

성공적인 피부이식 또는 재건성형수술을 하기 위해서는 지속적인 영양보조가 필수적이다. 환자는 수술 후에 신체의 물리적 재형성뿐만 아니라 변형 또는 불구상태가 남을 수 있는데 이러한 경우 더욱 지지가 필요하다. 의료팀은 환자가 다시 재기할 수 있도록 용기와 신뢰를 심어주는 일을 해야 한다. 지속적인 의학적, 영양학적, 간호학적 지지를 통해 최적 상태의 신체적 근력을 회복하도록 함으로써 환자가 대처에 필요한 개인적 자원들의 재건을 도울 수 있다.

>> 간호적용

급속이동 증후군 관련 영양부족 사례

53세인 대상자는 위궤양으로 부분위절제술을 받고 외과에 입원하였다. 수술 후 식사를 점차 고형식으로 변화시키고 양을 증가시키는 과정에서 급속이동 증후군이 나타나기 시작하였다.

(1) 간호사정

① 주관적 자료

- "수술이 잘못되어서 이런 일이 생기는지 질문을 하고 매우 불안한 상태이다"
- "평소에 음식을 빨리 먹는 편이며, 식사 도중에 물을 많이 마시는 편이다"
- "우유를 좋아하는데 많이 마셔도 되는지 질문한다"

(2) 간호진단

- 정보부족과 관련된(위절제술 후 식이에 대한) 지식부족

(3) 간호계획

- 대상자는 급속이동 증후군이 발생하는 원인에 대해 설명한다.
- 대상자는 급속이동 증후군의 증상을 나열한다.

(4) 간호중재

- 대상자의 평소 식습관에 대해 자료를 수집한다.
- 식사와 관련하여 대상자가 피해야 할 행동과 취해야 할 행동에 대한 교육을 한다.

- 대상자가 피해야 할 음식과 섭취해야 할 음식에 대해 교육한다.
- 필요 시 영양사와 만나서 전문적인 교육을 받을 수 있도록 한다.
- 가능하면 인쇄된 교육자료를 제공하고 대상자와 보호자가 질문할 기회를 충분히 제공한다.

(5) 간호평가

- 급속이동 증후군 증상을 피하는 방법을 대상자와 보호자가 설명하는지 평가한다.
- 퇴원 시 급속이동 증후군 증상이 경감되거나 없어졌는지 평가한다.
- 다음 외래 방문 시 체중감소가 없거나 이상 체중으로 회복되었는지 평가한다.

생각해보기

대상자는 오랫동안 소화성 궤양을 앓았는데 주치의는 수술이 필요하다고 결정하였다. 대상자는 부분위절제술을 받기 위해 입원하여 수술에 잘 견뎌냈고, 수술 직후 공장에 위치한 관을 통해 유동식을 공급받았다. 며칠 후 관을 제거하였고, 다음에는 점차적으로 소량의 연식을 먹을 수 있게 되었다. 그는 이전의 궤양 통증이 사라져 안심하였고, 일상 활동량을 점차 증가시키고, 일반식도 음식의 종류와 양을 증가시켜 먹기 시작하였다.
시간이 지나면서 대상자는 식후 불편감이 심해지기 시작하였다. 식후에 흔히 경련과 빈맥이 나타났다. 식은 땀이 나고, 어지럽고, 허약감이 있었다. 종종 오심과 구토도 있었다. 불안감이 심해지면서 그는 점점 적게 먹게 되었고, 체중이 감소하기 시작하였다. 그는 곧 전반적인 영양불량 상태가 되었다.

1. 대상자의 수술 직후 및 다음 2주간의 영양학적 요구는 무엇인가? 왜 식사를 조심스럽게 증가시키는 것이 필요한가?
2. 수술 후 단백질 급원을 강조하여야 하는 이유는 무엇인가? 이 영양소는 어떻게 공급할 수 있는가?
3. 대상자가 회복되기 시작하고 정상적인 식사를 시작하면서 왜 몸이 불편해졌는가? 이때의 증상과 발생원인에 대하여 기술하시오.

12장

심혈관계 환자 식이

'심혈관계 질환'이란 심장과 혈관에 영향을 미치는 질병을 의미하는데 심혈관계 질환 중 고혈압, 고지질혈증, 관상동맥질환, 울혈성 심부전증, 말초혈관 질환 등은 특히 식이와 관계가 있다. 우리나라는 1970년대까지 서구에 비해 심혈관계 질환 발생률이 낮았으나, 최근 인구노령화, 생활습관과 식습관의 서구화와 함께 심혈관계 질환이 급속히 증가하고 있다. 그리고 이러한 질환들의 발생은 서로 연관되어 있는데, 예를 들면 고혈압과 고지질혈증이 있으면 관상동맥질환 발생이 증가하게 된다. 그러나 고혈압과 고지질혈증이 있는 사람들이 식이를 포함한 적절한 자기관리를 통해 질병을 잘 조절하게 되면 관상동맥질환과 같은 치명적인 질환을 예방 할 수 있다는 것도 과학적인 연구 결과로 증명되었다. 물론 이미 관상동맥질환이 발생한 사람들에게도 재발 예방이나 합병증 예방을 위해서 적절한 식이가 중요하다.

심혈관계 질환의 발생과 관련된 위험요인 중 일부는 수정이나 예방할 수 있다. 위험요인은 크게 수정 가능한 것, 수정 불가능한 것, 위험을 증가시키는 것의 세 가지로 나눌 수 있다. 수정 가능한 요인에는 흡연, 식습관, 신체적인 활동 등이 포함된다. 수정 불가능한 요인은 성별, 나이, 가족력 등이다. 심혈관 질환의 위험을 증가시키는 요인은 당뇨병, 고혈압, 비만, 고지질혈증 등이다. 심혈관 질환을 치료하는 데는 약물이나 의학적 시술도 매우 중요하지만 적절한 식이를 이행하는 것은 환자가 할 수 있는 중요한 자기관리 행위이다. 본 장에서는 심혈관 질환 중 고지질혈증, 고혈압, 관상동맥질환, 울혈성 심부전 등이 있을 때의 식이에 대한 중요한 원칙과 방법에 대해 학습할 것이다.

01 고지질혈증

고지질혈증(hyperlipidemia)이란 혈액 내에 지질(lipid)이나 지단백(lipoprotein)이 정상수준 이상으로 높은 상태를 말한다. 이런 상태에서는 혈관에 죽상경화증이 생기게 되어 장기적으로는 심장혈관이나 뇌혈관에 경화가 생겨 치명적인 질환을 유발하기 때문에 예방적인 조절이 필요하다. 2020 국민건강통계에 의하면 우리나라 고콜레스테롤혈증 유병률(만 30세 이상)은 27.5%(남자 26.4%, 여자 28.6%)였다. 연령대에 따른 성별 유병률이 다른데 30~40대에는 남자의 유병률이 여자보다 높았으나, 50세 이후에는 여자가 높았다. 고중성지방혈증 유병률(만 30세 이상)은 16.3%(남자 24.4%, 여자 9.0%)였는데, 남자는 40대, 여자는 50대에서 유병률이 가장 높았다. 고콜레스테롤혈증 유병자 기준 조절률(만 30세 이상)은 49.0%로 이전보다는 향상되었으나 조절이 필요한 사람의 비율이 여전히 높은 상황이다.

1) 고지질혈증의 진단

콜레스테롤(cholesterol)은 혈액 내에서 지질과 단백질로 되어 있는 지단백질을 포함한 구형의 입자 형태이다. 콜레스테롤은 신체에서 정상적으로 만들어진다. 이것은 세포벽을 구성하는 중요성분이며 호르몬으로 변화하는 성분이기도 하다. 신체에서는 필요한 콜레스테롤을 만들어서 쓰기 때문에 식사를 통한 섭취는 큰 비중을 차지하지 않는다. 혈중 콜레스테롤 수준은 유전적 소인, 지방, 식이 중의 콜레스테롤 섭취량, 비만도, 신체 활동에 의해 좌우된다. 지질과 지단백질 검사 시에는 9-12시간 이상 금식한 상태에서 혈액을 채취하여 총콜레스테롤(total cholesterol), 중성지방(triglyceride), 초저밀도지질단백질(very low density lipoprotein, VLDL), 저밀도지질단백질(low density lipoprotein, LDL), 고밀도지질단백질(high density lipoprotein, HDL) 등을 검사한다. LDL-콜레스테롤은 총콜레스테롤의 60~70%을 차지하고, LDL-콜레스테롤이 높으면 관상동맥질환 위험이 높아진다. HDL-콜레스테롤은 대개 총콜레스테롤의 20~30%를 차지하며, 그 양은 관상동맥질환 발병위험과 역상관관계가 있다. 고지질혈증을 진단함에 있어 지질인 총콜레스테롤과 중성지방이 중요하지만 LDL-콜레스테롤, HDL-콜레스테롤 등의 지단백질 수준에 따라 죽상경화가 영향을 받기 때문에 이것도 고려하여야 한다.

콜레스테롤의 대부분은 LDL에 들어 있으므로 총콜레스테롤은 LDL-콜레스테롤과 상관관계가 높다. 그러므로 LDL-콜레스테롤이 더 중요한 위험 예측인자이지만 혈액검사에서 총콜레스테롤 검사는 값이 싸기 때문에 일차적인 관상동맥질환의 위험요인 검사로 사용되고 있다. 표 12-1은 한국지질 · 동맥경화학회의 「이상지질혈증 진료지침 제5판」에서 제시한 한국인의 진단 기준을 제시한 것이다.

2) 고지질혈증 대상자의 자기관리

고지질혈증의 수준을 조절하기 위해서는 아래와 같이 다양한 생활습관을 조절하는 것이 중요한데 특히 식습관의 관리가 중요하다.

- 체중조절: 과도한 체중은 콜레스테롤에 영향을 미치므로 3~5kg의 체중을 줄이면 콜레스테롤 수준을 향상시키는 것이 알려져 있다. 과체중인 경우 체중을 감소시키면 중성지방과 콜레스테롤이 감소된다. 특히 운동요법을 병행하면 효과가 높다.
- 규칙적인 운동: 의사와 상의하여 건강상 문제가 없다면 하루에 30~60분의 운동이 권장된다. 한 번에 이 시간을 다 채우지 못하면 여러 번으로 나누어서 하여도 좋다.
- 금연: 흡연은 혈관 손상의 가속화에 영향을 미치므로 고지질혈증이 있을 때 흡연은 심혈관계 질환 발생 위험을 증가시킨다.

표 12-1 한국인의 고지질혈증 진단 기준

LDL Cholesterol (mg/dL)		
	<100	적정
	100~129	정상
	130~159	경계
	160~189	높음
	≥190	매우 높음
Total cholesterol (mg/dL)		
	<200	적정
	200~239	경계
	≥240	높음
Serum Triglycerides (mg/dL)		
	<150	적정
	150~199	경계
	200~499	높음
	≥500	매우 높음

출처: 한국지질 · 동맥경화학회 (2022). 이상지질혈증 진료지침 제5판

3) 고지질혈증 치료식이

혈중콜레스테롤을 낮추기 위한 식품 섭취 방법들은 아래와 같다. 또한 우리나라 식사패턴 연구 결과를 바탕으로 한 식사 가이드는 Box 12-1와 같다.

(1) 불포화지방 섭취 권장

포화지방(saturated fat) 섭취는 총 콜레스테롤과 LDL-콜레스테롤을 상승시킨다. 가장 흔한 포화지방의 식이 공급원은 주로 동물성 기름에 들어 있다(야자, 코코넛유는 식물성이지만 포화지방임). 붉은 살코기, 유제품, 가공한 육고기에 포화지방이 많다. 올리브유와 카놀라유(유채유)는 단일불포화지방이 많은 건강한 지방식품이다. 아보카도, 아몬드, 호도 등도 건강한 지방식품이다(Box 12-2 참조).

(2) 트랜스지방 섭취 제한

트랜스지방(trans fat)은 섭취 가능한 지방 중에 콜레스테롤 수준에 가장 나쁜 영향을 미치는 것으로 알려져 있다. 트랜스지방은 우유와 고기 같은 천연식품에도 들어 있으나 많은 양은 아니다. 대부분의 트랜스지방은 식물성 기름에 수소를 첨가하는 상업적인 생산 과정에서 발생한다. 기름에 수소를 첨가하면 실온에서도 기름이 고체상태로 되어 운반이나 저장에 편리하고, 부분적으로 수소첨가(hydrogenated)된

BOX 12-1 고지질혈증 관리를 위한 권장 및 주의 식품

식품군	권장 식품(과다하지 않은 섭취 필요)	주의 식품(섭취 횟수 및 섭취량 조절)
어육류/콩류	생선, 콩, 두부, 가금류(껍질 벗겨서), 살코기(기름기 적은 부위)	갈비, 내장(육류의 간, 허파, 곱창 등), 튀긴 닭, 가금류 껍질, 고지방 육가공품(베이컨 등)
알류	달걀	
우유/유제품	저지방/무지방 우유, 저지방 치즈	크림치즈, 아이스크림, 연유
지방	기름–옥수수유, 들기름, 해바라기유	버터, 단단한 마가린, 돼지기름, 쇼트닝
곡류	통곡물, 통밀	팝콘, 버터나 마가린으로 만든 빵, 케이크
국	조리하고 난 후 지방 제거	기름이 많은 국물, 크림 스프
채소/과일	신선한 채소/과일	튀기거나 소스가 첨가된 채소/과일
기타	견과류	튀긴 간식, 초콜릿

출처: 한국지질 · 동맥경화학회 (2022). 이상지질혈증 진료지침 제5판

BOX 12-2 불포화지방산과 포화지방산 함유 식품

불포화지방산 식품	카놀라유, 콩기름, 참기름, 들기름, 옥수수기름, 올리브유, 해바라기씨기름, 생선기름, 견과류기름
포화지방산 식품	소기름, 돼지기름, 베이컨, 쇼트닝, 라아드, 버터, 야자유, 코코넛유

기름은 잘 상하지 않고 튀김기름으로 오래 사용할 수 있다는 장점이 있다. 트랜스지방은 마가린과 상업적 상품으로 판매되는 쿠키, 크래커, 튀긴 음식, 빵을 만들기 전 반 가공 상태에서 냉동해서 유통하는 냉동생지, 일부 커피에 첨가하는 비유지방 크리머 등에 들어 있다. 트랜스지방은 LDL-콜레스테롤을 높일 뿐 아니라 동시에 HDL-콜레스테롤을 낮추기 때문에 이중으로 혈중 콜레스테롤에 악영향을 미친다. 최근 트랜스지방 대신에 열대성 식물성 고체 기름인 야자유, 코코넛유 등으로 대체하는 경향이 있으나 현재까지의 지식으로는 이러한 열대성 식물기름에 많은 포화지방이 LDL-콜레스테롤을 높일 수 있다는 것에 대한 확실한 반론이 없으므로 주의가 필요하다.

(3) 콜레스테롤 섭취 제한

콜레스테롤이 높은 식품으로 고기내장, 계란노른자, 전지우유 등이 있다. 고기는 기름이 적은 것을 선택하고 우유는 저지방이나 무지방 우유를 섭취한다.

(4) 통곡류 섭취 권장

도정하지 않은 곡식에 있는 섬유질과 다양한 영양소는 혈중지질에 좋은 영향을 미치므로 현미와 잡곡을 많이 섭취한다.

(5) 과일과 채소 섭취 증가

과일과 채소에 있는 섬유질은 콜레스테롤을 낮추는데 도움을 준다. 제철과일을 섭취하고 채소요리를 많이 먹는 것이 좋다. 채소나 과일은 주스보다는 생야채, 과일 형태로 섭취할 때 섬유소가 더 많이 포함된다.

(6) 생선 섭취 권장

생선 중에는 육고기나 가금류보다 지방, 포화지방, 콜레스테롤이 적은 것이 많은데 예를 들면 대구, 명태, 참치 등이다. 연어, 고등어, 꽁치, 정어리 등은 혈관 건강에 긍정적 영향을 주는 오메가-3가 많이 함유되어 있다.

(7) 알코올 섭취 제한

적절한 양의 알코올이 HDL-콜레스테롤을 향상시킨다는 연구결과가 있다. 그러나 이 결과는 알코올을 안 먹는 사람에게 먹도록 권할 만큼 강력한 권고 사항은 아니다.

(8) 지중해식 식이의 유용성

그리스와 북이탈리아(지중해)에 살고 있는 사람들은 미국인에 비해 심장질환의 발생이 낮은데 이 차이점이 식이와 관련이 있다는 연구들이 있다. 관련 연구결과에 의하면, 지중해식 식이는 다음과 같은 특성이 있다. 그리스와 이탈리아에 살고 있는 사람들은 평균적으로 하루에 2~3스푼의 올리브유를 섭취하는데 이는 미국인에 비해 매우 많은 올리브유 섭취량이다. 올리브유는 단일불포화지방이 많아 LDL-콜레스테롤치를 상승시키지 않으며 혈중 HDL-콜레스테롤 수준을 유지한다. 지중해 지역에서 포화지방은 전체 에너지 섭취량의 7~8%만을 차지한다. 붉은 살코기와 다른 고기의 섭취는 일주일에 450g 이하이며 땅콩, 씨앗, 콩류가 고기의 대체품으로 사용된다. 지중해에 살고 있는 사람은 혈중 콜레스테롤을 상승시키는 마가린, 쇼트닝 같은 경화유(transfatty acid)를 거의 섭취하지 않는다. 또한 그들은 미국인보다 과일과 채소를 약 2배 정도 많이 먹는다. 과일과 채소에는 항산화 영양소(비타민 C와 베타카로틴)가 높고, 건강을 증진시킬 수 있는 생물학적 활성을 띠는 비영양물질들이 많이 포함되어 있다. 지중해 사람은 통곡류 음식(빵과 파스타)을 하루에 450g 정도 섭취하는 반면, 미국인은 곡류 음식을 하루 225g 정도 먹는다. 또한 지중해 사람들은 일반적으로 미국인보다 육체활동을 더 많이 하고 식사를 여유롭게 하는데 이것은 스트레스와 심혈관계 질환 발생 간의 관계에 어떤 역할을 할 수도 있다. 지금까지의 여러 연구결과가 지중해식 식사가 혈관, 심혈관계 질환의 위험도를 낮추는 것으로 알려져 있다.

02 고혈압

2020 국민 건강 통계에 의하면 30세 이상 성인 인구 중 고혈압 유병률은 34.2%(남자 38.9%, 여자 29.7%)이며 65세 이상의 경우 61.4%로 높다. 고혈압 유병자 중 혈압 조절률(만 30세 이상)은 2020년 조사에서 약 48.7%로 여전히 절반정도의 고혈압 환자가 혈압이 조절되지 않은 채로 지내고 있다. 고혈압은 그 자체가 심혈관계 질환일 뿐 아니라 관상동맥질환을 유발하는 위험요소이기도 하다. 고혈압의 95% 정도는 그 원인을 알 수 없는 일차성 및 본태성 고혈압이다. 이차성 고혈압은 그 원인을 알 수 있는 고혈압으로, 원인은 신부전증, 심혈관질환, 쿠싱 증후군, 원발성 알도스테론증 등이다.

1) 고혈압 판정 기준

고혈압은 합병증을 유발하기 전에는 증상이 심하지 않기 때문에 조용한 살인자(silent killer)라고 불리지만, 발견도 쉽고 일반적으로 조절이 가능한 질환이므로 조기발견 하여 관리하면 여러 합병증을 예방할 수 있다. 혈압의 분류는 표 12-2와 같다.

제8차 Joint National Committee (JNC8)에서 과학적 근거에 기반하여 발표한 고혈압

표 12-2 혈압의 분류

범주	수축기혈압(mmHg)	이완기 혈압(mmHg)	비고
정상	>120	<80	수축기와 이완기 조건 모두 만족해야 정상
고혈압전단계	130~139	80~89	두 가지 중 한 가지만 해당해도 고혈압전단계임
고혈압	≥140	≥90	두 가지 중 한 가지만 해당해도 고혈압임

출처: 대한고혈압학회 (2022). 2022 고혈압 진료지침

BOX 12-3 제8차 Joint National Committee(2014)의 중요 고혈압 환자 치료 가이드라인

고혈압관리 권고 사항(JNC8, 2014)
1. 60세 이상 대상자인 경우. SBP≥150mmHg 또는 DBP≥90mmHg 약물 치료를 시작한다. 치료목표는 SBP<150mmHg 그리고 DBP<90mmHg이다.
2. 60세 이상 대상자인 경우 고혈압 치료 결과로 SBP<140mmHg로 낮게 조절되었으나 환자의 삶의 질에 문제가 없고 부작용이 없다면 다르게 조절할 필요가 없다.
3. 60세 미만의 대상자인 경우. DBP≥90mmHg인 환자이면 치료를 시작하여 DBP<90mmHg로 조절되도록 한다(30~59세의 경우 강력 권고).
4. 60세 미만 대상자. SBP≥140mmHg 이면 약물치료 시작하고 치료목표는 SBP<140mmHg이 되도록 한다.
5. 만성 신장질환이 있는 18세 이상 대상자. SBP≥140mmHg 또는 DBP≥90mmHg이면 약물 치료를 시작한다. 치료목표는 SBP<150mmHg와 DBP<90mmHg이다.
6. 18세 이상으로 당뇨병 환자. SBP≥140mmHg 또는 DBP≥90mmHg 약물 치료를 시작한다. 치료목표는 SBP<140mmHg 그리고 DBP<90mmHg이다.
7. 흑인이 아닌 일반인의 경우 당뇨병이 있는 사람포함하여 처음 치료약에 Thiazide계의 이뇨제, calcium channel blocker(CCB), angiotensin converting enzyme inhibitor(ACEI), angioten receptor blocker(ARB)를 포함시킨다.
8. 흑인의 경우 당뇨병이 있는 사람 포함하여 처음 치료약에 Thiazide계의 이뇨제 또는 calcium channel blocker(CCB)를 포함시킨다.
9. 18세 이상 성인 중 만성신장질환이 있는 경우. 처음 고혈압 치료약에 ACEI 또는 ARB를 포함시킨다. 이것은 모든 종족과 당뇨여부에 상관 없이 해당된다.
10. 고혈압치료의 중심은 목표혈압에 도달하는 것이다. 한달 이내에 목표 혈압에 도달하지 않는 겨우 처음 치료약의 용량을 늘리거나 다른 약을 추가한다. 목표 혈압이 2개 약으로 도달되지 않는 경우 세번째 약을 추가한다. 그러나 ACE와 ARB를 같은 환자에게 동시에 주지 않는다.
11. 기타 자세한 사항은 JNC8을 참조.

환자 관리와 치료에 대한 가이드라인을 보면(Box 12-3) 연령에 따라 다른 치료의 가이드라인을 볼 수 있다. 이 가이드라인은 젊은 대상자나, 신장질환과 같이 다른 질환이 고혈압과 같이 있는 경우 고려할 점들을 제시하고 있다.

2) 고혈압 환자의 혈압관리를 위한 비약물치료 및 생활요법

대한고혈압학회에서 고혈압 관리를 위해 환자들에게 권하는 비약물치료 및 생활요법은 아래와 같다. 이 내용은 혈압을 관리하기 위해 의사가 처방해주는 약 외에도 식이와 생활습관의 변화가 혈압조절에 중요함을 강조하고 있다. 약물치료와 함께

식이, 운동, 금연 등과 같은 생활요법을 병행하게 되면 약 개수 혹은 용량을 줄이거나 약물의 효과를 높일 수 있다. 또한 다른 심혈관계 질환의 위험을 감소시키는 효과가 있을 수도 있다.

- 체중 감량: 매 체중 1kg 감소 시에 수축기 혈압 1.1mmHg/이완기 혈압 0.9mmHg 감소
- 절주: 2잔/일 이하
- 소금 섭취 제한: 소금 6g/일 이하
- 신체적 활동 증가: 매일 30-50분, 1주일에 5일 이상
- 식사 조절: 칼로리와 동물성 지방 섭취를 줄이고 채소, 과일, 생선, 유제품 등의 섭취 증가

3) 고혈압 환자 식이

식사의 수정은 고혈압의 비약물 치료법 중의 하나이며 중요한 부분이다.

(1) 지방과 콜레스테롤이 낮은 음식 선택

포화지방, 총지방, 콜레스테롤이 낮은 음식을 선택하고 과일, 야채, 저지방 유제품을 섭취한다.

(2) 소금 섭취 제한

소금과 나트륨이 많은 음식을 가능한 피한다. 소금을 덜 섭취하는 방법으로 마늘, 양파, 허브 등의 사용이 있다. 고혈압에 대한 일차적인 치료로 체중감소와 염분 섭취의 제한을 잘 하면 항고혈압제의 투여량을 감소시킬 수 있는 것으로 알려져 있다.

그림 12-1은 소금 1g의 양과 우리나라에서 사용되는 장류나 소스에서 소금 1g에 해당하는 음식의 양이다. 이를 이용하여 한국 음식을 섭취하는 사람에게 소금 섭취에 대해 교육하면 편리하다.

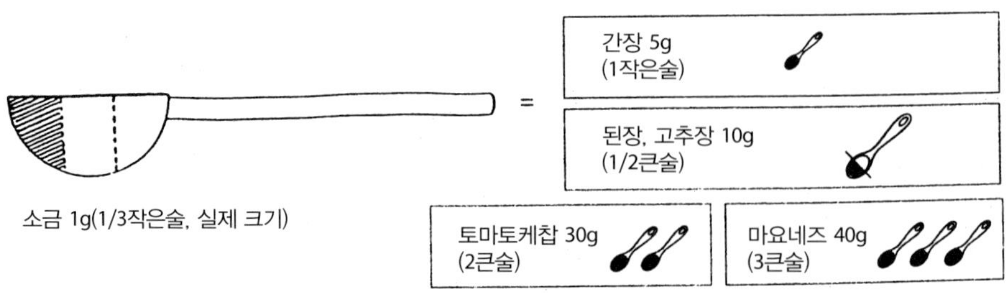

그림 12-1 소금 1g과 같은 나트륨을 함유한 장류, 소스의 량.

(3) 알코올 섭취 제한

알코올은 혈압을 올릴 뿐 아니라 칼로리 섭취를 증가시킬 수 있다. 알코올을 먹는 사람이면 여성은 하루 한 잔, 남성은 두 잔 이내로 제한한다.

(4) 적절한 무기질 섭취

나트륨을 적게 섭취하고 칼륨을 많이 섭취하는 것이 혈압 조절에 도움을 주는 것으로 알려져 있다. 마그네슘, 칼슘섭취도 약간의 혈압 강화 효과가 있는 것으로 알려져 있다.

(5) 기타 관련 식이요인

카페인은 혈압을 상승시키는데 커피 2~3잔을 섭취하면 15분 후에 5~15mmHg의 혈압을 올리는 것으로 알려져 있다. 설탕도 약간의 혈압을 상승시키는 것으로 보고되었다.

(6) DASH 식이

DASH 식이(dietary approaches to stop hypertension)는 고혈압 환자를 위해 과학적 근거에 기반해 고안한 식단인데 칼륨, 마그네슘, 칼슘과 같은 무기질의 섭취를 증가시키는 식이이다(표 12-3). 이 식이에 추가하여 저염식을 하는 경우 더욱 유의한 혈압 조절 효과가 있다.

◎ 고혈압 대상자 교육

항고혈압제 사용과 나트륨 제한 식이를 하는 성인 중에도 노인은 추가적인 관리가 요구 된다. 노인 환자는 탈수, 감소된 심혈관 반사 그리고 투약으로 인해 체위성 저혈압의 위험이 더 크기 때문이다. 환자에게 나트륨 함량이 높은 음식의 종류를 강조하여 섭취를 줄이도록 하는 것이 좋다. 음식 중에는 나트륨이 들어있으나 흔히 짜지 않은 것으로 생각하는 음식이 있는데 이런 음식도 가능한 줄이는 것이 좋다.
짜지 않게 느끼나 나트륨이 많은 식품의 예:

- 스낵(콘칩, 포테이토칩, 프레첼, 땅콩, 크래커)
- 조미료와 비열량 인공 감미료(인공 조미료, 사카린)
- 스프(통조림된 것과 분말)
- 소스(병에 담긴 것, 케찹 포함)
- 훈제 고기와 생선(훈제된 햄과 연어)
- 나트륨이 가미된 런천미트(햄)

표 12-3 DASH(Dietary Approaches to Stop Hypertension) 식이(2000Cal)

식품군	하루 허용식품교환	일교환	예	DASH 식이에서 특성
곡류	6~8	빵 한조각 씨리얼 30g 밥, 파스타 1/3공기	현미빵, 베이글, 오트밀	에너지와 섬유질의 공급원
야채	4~5	잎채소(요리전) 1컵 1/2 조리한 야채 180mL 야채 주스	토마토, 감자, 콩, 당근, 호박, 시금치, 고구마	칼륨, 마그네슘, 섬유질 공급원
과일	4~5	180mL 과일 주스 건조한 과일 1/4컵 신선한, 냉동한, 통조림과일 1/2컵	살구, 바나나, 포도, 오렌지 주스, 딸기, 파인애플	칼륨, 마그네슘, 섬유질 공급원
저지방 또는 무지방 유제품	2~3	우유 200mL 떠먹는 요구르트 한 개	1%지방우유, 저지방 요구르트 저지방치즈	칼슘과 단백질의 주요 공급원
고기, 가금류, 생선	>2	조리한 고기, 가금류, 생선 100g	기름이 적은 고기만 선택, 튀기지 말고 굽거나 찐다.	단백질과 마그네슘의 생선 공급원
견과류	4~5/주	견과류 1/2컵, 씨견과류 2큰술	아몬드, 땅콩, 해바라기씨	열량과 마그네슘, 칼륨, 단백질, 섬유질 공급원
지방, 기름	2~3	저지방 마요네즈 1큰술 샐러드드레싱 2큰술 식물성 기름 1큰술	저지방 마요네즈, 식물성 기름	DASH 식이에는 전체 열량의 27%가 지방에서 오도록 되어 있다.
단음식	5/주	설탕 1큰술 젤리나 잼 1큰술 젤리빈사탕 15g	단풍시럽, 설탕, 아이스크림, 캔디	단음식은 지방이 낮다.

출처: From US Department of Health and Human services, public health service: Facts about DASH eating plan, NIH pub No 03–4082, Washington, D.C. (revised May 2003), National Institute of Health, National Heart, Lung, and Blood Institute).

한국인의 식사에서 소금 섭취를 줄이기 위한 방안은 다음과 같다.

- 국이나 찌개의 그릇 크기를 줄이고 국은 많이 먹지 않는다.
- 김치를 싱겁게 담고, 식탁에는 생야채를 곁들인다.
- 생선에 소금을 뿌리지 말고 조리한 후 짜지 않은 소스를 쳐서 먹는다.

03 관상동맥병

관상동맥병(coronary artery disease)을 야기할 수 있는 생리적 문제 중 하나는 동맥경화증이다. 아동기에 시작되기도 하는 죽상경화증은 점진적으로 동맥경화증을 유발할 수 있다. 동맥경화증으로 인해 영향을 받을 수 있는 주요 신체 기관은 심장과 뇌이다. 심장으로 가는 혈류가 부분적으로 막혔을 때는 협심증, 심장으로 가는 혈류가 완전히 막혔을 때는 심근경색증이 발생한다. 만약 뇌동맥에 혈전이 발생하면 뇌졸중이 발생한다. 하지의 말초혈관에 동맥경화증이 생기면 일시적인 동맥부전이나 허혈성 괴사가 하지에 발생하게 된다. 동맥경화증 위험을 평가하는 가장 흔한 방법은 혈중 총 콜레스테롤과 혈액 내에서 콜레스테롤을 운반하는 여러 지단백질의 비율을 측정하는 것이다.

1) 관상동맥병

관상동맥병은 심장의 관상동맥 내에 왁스와 같은 플라크(plaque)가 쌓여 생기는 질환이다. 이런 플라크가 혈관에 생긴 상태를 죽상경화증(atherosclerosis)이라고 하는데 이런 상태는 오랜 기간 동안에 진행된다. 이 플라크는 딱딱해지거나 터지기도 하는데, 플라크가 딱딱해지면 혈관을 좁게 만들고 혈액이 산소를 심장근육으로 공급하는데 방해가 된다. 플라크가 터진 경우 혈전을 만들게 되고 플라크의 크기가 크면 혈관을 완전히 막을 수도 있다. 이로 인해 심장의 혈액공급이 부족하거나 완전히 혈관이 막히게 되면 협심증, 심근 경색 등이 발생한다.

2) 관상동맥병 대상자 자기관리

(1) 건강한 체중 유지

권장되는 체중 수준은 신체체질량지수(BMI) 18.5-24.9이다. 과체중인 경우 체중을 감소시키면 중성지방과 콜레스테롤이 감소된다. 특히 운동요법을 병행하면 효과가 높다.

(2) 스트레스 관리

화가 나거나 감정적인 스트레스가 심할 때 협심증이나 심근 경색을 일으키는 경우가 많다는 것이 알려져 있다. 개인은 건강한 방법으로 스트레스를 관리할 수 있도록 방법을 배우는 것이 좋다. 심리상담도 유용한 방안이다. 명상, 신체활동, 이완요법, 좋은 친구 만나기, 종교 활동 등도 도움이 될 수 있다.

(3) 적절한 신체활동

규칙적인 활동은 지질 개선에 중요하며 결국 혈압 조절이나 관상동맥 예방과 재발 방지에 도움이 된다. 중간 정도(빨리 걷기 등)의 유산소 운동을 1주에 총 2시간 30분 이상 하는 것이 권장된다. 또는 중간정도 강도 운동 대신 강한 운동을 1주에 1시간 15분 이상 하는 것으로 대치할 수 있다. 이미 심장질환이 있는 사람이라면 운동을 시작하기 전에 심장부담의 위험에 대해 의사와 상의할 필요가 있다. 또한 한 번에 움직이지 않고 오랜시간 앉아 있는 것도 위험을 높이는 것으로 알려져 있으므로 오래 앉은 채 일하는 사람은 자주 일어나서 움직이는 것도 중요하다.

(4) 금연

흡연은 강력한 심장질환의 위험인자이다. 가능한 빨리 금연하는 것이 좋다.

3) 관상동맥병 식이

(1) 급성기의 심장 부담을 줄이는 식이

심근경색이나 협심증 환자가 입원하는 기간은 심장질환 위험요소와 관련된 식사에 대한 교육을 시작하기에 좋은 시기이다. 심근경색이 있는 경우 심장 부담을 줄이기 위한 식사가 제공된다. 처음(약 24시간 동안)에 유동식을 먹을 수 있고 유동식 섭취에 문제가 없으면 보통의 일반식으로 진행된다. 소량씩 자주 먹는 식사가 좋다. 과식은 내장의 혈류를 증가시켜 이차적으로 심근의 산소 요구량을 증가시키므로 좋지 않다. 카페인이 함유된 음료는 심근의 자극을 피하기 위해 제한한다. 음식과 음료는 너무 뜨겁거나 너무 차지 않은 적절한 온도이어야 한다. 나트륨, 콜레스테롤, 지방 그리고 열량은 환자의 요구에 따라 조절되어야 한다.

(2) 고지질혈증의 치료식 활용

관상동맥병은 장기간의 혈중지질증가와 관련이 있으므로 관상동맥병의 치료식이로 고지질혈증 때와 같은 식이가 권장된다(고지질혈증 식이 참조). 오메가-3지방산을 섭취하면 심근경색을 일으킬 수 있는 혈전 발생의 위험을 감소시키는 것으로 밝혀졌다. 오메가-3 지방산이 많은 식품은 참치, 연어, 넙치, 정어리 그리고 송어와 같은 심해 어류이다.

04 울혈심부전

울혈심부전(congestive heart failure)은 심장에서 신체로 혈액을 보낼 때에 필요한 심장의 펌프역할에 문제가 생기는 진행성 질환이다. 울혈심부전은 관상동맥병, 폐 질환, 갑상선 기능부전증, 심근 손상, 심장판막질환등 다양한 원인에 의해 발생할 수 있다. 울혈과 부종은 심장뿐만이 아니라 폐, 간 그리고 다리에 발생될 수 있다. 울혈심부전 상태에서 신장으로 가는 혈류가 감소되고, 나트륨과 수분의 체내 정체가 증가된다. 울혈심부전 환자는 발과 발목의 부종이 나타나고 호흡곤란이 생긴다. 2018년 우리나라의 울혈심부전 유병률은 2.24%로 2002년 0.77%에 비해 꾸준히 증가하고 있다. 울혈심부전의 유병률은 연령의 증가에 따라 증가하는 경향이 있으며, 80대 이상 100,000명 중 7,483명에서 울혈심부전이 나타난다. 울혈성 심부전의 진단은 부종과 호흡 곤란 등의 증상과 심장초음파 검사로 가능하다.

1) 울혈성 심부전 대상자 자기관리

(1) 증상 관찰

자신의 상태가 나빠질 때 부종과 호흡 곤란, 어지러움 등이 나타나는 것을 알고 관찰해야 한다. 특히 체중 증가는 부종의 중요한 증상이므로 매일 체중을 측정하는 것이 좋다.

(2) 적절한 활동 유지

활동 제한이 있지만 지나치게 움직이지 않는 것 보다는 가능한 정도의 활동을 유지한다.

(3) 처방약 복용

심부전 상태를 완화하기 위해 처방되는 약들은 매우 중요하므로 규칙적으로 복용해야 하나 약물 중에는 부작용이 있는 경우도 있으므로 필요시 의사에게 보고한다.

(4) 금연

흡연은 울혈성 심부전 환자의 합병증과 사망률 증가에 영향을 미친다.

2) 울혈심부전 식이

(1) 저나트륨 식이

심장의 부하를 감소시키기 위한 영양지침은 식사 시 나트륨의 제한에 초점을 두고 있다. 심한 심부전일수록 세포외액을 감소시키기 위하여 더 엄격한 나트륨 제한이 필요하다. 심한 심부전 환자는 하루에 2,000mg 또는 그 이하의 나트륨이 함유된 식사를 먹는 것이 보통이다. 중정도의 심부전 환자는 하루에 5,000mg 또는 그 이하의 나트륨이 함유된 식사를 먹는 것이 좋다. 인스턴트식품은 나트륨이 많으므로 피한다.

(2) 수분제한 식이

만약 저나트륨혈증이 나타나면, 수분도 제한해야 한다. 하루에 1.5~2.0L로 수분을 제한하는 것이 일반적이지만 부전이 심한 환자는 하루에 수분을 1L 이하로 제한하는 식사가 필요할 수도 있다.

(3) 열량 조절

에너지 요구는 증가된 심장과 폐의 에너지 요구로 인하여 기본적인 요구보다 30~50% 정도 증가한다. 만약 환자가 악액질이 있다면 추가적인 열량이 필요하다. 칼로리가 높은(1.5~2.0kcal/mL) 고영양식품은 열량과 단백질 섭취를 증가시키는데 도움이 될 수 있다. 구강 섭취만으로 영양 요구가 충족되지 않는 사람은 비경구영양이 필요할 수 있다. 그러나 열량을 증가시킬 때 과도하게 증가하지 않도록 주의가 필요하다.

05 일반적인 심장질환자의 식이 교육지침

심장 건강을 위한 식이를 시작하는 환자에게 아래와 같이 쉽게 실천 가능한 식사 수정방법을 권할 수 있다. 포화지방이 적은 음식에 대해 배우고 이런 식재료를 구매하고, 집안에 보관한다. 심장 건강에 좋은 식품들을 준비해 두면 새로운 식습관에 적응하는 것이 더 쉬울 것이다.

1) 일반 원칙

매일 다양한 식품군에 속한 식품을 선택하여 섭취한다.

(1) 고기

고기 대신 단백질 원으로 콩과 식물성 식품을 활용하면 지방, 콜레스테롤, 열량을 감소시킬 수 있다. 고기는 굽거나 끓이기 전에 지방을 제거한다. 조리하기 전에 가금류의 껍질은 제거한다. 대부분의 생선은 고기나 가금류보다 지방이 더 적다. 고기와 가금류 대신 굽거나 끓인 생선으로 대체한다. 참치나 생선 통조림이 기름을 넣고 가공된 것이면 요리하기 전에 기름은 따라 버린다. 고기의 조리 시에는 와인, 토마토 주스 또는 레몬 주스와 같은 무지방 양념을 고기에 바르는 것이 좋다. 버터 바른 닭고기는 포화지방이 높다.

(2) 우유

전지 우유로부터 탈지우유로 서서히 바꾸어 섭취한다. 몇 주 동안은 저지방우유를 마시고 나중에 탈지우유로 바꾼다. 이런 방법으로 포화지방, 콜레스테롤 그리고 열량을 감소시킬 수 있다.

(3) 치즈

대부분의 치즈는 고기보다 포화지방이 더 높다. 포장 설명을 읽은 후에 저지방 치즈를 선택한다. 탈지우유를 원료로 만들어진 치즈를 선택한다.

(4) 아이스크림

아이스크림은 가능한 한 피하고 대신 아이스밀크, 얼린 요거트, 샤베트, 빙수와 같은 저지방 또는 무지방의 얼린 후식으로 아이스크림을 대체하는 것이 좋다.

(5) 계란

섭취하는 계란 노른자는 일주일에 3개 정도로 제한한다. 계란 한 개의 단백질은 두 개의 계란 흰자로 대체할 수 있다.

(6) 조리용 기름

요리 시에 버터 대신 부드러운 액체 오일로 대체한다. 한 스푼의 버터를 3/4스푼의 식물성 오일로 대체할 수 있다. 조리 시에 포화지방이 많은 버터와, 트랜스지방이 많은 고형 야채 쇼트닝의 사용을 제한한다.

(7) 과일과 야채

과일과 야채 섭취를 많이 하는 것이 권장되는데 충분한 양의 얼린 과일, 야채를 가정의 냉장고에 보관해 두는 것이 좋다. 과일이나 야채는 미리 잘라두면 고기 섭취 시에도 쉽게 같이 먹을 수 있다.

(8) 밥. 빵, 곡류

잡곡밥, 국수, 스파게티, 파스타, 스프, 또는 다른 음식의 경우 고지방 소스가 없는 일품 요리를 식사로서 먹도록 한다. 상업적으로 만들어진 인스턴트 식품들은 포화지방이 많이 함유되어 있다. 그러나 빵은 대부분 지방이 적다.

>> 간호적용

고지질혈증 사례

대상자는 심장질환의 가족력이 있는 56세의 남성이다. 심장내과 외래에서 처음 만났을 때에 간호사가 대상자에게 식사에 지방과 콜레스테롤을 제한하는 것이 필요하다고 했을 때 알겠다고 대답했다. 그러나 다음 외래 방문 시의 그의 식사에 대해서 말해보라고 하자, 그는 '튀김음식과 기름진 음식을 즐겨 먹는다'고 했다. 그러나 '저콜레스테롤 음식을 먹으려고 노력하고 있다'고 말했다. 간호사가 어떤 음식을 저콜레스테롤식이라고 생각하는지에 대한 답변은 부정확하였다.

최근 검사결과 총 콜레스테롤은 256mg/dL이고 LDL-콜레스테롤 수준은 170mg/dL이었다.

(1) 간호사정

① 주관적 자료

- '튀긴음식과 기름진 음식을 즐겨 먹는다'
- '저콜레스테롤 음식을 먹으려고 노력하고 있다'

② 객관적 자료

- 검사결과: 총 콜레스테롤 256mg/dL, LDL-콜레스테롤 170mg/dL.
- 저콜레스테롤 식이에 대한 이해가 낮음

(2) 간호진단

지방과 콜레스테롤에 대한 이해 부족과 관련된 지식 부족

(3) 간호계획

대상자와 함께 아래의 목표를 세운다.

- 대상자가 총 지방 섭취를 제한하는 것은 콜레스테롤을 제한하는 것만큼 중요하다는 것을 설명할 수 있다.
- 튀긴 음식과 소고기를 일주일에 한 번으로 줄이고 저콜레스테롤, 저지방 페스츄리를 소량 먹는다.
- 곡류, 과일, 야채의 섭취를 증가시킨다.
- 다음 방문일인 3개월 후까지 총 콜레스테롤 수준을 220mg/dL로, LDL-콜레스테롤 수준은 160mg/dL로 낮춘다.

(4) 간호중재

- 지방과 콜레스테롤의 생리적인 차이점을 이해하도록 한다.

- 대상자에게 지방이나 콜레스테롤을 함유하고 있어 제한하거나 피해야 할 음식 목록을 제시해 준다. 동시에 허용하는 불포화지방에 대해서도 알려준다.
- 대상자가 식이이행에 장애요인으로 생각하는 것에 대해 상담해 준다.
- 퇴원 후 식이에 어려움이 생길 때 상담할 수 있는 자원을 알려준다.

(5) 간호평가

3개월 후의 결과에 대해 아래와 같은 평가기준을 가지고 목표가 성취되었는지 평가할 수 있다.

- 대상자는 지방과 콜레스테롤의 차이점에 대해 간략히 설명할 수 있다.
- 대상자의 저콜레스테롤 식이 이행 정도에 대해 평가한다.
- 검사결과 총 콜레스테롤이 220mg/dL 이하이고, LDL-콜레스테롤이 160 이하이다.

생각해보기

대상자는 심장계중환자실(Coronary care unit, CCU)로 입원한 69세의 남성이다. 신장은 175cm이고 체중은 95kg이다. 대상자는 4년 전에 퇴직한 이후에 특별한 활동 없이 지냈고 이 기간에 체중이 15kg이 증가하였다. 대상자는 입원하기 3개월 전에는 목과 위장 아래로 방사되는 흉통을 느꼈으나 저절로 좋아져 잊어버리고 있었다. 오늘은 운동 중에 심한 흉통이 지속되어 응급실을 통하여 심장계중환자실로 입원하였다. 오늘 병원에 입원한 후에 대상자는 급성 심근경색으로 진단받았다. 대상자를 간호하는 동안 식이를 관찰한 결과 대상자는 간식에 떡, 고지방 치즈, 아이스크림, 포테이토칩, 크래커를 먹었다. 또한 삼겹살 구이를 즐기고, 전지우유를 마시고 빵에는 많은 양의 버터를 발라서 먹었다.

혈청 지방 검사 결과는 다음과 같다.

- 총 콜레스테롤 300mg/dL, LDL-콜레스테롤 190mg/dL, HDL-콜레스테롤 30mg/dL, TG 60mg/dL
- 혈압: 150/90mmHg
- 입원 후에 처방된 약은 tenormin, cardizem, nitroglycerin 등이다.
- 식사처방 : 저염 식이, 식사 시 소금 첨가 금지

1. 심근경색을 정의하고 심근경색이 발생했을 때 어떤 증상이 있는가?
2. 심혈관질환의 위험요소는 무엇인가?
3. 이 대상자에게서 심장질환과 관련된 위험요소는 무엇인가?
4. 이 환자의 현재 식이에서 변화가 필요한 부분은 무엇인가?
5. 저염식이의 일반적인 원칙은 무엇인가?
6. 대상자의 식이에서 저염식이에서 피해야 하는 것은 무엇인가?
7. 대상자가 간식으로 대신 먹을 수 있는 바람직한 음식은 무엇인가?

13장

신장 환자 식이

신장은 신체로부터 수분과 200여 가지의 노폐물을 제거하기 위해서 분당 거의 100mL의 혈액을 여과한다. 또한 신장은 대사 및 호르몬의 기능을 담당하는 중요한 기관이다. 우리 몸이 최적의 건강상태를 유지하는 데 신장이 많은 역할을 하고 있기 때문에 신장에 질병이 발생하면 신체에 심각한 문제를 초래한다. 따라서 간호사는 신장의 기능과 해부구조뿐만 아니라 신장 질환에 대해 명확히 이해하고, 신장 질환자의 영양에 대해 지속적인 사정, 관리, 상담을 통해 신장 질환자가 식이요법을 이행할 수 있도록 하는 역할을 담당해야 한다.

신장의 주요 기능은 신체의 화학적인 항상성을 유지하는 데 있다. 신장은 후 복부에 좌우에 1개씩 있고, 한쪽 신장에 약 100만 개의 네프론이 있다(그림 13-1). 신장 기능의 최소단위인 네프론은 필수적인 혈액 구성성분을 여과 및 흡수하고, 산-염기의 평형을 유지하기 위해서 필요한 이온을 배출하며, 대사 산물과 여러 독성물질 등의 노폐물을 제거하는 기능을 담당하고 있다. 이외에도 신장은 레닌(renin)을 분비하여 혈압조절을 하며, 조혈인자(erythropoietin)를 생성하며, 비타민 D를 활성화하여 칼슘과 인의 대사를 조절하며, 일부 약물과 독성성분을 해독하는 역할을 한다.

신체의 염증성 질환, 폐쇄성 및 퇴행성 질환들은 신체 대사산물을 조절하는 네프론의 정상적인 기능에 장애를 미친다. 따라서 신장 질환이 회복되지 않으면 신체의 항상성 장애를 일으켜 사망의 위험에 처하게 된다.

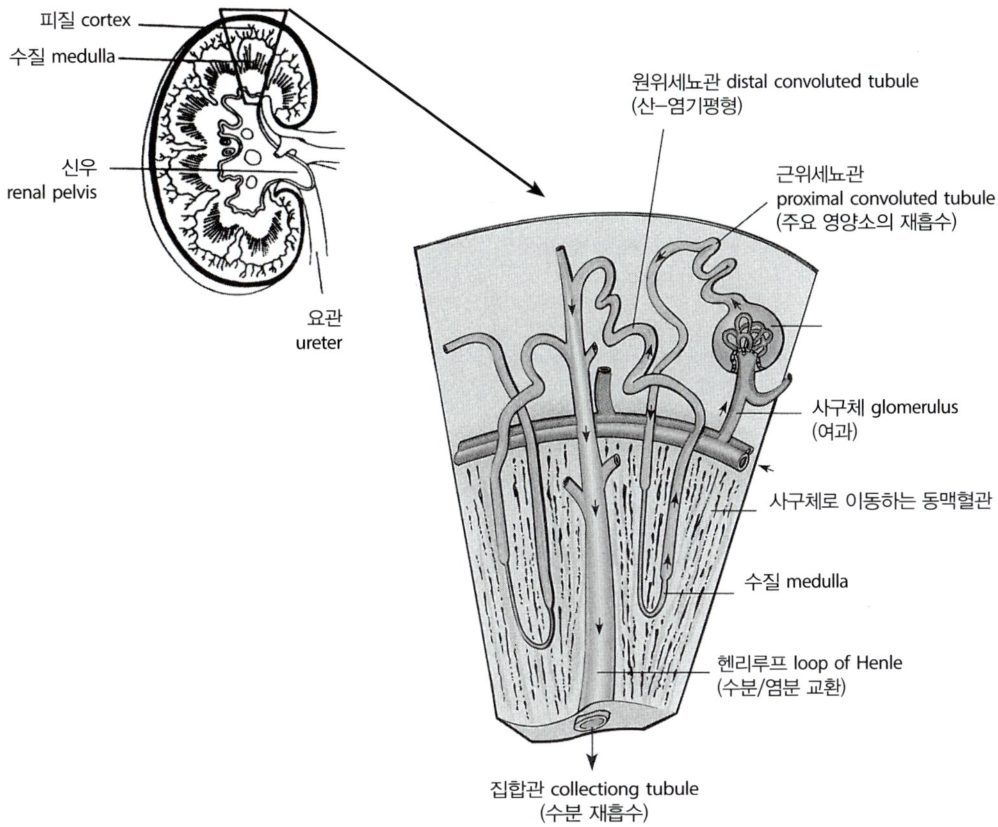

그림 13-1 네프론

01 신증후군

신증후군(nephrotic syndrome)이란 사구체의 모세혈관 투과성 증가의 결과로 일어날 수 있는 복합적인 증상을 의미한다. 사구체의 손상으로 인해서 소변에 단백질의 배설 증가(단백뇨증)로 저단백혈증, 저알부민혈증이 나타나며, 이로 인해 부종이 생기게 된다. 또한 간에서 지단백질의 아포단백질 합성이 촉진되어 고지혈증이 나타날 수 있다. 신증후군은 흔히 원발성 사구체 질환(사구체신염), 당뇨병, 약물, 홍반성 낭창 혹은 감염성 질환 등에 의해서 일어나며, 스테로이드 혹은 면역 억제제로 치료될 수 있으나 몇몇 환자에서는 치료에 반응하지 않고 만성 신부전으로 진행될 수 있다.

따라서 간호사는 매일 환자의 체중을 측정하고, 교대근무 시마다 섭취량 및 배설량을 주의 깊게 관찰하고 기록해야 한다. 간호사는 영양사와 함께 영양관리에 대한 계획을 세워야 하며, 고나트륨과 고콜레스테롤 식품에 대한 교육이 필요하다. 표

13-1은 저나트륨 및 고나트륨 식품에 대한 목록이며, 표 13-2는 나트륨을 줄이기 위한 방법이다.

표 13-1 나트륨이 낮은 식품과 높은 식품 목록

구분	식품
저나트륨 식품	• 신선 또는 냉동 과일 및 채소 • 쌀, 국수 • 소금을 넣지 않은 조리된 시리얼 • 신선한 육류, 가금류, 해산물 • 저지방, 저나트륨 치즈 • 무염 견과류 • 저염 땅콩 버터 • 에어팝콘
고나트륨 식품	• 베이컨, 햄, 핫도그, 런천미트, 소세지 • 통조림, 인스턴트 수프 • 햄버거, 팬케이크 믹스 • 통조림 콩, 통조림 닭고기, 통조림 생선 및 육류 • 통조림 토마토 제품 • 통조림 야채, 절인 야채 • 가공치즈 • 냉동식품 • 소스를 곁들인 냉동 야채 • 프레첼, 칩, 크래커, 소금을 곁들인 견과류 • 마늘 소금 • 양념 소스 및 간장 • 샐러드 드레싱, 병에 담긴 소스 • 인스턴트 도시락 및 반찬

출처: National Institute of Diabetes and Digestive and Kidney Disease. Diet & nutrition for adults with advanced chronic kidney disease. Accessed November 25. Available at: https://www.niddk.nih.gov.

표 13-2 나트륨을 줄이기 위한 방법

□ 식료품점에서

- 소금이나 소스가 첨가되지 않은 신선, 냉동 또는 통조림 야채를 구입한다.
- 가능한 경우 "저나트륨", "나트륨 감소" 또는 "무염" 라벨이 붙은 포장 식품을 선택한다.
- 영양 성분표를 읽고 다른 제품의 나트륨 양을 비교하여 나트륨 함량이 가장 낮은 제품을 선택한다.
- 조리된 식품을 구입할 때 식사당 나트륨 함량이 600밀리그램(mg) 미만인 제품을 선택한다.
- 1회 제공량당 나트륨 양을 확인하고, 용기당 제공량도 잊지 말고 확인한다.
- 가능하면 염장, 훈제 및 기타 가공육보다는 신선한 가금류, 생선, 돼지고기 및 살코기를 구입한다.
- 신선한 육류 및 가금류의 라벨을 확인하여 고기를 오래 보관하기 위해 나트륨 첨가제를 사용했는지 확인한다.
- 나트륨이 적은 쇼핑 목록이 있는지 식료품점에 문의한다.

□ 집에서

- 패스트 식품, 냉동식품, 나트륨 함량이 높은 통조림 식품 같은 인스턴트 음식대신 음식을 조리한다.
- 양념된 쌀과 즉석 파스타를 포함한 소스, 믹스 및 인스턴트 제품을 제한한다.
- 요리할 때 마늘, 감귤 주스, 무염 조미료 또는 향신료, 허브와 같이 소금의 양을 대체하거나 줄이는 대안을 사용한다.
- 가능하면 쌀, 파스타, 콩, 고기를 가장 기본적인 형태(건조되고 신선한 것)로 준비한다.
- 더 많은 과일과 채소를 섭취한다.
- 통조림 야채, 콩, 육류 및 생선은 물로 헹구어 여분의 나트륨을 제거한다.

표 13-2 나트륨을 줄이기 위한 방법–계속

▫ 외식 시
• 주문하기 전에 영양 정보를 요청하고 나트륨이 적은 식사를 선택 • 식사에 소금을 넣지 않도록 요청 • 소금을 넣지 않은 야채나 과일을 사이드 메뉴로 주문 • 친구나 가족과 식사를 나누어 먹기 • 테이크아웃 및 패스트 푸드를 가끔만 먹기
▫ 첨가된 나트륨에 대한 성분 라벨 확인
• 염화나트륨 : Salt (sodium chloride) • 글루타민산나트륨 또는 MSG: Monosodium glutamate or MSG • 베이킹 소다 : Baking soda (sodium bicarbonate) • 베이킹 파우더 : Baking powder • 질산 나트륨 : Sodium nitrate • 아황산나트륨 : Sodium sulfite • 인산나트륨 : Sodium phosphate • 알긴산나트륨 : Sodium alginate • 벤조산나트륨 : Sodium benzoate • 수산화나트륨 : Sodium hydroxide • 프로피온산나트륨 : Sodium propionate

출처: Centers for Disease Control and Prevention(CDC). How to reduce sodium intake. Accessed November 25. Available at: https://www.cdc.gov.
National Institute of Diabetes and Digestive and Kidney Disease. Diet & nutrition for adults with advanced chronic kidney disease. Accessed November 25. Available at: https://www.niddk.nih.gov.

◎ 간과하기 쉬운 고염분 함유물

베이킹 파우더, 각종 약물(제산제, 항생제, 기침약, 하제, 진통제, 안정제), 치약, 가글약

치료 식이의 지침

치료 식이의 일차적인 목적은 소변으로부터 알부민 손실을 감소시키고, 단백질 영양실조 현상이나 근육의 이화작용을 방지하며, 적절한 에너지를 공급하고 신장 질환의 진행을 늦추는데 그 목적이 있다. 간호사는 단백질의 손실에 대한 적절한 영양관리를 통해 부종 감소와 영양불량을 조절해야 한다. 이를 위해 저나트륨 식이와 수분섭취를 제한하는데, 나트륨 제한은 보통 1일 60~90mEq(1,200~2,000mg)로 조절한다. 고단백식이는 사구체의 손상을 악화시킬 수 있어 적절한 양(0.8~1.0g)의 단백질 섭취를 권장하며, 열량 공급(1일 체중 1kg당 35kcal)을 위해 복합 탄수화물을 제공해야 한다. 또한 고콜레스테롤혈증으로 인한 합병증 예방을 위해 저콜레스테롤 및 저포화지방 식이가 필요하다(표 13-3).

식품의 가공과정, 특히 인스턴트 식품의 가공과정에서 흔히 나트륨이 추가될 수 있다. 또한 환자는 흔히 일상에서 흔히 접하여 간과할 수 있는 고나트륨이 포함된 약물이나 물품에 대해 알고 있어야 한다. 특히 치약은 아주 많은 양의 나트륨을 포

표 13-3 신증후군 환자의 치료식이 지침

구 분	식이지침
단백질	체중 1kg당 1일 0.8~1.0g 정도 권장
나트륨	혈압조절 및 부종 감소를 위해 500mg 이하로 제한하고, 부종이 감소하는 회복기에는 1일 60~90mEq(1,200~2,000mg)로 조절
칼로리	1kg당 1일 35kcal 정도로 공급
지 질	저콜레스테롤 식이 및 저포화지방식이 제공 콜레스테롤은 1일 300mg 미만으로 조절
칼륨	이뇨제 사용 시에는 혈중 칼륨 농도의 변화가 있으므로 주의 깊게 관찰하여 섭취량 조절

함하고 있으므로 간호사는 환자가 이러한 것을 삼키지 않도록 교육해야 한다.

02 급성 신부전

급성 신부전(acute renal failure, ARF)은 급격하게 신기능이 저하되는 것으로, 핍뇨(oliguria) 혹은 무뇨(anuria)가 있을 수 있다. 급성 신부전은 수술이나 외상으로 인한 출혈, 쇼크, 신독성 화학물질 혹은 약물, 패혈증 및 연쇄상구균 감염이 원인이 될 수 있다. 급성 신부전의 원인이 신전성, 신내성, 신후성 인지를 구별해야 한다. 신전성은 신장에 도달하기 전에 심한 탈수나 출혈 등으로 인한 신혈류량 감소로 인해 사구체 청소율이 감소되고, 신실질의 손상이 없으므로 혈류량을 정상화하면 신장의 기능도 신속히 정상화된다. 신내성은 신장 내부의 급성 사구체 신염, 급성 세뇨관 손상 등으로 신실질의 손상을 야기하는 것으로 원인 질환이 개선되어도 신기능이 개선되는 데는 수주에서 수개월이 걸린다. 신후성은 신장에서 요생성 이후의 문제로 신결석, 요로폐색 등으로 세뇨관 이하 부위의 폐쇄로 보우만강의 내압이 증가하여 사구체 청소율이 감소된다. 급성신부전은 표 13-4과 같이 3단계에 따라 증상의 차이가 있다.

간호사는 매일 체중을 측정하고, 교대근무 시마다 섭취량과 배설량을 세심하게 관찰하고 기록하는 것이 중요하다. 급성 신부전의 원인과 진행단계에 따라 간호를 제공해야 하는데, 신전성과 신후성인 경우는 그 원인을 해결하고, 신내성인 경우에는 신기능을 회복하고 합병증을 예방해야 한다. 핍뇨기와 이뇨기의 증상에 따라 간호를 제공해야 한다. 간호사는 체조직의 이화 방지, 요독증 예방, 부종예방, 혈압 조절에 목표를 두고, 단백질, 나트륨, 수분, 칼로리, 칼륨 등을 조절하고, 교육해야 한다.

표 13-4 급성 신부전 진행단계

단 계	설 명
핍뇨기	1~2주 정도 지속 사구체 여과율이 감소(1일 요량 500mL 이하) 질소혈증, 산증, 고칼륨혈증, 고인산혈증, 고혈압 부종, 수분중독(저나트륨혈증)이 나타남 핍뇨증이나 무뇨증, 식욕부진이 나타남
이뇨기	흔히 약 7~14일 이상 지속 세뇨관의 재흡수 능력 저하로 소변량 증가(1일 요량 3L까지 증가) 다량의 수분 및 전해질 상실
회복기	흔히 3~12개월 지속 이뇨기 이후 서서히 신장기능이 회복 일부 영구적인 손상이 남을 수 있음

치료 식이의 지침

급성 신부전의 식사는 영양상태, 신기능 정도, 혈액검사 수치 등에 따라 달라진다. 혈액 내 체조직의 심한 이화로 인해 혈액내 요소량이 급격히 상승하는 경우는 투석이 필요할 수도 있으며, 초기에 식욕부진, 구토 등으로 경구섭취가 어려운 경우 정맥영양으로 보충해야 한다.

단백질 섭취는 사구체 여과율 감소로 인해 혈액내 요소량이 상승할 수 있으므로 신장기능을 유지하기 위해 초기에는 제한하는 것이 필요하며, 신장기능이 증가함에 따라 단백질의 양을 증가시킬 수 있다. 핍뇨기에는 하루에 체중 1kg당 0.6g 미만으로 공급되나, 이뇨기와 회복기에는 체중 1kg당 0.6~0.8g을 공급한다. 투석을 시행하는 경우에는 하루에 체중 1kg당 1.0~1.5g이 필요하다. 저단백식사는(1일 60g 미만의 식사) 식사는 니아신, 리보플라빈, 티아민, 칼슘, 철분, 비타민 B_{12}, 아연 등이 부족될 수 있으므로, 식사 이외의 방법으로 보충되어야 한다.

나트륨은 급성 신부전 환자의 부종과 혈압 조절을 위해 제한을 해야 한다. 초기 핍뇨기에 나트륨은 하루에 1,000mg 미만으로 제공하고, 이뇨기와 회복기에는 1,000~2,000mg 정도 제공해야 한다. 이뇨시기에는 나트륨 배설량, 부종, 투석 횟수 등에 따라 요구되는 만큼 보충이 필요하다.

칼로리는 신부전 환자에서 단백질 제한으로 인해 체조직 이화가 되므로 단백질이 에너지원으로 이용되는 것을 예방하기 위해 충분한 공급이 필요하다. 보통 하루에 체중 1kg당 35~40kcal를 공급하며, 당질과 지질 등으로 제공해야 한다.

수분은 핍뇨기에는 환자의 배설량(소변, 구토 및 설사)에 500mL를 추가한 양으로 제한하며, 이뇨기에는 수분 소실량을 보충할 수 있도록 충분히 섭취하는 것이 필요하다.

칼륨은 급성 신부전 환자에서는 체조직 이화로 세포로부터 칼륨 방출이 되나 신장에서는 칼륨 배출이 저하되므로 고칼륨혈증이 유발된다. 그래서 칼륨은 1kg당 1mEq 정도로 하여 보통 60mEq(2,000mg) 이하로 제한해야하므로, 육류, 과일, 채

표 13-5 급성 신부전 환자의 치료식이 지침

구 분	식이지침
단백질	핍뇨기에는 하루에 체중 1kg당 0.6g 미만 이뇨기와 회복기에는 하루에 체중 1kg당 0.6~0.8g 투석을 시행하는 경우에는 하루에 체중 1kg당 1.0~1.5g
나트륨	초기 핍뇨기에 1일 1,000mg 미만으로 제공 이뇨기와 회복기에는 1일 1,000~2,000mg
칼로리	보통 하루에 kg당 35~40kcal 공급
수분	핍뇨기에는 환자의 배설량(소변, 구토 및 설사)에 500mL를 추가한 양 이뇨기에는 수분 소실량을 보충할 수 있도록 충분히 섭취
칼륨	60mEq(2,000mg) 정도로 제한

소, 등 칼륨 함량이 높은 음식을 제한해야 한다(표 13-5).

■ 환자 교육

음식 중 칼륨 함량을 감소시키기 위한 지침

칼륨은 유제품과 육류뿐만 아니라 과일, 채소, 견과류, 콩류 등 흔히 우리가 먹는

표 13-6 칼륨을 많이 함유한 식품과 적게 함유한 식품

구 분	칼륨을 많이 함유한 식품
곡류군	잡곡, 콩 종류, 콩제품, 견과류, 은행, 잣, 밤, 땅콩버터, 엿기름, 파스타치오, 구운 콩, 검은콩, 렌틸콩
어육류군	굴, 꽃게, 대합, 바지락, 재치조개, 전복, 대하새우, 성게알, 명란젓, 대구, 동태, 병어, 붕어, 아나고, 아구, 건어육류, 미더덕, 해파리, 참치, 연어
우유군	우유, 치즈, 유제품(아이스크림, 요구르트 등), 두유
채소군	감자, 고구마, 고추, 고춧잎, 근대, 냉이, 두릅, 마, 무청, 미역, 부추, 브로콜리, 비름, 산채, 시금치, 쑥, 쑥갓, 연근, 열무, 옥수수, 수수, 죽순, 파래, 홍무(비트), 생당근, 아보카도, 배추, 호박, 야채주스, 방울양배추, 콜라비
과일군	메론(머스크, 파파야), 바나나, 키위, 석류, 토마토, 토마토 주스, 오렌지, 오렌지 주스, 황도복숭아, 건포도, 곶감, 건과일, 말린 무화과, 자몽주스, 망고, 자두
기타	커피, 초콜릿, 코코아, 핫초콜릿, 저염소금, 저염간장, 된장, 청국장, 포테토칩, 흑설탕, 토마토 소스, 그래놀라
	칼륨을 적게 함유한 식품
과일군	사과, 사과주스, 살구, 블랙베리, 블루베리, 체리, 크렌베리, 포도, 포도주스, 배, 파인애플, 파인애플 주스, 라즈베리, 딸기, 귤, 수박
채소군	아스파라거스, 콜리플라워, 샐러리, 신선한 옥수수, 오이, 가지, 케일, 상추, 양파, 파슬리, 완두콩, 피망, 무
기타	쌀, 국수, 파스타, 빵 및 빵제품(통곡물 제외), 커피, 초콜렛이나 고칼륨 과일이 없는 케이크, 견과류나 초콜릿이 없는 쿠키, 차

출처: National Kidney Foundation, What foods are high in potassium?, Accessed 2022 November 26, Available at: https://www.kidney.org/atoz/content/potassium.
National Kidney Foundation, What foods are low in potassium?, Accessed 2022 November 26, Available at: https://www.kidney.org

표 13-7 칼륨을 적게 섭취하는 방법

구분	식품
조리방법	• 칼륨은 수용성이므로 채소를 잘라서 식품양의 10배의 물에 2시간 이상 담근다. • 채소를 얇게 슬라이스하여 따뜻한 물에 몇 초 동안 헹군다. • 채소의 껍질과 줄기에는 칼륨이 많으므로, 이를 제거하고 잎만 조리한다. • 데치거나 삶게 되면 채소의 칼륨이 줄어들게 되므로, 씻은 후 5분 이상 식품의 5배 가량의 물을 붓고 끓인다. • 통조림 과일 및 야채에 포함된 액체 또는 익힌 고기로부터 나온 국물을 마시거나 사용하여 요리하지 않는다.
섭취방법	• 과일과 푸른잎 채소의 섭취를 줄인다. • 칼륨이 많은 식품에 대해 알고, 소량씩 나누어 섭취한다. • 생과일은 항상 껍질을 벗겨내고 섭취해야 하며, 소량 섭취한다. • 다양한 음식을 먹지만 적당히 섭취한다. • 거의 모든 음식에는 약간의 칼륨이 포함되어 있음을 기억하고 허용된 제공량을 섭취한다. • 칼륨을 함유한 소금 대체물을 섭취하지 않는다.

출처: National Kidney Foundation, Tips to lower the amount of potassium in your food, Accessed 2022 November 26, Available at: https://www.kidney.org

다양한 식품에 널리 포함되어 있다(표 13-6). 신장질환이 있는 경우는 칼륨이 많은 식품 섭취를 제한해야 하는데, 대부분의 환자들은 칼륨이 적은 식품을 섭취를 선택하는데 어려움이 있다. 칼륨을 많이 함유한 식품과 적게 함유한 식품을 잘 알고, 칼륨을 적게 섭취하는 방법(표 13-7)을 통해 혈중 내 칼륨 농도를 조절해야 한다. 또한 칼륨이 적은 식품목록을 참고하여 식품을 선택하는 것이 좋으나, 칼륨이 적게 함유된 식품이라도 1인분 이상 섭취하면 칼륨 함량이 많은 음식을 섭취하는 것과 같아질 수 있으므로 주의해야 한다.

03 만성 신부전

만성 신부전(chronic renal failure, CRF)은 급성 신부전 후 신장 기능이 정상적으로 회복되지 못하거나, 정상적으로 기능하는 네프론의 감소로 인한 진행성 및 비가역적인 신장기능 상실로 나타나는 결과이다. 이러한 상태는 수일, 수개월 혹은 수년 이상에 걸쳐서 발생하며, 말기 신부전(end stage renal disease, ESRD)으로 진행될 수 있다. 만성 신부전은 여러 가지 원인에 의해서 발생할 수 있다. 대체로 당뇨병, 고혈압, 사구체 신염, 신동맥 경화, 폐색성 질환(신석, 종양, 선천성 기형), 당뇨병, 전신홍반성낭창, 마취제 및 약물 사용 등이 원인일 수 있다. 여러 신체 기관에 영향을 미칠 수 있는 질소 노폐물 및 수분 축적, 전해질 불균형을 초래한다.

말기 신부전이 되기 전의 관리는 만성 신부전의 진행을 지연시키고 합병증을 예방하는데 초점을 맞추어야 한다. 일단 만성 신부전이 말기 신부전으로 진행되면 다양한 치료방법으로 요독증을 감소시켜야 하며 보조적 요법으로 혈액투석, 복막투석 및 신장이식을 고려하게 된다. 투석은 일반적으로 요독증을 다른 방법으로 더 이상 조절할 수 없고 신기능 개선에 대한 현실적인 방법이 없을 때 시작한다. 투석 치료를 받는 동안에도 잔여 신장 기능은 건강을 유지하고 결과를 개선하는 데 도움이 되므로, 환자들이 투석을 시작한 후에도 신장기능을 보존하고 진행을 지연시키기 위한 치료를 지속할 수 있도록 해야 한다.

치료 식이의 지침

만성 신부전과 경증 말기 신부전(pre-ESRD), 혈액투석, 복막투석을 받는 환자를 위한 식사요법은 열량, 단백질, 지질, 인, 칼륨, 나트륨, 비타민, 무기질, 수분에 대한 정확한 섭취가 중요하다. 필요한 영양소로 구성된 음식을 만드는 것 또한 중요할 뿐 아니라 환자가 먹을 수 있고 좋아하는 음식이어야 한다. 흔히 교환체계와 유사한 신장질환 식사요법이라 불리는 체계를 식사지침과 식단을 개발하는데 이용할 수 있다.

간호사는 치료적 적용과 식이 교육을 강화하기 위해서 신장질환 담당 영양사와 협조하여 환자가 최적의 영양상태, 체중, 입맛을 유지할 수 있도록 해야 한다. 다양한 교육방법을 통해서 간호사는 환자가 엄격한 식단을 수용하고, 삶의 질을 저하시키는 증상의 진행을 감소시키며, 식단에 대한 이행을 할 수 있도록 도와주어야 한다.

영양관리는 환자의 내과적인 상태, 영양상태와 더불어 치료방법에 따라 다르며, 표 13-8은 치료 방법과 각 상태에 따른 주의사항이다. 간호사는 만성 신부전 환자에게 건강한 식이섭취에 대한 교육을 통해 고칼륨혈증, 고인산혈증, 영양실조, 비만을 예방하고 요독증을 완화하여 신장질환의 진행을 지연시키고 심뇌혈관질환 같

표 13-8 만성 신부전, 혈액투석, 복막투석의 치료방법 및 주의사항

구분	만성 신부전	혈액투석	복막투석
치료방법	식사요법 + 약물요법	식사요법 + 약물요법 + 혈액투석 노폐물과 수분 제거를 위한 동정맥루를 통한 투석 주 3회 혈액투석(1회 4시간)	식사요법 + 약물요법 + 복막투석 노폐물과 수분 제거를 위한 복막 사용투석 매일 하루에 3~5회 복막투석
주의사항	당뇨병 환자의 혈당조절 사구체 과다 여과 혈중 BUN 증가 고혈압, 골질환 빈혈, 심혈관질환	골질환, 저혈압, 무기력감 아미노산 상실, 투석으로 인한 전해질 불균형 및 수분손실 빈혈, 감염, 심혈관질환, 패혈증, 심내막염	골질환, 체중증가 고지혈증, 당뇨병 환자의 혈당조절 복막투석액으로의 단백질 손실 및 당 흡수 빈혈, 심혈관질환 복막염

출처: Daugirdas, John T. (2019). Handbook of chronic kidney disease management. Philadelphia. Wolters Kluwer.
대한신장학회. 2021 적절한 혈액투석 치료 근거기반 진료지침. Accessed November 26, 2022. Available at: https://ksn.or.kr

은 합병증을 예방하기 위해 노력해야 한다.

독성 산물을 생산하여 그 대사산물을 축적시키는 식품의 섭취를 제한하고, 체조직의 이화작용을 방지하기 위해서 적절한 열량을 공급해 주어야 목적을 달성할 수 있다. 환자는 흔히 장기적으로 이러한 식단을 지키기 어렵다고 느낄 수 있으므로 간호사와 다른 의료진의 격려는 매우 중요하다. 이런 환자는 음식이 발병 이전과 달라지므로 입맛이 익숙하지 않기 때문에 향신료를 사용하면 섭취에 도움이 된다.

❶ 단백질

요독증을 감소시키고, 신부전의 진행을 늦추기 위해서 초기에는 단백질 제한이 필요하다. 단백질 섭취량은 신장의 잔여 기능과 환자의 증상을 고려하여 결정한다. 단백뇨가 있는 경우 24시간 동안 소변으로 배출되는 단백질량을 일일 단백질 허용량에 추가시켜야 한다. 필수 아미노산의 섭취량을 증가시키기 위해서는 단백질의 60~70% 이상은 생물가(단백질이 신체에서 유효하게 쓰이는 정도)가 높은 단백질(육류, 가금류, 생선류, 콩, 유제품, 계란, 우유 등)을 섭취하도록 하는 것이 좋다. 또한 음식 내의 단백질이 열량원으로 쓰이는 것을 최소화시키기 위해서 단백질 식품을 세끼로 나누어서 섭취하도록 한다. 그러나 저단백식이는 만성 신부전의 진행을 지연시키는 것으로 나타났으나, 낮은 단백질 섭취량은 영양결핍을 초래할 수 있고 노인의 경우 근육량 감소로 인해 근력 소실이 나타날 수 있으므로 주의가 필요하다. 단백질 섭취량은 만성 신부전의 단계나 급성 신장 손상이나 다른 요인들을 고려하여 단백질 섭취량 감소를 할 수 있다.

❷ 에너지

신부전 환자에 있어서 적절한 에너지 섭취는 체단백의 이화작용을 방지하고, 단백질이 에너지원으로 쓰이지 않도록 하고, 일정한 체중을 유지하기 위해서 매우 중요하다. 보통 에너지원으로는 신장에 부담이 적은 당질을 주로 섭취하고, 지질도 적당량 포함시키도록 하여, 단백질이 에너지원으로 쓰이는 것을 막도록 한다. 건체중(부종이 없는 상태의 체중) 1kg당 30~35kcal가 권장된다.

체중이 감소되지 않도록 칼로리를 충분히 제공할 필요가 있으며, 체중감량 시에는 지방분해 및 체조직 분해가 일어날 수 있으므로 과도한 칼로리 제한은 위험하다.

❸ 나트륨

나트륨의 섭취량은 환자 상태에 따라 달라질 수 있는데, 부종이나 고혈압이 있는 경우 나트륨은 하루에 2~3g 정도로 제한하며, 만성 신부전이 악화되어 부종이 심한 경우에는 1일 약 1,000mg 미만으로 나트륨을 제한해야 한다. 장기적으로 나트륨을 많이 섭취하면 혈관, 심장, 신장, 교감신경계와 관련된 여러 생리학적 기능에 영향을 미칠 수 있다. 과도한 나트륨 섭취는 산화적 스트레스, 염증, 내피기능 장애와 같은 매개 인자를 통해 혈관에 독성 효과를 나타내는 것으로 알려져 있다. 특히 저나트륨 식이는 혈압을 낮추는 데 이점이 있어 뇌졸중 및 심장질환의 위험 감소에도 효과가 있다. 만성 신부전 환자의 경우 고혈압과 심혈관 질환이 흔히 발생하기 때문에 저나트륨 식이가 중요하다. 만성신부전 환자에게 나트륨을 적게 섭취해야 하는 이유와 나트륨이 적은 식품과 높은 식품을 교육해야 한다.

❹ 칼륨

만성 신부전 환자는 대게 혈중 칼륨 수치가 정상범위에 있어 칼륨 섭취량은 제한하지 않는다. 그러나 만성 신부전이 악화되어 사구체여과율(GFR)이 감소하게 되면 칼륨 조절이 필요하다. 특히 나트륨 제한식의 경우 소금 대용품인 염화 칼륨을 사용하는 경우가 있는데 신부전 식이에서는 사용하지 않도록 한다. 또한 칼륨 배설 이뇨제인 경우 혈액 내 칼륨 수치를 관찰할 필요가 있다.

❺ 인과 칼슘

사구체 여과율이 정상의 30% 이하로 떨어지면 신장에서 인을 원활히 배설시킬 수 없게 되어, 결국 혈중 인 수치가 증가하게 된다. 그리고 칼슘과 인 사이에는 역상관관계가 있어, 혈중 칼슘 수치는 저하된다. 또한 비활성형 비타민 D가 간과 신장에서 수산화(hydroxylation: OH기가 붙여짐)되어 활성형이 된다. 그런데 신장기능이 저하되면 수산화형인 1,25-dihydroxycholecalciferol (활성형 비타민 D 또는 calcitriol)의 생성장애로 인해 장에서의 칼슘 흡수가 감소된다. 이런 요인에 의해 혈청 칼슘이 저하되고, 부갑상선 호르몬의 분비가 증가되도록 자극한다. 혈중 칼슘 수치와 인 수치가 잘 조절되지 않으면 체내에서 혈청 칼슘과 인을 정상화시키기 위해 신체적 변화가 일어나며, 그 대표적인 것으로 신성 골이영양증(renal osteodystrophy) 및 대사성 석회화(metabolic calcification)와 같은 합병증이 발생한다.

인의 수치를 감소시키기 위해서는 단백질 제한뿐만 아니라 잡곡류, 견과류, 유제품 등의 섭취를 제한해야 한다. 인 섭취는 하루에 800~1,200mg을 초과하지 않아야 한다. 혈중 인 수치를 저하시키기 위해서 알루미늄이 함유된 인산결합제(phosphate binders: aluminum hydroxide), 알루미늄 비인산 결합제가 사용되나 알루미늄 독성의 위험이 있으므로 특히 어린이에게는 주의하여야 한다.

만성 신부전 환자는 단백질 섭취를 제한하므로 칼슘량이 부족하게 되어 탄산칼슘(calcium carbonate) 같은 칼슘 보충제제를 투여할 필요가 있다. 또한 저단백 식사에서는 칼슘, 철분, 인, 니아신, 엽산, 비타민 A, 비타민 B_1, 비타민 B_2 등이 부족될 수 있으므로 종합비타민과 엽산을 보충할 필요가 있다.

04 혈액투석

신장 기능이 악화되어 요독증이 되기 전에 투석을 할 필요가 있다. 혈액투석(hemodialysis)은 기계를 이용하여 환자의 동맥 혈액을 체외로 뽑아내서 헤파린으로 항응고 시킨 후, 반투막을 사이에 두고 확산에 의해 과량의 수분과 노폐물이 혈액으로부터 투석액으로 쪽으로 여과 또는 제거한 후 정맥을 통하여 다시 환자의 순환체계로 되돌아가게 하는 것이다(그림 13-2). 투석액은 정상적인 혈장성분과 유사한 전해질 용액이다. 혈액투석 치료는 잔여신기능이 남아 있지 않은 환자의 경우 최소 주 3회, 1회 투석 시간은 4시간 이상을 유지하도록 권고한다.

치료 식이의 지침

개별 식이처방은 잔여 신장기능과 투석액 성분, 투석기간, 인공 신장을 통과하는 혈류의 속도 등에 의해 결정된다. 혈액투석으로 상당 부분의 노폐물이 제거될 수 있으나 복막투석과는 달리 투석하는 동안에만 노폐물이 제거되므로 식사요법은 매우 중요하다. 따라서 치료 식이의 목표는 과다한 노폐물과 수분의 축적을 최소화하기 위해 적절한 영양상태를 유지하여야 한다. 간호사와 다른 의료인은 치료과정에서 긍정적인 행동 강화를 위해서 환자와 가족을 끊임없이 격려해야 한다. 혈액투석 환

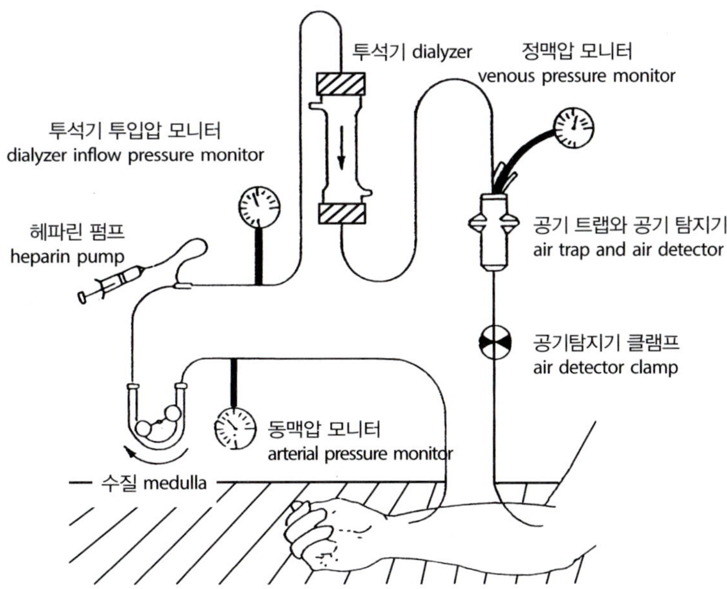

그림 13-2 혈액투석

자의 식이지침은 표 13-9과 같다.

❶ 단백질

단백질 섭취량은 양성 질소평형 유지와 투석 중 손실되는 아미노산과 질소의 보충 등을 고려하여 결정되어야 한다. 과량의 단백질을 섭취하게 되면 매 투석하기 전에 노폐물을 축적시킬 수 있으므로 주의하여야 한다. 혈액 투석을 받는 환자의 단백질 요구량은 건체중 1kg당 1.0~1.2g이며, 단백질 섭취량의 50%는 생물가가 높은 단백질 식품(계란, 우유, 육류, 생선)으로 섭취하도록 한다.

❷ 에너지

에너지는 체조직의 분해를 막기 위해서 충분히 섭취하도록 한다. 에너지 권장량은 건체중 1kg당 30~35kcal를 권장한다. 체내의 단백질이 에너지원으로 쓰이는 것을 막기 위해서 지방, 단순당, 저단백 식품 등의 식품을 충분히 섭취하여 권장 에너지를 충족시키도록 한다. 비만자는 하루에 건체중 1kg당 20~30kcal, 체중 미달자는 하루에 건체중 1kg당 45kcal로 제공할 필요가 있다. 혈액 투석을 하는 환자에서 조직에서의 인슐린 저항성이나 대사 노폐물이 인슐린 길항제로 작용하여 40%가 당뇨병을 가지고 있으므로, 혈당을 조절하기 위해서는 식사에서 당질을 조절할 필요가 있다.

❸ 나트륨

나트륨의 제한은 혈액 투석 중 체중 증가, 혈압 상태, 신장의 잔존 기능에 따라 달라진다. 보통 나트륨은 고혈압과 부종을 조정하기 위하여 보통 1일 2.0~2.3g 미만으로 제한하는 것이 권장된다. 모든 반찬은 싱겁게 먹는 것을 원칙으로 하고 음식의

표 13-9 만성 신부전, 혈액투석, 복막투석에 대한 식이지침

구분	만성 신부전	혈액투석	복막투석
열량	30~35kcal/kg/day	30~35kcal/kg/day	30~35kcal/kg/day
단백질	0.8g/kg/day (만성 신부전 단계, 알부민뇨 등에 따라 달라질 수 있음)	1.0~1.2g/kg/day	1.0~1.2g/kg/day
나트륨	< 2.0~2.3g/day	< 2.0~2.3g/day	< 2.0~2.3g/day
칼륨	개별화하여 조절	개별화하여 조절	개별화하여 조절
인	개별화하여 조절	개별화하여 조절	개별화하여 조절
수분	흔히 제한하지 않음	750~1,000mL + 하루 소변량	체중과 혈압조절이 되고 소변량이 1일 2~3L이면 제한하지 않음

출처: Ikizler, T. Alp, et al. (2020). KDOQI clinical practice guideline for nutrition in CKD: 2020 update. American Journal of Kidney Diseases 76(3), S1–S107.
대한신장학회, 일차 의료용 근거기반 만성콩팥병 임상진료지침, Accessed November 26, 2022, Available at: https://ksn.or.kr

간은 짠맛 대신 신맛, 매운맛, 단맛(즉 고추, 후추, 마늘, 생강, 식초, 겨자, 와사비, 카레가루)을 이용하도록 한다. 투석을 하는 동안 나트륨의 제한으로 저혈압과 근육경련이 일어날 수 있는데, 이때는 이를 예방하기 위해서 투석을 시행하기 7~9시간 전에 나트륨을 섭취하도록 한다. 투석 중의 나트륨 섭취는 투석 후에도 나트륨이 체내에 많이 남아 갈증이 유발되어 수분 섭취를 증가시키기 되므로, 부종 및 투석간 극심한 체중증가를 예방하기 위해서는 나트륨 섭취를 제한하는 것이 필요하다.

❹ 수분

투석 중 체중 증가, 혈압조절을 위해 수분 섭취 제한이 필요하다. 만약 체내에 과량의 수분이 축적되고, 나트륨의 섭취량이 제한되면 저나트륨혈증과 수분중독(water intoxication)이 일어날 수 있다. 이런 상태는 떨림(tremulousness)과 지남력 상실(disorientation)이 발생한다. 그러나 이때 반드시 부종이 동반되지는 않는다.

보통 일상적으로 섭취하는 식품에 포함된 수분의 양은 불감성 손실량(insensible water loss: 호흡, 발한, 대변 등을 통해 손실되는 양)과 거의 같다고 볼 수 있어 안정된 투석환자는 제한하지 않는다. 불감성 손실은 발열, 광범위한 화상, 고온 건조한 환경에서 증가하며, 이화상태 또는 구강, 비경구적으로의 열량 섭취가 많은 경우에도 수분대사가 증가하므로 이에 따른 고려가 필요하다. 또한 구토, 발한 등이 있을 때는 수분 요구량이 증가하게 된다. 투석간 일일 체중 증가량을 1kg 미만 또는 그 이하로 하기 위해서 일일 수분 허용량은 일일 소변량에 750~1,000mL(무뇨인 경우 1,000mL) 정도를 더 추가한다. 갈증을 해소하고 수분 섭취를 감소하기 위한 방법은 Box 13-1를 참조한다.

BOX 13-1 수분 섭취를 감소하기 위한 방법

- 갈증이 날 때는 입안에서 작은 얼음조각을 서서히 녹여 먹고, 자주 얼음조각을 입에 넣고 녹일 때에는 입만 축인 후 다시 뱉는 것이 좋다.
- 음료를 마실 때에는 눈금이 있는 항상 같은 컵으로 마시며, 빨대를 이용하여 천천히 먹도록 한다.
- 얼음덩어리도 수분이므로, 얼음덩어리를 물로 환산하여 양을 알고 있는 것이 좋다.
- 아침에 하루 허용량만큼의 물을 눈금이 있는 병에 담아놓고, 마실 때마다 일정 양만큼만 먹으면 먹은 양을 기억하는데 도움이 된다.
- 냉장고 문에 종이 한 장을 붙여 물을 마실 때마다 적도록 한다.
- 나트륨이나 소금이 많이 함유된 식품은 갈증을 유발하므로 피한다.
- 식사와 식사 사이에 허락된 차가운 과일을 먹는다.
- 건조한 입을 축이기 위해서는 잘게 썬 레몬 조각을 물고 있으면 도움이 된다.
- 투석 후 다음 투석할 때까지 마시는 물의 양(1일 약 0.5~1L)을 정하여 지키려고 노력한다.
- 갈증을 감소시키기 위해 신맛이 나는 껌을 씹거나 캔디를 먹을 수도 있다.
- 환절기나 겨울에는 습도를 높이는 것이 갈증을 예방하기 위해 좋다.
- 쉽게 물을 마실 수 있는 장소는 가급적 피하고, 물을 눈 앞에서 치운다.

❺ 칼륨

고칼륨혈증과 빠른 혈청 칼륨 변화는 부정맥과 심장마비 등을 일으킬 수 있으므로 혈액투석 환자의 경우 칼륨의 제한은 필수적이다. 칼륨의 섭취량은 투석액의 농도와 투석 횟수에 따라 조절되어야 한다.

❻ 칼슘과 인

고농도의 혈중 인은 이차적 부갑상선 기능항진을 일으킬 수 있으므로 저칼슘혈증과 고인산혈증이 잘 조절할 필요가 있다. 보통 칼슘과 인을 조절하기 위해 인산결합제와 칼슘 보충제를 이용한다. 주로 혈중 인산을 조절하기 위해서 칼슘 보충제인 탄산칼슘(calcium carbonate) 혹은 초산칼슘(calcium acetate)을 투여하면 음식물 속에 인과 결합하여 제거된다. 또한 우유, 유제품, 치즈, 소간, 초콜릿 및 견과류와 같은 고인산 함유 식품은 피해야 한다. 신부전 시에 신장은 calcitriol(비타민 D의 활성화 형태)을 생성하는 내분비적 기능도 상실한다. 따라서 많은 형태의 비타민 D가 보충제로 이용 가능하지만, 골질환을 예방하는데 도움을 주는 것으로 활성화 형태인 경구용 calcitriol(rocaltrol)과 정맥주사용 calcitriol(calcijex, hectorol) 등이 혈액 투석하는 동안에 투여될 수 있다.

❼ 지방

혈액 투석 환자에서는 고콜레스테롤혈증과 고중성지방혈증이 흔히 일어난다. 이를 조절하기 위해 콜레스테롤이 다량 함유된 식품의 제한이 필수적이나, 계란과 같이 생물가가 높은 식품은 단백질 제공을 위해 제한하지 않는다. 또한 중성지방을 감소시키기 위해 알코올 섭취 제한과 단순당질 제공을 제한해야 하나, 단순당질은 혈액 투석환자에서 에너지 공급을 위해 제한이 어려울 수 있다. 지방은 에너지 공급을 위해 제한하지 않으나, 불포화 지방을 사용하도록 한다.

❽ 철분

골수에서 적혈구를 생성하도록 촉진하는 에리스로포이에틴(erythropoietin) 호르몬의 감소로 빈혈이 초래된다. 그러므로 적혈구 생성을 위해서 충분한 철분 공급이 필요하다. 조제 erythropoietin(epogen, EPO)이 투석 중에 정맥으로 또는 투석 후 바로 피하로 투여될 수 있다. 철분을 충분히 저장하기 위해 EPO 투여 전에 경구용 또는 정맥용 철분 보충제가 가끔 필요하다.

❾ 비타민 및 무기질

혈액투석 치료를 받고 있는 환자들은 수용성 비타민, 특히 비타민 B6와 엽산이 결핍될 위험이 높다. 식욕부진으로 적게 섭취하거나 또는 투석 동안 대부분의 수용성 비타민이 빠져나가기 때문이다. 지용성 비타민 A, E, K는 보충이 필요하지 않

BOX 13-2 입맛의 변화가 있는 환자들을 위한 제언

- 하루에 6~8번의 양치질을 한다.
- 양치를 할 때는 혀를 깨끗이 닦도록 한다.
- 따뜻한 음식보다는 차가운 음식을 먹는다.
- 시원한 구강 세척제로 입을 헹구어 낸다(상품화된 가글링 용액 또는 물로 희석한 레몬 주스나 식초 사용).
- 식전에 신맛의 레몬이나 알사탕을 빨아 먹는다.
- 껌을 씹는다.
- 식전에 레몬수나 약간의 샤베트 또는 과일을 먹는다.

다. 사실, 혈액투석을 받고 있는 환자들이 비타민 A 독성을 경험한다고 보고되어 왔다. 무기질의 보충은 결핍 증세가 나타나지 않으면 필요하지 않다.

명백한 것은 식이 섭취를 잘못하는 환자는 영양분 결핍과 불량한 영양상태가 될 확률이 높다는 것이다. 이런 환자는 식욕감퇴, 입맛의 변화, 기호식품의 변화, 오심, 구토, 식이제한 등을 일으킬 수 있다. 환자가 입맛의 변화가 있는 경우는 Box 13-2를 참조한다.

05 복막투석

복막투석(peritoneal dialysis)은 1~3L의 투석액을 복강에 주입하여 일정시간 동안 복막을 통해서 수분 및 용질교환을 시킨 후 배액한다(그림 13-3). 이러한 과정을 지속적 이동 복막투석(continuous ambulatory peritoneal dialysis)의 경우 하루에 3~5회 반복한다. 혈액투석의 원리와 마찬가지로 혈액으로부터 체액과 노폐물을 제거하는 주요 기전은 확산과 초여과이다.

혈액투석과의 차이점은 복막투석에서 이러한 교환이 이루어지는 반투막은 복막과 이에 인접한 모세혈관 내피세포 및 기저막이고, 혈액투석과는 달리 분자량 1,300달톤(dalton) 이상의 큰 용질, 심지어는 단백질까지도 통과할 수 있다. 또한 혈액과 투석액과의 농도차가 감소함에 따라, 용질 교환은 감소하여 투석액 주입 2시간 후에는 요소의 경우 실질적인 교환이 상당히 감소한다.

복막투석에서 초여과는 투석액의 포도당 농도에 의한 삼투성 초여과(osmotic ultrafiltration)에 의해 주로 이루어지고 정수압성 초여과(hydrostatic ultrafiltration)는 거의 중요하지 않다. 당에 의해 형성된 삼투압은 포도당 농도에 따라(1.5%, 2.5% 및 4.25%) 수분 제거량이 다르고, 시간이 경과함에 따라 포도당이 흡수됨으로써 삼투효과가 감소된다. 즉, 투석액 주입 후 2~3시간 후에 배액하는 것이 단위 투석액량에 대한 최대한의 초여과 효율(efficiency)을 얻을 수 있고, 초여과된 수분 총량은 투석액을 가능한 빨리 교환해 줄 때(보통 30분마다) 많아지게 된다.

치료 식이의 지침

치료 식이의 목표는 복막투석시 투석액으로 손실되는 단백질을 보충하며, 수분 불균형의 부작용을 최소화하고, 요독증상을 최소화하고, 정상체중을 유지하기 위해 적절한 칼로리 섭취를 하며, 복막투석에 의한 2차적인 대사질환을 최소화하는 것이다. 복막투석 환자의 식이지침은 표 13-9과 같다.

❶ 단백질

복막투석을 하면 노폐물이 제거되지만 우리 몸에 필요한 단백질도 손실되므로, 특히 단백질은 복막투석 동안 1일 20~30g 정도 손실된다. 그러므로 손실되는 단백질량을 보충시키기 위해서는 표준체중 1kg당 1.0~1.2g의 단백질 섭취가 권장된다. 혈액내의 헤모글로빈, 혈청 알부민, 요소, 총 단백질 수치를 확인하여 단백질 섭취가 적절하였는지 평가할 수 있으며, 이러한 수치들이 급격히 저하될 경우 복막염으로 인한 과량의 단백질 손실, 부적절한 식사 섭취 등을 의심할 수 있다. 단백질 섭취가 충분하지 않을 경우 비경구 영양이 필요할 수 있다.

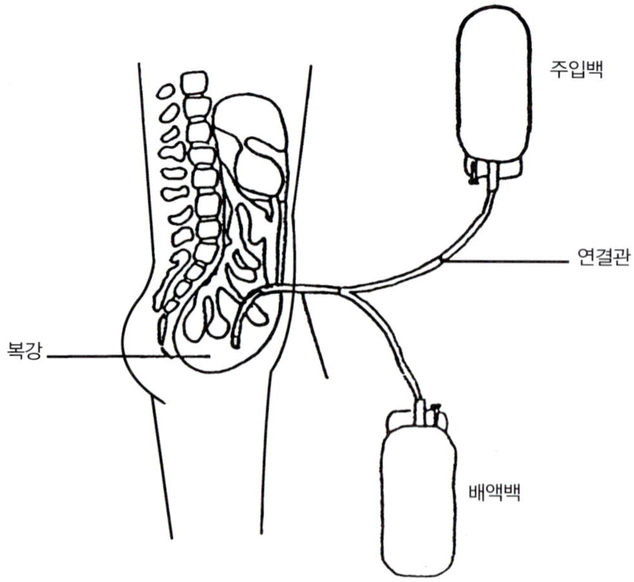

그림 13-3 복막투석

❷ 에너지

복막투석 시에는 투석액에서 당이 흡수되어 열량은 혈액투석 환자보다 적게 필요하여, 보통 표준체중 1kg당 30~35kcal가 권장된다. 투석액의 농도는 1.5%, 2.5%, 4.25% 포도당액이 있으며, 양은 1,000mL, 1,500mL, 2,000mL가 있다. 농도(%)는 1dL당 포함된 포도당량(g)이다. 보통 1일 필요 열량은 투석액으로 부터의 칼로리 흡수를 감안하여 결정하여야 하며, 과도한 열량 공급으로 체중 증가가 될 수 있다. 일반적으로 투석액에 포함된 포도당의 60~70%가 흡수되는데, 투석액으로부터 얻는 열량은 다음과 같은 공식에 의해 계산된다(Box 13-3).

❸ 나트륨

복막투석 시에는 나트륨이 지속적으로 제거되므로 나트륨 섭취는 만성 신부전 환자를 위한 다른 치료에 비해 훨씬 자유롭다. 보통 1일 2.0~2.3g 미만으로 제한하는 것이 권장된다. 체내에 수분이 축적되면 수분을 제거하기 위해 고농도의 투석액을 사용해야 한다. 그런데 잦은 고농도 투석액의 사용은 칼로리 흡수를 통해 체중이 증가되고, 고중성지방혈증을 유발시킨다. 특히 당뇨병 환자에 있어서 나트륨 섭취 제한을 안 했을 때는 고농도 투석액의 사용량을 증가시킬 수 있어 나트륨은 제한해야

BOX 13-3 투석액으로부터 얻는 에너지

- 투석액으로부터 얻는 에너지(kcal) = 포도당 농도(g/L) × 3.4kcal/g × (0.6~0.7) × 투석액량(mL)
- 포도당 함량(g) = 투석액농도(%)/100mL ×1,000mL

* 참고(투석액에 포함된 포도당의 60~70%가 흡수)

투석액의 농도	투석액 1000mL	
	포도당 함량(g)	에너지(kcal)
1.5%	11	35
2.5%	18	60
4.25%	30	100

* 1.5% 4L와 4.25% 4L로 복막투석을 시행할 때 에너지를 구하면
- 포도당 농도 = 1.5%/100mL × 1,000mL + 4.25%/100mL × 1,000mL = 57.5g
- 에너지 = 57.5g × 3.4kcal/g × 4L × (0.6~0.7) = 469 ~547kcal

* 표의 에너지를 이용하여 에너지를 구하면
- (35kcal + 100kcal) × 4L = 540kcal

* 표의 포도당 함량을 이용하여 에너지를 구하면
- (11g X 4L) + (30g X 4L) × 3.4(포도당 1g은 3.4kcal기준) = 557kcal

출처: 대한영양사협회. (2022) 임상영양관리지침서. 4th edition.
대한영양사협회. 복막투석. Accessed November 26, 2022. Available at: https://www.dietitian.or.kr

한다. 고혈압, 수분정체에 의한 체중증가, 울혈성 심부전과 같은 질환이 있는 경우 나트륨의 제한이 더욱 필요하다.

❹ 칼륨

지속적인 복막투석은 혈중 칼륨 수치를 정상으로 유지시켜 줄 수 있으므로, 칼륨 제한이 필요하지는 않다. 그러나 고단백 식이 및 칼륨이 높은 식품의 섭취가 고칼륨혈증을 유발시킬 수 있으므로 이 경우에는 칼륨을 조절하는 것이 좋으며, 그 외의 경우에는 칼륨 함량이 높은 식품을 중정도로 섭취할 수 있다.

❺ 수분

복막투석 동안 지속적으로 수분이 제거되어 수분을 제한할 필요는 없다. 1.5% 포도당 투석액 2회, 또는 4.25% 포도당 투석액 2회로 약 2L 정도의 수분이 제거될 수 있다. 그러나 부종이 있는 경우는 나트륨 제한뿐만 아니라 수분 제한도 필요하다.

❻ 인

혈액 투석과 마찬가지로 혈액 내 인 수치를 조절하기 위해 인 섭취를 제한해야 한다. 특히 복막투석으로 소실되는 단백질을 보충하기 위해서 고단백 섭취가 필요한데, 충분한 단백질 섭취는 인의 함량이 높은 육류의 섭취를 증가시키게 되어 인의 섭취를 제한하기는 것을 어렵게 한다. 그러나 가급적 인의 함량이 높은 식품은 제한하는 것이 필요하다. 특히 인 함량이 높은 우유 같은 유제품을 제한하고, 통곡류와 견과류도 섭취를 제한한다.

❼ 칼슘

칼슘 섭취량을 증가시키는 것은 바람직하나, 칼슘이 많이 함유된 유제품은 혈중 인의 수치를 증가시킬 수 있으므로 과량의 섭취는 피하도록 한다. 혈중 칼슘치를 정상적으로 유지하기 위하여 탄산칼슘(calcium carbonate) 같은 칼슘 보충제가 처방될 수 있다.

❽ 기타 영양문제

혈액 내의 콜레스테롤 및 중성지방의 상승은 복막투석의 시행 기간과 관련이 있는 것으로 알려져 있다. 혈중 지질이 변하는 이유는 아직 잘 알려져 있지는 않으나 고단백 식이와 투석액으로부터 흡수된 포도당이 혈중 중성지방을 높이는 것으로 보여진다. 고지혈증을 개선시키기 위해서는 정상 체중 유지, 고콜레스테롤 식품, 단순 당질, 포화지방, 알코올 등을 제한할 필요가 있다.

복막투석 환자에서 흔히 나타나는 체중증가는 투석액으로부터 흡수된 포도당으로 인한 열량 축적으로 증가로 야기되며, 체중증가를 막기 위해서는 고농도의 투석액을 사용하는 환자에서 주의해야 한다.

탈수는 복막투석시 나타날 수 있는데, 특히 나트륨을 심하게 제한하는 환자에게서 나타날 수 있다. 탈수를 예방하기 위해서는 저농도 투석액을 사용하고, 섭취량과 배설량, 체중을 주의 깊게 관찰해야 한다.

혈액투석과 마찬가지로 복막투석을 받는 환자들에서 수용성 비타민과 무기질 결핍이 발생될 수 있으므로, 엽산을 포함한 복합 비타민의 복용을 추천한다. 빈혈 교정을 위해 제조된 EPO를 투여하고 이 약의 효과를 최대화하기 위해 철 보충제가 필요할 수도 있다.

또 다른 영양적인 문제는 복강 내의 투석액이 차 있어서 적게 섭취해도 조기 포만감을 느끼게 되어, 특히 적절한 단백질 등의 섭취에 문제가 될 수 있다. 이런 경우에는 식사 전에 투석액을 배출시키고, 식사가 거의 끝날 때 투석액을 주입시키는 방법을 고려하는 것이 좋다. 또한 소량씩 자주 식사하는 방법도 권장할 수 있다.

06 신장이식

신장이식(renal transplantation)은 흔히 시행하는 장기 이식이다. 말기 신부전(불가역적 만성 신장장애, 다낭성 신장질환, 당뇨병성 신장병, 고혈압성 신경화증, 사구체신염) 환자에게 시행된다.

신장이식 수혜자에 대한 영양관리는 영양문제와 치료 효과에 대한 계속적인 재사정이 이루어져야 한다. 그러나 정확한 영양적 사정은 질병 그 자체에 의해서 영향을 받기 때문에 어렵다. 이들의 식사는 신장이식 후의 체중조절, 수분정체 방지, 고혈압 조절, 고지혈증 조절에 중점을 두어야 한다.

1) 이식 전

수술 전에 영양장애를 인식하고 교정하기 위해서 영양상태를 평가해야 한다. 내과적인 영양치료는 일반적으로 단백질과 염분조절 식이를 시행한다. 환자가 말기 신장질환으로 진행됨에 따라 칼륨과 인을 조절해야 할 필요가 있다.

2) 이식 직후와 장기적인 계획

신장 이식 후 합병증을 최소화하고 효과를 극대화하기 위해 좋은 영양 상태를 유지할 필요가 있다(표 13-10).

❶ 에너지

이식 직후 에너지 요구는 수술과 이화작용으로 인한 스트레스 때문에 증가한다(체중 1kg당 30~35kcal). 에너지 요구량은 이식 후 약 6~8주 정도에 감소하므로, 이때는 표준체중에 도달하여 유지하기 위해 섭취 열량이 조절되어야 한다. 저체중 환자는 칼로리 범위의 상한을 섭취하는 것이 좋으며, 비만 환자는 범위의 하한을 섭취하는 것이 좋다.

❷ 단백질

코르티코스테로이드 사용으로 인한 단백질 이화작용이 촉진되므로 이를 극복하기 위해서는 단백질 섭취의 증가가 필요하다. 뿐만 아니라 수술 후 스트레스와 상처 치유는 상대적으로 높은 단백질 요구를 필요로 한다.

❸ 탄수화물

탄수화물 공급원의 칼로리는 일일 에너지 요구량의 약 50~60%를 권장하며, 단순 탄수화물을 제한하고 복합 탄수화물로 구성한다. 탄수화물 섭취는 당뇨병 환자와 고혈당 환자에서 조정해야 한다. 이식 후 당뇨병은 스테로이드, 면역억제제, 비만, 이식 후 체중 증가 및 기타 요인으로 발생할 수 있다. 특히 면역억제제인 타크로리무스(tacrolimus)와 프레드니손(prednisone)은 혈당을 높여 이식 후에 당뇨병 발병의

표 13-10 신장이식 후 일일 영양소 요구사항

영양소	초기(≤6–8 wk)	장기
열 량	30~35kcal/kg	정상 체중유지를 목표로 함
단백질	1.3~2g/kg	0.8~1g/kg 만성이식편 기능장애가 있는 경우 0.6~0.9/kg/day
탄수화물	총 칼로리의 50~60%	복합 탄수화물 섭취, 혈당조절을 위한 단순당 제한
지방	총 칼로리의 25~35%	총칼로리의 35% 미만, 포화지방 및 트랜스지방 제한
수분	이식편의 기능에 따라 개별화 지연성 이식편 기능의 경우, 500~750mL + 소변배출	적적절한 수분공급을 목표로 함
나트륨	개별화 필요 전형적으로 2,000~4,000mg 만약 고혈압이 있는 경우 2,000mg로 제한	개별화 필요 만약 고혈압이 있는 경우 2,000mg/day로 제한
칼륨	이식편의 기능에 따라 개별화	이식편의 기능에 따라 개별화
칼슘	1,200~1,500mg	800–1,500mg

출처: Phuong–Chi T Pham, and Phuong–Thu T Pham. (2019). Quick guide to kidney transplantation. Wolters Kluwer Health.
John Daugirdas. (2019). Handbook of chronic Kidney disease management. Wolters Kluwer Health.

위험을 높일 수 있다.

❹ 지방

신장 이식 후 고지혈증이 이식 거부를 촉진할 수 있을 수 있으므로, 이상지혈증을 조절하기 위한 식이 조절이 필요하다. The National Heart, Lung, and Blood Institute Adult Treatment Panel III 가이드라인에 따라 총칼로리의 25~30% 정도 지방에서 얻도록 한다.

❺ 수분

수분의 요구량은 각 개인의 신장 기능에 따라 다르다. 일반적으로 잘 기능하는 이식편의 경우 적당한 최소 수분량은 2,000mL/일 이다. 이식된 신장은 이식 후에 일시적으로 기능이 제한적인 것이 일반적이며, 이것을 지연성 이식편 기능(delayed graft function)이라고 한다. 지연성 이식편 기능이 있는 환자는 소변을 조금 보거나 전혀 보지 못하는 핍뇨가 있으며, 혈압이 높게 유지된다. 이때는 이뇨제를 투여하며 수분섭취를 제한이 필요할 수 있다. 이러한 지연성 이식편 기능이 있는 환자에서는 감지할 수 없는 손실을 고려하여 소변 배출량에 500~700mL를 더한 양이 필요하며, 대게 개인별 수분 요구량은 체액량과 혈압에 의해 결정된다.

❻ 나트륨

고혈압이 있는 경우 나트륨 섭취량을 2,000mg/day로 제한하는 것이 적절하지만, 부종이 없는 정상 혈압인 경우는 4000mg/day을 초과하지 않는 범위에서 섭취한다. 저혈압 또는 고혈압 모두 이식된 신장에 손상을 줄 수 있으므로 상태에 따라 나트륨을 조절해야 한다.

❼ 칼륨

고칼륨혈증은 일반적으로 신장 이식을 받은 환자에서 이식편의 기능이 손상될 경우 칼륨 배설이 감소되어 나타날 수 있다. 특히 칼시뉴린 면역억제제 사용, 칼륨 보존 이뇨제 사용, 안지오텐신 전환효소 억제제 사용 등으로 칼륨 배설이 감소되어 발생한다. 이때는 칼륨 제한이 필요하며, 칼륨 수치가 너무 높으면 투석 치료가 필요할 수 있다.

❽ 칼슘

이식을 받은 후 혈청 칼슘이 감소가 있는데, 이식편의 기능부전, 칼시트리올 합성의 억제, 칼슘 재흡수 억제, 고용량의 스테로이드 사용 등이 원인이 될 수 있다. 저칼슘혈증이 있는 환자에서는 근육경련과 부정맥을 일으킬 수 있으므로 칼슘 보충이 필요할 수 있다. 칼슘의 권장 섭취량은 하루 1,200~1,500mg 이다. 그러나 고칼륨혈증이 있는 경우는 원인을 파악해야 하며, 비타민 D 보충을 제한해야 한다.

❾ 인

이식을 받은 후 저인산혈증이 발생할 수 있는데, 이는 인의 장내 흡수 감소, 섬유아세포 성장인자(fibroblast growth factor-23, FGF-23) 수치 증가로 인한 인산뇨 촉진으로 기인한다. 저인산혈증이 있는 경우 인 함유 식품 섭취를 늘리도록 하며, 경구 또는 정맥으로 인산염 보충이 필요할 수도 있다. 그러나 지연성 이식편 기능이 있는 환자에서는 고인산혈증이 발생할 수 있으므로 인산염 결합제를 사용하여 혈청 인 수치를 상승하는 것을 예방해야 한다.

07 신결석

신결석(renal calculi)은 신장에 생기는 돌 혹은 요로 결석으로서 흔히 볼 수 있는 비뇨기계 질환이다. 대부분의 결석은 칼슘, 옥살산(수산) 및 인으로 형성되어 있으며 시스틴 혹은 요산으로 되어 있을 수도 있다. 결석의 형성은 여성보다 남성에서 3배 이상 더 흔하며, 재발률이 높다.

대부분의 신장 결석의 형성은 다음 요인에 의해서 생긴다. (1) 소변량 감소(보통 부적절한 수분 섭취의 결과), (2) 소변의 알칼리화, (3) 칼슘, 옥살산, 요산 혹은 이들의 혼합물의 과다 배설, (4) 결석의 형성을 억제하는 소변 내 물질의 감소에 의해서 발생한다(그림 13-4).

신장 결석 형성의 위험성을 감소시키기 위해서는 수분 섭취가 가장 중요한 역할을 한다. 다량의 수분 섭취는 소변량을 증가시키며, 소변 내의 무기질의 농도를 희석시켜 준다. 하루에 2~3L의 수분 섭취는 하루 2L의 배설량을 유지하기 위해서 추천한다.

1) 요산결석

요산결석(uric acid calculus)은 신장 결석의 5~10%를 차지하며, 요산은 질소 함유 화합물인 퓨린(purine)의 중간 대사물질로부터 형성되는데, 이런 요산생성을 통하여 요산결석이 발생한다. 전구체인 퓨린의 생성이 많을 때는 요산 생성도 증가하며, 그로 인해 소변 중 과요산뇨증(산성 소변)도 증가함으로써 요산결석이 유발된다. 또한 체조직 이화 작용을 증가시키는 소모성 질환에서도 퓨린을 다량 생성하여 요산결석이 생긴다. 비록 퓨린이 많이 함유된 음식(살코기, 육류의 장기, 콩가루, 통밀)의 제한 효과는 명확히 밝혀지지 않았지만, 단백질 섭취의 제한은 효과적인 것으로 추천되고 있다. 단백질의 섭취는 1일 100g 이상을 초과해서는 안 되는데, 이는 과도

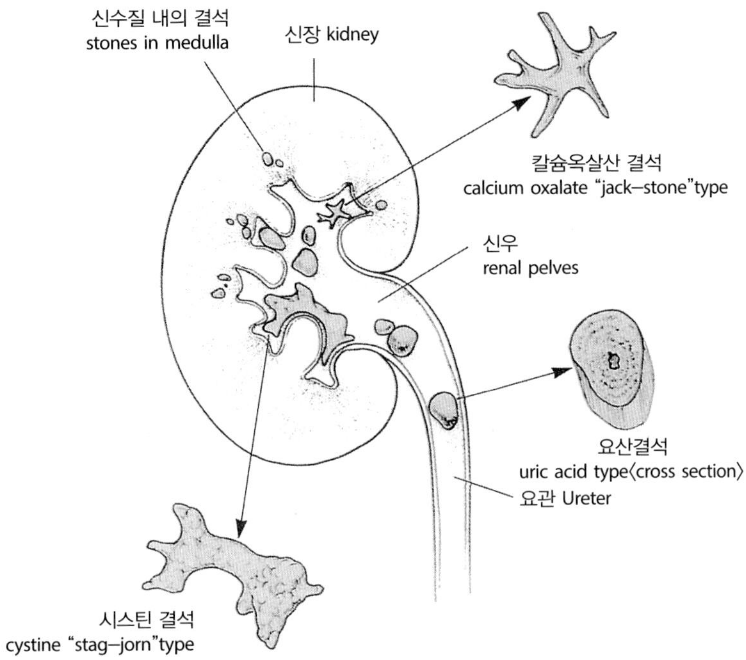

그림 13-4 신결석

한 동물성 단백질 섭취는 소변 중 요산 수준을 증가시키고 pH를 저하시킬 수 있기 때문이다. 이와 같이 동물성 단백질의 감소와 채식 위주의 식사를 하며, 소변의 산도를 5.5 이하로 낮춰주는 알칼리성 식품을 섭취하는 것이 필요하며, 하루 3L 이상의 수분섭취를 하는 것이 필요하다.

2) 칼슘결석

칼슘결석(calcium stones)과 관련된 전통적인 견해는 칼슘(우유, 치즈, 요구르트와 녹색 채소)과 염분(하루 2,000~3,000mg) 함유 식품을 제한하는 것이었다. 그러나 연구결과에 의하면 칼슘 섭취를 제한할 필요는 없고, 오히려 고칼슘 함유 식품이 칼슘결석을 방지한다고 보고되고 있다. 신결석 형성은 칼슘이 아니라 요로 내의 옥살산(수산; oxalic acid)의 양에 의해 더 많이 영향을 받는다. 식이 칼슘의 양이 증가되면 소화관내에서 옥살산과 결합하여 옥살산이 체내로 흡수되는 것을 사전에 차단하는데, 즉, 소화과정에서 칼슘이 옥살산과 결합해 옥살산이 혈관에 흡수되기 전에 이를 체외로 배설되도록 한다. 또한 칼륨, 동물성 단백질, 수분섭취량, 나트륨, 섬유질, 알코올, 카페인 등이 신결석에 기여한다고 알려져 있다.

옥살산은 식물성 식품에 가장 많이 함유되어 있으며, 아스코르빈산 대사의 최종 산물이다. 식이에서 옥살산의 섭취를 제한하면 칼슘 옥살산 신결석의 재발을 막을 수 있다. 연구 보고들은 옥살산이 많은 음식이 요의 옥살산 배설을 높인다 할지라도 그 증가가 음식의 옥살산 내용과 항상 비례 하지는 않는다는 것을 지적한다. 단지 8가지 식품, 즉 시금치, 대황, 사탕무, 견과류, 초콜릿, 홍차, 밀기울, 딸기 등은 소변에서 옥살산 배설을 증가시키는 유력한 식품이다. 따라서 결석환자의 초기 내과적 식사요법은 소변 옥살산을 증가시키는 것으로 알려진 식품을 제한한다. 비타민 C 보충제(1일≥1,000mg)는 요의 옥살산 배설을 증가시킬 수 있기 때문에 피하도록 환자에게 교육해야 한다.

(1) 신결석 예방 지침

다음은 신결석을 예방하기 위한 지침으로서, 신결석의 원인마다 예방하기 위한 지침은 다소 다를 수 있다. 신결석을 예방하기 위해서는 꾸준한 식이 변경이 필요하다(표 13-11).

표 13-11 신결석 예방을 위한 식이지침

구분	식이지침
수분	• 매일 최소 하루 3L의 수분 섭취는 새로운 결석 형성의 위험을 낮추는 좋은 방법이다. • 운동이나 더운 날씨에 땀을 흘렸을 때 손실된 체액을 보충하기 위해 더 많이 마시려고 해야 한다. • 설탕이 첨가된 음료나 알코올이 포함된 음료를 제한하고, 무칼로리 또는 저칼로리 음료를 섭취한다.
동물성 단백질	• 시스틴 또는 칼슘 옥살레이트 결석이 생기고 소변 요산 수치가 높으면 동물성 단백질을 적게 섭취하는 것이 좋다. • 고기, 생선, 해산물, 가금류, 양고기 등 동물성 단백질을 적게 섭취하는 것이 좋고, 요산 수치에 영향을 미치는 정도에 따라 제한량은 다를 수 있다.
나트륨	• 소변 칼슘 또는 시스틴이 많은 사람인 경우 나트륨은 소변 칼슘과 시스틴을 높게 만들 수 있어 제한한다. • 하루에 2,300mg 미만으로 염분을 섭취한다.
옥살레이트	• 옥살레이트 수치가 낮은 음식을 섭취한다. • 소변 옥살레이트 수치가 높은 경우 칼슘이 풍부한 음식을 섭취하면 신체의 옥살레이트 수치를 조절할 수 있다. • 칼슘이 풍부한 음식 섭취 후에도 소변 옥살레이트 수치가 조절되지 않으면 고옥살산 식품을 제한한다. 특히 시금치, 대황, 아몬드, 견과류, 초콜릿, 홍차, 딸기의 섭취를 제한한다.
칼슘	• 너무 많은 칼슘 보충제는 섭취하지 않는다. • 매일 식사와 함께 칼슘이 풍부한 음식이나 음료를 섭취하는 것이 좋다. • 칼슘이 풍부한 음식을 3~4회 섭취하면 일반적으로 보충제 없이 식단에서 충분한 칼슘을 섭취할 수 있다.
과일과 채소	• 과일과 채소를 섭취를 자주하는 것이 좋다(5회 이상/일). • 과일과 채소에 포함된 칼륨, 섬유질, 마그네슘, 항산화제, 피트산(Phytate), 시트르산(Citrate)은 결석형성을 예방하는데 도움이 된다.
비타민 보충제	• 일부는 신장 결석 형성의 위험을 증가시킬 수 있으므로 주의해서 사용해야 한다.

출처: American Urological Association. What are Kidney Stones?. Accessed November 26, 2022. Available at: https://www.urologyhealth.org

(2) 건강과 신장질환

- 신체적 측면 : 신장기능은 전반적인 신체 안녕에 영향을 미치며, 내과적인 질환 치료와 함께 영양관리는 필수적이다.
- 인지적 측면 : 대상자들은 신장장애를 유발하는 비정상적인 기능과정에 대한 완전한 이해를 도모하기 위해서 해부 및 생리에 대해서 알아야 할 필요가 있다.
- 정서적 측면: 신장장애의 만성적인 특징과 잠재적인 위협은 정서적으로 문제를 야기할 수 있다. 대상자들은 질병을 극복하기 위해서 심리적 상담을 받을 수 있다.
- 사회적 측면 : 주위의 의미 있는 사람들은 신장질환을 가진 사람들을 간호할 책임이 있고, 일단 투석이 시작되었으면 사회적 관계형성을 유지하고 대처하기 위한 새로운 전략이 필요하다.

>> 간호적용

신결석 사례

대상자는 35세 남자로 비서직에 종사하여 좌식생활을 많이 하며, 키는 178kg, 몸무게는 85kg이다. 갑자기 옆구리 통증을 호소하여 병원에 방문하여 소변검사, x-ray 검사를 시행하였다. 소변 검사상 혈뇨소견이 있었으며, x-ray 검사 후 신결석을 진단받았다. 화학적 분석 결과 결과 칼슘옥살산 결정체로 나왔고, 의사는 수술은 필요하지 않고, 신결석의 재발을 막기 위해서 예방요법으로 저옥살산 식이를 처방하였다. 대상자는 회사에서 하루 종일 앉아서 일을 하여 활동량이 매우 적었으며, 집에서는 텔레비전을 주로 보는 편이며, 퇴근 후 야식을 즐겨 먹고, 하루 수분섭취량은 1L 미만이다. 대상자는 예방법에 대해 이해가 부족하며, 정보가 부족하여 어떻게 예방을 해야 할지 모르는 상태이다.

(1) 간호사정

① 주관적 자료

- "옆구리가 아파요"

② 객관적 자료

- 소변 검사상 혈뇨소견, x-ray 검사상 신결석 진단, 화학적 분석 결과 칼슘옥살산 결정체
- 수분 섭취 저하
- 활동량 부족

(2) 간호진단

- 신결석 예방법에 대한 이해부족, 정보부족과 관련된 지식부족

(3) 간호목표

- 신결석 관리와 옥살산이 높은 식품에 대해 설명할 수 있다.
- 체중감량의 중요성에 대해 설명을 할 수 있고, 체중감량 계획을 세우고, 실천할 수 있다.
- 운동의 중요성에 대해 설명을 할 수 있고, 운동 계획을 세우고, 실천할 수 있다.
- 수분을 최소 하루 2L 정도 섭취할 수 있다.

(4) 간호계획

- 신결석 원인 및 관리에 대해 전반적으로 교육한다.
- 저옥살산 식이에 대한 중요성과 옥살산이 높은 식품을 교육한다.
- 체중감량의 중요성을 교육하고, 가능한 체중감량 실천 계획을 세우도록 하며, 체중감량을 실천하도록 한다.
- 운동의 중요성을 교육하고, 가능한 운동 실천 계획을 세우도록 하며, 운동을 실천하도록 한다.
- 수분 섭취의 중요성을 교육하고, 수분 섭취 증가 계획에 따라 수분 섭취를 증가시킨다.

(5) 간호중재

- 신결석 원인 및 관리에 대해 전반적으로 교육했다.
- 저옥살산 식이에 대한 중요성과 옥살산이 높은 식품에 대해 교육했다.
- 체중감량의 중요성을 교육하고, 가능한 체중감량 실천 계획을 같이 세웠다.
- 체중감량을 실천하도록 격려하였다(회사에서는 한 시간에 한번씩 계단 오르내리기를 하고, 집에서는 텔레비전 보는 시간을 단축하고, 퇴근 후 야식을 먹지 않도록 했다).
- 운동의 중요성을 교육하고, 가능한 운동 실천 계획을 같이 세웠다.
- 운동을 실천을 격려하였다(퇴근 후 회사 내 휘트니스 센터에서 주 3회 이상 한 시간 운동을 하도록 하였다).
- 수분 섭취의 중요성을 교육하고, 수분 섭취 증가 계획에 따라 수분 섭취를 하루 2.5L까지 증가시키도록 하였다.

(6) 간호평가

- 신결석 관리와 옥살산이 높은 식품에 대해 말로 표현했다.

- 체중감량의 중요성에 대해 말로 표현했다.
- 체중감량 계획을 세우고 실천했다(계단 오르내리기, 텔레비전 시청 시간 단축, 야식 제한 등).
- 운동의 중요성에 대해 말로 표현했다.
- 운동 계획을 세우고 실천했다(주 3회 이상 한 시간 이상 운동).
- 수분을 하루 2.5L 섭취했다.

생각해보기

1. 신증후군 환자의 치료식이에서 단백질, 탄수화물, 수분섭취, 나트륨 섭취는 어떻게 하는 것이 좋은가?
2. 급성 신부전 시 진행단계에 따른 단백질 섭취는 어떤 차이가 있는가?
3. 혈액투석과 복막투석 시 나트륨과 수분 섭취의 차이점은 무엇인가?
4. 신결석 시 식이 제한은 어떻게 하는 것이 좋은가?

14장

당뇨병 환자 식이

우리나라의 당뇨병 환자는 지속적으로 증가하고 있다. 2020 국민건강통계에 의하면 국내 당뇨병 유병률(만 30세 이상)은 전체 14.5%, 남자 16.8%, 여자 12.3%였으며, 남녀 모두 연령이 증가할수록 유병률이 증가하여 65세 이상에는 10명 중 약 3명(27.0%)이 당뇨병 유병자였다. 당뇨병 유병자 기준 조절률(만 30세 이상)은 24.5%이며, 남자 24.4%, 여자 24.%로 비슷한 수준이었다.

당뇨병 환자는 합병증 예방을 위해 세 가지 지표-혈당, 콜레스테롤, 혈압-를 적정 수준으로 유지하는 것이 중요하다. 이를 위해 식이를 조절하여야 하는데 개인의 식이는 평생 동안에 걸쳐 형성된 습관이기 때문에 식습관을 바꾸는 데는 환자 자신의 많은 노력과 의지가 필요하다. 그러므로 당뇨병 환자를 돌보는 보건의료인은 환자가 바른 식사를 할 수 있도록 지원하는 것이 매우 중요하다. 환자가 필요한 식이를 이행하기 위해서는 당뇨식이의 원칙에 대해 이해해야 할 뿐 아니라 이 원칙을 개인의 요구에 맞도록 적응시키는 능력도 필요하다. 이러한 과정에서 간호사는 환자의 개별적인 요구와 기호 등을 고려하고 문제점을 상담해 줄 수 있는 조언자로서 역할을 하여야 한다. 미국에서는 당뇨 관리에 관련된 국가당뇨자기관리교육표준(National Standards for Diabetes Self-Management Education and Support)을 제정하여 정기적으로 발표하고 있다. 한국은 대한 당뇨병 학회 교육위원회에서 당뇨병 교육 지침서를 출간하여 과학적 근거에 기반한 환자 교육의 지침을 제공하고 있으며 대한 당뇨병 교육 간호사회에서는 학술활동 외에도 환자들이 활용할 수 있는 교육책자를 발간하여 환자들이 쉽게 당뇨병 자기관리에 대해 이해하도록 하고 있다.

01 당뇨병

당뇨병(diabetes mellitus)은 췌장세포에서 인슐린 분비가 전혀 안되거나 감소되거나 혹은 인슐린은 분비되지만 인슐린 수용체 세포의 결함으로 인슐린의 이용에 문제가 있어 고혈당이 되는 상태로서, 당뇨병이 있을 때는 탄수화물, 단백질 및 지방 대사에 장애가 일어난다.

1) 당뇨병 진단

아래 중에 한 가지에 해당되면 당뇨병으로 진단한다.

- 8시간 금식 후 공복 혈당이 126mg/dL 이상
- 경구 당부하 검사(75g 포도당 이용) 에서 2시간 후 혈당이 200mg/dL 이상
- 식사와 관계없이 무작위 채혈한 혈당치가 200mg/dL이고 당뇨병의 전형적인 증상(다음, 다뇨, 체중감소)이 있을 때
- 당화 혈색소(HbA1c) 6.5% 이상

2) 당뇨병 분류

당뇨병은 크게 제1형 당뇨병과 제2형 당뇨병으로 분류되나 임신성당뇨병이나 내당능 장애(impaired glucose tolerance, IGT)도 분류에 포함된다. 이러한 분류는 원인, 치료 요구 및 증상을 기반으로 한 것인데 당뇨병 환자 대부분이 제2형 당뇨병이며, 제1형 당뇨병은 전체 2% 미만을 차지한다.

(1) 제1형 당뇨병

제1형 당뇨병(type 1 diabetes mellitus)의 발병은 급작스럽게 나타나는 것이 보통이다. 대개 어린이나 청년기에 발병하고 40세 이전에 발병하게 된다. 제2형 당뇨병과의 가장 큰 차이는 인슐린의 공급능력인데 제1형 당뇨병은 체내에서 공급하는 인슐린이 절대적으로 부족한 상태임에 비해, 제2형 당뇨병은 신체 내에서 인슐린이 부족하기는 하지만 어느 정도 생산되어 공급되는 것이다. 제1형 당뇨병으로 진단을 받는 경우 췌장세포의 기능은 정상의 약 80~90%가 감소되어 있다. 인슐린을 생산하는 세포의 파괴는 유전적 소인, 바이러스 감염, 환경적 자극 또는 알지 못하는 자극에 의해 일어나는 진행성 자가면역 반응으로 인한 것으로 생각되고 있다. 어린이는 베타세포의 파괴속도가 빠르고 성인은 이보다 느리다.

세포는 포도당을 에너지원으로 이용하는데, 내인성 인슐린이 없을 때는 세포로

유입되는 포도당이 부족하기 때문에 세포는 기아상태가 되므로 음식을 더 먹고 싶게 되어 음식을 많이 섭취(다식, polyphagia) 하지만 소화의 산물로 나온 포도당은 인슐린이 없으므로 여전히 세포 내로 들어가지 못하고 혈류 내에 남아 혈중 포도당 농도가 더욱 높아진다. 이 때 포도당은 소변으로 배출되어 버리기 때문에 필요한 열량은 지방의 당 신생과정을 통해 조달하게 되니 체내 지방 감소로 체중은 감소하게 된다. 이때 포도당이 세포 내로 유입되지 못한 채 혈중 당 농도가 높아지면 고장성이 되고 삼투압에 의해 혈관 밖의 수분이 혈관 내로 유입된다. 이 때 신체는 과다한 수분과 포도당을 제거하기 위해 소변 배출량을 증가시키게 된다(다뇨, polyuria). 이 때 많은 배뇨로 수분을 잃게 되면 소실된 체액 때문에 갈증을 느끼게 되어 많은 수분을 마시게 된다(다음, polydipsia). 보통 제1형 당뇨가 치료되지 않은 상태에서는 다식, 다음, 다뇨의 증상이 있다.

(2) 제2형 당뇨병

제2형 당뇨병(type 2 diabetes mellitus)의 초기에는 보통 증상이 뚜렷하게 나타나지 않는다. 제2형 당뇨병 환자는 전형적인 당뇨병의 증상(다뇨, 다식, 다음)을 나타내는 경우가 드물다. 그러므로 당뇨와 관련된 합병증(심장마비, 뇌졸중, 신경증적 문제)이 나타났을 때 환자가 당뇨병진단을 받는 경우가 많다. 다른 흔한 경우는 당뇨병을 인식하지 못한 채로 지내다가 우연히 진단을 받는 경우이다. 제1형 당뇨병과는 달리, 제2형 당뇨병에서 나타나는 일차적인 대사문제는 인슐린 저항 또는 신체에서 생산되는 인슐린에 반응하는 수용체세포의 기능상실이다. 제2형 당뇨병의 가장 큰 발병요인은 가족력과 비만이다. 실제로 비만 자체로 인해 인슐린에 대한 저항이 높아지고 이로 인해 세포가 인슐린을 과잉 생산하게 되는 상태가 형성된다. 그러나 비만한 사람 모두가 당뇨병이 생기지는 않고, 비만한 사람 중 일부에서 세포의 문제와 고혈당을 일으키는 유전적 경향이 있을 때 발병하는 것으로 보인다. 또한 상체의 비만은 하체 비만보다 훨씬 더 위험요소로 알려져 있다. 상체비만은 허리와 엉덩이의 비율(waist to hip ratio)이 여성은 0.85보다 크거나 남성은 0.95 이상인 경우를 말하는데, 이는 당뇨병뿐 아니라 심장질환과 고혈압의 위험요인이기도 하다.

(3) 내당능 장애

내당능 장애(impaired glucose tolerance, IGT)란 혈당이 당뇨병 진단 기준에 들지는 않으나 정상보다는 상승된 사람으로 경구 당 부하 검사에서 2시간 혈당이 144~199mg/dL 수준이거나 당화 혈색소가 5.7~6.5% 미만인 경우이다. 추후 당뇨병으로 진전될 가능성이 높은 사람이므로 당뇨병 예방을 위해 체중 조절을 하고 식이도 적절히 조절하여야 한다.

(4) 임신성당뇨병

임신성당뇨병(gestational diabetes)은 이전에 당뇨병력이 없는 사람이 임신 중에 당뇨병이 생기는 경우이다. 50g 경구 포도당 부하검사 1시간 후 혈장 혈당이 140mg/dL 이상인 경우에 추가로 100g 포도당 부하 검사를 했을 때도 계속적으로 높은 혈당을 보이는 경우 진단된다. 출산 시까지 혈당 조절을 위한 인슐린 투여와 식이 조절이 필요하다.

3) 당뇨병 합병증

당뇨병이 있으면 장기간에 걸쳐 신체 구조적, 기능적 변화로 인해 만성합병증이 생기는데, 특히 대혈관계, 미세 혈관계, 신경계에 손상을 주어 합병증을 일으키고 이로 인해 활동장애 및 조기사망을 유발할 수 있다(표 14-1). 대혈관계 합병증은 관상동맥질환, 말초혈관질환, 뇌졸중의 위험을 증가시킨다. 미세혈관계의 합병증은 신증(신장질환), 망막증(안저혈관 변화로 인한 시력장애)이 있다.

당뇨병이 있는 환자에서 신장합병증으로 인하여 만성 신부전(chronic renal failure, CRF)이나 말기 신질환(end stage renal disease, ESRD)이 발생한다. 망막병증은 흔히 눈이 멀게 되는 원인이 된다. 또한 신경합병증은 말초순환장애에 의해 발생하는데 사지의 감각을 저하시킴으로써 환자가 알지 못하는 사이에 외상을 입을 수 있게 된다. 당뇨병은 순환계에도 영향을 주게 되므로 상처가 생겼을 때 치유가 어렵다. 따라서 하지에 괴저(gangrene)가 발생하여 절단이 필요할 수도 있다. 당뇨병의 자율신경계 영향으로는 기립성 저혈압, 지속적인 빈맥, 위의 마비(gastroperesis), 신경성 방광(신경손상으로 인한 방광의 기능부전), 발기부전 등이 있으며, 내장 통증감각에 손상을 일으켜 협심증이나 심근경색으로 인한 증상을 느끼지 못하게 할 수도 있다. 이러한 장기간에 걸쳐 나타나는 합병증은 당뇨병 환자가 평생 동안 겪게 되는 고혈

표 14-1 당뇨병의 만성합병증

합병증		특징
대혈관	심혈관질환	당뇨병이 없는 사람에 비해 남자 2~3배, 여자 3~5배 높은 위험도
	말초혈관질환	무증상인 경우가 많음 - 선별검사(발목상완지수) 우선적 시행
미세혈관	신장병증	진단 당시 및 최소 1년 마다 소변 알부민 배설량, 추정 사구체여과율 평가 필요
	망막병증	매년 안과검진 시행(망막병증 소견이 없고 혈당조절이 잘되면 1~2년 간격)
신경증	말초신경병증	사지의 감각저하로 인하여 상해를 입었을 경우 괴저로 발전할 수 있음
	자율신경병증	기립성 저혈압, 지속적인 빈맥, 위장마비, 신경성 방광, 발기부전, 내장통증 감각의 손상

출처: 질병관리청 국가건강정보포털 - 당뇨병(https://health.kdca.go.kr/healthinfo/biz/health/gnrlzHealthInfo/gnrlzHealthInfo/gnrlzHealthInfoView.do?cntnts_sn=5305)

당의 정도와 빈도와 관련이 있다고 보고 있다.

제1형 혹은 제2형 당뇨병 환자는 고혈당, 저혈당에 의한 급성합병증도 발생할 수도 있다. 급성 고혈당성 합병증으로는 당뇨성 케톤산혈증(diabetic ketoacidosis, DKA)과 고혈당 고삼투 상태(hyperglycemic hyperosmolar state, HHS)가 있다. 당뇨성 케톤산증(DKA)은 제1형 당뇨병에서 주로 발생한다. 심한 인슐린 부족일 때 세포가 포도당을 이용하지 못하면 체내의 지방과 단백질을 분해하여 에너지원으로 이용하게 되는데 이때 케톤증(ketosis)이 발생된다. 이때 고혈당과 함께 삼투성 이뇨작용이 생기고, 탈수 및 젖산산증(lactic acidosis) 상태를 유발하게 된다. 산증으로 인하여 pH가 낮아지면 호흡중추를 자극하여 Kussmaul 호흡, 즉 깊고 빠른 호흡이 발생한다. 체내는 많은 양의 케톤으로 인하여 호흡 시 과일향 또는 아세톤 냄새가 나게 된다. 케톤산증을 빨리 진단하지 못하여 치료가 늦어지면, 산증과 탈수로 인하여 의식이 나빠지고, 혼수상태에 빠지거나 사망할 수도 있다. 당뇨병성 케톤산증을 일으킬 수 있는 요인은 인슐린 투여량이 불충분하거나 인슐린 주사를 거른 경우, 너무 많은 음식을 섭취한 경우, 감염 또는 다른 스트레스(상해, 수술, 감정적 스트레스, 심근경색)가 있을 때 등이다. 제2형 당뇨병에는 드물고 주로 제1형 당뇨병에서 발생한다.

고혈당 고삼투 상태는 당뇨성 케톤 산증과 마찬가지로 심한 고혈당상태에 의한 응급상태인데 주로 제2형 당뇨병에서 발생하고 인슐린 결핍으로 인해서 야기되지만 케톤산증은 심하지 않고 주로 고혈당에 의한 탈수가 문제가 된다. 흔히 고혈당 고삼투 상태는 외상, 감염 등의 스트레스로 인해 일어나는데 이러한 스트레스가 있을 때 신체의 인슐린에 대한 요구도가 높아지기 때문이다. 제2형 당뇨병의 특성상 체내에 어느 정도 인슐린이 있어서 케톤의 형성을 예방하여 산증을 막을 수는 있지만 고혈당을 예방하기에는 충분치 않은 경우이다. 고혈당 고삼투 상태에서는 혈청은 고삼투압이 되어 심한 삼투성 이뇨를 초래하고 전해질의 상실이 일어나게 된다. 이 상황에서는 관상동맥의 혈전 등 심각한 합병증이 오기 쉽다.

02 당뇨병 치료와 자기관리

1) 당뇨병 치료의 목표

당뇨병 환자의 경우 혈당, 지질, 혈압 수준을 모두 조절하여야 합병증을 예방할 수 있기 때문에 이 세 가지 요소의 임상적 지표에 대한 목표를 기준으로 조절하는 것이 필요하다. 아래 표 14-2에는 비 당뇨인의 임상검사 결과와 당뇨병 환자에서 합병증 예방을 위한 목표를 표시하였다. 모든 당뇨병 환자의 치료와 관리는 이 합병증 예방을 위한 목표를 성취하기 위한 것으로 볼 수 있다.

당화혈색소(HbA1c) 검사는 혈당 조절 정도를 평가하는데 매우 중요한 검사이다. 적혈구가 혈류를 통해 순환하는 동안 혈색소가 포도당과 결합하여 glycohemoglobin을 형성하게 된다. Glycohemoglobin의 양은 RBC가 120일의 수명을 다하는 기간 중에 결합한 혈류순환 내의 포도당 양이다. 그러므로 당화 혈색소의 양은 검사하기 전 100~120일 동안의 평균 혈당 수준을 반영하며, 적혈구가 포도당에 많이 노출될수록 그 수치는 증가하게 된다. 이 수치는 채혈 시점의 음식 섭취나 운동, 스트레스와 같은 요소들에 의해 영향을 받지 않으므로 공복 시 혈당 검사보다 신뢰할만 하다. 당화 혈색소와 혈청혈당 수치를 비교하면 표 14-3와 같다. 즉, 당화 혈색소가 6인 사람은 그 이전 3개월간의 평균 혈당치가 126mg/dL라고 할 수 있다.

표 14-2 당뇨병 관리 목표

	비 당뇨인의 정상수치	당뇨병 환자의 조절목표
공복식전 혈당 (mg/dL)	70 ~ 100	80 ~130
당화혈색소(%)	<5.7	≤6.5
총콜레스테롤(mg/dL)	<200	<180
LDL-콜레스테롤(mg/dL)	<100	<100
HDL-콜레스테롤(mg/dL)	남: >40 여: >50	남: >40 여: >50
혈압(mmHg)	120/80	심혈관질환 무: <140/85 심혈관질환 유: <130/80

출처: 대한당뇨병학회 https://www.diabetes.or.kr/general/info/treat/treat_01.php
질병관리청 국가건강정보포털 - 당뇨병(https://health.kdca.go.kr/healthinfo/biz/health/gnrlzHealthInfo/gnrlzHealthInfo/gnrlzHealthInfoView.do?cntnts_sn=5305)

표 14-3 혈청혈당과 당화 혈색소의 관계

Serum glucose(mg/dL)	HbA1c(또는 A1C) (%)
95	5
126	6
154	7
183	8
212	9
240	10

출처: 질병관리청 국가건강정보포털 - 당뇨병(https://health.kdca.go.kr/healthinfo/biz/health/gnrlzHealthInfo/gnrlzHealthInfo/gnrlzHealthInfoView.do?cntnts_sn=5305)

2) 식이 조절

혈당을 조절하는데 가장 중요한 요소 중의 하나는 적절한 식이를 하는 것이다. 음식섭취에 따라 혈당이 상승하고 이에 따라 인슐린 분비가 일어나는 혈당 조절 기전의 기본이 식이이기 때문이다. 그래서 당뇨병 환자의 식이를 흔히 의학영양요법(medical nutritional therapy, MNT, 임상영양요법)이라고 한다. 당뇨병의 의학영양요법에 관한 자세한 내용은 이 장의 뒷부분에 있는 의학영양요법 부분에서 자세히 언급된다.

3) 운동

운동은 당뇨병 환자의 치료에 있어 중요한 부분이다. 운동은 인슐린과 마찬가지로 혈당을 낮추고, 지질 수준이 정상으로 유지되도록 도와주며 순환을 증진시킨다. 규칙적으로 운동을 하면 혈당 수준이 향상되고 인슐린 치료를 하는 환자의 경우 인슐린의 치료 용량이 감소된다. 특히 근육 강화 운동은 근육에서의 포도당 이용을 높여 혈당조절에 도움이 된다. 그러나 혈중 인슐린의 효과가 최고치에 달하였을 때 운동을 하면 저혈당이 올 수 있으므로 이때는 운동을 피해야 한다. 경구용 혈당강하제를 복용하는 제2형 당뇨병 환자도 운동 후 저혈당에 빠질 위험이 있으므로 공복 시나 약의 효과가 높은 시간에는 운동을 피하는 것이 좋다.

운동을 하기 전과 후에는 혈당 수준을 측정하는 것이 좋다. 운동 전에 혈당 수준이 운동하기에 적절한지 평가하고 운동 후에는 운동이 혈당에 미친 영향을 평가하기 위함이다. 이상적으로는 혈당치가 100~200mg/dL이고 식후 1~3시간 사이에 운동하는 것이 좋다. 혈당이 250mg/dL 이상이거나 70mg/dL 이하이거나 아침 공복 시에는 운동하지 않도록 한다. 제1형 당뇨병 환자는 운동시에 저혈당의 위험이 더욱 높다. 저혈당은 운동하는 동안, 운동직후 뿐 아니라, 4~10시간 후에도 많이 일어난다. 운동 중에는 저혈당 위험에 대비하여 혈당을 올릴 수 있는 응급 식품을 지참한다.

보통 간식으로 운동 1시간 후 10~15g의 탄수화물(과일 또는 곡류 1교환 단위)을 섭취하면 좋다. 가벼운 운동(1.6km보다 짧은 구간 걷기 등)은 보통 추가 간식 섭취가 필요 없다. 격렬한 활동(축구, 하키, 라켓볼, 농구, 격렬한 자전거 타기 및 수영, 눈 치우기)을 1시간 한다면 30~50g의 탄수화물(고기 샌드 위치 1/2개, 또는 작은 고기만두 5개 정도와 우유 또는 과일 1교환 단위를 함께 먹는 것)의 섭취가 필요하다. 1시간 이상의 운동을 하거나 평소보다 강한 운동을 하면 24시간 이후에도 저혈당이 올 수 있다.

4) 약물: 인슐린 또는 경구 혈당강하제

인슐린(insulin) 투여의 목표는 당뇨병의 유형과는 관계없이 생리적 인슐린의 공급과 유사하게 인슐린이 공급되도록 하는 것이다. 인슐린 투여는 다양한 방법으로 이루어질 수 있는데, 일정한 양을 정해놓고 투여하는 고정식(fixed), 유동식(flexible), 지속적 피하공급(continuous subcutaneous injection) 등의 방법으로 공급할 수 있다. 제1형 환자는 모두 인슐린 투여가 필요하고 제2형 당뇨 환자는 경구 혈당강하제를 쓰는 경우가 많으나, 인슐린을 쓰는 경우도 있다.

비만인 당뇨병 환자는 보통 혈당 수준을 정상 수준으로 조절하는데 많은 양의 인슐린이 필요하다. 비만상태에서는 인슐린 저항이 증가되어 인슐린을 많이 투여하면 식욕을 더 증가시키는데 이로 인해 음식의 섭취가 많아져 체중증가를 가져오면 혈당조절에는 더욱 많은 인슐린이 필요하게 된다. 또한, 인슐린은 동화작용을 하는 호르몬이기 때문에 지방의 축적 및 체액 정체를 증가시킨다.

인슐린은 종류에 따라 투여 후 효과시작시간, 효과의 지속시간, 최고효과발현시간 등이 다양하다. 인슐린치료 시에는 혈당을 조절하는 호르몬을 외부에서 투여하여 혈당을 조절 하는 것이므로 혈중 포도당 농도에 따라 인체내부에서 자동으로 분비가 조절되는 정상인의 인슐린 조절만큼 정밀하지 못하여 식사와 운동 등 혈당을 조절하는 다른 요소들을 같이 조절하지 않으면 저혈당을 유발할 위험이 있다.

제2형 당뇨병 환자는 식이나 신체활동만으로 고혈당상태가 조절되지 않으면 경구 혈당강하제(oral hypoglycemic agents, OHA)를 투여하고 인슐린 치료를 하기도 한다. 경구 혈당강하제 중 가장 오래 전부터 사용된 sulfonylureas의 작용은 췌장세포로부터의 인슐린 생산을 자극하는 것이다. 최근에는 혈당 조절 약제로 당의 흡수를 방해하거나 인슐린 수용체에 작용하여 혈당을 조절하는 다양한 약물들이 개발되었다. 이러한 약제들을 복합하여 사용하면 부작용이 적고 혈당 조절 효과는 우수한 것으로 알려져 있다.

5) 혈당 모니터

혈당 수준 모니터는 당뇨 관리가 잘 되고 있는지 관찰하는 것이므로 당뇨병 관리의 기본이다. 혈당 수준은 여러 가지 방법으로 측정할 수 있는데 검사실에서는 혈액을 채취하여 혈중 포도당 수준을 검사하는 방법과 당화 혈색소(glycosylated hemoglobin; HbA1c, A1C) 검사방법이 있다. 공복 시 혈중 포도당(fasting blood glucose, FBS)은 8시간 금식한 후의 혈액 내 포도당 수준을 말한다. 당화 혈색소는 평소의 혈당 조절 상태를 평가할 수 있는 가장 좋은 검사이다.

다른 방법으로 환자가 집에서 간단히 혈당을 측정할 수 있는 혈당 자가측정(self-monitoring blood glucose, SMBG)은 많이 권장되는 혈당 측정 방법이다. 혈당 자가

측정이란 환자가 집에서 개인용 혈당측정기(glycometer)를 이용하여 혈당을 측정하는 것으로 환자가 쉽게 자신의 혈당상태를 알고 식이와 운동을 조절할 수 있게 해주므로 매우 유용하다. 혈당 모니터를 잘 하는 사람들이 혈당 조절이 잘 되는 것으로 알려져 있어서 환자들에게 혈당 자가측정을 강조할 필요가 있다. 혈당 자가측정을 한 결과는 기록하여 의사 방문 시 가지고 가는 것이 좋다. 이 자료는 약물이나 인슐린을 개별 조절할 때 유용하며 식사계획을 조절하는데도 유용하다. 혈당을 측정하는 빈도는 당뇨병의 유형과 치료형태에 따라 다른데, 인슐린을 조절 중인 환자는 하루에 7번, 즉 아침, 점심, 저녁식사 전후(1~2시간 후)와 취침시간에 하는 것이 적절하다. 그러나 잘 조절된 환자라면 하루에 2번만(아침 식후 2시간, 취침 전) 할 수도 있다.

연속혈당측정(continuous glucose monitoring, CGM)은 제1형 당뇨병 혹은 임신성 당뇨병 환자의 저혈당 위험을 낮추기 위해 권장되는 방법이다. 피부 아래 피하지방에 삽입된 센서를 통하여 세포 간질액의 포도당 농도를 측정하여 5분 간격으로 스마트폰의 앱에 전송한다. 이를 통해 혈당 변동 추이를 확인할 수 있다.

6) 저혈당 관리

저혈당(hypoglycemia)은 혈당 수준이 정상 수치보다 낮아지는 것으로 일반적으로 혈당이 70mg/dL 이하일 때이다. 투여한 인슐린이나 경구 혈당강하제 용량이 과하거나, 인슐린 주사(경구 혈당강하제 투여) 후 식사를 하지 않았을 때 또는 음식의 섭취를 증가시키지 않은 상태에서 너무 과한 운동을 하였을 때 나타난다. 저혈당상태에서는 뇌에 필수적인 포도당이 부족하게 되므로 저혈당상태로 오래 방치되면 뇌에 손상을 주거나 사망할 수도 있다. 저혈당은 흔히 인슐린(또는 혈당강하제)의 작용이 절정에 달했을 때에나 환자가 자고 있는 밤(공복상태)에 발생하게 된다.

저혈당 증상은 혈당치가 70mg/dL 이하가 아니더라도 급속히 혈당이 저하되는 경우에도 나타날 수 있다. 예를 들어, 환자가 계속해서 고혈당(180~200mg/dL 정도) 상태를 유지하고 있다가 혈당 수준이 90mg/dL 이하로 떨어지면 환자의 혈당 수준은 정상 범위임에도 저혈당 증상을 경험하게 될 수 있다. 흔한 저혈당 증상은 배고픈 느낌, 심리적 혼돈, 떨림, 차고 창백한 피부, 심한 발한, 비정상적인 행동 등이다.

혈당이 70mg/dL 이하 이나 의식이 있는 환자의 경우 15~20g의 포도당(요구르트 1개, 사탕 3~4개, 설탕 이나 꿀 한 숟가락 등)을 섭취하여 빠르게 혈당이 올라가게 하는 것이 중요하다. 처치 15분 후에도 혈당이 낮으면 포도당 섭취를 반복할 수 있다. 만일 혈당이 계속 낮거나 의식이 없는 상태라면 병원으로 가야 하다.

7) 체중조절

비만인 당뇨병환자에서 체중을 감량하는 것은 혈당 조절에 많은 도움을 준다. 비만 환자에서의 체중 감량 목표 설정은 정상 수준으로 줄이는 것 보다 현재 체중의 5~15% 정도 줄이는 것이 더욱 현실성이 있고 실제로 그 정도 감량이 혈당조절에 도움이 된다는 연구들이 있다. 체중 조절에는 식이조절뿐 아니라 운동을 병행하는 것이 효과가 있으나 인슐린이나 경구혈당강하제를 사용 중인 환자의 경우 체중조절 과정에서 저혈당이 발생하지 않도록 주의하여야 한다.

03 당뇨병의 의학영양요법

미국 당뇨협회에서는 이미 1950년부터 당뇨병 환자의 영양에 관한 권장사항을 발표하고 있으며, 우리나라에서는 대한당뇨병학회의 당뇨병 진료지침에 의학영양요법(또는 임상영양요법)에 대한 권고사항을 포함하고 있다.

1) 의학영양요법 권고안

대한당뇨병학회에서 발표한 2021 당뇨병 진료지침에는 아래와 같은 12개의 의학영양요법 권고안이 제시되어 있다.

- 모든 당뇨병 성인에 대한 개별화된 의학영양요법 교육 제공
- 당뇨병 교육 자격을 갖춘 임상영양사에 의한 의학영양요법 제공
- 과체중 혹은 비만인 당뇨병 성인의 체중 감량(5% 이상) 및 총 열량 섭취 감소
- 치료 목표 및 선호에 따른 탄수화물, 단백질, 지방의 섭취 비율 개별화
- 장기적 이득이 입증되지 않은 극단적인 식사방법 지양
- 탄수화물 – 통곡물, 채소, 콩류, 과일, 유제품의 형태 권고
- 당류 섭취 최소화 – 어려울 경우에는 인공감미료의 제한적 사용
- 단백질 섭취 제한하지 않음(신장 질환이 있는 경우도 포함)
- 포화지방산, 트랜스지방산이 많은 식품은 불포화지방산이 풍부한 식품으로 대체(불포화지방산 보충제의 일반적 투여는 지양)
- 나트륨 – 2,300mg/일 이내
- 혈당 개선을 위한 비타민, 무기질 등 보충제 투여는 권고하지 않음
- 금주

2) 당뇨병 유형에 따른 식이 고려사항

(1) 제1형 당뇨병

개인의 평소 음식 섭취 식이계획의 기초기 된다. 환자들에게 투여되는 인슐린의 작용이 나타나는 시간에 맞추어 음식을 섭취하도록 교육한다. 인슐린의 용량은 의사가 결정하지만 혈당 수준과 평소 섭취하는 음식의 양에 맞추어 결정해야 한다. 인슐린의 치료가 적절히 이루어지기 위해서는 환자의 생활양식과 잘 조화를 이루어야 하고 평소의 식습관 및 운동 습관에 맞게 조절되어야 한다.

(2) 제2형 당뇨병

전통적인 제2형 당뇨병의 치료는 장 · 단기적으로 혈당 수준을 통제하기 위해서 체중감소식이와 저열량 식이를 병행하는 것이다. 또한 합병증 예방을 위해 포도당이나 지질, 혈압에 관련된 목표를 성취하는 것이 강조되어야 한다. 체중 감소는 바람직한 일이지만 대사조절을 향상시키는 것은 간단하지 않다.

3) 일일 총열량요구 계산법

개인에게 요구되는 일일 총열량의 계산은 성별, 연령, 신장, 비만 정도, 활동량, 다른 질병 등에 따라 다르다. 제2형 당뇨병 환자의 경우 대개 활동 정도나 비만도에 따라 열량이 결정된다.

(1) 표준체중의 산정

표준체중은 대개 다음과 같은 방정식을 이용하여 계산한다.

① 브로카법 이용 표준체중

- 키 < 160cm: 표준체중(kg) = (키－100) ×0.9
- 150cm ≤ 키 ≤ 160cm: 표준체중(kg) = (키－100) ×0.5 + 50
- 키 < 150cm: 표준체중(kg) = (키－100)

② 체질량지수이용 표준체중

남성표준체중 = 키$(m)^2$ × 22

여성표준체중 = 키$(m)^2$ × 21

(2) 비만도의 평가

비만도란 표준체중에 대한 현재체중의 백분율을 의미한다.

비만도(%) = 현재체중/표준체중 ×100

- 120% 이상 : 비만

- 111~120% : 과체중
- 90~110% : 정상
- 80~89% : 저체중
- 80% 이하 : 초저체중

(3) 일일 총열량 요구의 산정

하루 필요 열량을 계산하는 방법은 대개 표준체중을 기준으로 개인의 활동 정도에 따라 요구되는 열량을 곱하여 결정한다.

① 활동별 열량요구

- 휴식, 가벼운 활동 = 표준체중×25~30kcal－휴식, 사무직, 노인
- 중등도 활동 = 표준체중×30~35kcal－주부, 학생
- 심한 활동 = 표준체중×35~40kcal－운동선수, 노동자, 감염증 환자

② 표준체중의 계산

가. 비만도 130% 미만

비만도 130% 미만이고 키 165cm인 주부에게 필요한 열량의 계산방법은 다음과 같다. 표준체중을 브로카법으로 계산하면 표준체중 = (165－100)×0.9 = 58.5kg

총열량 계산 = 58.5×30kcal = 1,755kcal

나. 비만도 130% 이상

비만도 130% 이상이면 표준체중 대신에 조정 체중을 이용하여 계산한다.

조정 체중(kg) = 표준체중+(실제 체중－표준체중)×0.25
총열량계산 = 조정체중×활동수준에 따른 열량

4) 식사계획을 위한 식품군과 교환 목록

당뇨병 환자에서 개별 식단을 작성하는데 가장 널리 사용하는 방법 중의 하나는 식사계획에 교환단위 목록을 이용하는 것이다. 식품 교환목록 활용은 탄수화물, 단백질, 지방 섭취에 일정 비율을 유지해야 할 때, 식단에서 유연성을 발휘할 수 있는 가장 쉬운 방법 중의 하나이다. 식품을 6개 식품군으로 구분하여 개인별 섭취 열량에 따라 하루에 섭취하는 교환군이 결정된다.

영양소 구성은 음식마다 다르지만 식품군 안에서 1교환은 같은 열량을 갖고 있다. 6개 식품군은 곡류군, 어육류군, 채소군, 지방군, 우유군, 과일군이다. 어육류군은 지방의 함량에 따라서 저지방, 중지방, 고지방으로 분류할 수 있다. 이와 같이 한 식품군에 속한 음식은 같은 군 내의 다른 음식과 대체가 가능하다. 그러나 한 식

품군에 속한 식품을 다른 군의 식품과 교환할 수는 없다. 각 식품군의 군별 식품군의 내용은 그림 14-1과 같다. 식품군의 각 항목에 속해 있는 식품들 중 치즈는 우유군이 아닌 육류군이고, 녹말성 곡류(옥수수, 감자와 같은 것들)는 채소군이 아닌 곡류군에 들어 있어서 주의가 필요하다.

각 식품군별 교환단위의 영양가는 표 14-4와 같으며, 열량별 배분에 맞춘 식품 군별 권장교환량의 예시는 표 14-5와 같다. 예를 들어, 2,000kcal의 열량이 필요한 사람에게는 곡류 10단위, 어육류 5단위, 채소군 7단위 등을 섭취하는 것이 적당하다.

하루에 섭취할 총 음식의 양은 환자의 기호를 고려하여 각 식품군에서 뽑아낸 교

식품군		식품의예
곡류군 (1교환량) 100kcal		밥 1/3공기, 식빵 1쪽, 감자 중 1개, 옥수수 1/2개, 국수 1/2공기, 고구마 1/2개
어육류군	저지방 (1교환량) 50kcal	흰살생선 50g, 오징어 50g, 게 70g, 닭고기 탁구공 크기, 돼지고기 40g (기름없는 것)
	중지방 (1교환량) 75kcal	꽁치 1/2토막, 계란 1개, 두부 1/6모, 콩 2숟갈
	고지방 (1교환량) 100kcal	갈비 40g, 치즈 1½장, 꽁치, 참치 통조림, 소세지 1⅓개
채소군 (1교환량) 20kcal		배추 5장, 당근 1/3장, 시금치 10장, 오이 1/2개, 표고버섯 3장
지방군 (1교환량) 45kcal		식용유 1스푼(小), 마가린 1.5스푼(小), 호두 1개, 땅콩 10개, 잣 큰술 1스푼(小)
우유군 (1교환량) 125kcal		우유 200cc, 두유 200cc, 분유 5스푼(小)
과일군 (1교환량) 50kcal		사과 1/3개, 포도 19알, 수박 큰 1쪽, 복숭아 1/2개, 딸기 10개, 주스 1/2컵

그림 14-1 여섯가지 식품군과 1교환량

환단위수의 합이 된다. 식이계획은 당뇨병 대상자와 같이 세우고 적어도 3~6개월 내에 재검토하여 내용이 실천되는지 확인하도록 한다.

매일 필요 열량을 한끼에 섭취하는 것보다 조금씩 자주 나누어 먹는 것이 혈당 조절 및 체중 조절에 도움이 되므로 세끼 식사와 1~2회의 간식(우유와 과일)으로 나누어 먹도록 계획하는 것이 좋다. 경구 혈당강하제나 인슐린을 사용하는 경우 모두 혈당의 심한 변동을 줄이고 저혈당을 예방하기 위해 약이나 주사의 작용시간에 맞추어 식사를 배분하는 것이 좋다. 예를 들어 혼합 인슐린 치료를 하는 경우, 저혈당 예방을 위해 인슐린의 최고 효과가 나타날 수 있는 시간에 식사와 간식을 배분하여 섭취하도록 한다.

영양과 관련해 환자 교육에 포함되어야 할 내용으로는 식품 포장의 식품 소개 내용 읽기, 식사 시간의 조정, 영양 있는 간식의 선택, 외식을 하는 경우 식단선택, 그

표 14-4 식품군별 교환단위의 영양가

식품군		주 영양소	식품 1교환단위량	당질 g	단백질 g	지방 g	열량 kcal
곡류군		당질	밥 70g	23	2	–	100
육류군	저지방	단백질	육류 40g 어류 50g	–	8	2	50
	중지방		육류 40g 어류 50g	–	8	5	75
	고지방		육류 40g 어류 50g	–	8	8	100
채소군		비타민 무기질	채소 70g	3	2	–	20
지방군		지방	기름 5g	–	–	5	45
우유군		단백질	우유 200cc	10	6	7	125
			저지방우유 200cc	10	6	2	80
과일군		당질	사과 100g	12	–	–	50

출처: 대한영양사협회 (2010). 질환 관리를 위한 바른 식생활 가이드

표 14-5 식이계획을 위한 열량별 교환단위수의 예

		1,400kcal	1,600kcal	1,800kcal	2,000kcal	2,200kcal
곡류군		7	8	8	10	11
육류군	저지방	1	2	2	2	2
	중지방	3	3	3	3	4
채소군		6	7	7	7	7
지방군		3	4	4	4	4
우유군		1	1	2	2	2
과일군		1	1	2	2	2

출처: 대한영양사협회 (2010). 질환 관리를 위한 바른 식생활 가이드

리고 융통성 있는 식단계획 등이다. 외식을 해야 하는 경우에는 각 음식에 포함된 열량과 교환단위 수에 대해 이해하면 외식에서 섭취한 식사를 자신의 교환단위의 일부로 계산하면 된다.

5) 상황에 따른 당뇨식이

(1) 위장마비

당뇨병 환자의 약 5~12%는 당뇨병으로 인한 자율신경 합병증으로 위장마비가 발생하고 위 배출시간이 지연되어 속쓰림, 오심, 복통, 구토, 빠른 포만감 등의 증상이 나타나며 어떤 경우에는 체중감소를 보일 수도 있다. 위장마비는 미주신경병증으로 인하여 발생한다.

위장마비가 있는 경우의 식사요법에서는 섭취량을 세심히 관찰하여야 한다. 탄수화물은 소화하기 쉬운 음식으로 대치하여 공급해 주어야 하며, 다량의 음식을 세끼에 나누어 먹는 것보다 소량씩 6번에 나누어 식사하는 것이 더 좋다. 환자가 구강건조가 심하면 수분을 증가시켜 주고 음식을 수분과 함께 먹게 한다. 저지방의 연식이나 유동식은 위배출의 지연을 예방하는 데 좋다. 만일 위장마비로 인한 섭취량 감소로 체중이 감소된다면 장관영양을 고려해볼 수도 있다.

(2) 신장질환

① 단백뇨

단백뇨는 소변을 통한 알부민과 크레아티닌 검사 비율이 30μg/mg 이상인 것을 의미한다. 단백뇨가 나오는 당뇨병 환자에게 단백질 섭취를 엄격하게 제한하지 않으며, 표준체중 1kg당 0.8g 섭취를 권장한다. 신기능을 보존하고 혈압조절이 필요한 경우 나트륨은 일일 2,300mg이하로 제한하도록 한다.

② 만성 신부전

당뇨병 합병증으로 신부전(chronic renal failure)이 발생한 경우, 처방되는 식사로 혈당 조절을 위한 열량조절뿐 아니라 신장기능의 부담을 경감시키고 적절한 영양상태를 유지하기 위해 제공된다. 일일 필요 열량은 체단백의 이화작용을 막으면서 혈당을 조절하기 위해 표준체중 1kg당 25~35kcal를 제공한다. 단백질이 제한되므로 상대적으로 탄수화물과 지방의 양이 증가된다. 단순당질의 사용이 불가피한 경우 급격한 혈당 상승을 초래할 수 있으므로 혈당관리에 더욱 주의하여야 한다.

(3) 노인 당뇨병

노인은 당뇨병 유병률이 높은 대표적인 인구집단이다. 당뇨병이 있는 노인 대상의 식이요법 시에는 영양상태를 확인하는 것이 중요하다. 이는 노인 집단에서 비만보다는 영양불량이 나타나는 빈도가 더 많기 때문이다. 영양불량은 감염에의 취약성을 높이고, 우울증과 같은 정서적 문제 및 인지 장애에도 악영향을 미치는 것으로 알려져 있다.

특히, 노인이 요양원 등 장기요양시설에서 간호를 받는 경우 고려해야 할 사항은 다음과 같다.

- 정기적 체중 측정
- 저작 및 연하능력
- 매일 식사의 섭취 비율및 열량 계산
- 스스로의 식사능력
- 활동 수준
- 공복시 혈당
- 당화 혈색소(glycosylated hemoglobin) 수준

(4) 임신성 당뇨병

당뇨병이 있는 여성이 임신하게 되면, 합병증 발생이 쉽고, 합병증이 발병할 때는 모체의 건강도 위협을 받게 된다. 또한 임신 중 생리적 변화에 의해 임신성 당뇨병이 발생하게 되는데, 임신 중에 발생하여 포도당 불내성을 나타내고 분만 후에는 대부분 없어지게 된다. 임신성 당뇨병이 나타나는 여성은 비만한 경우가 많으나 이때 체중을 감소시키려 해서는 안 된다. 임신 중 당뇨가 있으면 태아의 기형이나 사망률이 고혈당일 때 증가하므로 엄격한 혈당조절이 필요하다.

임신 중의 변화는 당뇨의 조절 및 인슐린 이용에 많은 영향을 끼친다. 태반에서 생성되는 호르몬과 효소는 인슐린에 대하여 길항작용이 있으므로, 인슐린의 효율을 줄이게 된다. 인체의 인슐린은 태반을 통과하지 못하나 포도당은 통과를 할 수 있다. 이 때문에 태아의 혈당 수준이 너무 많이 증가할 경우 태아의 췌장에서는 인슐린의 생산량을 증가시키게 된다. 이렇게 인슐린의 생산이 증가함으로써 당뇨병이 있는 여성에게서 태어나는 아기는 거대아가 되기 쉽다. 태어난 아기는 호흡곤란, 저칼슘혈증, 저혈당, 황달 발생이 높다. 그러므로 임신성 당뇨병이 있는 경우에 혈당조절이 중요하다.

체중증가와 영양 요구증가에 대한 기대치는 일반 임신 여성과 같다. 제1주산기에는 0.9~1.8kg, 제2, 3주산기에는 주당 454g의 증가가 이루어지면 된다. 제1주산기에는 열량 조절이 필요없으며, 제2, 3주산기에는 매일 340~450kcal 정도의 열량을 더 섭취하도록 한다. 탄수화물, 단백질, 지방의 비율은 5:2:3 정도를 권고한다, 탄수화물은 3번의 식사 및 2~4회의 간식을 통해 최소 175g/일의 섭취가 필요하며, 잡곡이나 가공되지 않은 음식을 선택하는 것이 좋다. 특히, 야간에 발생하는 케톤증

의 예방을 위해 저녁 간식을 야식으로 배치하는 것이 좋다.

임신 중에 중요한 식이 관리의 포인트는 다음과 같다.

- 과거 식이습관, 임신 시 체중, 활동 수준에 근거하여 식이계획을 개인에 맞게 세운다. 식이 계획은 임신 중의 영양 요구에 맞고 정상 혈당 수준을 유지할 수 있게 하는 것이다.
- 체중증가를 계획한다. 즉, 체중증가의 양상이 임신기간에 맞게 적절해야 한다.
- 임신 중에 자가혈당측정을 규칙적으로 하되, 목표는 공복 95mg/dL, 식후 1시간 140mg/dL, 식후 2시간 120mg/dL 미만이다

04 당뇨병 환자 식사 관련 고려사항

식사요법을 수행해야 할 당뇨병 환자를 간호하는 방법은 대상자의 환경과 연령에 따라 다양하다. 그러나 일반적인 접근법은 환자의 지식 정도와 이해 수준을 사정하고 처방된 식사를 잘 이행하고 있는지를 먼저 사정하는 것이다. 가능하다면 혈당 수준을 측정하고 식사 및 식품의 선택이 어떠한지 관찰하면 이행 정도를 평가하기 쉽다. 당뇨 환자가 혈당 관리를 잘 하는지 평가하는 방법 중의 하나는 식사 일기를 기록하는 것이다. 이는 섭취한 식품량, 인슐린 혹은 경구 혈당강하제, 운동량 등을 기록하면서 자신의 혈당 변화를 관찰하는 방법이다. 특히 처음 1~2주 동안 자신의 혈당과 약의 용량이 조절되기까지가 중요하며, 이 기록이 질병이나 임신 시에는 매우 유용한 자료가 된다.

식이 이행이 잘 이루어지지 않고 있다면, 간호사는 그것이 지식부족과 관련된 문제인지, 동기화 결여인지 방해요인 때문인지 사정할 필요가 있다. 지식이 부족할 경우에는 간호사나 영양사가 교육할 수 있지만 동기화의 결여가 문제인 경우에는 동기화를 먼저 유도할 필요가 있는데, 최근에는 동기면담(motivational interview)을 적용하는 경우가 많다.

간호사와 환자 사이에 신뢰적 관계가 형성되면 동기화의 문제나 장애요인에 대한 대화가 이루어질 수 있다. 간호사는 환자가 자신의 장기간에 걸친 자기관리와 결과에 대하여 생각해 보도록 할 수 있고 이것이 동기화를 강화시킬 수 있다. 간호사나 의사 또는 일차보건의료 제공자와 영양사 그리고 환자가 함께 협력할 때 좋은 간호계획을 세울 수 있다. 또한 지역사회 기관이나 협회가 환자의 식이 실천을 지지해 줄 수 있다. 식이 변화는 장기간의 생활습관을 변화시키는 것이므로 일시에 바뀌기 어렵다. 간호사는 먼저 환자가 원하는 목표를 정하여 작더라도 이것을 성취해 보도록 도와야 한다.

영양과 식사 관리는 당뇨 관리에 있어 가장 어려운 문제이다. 당뇨병 환자의 당뇨병

환자도 자신의 식이를 조절하는 방법을 알게 되면 능동적인 참여가 가능하다. 당뇨병 환자에게 식사요법을 권장할 때 그의 식습관에 관련된 개인적인 상황, 예를 들어 환자가 처방된 식이를 이행하는데 방해가 되는 요인에 대한 사정도 필요하다. 당뇨병 환자에 대한 교육에는 대상자가 가진 방해요인을 사정하고 그러한 상황이 닥쳤을 때의 문제해결 방식을 포함해야 한다.

>> 간호적용

제2형 당뇨병 환자의 당뇨식이 이해 부족과 불이행의 사례

대상자는 79세로 혼자 사는 여성이다. 오래전에 제2형 당뇨병으로 진단받았다. 의사가 집에서 혈당 측정을 하도록 권고했으나 그녀는 자가 혈당측정을 하지 않고 2주마다 혈당검사를 받으러 병원을 방문한다. 경구 혈당강하제를 처방받아 하루 한 번 복용하고 있다. 대상자는 당뇨 식이를 하지 않고 먹고 싶은 음식(예를 들면 초콜릿이나 떡 또는 달콤한 케익 등)을 일주일에도 여러 차례 먹으며, 짠 음식(김치, 젓갈, 장아찌)을 부식으로 많이 먹는다. 대상자는 자신에게 요구되는 당뇨 식이의 내용을 이해하지 못하는 것으로 보인다. 대상자는 혈당강하제를 규칙적으로 잘 먹고 있다고 한다. 약물복용만이 그녀가 할 수 있는 치료법이라고 생각한다.

이전의 공복혈당 수준은 170mg/dL 이하였으나 최근 서서히 증가하고 있다. 오늘의 식전 혈당검사치는 200mg/dL이다. 오늘 당화 혈색소는 7.8%이었다. 혈압이 145/95mmHg, 총 콜레스테롤은 200mg/dL이었다. 김씨는 학교 교육은 거의 받아본 일이 없으나 한글 독해는 가능하다. 키는 150cm이며 체중은 56kg이다.

(1) 간호사정

① 주관적 자료

- 대상자는 당뇨 식이에 피해야 할 음식을 자주 섭취하고 짠 음식을 부식으로 많이 먹는다.
- 대상자는 당뇨 식이의 내용을 이해하지 못한다. 대상자는 약물복용만이 그녀가 할 수 있는 치료법이라고 생각한다.

② 객관적 자료

- 대상자의 비만도는 110%이다.

(2) 간호진단

- 식이의 복잡성 및 이해 부족과 관련된 당뇨식이 불이행

(증거자료: 당분이 많은 음식, 고염식, 및 고지방 식품을 섭취하고 있으며, 당화 혈색소가 7.8%이다.)

(3) 간호계획

- 대상자는 간호사 혹은 병원 영양사와 당뇨식이에 대해 2번 이상 상담한다.
- 의사검진시 고혈압과 고콜레스테롤혈증 검사결과에 대한 설명을 듣도록 한다.

(4) 간호중재

- 대상자가 합병증을 예방하기 위해서 혈당 수준을 정상 범위로 유지하는 일이 중요하며 약물 이외에 식이 이행이 중요하다는 사실을 이해하도록 한다.
- 현재 당질과 지방 섭취가 너무 많으며 꼭 피해야 할 음식에 대해서 이해하도록 한다.
- 소금 섭취를 감소하는 것이 혈압 조절에 중요함을 이해하도록 한다.
- 당뇨치료식이를 따르는 데에 방해가 되는 요인이 무엇인지 파악하고 이를 극복할 수 있는 방안을 논의한다.
- 상담과 교육시에 노인당뇨병 환자를 위해 개발한 글씨가 크고 쉽게 쓴 자료를 활용한다.

(5) 간호평가

- 다음의 성취목표에 대해 1개월마다 평가하여 목표달성 정도를 확인한다.
- 식이에서 당분과 지방, 소금이 많은 식품을 피하였다고 보고한다.
- 당화 혈색소가 6.5% 이하이다.
- 혈압을 140/85 이하로 유지한다.
- 총콜레스테롤이 180mg/dL 이하로 유지된다.

생각해보기

제2형 당뇨병 환자의 사례

대상자는 74세로 지난 6년간 지역 박물관에서 자원 봉사자로 활동하는 남성이다. 20년 전에 우연한 기회에 혈당이 높다는 것을 알았다. 그러나 이것을 대수롭지 않게 생각하였고 병원에 가지 않았다. 노인복지관 간호사가 당뇨병 대상자 자기관리 교육을 시작 하였을 때 대상자 부인이 권유하여 교육에 참여하기 시작하였다. 대상자는 술을 좋아하여 매일 소주 반 병 정도를 마신다. 친구들을 만나게 되면 술을 거절하기가 어렵다고 한다. 대상자의 부인은 남편의 건강에 대한 관심이 많고 남편의 당뇨식이 이행을 지원하려고 노력한다. 부인은 남편이 부인의 말을 듣지 않고 외식 시에 좋지 않은 음식을 먹는다고 걱정하고 있다. 대상자는 대학을 졸업하였고 과거 대기업의 임원으로 은퇴하였다.
교육 전 검사에서 당화 혈색소는 8.9%이었다. 공복혈당은 220mg/dL이었다. 혈압이 155/95mmHg, 총콜레스테롤은 260mg/dL이었다. 키는 172cm, 체중 65kg이다.

1. 이 대상자에게 적용되는 간호진단은 무엇인가?
2. 이 대상자의 검사 결과에서 문제가 된다고 생각되는 건강문제는 무엇인가?
3. 이 대상자의 현재의 식이에서 문제가 되는 것은 무엇인가?
4. 이 대상자의 간호중재의 결과평가에 활용될 수 있는 임상적인 지표 3~4가지의 목표를 설정하시오.
5. 이 대상자의 당뇨식이 이행에 있어 가족(부인)의 바람직한 역할을 논의하시오.

15장

골격계 환자 식이

뼈는 신체를 지지하고 체형의 모양을 유지하며, 주요 기관과 조직들을 보호한다. 무기질을 저장하고 적혈구를 생산하며, 신체 움직임을 가능하게 한다. 콜라겐(결합조직 단백질)은 골기질을 구성하며, 골기질은 무기염류들을 저장함으로써 강해지고 단단해진다. 인산칼슘과 탄산칼슘은 가장 중요한 무기 염류들이며 수산화인회석(hydroxyapatite)이라고 부른다.

뼈의 형성과 유지는 영양소의 적절한 공급에 따라 달라지며 호르몬에 의해 조절된다. 뼈의 재형성과정은 파골세포(osteoclast)에 의해 뼈가 흡수되고, 조골세포(osteoblast)에 의해 새로운 뼈가 형성되는 과정이다. 이러한 뼈의 재형성 과정은 끊임없이 일어나게 된다. 뼈의 재형성과정에서, 먼저 파골세포가 뼈의 표면에서 단백질 가수분해효소나 산 등의 분비를 통해 무기질과 콜라겐 기질(collagen matrix)을 흡수시키고, 그 다음 조골세포가 흡수된 빈 공간에 콜라겐 기질을 형성하고 석회화 과정을 통해 뼈가 재형성된다. 30~35세 때에 뼈의 부피가 최고 상태가 되어 최대골질량에 도달하는데, 그 이전에는 뼈 형성이 뼈 흡수를 초과하게 된다. 그 이후에는 나이가 들어감에 따라 뼈 흡수가 뼈 형성을 초과하여 점차 뼈가 약해지게 된다. 특히 여성의 경우 폐경기 이후부터는 조골세포보다 파골세포가 더 활성이 커져 골손실이 더 빠르게 진행된다.

두 개 이상의 뼈가 만나는 지점을 관절이라고 한다. 관절은 주로 섬유성 결합조직과 연골로 구성되며, 움직이지 않는 관절(immovable), 약간의 운동이 가능한 관절(slightly movable), 운동이 잘 되는 관절(freely movable)로 분류된다.

01 골 형성과 유지에 관련된 영양소와 호르몬

1) 칼슘, 인, 마그네슘

뼈와 치아에 힘을 제공하는 구조적 염류인 수산화인회석의 구성물이다. 골질량을 정상적으로 유지하는데 혈중 칼슘농도가 매우 중요한데, 체내 칼슘의 99%는 골격을 형성하는 역할을 하며, 나머지 1%는 혈액에서 이온상태로 존재하고 항상 일정한 농도를 유지하면서 신체의 여러 생리적 기능을 수행하게 된다.

2) 불소

뼈에 있으며 뼈 손실을 예방한다.

3) 비타민 D

호르몬처럼 뼈의 석회화를 조절하는 기능을 하는데, 이러한 기전은 우선 비타민 D가 자외선에 의해 피부에서 전구체인 7-디히드로콜레스테롤(7-dehydrocholesterol)로부터 콜레칼시페롤(cholecalciferol)이 된다. 이것은 이후 간과 신장에서 활성화 과정을 거쳐 칼슘 재흡수를 자극하게 된다.

4) 비타민 A

뼈세포의 분화와 단백질 합성의 기능이 있으며, 뼈 성장과 발달에 필요하다.

5) 비타민 C와 단백질

뼈의 단백질인 콜라겐의 생성과 통합에 필요하다.

6) 부갑상선 호르몬

혈청 내 칼슘 농도가 떨어지면 부갑상선 호르몬(parathyroid hormone, PTH)이 분비되어 신장에서 1,25-디히드록시콜레칼시페롤(1,25 dihydroxycholecaciferol)을 활성화하여 뼈에서는 혈액으로 칼슘 용출을 촉진시키고, 소장에서는 칼슘흡수를 촉진시키고, 신장에서는 칼슘 재흡수를 증가시켜 혈장 내 칼슘 수준을 높이게 된다. 부갑상선 호르몬(PTH)이 과도하게 분비되면 뼈의 광물질 소실(demineralization)이 일어난다.

7) 칼시토닌

칼시토닌(calcitonin)은 칼슘이 뼈에 축적되도록 자극하고, 뼈에서 혈액 내로 재흡수를 억제하여 혈청 내 칼슘 수준을 낮추고, 새로운 뼈의 성장을 돕는다.

02 식사요법의 중요성

관절장애가 있으면 음식 준비에 장애요인이 되어 영양상태에 영향을 미친다. 그러나 관절염에서는 과체중인 경우 체중감소가 질병의 상태를 호전시키므로 이런 경우는 식사 감량이 도움이 된다. 식이 중재를 초기에 시행하면 폐경기 후 여성에게 빈발하는 골다공증을 예방하는데 도움을 줄 수 있으나, 만약 골다공증이 발생하면 계속적인 식이요법과 약물요법 등이 필요하다. 골격계의 기능유지와 골격 건강을 위해서는 적절한 식이요법이 필요하다. 고령이 되면서 관절염, 골다공증, 골절 등과 같은 질환 상태가 되면 영양 요구가 증가되고 신체 대사를 변화시키므로 식이 조절이 필요하며, 예방이 매우 중요하다.

03 류마티스관절염

류마티스관절염(rheumatoid arthritis)은 활막관절(synovial joints)의 만성적이고 소모적인 염증성 질환으로 신체 전체의 결합조직에 영향을 주는데 원인은 확실하지 않다. 활막관절 내의 면역학적 반응의 문제로 발생하는 것으로 생각된다. 발생 시기가 뚜렷하지 않으며, 대부분의 경우 25~35세 사이에 발생한다. 남자보다 여자에서 3배 이상 발생빈도가 높다.

류마티스관절염 환자들은 대부분 관절이 뻣뻣해지고, 특히 아침에 강직이 심하다. 또한 다발성으로 관절의 부종과 통증을 호소하며, 손이 비틀거리는 증상이 나타난다. 류마티스관절염의 합병증으로는 심한 체중감소, 발열, 빈혈, 근육위축, 골다공증, 안구건조, 구강건조, 간이나 비장 증대, 폐, 심장, 근육, 혈관, 늑막, 건의 퇴행성 변화 등이 올 수 있다. 또한 눈, 신경계, 피부에 혈관염이 발생할 수 있으며 국소 빈혈과 혈전도 생길 수 있다.

류마티스관절염의 진단방법은 관절과 근골격계 사정을 포함한 병력청취와 신체검진, 침범된 관절부위의 방사선 검사 등이 진단에 도움이 된다. 진단적 검사결과 혈장 단백질 상승, ESR의 상승, 70~80%의 환자는 RA factor에 양성을 보이고, 저색소성 빈혈, 백혈구 상승 등이 나타날 수 있다. 열선조영술(thermography), 활액흡인(synovial fluid aspiration), 관절경검사(arthroscopy; 무릎관절의 내시경적 조사) 등의 검사를 통해 염증부위를 확인할 수 있다. 치료로는 일반적으로 휴식과 운동이 권장되고 약물요법을 사용할 수 있다. 통증을 경감시키기 위한 온열요법의 적용도 좋다.

치료 식이의 지침

관절염이 있는 환자에서 식사요법의 목적은 아래와 같다.

- 이상적인 체중으로 조절하고 그 상태로 유지한다.
- 최적의 영양상태를 회복한다.
- 질병의 증상과 합병증을 완화시키고 약물요법의 부작용을 경감시킨다.

류마티스관절염 환자는 염증이 있으면 영양 요구가 증가되고, 위장관 점막의 변화도 일어나 영양소의 흡수장애가 초래될 수도 있어 심한 영양부족이 있는 경우가 있다. 또한 관절염의 결과로써 혹은 약물요법에 의해 소화기계의 불편감이나 위궤양이 발생하면 섭취장애가 생길 수도 있으며, 통증이나 약물요법에 의해 식욕부진이 나타날 수도 있다. 이외에도 류마티스관절염의 합병증으로 구강건조증이 생겨 연하곤란이 생길 수 있고, 치아우식증의 위험도 증가한다. 또한 뼈와 관절 변형이나 기능장애로 인해서 장보기나 조리하기가 어려워지기도 한다.

식사요법은 류마티스관절염을 예방하거나 치료하지는 못하지만, 영양상태를 회복시키고 증상을 호전시키는데 도움을 줄 수 있다. 먼저 관절에 부담을 줄이기 위해 이상적인 체중을 유지할 수 있도록 칼로리를 조절할 필요가 있으며, 과체중인 경우에는 체중을 감량할 수 있는 식사요법이 필요하다. 또한 저지방식을 하게 되면 비타민 A와 E의 농도 저하로 인해 지질 과산화와 아이코사노이드의 생성이 자극되어 류마티스관절염을 악화시킬 수 있어 적절하게 제공할 필요가 있다. 이외에도 류마티스관절염 환자들은 칼슘과 비타민 D의 흡수장애와 뼈의 무기질 손실로 골다공증과 골연화증이 발생하는데, 이를 예방하기 위해 칼슘과 비타민 D의 보충이 필요하다. 류마티스관절염 환자를 위한 식이지침은 표 15-1과 같다.

식이 관련 간호

식욕부진, 위궤양, 연하곤란의 문제를 호전시키기 위해 식사를 조절해야 한다. 복합 비타민과 무기질 공급이 영양상태를 회복하는데 도움을 주지만 관절염을 치료하기 위해 비타민을 과다 복용해서는 안 된다. 음식 준비과정에 있어서 관절을 보호하

표 15-1 류마티스관절염 환자를 위한 식이지침

구분	식이지침
생선	• 연어, 참치, 정어리, 청어 등에는 오메가-3 지방산이 풍부하여 염중조절에 도움이 될 수 있다. • 우리몸은 오메가-3와 오메가-6의 건강한 균형이 필요하며, 특히 오메가-3가 높을수록 만성 염증성 질환을 감소시킬 수 있고, 오메가-6를 줄이는 것이 중요하다. • 염증을 유발할 수 있는 육류, 튀김, 가공식품은 줄이고 오메가-3를 늘리는 것이 중요하다.
과일과 채소	• 과일과 채소에는 항산화제가 풍부하여 염증을 유발하고 세포를 손상시킬 수 있는 자유 라디컬 분자를 안정화시키는 데 도움이 된다. • 신체에 필요한 비타민과 미네랄, 폴리페놀이 풍부하여 C-반응성 단백질(CRP)을 낮추는데 도움이 된다. • 체리, 딸기, 라즈베리, 블루베리와 같은 빨간색과 보라색 과일에 포함된 안토시아닌은 항염증 효과가 있다. • 오렌지, 자몽, 라임과 같은 감귤류 과일에는 비타민 C가 풍부한데, 적절한 양의 비타민 섭취는 염증성 관절염을 예방하고 건강한 관절을 유지하는 데 도움이 된다.
곡물	• 통곡물은 정제된 곡물보다 영양소와 섬유질이 더 많다. • 통곡물에는 섬유소가 풍부하게 포함되어 있어 C-반응성 단백질(CRP) 수치를 낮추고, 류마타스관절염 환자에서 증가하는 심장 질환의 위험을 낮출 수 있다. • 귀리, 통밀, 현미 등의 통곡물을 섭취한다. • 라벨을 읽고 통곡물을 주요 성분으로 하는 빵, 시리얼 등을 선택한다.
콩류	• 류마티스관절염 환자는 근육손실이 발생하기 쉬운데, 콩류는 이러한 환자들에게 훌륭한 단백질 공급원이며, 한 컵당 약 15g의 단백질을 함유하고 있다. • 콩에는 C-반응성 단백질(CRP)의 수치를 낮추는데 도움이 되는 섬유질과 식물성 영양소가 풍부하다. • 완두콩과 강낭콩은 지방이 없고 항산화제를 함유하고 있으며, 엽산, 마그네슘, 철, 아연 및 칼륨이 풍부하여 심장 및 면역계통에 도움이 되는 것으로 알려져 있다.
견과류	• 건강에 좋은 단일 불포화지방이 풍부한 견과류는 심장보호하고 중요한 영양소로 알려져 있다. • 잣, 피스타치오, 헤이즐넛, 아몬드를 즐겨 먹는다. • 호두는 오메가3 지방산이 풍부하여 류마티스관절염 환자에게 특히 좋다. • 견과류는 건강을 지방을 함유하고 있지만 칼로리도 높기 때문에 과도하게 섭취하지 않는다(한줌 정도 섭취한다).
올리브유	• 올리브유는 건강한 단일 불포화지방을 포함하고 있어 심장건강에 좋다. • 비스테로이드성 항염증제(NSAID)와 유사한 특성을 가진 올레오칸탈(oleocanthal)이라는 화합물을 함유하고 있어 염증과정이 약화되고 통증 민감도가 감소한다. • 엑스트라 버진 올리브 오일은 정제 및 가공 과정을 덜 거치므로 일반 품종보다 더 많은 영양소를 보유한다. • 다른 오일과 마찬가지로 많이 섭취하면 체중증가의 원인이 되므로 적당히 섭취한다(매일 2-3큰술 섭취).

출처: Arthritis Foundation. The ultimate arthritis diet. Accessed November 27, 2022. Available at: https://www.arthritis.org

는 방법을 알려주는 것이 도움이 된다. 또한 약물요법의 잠재적 부작용을 알려주어야 한다.

류마티스관절염의 치료를 위해 흔히 아스피린이 사용된다. 비스테로이드 항소염제(nonsterodal anti-inflammatory drugs, NSAID), 스테로이드계 항소염제(steroid anti-inflammatories), 금 복합물들은 부작용의 발생이 높기 때문에 아스피린 치료가 실패할 경우에만 사용한다. 표 15-2은 흔히 사용되는 관절염치료제의 부작용과 관련된 식이조절을 요약한 것이다.

표 15-2 류마티스관절염 치료제의 부작용 및 식이 조절

약품	부작용	식이 조절
Salicylates Aspirin	많은 양이나 장기간 사용은 위 통증과 출혈, 속쓰림, 오심, 구토, 비타민 C의 배출증가, 칼륨 고갈, 철분 결핍성 빈혈, 혈액응고 지연을 유발한다.	아스피린 투약 시 음식이나 우유, 물 한 잔과 같이 복용하거나 장 피막형태의 아스피린을 사용한다. 나트륨이 함유된 제산제는 나트륨을 제한하는 대상자에게 금기이다. 비타민 C가 많이 함유된 음식 섭취를 격려하고, 필요하다면 비타민 C 보충제를 제공한다.
비스테로이드성 항소염제(NSAIDS) Indomethacin(Indocin) Phenylbutazone(Butazolidin) Ibuprofen(Motrin)	소화불량, 어지러움, 오심, 위장출혈, 상 복부 통증, 가슴앓이, 설사	음식, 우유, 물 한 잔과 복용한다.
스테로이드성 항소염제 Prednisone	나트륨 정체, 칼륨 배설 증가 단백질 분해, 상처 치유지연 근육 소모 당내성 장애 소화불량, 궤양 비타민 B_6, C, D, 엽산 요구의 증가 칼슘과 인 흡수 저하, 뼈 형성 감소, 골다공증	나트륨 섭취 제한, 칼륨 섭취 증가 단백질 섭취 증가 식사는 소량을 자주 섭취 복합 비타민, 무기질의 공급
Gold Compounds Aurothioglucose (Solganal)	피부, 점막, 신장 부작용을 초래한다. 금 독성 징후로는 구강내 궤양, 소양증, 소화불량, 피부염, 발적, 잇몸출혈, 점상출혈, 열, 오한, 무기력, 인후통, 소화불량	소화불량과 다른 위장관 부작용을 완화시키기 위해 식이를 조절한다.

04 골관절염

골관절염(osteoarthritis)은 관절연골의 파괴, 돌기(spur)와 골 낭종의 형성, 기능장애가 특징적으로 나타나는 만성적이고, 국소적이며, 비염증성인 관절장애이다. 대부분의 경우 몸무게를 지탱하는 관절(무릎, 고관절, 발목, 척추)과 손가락 관절에 발생한다. 골관절염은 관절염의 가장 흔한 형태로, 55세 이상 인구의 80%가 이환되어 있다고 추정되며, 남자와 여자에서의 발생빈도는 같다. 원인은 확실 하지는 않지만 기계적 스트레스 때문에 발생하는 것으로 여겨진다.

골관절염 발생의 위험요인은 노화, 선천적 기형, 외상, 비만, 전신적 질환 등이다. 골관절염의 진단방법은 류마티스관절염과 매우 비슷하다. 임상적인 검사와 방사선 검사가 중요하다. 골관절염은 류마티스관절염과는 다르게 주로 관절의 통증이 관절을 많이 사용하고 난 오후에 심해지는 경향이 많다. 통증 외에도 관절변형과 함께 관절운동의 제한이 있어 신체 움직임에 어려움이 있을 수 있다. 골관절염의 치료

방법은 통증과 불편감을 조절하기 위한 약물요법과 물리요법, 운동요법 등이 있다. 그러나 통증을 조절하기 위한 내과적 치료가 실패하거나 관절 파괴가 심각하면 외과적 중재가 사용되기도 한다.

치료 식이의 지침

골관절염이 있는 대상자들은 비만한 경우가 많고, 이로 인해 체중을 지탱하는 관절에 긴장을 주므로, 체중을 감소시키면 몸무게를 지탱하는 관절뿐만 아니라, 전신적으로 골관절염의 증상을 줄일 수 있다. 따라서 이상적인 몸무게를 유지하기 위해 칼로리 섭취를 조정할 필요가 있다. 골관절염관련 식이지침은 표 15-3과 같다.

신체적 움직임의 제한, 운동과 관련된 통증으로 인해 체중감소가 어려울 수 있으므로 정서적 지지를 제공하고 주기적으로 식이를 확인한다. 손가락 관절에 관절염이 있으면 식사 준비가 힘들 수도 있으므로 관절을 보호하면서 음식 준비하는 방법을 제안한다 (Box 15-1).

표 15-3 골관절염 환자를 위한 식이지침

구분	설명
체중감량 식이	• 과체중이거나 비만인 경우 체중감량을 위해 건강한 식습관을 유지하여야 한다.
생선 섭취	• 일주일에 1~2회 이상 섭취한다. 충분한 섭취가 어려울 경우 어유 보충제 (오메가-3 지방산)를 보충한다.
오일 섭취	• 단일 불포화 지방이 풍부한 오일을 섭취한다(올리브유, 유채씨유 등).
혈중 콜레스테롤 감소 식이	• 혈중 콜레스테롤 수치가 높으면 식이요법을 통해 수치를 낮춘다. • 간, 내장육, 달걀 노른자, 새우 등 콜레스테롤이 높은 음식을 제한한다. • 수용성 섬유소는 소화관에서 콜레스테롤을 흡수하는 것을 방지하므로 많이 섭취한다.
기타	• 겨울철에 태양에 노출되는 시간이 적을 때 비타민 D 보충제를 섭취한다. • 비타민 K는 뼈와 연골을 만드는 역할을 하므로 풍부한 비타민 K가 많이 들어있는 식품을 섭취한다(케일, 시금치, 브로콜리, 닭고기, 계란 등). • 충분한 식이 섭취가 어려운 경우 권장 섭취량이 포함된 종합비타민/미네랄 보충제 복용을 고려한다. • 항산화제가 많이 들어 있는 식품을 섭취한다.

출처: The Association of UK Dietitians, Osteoarthritis and diet: Food fact sheet, Accessed November 27, 2022. Available at: https://www.bda.uk.com

BOX 15-1 식사 준비 시에 관절에 무리를 주지 않는 방법

■ 부엌 정리 방법
- 자주 사용하는 주방 기구는 손 닿기 쉬운 곳에 놓고, 좋은 위치에 겹쳐서 놓는다.
- 작은 기구들을 넣을 수 있도록, 주머니가 여러 개 달린 앞치마를 입는다. 구부리거나 손을 뻗쳐야 하는 것을 피하기 위해, 냄비나 접시들을 벽 선반 위에 둔다.

BOX 15-1 식사 준비 시에 관절에 무리를 주지 않는 방법-계속

- 회전식 음식 접시를 이용한다.
- 부엌기구들을 쉽게 정리하기 위해, 서랍 칸막이를 사용한다.

■ 식사 준비 방법
- 식품은 2인분이나 3인분으로 나누어 냉동시켜 놓는다.
- 접시 하나로 식사를 하고, 인스턴트 식품을 이용한다.
- 믹서, 전기칼, 전기 깡통따개 등 노동력을 절약할 수 있는 기구를 구입한다.
- 이동이 가능한 회전의자에 앉아 음식을 준비하고, 무거운 것을 움직일 때는 바퀴 달린 카트를 이용한다.
- 알루미늄이나 플라스틱과 같은 가벼운 기구와 그릇을 사용한다.
- 달라붙지 않는 기구를 사용하고, 접시나 냄비는 사용 후 즉시 물에 담구어 세척하기 쉽게 한다.
- 가능하면 종이 접시, 냅킨, 식탁보를 사용한다.
- 과로하지 말고, 가족이나 친구에게 도움을 요청한다.
- 식사 배달 서비스와 같은 사회 자원을 이용한다.

■ 관절 보호 방법
- 찬장, 냉장고, 서랍, 오븐 등의 손잡이에 고리를 만든 줄을 묶어, 고리를 통해 앞으로 끌고 당기면서 연다.
- 뚜껑 맨 위쪽에 고무를 부착해 놓고, 손바닥이나 손끝으로 뚜껑을 비틀어 연다.
- 싱크대 바닥에 고무판을 놓아 그릇을 놓고 내용물을 저을 때 그릇이 움직이지 않도록 한다.
- 포크보다는 집게가 음식을 옮겨 놓기가 더 쉽다.
- 손잡이가 두 개인 조리기구를 이용한다.
- 철사 그물망을 냄비에 넣고 음식을 데친다. 음식이 다 되면 냄비 전체를 들어올리는 대신 망만 꺼내면 된다.
- 설거지 할 때는 손에 쥐는 스폰지보다 스펀지가 붙은 장갑을 이용한다.
- 깡통따개와 같은 필요에 맞는 기구를 사용한다.
- 다양한 식사 보조용품, 플라스틱 손잡이가 있는 기구, 미끄러지지 않는 그릇, 접시 보호대, 커다란 손잡이가 있는 컵 등을 이용하면 식사를 편하게 할 수 있다.

스테로이드성 소염제를 제외하고는, 류마티스관절염에 사용되는 약이 골관절염에도 사용된다. 코르티코스테로이드(corticosteroid)를 국소 주입할 수 있다.

05 통풍

통풍(gout)은 요산(uric acid)의 과다생성이나 배출감소에 의해 발생하는 관절과 결합조직의 질환이다. 요산은 퓨린(purine) 대사의 마지막 산물로서, 퓨린은 요산의 배설과정을 통해 감소된다. 통풍 발생과 진행과정은 먼저 체내에서 요산의 과다생성 또는 배출의 감소를 통해 고요산혈증이 되면, 이것이 관절과 결합조직에 침착되어 염증을 일으키게 된다. 통풍결절(tophi)의 형성(귀, 손가락, 손, 이마, 발에 나타나는 상대적으로 통증이 없는 침적물이나 요산 결정)은 질병의 기간과 고요산혈증 정도, 신장기능 상태에 달려 있다.

퓨린은 핵단백질에서 발견되는데, 고단백 음식에 풍부하나 모든 음식들에 어느 정도는 존재한다. 퓨린은 외인성 요인인 식이 섭취를 통해서, 또는 내인성 요인인 체내에서 생합성을 통해 체내에 증가하게 된다. 원발성 통풍의 발생원인은 퓨린 대사의 유전적 장애나 요산분비의 감소를 가져오는 신장장애에 의해 발생한다. 통풍 발생은 40대 남자들에게 가장 흔하며 비만이 있는 사람에게 흔하다. 통풍은 적혈구 증가증이나 백혈병과 같은 질환에 의해서 이차적으로 발생하거나, 다이아자이드계 이뇨제(thiazide diuretics)와 아스피린의 장기적인 사용, 외상, 골수증식성 질환의 치료 후에 발생하기도 한다. 증상은 주로 엄지발가락 관절이 부어 오르고 극심한 통증을 호소하다가 7~10일 정도 후에 증상이 사라진다. 그 후 극심한 통증이 재발되고, 통증의 주기가 빨라지며 점점 통증이 증가하게 된다. 합병증은 요산결석에 의한 만성 신질환 발생이 가장 문제가 된다.

통풍의 진단은 관절의 움직임 사정, 혈장 요산의 증가, 활액이나 토푸스(tophus) 흡인으로 요산결절 존재 확인 등이 중요한 진단 자료가 된다.

표 15-4 식품군별 퓨린 함량

구분	미량 함유식품	중등 함유식품	고 함량식품
곡류군	• 밥, 국수, 감자, 고구마, 밀 • 가루, 옥수수, 마카로니, • 타피오카, 빵, 크래커	• 오트밀	
어육류군	• 치즈, 계란, 우유, 탈지우유, 말린 청어알	• 해산물 : 게, 가재, 새우, 굴, 뱅어, 뱀장어, 연어, 넙치, 잉어, 농어 • 육류 : 소고기, 돼지고기, 닭고기, 꿩, 거위, 오리고기 • 기타 : 햄	• 간, 신장, 뇌 같은 내장고기 • 육류 : 칠면조, 양고기, 사슴고기, 송아지 고기, 진한 고기국물 • 해산물 : 청어, 멸치, 빙어, 정어리, 고등어, 참치, 송어, 대구, 홍합, 가리비
지방군	• 버터, 식용유		
과일야채류	• 과실류, 과실, 통조림류, 가지, 당근, 배추, 상치, 순무, 양배추, 오이, 토마토, 호박, 김, 다시마		
기타			• 알코올, 맥주, 와인 등 • 고과당 식품(아이스크림, 사탕 등 설탕 함량이 높은 음식과 음료)

출처: Arthritis Foundation. Which Foods are Safe for Gout? Accessed November 27, 2022. Available at: https://www.arthritis.org

치료 식이의 지침

치료 식이의 중요한 목적은 요산 배설을 증진시키고 요산 섭취와 합성을 제한하는 것이다.

급성기에는 약물요법(colchicine: 진통제, 항염증제)과 휴식, 침범된 관절을 높여주는 것 등의 일반적 간호 외에 치료적 식이가 중요하다.

◎ 만성 통풍의 치료지침

- 항퓨린제제 투여(Antihyperuricemic drugs)
- 수분 섭취의 증가
- 비만한 경우 체중감소 식이가 필요하고, 체중감량이 필요할 경우 1일 체중 1kg당 25kcal 정도로 열량을 제한하는 것이 필요

통풍을 치료하는데 있어서 가장 중요한 식이는 수분 섭취를 증가하는 것인데, 수분 섭취 증가는 소변을 희석하고 신결석을 예방한다. 이에 신장질환이나 심장질환이 없는 경우 수분 섭취를 하루에 최소 2L로 섭취하며, 알코올은 요산 배설을 방해하고, 요산 생성을 촉진하는 것으로 알려져 있으므로 제한한다. 특히 맥주는 혈액내 요산 수치 상승의 원인이 되므로 제한한다.

단백질 섭취는 혈액 내 요산 증가의 원인이 되므로, 육류 및 해산물을 과량 섭취하는 것을 피해야 하며 1일 80g을 초과하지 않도록 한다. 이상체중 유지는 요산을 낮추는 데 효과적이므로, 비만인 경우 체중감소가 효과적이므로 칼로리 조절이 필요하다. 그러나 통풍성 관절염의 급성 악화를 피하기 위해서는 점진적으로 감량해야 한다. 약물요법이 통풍치료에 중요하지만 식이도 여전히 중요한 부분이다.

퓨린은 섭취를 통해 조절할 수 없는 채내의 내인성 요인에 의해 대부분 생성이 되므로, 퓨린 섭취 제한이 요산을 감소시키는데 큰 영향을 주진 않는 것으로 알려져 있다. 그러나 고퓨린 식이를 제한하여 요산 생성을 다소 낮출 수 있고, 대사적인 스트레스를 피하기 위해서 가능한 제한하는 것이 좋다. 고퓨린 식이란 100g의 음식물 중 퓨린 함유량이 150mg 이상 되는 식이를 섭취하는 것으로 젓갈, 말린 콩류, 신장, 간, 고등어, 고기 추출물(고기 국물, 육즙, 고기 수프, 맑은 수프), 정어리, 송아지나 양의 췌장 등의 식품이 이러한 음식에 포함된다. 어떤 음식에는 특히 퓨린이 많지만, 모든 음식물에는 어느 정도 퓨린을 만드는 핵 단백질이 함유되어 있다(표 15-4). 퓨린 함량이 높은 음식을 파악하여 제한할 필요가 있다. 평상시에 붉은 고기, 간과 신장 같은 내장고기, 해산물이나 조개류 등은 피해야 하며, 탄산음료나 주스, 아이스크림, 사탕 등의 고과당 제품은 제한하고, 통풍에 좋은 음식을 주로 섭취하는 것이 좋다(Box 15-2).

BOX 15-2 통풍에 좋은 음식

- 요거트 및 탈지유와 같은 저지방 및 비유제품 지방 제품
- 신선한 과일과 채소
- 견과류, 곡물
- 지방과 기름
- 감자, 밥, 빵, 파스타
- 계란
- 생선, 닭고기, 붉은 살코기와 같은 육류는 적당히
- 물

출처: Webmd. Best Foods for a Gout Diet. November 27, 2022. Available at: https://www.webmd.com/arthritis

표 15-5 통풍성 관절염의 치료에 사용되는 함염증제의 부작용 및 식이중재

약품	부작용	식이 중재
요산침전을 억제하는 약품 Colchicine	오심, 구토, 설사, 복통, 나트륨, 칼륨, 지방, 카로틴, 비타민 B_{12}의 흡수장애 lactase 활동저하 식욕감퇴	식사와 함께, 혹은 식사 직전, 직후 물과 함께 복용한다. 신결석 형성 위험을 감소시키기 위해 수분 섭취를 격려한다(2,000mL 이상).
요산의 배출을 증진시키는 약품 Probenecid(Benemid) Sulfinpyrazone(Anturane)	위장계 자극과 오심 상복부 통증, 작열감, 소화불량	

투약과 관련된 위장관 문제

통풍의 치료에 사용되는 약물은 혈장 요산 수준을 낮추고, 통풍성 관절염의 급성 발작에 따른 증상을 경감시키는 데 목적이 있다. 통풍성 관절염의 급성기 치료에 사용하는 항염증제와 관련된 잠재적 부작용은 다음 표 15-5와 같다.

06 골다공증

골다공증(osteoporosis)은 뼈의 화학적 구조의 변화 없이, 전체 골질량(bone mass)의 감소가 나타나는 질환이다. 골다공증은 가장 흔한 골격계 질환으로 나이가 증가할수록 발생이 증가하는데, 45세 이상 여성들의 절반 가량이(정도의 차이는 있지만) 골다공증이 있는 것으로 추정되고, 80세가 되면 골질량은 성인 초기에 비해 30~60%로 감소한다.

원발성 골다공증 발병에는 복합적인 요소가 관여하지만, 청년기에 측정된 골질량

이 낮거나 에스트로겐 결핍이 있을 때 발생위험이 높다. 속발성 골다공증은 내분비, 위장계, 신장질환, 골수의 신생물, 스테로이드계 약물의 과다한 사용, 장기간의 활동부족, 방사선 치료, 헤파린의 장기간 사용과 관련되어 있다. 골다공증 발생의 위험요인을 요약하면 표 15-6과 같다.

골다공증에서는 골질량의 저하로 인해 골강도가 약해져서 골절의 위험이 가장 크며, 특히 척추, 고관절, 손목 등의 골절이 흔히 발생한다. 또한 골다공증의 합병증으로는 골다공증이 진행되면 키가 줄어들고 기형의 장기적인 영향으로는 흉곽과 복부의 크기 감소, 만성 요통, 빠른 포만감, 폐활량의 감소에 따른 운동 내구성 감소 등이 문제가 될 수 있다.

골다공증의 진단으로 가장 중요한 검사는 골질량을 측정하는 골밀도 검사, CT scan 등이다. 혈액검사, 골스캔, 조직검사는 다른 질환 가능성을 배제하기 위해 적용된다.

골다공증의 치료로는 에스트로겐 공급, 체중부하 운동, 칼슘 섭취 증가 등이 있고, 골절로 인해 통증이 있으면 침상 휴식과 진통제가 필요하다. 골다공증은 치료보다는 예방이 더욱 중요하다. 따라서 유년기부터 충분한 칼슘 섭취와 규칙적인 운동이 강조되어야 한다.

표 15-6 골다공증 발생의 위험요인

위험요인	설 명
여성	여성들은 남성들보다 골량이 30% 가량 적은데 이는 유전적 요인, 활동저하, 칼슘 섭취 저하에 기인한다. 골다공증은 남성보다 여성에게 4배 이상 흔하며, 여성들은 좀 더 일찍 발생하고 심각하게 진행되는 경향이 있다.
자연적인 혹은 수술로 인한 폐경	폐경이 되면, 뼈 상실은 3~5년 동안 빠르게 가속화되어 20년간 지속된다. 에스트로겐 결핍은 칼슘 흡수와 보유를 감소시켜, 칼슘 요구를 증가시킨다. 연구에 의하면, 피부색이 흰 여성이 검은 피부의 여성보다 에스트로겐이 적은 것으로 보고 되었는데, 이는 골다공증의 위험을 증가시킨다.
장기간의 칼슘 섭취 부족	연구에 의하면, 골다공증이 있는 사람은 골다공증이 없는 사람들에 비해 칼슘 섭취가 적은 것으로 나타났고, 부족한 칼슘 섭취는 뼈 소실을 일으키는 것으로 나타났다. 또한, 30세 이전의 부족한 칼슘 섭취는 단단한 최대 골질량을 획득하는데 방해가 된다.
활동부족	신체에 정상적인 체중-부하와 근육 긴장이 유지되지 않으면 뼈 흡수 속도가 뼈 형성 속도를 초과하게 된다.
가족병력	결정적인 증거는 부족하지만, 쌍둥이를 대상으로 한 연구에서 골다공증이 유전적 요소와 관련되어 있는 것으로 나타났다.
흡연과 알코올 남용	에스트로겐 감소를 유발하여 골다공증을 촉진시킨다.

치료 식이의 지침

많은 연구들이 칼슘 결핍과 골다공증 사이에 강력한 상관관계가 있다고 보고하였다. 모든 사람들이 나이를 먹어감에 따라 뼈가 손실되지만, 뼈 손실 속도는 칼슘 결핍이 있을 때 가속되고, 충분한 칼슘 섭취가 있으면 지연되는 것으로 나타났다. 골다공증은 음의 칼슘 균형이 특징이며, 칼슘 균형이 유지되면 발생하지 않는다. 많은 연구에서 성인에서 나이가 들어감에 따라 칼슘 요구는 증가한다고 보고하고 있지만, 골다공증을 예방하는데 필요한 칼슘의 양은 명확히 알려져 있지 않다.

대규모 음식소비 조사에서, 성인 인구의 많은 비율이 칼슘 권장량인 700mg보다 적은 양의 칼슘을 섭취하고 있고, 대부분의 여성들이 하루에 500mg 이하로 섭취하고 있는 것으로 나타났다. 모든 연령에서 남성들은 여성들에 비해 칼슘 섭취가 많았다. 또한 나이가 들어감에 따라 칼슘 섭취는 감소하고 흡수율이 감소하였다. 고단백, 알코올, 카페인, 섬유식이 섭취도 음적인 칼슘 균형을 일으키는 것으로 보인다. 또한 에너지 섭취가 부적절할 때, 칼슘 섭취가 높더라도 음적인 칼슘 균형이 발생하는 것으로 보고한 연구들도 있다.

정상 성인의 1일 칼슘 권장 섭취량은 700mg이지만, 골다공증이 있는 대상자들과 폐경기 후 여성들은 식사를 통한 섭취가 불충분하고, 흡수율도 낮기 때문에 1일 1,200~1,500mg의 칼슘이 필요하다. 식이의 칼슘을 증가시키는 것이 안전하고 효과적이며, 흡수가 잘 되어 약물로 복용하는 것보다 선호된다. 식이 칼슘 섭취가 부적절할 때는 칼슘 보충제를 부가적으로 사용하게 된다. 그러나 칼슘 보충제는 부작용을 일으키므로 주의가 필요하다.

칼슘은 우유, 요구르트, 치즈 등의 유제품, 뱅어포와 멸치 등의 뼈째 먹는 생선에 많이 함유되어 있으므로, 충분한 섭취를 권장한다. 우유 1컵에는 약 200mg의 칼슘이 함유되어 있으며, 우유의 칼슘은 다른 식품에 있는 칼슘보다 흡수가 잘 되는 장점도 있다. 성인의 1일 칼슘 권장섭취량을 충족시키기 위해서는 하루 약 3컵 정도의 우유를 마시는 것이 좋다. 유당 불내성이 있는 대상자들은 유당이 낮게 함유된 칼슘 식이를 권장한다. 단단한 치즈, 요구르트, 유당을 감소시킨 우유(락토우유)를 먹거나, 적은 양의 우유를 자주 섭취해야 하며 때로 칼슘 보충제를 사용할 수 있다.

비타민 D는 칼슘의 흡수를 높인다고 알려져 있지만, 과량으로 사용했을 경우 고칼슘혈증, 고칼슘뇨증 등의 부작용도 있으므로 주의해서 사용해야 한다. 고등어 같은 생선, 간, 표고버섯 등 비타민 D가 많은 식품 등을 섭취하는 것이 좋다. 또한 충분한 단백질 섭취는 골질량 형성과 유지에 중요하지만, 단백질의 섭취 권장량을 초과하여 섭취하면 칼슘의 소변 배출을 증가시키므로, 과도한 단백질 섭취도 피해야 한다. 이 외에도 과도한 알코올과 카페인의 섭취는 칼슘의 흡수를 저해하고 소변으로 칼슘 배설을 촉진시키므로 제한하는 것이 좋다(Box 15-3).

BOX 15-3 골다공증 환자를 위한 식이지침

- 칼슘 1,000mg/일 이상과 비타민 D 800IU를 섭취하는 것이 좋다.
- 칼슘이 풍부한 유제품을 섭취한다.
- 식품을 통해 충분한 칼슘을 섭취할 수 없고, 골다공증 위험이 높은 사람은 약물로 칼슘 보충을 고려한다.
- 골다공증 치료를 받는 환자의 경우 일반적으로 칼슘은 0.5~1.2g, 비타민 D는 400~800IU를 권장한다.
- 칼슘 보충제는 내성을 개선하고 칼슘 흡수를 증가시키기 위해 식사와 함께 섭취해야 한다.
- 칼슘 보충제의 부작용에는 신장 결석과 위장관 증상이 포함될 수 있으므로 주의한다.
- 단백질 섭취량은 최소 1g/kg 이상, 노인의 경우 1.2g/kg 이상 섭취하는 것이 좋다.
- 과일과 채소에는 다양한 비타민, 미네랄, 항산화제 및 알칼리성 염(alkaline salts)이 포함되어 있어 뼈에 유익한 영향을 준다.

출처: International Osteoporosis Foundation. Guidance for patients with or at increased risk for osteoporosis. Accessed November 27, 2022. Available at: https://www.osteoporosis.foundation

에스트로겐 투여와 관련된 문제

에스트로겐 요법(estrogen therapy)은 칼슘 균형을 유지하는데 효과적이고, 골다공증을 예방하고 치료하는데 유용하지만 자궁내막암, 혈전형성, 폐색전증, 심장질환의 위험을 증가시키고, 유방과 자궁에 에스트로겐 의존성 종양의 발생을 자극한다. 일반적인 부작용으로는 오심, 수분 정체, 월경주기의 변화, 월경주기 중간의 출혈, 유방팽만과 압통 등이 있다. 이에 호르몬 대체요법을 할 때는 유익성과 위험성 등을 고려하여 신중히 고려할 필요가 있다.

07 장기간의 부동

골절이나 외상으로 인해 장기간의 부동(immobilization)상태일 때 많은 영양적 문제를 일으킬 수 있다. 이 경우 식사요법의 목표는 치유를 증진하고 변화된 신체 대사와 관련된 합병증을 예방하는 것이다. 장기 간의 부동상태가 계속되는 경우 권장되는 식이는 표 15-7과 같다.

식이 관련 간호

외상 후의 급성기 동안에 환자는 대개 식욕부진이 있으므로 소량의 잦은 식사가 도움이 된다. 부동상태의 환자들에 있어서 갈증 정도는 수분 요구의 타당한 지표가 아니다. 따라서 섭취와 배설량을 정확하게 관찰해야 한다. 방광 훈련이 필요하면 일정한 간격을 두고 수분을 규칙적으로 제공한다.

표 15-7 장기 부동 시 권장 식이

권장 식이	이론적 근거
대략 하루에 15~20g까지 단백질 섭취를 증가시킨다.	장기간의 안정과 스트레스는 질소 배출을 증가시켜 음의 질소평형(negative nitrogen balance)을 초래한다. 고단백 섭취는 피부장애, 욕창, 감염, 질소평형을 위해 필요하다.
필요에 따라 주기적으로 칼로리 조정을 한다.	외상 후의 급성기에는 스트레스 호르몬과 단백 이용 증가 때문에 칼로리 요구가 높다. 만성기에는 칼로리 요구 수준이 낮아지고, 과도한 체중증가를 예방하기 위하여 칼로리가 조정되어야 한다. 사지마비, 편마비 등의 마비가 있는 대상자는 에너지 요구가 감소한다.
뼈 재흡수의 증가, 고칼슘혈증, 고칼슘뇨증이 있더라도 정상적 인 칼슘 섭취를 유지한다.	활동 감소 → 증가된 칼슘 재흡수와 뼈실질 상실(osteopenia) → 혈청과 요중 칼슘치의 증가, 칼슘 신결석과 신장 및 다른 연조직의 석회화가 발생할 수 있다. 변화된 칼슘 대사는 식이와 관련되어 있지 않고, 식이 중재에 의해 예방되거나 치료될 수 없다.
기동성이 회복되면, 칼슘 요구가 증가한다.	기동성이 회복된 후에야 정상 칼슘 대사가 회복되고, 충분한 칼슘을 섭취하여야 뼈 손실이 보충된다.
수분 섭취를 증가시킨다.	충분한 수분 섭취는 소변을 희석시켜 칼슘 신결석 형성을 예방한다.

신체활동이 부족하면 변비를 일으키므로 고섬유 식이와 수분 섭취를 격려한다. 식욕부진, 오심, 구토, 복부경련, 변비, 두통, 불쾌감, 심한 갈증, 다뇨증과 같은 고칼슘혈증의 증상과 징후를 관찰한다. 고칼슘혈증은 모르는 사이에 진행하거나 급속하게 발생하며 치료되지 않은 고칼슘혈증은 신기능부전, 고혈압, 경련, 청각상실을 초래할 수 있다.

>> 간호적용

통풍 사례

대상자는 58세 남성으로 키 170cm, 체중 75kg이다. 올해 고등학교 선생님을 명예퇴직 하였고 쉬고 있는 중이다. 최근 엄지 발가락이 붓고 통증이 심하여 병원을 방문하여 진료를 받고 혈액검사를 받았다. 혈액검사상 Uric acid가 8.8 mg/dL로 높았으며 통풍으로 진단하에 항퓨린제제의 약물 처방을 받았다. 또한 저퓨린 식이에 대한 교육이 필요하여 간호사와 면담을 하였다. 대상자가 평소 고기류 음식을 좋아하고 특히 소고기, 간, 내장 등의 음식을 즐겨 먹으며, 음주는 주 3회, 맥주 2병씩 마시고 있었으며, 운동은 전혀 하지 않는 상태이다. 또한 대상자는 저퓨린 식이에 대해서는 잘 알지 못했고 요리는 부인이 하므로 자기는 모른다는 태도를 보였다. 대상자는 체중감량의 중요성에 대해서도 설명하지 못하였으며, 수분 섭취는 하루에 1L 미만으로 섭취하였다.

(1) 간호사정

① 주관적 자료

- "엄지 발가락이 아프고 부어요"

② 객관적 자료

- 혈액 검사상 요산수치가 높음.
- 평상시 고기류를 좋아하고, 음주는 주 3회, 맥주 2병씩 마시고 있음.
- 운동은 전혀 하지 않음.
- 비만임(BMI 29.95).
- 수분 섭취 하루에 1L 미만.
- 저퓨린 식이에 대해 이해 부족, 정보부족, 체중감량의 중요성에 대해 모름.

(2) 간호진단

- 통풍 관리에 대한 정보 부족, 이해 부족과 관련된 불이행

(3) 간호목표

- 통풍 관리에 대해 설명할 수 있고, 퓨린이 높은 식품과 저퓨린 식이의 중요성에 대해 설명할 수 있다.
- 체중감량의 중요성에 대해 설명을 할 수 있고, 체중 감량 계획을 세우고 실천할 수 있다.
- 운동의 중요성에 대해 설명을 할 수 있고, 운동 계획을 세우고 실천할 수 있다.
- 음주는 일주일에 1회 미만으로 하며, 맥주 대신 소주 3잔 미만으로 마신다.
- 수분을 하루 최소 2L 정도로 섭취할 수 있다.

(4) 간호계획

- 통풍 원인 및 관리에 대해 전반적으로 교육한다.
- 저퓨린 식이에 대한 중요성과 퓨린이 높은 식품을 교육한다.
- 체중감량의 중요성을 교육하고, 체중감량 실천 계획에 따라 체중감량을 실천한다.
- 절주의 중요성을 교육하고, 절주 실천 계획에 따라 절주를 실천한다.
- 운동의 중요성을 교육하고, 운동 실천 계획에 따라 체중감량을 실천한다.
- 수분 섭취의 중요성을 교육하고, 수분 섭취 증가 계획에 따라 수분 섭취를 증가시킨다.
- 요리 방법 교육을 위해 상담 시에 부인이 동반한다.

(5) 간호중재

- 통풍 원인 및 관리에 대해 전반적으로 교육했다.

- 저퓨린 식이에 대한 중요성과 퓨린이 높은 식품을 교육했다.
- 체중감량의 중요성을 교육하고, 체중감량 실천 계획을 세우고 실천하도록 했다(야채 섭취 증가, 육류 제한, 음주 제한, 활동량 증가).
- 절주의 중요성을 교육하고, 절주 전략을 세우고 실천하도록 했다(술 대신 건강에 좋은 차로 대체하고, 술은 집에 사오지 않도록 하였다).
- 운동의 중요성을 교육하고, 운동 실천 계획을 세우고 실천하도록 했다(아침 먹은 후 매일 아내와 산책을 하고, 집에서는 주 3회 이상 40분씩 자전거를 타도록 했다).
- 수분 섭취의 중요성을 교육하고, 수분 섭취 증가 계획에 따라 수분 섭취를 증가시켰다(하루 먹어야 할 물을 정하고, 먹은 후 기록을 하고, 알람을 설정하도록 했다).

(6) 간호평가

- 통풍 관리 방법, 퓨린이 높은 식품과 식이의 중요성에 대해 말로 표현했다.
- 체중감량의 중요성을 말로 표현하고 체중감량 계획에 따라 실천했다(야채 섭취 증가, 육류 제한, 음주 제한, 활동량 증가).
- 운동의 중요성을 말로 표현하고 운동 계획에 따라 실천했다(아침 먹은 후 매일 아내와 산책을 하고, 집에서는 주 3회 이상 40분씩 자전거를 탔다).
- 음주는 일주일에 1회 미만으로 했으며, 맥주 대신 소주 3잔 미만으로 마셨고, 절주 전략을 실천했다(술 대신 건강에 좋은 차로 대체하고, 술은 집에 사오지 않았다).
- 수분을 하루 2L 이상 섭취했다.

생각해보기

1. 통풍 치료 시 식이 섭취는 어떻게 하는 것이 좋은가?
2. 골다공증 시 식이 섭취는 어떻게 하는 것이 좋은가?
3. 장기부동 환자의 식이는 어떻게 하는 것이 좋은가?

16장

암환자 식이

이 장에서는 대부분 암 자체의 영향이나 2차적인 결과로 소화기관의 이상에 의해 발생되는 소모적이며 영양불량 현상을 다루고자 한다. 뿐만 아니라 환자가 회복된 후 적응할 때 영양적인 지지와 식사전략을 제공할 것이다. 양질의 영양상태를 유지하면 생존율을 높이고 치료의 부작용을 감소시킬 뿐 아니라 삶의 질을 높인다.

01 종양

모든 세포와 마찬가지로 암세포는 선재세포(preexisting cell)에서 발생된다. 발암과정은 세 단계로 일어난다고 알려져 있는데, 즉 시작단계(initiation), 촉진단계(promotion), 진행단계(progression)이다. 첫번째 단계인 시작단계에서는 여러 발암인자에 의해 DNA 돌연변이(mutation; 자연적 변화)가 정상 세포 내에서 일어나 신생물(neoplasm; 비정상적인 성장)이 형성된다. 신생물은 그 특성상 양성과 악성으로 구별하는데, 모든 악성 종양의 정확한 원인이 명확히 알려져 있지는 않지만 화학적 발암 물질, 방사선, 각종 바이러스 등의 노출에 의한 돌연변이가 원인인 것으로 추정된다. 두 번째 단계인 촉진단계에는 돌연변이된 세포의 복제가 촉진되어 비정상적인 세포 성장을 일으킨다. 세 번째 단계인 진행단계는 점차로 악성 유전자형을 가진 세포로 변화되어 악성 종양을 발생시키는 단계로, 암세포가 인접조직으로 침투하거나 림프관이나 혈액을 통해 전이가 되는 단계이다.

암의 주요 요인들은 나이, 성별, 영양 상태, 다른 질병유무, 호르몬 생성, 면역기능 등으로 매우 다양하다. 암의 정확한 원인은 밝혀지지는 않았지만, 과학자들은 모든 암 사망의 50~75%가 인간행동과 생활양식과 관련이 있다고 추정하고 있으며,

이는 대부분의 암이 예방 가능함을 암시한다. 특히 식이는 암의 원인과 예방에 중요한 환경적, 생활양식적 요소 중 하나라고 여겨지고 있다. 비록 식이가 암의 발생률과 사망률에 기여한다는 명확한 보고는 없지만 암으로 인한 사망률의 1/3 정도는 연관성이 있다고 알려져 있다. 식이와 암의 연관성에 대한 증거는 인과론적으로 정립되어 있지 않으나, 영양과 식이요인이 암의 3단계(시작단계, 촉진단계, 진행단계)와 암 발생과정에 상호작용한다. 영양적 요인은 이런 3단계를 차단하는데 도움이 된다.

암은 비정상적인 세포가 통제할 수 없는 성장을 할 때 발생하는 질병으로서, 발암작용에서 발암전구물질이 해독되거나 배설되지 못하고 유전물질을 변형시키는 발암물질로 전환된다. 그림 16-1은 돌연변이 세포가 잠복성 종양세포로의 성장과 촉진을 막기 위해 식품의 요인이 어떻게 작용할 수 있는지 나타냈다.

음식 중에 항산화 물질은 DNA 돌연변이(carcinogenesis)로부터 세포를 보호한다. 역학적인 조사나 동물실험에 의하면, 일부 특정 음식은 특정 형태의 암을 유발하거나 예방할 수 있다고 보고되었다. 그러나 어떠한 음식도 암을 유발하거나 예방할 수 없다는 사실을 명심해야 한다. 미국암학회와 국립암정보센터는 암예방을 위한 식이지침을 표 16-1과 같이 제시하였다.

암은 100여 가지 종류가 있으며 우리나라에서 사망원인 1순위(통계청, 2020)이다. 항암요법을 시행받은 암환자에서는 국소적이나 전신적 영향으로 악액질(cachex-

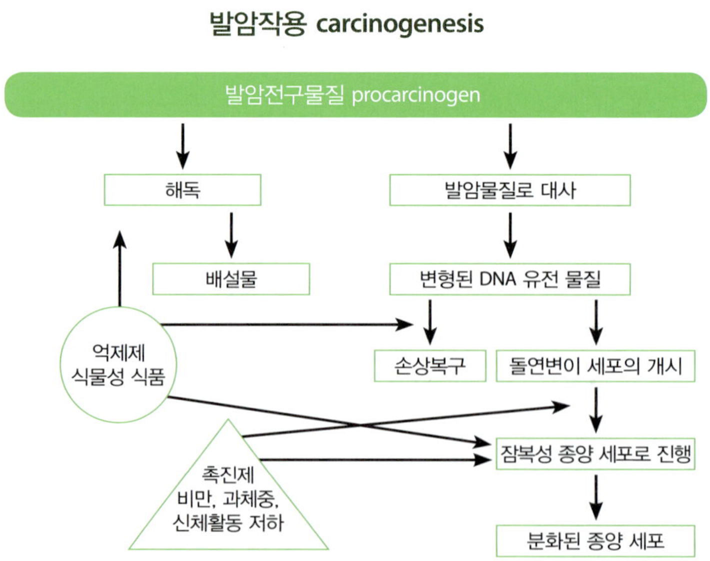

그림 16-1 발암작용 촉진 또는 억제할 수 있는 식품의 요인

출처: McCallum, Paula Davis, et al. The Clinical Guide To Oncology Nutrition. Chicago, Ill: Academy of Nutrition and Dietetics, 2006. eBook Collection (EBSCOhost). Web. 11 Feb. 2017.

ia)을 일으킬 위험성이 높아진다. 악액질이란 급속한 체조직의 소모, 영양불량, 식욕부진, 체중감소, 전신 쇠약감, 미각 변화 등의 증상을 보이는 복합적인 증후군이다. 또한 단백질-에너지 영양 불량(protein-energy malnutrition, PEM)은 암환자에서 나타나는 가장 흔한 문제로서, 이러한 영양 불량은 조직의 기능, 재생, 면역기능에 악영향을 미친다. 더욱이 영양불량이 있으면 치료에 대한 반응이 나타나지 않을 수 있으며, 다양한 암 치료가 영양에 영향을 미친다. 이와 같은 악순환은 계속되고 치료로 인한 영양문제는 질병을 악화시킨다.

표 16-1 암예방을 위한 식이지침

미국암학회(American Cancer Society)	국립암정보센터(National Cancer Information Center)
◆ 건강한 식습관을 위해 포함해야 할 것 • 건강한 체중을 달성하고 유지하는 데 도움이 되는 양의 영양소가 풍부한 식품 • 다양한 채소–짙은 녹색, 빨간색, 주황색, 섬유질이 풍부한 콩류(콩, 완두콩) 등 • 과일, 특히 다양한 색상의 통과일 • 통곡물 ◆ 건강한 식습관을 위해 제한해야 할 것 • 적색육 및 가공육 • 가당 음료 • 고도로 가공된 식품 및 정제된 곡물 ◆ 술은 안 마시는 것이 좋음 • 음주 시 여성은 하루 1잔, 남성은 하루 2잔 이하로 음주를 제한	1. 채소와 과일을 충분히 먹는다. • 생채소를 매일 매 끼니 먹는다. • 과일류는 매일 1회 이상 간식으로 섭취한다. 2. 다채로운 식단으로 균형 잡힌 식사를 한다. • 다양한 종류의 잡곡 및 도정하지 않은 곡류를 섭취한다. • 두류 및 두류 가공품(두유, 두부 등)을 매일 섭취한다. • 저지방 우유를 하루 1잔 정도 마신다. • 너무 뜨겁거나 매운 음식의 섭취는 피한다. 3. 음식을 짜지 않게 먹는다. • 인공조미료(화학조미료 포함)의 사용을 제한하며 음식을 싱겁게 만들어 먹는다. • 김치류는 짜지 않게 만들어 먹는다. • 음식을 먹을 때 추가적으로 소금이나 간장을 사용하지 않는다. • 젓갈류 및 염(소금) 저장식품(장아찌류, 생선을 이용한 식혜 등)의 섭취는 제한한다. • 국이나 찌개의 국물 섭취는 제한한다. 4. 탄 음식을 먹지 않는다. • 육류 섭취 시, 이를 구워 먹기(숯불구이, 직접 구이 등)보다는 삶거나 끓여서(수육, 보쌈 등) 먹는다. • 숯불로 굽거나 직접 구워 탄 음식의 섭취는 삼간다. • 지방함량이 많은 부위의 육류 섭취는 제한한다. 5. 붉은 육류와 육가공품의 섭취는 제한한다. • 붉은색 육류는 1회에 1인분, 1주일에 2회를 넘지 않도록 한다. • 햄, 소시지 등의 육가공품을 가급적 먹지 않는다.

출처: Rock, Cheryl L., et al. (2020). American Cancer Society guideline for diet and physical activity for cancer prevention. CA: A Cancer Journal for Clinicians, 70(4), 245–271.
국립암정보센터. 암예방을 위한 식생활 지침. Accessed December 02, 2022. Available at: http://www.cancer.go.kr

02 암 치료가 영양상태에 미치는 영향

암의 치료방법은 항암 화학요법, 방사선 요법, 수술, 면역치료, 호르몬 치료 및 골수이식 등이 있다. 치료방법은 암의 종류, 암의 진행 여부, 전신의 상태 등에 따라 다르게 적용하며, 각 치료방법은 여러 요인에 의해 영양상태에 악영향을 미쳐 영양불량을 초래하게 된다.

1) 항암 화학요법

항암제는 반드시 암세포에만 영향을 주지는 않아, 정상 세포 혹은 비암세포도 화학요법으로 인한 부작용의 대표적인 목표물이 된다. 부작용의 정도와 발현 양상은 특정 항암제, 용량, 치료기간, 대사율, 사용 중인 다른 약물 및 환자의 민감성에 따라 다르다. 항암제는 알킬레이트 제제, 항생제, 대사 억제제, 호르몬, 효소, 식물성 알칼로이드 및 생물학적 반응 변형체 등이 있다. 이러한 약제는 빠르게 증식하는 세포의 DNA 합성에서 하나 혹은 그 이상의 단계를 차단하는 역할을 한다. 항암제를 투여하면 정상세포 중 빠르게 성장하는 부위에 영향을 미쳐 여러 부작용을 일으키게 되는데, 특히 골수 및 소화기관, 생식계, 머리카락 등의 세포에 영향을 미친다. 이러한 영향으로 암환자들은 식욕부진, 오심, 구토, 소화기의 점막염, 구내염 등의 위장관계 부작용이 발생하며, 골수에 대한 부작용으로는 백혈구, 적혈구, 혈소판 등이 감소하며, 무정자증, 월경불순 등의 생식계 문제, 그리고 탈모가 일어난다. 또한 다양한 기전으로 영양불량 현상을 초래한다. 오심을 유발하는 항암제는 표 16-2에 요약되어 있다. 오심 증상을 잘 발생시키는 항암제를 사용할 때는 이를 고려하여 영양불량 상태가 되지 않도록 중재해야 한다. 또한 항암약품이 영양상태에 미치는

표 16-2 항암제 종류에 따른 메스꺼움 발생정도

발생 가능성	약제	정의
고	Cisplatin, dacarbazine, melphalan (high dose), nitrogen mustard, cyclophosphamide plus and anthracycline	거의 모든 환자에서 오심 발생
중	Anthracyclines, carboplatin, carmustine (high dose), cyclophosphamide, ifosfamide, irinotecan, methotrexate (high dose), oxaliplatin, topotecan	70% 이상의 환자에서 오심 발생
저	Etoposide, 5-fluorouracil, gemcitabine, mitoxantrone, taxanes, vinblastine, vinorelbine	10~70% 환자에서 오심 발생
최소	Bortezomib, hormones, vinca alkaloids, bleomycin	10% 미만의 환자에서 오심 발생

출처: Chabner, BA. Longon, DL. (2018). Cancer chemotherapy, immunotherapy and biotherapy principles and practice, 6th edition, ebook, Wolters Kluwer.

표 16-3 항암제가 영양상태에 미치는 영향

분류	약제	작용	영양적 영향
알킬레이트제	Cisplatin Bendamustine Olaliplatin Tomozolomide	영향을 받기 쉬운DNA기와 반응	골수억제, 식욕부진, 오심, 구토, 신독성 등
세포분열 억제	Doxorubicin Bleomycin Mitomycin–C	DNA에 결합하여 세포분열 억제, RNA 복제 방해	골수억제, 식욕부진, 오심, 구토, 점막염/ 구내염, 피로, 설사
대사억제제	Methotrexate 5–Fluorouracil Cytarabine Gemcitabine	DNA 합성단계 억제	골수억제ㅏ 식욕부진, 오심, 구토, 설사, 복통, 장궤양, 점막염, 피로
호르몬	Prednisone Tamoxifen Diethylstilbestrol	종양 성장을 야기시키는 세포대사 변경	스테로이드 제제 : 염분과 수분의 축적, 고혈당증, 위장관 장애 에스트로겐 : 식욕부진, 오심, 구토, 고칼슘혈증
효소	Asparaginase	단백질 합성 억제를 통한 DNA와 RNA의 합성 지연	식욕부진, 오심, 고혈당증, 췌장염, 질소혈증, 체중감소
식물성 알칼로이드제	Irinotecan Etoposide Docetaxel Paclitaxel Vinorelbine	유사분열 억제	골수억제, 식욕부진, 오심, 구토, 설사, 말초신경병증, 피로 등
생물학적 반응 변형체	Interferon Interleukin	종양에 대한 숙주의 생물학적 반응 변화	오심, 구토, 식욕부진, 체중의 증가 혹은 감소

출처: Elliott L, Molseed LL, McCallum PD.(2006). The clinical guide to oncology nutrition: American Dietetic Association, Mahan, LK, Raymond, JL. (2017). Krause's food & the nutrition care process, 14th edition. Elsevier.

영향은 표 16-3에 요약되어 있다.

암환자에서 체중감소와 저알부민혈증은 항암화학요법으로 인한 독성을 증가시킨다. 또한 제지방체중(fat-free mass)이 많은 세포독성 항암화학요법의 분포의 양을 나타낸다고 가정하면, 제지방체중의 변화는 암환자의 단위 체표면적당 항암화학요법의 유효 분포량의 최대 3배의 변동을 설명할 수 있다. 영양실조 암환자는 항암화학요법에 대한 반응이 좋지 않으며, 영양실조는 유병률과 사망률을 증가시키고, 암환자의 삶의 질을 감소시키므로 영양실조가 되지 않도록 하는 것이 중요하다.

2) 방사선 요법

방사선은 방사선 노출에 민감한 종양이나 수술로 절제할 수 없는 종양의 치료에 사용된다. 영양상의 문제는 방사선을 받는 신체 부위, 방사선 용량, 분할(fractionation), 그리고 방사선 요법과 수술 혹은 화학요법과의 혼합 치료 여부에 따라 차이가 있다. 합병증은 방사선 치료기간 동안 발생할 수 있고 만성화될 수 있으며, 치료가 완료된 이후에도 계속 진행될 수 있다. 화학요법과 마찬가지로 방사선 치료도 빠른 속도로 분열하는 세포를 파괴하므로 정상 숙주세포에도 손상을 준다.

방사선 요법을 통해 생길 수 있는 영양문제는 주로 두경부, 복부, 골반 및 중추신경계 등에 방사선 조사를 받을 때이다. 세 부위 모두 식욕부진, 오심, 구토를 유발할 수 있다. 두경부 방사선 요법은 흔히 구내염, 식도점막염, 입맛의 변화와 같은 소화기능에 문제를 일으킨다. 복부와 골반 부위에 방사선 요법을 시행하면 설사, 지방변, 흡수장애, 궤양 및 장손상과 폐색으로 인해 영양소의 소화와 흡수를 감소시킴으로써 위장관에 변화를 일으킨다. 방사선 부위별 방사선 요법과 관련된 영양적인 부작용은 표 16-4에 제시하였다.

표 16-4 방사선 요법과 관련된 영양적인 부작용

방사선 부위	초기 영향	후기 영향
머리, 목(Head and neck)	연하통(Odynophagia) 구강건조증(Xerostomia) 점막염(Mucositis) 식욕부진(Anorexia) 이상후각(Dysosmia) 미각감퇴증(Hypogeusia)	궤양(Ulceration) 구강건조증(Xerostomia) 치아우식증(Dental caries) 방사성골괴사(Osteoradionecrosis) 개구장애(Trismus) 미각감퇴증(Hypogeusia)
흉부(Thorax)	연하곤란(Dysphagia)	섬유증(Fibrosis) 협착증(Stenosis) 누공(Fistula)
복부, 골반(Abdomen and pelvis)	식욕부진(Anorexia) 오심(Nausea) 구토(Vomiting) 설사(Diarrhoea) 급성장염(Acute enteritis) 급성대장염(Acute colitis)	궤양(Ulceration) 흡수불량(Malabsorption) 설사(Diarrhoea) 만성장염(Chronic enteritis) 만성대장염(Chronic colitis)

출처: Bozzetti F. (2015). Nutritional Support in Patients with Cancer. Clinical Nutrition, John Wiley & Sons, Ltd, 385–419.

3) 수술

수술은 고형 종양(solid tumor)과 위장관 종양의 치료에 많이 사용된다. 수술과 관련된 영양 상태의 결과는 수술 범위와 수술 부위에 영향을 받는다. 특히 위장관의 절제는 영양섭취에 변화를 일으키고, 영양소 흡수의 문제로 인해 주요 영양문제를 유발하며, 많은 환자들은 영구적인 부작용을 겪게 된다. 흡수장애는 수술로 인한 일차적인 영양문제가 될 수 있으나, 소장 절제가 광범위하지 않다면 문제가 일어나지 않을 수 있다. 수술을 받기 전에 많은 환자들이 단백질-에너지 영양불량을 이미 일으킨 상태가 많고, 이런 환자들이 수술 후에도 계속적으로 방사선 치료와 화학요법을 받는다면 수술과 관련된 여러 합병증이 일어나게 된다. 소화 기관의 근치 절제술로 인한 영양적인 결과는 표 16-5에 제시하였다.

표 16-5 소화 기관의 근치 절제술로 인한 영양적인 결과

기관	영양적인 결과
혀 또는 인두(Tongue or pharynx)	연하곤란으로 인한 경관영양 필요
가슴 식도(Thoracic oesophagus)	미주신경 절단술로 인한 위 비출 지연 미주신경절단술로 인한 지방의 흡수불량
위(Stomach)	덤핑증후군, 빈혈, 지방, 철분, 칼슘 및 비타민의 흡수불량
십이지장(Duodenum)	담즙–췌장 결핍
공장(120cm 까지) (Jejunum(up to 120cm))	포도당, 지방, 단백질, 엽산, 비타민 B12 등
회장(60cm) 또는 회맹판 (Ileum(60cm) or ileocecal valve)	비타민 B_{12}, 담즙산, 지방의 흡수불량
작은 창자(Small intestine(75%))	지방, 포도당, 단백질, 엽산, 비타민 B_{12} 등 흡수불량, 설사
공장과 회장(Jejunum and ileum)	완전한 흡수불량
췌장(Pancreas)	흡수불량, 당뇨병
간(Liver)	일시적인 저알부민혈증

출처: Elliott L, Molseed LL, McCallum PD.(2006). The clinical guide to oncology nutrition: American Dietetic Association.

4) 골수이식

골수이식(bone marrow transplantation)은 특정 혈액종양(급성 및 만성 백혈병, 일부 림프종양)의 치료와 최근에는 유방암, 다발성 골수암, 폐암과 같은 고형 종양에도 이용된다. 이식 전에 종괴 덩어리의 크기를 줄이기 위해서 며칠 동안 고농도의 화학요법과 가능하면 전신에 방사선 요법을 받는다. 단백질-에너지 영양불량은 이러한 치료와 관련된 영양상의 후유증으로 일어난다. 환자는 항암요법과 골수이식으로 인한 골수억제를 통해 세균과 곰팡이균 병원체 감염의 위험에 노출되게 된다. 그래서 골수이식 환자들은 면역기능에 손상이 되어, 건강인에게는 전혀 해가 되지 않는 신선한 과일과 채소에 있는 세균과 곰팡이균에 민감하다. 호중구 감소증이 있는 경우에는 멸균 식이를 섭취해야 한다. 멸균 식이는 덜 익힌 육류, 생선, 조개, 계란, 소시지 등을 피하고, 익히지 않은 생야채와 과일 등도 피해야 한다. 이외에도 절인 생선, 저온 살균되지 않은 우유 및 유제품, 꿀, 저온 살균되지 않은 두부 등도 피해야 한다.

호중구감소증이 있는 환자는 입원하고 있는 동안 가족 혹은 다른 사람들이 가져온 음식을 먹지 않도록 해야겠지만, 의사는 환자가 음식을 잘 섭취하지 못할 때 병원 외부에서 음식을 가져오도록 할 수도 있다. 멸균 식이는 환자가 입원하여 퇴원할 때까지 적용해야 한다. 암환자는 암치료로 면역 체계가 약화될 수 있으므로 감염예방을 위한 식이안전지침은 표 16-6을 참조하여 접근해야 하며, 영양섭취에 대한 지속적인 관리와 격려가 필요하다. 또한 백혈구 수치가 저하된 환자를 위한 영양지침은 표 16-7를 참조한다.

표 16-6 면역기능 저하로 인한 감염예방을 위한 식이안전지침

구분	설명
식품 취급 요령	• 음식을 준비하기 전후와 먹기 전에 따뜻한 비눗물로 20초 동안 손을 씻는다. • 식품을 4.5℃ 이하로 냉장 보관한다. • 뜨거운 음식은 뜨겁게(69℃ 이상) 차가운 음식은 차갑게(4.5℃ 이상) 유지하십시오. • 고기, 생선 또는 가금류를 전자레인지나 냉장고에서 접시에 담아 해동하고, 실온에서 해동하지 않는다. • 해동된 식품은 즉시 사용하고 재 냉동하지 하지 않는다. • 부패하기 쉬운 음식은 구입하거나 준비한 후 2시간 이내에 냉장고에 넣는다. 계란 요리와 크림 및 마요네즈로 요리한 식품은 1시간 이상 냉장하지 않은 상태로 두어서는 안 된다. • 과일과 채소는 껍질을 벗기거나 자르기 전에 흐르는 물에 잘 씻는다. 비누, 세제, 염소 표백제 용액 또는 시중에서 생산되는 린스를 사용하지 않는다. • 잎이 많은 채소 잎은 흐르는 물에 한 번에 하나씩 씻는다. • 포장된 샐러드, 슬로 믹스 및 기타 준비된 농산물은 사전 세척 표시가 있더라도 흐르는 물에 다시 헹군다. • 생야채 새싹을 먹지 않는다. • 끈적거리거나 곰팡이가 핀 과일과 채소를 버린다. • 식료품점에서 이미 자른 농산물(예: 멜론이나 양배추)은 사지 않는다. • 개봉하기 전에 통조림 식품의 윗부분을 비누와 물로 씻는다. • 요리하는 동안 음식을 맛보기 위해서는 다른 도구를 사용한다. 음식에 다시 넣을 도구로 음식을 맛보지 않는다(요리중 침이 섞이지 않도록 개별 도구를 사용하여 시식할 것). • 껍질이 깨진 계란은 버린다. • 이상하게 보이거나 냄새가 나는 음식은 버리고, 절대 맛보지 않는다.
교차 오염시키지 않기	• 다양한 음식을 자르려면 깨끗한 칼을 사용한다. • 생고기는 밀봉해 냉장보관하고, 즉시 먹을 음식과 떨어진 곳에 냉장보관한다. • 조리대에 음식을 분리 보관한다. 날고기는 다른 도마를 사용한다. • 조리대와 도마를 뜨거운 비눗물로 청소하거나 표백제와 물을 1:1로 섞은 신선한 용액을 사용할 수 있다. • 고기를 구울 때는 항상 깨끗한 접시를 사용한다.
장보기	• 유통 기한을 확인한다. • 가장 신선한 제품만 선택한다. • 손상되거나 부풀어 오르거나 녹이 슬거나 깊게 패인 캔은 사용하지 않는다. 포장식품이 제대로 밀봉되었는지 확인한다. • 흠집 없는 과일과 채소를 선택한다. • 베이커리에서 냉장되지 않은 크림 및 커스터드 함유 디저트와 페이스트리를 피한다. • 셀프 서비스 또는 대용량 용기에서 구입한 음식을 먹지 않는다. • 소프트 아이스크림 기계에서 나오는 요구르트와 아이스크림 제품을 먹지 않는다. • 무료 식품 샘플을 먹지 않는다. • 깨지거나 냉장되지 않은 계란을 사용하지 않는다. • 특히 여름철에는 식료품점에서 체크아웃하기 직전에 냉동 및 냉장 식품을 구입한다. • 식료품을 즉시 냉장 보관하고, 뜨거운 차 안에 음식을 두지 않는다.
조리	• 온도계를 끓는 물에 넣어 100℃ 인지 정확도를 테스트한 후에, 고기 온도계를 음식의 가장 두꺼운 부분 중앙에 놓고 익었는지 테스트한다. • 더 이상 분홍색이 사라지고 육즙이 맑아질 때까지 고기를 익힌다. • 고기가 적절한 온도로 조리되었는지 확실히 알 수 있는 유일한 방법은 식품용 온도계를 사용하는 것이다. • 육류는 71℃, 가금류는 82℃로 익혀야 한다.
외식	• 많은 사람을 피하기 위해 일찍 먹는다. • 단일 서빙 조미료를 요청하며, 셀프 서빙용 대량 조미료 용기를 피한다. • 패스트푸드 식당에서 음식을 신선하게 준비하도록 요청한다. • 샐러드바, 조제 식품, 뷔페, 노점상 등 식품을 섭취하지 않는다. • 생과일과 채소를 먹지 않는다. • 저온 살균 과일 주스를 요청한다. 식당에서 갓 짜낸 주스를 피한다. • 식기는 테이블에 놓지 말고, 깨끗한 식탁보 또는 식탁 매트 위에 놓아야 한다. • 남은 음식을 보관하고 싶다면, 표장 용기를 요청하여 직접 음식을 넣는다.

출처: 국가암정보센터, 퇴원 후 암환자 케어를 위한 일차의료 진료 매뉴얼(2020년 update).
American Cancer Society, Food safety during cancer treatment, Accessed November 26, 2022, Available at: https://www.cancer.org

표 16-7 백혈구 수치가 낮은 환자를 위한 영양지침

구분	추천	금지
육류, 가금류, 생선, 두부, 견과류	• 모든 육류, 가금류 및 생선은 완전히 익혀야 한다. • 식품용 온도계를 사용하여 고기와 가금류를 조리할 때 적절한 온도에 도달하는지 확인한다. • 냉장 보관된 두부를 사용하는 경우(상온 보관 불가) 1인치 이하의 입방체로 자르고 물이나 육수에 5분간 끓인 후 먹거나 요리에 사용한다. • 진공 밀봉된 견과류 및 유통기한의 견과류 버터	• 날 것 또는 살짝 익힌 생선, 조개류, 훈제 연어, 스시 또는 사시미 • 생 견과류 또는 신선한 견과류 버터
계란	• 노른자와 흰자가 흐물흐물하지 않고 단단해질 때까지 달걀을 익힌다. • 저온 살균 계란 또는 에그타르트	• 날달걀 또는 반숙 달걀 • 시저 샐러드 드레싱, 생 쿠키 도우, 홈메이드 마요네즈와 같이 날달걀을 포함할 수 있는 식품
우유 및 유제품	• 저온 살균 우유, 요거트, 치즈 또는 기타 유제품	• 곰팡이 숙성 또는 푸른반점치즈
빵, 시리얼, 쌀, 파스타	• 빵, 베이글, 머핀, 롤, 시리얼, 크래커, 국수, 파스타, 감자, 쌀은 사전 포장 품목으로 구매하는 경우 안전하다.	• 포장되지 않은 곡물, 곡류 및 기타 식품을 대용량 통에서 구매하는 경우
과일 및 야채	• 생채소와 과일, 신선한 허브류는 흐르는 물에 씻고 야채솔로 가볍게 문질러 먹으면 안심하고 먹을 수 있다.	• 식료품점의 냉장 섹션에서 찾을 수 있는 신선한 살사와 샐러드 드레싱 대신 상온에서 보관할 수 있는 살사와 드레싱을 선택 • 모든 생채소 새싹(알팔파, 무, 브로콜리 또는 녹두 새싹 포함)
디저트와 과자	• 과일 파이, 케이크, 쿠키, 향이 첨가된 젤라틴; 상업용 아이스크림, 셔벗 • 설탕 • 상업적으로 준비되고 저온 살균된 잼, 젤리, 보존 식품	• 냉장되지 않은 크림 생과자 제품 • 생꿀 또는 벌집 • 대신 상업용 A 등급 열처리 꿀을 선택
물과 음료	• 시중에서 판매하는 생수만 마신다. • 저온 살균 과일 및 야채 주스, 소다, 커피 및 차	• 호수, 강, 개울 또는 샘에서 나오는 물 • 살균되지 않은 과일 및 야채 주스 • 비타민 또는 허브가 보충된 물(이는 건강에 거의 도움이 되지 않음)

출처: American Cancer Society, Tips when your white blood cell count is low, Accessed November 26, 2022, Available at: https://www.cancer.org

골수이식으로 일어날 수 있는 주요 합병증은 이식편대숙주반응(graft versus host disease, GVHD)이다. 이는 이식조직 혹은 장기가 숙주세포를 이물질로 인식해서 생기는 거부반응이다. 이식편대숙주반응은 많은 장기에 손상을 일으킬 수 있지만 특히 피부, 위장관 및 간에 흔히 나타난다.

골수 이식 후 1년 후에는 감소된 체중은 회복이 가능하다. 골수이식과 관련된 일반적인 영양문제는 구강 및 식도점막염, 구강건조증, 입맛 변화, 식욕부진, 오심과 구토, 설사 및 변비 등이다. 오심과 구토, 구강 및 식도점막염 때문에 적절한 구강섭취를 유지하기가 어려우므로, 이러한 증상이 있을 때는 표 16-9을 참조하여 접근한다. 가능한 구강섭취를 유지하는 것이 좋으며, 구강섭취가 어려운 경우에는 비경구영양을 유지하는 것이 필요하다.

03 치료 식이의 지침

다른 질환과 마찬가지로 암환자를 위한 영양관리는 개별화되어야 하며, 의료인과 환자는 포괄적으로 질병을 관리하기 위해 영양상태가 필수적인 요건임을 인식해야 한다. 영양중재(지지요법, 보조요법, 치료요법)의 종류를 선택할 때에는 환자의 예후를 고려해야 한다. 앞에서 언급한 바와 같이 영양문제는 암 그 자체와 치료방법의 결과로 일어날 수 있다. 영양소 섭취를 증가시키기 위한 가장 중요한 내과적 중재의 하나는 통증조절이다. 통증을 감소시키는 것이 영양중재의 성패를 결정한다. 암환자의 영양적인 보조에 대한 접근 방법은 가능하면 경장경로(enteral route)를 통해서 적절한 영양을 공급하고, 그렇지 않은 경우는 정맥 내 투여를 하는 것이다. 경장경로가 가능한 경우, 식욕부진이 있으면 약물로서 식욕을 자극해야 하며, 영양 보조와 함께 단백 동화제 또는 항대사제를 사용해야 한다. 암환자에게 시행하는 영양중재는 다음과 같다.

- 식습관을 사정한다. 과거의 체중 변화, 음식의 기호도, 식습관, 영양보충제 사용 여부, 최근 섭취하는 열량, 꺼려하는 음식, 입맛의 변화, 매끼마다 음식량은 적절하게 분배해서 먹는지, 누가 식사를 준비하는지, 혼자서 식사를 하는지 등을 사정해야 한다. 과거 혹은 현재의 치료로 생긴 부작용은 어떠한 것이 있는지 살펴보아야 한다.
- 매일 열량과 단백질 섭취를 관찰하고, 환자의 반응에 따라 개별적으로 조정해야 한다.
- 체중감소를 예방해야 한다. 메게스트롤 아세테이트(megestrol acetate)는 위장관 불편감을 감소시키고 입맛을 촉진시키는데 사용하는 호르몬이다. 메게스트롤 아세테이트는 20mg 또는 40mg의 정제, 40mg/mL의 현탁액 등이 있으며, 1일 800mg(정제) 또는 600mg(현탁액)을 처방받은 환자의 70%는 1~2주 이내에 식욕의 호전을 보이는 것으로 나타났다. 그러나 메게스트롤 아세테이트는 제지방이 아닌 체지방과 일부 체액의 증가로 인한 체중 증가를 가져오는 것이므로 생존이나 삶의 질에 영향을 주지는 못한다.
- 오심이 있으면 식사 30~60분 전에 진토제를 제공한다.
- 통증이 있으면 식사 30~60분 전에 진통제를 제공한다.
- 식사의 유형과 스낵의 종류를 사정한다. 이전에 식사제한(예를 들어, 콜레스테롤, 지방과 총열량)을 했다면 계속 가능하다. 환자는 식사 사이에 먹거나 고열량 음식을 섭취하는 것을 주저할 수도 있지만 환자와 그 가족에게 이를 염려할 필요는 없다고 안심시킨다.
- 환자가 식사를 준비할 수 있도록 고려해 본다. 쉽게 구할 수 있는 음식을 추천하여 환자가 혼자 있을 때를 대비할 수 있다.

- 환자와 그 가족에게 영양 지침서를 제공한다. 비록 추천된 음식을 섭취하도록 격려하는 것이 중요할지라도, 가족이 환자에게 지나치게 강요하면 기대한 바의 반대되는 결과를 가져올 수도 있다.
- 가능하면 언제든지 음식을 먹을 수 있도록 환자를 격려하지만 때때로 영양보충제가 필요한 경우도 있다.
- 복합 비타민, 무기질 제제는 균형 잡힌 음식을 섭취할 수 없거나 특정 영양소의 결핍이 있는 환자에게 필요하다.

암 치료를 받는 동안 건강한 식단은 신체기능을 최상을 유지하는 데 도움이 되며 감염 예방, 치료의 부작용을 예방하기 위해서 중요하다. 적절한 체중과 체내에 충분한 영양소를 유지하기 위해 노력해야 한다. 표 16-8는 치료동안의 식이생활지침과 팁이다.

모든 암 치료법은 암세포를 죽이는 것과 동시에 건강한 세포도 손상이 되므로 여러 암치료 중 부작용이 발생하게 된다. Box 16-1은 암환자들이 치료과정에서 경험할 수 있는 부작용들이다. 표 16-9는 암치료 중 발생하는 영양상의 특정 부작용을 해결하는 방법을 제시하였다.

표 16-8 치료동안의 식이생활지침과 팁

분류	설명
식이섭취 팁	• 새로운 음식을 시도하는 것을 두려워하지 않는다. 전에는 결코 좋아하지 않았던 어떤 것들은 치료하는 동안 맛이 좋을 수도 있다. • 다양한 식물성 식품을 선택한다. 고기 대신 콩과 완두콩을 먹도록 한다. • 다양한 색상의 과일과 채소를 매일 더 많이 먹도록 노력한다. 다채로운 야채와 과일, 식물성 식품에는 건강을 증진시키는 천연 물질이 많이 포함되어 있다. • 건강한 체중을 유지하고 신체 활동을 유지한다. 치료 중 작은 체중 변화는 정상이다. • 적색육이나 가공육, 설탕이 첨가된 음료 및 가공식품을 제한하거나 피한다.
체중이 감량될 때 섭취 팁	• 하루 종일 소량의 간식을 먹는다. • 준비하고 먹기 쉬운 단백질이 풍부한 다양한 스낵을 준비한다(요거트, 시리얼 및 우유, 샌드위치 반 개, 푸짐한 수프 한 그릇, 치즈 및 크래커). • 치료 관련 부작용을 악화시킬 수 있는 간식을 피한다. 예를 들어 설사가 있는 경우 팝콘과 생과일 및 채소를 피하고, 목이 아프면 건조하고 거친 간식이나 산성 음식을 먹지 않는다. • 간식 없이 정상적으로 먹고 체중을 유지할 수 있다면 간식을 포함하지 않는다.
더 많은 칼로리와 단백질 섭취 팁	• 하루에 3번의 많은 식사보다는 소량의 간식을 여러 번 먹는다. • 하루 중 시간에 관계없이 가장 배가 고플 때 가장 많은 식사를 한다. • 하루 중 언제든지 좋아하는 음식을 먹는다. • 배고플 때까지 기다리지 말고 자주 먹는다. • 매 끼니와 간식 때마다 고칼로리, 고단백 음식을 먹도록 한다. • 식사 전에 가벼운 운동을 하거나 산책을 하여 식욕을 돋군다. • 밀크 쉐이크 및 캔에 들어있는 액상 보충제와 같은 고칼로리, 고단백 음료를 마신다. • 식사와 함께 말고 식사 사이에 대부분의 수분을 섭취한다. 식사와 함께 수분을 섭취하면 포만감을 느낄 수 있다. • 수제 또는 상업적으로 준비된 영양 바와 푸딩을 사용해 본다.

출처: American Cancer Society, Eating well during treatment, Accessed November 26, 2022, Available at: https://www.cancer.org

BOX 16-1 암치료 과정에서 발생할 수 있는 부작용

- 식욕상실, 식욕부진
- 오심
- 구토
- 입마름
- 입이나 목 염증(구내염)
- 음식 맛의 변화
- 삼킴의 어려움, 삼킬 때 입과 목의 통증
- 소량의 음식 섭취 후 포만감
- 변비
- 설사
- 피로
- 우울감

출처: 국가암정보센터, 퇴원 후 암환자 케어를 위한 일차의료 진료 매뉴얼(2020년 update).
National cancer institute, Effects of cancer treatment on nutrition, Accessed November 26, 2022, Available at: https://www.cancer.gov

표 16-9 암과 암 치료로 인한 영양관련 문제를 해결하기 위한 접근

영양문제	영양적 접근
식욕부진	• 단백질과 칼로리가 높은 음식을 섭취한다(콩, 닭, 생선, 고기, 요거트, 달걀). • 단백질 강화 우유를 사용하는 것과 같이 음식에 여분의 단백질과 칼로리를 추가한다. • 식욕이 가장 왕성할 때 식사에서 고단백 식품을 먼저 섭취한다. • 식사 중에는 소량의 액체만 마신다. • 단단한 음식을 먹고 싶지 않다면 밀크세이크, 스무디, 주스 또는 수프를 먹는다. • 좋은 냄새가 나는 음식을 먹는다. • 새로운 음식과 새로운 요리법을 시도한다. • 영양가가 높은 혼합 음료를 마신다. • 하루 종일 소량의 식사와 건강에 좋은 간식을 자주 먹는다. • 기분이 좋고 휴식을 취할 때 더 많은 양의 식사를 한다. • 가장 배가 고플 때 가장 많이 식사를 한다. • 배가 고플 때 바로 먹을 수 있도록 소량의 좋아하는 음식을 만들어 보관한다. • 좋은 식욕을 가질 수 있도록 가능한 한 활동적으로 행동한다. • 이를 닦고 입을 헹구어 증상과 뒷맛을 완화한다. • 오심, 구토 또는 음식 맛과 냄새의 변화와 같은 섭식 문제가 있는 경우 의사 또는 영양사와 상담한다. • 이러한 식단 변경이 식욕부진에 도움이 되지 않으면 매일 충분한 영양분을 섭취할 수 있도록 튜브 영양법이 필요할 수 있다. • 식욕을 증가시키기 위해 약물을 투여할 수 있다.
오심	• 끌리는 음식을 선택한다. 메스껍게 만드는 음식을 억지로 먹지 않는다. 오심이 있을 때는 오심과 좋아하는 음식이 연결되는 것을 피하기 위해 좋아하는 음식을 먹지 않는다. • 과식보다는 담백하고, 부드러우며, 소화가 잘 되는 음식을 먹는다. • 크래커, 빵 스틱, 또는 토스트와 같은 건조한 음식을 하루 종일 먹는다. • 구운 흰 빵, 플레인 요거트, 맑은 국물과 같이 위장에 부담이 가지 않는 음식을 먹는다. • 아침에 오심이 있으면 침대에서 일어나기 전에 마른 토스트나 크래커를 먹는다. • 상온의 음식을 먹고, 음료를 마신다. • 하루 종일 천천히 음료를 마신다. • 입맛이 좋지 않으면 페퍼민트나 레몬 방울과 같은 딱딱한 사탕을 빨아 먹는다.

표 16-9 암과 암 치료로 인한 영양관련 문제를 해결하기 위한 접근 –계속

영양문제	영양적 접근
오심	• 강한 냄새가 나는 음식과 음료를 멀리한다. • 매 세끼의 많은 식사 대신에 5~6끼의 소량 식사를 한다. • 포만감이나 팽만감을 피하기 위해 식사 중에 소량의 액체만을 마신다. • 식사와 간식을 거르지 않는다. 공복은 오심을 악화시킬 수 있다. • 먹기 전후에 입을 헹군다. • 요리 냄새가 나거나 매우 따뜻한 방에서 식사하지 않는다. 쾌적한 온도와 통풍이 잘되는 생활공간을 유지한다. • 식사 후 1시간 동안은 머리를 들고 앉는다. • 먹고 마시기에 가장 좋은 시간을 계획한다. • 암치료 전에 휴식을 취한다. • 암치료 1–2시간 전에는 음식을 먹지 않는다. • 헐렁하고 편안한 옷을 입는다. • 오심을 느끼는 시기와 그 이유를 기록해둔다. • 항구토제 사용에 대해 의사와 상담한다.
구토	• 구토가 멈출 때까지 아무것도 먹거나 마시지 않는다. • 구토가 멈춘 후 소량의 맑은 액체를 마신다. • 구토 없이 맑은 액체를 마실 수 있게 되면, 묽은 수프나 밀크쉐이크와 같이 위장에 부담을 주지 않는 액체를 마신다. • 매일 세끼의 많은 식사 대신에 5~6끼의 소량 식사를 한다. • 구토 후 똑바로 앉고, 앞으로 구부리지 않는다. • 구토를 예방하거나 조절하기 위해 의사와 상담한다.
입마름	• 삼키기 쉬운 음식을 먹는다. • 소스, 육수 또는 샐러드 드레싱으로 음식을 적신다. • 레모네이드와 같이 매우 달거나 시큼한 음식과 음료를 섭취하여 더 많은 침을 분비하도록 돕는다. • 무설탕 껌이나 사탕 중에 계피, 민트, 귤 맛이 도움이 되며, 침 분비를 유도한다. • 딱딱한 사탕, 아이스 팝 또는 얼음 조각을 빨아먹는다. • 하루 종일 물을 마신다. • 술, 맥주 또는 포도주도 마시지 않는다. • 입에 상처를 줄 수 있는 음식(매운 음식, 신 음식, 짠 음식, 딱딱한 음식, 아삭한 음식 등)을 먹지 않는다. • 립밤으로 입술을 촉촉하게 유지한다. • 1~2시간마다 입을 헹군다. 알코올이 함유된 구강청결제를 사용하지 않는다. • 담배 제품을 사용하지 말고 간접흡연을 피한다. • 의사나 치과의사에게 인공 타액이나 이와 유사한 제품을 사용, 입과 목을 촉촉하게 하고 보호하고 촉촉하게 하는 방법에 대해 문의한다.
구내염	• 밀크셰이크, 스크램블 에그, 커스터드와 같이 씹기 쉬운 부드러운 음식을 먹는다. • 부드럽고 부드러워질 때까지 음식을 조리한다. • 음식을 작은 조각으로 자른다. 블렌더나 조리기구를 사용하여 음식을 부드럽게 만든다. • 입을 마비시키고 진정시키기 위해 얼음 조각을 빤다. • 차갑거나 상온에서 음식을 먹는다. 뜨거운 음식은 구강의 상처를 아프게 한다. • 입의 아픈 부분에 닿지 않도록 액체를 빨대로 마신다. • 작은 숟가락을 사용하면 씹기 쉬운 작은 조각을 먹을 수 있다. • 오렌지, 레몬, 라임과 같은 감귤류 식품, 매운 음식, 토마토와 케첩, 짠 음식, 생야채, 날카롭고 바삭바삭한 음식, 알코올 음료 등을 피한다. • 담배 제품을 사용하지 않는다. • 머리와 목에 대한 면역 요법, 화학 요법 또는 방사선 요법을 시작하기 최소 2주 전에 치과 의사를 방문한다. • 상처, 흰색 패치 또는 붓고 붉은 부분이 있는지 매일 입 안을 확인한다. • 하루에 3~4번 입안을 헹군다. 베이킹 소다 ¼티스푼, 소금 ⅛티스푼, 따뜻한 물 1컵을 섞어 입을 헹군다. 알코올이 함유된 구강청결제를 사용하지 않는다. • 이쑤시개나 기타 날카로운 물체를 사용하지 않는다.

표 16-9 암과 암 치료로 인한 영양관련 문제를 해결하기 위한 접근 –계속

영양문제	영양적 접근
입맛 변화	• 붉은 고기 대신 가금류, 생선, 달걀, 치즈를 먹는다. • 음식에 향신료와 소스를 추가한다(양념 식품). • 크랜베리 소스, 젤리 또는 사과 소스와 같은 단 음식과 함께 고기를 먹는다. • 시큼한 음식과 음료를 먹는다. • 입안에 금속성 또는 쓴맛이 나는 경우 무설탕 레몬 방울, 껌 또는 박하를 사용한다. • 플라스틱 식기를 사용하고 음식에 금속 맛이 나는 경우 금속 용기로 직접 마시지 않는다. • 구역질이 나지 않을 때 좋아하는 음식을 먹도록 한다. 기분이 좋을 때 새로운 음식을 시도한다. • 고기가 아닌 고단백 요리법을 찾는다. • 음식 맛이 싱겁지만 불쾌하지 않은 경우 음식을 더 오래 씹어 미뢰와 더 많이 접촉한다. • 음식과 음료를 덮거나, 빨대로 마시거나, 요리할 때 주방 팬을 켜거나, 냄새가 거슬리면 야외에서 요리한다. • 이를 닦고 입을 관리한다. 검진을 위해 치과를 방문한다.
설사	• 충분한 수분을 섭취한다. • 설사로 인해 손실된 전해질을 이온음료나 염분, 칼륨 등이 함유된 식품을 섭취한다. • 너무 차거나 뜨거운 음식, 자극적인 음식은 피한다. • 커피, 홍차 등의 카페인이 든 음료, 탄산음료, 초콜릿 등은 피한다. • 유당 불내증이 있는 경우 우유나 유제품은 피한다. • 급성 설사 시에는 금식을 유지하고 수액주사를 하며, 이후 맑은 유동식부터 서서시 식사를 진행한다.
변비	• 자기 전이나 아침에 일어나서 차가운 물을 먹어 장운동을 돕는다. • 충분한 수분을 섭취한다. • 고섬유질(채소, 과일, 잡곡류 등) 식품을 섭취한다. • 적절한 음식 섭취량을 유지한다. • 가벼운 걷기 등 매일 운동을 한다.

출처: 국가암정보센터, 퇴원 후 암환자 케어를 위한 일차의료 진료 매뉴얼(2020년 update).
National Cancer Institute, Treatment of symptoms, Accessed November 26, 2022, Available at: https://www.cancer.gov

>> 간호적용

암환자 사례

대상자는 60세 남자로 2년전 폐암을 진단 받았으며, Rt lobectomy 수술을 받았다. 1년 후 림프절 전이 소견이 있어 방사선 치료를 받았으며, 방사선 치료 후 오심이 심하였다. 식사량이 매우 적었으며, 키 178cm에 몸무게 50kg로 체중이 최근 들어 5kg 감소가 되었다. 하루 섭취량 500cc, 배설량 700cc로 체크되었으며, 혈액검사상 total protein이 5.2g/dL, albumin 2.3g/dL, Hb 8.4g/dL이었다. 대상자는 힘이 없이 침대에 하루 종일 누워 있는 시간이 많았으며, 특히 식사시간에 음식 냄새가 날 때 오심을 심하게 호소하고, 식사 시에 미식거린다고 단 음료수를 자주 마신다. 오심을 감소시키는 방법에 대해 알지 못하였으며, 이해가 부족하고, 알려고 하는 의지가 보이지 않는 상태이다.

(1) 간호사정

① 주관적 자료

- "자꾸 미식거리고 토할 것 같아요."
- "식사가 나올 때, 따뜻한 음식을 먹을 때 더 미식거려요."
- "얼음조각을 먹을 때는 좀 미식거린 것이 감소해요."

② 객관적 자료

- 혈액검사상 소변 검사상 total protein이 5.2g/dL, albumin 2.3g/dL, Hb 8.4g/dL
- I/O 500/700
- 체중이 최근 들어 5kg 감소
- 하루 종일 움직이지 않고 침대에만 누워있음

(2) 간호진단

- 오심 감소 전략에 대한 정보부족, 이해부족, 알려고 하는 동기부족과 관련된 오심

(3) 간호목표

- 오심 감소 전략을 설명할 수 있다.
- 오심 감소 전략을 이해하고, 실천할 수 있다.
- 오심 감소를 하고자 하는 동기가 강화되었다고 표현한다.

(4) 간호계획

- 오심의 원인, 오심 감소를 통한 식이 섭취의 중요성, 오심 감소 전략에 대한 정보를 준다.
- 오심의 원인을 파악한다.
- 오심 감소 전략을 같이 세운다.
- 오심 감소 전략에 대해 이해가 안 되는 부분을 재교육 한다.
- 오심 감소의 중요성에 대해 이야기하고, 오심 감소 전략을 같이 세우면서 동기를 강화한다.
- 오심 감소 전략을 사용할 때 칭찬과 격려를 해 준다.

(5) 간호중재

- 오심의 원인, 오심 감소를 통한 식이 섭취의 중요성, 오심 감소 전략에 대한 정보를 주었다.
- 오심의 원인을 파악하였다(병실 전체에 식사가 나올 때와 따뜻한 음식을 먹을 때 심해짐).
- 오심 감소 전략을 같이 세웠다.

- 오심 감소 전략에 대해 이해가 안 되는 부분을 재교육하였다.
- 오심 감소의 중요성에 대해 이야기하고, 오심 감소 전략을 같이 세우면서 동기를 강화하였다.
- 오심 감소 전략을 사용할 때 칭찬과 격려를 해주었다.

(6) 간호평가

- 오심 감소 전략을 말로 표현하였다.
- 오심 감소 전략을 이해한다고 말로 표현하였다.
- 오심 감소 전략을 실천하였다: 식사가 나올 때 휴게실에서 환기를 시키고 식사가 끝난 뒤 소량씩 천천히 식사를 하였고, 음식을 차갑게 해서 섭취하였다. 식사 중에 단 음료수는 마시지 않았으며, 침대에서 나와 하루에 2회 가벼운 걷기 운동을 하였다.
- 오심 감소를 하고자 하는 동기가 강화되었다고 말로 표현하였다.

생각해보기

1. 암 수술에 따른 영양적인 부작용은 무엇인가?
2. 암환자에서 흔한 영양 문제인 식욕부진/조기포만감, 오심과 구토 시 간호중재는 무엇인가?

17장

알레르기 식이

2016년 7월 29일 환자안전법 시행 후 보건의료기관 내 환자안전사고 정보를 국가 차원에서 수집, 분석하고 전체 보건의료기관에 확산시켜 환자안전사고의 재발 방지를 목적으로 환자안전사고 보고 · 학습시스템이 구축되었다. 새로운 유형의 환자안전사고가 발생한 경우, 환자안전에 중대한 위해가 발생할 우려가 있는 경우, 평소보다 환자안전사고 보고가 급증한 경우 등의 사유가 발생하면 보건의료기관에 환자안전 주의경보를 발령한다. 각 기관에서는 환자안전 주의경보 내용을 자체 점검하여 그 결과를 자율적으로 등록하고 있으며, 이는 의료기관 인증평가에 반영되게 된다.

2021년 7월 20일 발령된 주의경보는 두드러기를 주호소로 입원한 환자의 '갑각류' 알레르기와 입원시 '땅콩', '갑각류' 알레르기가 있는 50대 천식 입원 환자의 환자안전사고 발생과 관련된 식품알레르기였으며, 각 기관에서는 재발방지를 위해 다각적인 활동을 하고 있다. 식품알레르기가 있는 환자에게 알레르기 유발 성분이 포함된 환자식이 제공될 경우 환자에게 중대한 위해가 발생할 우려가 있어 주의가 필요하다. 식품알레르기가 있는 환자에게 알레르기 유발 식품이 제공되지 않도록 해야 하며, 환자와 보호자도 의료진에게 식품알레르기 유무를 꼭 알리고, 제공되는 식사에 알레르기 유발 식품의 포함 여부를 확인하는 등의 적극적인 참여가 요구된다.

01 식품알레르기

1) 알레르기

모든 생명체는 자신(self)과 비자기(non-self)를 구분하여 해가 되는 것에 대해 면역반응(immunity)를 보임으로써 외부 환경에 대해 자신을 적응하고 보호하며 살고 있다. 비자기에 해당하는 물질은 미생물을 비롯하여 헤아릴 수 없이 많다. 그중 인체에 해가 되지 않는 꽃가루나 공기 중의 먼지, 또는 매일 먹는 식품 등의 물질에 대해서는 대부분의 사람들이 면역관용을 보임으로써 아무런 문제없이 살아간다. 그러나 인체에 해가 되지 않는 물질에 대해 면역체계가 작동하고 이로 인해 나타난 면역반응에 의해 우리 세포의 손상이 초래되는 경우가 있는데 이를 알레르기(allergy)라고 한다.

알레르기는 항원(antigen or allergen)에 대한 특이 항체가 형성되어 항원의 접촉에 즉각적인 면역 반응을 일으키는 증상이 자주 재발하거나 만성화하는 질환으로 제1형 과민반응(Type I hypersensitivity)과 관련되어 해롭지 않은 비자기를 항원(allergen, 알러겐)으로 인식하고 이에 대해 특이 항체(IgE)가 형성되어 항원이 체내로 들어올 때마다 독특한 임상 양상을 보인다. 이러한 과민반응이 임상 증상으로 발현되는 경우를 알레르기질환이라고 부르며, 전통적으로 천식, 알레르기비염, 알레르기결막염, 아토피성 피부염, 식품알레르기, 약물알레르기, 곤충알레르기 등이 이러한 질환으로 분류되고 있다.

2) 식품알레르기

(1) 식품알레르기와 식품불내성

여러 종류의 알레르기 중에서 원인물질인 항원이 식품인 경우를 식품알레르기라고 부른다. 식품이나 식품첨가물 섭취 후 발생되는 이상반응을 총칭하여 '식품이상반응'이라하고 면역학적인 반응에 의해 발생되는 경우를 '식품알레르기(food allergy)', 면역학적 기전이 아닌 경우는 '식품불내성(food intolerance)'이라고 한다.

우유, 달걀, 대두 등 보통 사람에게는 아무렇지도 않은 식품이 알레르기 체질의 사람에게는 알러겐으로 작용하여 구토, 복통, 설사, 심한 소양증을 동반한 두드러기, 천식, 두통, 때로는 전신 쇼크 증상 등을 일으킨다. 식품알레르기가 있는 아동은 다른 알레르기성 질환을 앓는 경우도 많은데, 미국의 조사에서는 식품알레르기가 없는 아동에 비해 천식을 앓는 경우가 4배 정도 되며, 아토피성 피부염은 2.4배, 호흡기 알레르기는 3.6배 정도 많은 것으로 보고되었다.

식품불내성(food intolerance)은 임상증상은 유사하지만 식품알레르기와는 매우 다르며, 신체의 면역기능과는 관계가 없다. 식품불내성은 그 원인이 효소나 운반의 결함 등 면역학적 기전이 아닌 경우를 말하며, 대사성 식품 반응, 약리적 식품 반응, 식중독 및 식품 특이 반응 등이 이에 속한다. 대사성 식품 반응은 식품이 대사되는 과정에서 발생되는 이상 반응이며, 대표적인 예로 유당불내성(lactose intolerance)이 있다. 약리적 식품 반응은 커피의 카페인, 오래 발효된 치즈 내에 있는 티라민 등 식품에 포함되어 있거나 MSG 등 첨가된 화학 물질이 약물과 같은 작용을 하여 발생하는 경우를 들 수 있다.

식품알레르기와 식품불내성의 기전은 다르지만 알레르기 증상을 악화시킨다는 점에서는 같기 때문에 알레르기 증상 관리에 있어서 특정 식품을 제한해야 한다는 원칙은 같다.

(2) 식품알레르기 발생 빈도와 원인 식품

일반적으로 전체 인구의 3~7% 정도가 식품알레르기를 가지고 있는 것으로 알려져 있고, 빈도는 아이가 어릴수록 높아서 영유아에서는 7%까지 보고되고 있다. 대한소아알레르기호흡기학회가 5년마다 한 번 실시하는 전국적 역학 조사에서 초등학교생의 식품알레르기는 5% 정도로 나타났으며, 점차 증가하고 있는 추세이다. 식품알레르기는 임상 증상이 다양하고 조사 방법에 따라 발생 빈도가 다르게 보고된다. 식품알레르기는 위장관이 미숙한 영아나 어린이에게서 더욱 자주 일어난다. 의사의 진단에 의한 식품알레르기의 발병률은 성인이 1~2%, 영아와 소아는 6~8%로 보고되고 있다. 자가보고(self-report)에 근거하여 조사한 경우에는 성인에서 20% 정도가 식품알레르기를 경험한 걸로 나타났지만, 이는 식품불내성을 알레르기라고 잘못 알고 있는 경우가 포함된 것으로 보인다.

알레르기를 일으키는 식품은 흔히 섭취하는 대부분의 식품이다. 알레르기 원인이 되는 식품의 가짓수는 식물성이 많지만, 실제로 반응을 일으키는 비율은 동물성 식품이 식물성 식품에 비해 2배 정도 높다. 우리나라 소아알레르기 호흡기 학회에서 조사한 바에 의하면, 달걀, 돼지고기, 복숭아, 고등어, 닭고기, 우유, 메밀, 게, 밀가루, 토마토 순으로 알레르기를 많이 일으키는 것으로 나타났다. 옥수수, 메밀 등은 먹는 것뿐만 아니라 흡입이나 접촉에 의해서도 증상이 나타난다. 메밀껍질을 속에 넣은 베개를 사용하면 천식이나 알레르기성 비염의 원인이 되기도 한다. 채소류는 조리하면 해가 없는 경우가 많다. 딸기는 딸기 자체가 원인이 아니고 표면에 부착된 오염 물질이 원인이라 생각되므로 잘 씻어 먹어야 한다. 빵의 발효에 사용되는 이스트나 맥아를 함유한 맥주, 포도주 등도 알러겐이 된다. 종실류(seeds and nuts), 콩류(pulses)에는 강한 알러겐이 들어 있으며 견과류에 대해서 알레르기 증상을 나타내는 사람은 다른 견과류에 대해서도 반응을 나타낸다(그림 17-1).

국내와 외국의 식품알레르기 주요 원인 식품의 종류는 대부분 비슷하지만 우선순위가 다르며, 각 나라별 식문화가 식품알레르기 유병률에 영향을 미칠 수 있다. 식품알레르기 원인식품과 전혀 다른 식품이라도 구조가 비슷하면 알레르기 반응이 생기기도 하며, 이를 '교차반응'이라고 한다(그림 17-2).

2015년 4월 8일 개정된 식품의학품안전처의 알레르기 식품 표시제에 따르면, 대상 식품의 재료를 함유하거나 이들 식품으로부터 추출 등의 방법으로 얻은 성분과 이들 식품 및 성분을 함유한 식품 또는 식품첨가물을 원료로 사용하였을 경우 함유된 양과 관계없이 원재료 명을 표시해야 한다. 법적으로 표시하도록 되어 있는 대

동물성 식품

식품류	종류
육류	돼지고기, 닭고기, 쇠고기
생선류	고등어, 꽁치, 대구, 갈치, 꽁치, 정어리, 멸치, 황새치, 가자미, 연어, 홍어, 참치
해산물류	게, 새우, 오징어, 가리비, 문어, 전복
유제품	치즈, 요구르트, 아이스크림, 버터
란(알)류	계란, 메추리알

식물성 식품

식품류	종류
과일류	복숭아, 사과, 수박, 딸기, 멜론, 바나나, 포도, 감, 자두, 무화과
곡류	밀, 메밀, 옥수수, 참깨, 대두
채소류	토마토, 양파, 무, 시금치, 양배추, 오이, 삼, 상추, 호박, 토란
견과류	땅콩, 잣, 호두, 은행, 아몬드, 캐슈넛, 피스타치오

그림 17-1 알레르기 주요 원인 식품

상은 난류(가금류에 한한다), 우유, 메밀, 땅콩, 대두, 밀, 고등어, 게, 새우, 돼지고기, 복숭아, 토마토, 아황산류(이를 첨가하여 최종제품에 SO2로 10mg/kg 이상 함유한 경우에 한한다), 호두, 닭고기, 쇠고기, 오징어, 조개류(굴, 전복, 홍합 포함)를 함유한 원재료와 이들 식품으로부터 추출 등의 방법으로 얻은 성분이나 이들을 함유한 식품 또는 식품첨가물을 원료로 사용한 경우이다.

(3) 식품알레르기의 증상

알레르기 증상은 항원-항체 반응에 의해 비만세포(mast cell)에서 히스타민(histamine), 세로토닌(serotonin), 아세틸콜린(acetylcholine) 등의 신경전달물질(neurotransmitter)이 유리되어 평활근의 경련, 모세혈관 투과성 항진에 따른 부종, 그리고 점액선 분비를 증가시킴으로써 나타난다. 증상이 나타나는 표적 기관에 따라 두드러기 또는 아토피 피부염과 같은 피부 증상, 기관지 천식, 비염과 같은 호흡기 증상, 복통, 구토, 설사와 같은 위장관 증상 등으로 분류되며, 흔하지는 않지만 아나필락시스 쇼크(anaphylaxis shock)와 같은 전신적인 반응으로 나타나기도 한다.

식품알레르기의 일반적인 증상은 개인마다 차이가 있으며, 호흡기, 소화기, 피부, 전신적 반응 등 모든 기관에서 알레르기 증상을 일으키고 가벼운 반응에서 생명을 위협하는 반응까지 증상의 정도가 다양하다. 반응 시간도 식품 섭취 후 수분 내에 일어나는 즉시형 반응에서 1~2일 후 나타나는 반응까지 다양하고, 반응을 일으킬 수 있는 식품의 양도 개인에 따라 큰 차이가 있다. 또한 식품을 섭취하였을 때는 아무 문

알레르기 반응을 일으키는 식품	교차 반응으로 문제가 될 수 있는 식품	교차 반응률
콩류 땅콩	그외 종류 완두콩 렌즈콩 대두	5%
견과류 호두	그외 견과류 브라질 캐슈넛 헤이즐넛	37%
생선 연어	그외 생선 황새치 가자미	50%
갑각류 새우	그외 갑각류 게 바닷가재	75%
곡류 밀	그외 곡류 보리 호밀	20%
우유	육류	10%
	양, 염소의 젖	92%
	말의 젖	4%
꽃가루 자작나무 돼지풀	과일/채소 사과 배 멜론	55%
복숭아	그외 장미와 과일 사과 자두 체리 배	55%
멜론	그외 과일 수박 아보카도 바나나	92%
라텍스 라텍스 장갑	과일 키위 아보카도 바나나	35%
과일	라텍스 라텍스 장갑	11%

그림 17-2 교차반응을 나타내는 식품과 교차반응률

출처: 소아알레르기호흡기학 제2판

제가 없으나 식품을 섭취한 후 운동을 했을 때 아나필락시스 증상이 나타나는 경우도 있다. 연구에 의하면 식품알레르기는 급성 두드러기의 20%, 아토피 피부염의 30~40%, 아토피성 천식의 5%, 그리고 아나필락시스의 가장 흔한 원인으로 알려져 있다.

아나필락시스란 원인 식품을 섭취한 후에 입과 피부, 위장, 호흡기계, 심혈관계 등 여러 조직과 기관에 영향을 주면서 심한 경우 호흡곤란, 청색증, 혈압저하, 실신 등이 나타나는 현상을 말한다. 이 상태에 이르게 되면 몇 분 안에 사망할 가능성이 높기 때문에 즉각적인 응급처치가 요구된다.

(4) 식품알레르기의 진단

알레르기질환의 진단에 있어 임상 증상 및 진찰 소견의 확인은 매우 중요하다. 알레르기 검사에서 양성이 나오더라고 아무런 증상이 없는 경우도 많기 때문이다. 이들은 임상 증상이 없기 때문에 알레르기질환자라고 하지 않는다. 따라서 알레르기질환 진단을 위해 특징적인 증상과 진찰 소견이 있는지 먼저 확인하고, 알레르기 검사는 이러한 경우에만 확진을 위한 보조적인 검사로 이용될 수 있다.

식품알레르기 진단을 위해 이전 병력 조사, 식사일기, 알레르기 혈청검사와 피부반응 검사, 식품제거 및 식품유발 검사를 시행할 수 있다. 그러나 자세히 병력을 조사해도 증상이 다양하여 알레르기의 원인이 되는 식품을 찾아내기란 대단히 어려운 일이다. 섭취하는 식품의 종류, 조리법, 섭취량, 증상의 발현시간, 양상 등을 기록한 식사일기가 도움이 된다. 피부반응 검사(skin test)는 식품항원을 피내주사하거나 피부에 붙여 피부의 반응을 확인하는 방법인데(그림 17-3) 신뢰도가 낮은 걸로 알려져 있다. 혈청 내 특정식품과 반응하는 항체(IgE)를 측정하는 검사법(RAST)도 있다. 그러나 두 방법 모두 검사결과가 양성으로 나타났어도 식품을 먹고 증상이 나타

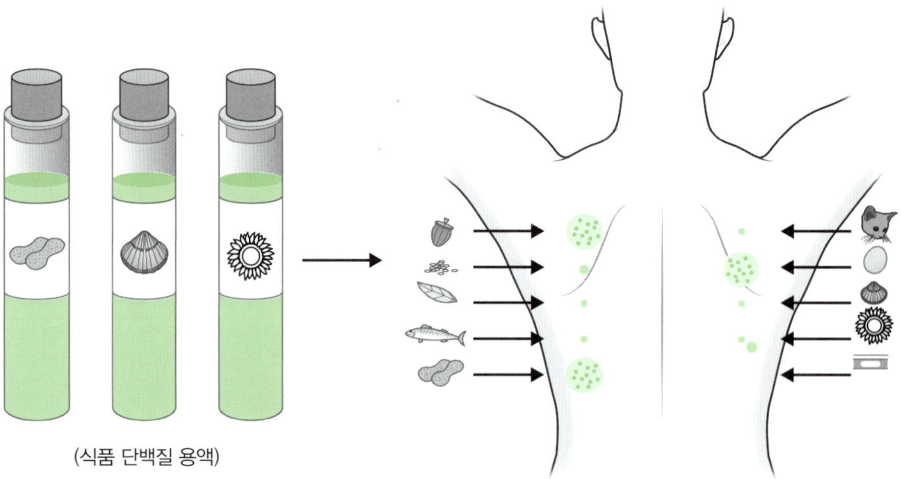

식품 단백질 용액을 피부에 한 방울씩 떨어뜨린 후 진단용 바늘을 사용하여 용액이 피부에 스며들게 함
→ 피부가 부풀어오르면 팽진의 크기를 측정하여 판정

그림 17-3 피부반응검사

나지 않으면 식품알레르기로 진단하지 않으며 식품섭취가 가능하기 때문에 진단적 가치가 높지는 않다.

의심되는 여러 종류의 식품을 제한한 뒤 한 가지씩 제한을 풀어주는 방법(배제 식사요법; elimination diet), 의심되는 식품들을 돌아가면서 제한해 나가는 방법(rotation diet)과 저알레르기 식단으로 시작하여 식품을 추가하는 방법(식품도전검사; food challenge test) 등이 식품알레르기의 진단에 이용된다. 이러한 식품유발시험은 확진을 하는데에는 도움이 되지만 부작용을 동반할 수 있기 때문에 병원에서 전문의의 감독을 받으면서 조심스럽게 시행해야 한다.

(5) 식품알레르기의 영양관리

식품알레르기는 원인식품 섭취를 완전히 제한하는 것이 근본적인 치료법이다. 식품을 제한하다보면 다양한 식품을 섭취할 수 없어 영양결핍과 심리적, 사회적 장애를 초래할 수도 있다. 원인식품 제한은 알레르기의 원인으로 진단된 식품만을 제한하도록 한다. 알러겐은 매우 적은 양으로도 증상을 악화시킬 수 있기 때문에 가공식품 안에 포함된 경우도 철저히 제한하도록 한다. 일반적으로 의심스런 원인식품은 몇 가지로 한정되는 경우가 많은데 우유, 달걀, 대두가 대표적이다. 이 식품들은 여러 가지 음식이나 가공식품에 사용되고 있으므로 제거식품의 수가 대단히 많아진다. 또한 여러 가지 식품에 알레르기가 있는 경우에도 영양결핍이 되기 쉽다. 이때에는 영양적, 기능적으로 대체할 식품을 찾아주고 영양소의 균형을 취할 수 있도록 해주어야 한다. 적절한 대체식품이 없거나 섭취량이 부족할 경우에는 비타민, 무기질의 보충제 섭취가 필요하다.

식품 제거요법은 환자에게 불편과 정신적 스트레스를 주게 되므로 몇 개월간 제거요법을 한 후에 유발시험을 해서 알레르기 증상이 나타나지 않으면 이를 중지한다. 현재로서는 식품제거요법이 가장 효과적인 치료법이라고 알려져 있지만 완치는 되지 않으므로 재발을 막기 위해 원인식품을 섭취하지 않도록 한다. 원인식품 제한 시 원인식품

표 17-1 제한식품에 대한 대체 식품

제한식품	피해야 할 식품	대체 식품
우유	치즈, 아이스크림, 요구르트, 크림스프, 버터, 푸딩, 커스터드	두유
계란	계란이 든 국수, 마요네즈	계란이 들어 있지 않은 제과류
밀	튀김, 밀가루 든 과자, 파스타, 핫도그, 소시지	쌀빵, 떡, 옥수수, 보리쌀, 오트밀시리얼, 당면
대두	간장, 참치 통조림, 대두가 포함된 시리얼, 두유, 마가린	견과류, 우유, 코코넛
옥수수	옥수수빵, 팝콘, 팬케이크 시럽, 사탕, 베이킹 파우더	설탕, 메이플 시럽, 꿀, 베이킹 소다

에 대응하는 식품을 사용하여 일반식의 영양기준량에 맞추도록 한다(표 17-1).

02 알레르기 질환

1) 우유 알레르기

우유 알레르기(milk allergy)는 어느 연령에나 나타날 수 있지만, 영아들에게 흔한 식품알레르기이다. 우유의 여러 단백질 중 유청(whey), 일부 단백질(β-lactoglobulin, β-lactoalbumin)과 카제인(casein)이 우유 알레르기를 주로 일으킨다. 우유는 열처리해도 알레르기 발현성은 줄어들지 않는다. 양이나 염소젖의 단백질도 우유와 같은 알레르기 반응을 일으킨다. 우유 알레르기가 있는 아동들은 두유에도 알레르기 반응을 보이는 경우가 많다. 설사, 구토, 복통, 출혈, 흡수장애의 소화기 증상과 천명, 기침, 비출혈의 호흡기 증상, 담마진(두드러기), 습진 등의 피부증상이 나타난다.

우유 알레르기가 있는 영아는 설사와 점액분비가 나타나며 구토가 흔히 동반된다. 이때의 증상은 락타제(lactase) 결핍으로 인한 유당 불내증과 비슷하지만 유당 불내증과 우유 알레르기는 구분해야 한다. 유당 불내증은 면역반응이 아니며 증상에 따라 치료법이 다양하다. 유당 불내증의 일반적인 증상은 우유 섭취 후의 복통, 가스, 설사 등이다. 우유 알레르기가 있는 아동은 요구르트나 치즈를 먹는 경우에도 알레르기 반응이 나타나지만, 유당 불내증이 있는 경우에는 치즈 등을 먹어도 심한 증상이 없다. 우유 알레르기는 아나필락시스가 잘 일어나지 않지만, 기도가 좁아져 호흡을 방해하여 생명을 위협할 수 있다. 따라서 경미한 반응일지라도 의사에게 알려 확인하고 향후 잠재된 위험을 피하도록 한다.

◆ 식이 지침

우유 알레르기가 있는 아동은 대체식품을 섭취하도록 한다. 영유아의 경우 식습관을 잘 조절하면 알레르기를 방지할 수도 있다. 모유 내에는 면역글로불린 IgA가 있어 항원의 침입을 막아 알레르기가 일어나지 않도록 보호해 주므로 완전모유영양이 식품알레르기를 방지할 수 있는 최선의 방법이다. 다만 이미 특정한 식품알레르기가 발생한 영아에서는 엄마에게도 해당 식품을 제한시킨 후 모유수유를 해야 한다. 또 다른 방법은 이유시기를 4~6개월 이후로 늦추는 것이다. 이유 초기에는 알레르기를 일으키지 않는 쌀, 보리, 귀리를 주고 그 후에는 과일이나 야채 그리고 가장 나중에 고기 종류를 주는 것이 좋다. 우유, 달걀, 생선, 고기, 밀은 생후 9~12개월이 지난 다음에 주는 것이 식품알레르기를 예방하는 좋은 방법이다. 새로운 식품을 줄 때에는 한 가지씩 또는 그 횟수를 일주일에 2회 정도로 제한하는 것이 좋다.

모유 영양을 할 수 없는 우유 알레르기 영아의 경우에는 저항원조제유(알레르기용 특수분유)를 섭취시켜 우유를 대체해야 한다. 우유 대체식품으로 Nutramigen(mead johnson), Alimentum(ross laboratories)을 권하는데, 이는 우리나라의 HA 분유(매일유업)와 유사하다. 적절한 대체식품을 섭취하지 않으면서 우유를 제한하면 칼슘 섭취가 부족해지는데, 영양소가 권장량에 부족하지 않도록 해야 한다. 우유 대신 콩단백 제품을 사용하는 것은 우유 단백질의 과민반응을 증가시킬 수 있으므로 조심하도록 한다.

2세 이전에 발생한 우유 알레르기는 성장하면서 자연히 없어지는데 이는 아마도 면역계 혹은 소화기계가 성숙됨에 따른 결과로 보인다. 6개월마다 실시하는 재평가 결과에 따라서 우유나 유제품을 다시 섭취할 수 있다.

2) 달걀 알레르기

달걀 알레르기(egg allergy)는 가장 흔한 식품알레르기 중 하나로, 특히 영유아에게 나타난다. 달걀을 직접 먹거나 달걀이 포함된 음식을 먹은 후 수 분에서 수 시간 사이에 피부와 소화기, 호흡기 증상이 나타나며, 경미한 정도부터 심각한 정도까지 발생한다. 난백(달걀흰자)에는 난알부민(ovalbumin), 난트렌스페린(ovotransferrin), 난점액질(ovomucoid) 등이 들어 있는데 대부분 여기에 알러겐이 들어있다. 달걀 알레르기가 있는 사람에게 독감 예방접종과 같이 달걀로 배양한 백신을 투여하는 것은 아직 논점으로 남아 있다.

◆ 식이 지침

달걀 알레르기가 있는 사람들은 흰자와 노른자를 모두 제외하도록 하는데, 이는 IgE 항체가 난황(달걀노른자) 단백질에서 유도될 수도 있고, 흰자와 노른자를 완벽히 분리하기도 어렵기 때문이다. 달걀에는 비타민 B_{12}, 엽산, 비오틴, 비타민 B_2, 무기질, 판토텐산, 셀레늄 등이 함유되어 있다. 그러나 달걀은 주식이 아니므로 식이에서 달걀을 제거한다고 해서 이런 영양소가 결핍되지는 않는다. 만약에 부족하면 보충제를 복용한다.

달걀 그 자체를 먹지 않는 것은 어렵지 않지만, 달걀이 들어 있지 않은 식품을 고르는 건 매우 어렵다. 달걀은 알코올 성분이 없는 맥주(거품나게 하는 요소), 포도주, 파스타, 맛살, 마요네즈에도 포함되어 있다. 빵에는 달걀이 포함되어 있을 뿐만 아니라 윤이 나게 하기 위해서도 달걀흰자를 사용하므로 특히 가공품을 선택할 때에는 주의해야 한다. 달걀 대용으로 무달걀 대용품(라벨 확인), 베이킹파우더, 식초, 기름 등을 음식 조리 시에 사용한다.

3) 해산물 알레르기

해산물 알레르기(seafood allergy)는 어류(생선), 극피동물(해삼, 멍게), 갑각류(게, 새우, 바다가재), 연체류(오징어, 낙지), 패류(전복, 굴, 조개, 가리비 등)가 원인이 된다. 3면이 바다로 둘러싸인 우리나라에서는 다양한 해산물이 난다. 해산물은 중요한 단백질 식품으로, 전체 식품 섭취량의 30% 정도에 해당될 만큼 많이 섭취하고 있다. 생선은 성인에게 가장 흔한 알레르기 반응을 보인다. 생선 알레르기가 있는 사람은 교차반응을 우려하여 모든 뼈 있는 생선은 피하는 것이 좋다. 갑각류와 연체류도 교차반응이 있으므로 한 가지 갑각류에 알레르기가 있는 사람은 다른 갑각류도 피해야 한다.

해산물 알레르기는 주로 두드러기, 코막힘, 입가려움 등 경미한 증상을 일으키지만 심할 경우에는 아주 적은 양에도 생명을 위협하는 증상을 동반할 수 있다. 생선 등 해산물 알레르기는 잘 없어지지 않고 평생 지속되는 경우가 많다. 외국의 경우 전체 해산물 알레르기 중 40%는 성인이 되어 처음으로 증상이 나타났다고 한다. 해산물 알레르기 증상이 나타나면 전문의를 찾아 검사를 통해 진위를 확인하고 필요시 처방을 받도록 한다. 패류 · 갑각류 · 연체류 알레르기는 식품의 독소나 세균으로 인한 부작용과는 다르며, 식품 독성은 상한 음식을 먹을 때만 발생한다.

◆ 식이 지침

생선은 생물가가 높은 단백질, 니아신, 셀레늄(selenium), 비타민 B_{12}, 비타민 B_6, 철(Fe), 마그네슘(Mg), 칼륨(K)을 함유하고 있다. 이런 영양분들은 다른 식품에도 포함되어 있으므로 생선을 섭취하지 않는다고 해서 영양소의 질에 영향을 미치지는 않는다. 생선을 전반적으로 제한하는 경우에는 비타민 D 섭취 부족이 되기 쉽다. 그 경우, 비타민 D를 많이 포함하는 식품(말린 표고버섯, 목이버섯 등)의 섭취를 권장한다. 생선을 제한하는 경우, 젓갈, 액젓, 어묵, 맛살, 우스터소스, 어란 등도 피해야 한다. 대부분의 경우 해조류는 제한할 필요가 없다. 일식집에서 식사하거나 튀긴 음식을 먹는 경우에, 생선을 튀길 때 사용했던 기름을 사용할 수도 있으므로 주의해야 한다.

4) 대두(콩) 및 땅콩 알레르기

대두 알레르기(soy allergy)는 아동에게 흔히 나타나는 편이지만, 대개의 경우 그리 심각한 반응은 나타나지 않는다. 땅콩 알레르기(peanut allergy)는 유아기 이후에 흔하게 나타나며, 성장함에 따라 사라지는 우유나 계란 알레르기와 달리 커서도 없어지지 않는다. 땅콩 알레르기는 땅콩이 포함된 식품을 먹은 후, 수 분에서 수 시간 사이에 알레르기 증상을 겪으며, 복통 또는 피부반응에서부터 기도부종이나 호흡곤란 같은 아나필락시스까지 나타날 수 있다. 땅콩 알레르기는 아나필락시스가 흔히 나타나며, 이런 응급상황이 나타나면 에피네프린(아드레날린)을 주입(자가피하, epipen, twinject)하고 응급실로 환자를 이송해야 한다.

◆ 식이 지침

땅콩은 크롬, 마그네슘, 망산, 나이아신, 비타민 E 등의 급원이다. 다른 여러 식품에서 섭취할 수 있으므로 땅콩을 제한해도 대부분의 경우 영양문제는 없다. 땅콩 알레르기가 있는 환자 중에는 호두, 잣, 아몬드 등의 견과류에는 알레르기 반응을 보이지 않는 경우도 있으므로 필요시 땅콩 대신에 이런 견과류를 이용하도록 한다. 대두에는 칼슘, 엽산, 철, 마그네슘, 인, 비타민 B_1, 비타민 B_2, 비타민 B_6, 아연 등의 영양소가 있다. 대두는 많은 가공식품에 포함되어 있어 대두를 완전히 제외하는 것이 쉽지 않다. 외식을 하거나 인스턴트식품 및 된장이나 두부 섭취 시에도 대두에 노출되므로 주의해야 한다.

5) 과일과 채소 알레르기

과일과 채소 알레르기(fruit and vegetable allergy)는 원인이 되는 과일이나 채소를 섭취한 수분 내에 증상이 시작된다. 주로 두드러기와 구강 알레르기 증후군(oral allergy syndrome)이 나타나는데, 음식을 섭취한 후 입술과 입천장, 목구멍, 혀의 가려움, 따끔거림, 부종 등의 증상이 생긴다. 익히거나 끓인 경우보다 생과일, 생채소 섭취 시 증상이 잘 나타난다. 주로 학령기 이후에 증상이 시작되며 일반적으로 평생 지속된다. 구토와 복통, 아토피 피부염의 악화, 천식과 호흡곤란이 나타나기도 한다. 라텍스 알레르기 환자 중 40% 정도는 과일(파파야, 아보카도, 바나나, 밤, 패션프루츠, 멜론, 망고, 키위, 파인애플, 복숭아, 토마토)을 섭취한 후 알레르기 반응을 보인다. 먹을 수 있는 다른 과일이나 채소로 필요한 비타민, 미네랄 등의 미량원소와 식이섬유 등을 섭취하도록 한다.

6) 육류 알레르기

육류 알레르기(meat allergy)는 흔하지 않으며 쇠고기, 돼지고기, 닭고기 전부를 제거하는 경우는 거의 없다. 만일 육류를 전부 제한하는 경우에는 철분 섭취량이나 철 흡수저하에 따른 빈혈을 예방하기 위해 철분을 많이 함유하는 식품을 대체하여 섭취해야 한다.

03 기타 식품 부작용

1) 음식 곰팡이와 페니실린

음식 곰팡이(mold)에는 버섯과 곰팡이 포함 음식(치즈, 햄, 식초, 베이컨, 소시지, 버터우유)이 있다. 푸른 곰팡이에서 유래된 페니실린은 우유나 유제품에 함유되어 있을 수 있다. 유선염을 앓는 소에게 페니실린을 주사한 우유에 들어 있는데, 이런 우유는 법적으로 판매가 금지되어 있지만 일부에 소량이 들어 있을 수 있다.

◆ 식이 지침

이런 환자들에게 식사조절이 효과가 있다는 증거는 없다. 우유 처리 시에 페니실린을 제거할 수 있는 방법이 없으므로 이런 환자에게는 어떤 형태의 유제품도 허용하지 말아야 한다. 페니실린의 적정수준은 정해져 있지 않다. 식사는 가능한 한 페니실린과 곰팡이 모두를 제외하도록 하며 비타민이나 무기질을 보충한다. 버섯류, 치즈, 햄, 베이컨, 소시지, 청국장, 맥주, 와인 등 곰팡이 첨가 식품, 잼, 젤리, 홍차 등 곰팡이 배지 식품 등을 피하고, 일반 곰팡이는 어떤 음식에서나 자라므로 음식은 장기간 저장하지 말아야 한다.

2) 모노소듐 글루타메이트

모노소듐 글루타메이트(monosodium glutamate, MSG)는 음식의 맛을 좋게 하기 위해서 사용하는 향미 증강제로 향신료와 수프제품, 패스트푸드 등에 사용되며, 우리나라, 일본 등 아시아 음식에 많이 사용한다. 특히 중국음식을 먹은 후 증상이 많이 나타나서 '중국음식점증후군(chinese restaurant syndrome)'이라고 불리기도 한다. MSG 불내성(MSG intolerance) 증상은 두통, 가슴 답답함, 사지의 강직/허약감, 안면홍조, 발한, 속쓰림, 위의 불편감, 뒷목의 작열감 등이다. 글루타민산(glutamate)이 MSG 불내성을 일으키는 위험요소이다. 글루타민산은 소고기, 치즈, 버섯, 완두콩, 우유, 미역, 다시마와 같은 음식에도 포함되어 있다.

◆ 식이 지침

이전에 생각한 것처럼 MSG 불내성은 흔하지 않다고 보고되고 있다. 증상은 대체로 주관적이고 일시적이며 장기간 나타나지 않는다. MSG 불내성이 있거나 민감한 사람은 음식을 만들거나 식품을 구입할 때 이런 성분이 들어 있는지 상품의 라벨에 표시된 MSG 함량을 주의해서 보도록 해야 한다.

이상에서 열거한 알레르기를 일으키는 식품 이외에도 이스트, 아황산염(sulfite), 식품이나 약제 및 화장품에 사용되는 염료 등도 알레르기를 일으킬 수 있다.

04 보건의료기관 내 식품알레르기 환자안전사고 예방

1) 식품알레르기 환자 발생 알림과 경고

보건의료인은 환자안전사고를 예방하기 위해 식품알레르기 환자에게 안전한 식사를 제공하기 위한 절차를 마련하고, 식품알레르기가 있는 환자에게 알레르기 유발 식품의 제공을 막고, 환자 및 보호자는 해당 식품을 확인하고 섭취하지 않도록 주의하는 것이 중요하다. 입원시 환자의 식품알레르기 여부를 확인하고 기록에 남기고 환자 식사 선택시 식품알레르기를 기록해야 한다.

병원전산 시스템 내에 식품알레르기 알림이 설정되어 있는지 확인한다. 식품알레르기 사고 예방을 위해 A병원에서 운영 중인 전산프로그램에서 의료진 간 정보 공유 및 식품알레르기 정보의 전송 등을 확인할 수 있다(그림 17-4). 환자의 식품알레르기 여부를 알리는 팔찌, 스티커, 침대 알림판 설치 등의 인식표를 사용하며, 식판에 특별한 식사(다른 색상의 식판, 식사 카드 등)임을 표시한다.

2) 조리실 및 배식 관리

조리실은 식사 처방을 통해 식품알레르기 여부를 확인하고, 모든 재료의 식품알레르기 유발 성분 표시사항을 확인한다. 조리과정 중 교차 오염을 방지하기 위해 식재료를 분리 보관하고 조리도구를 분리 사용한다. 정해진 재료 외에 대체품을 사용

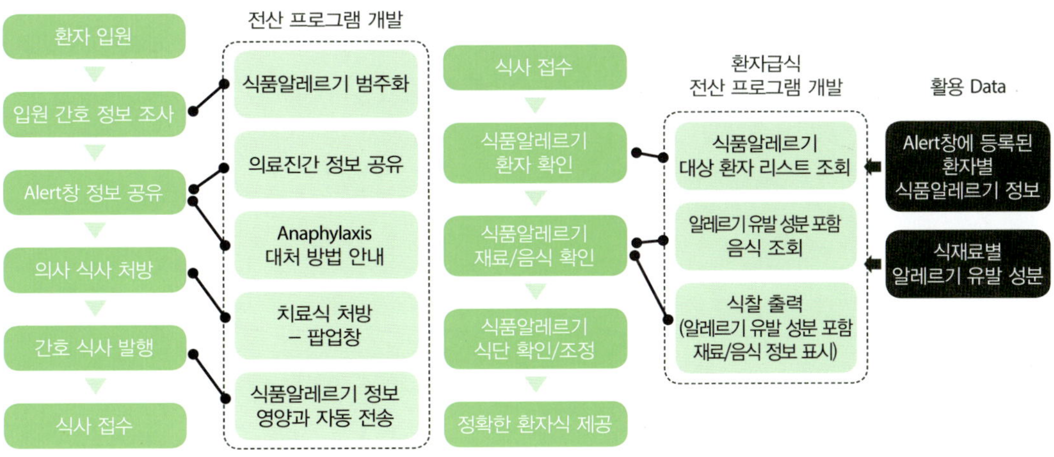

그림 17-4 A병원 식품알레르기 정보 공유 체계 및 환자 급식 전산 프로그램 개발

출처: 환자안전보고학습시스템. 보건의료기관 내 식품알레르기 환자안전사고 발생. 2021.07.20. https://www.kops.or.kr/portal/aam/atent/atentAlarmCntrmsrDetail.do

하지 않는다.

배식시에는 음식을 덮개로 덮어 교차 오염을 방지하며, 정확한 환자에게 맞는 올바른 식판 및 상차림 여부를 확인한다. 배식 전 환자 이름 및 생년월일, 등록번호 등을 통해 확인하며, 식품알레르기 환자가 자리에 없을 때는 간호사에게 알리고 식사를 침상에 두지 않는다.

3) 의사소통 및 교육

보건의료인, 영양팀, 보조원, 환자보호자 등 환자간호에 참여하는 사람들은 환자의 식품알레르기 여부를 공유하며, 식품알레르기가 있는 환자와 영양상담을 통해 필요한 경우 정확한 식품알레르기 진단 및 대체 식품 확인을 위해 전문의 협진을 고려할 수 있다. 모든 의료진 및 급식 관련 직원을 대상으로 식품알레르기에 대한 정기 교육을 실시한다.

4) 환자와 보호자 참여

환자는 의사와 간호사에게 식품알레르기에 대해 공개하며, 식품알레르기 환자의 식사 관리 규정 및 절차를 확인하도록 한다. 병원에서 제공된 식품알레르기 여부를 알리는 팔찌나 스티커, 침대 알림판 등을 임의로 제거해서는 안 되며, 매 식사 및 간식시간에 제공된 음식의 재료 및 성분을 확인한다.

생각해보기

- 수빈이는 8개월 영아였을 때 두 달 가까이 지속된 묽은 변으로 인해 처음 내원하였다. 변은 점액성이 아니었지만 드문드문 혈액이 섞여 있었고 구토나 열은 없었다. 묽은 변은 분유를 먹을 때 심해졌다. 생후 1개월 때부터 분유를 먹었는데 몇 차례 종류를 바꾸어 봐도 증상은 비슷했다. 달걀을 먹어도 비슷한 반응이 나타났다. 처음에 증상이 나타났을 때 장염을 의심하여 항생제를 처방받기도 했으나 호전되지 않았다.
- 유당 불내성도 의심하여 생후 5개월 때 두유로 된 조제유로 바꾸어 보았으나 증상은 나아지지 않았다. 8개월 때 내원 시에는 두유 조제유와 땅콩, 마가린, 으깬 감자, 생선 등을 먹는다고 하였다.
- 다른 병력은 특별한 게 없었고 다만 수빈이 엄마가 알레르기성 비염을 앓고, 엄마의 삼촌이 아토피 피부염과 천식을, 수빈이 아빠의 할머니가 알레르기성 결막염을 앓는다고 하였다. 수빈이는 이 가족의 유일한 아기였다.
- 신체검사는 정상이었으며 체중은 7.2kg(15백분위수), 신장은 68cm(50백분위수), 머리둘레는 45cm(85백분위수)이었다.
- 잠정적으로 우유 단백질 알레르기라고 진단하고 확실하게 검사를 하고자 하였으나 수빈이 엄마가 검사를 원치 않았다.
- 우선은 수빈이의 식단에서 우유를 일체 제외하고 완전가수분해 조제유(extensively hydrolysed casein formula, EHCF)와 같은 특수 우유를 먹이도록 하였다. 2주 후부터는 묽은 변과 혈변이 사라지기 시작하였다. 수빈이가 2세가 되어 외래에 왔을 때에는 12kg 정도로 체중도 늘고 잘 성장하고 있었으며 3세부터는 특수 우유도 중단하고 보통 우유를 조금씩 먹이기 시작했다. 이후에도 증상은 나타나지 않았으며 현재는 달걀을 포함한 모든 음식을 잘 먹고 있다.

1. 식품알레르기와 식품불내성은 어떻게 다른가?
2. 식품알레르기를 진단하기 위한 방법은 어떤 것들이 있는가?
3. 식품알레르기 증상을 장염으로 판단하여 항생제를 처방할 때의 문제점은 무엇인가?
4. 2세가 지나면서 우유 알레르기 증상이 호전되는 이유는 무엇인가?

18장

비만과 체중관리

우리나라에도 체중감량 식이를 하는 사람들이 많이 증가하였으며 새로운 체중감량 식이들이 대중매체에 지속적으로 등장하고 있다. 그러나 이와 같이 체중감량에 관한 상업화가 이루어지고 있음에도 불구하고 체중이 과도한 사람의 비율은 해를 거듭할수록 증가하고 있다.

가장 중요한 이유는 생활양식의 변화에 있다. 과학 기술의 발전에 더불어 앉아 있는 시간이 길어지는 좌식 생활(sedentary lifestyle)이 증가하고 있기 때문이다. 또 다른 이유는 대부분 상업적으로 대중화된 체중감량 식이가 효과가 없다는 것이다. 체중감량 식이를 시도하여 목표 체중을 성취한 사람도 5%만이 감소된 체중을 유지하고 있는 것으로 보고되고 있다. 개인의 체중과 관련된 문제를 상담할 때 건전한 체중 목표뿐 아니라 개인의 요구를 인정하는 보다 긍정적이고 현실적인 건강 모델을 추구할 필요가 있다.

01 비만과 체중조절의 문제

1) 체중과 체지방

(1) 정의

비만(obesity)은 일반적으로 언급되는 용어이지만 단순한 의미는 아니다. 비만은 개인적, 신체적인 여러 복합요인에 의해 발생되는 것으로, 정의를 내리는 것이 쉽지 않기 때문이다. 비만은 라틴어의 obedere(탐식하다)에서 기원한 것이며, 많이 섭취한 에너지가 모두 소모되지 않은 상태에서 남은 에너지가 지방으로 전환되어 피하조직과 복강 등에 축적되게 된다. 이처럼 지방조직이 과다하게 체내에 축적이 되면 건강 문제를 초래한다. 일반적으로 비만이란 표준 체중의 20% 이상을 초과할 경우를 일컫는 임상적 용어이며, 표준 체중의 10~20%일 경우에는 과체중을 의미한다.

그러나 사람들마다 신체 조건이 다르며, 건강인에게서의 정상치도 다양한 범위를 갖는다는 점을 기억해야 한다. 최근까지도 성인의 이상적인 체중을 결정할 때 나이의 중요함을 고려하지 않았다. 나이가 들어감에 따라 남자는 약 50세, 여자는 약 70세까지 체중이 증가하다가 그 이후에 감소된다. 노년기에 전반적인 건강상태에 위험을 주는 것은 약간의 과체중보다는 오히려 과도하게 야윈 경우이다.

(2) 신체 성분구성 및 비만 평가

신체 구성이란 신체를 구성하는 4가지 기본 성분의 상대적 크기를 말하는데 근육, 지방, 수분, 뼈의 크기를 말한다. 체중의 적절함을 말할 때 과체중보다는 신체 구성 성분의 비율로 말하는 것이 더욱 정확한 방법이다. 건강 전문가들은 과체중 또는 비만을 평가하기 위해 체지방을 측정한다. 그 방법의 하나로 캘리퍼(caliper)를 사용하여 측정하는 방법이 있는데, 대부분의 체지방은 피부 바로 밑의 층에만 분포하므로 특정 신체 부위에서 접히는 피부 두께(skinfold width)를 측정하는 방법이다. 그 측정치를 특정 공식에 넣어 신체 지방 구성을 근사적으로 계산해낸다. 그러나 이 측정 방법은 측정 오차가 생기기 쉽다. 다른 방법으로는 수중 체중 측정(underwater weighing) 방법인데 운동 프로그램이나 연구에서 사용되는 것이다. 이 방법은 비만을 체지방 면적으로 정의하는 더욱 정확한 방법이다. 수중 체중 측정법으로 추정하는 건강한 남자의 표준 체지방 비율은 전체 체중의 14~18%이며, 여자는 15~30%로 남자보다 다소 높다. 이때 비만이란 체지방 비율이 이 수치를 초과할 때를 말한다. 지방량이 적은 경우는 체중이 많아도 문제가 되지 않는다. 예를 들어, 컨디션이 최상인 축구 선수는 "표준 체중-신장표"에서 심한 과체중일 수도 있으나(동일한 신장의 평균적인 사람들보다 체중이 상당히 많이 나갈 수 있지만) 그의 체중 대부분을 차지하는 것은 지방이 아닌 근육이므로 그리 큰 문제가 되지 않는다.

지방의 양만 중요한 것이 아니라 지방의 분포도 중요하다. 지방의 분포는 성별, 나이, 발달단계에 따라 달라지며, 지방의 분포 패턴은 인종과 유전적인 요인에 의해서도 차이가 난다. 운동량은 지방 아래의 근육 긴장 정도에 영향을 미치나 지방분포 패턴 자체를 변화시키지는 못한다.

지방분포의 형태는 사과형과 서양배형으로 구분할 수 있다. 사과형은 허리둘레가 크고, 서양배형은 주로 엉덩이와 대퇴 부분이 큰 경우이다. 여성에게는 서양배형이 흔하고, 남성에서는 사과형이 흔하다. 사과형 체형인 사람은 서양배형에 비해 건강에 위험성이 높다. 지방 분포의 사정 시에 여러 가지 방법이 사용될 수 있으나 간단한 방법으로 허리 둘레와 엉덩이 둘레를 비교하는 방법을 사용할 수 있다(그림 18-1).

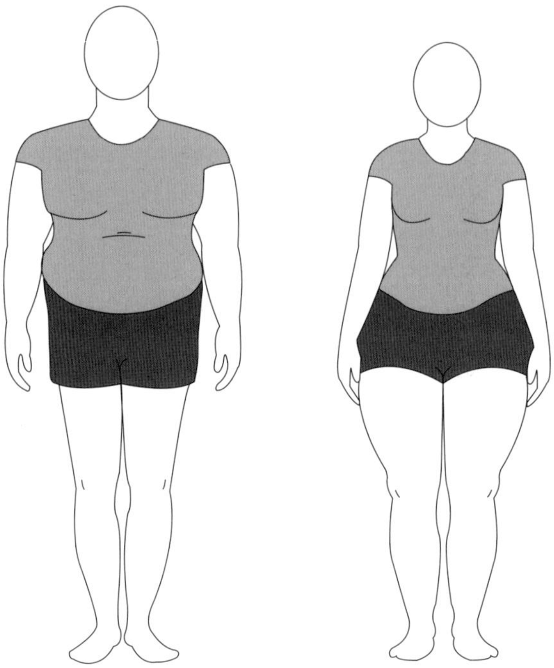

사과와 서양배 체형. 지방 분포를 추산하기 위해서 허리와 엉덩이둘레를 측정한 후 허리둘레를 엉덩이 측정치로 나눈다.

남성 : 허리둘레/엉덩이 측정치가 0.95 이상이면 사과형이다. 이 보다 작으면 서양배형이다.
여성 : 허리둘레/엉덩이 측정치가 0.85 이상이면 사과형이다. 이 보다 작으면 서양배형이다.

그림 18-1 지방의 분포 유형에 따른 체형

지방이 주로 복부 내부의 공간에 있는 경우, 즉 내장성 지방(visceral fat)이 많은 경우가 지방이 엉덩이에 있는 경우보다 더 과체중이나 비만에 의한 건강의 위험이 커진다. 즉, 내장성 지방이 많은 경우에는 대사 장애를 초래하여, 심혈관 질환, 뇌혈관 질환, 고혈압, 당뇨병, 고지혈증 등의 질환 위험성이 있다. 내장지방량은 인슐린 저항성과 강하게 연관되고, 혈당 및 중성지방 상승과 고밀도지단백 콜레스테롤 저하와도 관련성이 있다.

(3) 이상적 체중

이상적 체중(ideal weight)이란 용어는 표준체중의 기본적 윤곽을 제공해 줄 뿐이다. 이상적 체중이란 용어가 사용될 때는 다음의 두 가지 요소를 고려해야 한다.

① 개인차

이상적 체중이 갖는 문제는 이것이 다양한 상황에서 다양한 시간에, 다양한 사람들에 따라 변화된다는 것이다. 이상적 체중은 나이, 체형, 대사율, 유전적 요인, 성별,

신체활동 등의 많은 요인에 의해 결정된다. 사람들마다 적절한 체중이 다르며 질병 유무에 따라 다른 체중 요구가 있다. 즉, 개인별 상황에 따라 요구량이 결정된다.

② 체지방 요구량

체중을 줄이고자 하는 사람들은 체지방이 생존에 필수적이라는 것을 잘 잊어버린다. 그러나 기아 현상을 보면 다른 시각을 가질 수 있다. 기아 희생자들은 단백질 결핍이 아니라 지방 소모로 인해 사망하기도 한다. 생존을 영위하기 위해서 남자는 3%, 여자는 12%의 체지방이 필요하다. 월경은 여자의 신체가 어느 정도의 크기에 도달할 때 시작되는데, 정확하게 소녀의 체지방이 체중의 약 20%에 도달할 때 시작된다. 이는 이 정도의 체지방이 배란이나 임신을 위해 필요하다는 의미이다.

2) 비만과 건강

과도하거나 병적인 비만은 그 자체가 건강에 해로운 것이며, 의학적인 문제라 할 수 있다. 이는 신체 모든 기관에 심한 긴장을 유발한다. 비만은 지방조직이 비정상적으로 체내에 축적되어 건강에 문제를 발생하며, 심한 비만일수록 건강 위험이 크다.

(1) 고혈압

비만인 경우 정상인보다 고혈압 발생률이 높다. 비만으로 인해 발생하는 고인슐린혈증에 의해 신장에서 나트륨 흡수를 증가시키게 되고, 이로 인해 세포외액이 증가하며, 심박출량이 증가되어 고혈압이 발생하는 것으로 본다. 체중이 10% 증가함에 따라 수축기 혈압은 8mmHg, 이완기혈압은 4mmHg 정도가 상승하는 것으로 알려져 있다. 또한 비만한 사람의 체중이 10% 감소 하면 혈압은 5~20mmHg까지 낮아질 수 있다. 따라서 고혈압 환자에서 혈압을 조절하기 위해서는 체중을 감량해야 하며, 정상인에서도 고혈압을 예방하기 위해서는 체중감량이 필요하다.

(2) 당뇨병

비만인 경우 당뇨병 발생률은 정상인보다 높다. 혈중 인슐린이 세포막의 인슐린 수용체와 결합을 하게 되는데, 비만인 경우 인슐린 수용체 수의 감소와 인슐린 수용체의 변형으로 인슐린이 효과적으로 작용하지 못해 세포 내로의 포도당 이동에 어려움이 있다. 특히 복부비만인 경우에는 이러한 인슐린 저항성이 더 심하여 제2형 당뇨병 발생률이 높다. 복부비만인 경우 복강 내의 지방이 분해가 되어 많은 유리지방산이 배출되어 간으로 유입된다. 이와 같은 다량의 유리지방산이 간으로 유입되면 간에서의 포도당 대사율이 떨어져 포도당 이용률은 낮아지고 인슐린 결합 및 작용이 저해되며, 인슐린 수용체와 인슐린의 결합이 억제되어 고인슐린혈증을 유발하게 된다. 또한 말초조직에서도 유리지방산의 유입에 의해 포도당 이용률이 낮아져 인슐린 저항성을 나타내게 된다.

(3) 고중성지방혈증

비만인 경우, 특히 복부비만인 경우 고중성지방혈증이 발생하게 된다. 복부비만은 장간막에 지방세포가 많아지고, 쉽게 지방이 분해된다. 복부비만인 경우는 문맥혈관이 가까워서 분해된 지방산이 간으로 유입되며, 간에서 중성지방을 합성하여 결국 고중성지방혈증을 유발하게 된다. 그뿐만 아니라 인슐린 저항성은 간에서 중성지방 생성을 증가시키며, 중성지방은 지단백에 의해 혈액으로 보내지는데 이러한 과정을 통해 LDL-콜레스테롤의 생성을 유도하므로 혈중 LDL-콜레스테롤의 수치가 높아지고 HDL-콜레스테롤은 감소된다.

(4) 심혈관계 질환

심혈관계 질환은 비만일 때 발생하는 고혈압, 당뇨병, 고지혈증과 같은 질환들이 악화하여 발생하기도 한다. 관상동맥병은 체질량지수(BMI)와 상관관계가 높은데, BMI가 높을수록 관상동맥병의 위험이 더 커진다. 비만인 경우에는 혈액량의 증가, 심박출량의 증가, 확장기의 좌심실 혈액량 증가 등으로 혈압이 높아져 좌심실의 비대를 초래하게 된다.

(5) 담석증

비만인 경우 체지방이 증가하여 콜레스테롤 대사율이 항진되어 콜레스테롤에 의한 담즙생성이 증가되고, 담즙 내의 콜레스테롤 농도가 높아져서 담낭의 담즙 배출을 감소시켜 콜레스테롤 담석증이 발생된다.

(6) 통풍

비만인 경우 요산 생성이 증가되어 통풍이 발생된다. 비만인 경우 인슐린 저항성이 생기며, 인슐린 농도가 높게 되면 요산의 재흡수를 증가시킬 뿐만 아니라 배설을 감소시켜 요산이 축적되어 고요산혈증이 유발되게 된다. 과체중인 경우 체중감소가 필요하나, 급격한 체중감소는 오히려 통풍발작을 유발할 수 있으니 주의해야 한다.

(7) 암

비만인 여성에서는 유방암, 자궁내막암 등의 발병률이 높고, 비만인 남성에서는 결장암, 직장암, 전립선암 등의 발병률이 높다. 특히 비만인 여성이 폐경이 되면 유방암 위험성이 증가되는데, 이는 혈중 에스트로겐이 많아져 유방의 지방조직에 지속적으로 자극을 주기 때문이다.

3) 비만의 원인

(1) 개인별 에너지 균형

전반적인 에너지 섭취와 소비의 불균형(신체활동, 기초대사 요구량이나 에너지 소비를 초과하는 음식 섭취)이 과체중의 근본적 원인이라는 것은 분명하다. 활동이 적은 현대인에게 비만의 주요 원인은 운동 부족이다. 이러한 활동량의 감소는 에너지 소모를 줄여 비만을 초래하게 된다. 특히 기초대사량은 35세 이후부터 감소하기 시작하는데, 섭취량이 줄지 않고 증가하게 되면 체중은 더욱 증가하게 된다.

과도한 음식 섭취도 체중 증가의 원인으로서, 과잉으로 섭취한 에너지는 신체에 저장된다. 그러나 과체중인 사람 중에도 실제로는 음식을 적당량만 먹고 있는 때도 있고, 많은 양의 음식을 먹으면서도 표준체중을 유지하는 사람들도 있다. 그러므로 비만은 개인차가 많기 때문에 비만의 요인을 설명하기 위해서는 보다 많은 요인들이 고려되어야 한다.

(2) 유전적, 가족적 요인

사람이 비만해질 가능성은 다른 어느 요인보다 유전의 영향이 큰 것으로 생각된다. 가족의 식습관이 이러한 유전적 설명을 뒷받침해 준다.

① 유전적 대사 조절의 차이

유전적 기초는 체지방 차이와 성별에 따른 체중 차이를 조정한다. 유전적으로 체지방량이 프로그램화되어 있어 내적으로 조절되는 지점 이하 또는 이상으로 체중이 변동되면 체중을 증가 또는 줄일 수 있는 정도로 섭취하도록 조절된다. 따라서 심한 다이어트 또는 먹을 음식이 없어서 수준 이하로 체지방이 감소된 사람은 음식을 다시 먹을 수 있게 되었을 때 유전적으로 정해진 지방 수준을 회복할 때까지 다시 먹는다.

마찬가지로 지방 수준이 낮게 정해져 있는 사람은 많이 먹으므로 인해 체지방이 유전적 수준 이상으로 증가되어 있더라도 다시 보통 수준으로 식사를 하게 되면 그동안 축적된 지방은 빠지게 된다. 체지방의 정도에 유전적인 소인이 어느 정도 영향을 미치는가에 대해서는 과학자들 간에 이견이 있다. 보통 비만 정도는 여러 가지 요인에 의해 영향을 받는데 유전적인 것과 환경적 영향이 큰 것으로 생각된다. 개인의 유전적 소인에 관계없이 체지방은 영양적, 심리적, 경제적 그리고 사회적 요인의 영향을 받는다. 한 가족이 특히 비만하거나 말랐을 때 이것이 같은 환경에서 살기 때문인지, 유전자가 같기 때문인지, 두 가지 모두인지는 사실을 규명하기 어렵다. 유전적으로 높게 조절되도록 정해져 있는 체지방을 낮출 수 있는 유일한 방법은 규칙적인 운동이다.

② 가족의 분위기

증가된 체지방에 대한 개인적 유전 경향은 가족의 식습관에 의해 강화된다. 가족은 사회적 압력으로 작용하며, 자녀에게 식습관과 음식에 대한 태도를 가르친다.

(3) 생리적 요인

유전이든 식습관을 통해서든 사람의 체지방량은 신체 지방세포의 수 및 크기와 관계된다. 비만이 발생하는 결정적 시기는 세포가 급속히 증식하는 초기 성장기인 유아기 및 청소년기이다. 일단 신체에 추가 연료 저장고인 여분의 지방세포 숫자가 증가되면, 이 세포들은 계속 남아서 다양한 양의 지방을 저장할 수 있게 된다. 중년층 이후 노인들은 운동량이 점점 감소됨에 따라 더 많은 지방을 저장하게 된다. 여성은 호르몬 조절로 인해 임신 중과 폐경기 이후에 지방을 더 많이 저장하게 된다.

(4) 심리적 요인

많은 사람이 스트레스가 있을 때의 대처방법으로 음식 섭취를 사용하고 있다. 그러므로 심리적인 상태는 체중관리에 있어 중요한 요인이다. 이와 같이 정신적인 스트레스를 해결하기 위해 과식하는 경향이 있어 비만이 초래된다.

(5) 식이 섭취 행동

비만은 식이 섭취 행동에 의해서도 영향을 많이 받는다. 식사를 규칙적으로 하지 않고, 한꺼번에 과식하는 경우는 일시적으로는 체중이 감소하지만 지방생성 효소 활성으로 추후에 식사를 정상적으로 할 때 오히려 체중이 급격하게 증가하게 된다. 또한 식사속도를 빠르게 하는 것 보다 20분 이상으로 하는 것이 좋은데, 입에서 많이 씹고 삼키게 되면 식사속도가 느려지고 포만중추가 활성화되어 과식을 제한하게 된다. 그리고 설탕이 함유된 단당류들을 간식으로 섭취하게 되면, 이러한 단당류들은 소화흡수가 빠르기 때문에 지방으로의 전환이 촉진되어 지방 저장이 증가된다. 또한 야식도 지방으로 빨리 전환되어 체내에 축적되게 된다.

4) 극단적인 체중감량 방법

과체중이나 비만이 있을 때 많은 사람이 체중을 줄이기 위한 극단적인 방법들을 사용하여 건강을 위협하기까지 한다. 최근에는 청소년기의 거식증과 같은 많은 식이제한과 관련된 문제점들이 사회 문제화되어 다이어트에 대한 새로운 관점들이 생기고 있다. 특히 모든 사람에게 체중에 대해 동일한 잣대를 가지고 비교하는 것이나 비만인 사람에게 편견을 가지는 등의 문제가 재조명되고 있다. 이러한 관점에서 모든 개인에게 식이에 대해 접근할 때 개인의 요구와 상황을 충분히 고려하고 심리적인 지원 등에도 관심을 가질 것이 제안되고 있다.

(1) 일시적 다이어트(유행 식이)

수많은 다이어트 방법들이 있으나 대부분의 일시적인 다이어트 방법은 극단적이거나, 잘못된 정보로 인해 여러 건강상의 문제를 유발하며 실패하게 된다. 그 이유는 일시적으로는 효과가 있으나, 장기적인 식습관 및 운동습관 등의 생활습관 변화를 고려하지 않았기 때문이다.

어떤 사람들은 과다한 칼로리 제한으로 만성 다이어트 증후군이나 유해한 신체적, 심리적 효과의 악순환을 겪게 된다. 만성 다이어트 증후군이란 비정상적이지만 문화적으로는 이상적인 마른 몸매를 만들기 위해 다이어트를 통해 체중을 줄이고, 다시 스트레스, 불안, 공복감으로 인해 강박적으로 과식하여 체중이 늘어나는 양상이 주기적으로 반복되는 것이다. 이러한 비정상적인 심리 생리적 식사양상은 만성적이 되고, 개인의 신체 대사를 변화시켜 체중은 정상이지만 대사상태로는 비만(metabolically obese)인 상태가 되는 것이다.

(2) 단식

단식과 같은 극단적 방법에는 음식을 끊는 것에서부터 매우 적은 칼로리를 섭취하는 특수식을 사용하는 것까지 여러 종류가 있다. 단식의 효과는 반기아 상태에서 나타나는 효과와 유사하다. 즉, 산성화, 저혈압, 전해질 손실, 조직 단백질 손실, 기초대사량의 저하, 때때로 심장근육의 상당한 손실이 발생하여 사망에 이르기도 한다. 아무리 좋은 최근의 단식 프로그램들도 체중을 감량한 후 식사를 다시 시작하였을 때 체중증가를 막지는 못한다.

(3) 몸을 감싸는 의복이나 비닐

신체의 특수한 부분의 살을 빼거나, 소위 셀룰라이트 조직을 제거하기 위해 특수한 사우나 수트 또는 바디 랩핑이 사용된다. 셀룰라이트(cellulite)라는 말은 수년 전 유럽의 뷰티숍 운영자에 의해 만들어진 것으로 과학적 근거는 없다. 특정 부분의 살을 빼는 것은 그 지점의 특정 근육을 사용하도록 계획된 특수 운동의 반복을 통해서만 가능하다. 지방은 땀으로 빠져 나오거나 짜낼 수 있는 것이 아니다. 어떤 사람들은 신체 크기를 줄이기 위해 미라같은 바디 랩핑을 참고 견딘다. 그 결과 약간의 체중이 감소되지만 이는 단지 일시적인 수분소실에 의한 것이다. 체중을 줄이는 유일한 방법은 소비되고 남는 여분의 에너지를 연소시켜 버리는 것이다.

(4) 약물 요법

비만 치료를 위해 중추신경계 자극제, 지방흡수 감소제 등의 약물이 사용될 수 있다(표 18-1). 그러나 이러한 약물들은 맥박 및 혈압 상승, 불면증, 변비 등 여러 부작용을 일으킬 수 있으므로 주의해서 사용해야 한다. 비만의 치료로 약물을 사용할

표 18-1 장기간 사용할 수 있는 체중 감량 약물

Drug	Action	Adverse effects
Orlistat	췌장 리파아제 억제, 지방 흡수 감소	지용성 비타민의 흡수 감소 배변실금
Phentermine and extended-release topiramate	카테콜라민 방출 GABA 활성화 글루타메이트 비활성화	인지장애 손발 저림 불면증
Naltrexome-buspropion	Opioid 길항작용 항우울제	불면증 위장관계 증상(구역, 구토, 변비) 고혈압 복부 통증
Liraglutide	GLP-1 analogue	위장관계 증상(구역, 구토, 변비) 저혈당 불면증 리파제/아밀라제 상승

출처: 대한비만학회 (2020). 비만 진료지침

경우에는 의사의 처방에 의해 사용되어야 한다.

(5) 수술요법

수술치료는 고도비만환자에서 체중감량 및 감량된 체중 유지, 비만 관련 합병증 개선을 위한 목적으로 고려한다. 위성형술(gastroplasty, 그림 18-2), 위우회로술, 위부분절제술 등이 있다. 이러한 유형의 수술은 위 내의 음식 보유공간을 줄임으로써 음식 섭취를 제한하거나, 영양흡수를 제한하기 위한 수술이다. 그러나 이러한 수술은 여러 부작용이 있는데, 첫번째로 오심과 구토, 팽만감, 작열감 등이 있다. 이는

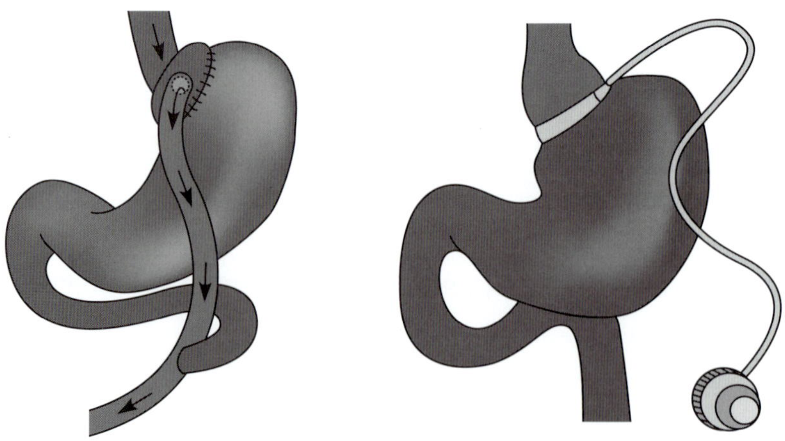

A. 루-엔-Y형 위루술(Roux-en-Y stomach bypass)　　B. 위밴드술(Adjustable gastric banding)

그림 18-2 심한 비만치료를 위해 사용되는 제한적 수술의 한 형태인 위성형술(Gastroplasty)

음식 과다섭취, 잘 씹지 않고 삼킬 때, 너무 빨리 먹을 때, 찬 음료 등을 마실 때 나타날 수 있다. 두번째로 폐쇄가 올 수 있는데, 이는 스테이플링된 부위 가까이에서 막힘이 발생할 수 있으며 복통과 오심 구토 등이 발생할 수 있다. 세번째로 덤핑증후군이 올 수 있으며, 농축된 달고 많은 양의 음료를 마시면 소장으로 음식이 빠르게 이동되며 오심, 복부팽만감, 섭취 15분 후 설사, 실신 등이 나타날 수 있다. 장기적인 위험으로는 칼슘 흡수가 감소되어 골다공증이 발생할 수 있다. 그래서 수술치료는 영양관리를 포함한 숙련된 전문팀을 필요로 한다. 또한 환자 선정과 준비를 신중히 하고, 환자 및 가족과 협력하여 장기간 지속적으로 추적 관찰할 것이 요구된다. 뿐만 아니라 수술치료가 근본적으로 비만을 치료하는 것이 아니므로, 수술 후 바람직한 식습관과 운동습관이 지속적으로 필요하다. 이외에도 지방흡입술(liposuction)로 불리는 체지방 제거방법(lipectomy)이 있는데, 이것은 엉덩이 또는 허벅지 부위 등의 피하에 축적된 지방을 제거하기 위한 국소적인 지방제거술이다. 작은 절개를 통해 피부에 얇은 관을 삽입하여 축적된 지방을 적당량 흡인하여 제거하거나 커다란 수술절개를 통해 다량의 피하지방을 제거하는 수술이다. 그러나 이 방법은 통증이 매우 심하며 감염, 피부 함몰로 인한 외관변형, 순환문제를 야기하는 혈전 발생, 신부전 등의 위험을 수반한다. 모든 수술이 위험이 수반되며, 부작용을 일으킬 수 있다.

02 건전한 체중관리 프로그램

지금까지 병원이나 지역사회 프로그램에서의 연구결과, 성공적인 체중 조절을 위한 지름길은 없는 것으로 보인다. 체중 조절에는 개인의 노력과 강인한 정신력을 필요로 한다. 체중관리는 올바른 식습관과 운동 등의 생활 습관을 변화시키는 데 초점을 둔 개별화된 프로그램이어야 하며, 건강한 생활양식을 만들고 개인, 가족과 집단의 지지적인 추후 관리가 필요하다.

1) 행동 수정

(1) 기본 원칙

행동수정은 비만한 사람이 과도한 체중증가의 원인이 되는 과도한 음식 섭취와 운동부족 등의 행동 양식을 변화시키도록 돕는 것이다. 현재의 행동을 이해하고, 바람직하지 못한 식이양상과 관련된 요인들을 변화시키고, 바람직한 새로운 행동양상에 재적응하도록 함으로써 과체중인 사람들이 그들의 건강목표에 부합하는 활동을 계획할 수 있다. 따라서 이러한 행동주의적 접근방법을 시작할 때는 계기 또는 선행요인, 반응, 결과의 세 가지 기본 측면에서 세밀한 사정 후에 시작되어야 한다. 계기 또는 선행요인은 먹는 행동을 하기 전에 발생하여 행동을 자극하는 것을 확인하는 것이다. 반응은 그 계기가 있은 후 먹거나 활동을 하지 않는 행동이 있는 동안에 무슨 일이 발생하는가를 확인하는 것이다. 결과는 먹거나 활동을 하지 않는 반응 후에 무슨 일이 발생하는가를 확인하는 것이다. 이러한 세가지 측면을 사정하여 비만 치료의 중요한 전략을 세워 식사습관과 운동습관을 변화시킨다.

(2) 기본 전략과 과정

체중관리를 위한 행동 수정 프로그램은 식이습관 및 에너지 소비를 증가시키기 위한 신체활동의 증진을 위한 개별화된 전략을 수립하기 위하여 다음의 세 가지 점진적인 활동을 수행한다.

① 문제 행동을 정의한다.

문제 행동 및 바람직한 행동에 대한 결과를 구체적으로 정의한다. 이 과정은 구체적인 목적과 관련된 목표들을 분명하게 세우는 것이다.

② 현재의 행동을 기록하고 분석한다.

현재의 식이 및 행동 양상을 기록하고, 관련된 환경 및 사람들의 측면에서 신중하게 분석한다. 어떤 형태의 습관이 있는가? 그것은 얼마나 자주 발생하는가? 그 행동을 촉발하는 상황은 무엇인가? 어떤 결과(시간, 속도, 장소, 사람, 사회적 반응, 전후의 배고픔, 정서상태, 기타 요인)가 그 습관을 계속 유지하도록 만드는가?

③ 행동관리 전략을 수립한다.

계기, 반응, 결과의 각 영역과 관련된 상황적 요인을 포함하는 외부 환경을 조절한다. 이전의 바람직하지 않은 행동과 관련된 연결성을 깨고, 바람직한 새로운 식이 및 운동 양상에 재적응하도록 한다. 변화시키고자 하는 식이 및 운동 습관을 변화에 재적응할 수 있는 다양하고 창조적인 방법들에 대해 가능한 한 많이 생각한다(Box 18-1).

BOX 18-1 행동수정 기법

- 자신 모니터링(self-monitoring)
  - 식이 일지를 작성하는 것이 좋다. 모든 음식과 음료 섭취 등을 기록한다.
  - 체중변화 그래프를 매주 그려라.
  - 운동일지를 작성하라.

BOX 18-1 행동수정 기법-계속

- 자극 조절
  - 집에서 특정한 한 장소에서 음식섭취를 제한하라.
  - 매일 동안의 음식 섭취를 계획해라.
  - 부적절한 음식섭취를 피하기 위해 스케줄을 조정해라.
  - 먹는 동안에 테이블에 앉아라.
  - 작은 접시를 사용해라.
  - 파티에서는 스낵이 있는 곳으로부터 멀리 떨어져 앉고, 알코올 대신 칼로리가 낮은 음료를 선택해라.
  - 음식점에서 주문할 것을 미리 결정하라.
  - 배고플 때는 일상 활동을 줄이거나 일정을 변경해라.
  - 지루함을 피하기 위해 냉장고에 활동 목록을 적어라.
  - 집에서 고지방 식품을 버려라.
- 천천히 먹기
  - 식사 전에 물 한 컵을 마셔라.
  - 음식 먹는 사이마다 물을 마셔라.
  - 식사 동안 잠시 멈추고, 멈추는 회수를 늘려라.
- 자신에게 보상하기
  - 진행사항을 작성하라.
  - 의미 있는 보상을 얻기 위해 자신이나 중요한 다른 사람과 합의한다.
  - 음식으로 자신에게 보상하지 않는다.
- 인지적 전략
  - 배고픔을 통제하는 수단으로 운동을 생각하라.
  - 이완요법을 연습하라.
  - 사회적 지지를 증진시켜라.

출처: Lutz CA, Mazur E, Litch N. Nutrition and diet therapy, FA Davis, 2014.

2) 식이원칙

지속적인 효과를 갖기 위한 체중관리 프로그램에서 유용한 식이 접근방법은 다음의 5가지 특성을 기초로 하여야 한다.

① 현실적인 목표

전체 감량 정도와 감량 속도에 대한 목표는 현실적이어야 하며, 주당 0.5~1kg을 초과하지 않도록 목표를 세운다.

② 요구량에 따른 칼로리 감소

체중이 주당 0.5~1kg씩 점차적으로 감량하도록 식이를 계획하는데 에너지 소비량에 맞추어 필요한 칼로리가 섭취될 수 있도록 한다.

③ 영양학적 적합성

식이는 영양학적으로 적합한 것이어야 하며, 낮은 칼로리 수준에서는 영양소 보충이 필요할 수 있다. 에너지 영양소(탄수화물, 지방, 단백질)의 비율은 다양한 식품원을 기초로 하여 적절한 균형을 이루어야 한다.

④ 문화적 적합성

식이 계획은 영구적인 식습관 재교육의 기초를 형성할 수 있도록 개인의 문화적 식습관과 유사한 것이어야 한다. 식이 계획은 일생 동안 지킬 수 있도록 개인에게 적합한 것이어야 한다.

⑤ 체중 유지를 위한 영양섭취 재조정

목표하는 체중에 도달하면 체중 유지에 필요한 에너지 요구량에 따라 칼로리 수준을 조정해야 한다. 잘 수정된 식습관은 지속적인 체중조절에 활용될 수 있어야 한다.

3) 에너지 균형을 위한 구성요소

에너지 균형의 두 측면은 음식 형태로 얻어지는 에너지 섭취와 대사 및 신체활동에 의한 에너지 소비이다. 성공적인 체중감량을 위해서는 이러한 두 가지 기본 요소의 수정이 필요하다.

(1) 에너지 섭취: 식이 행동

음식 섭취를 통한 에너지량이 감소되어야 하므로, 평소에 준비하는 음식량과 섭취한 음식량을 기록해 둔다. 섭취량을 줄이기 위한 다양한 방법을 사용하면 좋다. 예를 들면, 음식을 천천히 먹고, 채소류를 먼저 먹어 포만감을 느끼도록 하고, 요리의 방법도 기름, 설탕, 소금과 같은 양념을 적게 사용하는 것이 좋다. 또한 식사를 규칙적으로 하고, 가능한 저칼로리 간식을 섭취하며, 평상시 음식의 칼로리를 알고 저칼로리 음식을 선택하여 먹도록 한다.

(2) 에너지 소비: 운동과 활동

체중감량을 위해서는 신체활동을 통한 에너지 소비가 증가되어야 한다. 매일 규칙적인 운동계획을 세운다. 매일 1시간 정도의 가벼운 산책을 하며, 걸을 때는 속도를 빠르게 한다. 수영이나 달리기 같은 유산소성 운동을 추가하거나 다른 신체운동을 시작한다. 집단운동 프로그램에 참여하는 것은 유익한 방법이다. 체중관리에 있어 유산소 운동의 이점은 Box 18-2과 같다.

BOX 18-2 체중관리를 위한 유산소 운동의 효과

체중관리의 목표는 과도한 체지방조직을 감소시키고 무지방조직(lean body mass ; LBM)을 생성하는 것이다. 목표 체중에 도달하기 위해서는 음식 섭취량만 줄여도 체중이 감소될 수 있다.
그러나 최적 상태의 신체 구성은 음식 제한과 유산소 운동을 겸할 때 성취될 수 있다. 유산소 운동이란 산소 요구가 증가될 때 연료로 체지방을 사용하게 하는 오래 지속되는 운동이다. 무지방조직은 산소가 있어야 지방을 연소시킨다. 따라서 유산소 운동은 신체에 이상적인 지방조직과 무지방조직의 균형을 달성하는 데 가장 적합하다.
체중관리 프로그램에서 과체중인 사람에 대한 유산소 운동의 효과는 다음과 같다.

- 체지방에 대한 유전적 조절을 약화시킨다.
- 식욕을 저하시킨다.
- 전체 체지방을 감소시킨다.
- 기초대사율을 상승시킨다.
- 순환기계 및 호흡기계 기능을 향상시킨다.
- 에너지 소비를 증가시킨다.
- 체단백을 보유하고 무지방조직 수준을 확립한다.

식이조절을 하여도 체중감소가 느리고, 식욕조절이 어렵고, 지속적인 식이관리에도 불구하고 살이 찌면 실망하고 불평한다. 이러한 사람들에게 유산소 운동은 도움이 된다. 매일 활동적인 걷기와 줄넘기, 수영, 자전거 타기, 조깅, 달리기 등의 활동은 충분히 오랫동안 유산소 운동의 효과를 나타낼 수 있다. 그러나 오랫동안 운동을 하지 않았거나 운동과 관련된 의학적 위험을 가진 사람들은 이러한 활동이 신체적 스트레스로 작용할 수 있음을 신중히 고려하여야 한다. 이러한 사람들은 이런 프로그램을 시작하거나 체육교실, 지역사회 운동 프로그램에 참여하기 전에 전문가에게 자신의 건강상태를 점검해 보아야 한다.

4) 건전한 식이계획 원칙

자세하게 조사한 식이력을 기초로 하여 대상자에게 적합한 개별적 식이계획을 수립할 수 있다.

식이계획에는 다음과 같은 영양학적 균형의 원칙을 포함해야 한다.

(1) 에너지 균형

일반적으로 주당 약 0.5~1kg을 감량하기 위해서는 일일 500~1,000kcal를 감소시키는 것이 필요하다. 표 18-2은 성인의 체중감량을 위한 식이계획을 수립할 때 필요연량 산정의 계산방법이다. 그러나 개인적인 요구와 심리상태 등이 고려되어야 한다.

(2) 영양소 균형

체중감량 식이에서 영양소 균형을 이룰 수 있는 기초 영양소 개요는 다음과 같다.

- 탄수화물: 전체 칼로리의 약 50~60%로 하며, 현미, 채소와 섬유소가 포함된 복합당질 형태를 권장하며, 단순 당류는 제한한다.

표 18-2 체중감량을 위한 필요 열량 산정

1. 표준체중 계산
   - 남자: 신장(m^2) × 22
   - 여자: 신장(m^2) × 21
2. 비만도 산출
   - 비만도 = 현재체중/표준체중 × 100
3. 비만도와 활동량에 따른 적정 열량 산정
   - 하루 필요 열량 = 표준체중(kg) × 활동량에 따른 열량(Kcal/kg)
4. 체중 0.5~1.0kg/주 감량을 위한 열량 계산
   - 하루 에너지 섭취량 = (파악한 실제 섭취량) − (500~1000kcal/일)

출처: 사단법인 대한영양사협회(2010). 비만관리를 위한 바른 식생활 가이드

- 단백질: 표준체중 kg 당 1.0~1.5g의 단백질을 섭취하며, 지방이 적은 살코기로 섭취를 권장한다.
- 지방: 전체 칼로리의 약 25%로 하며, 동물성 지방은 적게 섭취하고, 총섭취량은 가능한 줄이며, 비지방성 양념으로 대신하도록 한다.
- 비타민과 무기질: 식품 섭취를 제한하면 무기질과 비타민이 부족할 수 있으므로, 부족되지 않도록 무기질과 비타민이 많은 식품을 섭취해야 한다.

이러한 영양소 균형은 건강인을 위한 식이 지침서에서의 권장량과 마찬가지이다. 이것은 장기간의 식이습관을 형성하도록 돕는 좋은 지침이 될 수 있다.

(3) 균형적인 분배

에너지 요구량에 맞추어서 매일 매끼에 먹는 식사량이 일정하게 한다. 만일 특별히 허기를 느끼는 시간대가 있다면 이때에는 간단한 간식을 먹도록 계획한다.

(4) 식품에 관한 정보

식품교환표는 건강인을 위한 식이 지침서를 제시한 것이다. 기초 식품교환체계는 식품선택과 기초 식단계획에 있어 식품의 값과 비율, 다양성을 이루는 데 참고가 될 것이다. 그 밖에도 식품지침 피라미드의 기초 식품군을 사용하여 더 간단한 계획을 수립할 수 있다. 또한 향신료, 양파, 마늘, 레몬, 식초, 와인, 육즙, 겨자, 기타 조미료 등과 같은 비지방성 양념 대체품을 사용하여 칼로리는 적고 먹음직스럽게 요리할 수 있다.

(5) 예방적 접근법

체중관리에서 가장 중요한 목표는 체중증가 예방이다. 최근 연구들은 어린이와 청소년들이 점점 뚱뚱해지고, 운동부족과 장기간의 TV 시청으로 인해 비만이 심화

된다는 것을 보여주고 있다. 간호사는 젊은 부모와 아이들을 교육하여 비만상태가 되지 않도록 함으로써 성인기에 발생할 많은 문제를 예방할 수 있다. 건전한 건강습관, 특히 건전한 식이행동을 기르고 운동습관을 향상시킬 수 있도록 조기 영양상담과 교육을 해야 한다.

인간이 섭취하는 식사량은 생리적인 배고픔, 배부름의 느낌 외에 환경이나 인지적 조절에 의해 영향을 받는다. 우리가 생리적인 배고픔과 배부름에 예민하게 반응한다면 사실 과식의 문제는 거의 없어질 수 있다는 것이 최근 연구자들의 주장이다. 배가 고프면 어느 때라도 먹고 배가 부르면 음식이 남았더라도 식사를 중단하는 자연스런 조절을 따른다면 된다는 것이다. 다만 인간은 오랜 사회생활과 환경의 영향에 의해 생리적인 배고픔과 배부름에 대한 감각이 약해졌고 이에 따라 식사량을 조절하는 방법을 잃어버렸다는 것이다. 인간은 언제든지 더 먹을 수 있다는 것을 인식하면 음식을 과도하게 먹는 습관을 줄일 수 있다. 음식을 먹을 때 천천히 먹는 것이 권장되는 데 이는 배부름을 느끼기 까지는 약간의 시간이 걸리기 때문에 천천히 먹어야 과도하게 먹기 전에 배부름을 적절한 때에 느낄 수 있다는 것이다. 그러나 오랜 습관으로 몸에 밴 행동을 조절하는 것은 물론 쉽지 않다. 그러므로 식사에 대한 인식을 바꾸는 범사회적인 노력이 필요하다.

03 저체중의 문제

1) 일반적 원인과 치료

저체중은 과체중과 마찬가지로 심각한 건강문제를 야기할 수 있으나 우리나라에서는 이제 저체중은 과체중보다는 덜 흔한 문제이다. 일반적으로 저체중은 경제적으로 궁핍하거나 장기간의 질병과 관련이 있다. 평균 신장 및 연령 대비 체중보다 10% 이상 낮은 경우를 저체중 또는 수척(underweight)으로 간주하며, 20% 이상 미달되면 고도저체중 혹은 과소체중으로 정의한다. 특히 어린이들에게는 저체중으로 인해 감염에 대한 저항력 감소, 성장 지연뿐만 아니라 전반적인 건강상태 악화, 근력 저하 등의 심각한 문제들이 발생한다.

(1) 원인

저체중은 전반적인 영양실조를 일으키는 문제와 관련이 있다.

• 소모성 질환 : 기초대사율을 증가시키는 만성 감염이나 발열과 관계된 장기간의

소모성 질환

- 음식 섭취 불량 : 식사를 거부하도록 만드는 심리적 요인, 식욕상실, 경제적 궁핍 및 제한된 식품 공급량으로 인한 음식 섭취량의 감소
- 흡수장애 : 장기간의 설사, 위장질환, 하제(laxatives)의 과도한 사용으로 인한 영양흡수 장애
- 호르몬 불균형 : 갑상선 기능항진증 등의 이상으로 신체 에너지 요구량 증가
- 에너지 불균형 : 신체활동 대비 음식 섭취 보충 미흡
- 잘못된 생활습관 : 식사를 중요하게 생각하지 않고, 불규칙적이고 부적절한 식이 섭취

(2) 식이치료

저체중인 사람들이 체조직을 다시 구성하고 건강을 회복하기 위해서는 특수한 영양치료가 필요하다. 모든 식이계획은 개인의 요구, 생활조건, 경제적 수준이나 기저질환 등을 고려하여 각자의 상황에 맞추어 계획되어야 한다. 식이 목표는 개인의 상태에 따라서 에너지와 영양섭취를 모두 향상시키고, 다음의 식이원칙 사항을 준수하는 것이다.

- 1일 총 섭취 열량에 500~1,000kcal를 추가하여 공급하고, 점차적으로 섭취량 증가해야 한다.
- 조직 재형성을 위한 고단백 식이를 제공하고, 총 단백질 섭취량의 1/2는 동물성 단백질로 섭취하도록 한다.
- 쉽게 소화되는 형태로 일차 에너지를 공급하기 위한 고탄수화물을 제공하며, 단순 당류는 혈당 상승과 식욕감퇴를 초래하므로 과잉 섭취는 피한다.
- 범위를 초과하지 않는 범위 내에서 칼로리를 보충하기 위한 중정도 지방으로 에너지를 증가시키고 식욕을 촉진시킨다.
- 비타민과 무기질의 공급 및 필요 시 보충제의 섭취가 필요하다.

먹음직스러운 모양의 다양한 음식이 식욕을 되살릴 수 있고 먹고자 하는 욕구를 증가시켜 준다. 매끼 영양가 높은 식사와 간식을 포함한 균형 잡힌 식단을 계획하고, 좋아하는 음식을 포함시켜야 한다. 기본 목표는 좋은 음식 습관을 만들도록 돕는 것으로, 이를 통해 일단 영양상태와 체중이 회복되면 이 상태가 유지될 수 있을 것이다. 장기요양시설에 있는 노인들은 특히 체중감소 문제가 발생할 위험이 높다. 이러한 재활과정에서는 환자 및 가족들과의 상담과 실제적인 지침 및 지원이 필요하다. 어떤 경우에는 경관영양이나 총비경구영양(TPN)이 필요할 수 있다.

2) 섭식장애

식이장애(eating disorders)는 생물학적, 사회-문화적, 심리적 요인의 결합으로 인한 것이다. 날씬함에 대한 사회적 또는 가족과 개인의 압력, 비만에 대한 두려움, 스트레스 등으로 인해 체중과 관계없이 항상 자신이 뚱뚱하다고 생각하고 음식과 비만에 대해 깊은 공포심을 갖게 되기도 하고, 음식 섭취로서 스트레스를 해결하고자 한다. 그 결과로서 정신적 질환, 극단적인 식이장애뿐만 아니라 다양한 건강상의 문제가 발생하게 된다.

(1) 신경성 식욕부진

신경성 식욕부진(anorexia nervosa)이란 생명을 위협할 정도의 체중감소를 야기하는 심리적 · 생리적인 음식에 대한 극단적 혐오이다. 실제로는 영양실조이고 극도로 여윈 상태임에도 불구하고 자신을 뚱뚱하다고 생각하는 왜곡된 신체상을 가지며 비만에 대한 병적인 공포로 야기되는 정신적인 장애이다.

대개 끊임없이 완벽을 추구하는 성취욕이 높은 경우에서 생기는데, 특히 사춘기 어린 소녀들에게서 나타난다. 신경성 식욕부진은 완전히 강박적으로 되어 점점 더 우울하고 불안정하고 열등의식이 있으며, 불면증, 월경 불순 등이 나타난다(Box 18-3). 이 대상자들은 체중감량을 위해 굶기, 구토, 설사제 등 다양한 방법들을 사용할 수 있으며, 이 질환은 생명을 위협할 수 있다.

(2) 대식증

대식증(bulimia)이란 비만에 대한 공포와 관계된 정신적인 식이장애로, 고열량 식품을 다량 섭취한 후 정상적인 체중을 유지하기 위해 구토를 유발하거나 이뇨제 및

BOX 18-3 신경성 식욕부진의 증상

- 최근 5% 이상의 계획되지 않은 체중감소
- 무월경
- 변비
- 과도한 탈모
- 비정상적인 수면 패턴
- 신체 이미지 장애
- 신체 상태에 대한 오해
- 하루에 500~800kcal만 섭취
- 사회 격리
- 비만해지는 것에 대한 과도한 두려움
- 근육 긴장도 감소

하제를 사용하여 먹은 음식을 빨리 배출하려고 한다. 대식증은 청소년기나 젊은 성인기에 흔하며, 특히 젊은 여성에서 나타나고 신경성 식욕부진보다 더 흔하다. 대식증이 있는 젊은 여성들은 체형과 음식에 대한 강박증으로 고통을 받으며, 그들은 자신이 과식-거식 주기를 통해 음식과 체중을 통제할 수 있다는 것을 알고 있다. 그 결과로 거대한 양의 음식을 충동적으로 마구 먹고 나서는 모두 토해버리는 것이다. 이러한 행동으로 인한 구강 및 치아 문제로는 구강점막 자극, 침샘분비 저하, 구강 건조증, 식도손상 등이 있다. 또한 탈수, 급성 발작, 신부전 등의 심각한 건강상의 문제를 유발한다.

(3) 폭식장애

폭식장애(binge-eating disorder, BED)는 대식증에서와 같이 열량을 제거하려는 행동은 없이 폭식만 하는 것을 말한다. 폭식장애는 정신 장애 진단 및 통계 편람 제5판(DSM-5)에서 뚜렷한 섭식 장애로 알려져 있다. 폭식은 대식증과 다르게 단시간 내에 다량의 고지방 및 고단백 음식을 먹으며, 제거하려는 행동은 없이 폭식만 한다. 폭식장애는 스트레스나 심리적인 스트레스의 순간이 식사와 연결되고, 무의식적으로 먹으며, 불편할 때까지 먹기 때문에 비만을 유발하게 된다.

(4) 치료

식이장애를 치료하기 위해서는 영양적인 상담뿐만 아니라 의사, 심리학자, 간호사로 구성된 숙련된 전문가들의 팀 치료가 필요하다. 정신적인 치료와 함께 식이장애로 인한 여러 건강문제에 대한 접근이 필요하며, 영양공급과 함께 올바른 식습관을 가질 수 있도록 영양교육을 해야 한다.

>> 간호적용

과체중 사례

대상자는 55세 남자로, 회사원으로서 잦은 회식으로 술을 자주 마시는 편이다. 키 179cm에 몸무게 105kg, 복부둘레 100cm로 작년 한 해 동안 급격한 체중이 증가하였다. 늦은 귀가로 인해 운동할 시간이 없으며, 종일 회사에서 앉아 있는 시간이 많다. 휴일에는 피곤하여 종일 텔레비전 앞에 있는 편이고, 텔레비전을 보면서 자주 맥주와 과자를 즐겨 먹는다. 식사 시에는 10분 내로 빨리 먹는 편이며, 과식하고, 육류를 즐겨 먹는 편이다. 체중감량에 대한 의지가 없는 상태이며, 부인도 이제 포기를 한 상태이다.

(1) 간호사정

① 주관적 자료

- "딸이 저를 뚱뚱이 아빠라고 해요."
- "회사에서 종일 앉아 있고, 피곤해요."
- "어쩔 수 없이 일주일에 4일 이상 술을 마셔요."

② 객관적 자료

- 키 179cm, 몸무게 105kg, 복부둘레 100cm
- BMI : 32.8
- 빠른 식사(10분 이내), 과식, 주 4회 이상 음주, 육류 위주 식사
- 활동량 부족, 종일 앉아서 활동함, 휴일에는 종일 텔레비전을 봄

(2) 간호진단

- 부적절한 식이습관, 활동량 저하와 관련된 영양불균형 : 영양과다

(3) 간호목표

- 체중감량의 중요성에 대해 표현한다.
- 올바른 식이습관을 설명할 수 있다.
- 올바른 식이습관 개선을 위한 전략을 세우고 실천할 수 있다.
- 활동량 증가에 대한 전략을 세우고 실천할 수 있다.

(4) 간호계획

- 비만의 위험성과 체중감량의 중요성에 대한 정보를 제공한다.
- 올바른 식이습관에 대해 교육하고, 자신의 식이습관의 문제점을 같이 찾아본다.
- 올바른 식이습관 개선을 위한 전략을 세워본 후 실천한다.
- 활동량 증가에 대한 전략을 세워본 후 실천한다.

(5) 간호중재

- 대상자와 부인에게 비만의 위험성과 체중감량의 중요성에 대해 교육했다.
- 대상자와 부인에게 올바른 식이습관에 대해 교육했다.
- 식이습관의 문제점을 찾았다.
- 빠른 식사, 과식, 과다한 육류 섭취, 야식, 잦은 음주 습관을 개선하기 위한 전략을 대상자와 부인과 함께 세웠다.
- 평상시 활동량을 증가시키기 위한 전략을 세웠다.
- 대상자의 부인이 건강한 음식을 만들도록 격려하고, 남편의 식이습관을 개선하도록 격려했다.

- 대상자가 체중을 감량하기 위해 식이습관 개선과 활동량 증가에 대해 칭찬과 격려를 했다.
- 휴일에 텔레비전 보는 것을 줄이는 전략을 세웠다.

(6) 간호평가

- 체중감량의 중요성에 대해 말로 표현하였다.
- 올바른 식이습관을 설명할 수 있고, 자신의 식이습관의 문제점을 표현하였다.
- 올바른 식이습관 개선을 위해 식사를 천천히 하고, 과식을 하지 않고, 육류 섭취를 줄이고, 야식과 음주 횟수를 줄였다.
- 활동량 증가를 위해 버스 한 정거장 전에 내려 걸어서 집에까지 오며, 만보계를 이용하여 하루 만보 이상 걷기를 실천하고 있다.

생각해보기

1. 비만으로 인해 발생할 수 있는 건강문제는 무엇인가?
2. 체중관리를 위한 유산소 운동의 효과는 무엇인가?
3. 식이장애의 종류는 무엇이 있고, 그 차이점은 무엇인가?

부록

1. 2020 한국인 영양소 섭취기준
2. 각 식품군별 교환단위

1. 2020 한국인 영양소 섭취기준 (에너지와 다량영양소)

보건복지부, 2020

성별	연령	에너지(kcal/일)				탄수화물(g/일)				식이섬유(g/일)				지방(g/일)				리놀레산(g/일)				알파-리놀렌산(g/일)				EPA+DHA(mg/일)			
		평균 필요량	권장 섭취량	충분 섭취량	상한 섭취량	평균 필요량	권장 섭취량	충분 섭취량	상한 섭취량	평균 필요량	권장 섭취량	충분 섭취량	상한 섭취량	평균 필요량	권장 섭취량	충분 섭취량	상한 섭취량	평균 필요량	권장 섭취량	충분 섭취량	상한 섭취량	평균 필요량	권장 섭취량	충분 섭취량	상한 섭취량	평균 필요량	권장 섭취량	충분 섭취량	상한 섭취량
영아	0–5(개월)	500						60								25				5.0				0.6				200[2]	
	6–11	600						90								25				7.0				0.8				300[2]	
유아	1~2(세)	900				100	130					15								4.5				0.6					
	3–5	1,400				100	130					20								7.0				0.9					
남자	6–8(세)	1,700				100	130					25								9.0				1.1				200	
	9–11	2,000				100	130					25								9.5				1.3				220	
	12~14	2,500				100	130					30								12.0				1.5				230	
	15–18	2,700				100	130					30								14.0				1.7				230	
	19–29	2,600				100	130					30								13.0				1.6				210	
	30–49	2,500				100	130					30								11.5				1.4				400	
	50–64	2,200				100	130					30								9.0				1.4				500	
	65–74	2,000				100	130					25								7.0				1.2				310	
	75 이상	1,900				100	130					25								5.0				0.9				280	
여자	6–8(세)	1,500				100	130					20								7.0				0.8				200	
	9–11	1,800				100	130					25								9.0				1.1				150	
	12~14	2,000				100	130					25								9.0				1.2				210	
	15–18	2,000				100	130					25								10.0				1.1				100	
	19–29	2,000				100	130					20								10.0				1.2				150	
	30–49	1,900				100	130					20								8.5				1.2				260	
	50–64	1,700				100	130					20								7.0				1.2				240	
	65–74	1,600				100	130					20								4.5				1.0				150	
	75 이상	1,500				100	130					20								3.0				0.4				140	
임신부[1]		+0 +340 +450				+35	+45					+5								+0				+0				+0	
수유부		+340				+60	+80					+5								+0				+0				+0	

1) 1,2,3 분기별 부가량
2) DHA

1. 2020 한국인 영양소 섭취기준 (에너지와 다량영양소)

보건복지부, 2020

성별	연령	단백질(g/일)				메티오닌(g/일)				류신(g/일)				이소류신(g/일)				발린(g/일)				라이신(g/일)				페닐알라닌+티로신(g/일)			
		필요추정량	권장섭취량	충분섭취량	상한섭취량	평균필요량	권장섭취량	충분섭취량	상한섭취량	평균필요량	권장섭취량	충분섭취량	상한섭취량	평균필요량	권장섭취량	충분섭취량	상한섭취량	평균필요량	권장섭취량	충분섭취량	상한섭취량	평균필요량	권장섭취량	충분섭취량	상한섭취량	평균필요량	권장섭취량	충분섭취량	상한섭취량
영아	0–5(개월)			10				0.4				1.0				0.6				0.6				0.7				0.9	
	6–11	12	15			0.3	0.4			0.6	0.8			0.3	0.4			0.3	0.5			0.6	0.8			0.5	0.7		
유아	1~2(세)	15	20			0.3	0.4			0.6	0.8			0.3	0.4			0.4	0.5			0.6	0.7			0.5	0.7		
	3–5	20	25			0.3	0.4			0.7	1.0			0.3	0.4			0.4	0.5			0.6	0.8			0.6	0.7		
남자	6–8(세)	30	35			0.5	0.6			1.1	1.3			0.5	0.6			0.6	0.7			1.0	1.2			0.9	1.0		
	9–11	40	50			0.7	0.8			1.5	1.9			0.7	0.8			0.9	1.1			1.4	1.8			1.3	1.6		
	12~14	50	60			1.0	1.2			2.2	2.7			1.0	1.2			1.2	1.6			2.1	2.5			1.8	2.3		
	15–18	55	65			1.2	1.4			2.6	3.2			1.2	1.4			1.5	1.8			2.3	2.9			2.1	2.6		
	19–29	50	65			1.0	1.4			2.4	3.1			1.0	1.4			1.4	1.7			2.5	3.1			2.8	3.6		
	30–49	50	65			1.1	1.3			2.4	3.1			1.1	1.4			1.4	1.7			2.4	3.1			2.9	3.5		
	50–64	50	60			1.1	1.3			2.3	2.8			1.1	1.3			1.3	1.6			2.3	2.9			2.7	3.4		
	65–74	50	60			1.0	1.3			2.2	2.8			1.0	1.3			1.3	1.6			2.2	2.9			2.5	3.3		
	75 이상	50	60			0.9	1.1			2.1	2.7			0.9	1.1			1.1	1.5			2.2	2.7			2.5	3.1		
여자	6–8(세)	30	35			0.5	0.6			1.0	1.3			0.5	0.6			0.6	0.7			0.9	1.3			0.8	1.0		
	9–11	40	45			0.6	0.7			1.5	1.8			0.6	0.7			0.9	1.1			1.3	1.6			1.2	1.5		
	12~14	45	55			0.8	1.0			1.9	2.4			0.8	1.0			1.2	1.4			1.8	2.2			1.6	1.9		
	15–18	45	55			0.8	1.1			2.0	2.4			0.8	1.1			1.2	1.4			1.8	2.2			1.6	2.0		
	19–29	45	55			0.8	1.0			2.0	2.5			0.8	1.1			1.1	1.3			2.1	2.6			2.3	2.9		
	30–49	40	50			0.8	1.0			1.9	2.4			0.8	1.0			1.0	1.4			2.0	2.5			2.3	2.8		
	50–64	40	50			0.8	1.1			1.9	2.3			0.8	1.1			1.1	1.3			1.9	2.4			2.2	2.7		
	65–74	40	50			0.7	0.9			1.8	2.2			0.7	0.9			0.9	1.3			1.8	2.3			2.1	2.6		
	75 이상	40	50			0.7	0.9			1.7	2.1			0.7	0.9			0.9	1.1			1.7	2.1			2.0	2.4		
임신부[1]		+12	+15			1.1	1.4			2.5	3.1			1.1	1.4			1.4	1.7			2.3	2.9			0.8	1.0		
		+25	+30																										
수유부		+20	+25			1.1	1.5			2.8	3.5			1.3	1.7			1.6	1.9			2.5	3.1			0.8	1.1		

1) 2,3 분기별 부가량

1. 2020 한국인 영양소 섭취기준 (에너지와 다량영양소)

보건복지부, 2020

성별	연령	트레오닌(g/일)				트립토판(g/일)				히스티딘(g/일)				수분(mL/일)					
		필요추정량	권장섭취량	충분섭취량	상한섭취량	평균필요량	권장섭취량	충분섭취량	상한섭취량	평균필요량	권장섭취량	충분섭취량	상한섭취량	음식	물	음료	충분섭취량 액체	충분섭취량 총수분	상한섭취량
영아	0–5(개월)			0.5				0.2				0.1					700	700	
	6–11	0.3	0.4			0.1	0.1			0.2	0.3			300			500	800	
유아	1~2(세)	0.3	0.4			0.1	0.1			0.2	0.3			300	362	0	700	1,000	
	3–5	0.3	0.4			0.1	0.1			0.2	0.3			400	491	0	1,100	1,500	
남자	6–8(세)	0.5	0.6			0.1	0.2			0.3	0.4			900	589	0	800	1,700	
	9–11	0.7	0.9			0.2	0.2			0.5	0.6			1,100	686	1.2	900	2,000	
	12~14	1.0	1.3			0.3	0.3			0.7	0.9			1,300	911	1.9	1,100	2,400	
	15–18	1.2	1.5			0.3	0.4			0.9	1.0			1,400	920	6.4	1,200	2,600	
	19–29	1.1	1.5			0.3	0.3			0.8	1.0			1,400	981	262	1,200	2,600	
	30–49	1.2	1.5			0.3	0.3			0.7	1.0			1,300	957	289	1,200	2,500	
	50–64	1.1	1.4			0.3	0.3			0.7	0.9			1,200	940	75	1,000	2,200	
	65–74	1.1	1.3			0.2	0.3			0.7	1.0			1,100	904	20	1,000	2,100	
	75 이상	1.0	1.3			0.2	0.3			0.7	0.8			1,000	662	12	1,100	2,100	
여자	6–8(세)	0.5	0.6			0.1	0.2			0.3	0.4			800	514	0	800	1,600	
	9–11	0.6	0.9			0.2	0.2			0.4	0.5			1,000	643	0	900	1,900	
	12~14	0.9	1.2			0.2	0.3			0.6	0.7			1,100	610	0	900	2,000	
	15–18	0.9	1.2			0.2	0.3			0.6	0.7			1,100	659	7.3	900	2,000	
	19–29	0.9	1.1			0.2	0.3			0.6	0.8			1,100	709	126	1,000	2,100	
	30–49	0.9	1.2			0.2	0.3			0.6	0.8			1,000	772	124	1,000	2,000	
	50–64	0.8	1.1			0.2	0.3			0.6	0.7			900	784	27	1,000	1,900	
	65–74	0.8	1.0			0.2	0.2			0.5	0.7			900	624	9	900	1,800	
	75 이상	0.7	0.9			0.2	0.2			0.5	0.7			800	552	5	1,000	1,800	
임신부		3.0	3.8			0.3	0.4			1.2	1.5							+200	
수유부		3.7	4.7			0.4	0.5			1.3	1.7						+500	+700	

1. 2020 한국인 영양소 섭취기준 (수용성비타민)

보건복지부, 2020

성별	연령	비타민 C(mg/일)				티아민(mg/일)				리보플라빈(mg/일)				니아신(mg NE/일)[1]				비타민 B_6(mg/일)				엽산(μg DFE/일)[2]				비타민 B_{12}(μg/일)			
		평균필요량	권장섭취량	충분섭취량	상한섭취량	평균필요량	권장섭취량	충분섭취량	상한섭취량	평균필요량	권장섭취량	충분섭취량	상한섭취량	평균필요량	권장섭취량	충분섭취량	상한섭취량 니코틴산/니코틴아미드	평균필요량	권장섭취량	충분섭취량	상한섭취량	평균필요량	권장섭취량	충분섭취량	상한섭취량[3]	평균필요량	권장섭취량	충분섭취량	상한섭취량
영아	0–5(개월)			40				0.2				0.3				2				0.1				65				0.3	
	6–11			55				0.3				0.4				3				0.3				90				0.5	
유아	1~2(세)	30	40		340	0.4	0.4			0.4	0.5			4	6		10/180	0.5	0.6		20	120	150		300	0.8	0.9		
	3–5	35	45		510	0.4	0.5			0.5	0.6			5	7		10/250	0.6	0.7		30	150	180		400	0.9	1.1		
남자	6–8(세)	40	50		750	0.5	0.7			0.7	0.9			7	9		15/350	0.7	0.9		45	180	220		500	1.1	1.3		
	9–11	55	70		1,100	0.7	0.9			0.9	1.1			9	11		20/500	0.9	1.1		60	250	300		600	1.5	1.7		
	12~14	70	90		1,400	0.9	1.1			1.2	1.5			11	15		25/700	1.3	1.5		80	300	360		800	1.9	2.3		
	15–18	80	100		1,600	1.1	1.3			1.4	1.7			13	17		30/800	1.3	1.5		95	330	400		900	2.0	2.4		
	19–29	75	100		2,000	1.0	1.2			1.3	1.5			12	16		35/1000	1.3	1.5		100	320	400		1,000	2.0	2.4		
	30–49	75	100		2,000	1.0	1.2			1.3	1.5			12	16		35/1000	1.3	1.5		100	320	400		1,000	2.0	2.4		
	50–64	75	100		2,000	1.0	1.2			1.3	1.5			12	16		35/1000	1.3	1.5		100	320	400		1,000	2.0	2.4		
	65–74	75	100		2,000	0.9	1.1			1.2	1.4			11	14		35/1000	1.3	1.5		100	320	400		1,000	2.0	2.4		
	75 이상	75	100		2,000	0.9	1.1			1.1	1.3			10	13		35/1000	1.3	1.5		100	320	400		1,000	2.0	2.4		
여자	6–8(세)	40	50		750	0.6	0.7			0.6	0.8			7	9		15/350	0.7	0.9		45	180	220		500	1.1	1.3		
	9–11	55	70		1,100	0.8	0.9			0.8	1.0			9	12		20/500	0.9	1.1		60	250	300		600	1.5	1.7		
	12~14	70	90		1,400	0.9	1.1			1.0	1.2			11	15		25/700	1.2	1.4		80	300	360		800	1.9	2.3		
	15–18	80	100		1,600	0.9	1.1			1.0	1.2			11	14		30/800	1.2	1.4		95	330	400		900	2.0	2.4		
	19–29	75	100		2,000	0.9	1.1			1.0	1.2			11	14		35/1000	1.2	1.4		100	320	400		1,000	2.0	2.4		
	30–49	75	100		2,000	0.9	1.1			1.0	1.2			11	14		35/1000	1.2	1.4		100	320	400		1,000	2.0	2.4		
	50–64	75	100		2,000	0.9	1.1			1.0	1.2			11	14		35/1000	1.2	1.4		100	320	400		1,000	2.0	2.4		
	65–74	75	100		2,000	0.8	1.0			0.9	1.1			10	13		35/1000	1.2	1.4		100	320	400		1,000	2.0	2.4		
	75 이상	75	100		2,000	0.7	0.8			0.8	1.0			9	12		35/1000	1.2	1.4		100	320	400		1,000	2.0	2.4		
임신부		+10	+10		2,000	+0.4	+0.4			+0.3	+0.4			+3	+4		35/1000	+0.7	+0.8		100	+200	+220		1,000	+0.2	+0.2		
수유부		+35	+40		2,000	+0.3	+0.4			+0.4	+0.5			+2	+3		35/1000	+0.7	+0.8		100	+130	+150		1,000	+0.3	+0.4		

1) 1 mg NE(니아신 당량)=1 mg 니아신=60 mg 트립토판
2) Dietary Folate Equivalents, 가임기 여성의 경우 400 μg/일의 엽산보충제 섭취를 권장함.
3) 엽산의 상한섭취량은 보충제 또는 강화식품의 형태로 섭취한 μg/일에 해당됨.

1. 2020 한국인 영양소 섭취기준 (수용성비타민)

보건복지부, 2020

성별	연령	판토텐산(mg/일)				비오틴(μg/일)			
		평균필요량	권장섭취량	충분섭취량	상한섭취량	평균필요량	권장섭취량	충분섭취량	상한섭취량
영아	0–5(개월)			1.7				5	
	6–11			1.9				7	
유아	1~2(세)			2				9	
	3–5			2				12	
남자	6–8(세)			3				15	
	9–11			4				20	
	12~14			5				25	
	15–18			5				30	
	19–29			5				30	
	30–49			5				30	
	50–64			5				30	
	65–74			5				30	
	75 이상			5				30	
여자	6–8(세)			3				15	
	9–11			4				20	
	12~14			5				25	
	15–18			5				30	
	19–29			5				30	
	30–49			5				30	
	50–64			5				30	
	65–74			5				30	
	75 이상			5				30	
임신부				+1.0				+0	
수유부				+2.0				+5	

1. 2020 한국인 영양소 섭취기준 (지용성비타민)

보건복지부, 2020

성별	연령	비타민 A(μg RAE/일)				비타민 D(μg/일)				비타민 E(mg α–TE/일)				비타민 K(μg/일)			
		평균필요량	권장섭취량	충분섭취량	상한섭취량	평균필요량	권장섭취량	충분섭취량	상한섭취량	평균필요량	권장섭취량	충분섭취량	상한섭취량	평균필요량	권장섭취량	충분섭취량	상한섭취량
영아	0–5(개월)			350	600			5	25			3				4	
	6–11			450	600			5	25			4				6	
유아	1~2(세)	190	250		600			5	30			5	100			25	
	3–5	230	300		750			5	35			6	150			30	
남자	6–8(세)	310	450		1,100			5	40			7	200			40	
	9–11	410	600		1,600			5	60			9	300			55	
	12~14	530	750		2,300			10	100			11	400			70	
	15–18	620	850		2,800			10	100			12	500			80	
	19–29	570	800		3,000			10	100			12	540			75	
	30–49	560	800		3,000			10	100			12	540			75	
	50–64	530	750		3,000			10	100			12	540			75	
	65–74	510	700		3,000			15	100			12	540			75	
	75 이상	500	700		3,000			15	100			12	540			75	
여자	6–8(세)	290	400		1,100			5	40			7	200			40	
	9–11	390	550		1,600			5	60			9	300			55	
	12~14	480	650		2,300			10	100			11	400			65	
	15–18	450	650		2,800			10	100			12	500			65	
	19–29	460	650		3,000			10	100			12	540			65	
	30–49	450	650		3,000			10	100			12	540			65	
	50–64	430	600		3,000			10	100			12	540			65	
	65–74	410	600		3,000			15	100			12	540			65	
	75 이상	410	600		3,000			15	100			12	540			65	
임신부		+50	+70		3,000			+0	100			+0	540			+0	
수유부		+350	+490		3,000			+0	100			+3	540			+0	

1. 2020 한국인 영양소 섭취기준 (다량무기질)

보건복지부, 2020

성별	연령	칼슘(mg/일)				인(mg/일)				나트륨(mg/일)				염소(mg/일)				칼륨(mg/일)				마그네슘(mg/일)			
		필요 추정량	권장 섭취량	충분 섭취량	상한 섭취량	평균 필요량	권장 섭취량	충분 섭취량	상한 섭취량	평균 필요량	권장 섭취량	충분 섭취량	만성질환위험 감소섭취량	평균 필요량	권장 섭취량	충분 섭취량	상한 섭취량	평균 필요량	권장 섭취량	충분 섭취량	상한 섭취량	평균 필요량	권장 섭취량	충분 섭취량	상한 섭취량[1]
영아	0–5(개월)			250	1,000			100				110				170				400				25	
	6–11			300	1,500			300				370				560				700				55	
유아	1~2(세)	400	500		2,500	380	450		3,000			810	1,200			1,200				1,900		60	70		60
	3–5	500	600		2,500	480	550		3,000			1,000	1,600			1,600				2,400		90	110		90
남자	6–8(세)	600	700		2,500	500	600		3,000			1,200	1,900			1,900				2,900		130	150		130
	9–11	650	800		3,000	1,000	1,200		3,500			1,500	2,300			2,300				3,400		190	220		190
	12~14	800	1,000		3,000	1,000	1,200		3,500			1,500	2,300			2,300				3,500		260	320		270
	15–18	750	900		3,000	1,000	1,200		3,500			1,500	2,300			2,300				3,500		340	410		350
	19–29	650	800		2,500	580	700		3,500			1,500	2,300			2,300				3,500		300	360		350
	30–49	650	800		2,500	580	700		3,500			1,500	2,300			2,300				3,500		310	370		350
	50–64	600	750		2,000	580	700		3,500			1,500	2,300			2,300				3,500		310	370		350
	65–74	600	700		2,000	580	700		3,500			1,300	2,100			2,100				3,500		310	370		350
	75 이상	600	700		2,000	580	700		3,000			1,100	1,700			1,700				3,500		310	370		350
여자	6–8(세)	600	700		2,500	480	550		3,000			1,200	1,900			1,900				2,900		130	150		130
	9–11	650	800		3,000	1,000	1,200		3,500			1,500	2,300			2,300				3,400		180	220		190
	12~14	750	900		3,000	1,000	1,200		3,500			1,500	2,300			2,300				3,500		240	290		270
	15–18	700	800		3,000	1,000	1,200		3,500			1,500	2,300			2,300				3,500		290	340		350
	19–29	550	700		2,500	580	700		3,500			1,500	2,300			2,300				3,500		230	280		350
	30–49	550	700		2,500	580	700		3,500			1,500	2,300			2,300				3,500		240	280		350
	50–64	600	800		2,000	580	700		3,500			1,500	2,300			2,300				3,500		240	280		350
	65–74	600	800		2,000	580	700		3,500			1,300	2,100			2,100				3,500		240	280		350
	75 이상	600	800		2,000	580	700		3,000			1,100	1,700			1,700				3,500		240	280		350
임신부		+0	+0		2,500	+0	+0		3,000			1,500	2,300			2,300				+0		+30	+40		350
수유부		+0	+0		2,500	+0	+0		3,500			1,500	2,300			2,300				+400		+0	+0		350

1) 식품외 급원의 마그네슘에만 해당

1. 2020 한국인 영양소 섭취기준 (미량무기질)

보건복지부, 2020

성별	연령	철(mg/일)				아연(mg/일)				구리(μg/일)				불소(mg/일)				망간(mg/일)				요오드(μg/일)			
		필요 추정량	권장 섭취량	충분 섭취량	상한 섭취량	평균 필요량	권장 섭취량	충분 섭취량	상한 섭취량	평균 필요량	권장 섭취량	충분 섭취량	상한 섭취량	평균 필요량	권장 섭취량	충분 섭취량	상한 섭취량	평균 필요량	권장 섭취량	충분 섭취량	상한 섭취량	평균 필요량	권장 섭취량	충분 섭취량	상한 섭취량[1)]
영아	0–5(개월)			0.3	40			2				240				0.01	0.6			0.01				130	250
	6–11	4	6		40	2	3					330				0.4	0.8			0.8				180	250
유아	1~2(세)	4.5	6		40	2	3		6	220	290		1,700			0.6	1.2			1.5	2.0	55	80		300
	3–5	5	7		40	3	4		9	270	350		2,600			0.9	1.8			2.0	3.0	65	90		300
남자	6–8(세)	7	9		40	5	5		13	360	470		3,700			1.3	2.6			2.5	4.0	75	100		500
	9–11	8	11		40	7	8		19	470	600		5,500			1.9	10.0			3.0	6.0	85	110		500
	12~14	11	14		40	7	8		27	600	800		7,500			2.6	10.0			4.0	8.0	90	130		1,900
	15–18	11	14		45	8	10		33	700	900		9,500			3.2	10.0			4.0	10.0	95	130		2,200
	19–29	8	10		45	9	10		35	650	850		10,000			3.4	10.0			4.0	11.0	95	150		2,400
	30–49	8	10		45	8	10		35	650	850		10,000			3.4	10.0			4.0	11.0	95	150		2,400
	50–64	8	10		45	8	10		35	650	850		10,000			3.2	10.0			4.0	11.0	95	150		2,400
	65–74	7	9		45	8	9		35	600	800		10,000			3.1	10.0			4.0	11.0	95	150		2,400
	75 이상	7	9		45	7	9		35	600	800		10,000			3.0	10.0			4.0	11.0	95	150		2,400
여자	6–8(세)	7	9		40	4	5		13	310	400		3,700			1.3	2.5			2.5	4.0	75	100		500
	9–11	8	10		40	7	8		19	420	550		5,500			1.8	10.0			3.0	6.0	80	110		500
	12~14	12	16		40	6	8		27	500	650		7,500			2.4	10.0			3.5	8.0	90	130		1,900
	15–18	11	14		45	7	9		33	550	700		9,500			2.7	10.0			3.5	10.0	95	130		2,200
	19–29	11	14		45	7	8		35	500	650		10,000			2.8	10.0			3.5	11.0	95	150		2,400
	30–49	11	14		45	7	8		35	500	650		10,000			2.7	10.0			3.5	11.0	95	150		2,400
	50–64	6	8		45	6	8		35	500	650		10,000			2.6	10.0			3.5	11.0	95	150		2,400
	65–74	6	8		45	6	7		35	460	600		10,000			2.5	10.0			3.5	11.0	95	150		2,400
	75 이상	5	7		45	6	7		35	460	600		10,000			2.3	10.0			3.5	11.0	95	150		2,400
임신부		+8	+10		45	+2.0	+2.5		35	+100	+130		10,000			+0	10.0			+0	11.0	+65	+90		
수유부		+0	+0		45	+4.0	+5.0		35	+370	+480		10,000			+0	10.0			+0	11.0	+130	+190		

1. 2020 한국인 영양소 섭취기준 (미량무기질)

보건복지부, 2020

성별	연령	셀레늄(μg/일)				몰리브덴(μg/일)				크롬(μg/일)			
		필요 추정량	권장 섭취량	충분 섭취량	상한 섭취량	평균 필요량	권장 섭취량	충분 섭취량	상한 섭취량	평균 필요량	권장 섭취량	충분 섭취량	상한 섭취량[1)]
영아	0–5(개월)			9	40							0.2	
	6–11			12	65							4.0	
유아	1~2(세)	19	23		70	8	10		100			10	
	3–5	22	25		100	10	12		150			10	
남자	6–8(세)	30	35		150	15	18		200			15	
	9–11	40	45		200	15	18		300			20	
	12~14	50	60		300	25	30		450			30	
	15–18	55	65		300	25	30		550			35	
	19–29	50	60		400	25	30		600			30	
	30–49	50	60		400	25	30		600			30	
	50–64	50	60		400	25	30		550			30	
	65–74	50	60		400	23	28		550			25	
	75 이상	50	60		400	23	28		550			25	
여자	6–8(세)	30	35		150	15	18		200			15	
	9–11	40	45		200	15	18		300			20	
	12~14	50	60		300	20	25		400			20	
	15–18	55	65		300	20	25		500			20	
	19–29	50	60		400	20	25		500			20	
	30–49	50	60		400	20	25		500			20	
	50–64	50	60		400	20	25		450			20	
	65–74	50	60		400	18	22		450			20	
	75 이상	50	60		400	18	22		450			20	
임신부		+3	+4		400	+0	+0		500			+5	
수유부		+9	+10		400	+3	+3		500			+20	

2. 각 식품군별 교환단위

① 곡류군

1단위 = 100kcal

식품	무게(g)	목측량	식품	무게(g)	목측량
쌀밥, 보리밥	70	1/3공기	가래떡	50	썰은 것 11개
백미, 찹쌀, 팥, 율무	30	3큰술	시루떡	50	
삶은 국수	90	1/2공기	인절미	50	3개
마른국수, 당면	30		옥수수	50	1/2개
밀가루, 미싯가루	30	5큰술	감자	130	중 1개
식빵	35	1쪽	고구마	100	중 1/2개
모닝빵	35	중 1개	토란	130	1컵
도토리묵, 메밀묵	200	1/2모	밤(생 것)	60	중 6개
녹두묵	100		은행	60	
오트밀, 콘후레이크	30		크래커	20	5개

② 어 · 육류군(저지방군)

1단위 = 50kcal

식품	무게(g)	목측량	식품	무게(g)	목측량
쇠고기(사태, 홍두깨)	40	로스용 1장	가자미, 참도미	50	소 1토막
돼지고기(살코기)	40	3.5×3.5×3.5cm	대구, 병어, 광어	50	소 1토막
닭고기(껍질 제거)	40	소 1토막	복어, 연어, 참치	50	소 1토막
육포	15		홍어, 조기	50	소 1토막
굴비, 북어	15	1/2토막	굴	70	1/3컵
건오징어채, 쥐치포	15		낙지	100	1/2컵
잔멸치, 뱅어포	15		홍합, 문어, 멍게	70	1/3컵
새우(중하)	50	3마리	아나고	70	
새우(깐새우)	50	1/4컵	어묵(튀긴 것)	30	중 1장 (6×8.5cm)
꽃게	70	중 1마리	어묵(찐 것)	50	
골뱅이	50		미더덕	100	1/4컵
물오징어	50	7.5×8.5×7cm	해삼	200	4/3컵
조갯살	70	1/3컵	명란젓, 창란젓	40	

③ 어 · 육류군(중지방군)

1단위 = 75kcal

식품	무게(g)	목측량	식품	무게(g)	목측량
쇠고기(등심, 안심)	40	로스용 1장	검정콩	20	2큰술
돼지고기(안심)	40		두부	80	1/6모
소곱창	40	4×12cm	순두부	200	1컵
햄(로스)	40	1쪽(8×6×0.8cm)	연두부	150	1/2개
전갱어, 고등어	50	소 1토막	달걀	55	중 1개
도루묵, 민어, 준치	50	소 1토막	메추리알	40	5개
갈치, 삼치, 이면수	50	소 1토막	장어, 청어	50	소 1토막

④ 어 · 육류군(고지방군)

1단위 = 100kcal

식품	무게(g)	목측량	식품	무게(g)	목측량
소갈비	30	소 1토막	참치 통조림	50	1/3컵
소꼬리	40		꽁치 통조림	50	1/3컵
우설	40		고등어 통조림	50	1/3컵
런천미트	40		뱀장어	50	소 1토막
프랑크 소시지	40	4/3개	유부	30	유부 6장
치즈	30	1.5장	긴따로	30	

⑤ 채소군

1단위 = 20kcal

식품	무게(g)	목측량	식품	무게(g)	목측량
시금치, 근대, 가지	70	익혀서 1/3컵	깍두기	50	
고구마순, 미나리	70	익혀서 1/3컵	포기김치	70	
고비, 고사리(삶은)	70	1/3컵	양송이, 느타리	70	
당근, 무, 단무지	70		생표고	50	대 3개
상추, 양상추, 부추	70		우엉, 더덕	25	
죽순, 달래, 취(생)	70		연근, 양파	50	
컬리플라워, 케일	70		깻잎, 무청	50	20장
브로컬리, 치커리	70		고추잎(생), 마늘쫑	25	1/2컵
양배추, 셀러리, 머위	70		호박	70	
두릅, 쑥, 냉이, 아욱	50		단호박	40	
피망, 풋고추, 열무	70		김	2	
오이, 콩나물, 숙주	70		물미역	70	
도라지(생), 풋마늘	50	1/2컵	야채주스	200	1컵

⑥ 지방군

1단위 = 45kcal

식품	무게(g)	목측량	식품	무게(g)	목측량
들기름	5	1작은술	땅콩버터	7	
옥수수기름	5	1작은술	참깨	8	1큰술
유채기름	5	1작은술	잣	8	1큰술
콩기름	5	1작은술	호두	8	대 1개
카놀라유	5	1작은술	땅콩	10	1큰술
미강유	5	1작은술	아몬드	8	7개
참기름	5	1작은술	피스타치오	8	10개
마가린, 라아드	6	1.5작은술	해바라기씨	8	1큰술
쇼트닝	5	1.5작은술	마요네즈	7	1.5작은술
버터	6	1.5작은술	베이컨	7	1조각

⑦ 우유군

1단위 = 125kcal

식품	무게(g)	목측량	식품	무게(g)	목측량
두유(무가당)	200	1컵	조제분유	25	5큰술
우유, 탈지우유	200	1컵	탈지분유	25	5큰술
무당연유	100	1/2컵	전지분유	25	5큰술

⑧ 과일군

1단위 = 50kcal

식품	무게(g)	목측량	식품	무게(g)	목측량
금귤	60	7개	참외	120	소 1/2개
바나나	60	중 1/2개	복숭아(황도)	150	중 1/2개
단감	80	중 1/2개	복숭아(천도)	200	소 2개
연시	80	소 1개	딸기	150	10개
귤	100	중 1개	토마토	250	대 1개
배	100	중 1/4개	체리 토마토	250	중 20개
사과(후지)	100	중 1/3개	수박	250	대 1쪽
오렌지	100	대 1/2개	포도	100	19개
오렌지 주스(무가당)	100	1/2컵	거봉	100	11개
사과 주스	100	1/2컵	자두	180	대 1개
파인애플 주스	100	1/2컵	살구	150	
토마토 주스	200	1컵	앵두	120	
자몽	150	중 1/2개	파인애플, 파파야	100	
멜론(머스크)	120		키위	100	

참고문헌

- 강기영 외. 2015 대한민국 성인남녀의 식사패턴과 우울증상의 관련성, Korean J Fam Pract. 5(2):77-83, 2015.
- 강순아 외. 21세기영양학, 교문사, 2006.
- 교육부. 식품알레르기 교육 참고자료. 교육부 학생건강정책과. 2016.
- 국가암정보센터, 퇴원 후 암환자 케어를 위한 일차의료 진료 매뉴얼(2020년 update).
- 국립암정보센터. 암예방을 위한 식생활 지침. Accessed December 02, 2022. Available at: http://www.cancer.go.kr
- 김미정. 모유수유의 영양과 수유모의 영양관리, Hanyang Medical Reviews, 30(1):31-40, 2010.
- 김은정, 정상원, 황진택, & 박윤정. (2022). 2020 단백질 섭취기준: 결핍과 만성질환 예방을 위한 한국인의 단백질 필요량 추정과 섭취현황. Journal of Nutrition and Health, 55(1), 10-20.
- 대한당뇨병교육간호사회. 똑똑한 당뇨관리, 시몽, 2012.
- 대한당뇨병학회. 당뇨병교육지침서 제3판, 골드기획, 2013.
- 대한당뇨병학회. 당뇨병 진료지침 2013 update, 골드기획, 2013.
- 대한모유수유의사회, 수유모 영양-단백질, 지방, 탄수화물, 수분, http://www.bfmed.co.kr/re/sub/mbi_read.html?cate=7&idx=917 accessed 2022.10.18.
- 대한소아과학회. 모유의 장점, 2009. Available from: https://www.pediatrics.or.kr/info/search/viewbody.php?tbl_name=board&page=1&number=3615&keyfield=subject&key=%B8%F0%C0%AF Retrieved on: 10 October 2016.
- 대한 소아알레르기 호흡기학회. 소아알레르기호흡기학 제2판. 여문각. 2013.
- 대한신장학회, 2021 적절한 혈액투석 치료 근거기반 진료지침, Accessed November 26, 2022, Available at: https://ksn.or.kr/bbs/?code=g_guideline
- 대한신장학회, 일차 의료용 근거기반 만성콩팥병 임상진료지침, Accessed November 26, 2022, Available at: https://ksn.or.kr/bbs/?code=g_guideline.
- 대한영양사협회, 복막투석, Accessed November 26, 2022, Available at: https://www.dietitian.or.kr/work/business/kb_c_kidney_dialysis02.do
- 대한영양사협회. (2022) 임상영양관리지침서, 4th edition.
- 대한영양사협회. 임상영양관리지침서. 대한영양사협회, 2013.
- 대한영양사협회. 임상영양관리지침서 제3판, 대한영양사협회, 2008.
- 박태선, 김은경. 현대인의 생활영양, 교문사, 2011.
- 박태선. 김은경. 현대인의 생활영양, 교문사, 2006.
- 백희영 외. 한국인의 건강영양조사, 서울대학교출판부, 1997.
- 보건복지부, 사단법인 대한영양사협회, 비만 예방 및 관리를 위한 바른 식생활 가이드북, 제1권, 2010.
- 보건복지부, 한국영양학회, 2020 한국인 영양소 섭취기준 활용연구, 2021
- 보건복지부, 한국영양학회, 2020 한국인 영양소 섭취기준 활용연구, 2021.

- 보건복지부. 2015 한국인 영양소 섭취기준, 보건복지부, 2015.
- 보건복지부. 임상영양치료를 위한 직무표준과 실행지침; 당뇨병 암 이상지질혈증. 2014. Available from: http://www.kidee2011.or.kr/board/index.php?boardid=hz_board_data&mode=view&no=35 Retrieved on: 10 October 2016.
- 보건복지부. 한국인을 위한 식생활 지침. 어르신을 위한 식생활 실천 지침. 보건복지부, 2003.
- 보건복지부 질병관리본부. 2013 국민건강통계 국민 건강영양조사 제6기 1차년도. p52, p54, 서울, 2014.
- 사단법인 대한영양사협회, 우리가족영양관리, 노년기 https://dietitian.or.kr/work/business/kb_c_family_elderly.do accessed 2022.10.18.
- 사단법인 대한영양사협회, 우리가족영양관리, 유아기, 학동기, 청소년기 https://dietitian.or.kr/work/business/kb_c_family_infancy.do
- 사단법인 대한영양사협회, 우리가족영양관리, 임신수유기 https://dietitian.or.kr/work/business/kb_c_family_infancy.do accessed 2022.10.18.
- 사단법인 대한영양사협회, 임상영양관리지침서, 제4판, 2022.
- 서울대학교병원, 치료식 처방집, 서울대학교병원, 1999.
- 서울아산병원 영양집중지원팀. AMC 영양집중치료 3판. 군자출판사. 서울.2021.
- 서정숙 외. NEW 고급영양학, 지구문화사, 2009.
- 송태원. 모유수유의 식품알레르기 예방에 대한 영향. Allergy Asthma Respir Dis, 4(3):155-156, 2016. doi.org/10.4168/aard.2016.4.3.155
- 송현주. 노년내과 심포지엄: 노인 환자의 흔한 문제; 노인 환자의 영양평가와 영양 불량의 치료. 대한내과학회 춘계학술발표논문집, 2015(단일호):47-51. 2015.
- 식품과 알레르기: http://www.foodallergy.or.kr/info accessed on Nov. 05. 2016.
- 식품의약품안전처, 식생활영양안전정책과, 전문가용 임산부 · 영유아용 영양가이드, 2022.
- 식품의약품안전처. 알아두면 힘이 되는 식품 알레르기 표시 바로알기. 식품의약품 안전처 식품소비안전과. 2016.
- 식품의약품안전청, 어린이급식관리지침서, 2013.
- 양윤정. 노인의 인지기능저하와 영양. Hanyang Med Rev 34:53-59. http://dx.doi.org/10.7599/hmr.2014.34.2.53 pISSN 1738-429X eISSN 2234-4446, 2014.
- 윤성하. 우리나라 노인의 영양소 섭취 현황. 질병관리본부 질병예방센터 건강영양조사과, 2013. Available from file:///C:/Users/home2/Downloads/Nutrient%20intakes%20status%20of%20the%20elderly%20in%20Korea.pdf accessed on Nov. 05. 2016.
- 이기열, 문수재. 최신영양학, 수학당, 1997.
- 이기열. 영양, 식이요법, 1996, 신광출판사, 1996.
- 이상선 외. 영양과학, 지구문화사, 2008.
- 이연숙. 건강장수를 위한 식생활. 서울대학교출판부, 2007.
- 이태희, 백현욱. 영양집중지원팀 인증제도에 대하여. J. Kor. Soc. Health-Syst. Pharm., Vol. 27, No. 1, 1~ 4(2010), 2010.
- 임대현. 식품 아나필락시스. 천식 및 알레르기, 30(2):91-92, 2010.
- 장숙랑. 한국 노인의 만성질환과 활동제한. 보건복지포럼. 7(225):6-12, 2015.
- 장유경 외 기초영양학, 교문사, 2011.
- 질병관리청 국가건강정보포털, 건강정보, 성공적인 모유수유, 2021.
- 채범석. 병원영양학, 아카데미서적, 1988.
- 최영애, 황애란, 김희승. 간호임상생리학, 대한간호협회 출판부, 1994.
- 최정화 외. 노인을 위한 식품안전 · 영양교육 내용 개발-포커스그룹인터뷰와 델파이 조사를 통하여. 대

한지역사회영양학회지, 17(2):167-81, 2012.
- 최혜미 외. 21세기 영양학, 교문사, 2000.
- 통계청(2020), 사망원인통계 통계정보 보고서
- 한국영양학회. 식품구성탑 및 식품군별 1인 1회 분량, www.kns.or.kr.
- 한국영양학회. 한국인 영양섭취기준, 한국영양학회, 2005.
- 한국영양학회. 홈페이지 http://kns.or.kr/Center/Can.asp
- 한규상, & 양은주. (2018). 한국 노인의 식습관 및 영양섭취 실태 평가: 국민건강영양조사 2013~ 2015 데이터를 이용하여. 동아시아식생활학회지, 28(4), 258-271.
- 환자안전보고학습시스템. 2020년 환자안전주제별보고서. 2020.12.23. https://www.kops.or.kr/portal/board/policyRsrch/boardDetail.do
- 환자안전보고학습시스템. 보건의료기관 내 식품알레르기 환자안전사고 발생. 2021.07.20. https://www.kops.or.kr/portal/aam/atent/atentAlarmCntrmsrDetail.do
- accessed 2022.10.18.
- Ahmed T, Haboubi N. Assessment and management of nutrition in older people and its importance to health. Clinical Interventions in Aging. 5:207-16, 2010.
- American Cancer Society, Eating Well During Treatment, Accessed November 26, 2022, Available at: https://www.cancer.org/treatment/survivorship-during-and-after-treatment/coping/nutrition/once-treatment-starts.html
- American Cancer Society, Food Safety During Cancer Treatment, Accessed November 26, 2022, Available at: https://www.cancer.org/treatment/survivorship-during-and-after-treatment/coping/nutrition/weak-immune-system.html
- American Dietetic Association. Handbook of clinical dietetics, ed 2, New Haven, Yale University Press, 1992.
- American Dietetic Association. Handbook of clinical dietetics, ed 2, New Haven, Yale University Press, 2000.
- American Dietetic Association. Manual of clinical dietetics, ed 4, Chicago, American Dietetic Association, 1992.
- American Dietetic Association. Position of the American Dietetic Association: Nutrition and Lifestyle for a Healthy Pregnancy Outcome, Journal of the American Dietetic Association. 108(3):553-61, 2008. doi: 10.1016/j.jada.2008.01.030.
- American Urological Association. What are Kidney Stones?, Accessed November 26, 2022, Available at: https://www.urologyhealth.org/urology-a-z/k/kidney-stones.
- Arthritis Foundation. The ultimate arthritis diet. Accessed November 27, 2022. https://www.arthritis.org/health-wellness/healthy-living/nutrition/anti-inflammatory/the-ultimate-arthritis-diet.
- Arthritis Foundation. Which Foods are Safe for Gout? Accessed November 27, 2022. Available at: https://www.arthritis.org/health-wellness/healthy-living/nutrition/healthy-eating/which-foods-are-safe-for-gout & https://www.healthline.com/health/gout/diet-restrictions#animal-proteins
- ASPEN Board of Directors. Nutrition support for adults with specific diseases and conditions, Journal of Parenteral and Enteral Nutrition 17(suppl) : 16SA, 1993.
- Barton AM. Manual of Medical-Surgical Nursing Care. AORN Journal. 78(3):499-500, 2003.
- Bauer KD, Liou D, Sokolik CA. Nutrition counseling and education skill development: Nelson Education; 2015.
- Benjamin Caballero, Luiz Trugo, Paul M. Finglas. Encyclopedia of Food Science and Nutrition. Academic Press, 2003.

- Björnsson ES. Hepatotoxicity by Drugs: The Most Common Implicated Agents. International Journal of Molecular Science, 17(2): 224, 2016.
- Boelig RC, Barton SJ, Saccone G, Kelly AJ, Edwards SJ, Berghella V, Interventions for treating hyperemesis gravidarum(Review), Cochrane Library, 2016, DOI: 10.1002/14651858.CD010607.pub2.
- Bozzetti F. (2015). Nutritional Support in Patients with Cancer. Clinical Nutrition, John Wiley & Sons, Ltd, 385-419.
- Burks AW., et al. ICON: Food allergy. J Allergy Clin Immunol, 129(4):906-920, 2012.
- Butte NF, King JC. Energy requirements during pregnancy and lactation. Public Health Nutrition. 8(7a):1010-27, 2005. doi: 10.1079/PHN2005793.
- Campos ACL, Meguid MM. A critical appraisal of the usefulness of perioperative nutritional support, Am J Clin Nutr 55 : 17, 1992.
- Centers for Disease Control and Prevention(CDC). How to reduce sodium intake, Accessed November 25, Available at: https://www.cdc.gov/salt/reduce_sodium_tips.htm.
- Chabner, BA. Longon, DL. (2018). Cancer chemotherapy, immunotherapy and biotherapy principles and practice, 6th edition, ebook, Wolters Kluwer.
- Chawla KK, Jeske DJ, Renfro AD. Assessing and managing nutrition status : A complete guide to meeting complex nutritional needs of acutely ill patients, St. Louis, Barnes and Jewish Hospitals, 1994.
- Daugirdas, John T. (2019). Handbook of chronic kidney disease management. Philadelphia, Wolters Kluwer.
- Davis JR, Sherer K. Applied Nutrition and Diet Therapy for Nurses, ed 2, Philadelphia, Saunders, 1994.
- DeBruyne LK, Pinna K, Whitney EN. Nutrition and diet therapy: Nelson Education; 2015.
- DeChicco R, Matarese L. Selection of nutrition support regimens, Nutritin in Clinical Practice 7 : 239-245, 1992.
- DiCecco SR et al. Assessment of nutritional status of patients with end-stage liver disease undergoing liver transplantation, Mayo Clinic Proc 64. 95-102, 1989.
- Dooley CP, Schlossmacher B, Valenzuela JF. Effects of alterations in bolus viscosity on esophageal peristalsis in humans, Am J Physiol 254 : 8-11, 1988.
- Dooly CP, Schlossmacher B, Valenzuela JF. Modulation of esophageal peristalsis by alterations of body position : Effect of bolus viscosity, Dig Dis Sci 34 : 1662-1667, 1989.
- Driscoll DF et al. Practical considerations regarding the use of total nutrient admixtures, Am J Hosp Pharm 43 : 416-419, 1986.
- Eating well for a healthy pregnancy: A practical guide [Internet]. London: First Steps Nutrition Trust. 2014 - [cited 2016 Oct 1]. Available from: http://www.firststepsnutrition.org/pdfs/EatingWell_for_a_HealthyPregnancy_for_web_6Mar2014.pdf Retrieved on: 10 October 2016.
- Edes TE, Walk BE, Austin JL. Diarrhea in tube-fed patients : Feeding formula not necessarily the cause, Am J Med 88 : 91-93, 1990.
- Eid A et al. Beyond one year after liver transplantation, Mayo Clinic Proc 64 : 446-450, 1989.
- Elliott L, Molseed LL, McCallum PD.(2006). The clinical guide to oncology nutrition: American Dietetic Association,
- Elliott L, Molseed LL, McCallum PD. The clinical guide to oncology nutrition: American Dietetic Associati; 2006.
- Ellis KJ. Human body composition : in vivo methods. Physiol Rev 80:649, 2000.
- Escott-Stump S. Nutrition and diagnosis-related care, ed 3, Philadelphia, Lea & Febiger, 1992.
- Escott-Stump S. Nutrition and diagnosis-related care, ed 5, Baltimore, Lippincott Williams & Wilkins,

2003.

- Expert Panel on Detection, Evaluation, and Treatment of High Blood Cholesterol in Adults. NCEP cholesterol guidelines. Adult treatment Panel III(ATP III). U.S. Department of Health and Human Services. National Institutes of Health, National Heart, Lung, and Blood Institute. NIH Publication No. 01-3305. May 2001. http://www.nhlbi.nih.gov/health-pro/guidelines/current/cholesterol-guidelines/quick-desk-reference-html
- Federation of American Societies for Experimental Biology, Council on Scientific Affairs : Dietary fiber and health, JAMA 262 : 542-546, 1989.
- Fischer JE, Baldesarini RJ. False neurotransmitters and hepatic failure, Lancet 2 : 75-80, 1971.
- Flier JS, Underhill LH. Pathogenesis of peptic ulcer and implications for therapy, N Eng J Med 322 : 909-915, 1990.
- Food and Nutrition Board, National Research Council : Diet and health : Implications for reducing chronic disease risk, Washington, DC, National Academy Press, 1989.
- Gaska J, Tietze K. Current concepts in the treatment of peptic ulcer disease : A case oriented approach. Part 1, Am Pharmacol NS29 : 49-55, 1989.
- Gennari C. Calcium and vitamin D nutrition and bone disease of the elderly. Public health nutrition. 4(2b):547-59, 2001.
- Gerson WT, Swan P, Walker WA. Nutrition support in cystic fibrosis, Nutr Rev 4 5 : 353-360, 1987.
- Grodner M, Anderson SL, DeYoung S. Foundations and clinical application of nutrition, Mosby, 1994.
- Grodner M, Anderson SL, DeYoung S. Foundations and clinical application of nutrition, Mosby, 1996.
- Grodner M, Anderson SL, DeYoung S. Foundations and clinical application of nutrition. St Louis: Mosby, 2000.
- Grodner M, Long S, Walkingshaw BC. Foundations and clinical application of nutrition : A nursing approach, ed 4, Mosby, 2007.
- Grodner M, Long S, Walsingshaw BC. Foundations and clinical applications of nutrition ed 4, St. Louise: Mosby; 2007.
- Grodner M, Roth SL, Walkingshaw BC. Nutritional foundations and clinical applications: A nursing approach: Elsevier Health Sciences; 2013.
- Grodner M., Long S, Walkingshaw BC. Foundations and Clinical Applications of Nutrition, Mosby, 2007.
- Grodner M., Roth SL, Walkingshaw BC. Nutritional Foundations and Clinical Applications: A Nursing Approach. 5th ed: Elsevier; 2013.
- Group ADARP. National renal diet: Professional guide: American Dietetic Association; 1993.
- Guyton AC. Textbook of medical physiology, ed 8, Philadelphia, Saunders, 1991.
- Harkey AL. Clinical effects of mandibular fixation on cholesterol intake and serum lioids : a case study, J Am Diet Assoc 90(1) : 102, 1990.
- Hasse JM. Nutritional implication of liver transplantation, Henry Ford Hospital Medical journal 38:235-240, 1990.
- Hasse JM. Role of the dietitian in the nutrition management of adult after liver transplantation, J Am Diet Assoc 91 : 473-476, 1991.
- Havala T, Shronts E, Cerra F. Nutritional support in acute pancreatitis, Gastroentero Clin North Am 18 : 525-542, 1989.
- Hehir DJ et al. Nutrition in patients undergoing orthotopic liver transplant, Journal of Enteral and Parenteral Nutrition 9 : 695-700, 1985.

- Hill JW, Deluca SA. Achalasia, Am Fam Phys 37 : 201-203, 1988.
- Ho A, Flynn AC, Pasupathy D. Nutrition in pregnancy. Obstetrics, Gynaecology and Reproductive Medicine. 26(9):259-64, 2016. doi: 10.1016/j.ogrm.2016.06.005. Available from: http://dx.doi.org/10.1016/j.ogrm.2016.06.005 Retrieved on: 10 October 2016.
- http://gi.ghil.com/diet16.html
- http://www.changwon.ac.kr
- https://dietitian.or.kr/work/business/kb_c_family_adolescent.do
- https://dietitian.or.kr/work/business/kb_c_family_schoolage.do
- https://www.healthypeople.gov/2020/topics-objectives/topic/nutrition-and-weight-status/objectives
- Hurst J, Gallagher AL. Pathophysiology and nutritional management in acute pancreatitis, Support Line 16 : 6-11, 1994.
- Hutsler DA. Nutritional monitoring of a pediatric burn patient, Nutr Clin Prac 6(1) : 11, 1991.
- Ikizler, T. Alp, et al. (2020). KDOQI clinical practice guideline for nutrition in CKD: 2020 update. American Journal of Kidney Diseases 76(3), S1-S107.
- International Osteoporosis Foundation. Guidance for patients with or at increased risk for osteoporosis. Accessed November 27, 2022. Available at: https://www.osteoporosis.foundation/health-professionals/prevention/nutrition.
- Ireton-Jones CS, Baxter CR. Nutrition for adult burn patients : a review, Nutr Clin Prac 6(1) : 3, 1991.
- James PA, Oparil S, Carter BL, Cushman WC, Dennison-Himmelfarb C, Handler J, et al. 2014 Evidence -based guidelines for the management of high blood pressure in adults. Report from the panel members appointed to the eighth Joint National Committee(JNC 8). .JAMA. 311: 507-520, 2014.
- Jane V, White, Peggi Guenter, Gordon Jensen et al(2012): Consensus statement: Academy of Nutrition and Dietetics and American Society for Parenteral and Enteral Nutrition: characteristics recommended for the identification and documentation of aduit malnutrition (undernutrition), JPEN J Parenter Enteral Nutr, May;36(3):p.275-383
- Javaid MK, Holt RI. Understanding osteoporosis. Journal of Psychopharmacology. 22(2 suppl):38-45, 2008.
- Jensen GL, Bistrian B, Roubenoff R, Heimburger DC(2009): Malnutrition syndromes: a conundrum vs continuum, JPEN J Parenter Enteral Nutr, 33(6):p.710-716
- Jensen GL, Hsiao PY, Wheeler D. Adult nutrition assessment tutorial. JPEN J Parenter Enteral Nutr. 36(3):267-74, 2012. doi: 10.1177/0148607112440284.
- John Daugirdas, (2019). Handbook of Chronic Kidney Disease Management, Wolters Kluwer Health.
- Kaye MD, Kilby AE, Harper PC. Changes in distal esophageal function in response to cooling, Dig Dis Sci 32 : 22-27, 1987.
- KDOQI Nutrition in CKD Guideline Work Group. (2020). KDOQI clinical guideline for nutrition in CKD: 2020 update. American Journal of Kidney Diseases, 76(3)(suppl 1):S1-S107.
- Kelly CP et al. Diagnosis and treatment of gluten-sensitive enteropathy, Avd Intern Med 35 : 341-363, 1990.
- Kelly R.. Diet and exercise in the management of hyperlipidemia. American Family Physician. 81(9):1097-1102, 2010.
- Korsten MA, Lieber CS. Nutrition in pancreatic and liver disorders. In Shils ME, Olson JA, Shike M, eds : Modern nutrition in health and disease, ed 8, Philadelphia, Lea & Febiger, 1994.
- Lamb B, Mangan M, Norman J, Tanja J, Yauk L, Wisdom K, Adams C. National standards for diabetes self-management education. Diabetes Care. Suppl 1:S96-S103, 2007.

- Lee SP. Diseases of the liver and biliary tract. In Kinney JM, JeeJeebhoy KN, Hill GL, and Owen OE, eds : Nutrition and metabolism in patient care, Philadelphia, Saunders, 1988.
- Logue AW. The psychology of eating and drinking : An introduction, ed 3, New York, Taylor & Francis Books Inc, 2004.
- Lonnerdal B. Infant formula and infant nutrition: bioactive proteins of human milk and implications for composition of infant formulas. Am J Clin Nutr. 99(3):712S-7S, 2014. doi: 10.3945/ajcn.113.071993.
- Loughnan PM, McDougall PN. Does intramuscular vitamin K1 act as an unintended depot preparation? Journal of Paediatrics and Child Health. 32(3):251-4, 1996.
- Loustaus A, Lee KA. Dealing with the dangers of dysphagia, Nursing 15 : 47-50, 1985.
- Lutz CA, Mazur E, Litch N. Nutrition and diet therapy: FA Davis; 2014.
- Macdonald HM, New SA, Golden MH, Campbell MK, Reid DM. Nutritional associations with bone loss during the menopausal transition: evidence of a beneficial effect of calcium, alcohol, and fruit and vegetable nutrients and of a detrimental effect of fatty acids. The American journal of clinical nutrition. 79(1):155-65, 2004.
- Macdonald I. Carbohydrates. In Shils ME, Olson JA, Shike M, eds : Modern nutrition in health and disease, ed 8, Philadelphia, Lea & Febiger, 1994.
- Mahan, LK, Raymond, JL. (2017). Krause's food & the nutrition care process, 14th edition. Elsevier
- Mahan, LK, Raymond, JL. (2017). Krause's food & the nutrition care process, 14th edition. Elsevier,
- Mahan LK, Escott-Stump S. Krause's food, nutrition, and diet therapy, ed 11, Philadelphia, Saunders, 2004.
- Mansfield LE. Gastroesophageal reflux and respiratory disorders : A review, Ann Allergy 62 : 158-163, 1989.
- Mayo clinic: Infant and toddler health: Does my baby need a vitamin D supplement? Available from: http://www.mayoclinic.org/healthy-lifestyle/infant-and-toddler-health/expert-answers/vitamin-d-for-babies/faq-20058161 Retrieved on: 14 October 2016.
- McClave S, Lowen CC, Snider HL. Immunonutrition and enteral hyperalimentation of critically ill patients, Dig Dis Sci, 37 : 1153-1161, 1992.
- McCrae JD. Home parenteral nutrition. In Skipper A, ed : Dietitian's handbook of enteral and parenteral nutrition, Rockville, Md, Aspen, 1989.
- McCrae JD and others. Parenteral nutrition : hospital to home, J Am Diet Assoc 93(6) : 664, 1993.
- Meyer JH. The stomach and nutrition. In Shils ME, Olson JA, Shike M, eds : Modern nutrition in health and disease, ed 8, Philadelphia, Lea & Febiger, 1994.
- Miholic J and others. Nutritional consequences of total gastrectomy : the relationship between reconstruction, postprandial symptoms, and body composition, Surgery 108, 488, Sept 1990.
- Milazzo LS, Buchard J, Lund DA. The swallowing process : Effects of aging and stroke. In Erickson RV : Medical management of the elderly stroke patient, Phys Med Rehab 3 : 489-499, 1989.
- Mitallo JM. Parenteral therapy. In Lang CE: Nutritional support in critcal care, Rockville, MD, Aspen, 1987.
- Moore MC. Pocket Guide to Nutritional Assessment and Care. 6 ed. Mosby, 2009.
- Morley JE. Undernutrition in older adults. Family Practice. 29:89-93, 2012. doi: 10.1093/fampra/cmr054.
- Mosby's medical, nursing, and allied health dictionary, ed 3, St. Louis, Mosby, 1990.
- Munoz SJ et al. Hyperlipidemia and obesity after orthotopic liver transplantation, Transplantation Proceedings 23 : 1480-1483, 1991.

- Murray DP et al. Survey : Use of clear and full liquid diets with of without commercially produced formulas. Journal of Parenteral and Enteral Nutrition 9 : 732-734. 1985.
- Natioanal Institutes of Health, National Heart, Lung, and Blood Institute, and North American Association for the Study of Obesity : The practical guide::identification, evaluation, and treatment of overweight and obesity in adults, Washington, DC, NIH, NHLBI, And NAASO, 2000.
- National cancer institute. Effects of Cancer Treatment on Nutrition, Accessed November 26, 2022, Available at: https://www.cancer.gov/about-cancer/treatment/side-effects/appetite-loss/nutrition-pdq#_125
- National Center for Health Statistics, CDC : Advance report o final mortality statistics 1990. Month. Vital Stat R 41(7)(suppl)DHHS publication, 93-1120, 1993.
- National diabetes education program: http://www.ndep.nih.gov/index.htm, retrieved Dec. 21, 2008.
- National Institute of Diabetes and Digestive and Kidney Disease. Diet & Nutrition for Adults with Advanced Chronic Kidney Disease, Accessed November 25, Available at: https://www.niddk.nih.gov/health-information/kidney-disease/chronic-kidney-disease-ckd/eating-nutrition/nutrition-advanced-chronic-kidney-disease-adults#sodium
- National Institute of Diabetes and Digestive and Kidney Disease. Diet & Nutrition for Adults with Advanced Chronic Kidney Disease, Accessed November 25, Available at: https://www.niddk.nih.gov/health-information/kidney-disease/chronic-kidney-disease-ckd/eating-nutrition/nutrition-advanced-chronic-kidney-disease-adults#sodium
- Nelson JK, Weekwerth JA. Home enteral nutrition. In Skipper A, ed : Dietitian's handbook of enteral and parenteral nutrition, Rockville, Md, Aspen, 1989.
- Nelson JK et al. Mayo Clinic diet manual. A handbook of nutrition practices, ed 7, St Louis, Mosby, 1994.
- Neville, C., McKinley, M., Holmes, V. et al. The relationship between breastfeeding and postpartum weight change—a systematic review and critical evaluation. Int J Obes 38, 577 – 590 (2014). https://doi.org/10.1038/ijo.2013.132
- Nevin-Folino NL. Pediatric manual of clinical dietetics. 2nd ed: American Dietetic Association; 2003.
- Nieuwenhuizen WF, Weenen H, Rigby P, Hetherington MM. Older adults and patients in need of nutritional support: review of current treatment options and factors influencing nutritional intake. Clinical nutrition. 29(2):160-9, 2010.
- Palacio JC, Rombeau JL. Dietary fiber : a brief review and potential application to enteral nutrition, Nutr Clin Prac 5(3) : 99, 1990.
- Palmer M, Schaffner R Thung SN. Excessive weight gain after liver transplantation, Transplantation 51 : 797-800, 1991.
- Paul M. Jeziorczak, Riley S. Frenette, Charles J. Aprahamian(2022). Lack of Enteral Feeding Associated with Mortality in Prematurity and Necrotizing Enterocolitis, Journal of Surgical Research, Vol 270, 266-270. https://doi.org/10.1016/j.jss.2021.09.028.
- Payne W, Hahn D, Mauer E. Understanding your health, ed 8, New York, McGraw-Hill, 2005.
- Philips S. Water and electrolytes in gastrointestinal disease. In Maxwell MH, Klienman CR, eds : Clinical disorders of fluid and electrolyte metabolism, New York, McGraw-Hill, 1979.
- Phuong-Chi T Pham, and Phuong-Thu T Pham. (2019). Quick Guide to Kidney Transplantation. Wolters Kluwer Health.
- Pironi L et al. Lactose malabsorption in adult patients with Crohn's disease, Am J Gasrtoenterol 83 : 1267-1271, 1988.
- Porayko MK, DiCecco SR, O'Keefe SJD. Impact of malnutrition and its therapy on liver transplantation,

Seminars in Liver Disease 11 : 305-314, 1991.
- Position of the American Dietetic Association. Health implication of dietary fiber, J Am Diet Assoc 93 : 1446-1447, 1993.
- Public Health Service, National Institutes of Health, and National Institute of Diebetes and Digestive and Kidney Disease : Dieting and gallstones, Washington, DC, US DHHS, 1993.
- Purdum PP, Kirby DF. Short bowel syndrome : A review of the role of nutritional support, Journal of Parenteral and Enteral Nutrition 15 : 93-101, 1991.
- Ramsey BS, Farrel PM, Pincharz P. Nutritional assessment and management in cystic fibrosis : a consensus report, Am J Clin Nutr 55 : 108-116, 1992.
- Ranson JNC. Etiological and Prognostic factors in human acute pancreatitis : A review, Am J Gastroenterol 77 : 633-638, 1982.
- Rasmussen KM, Abrams B, Bodnar LM, Butte NF, Catalano PM, Maria Siega-Riz A. Recommendations for weight gain during pregnancy in the context of the obesity epidemic. Obstet Gynecol. 116(5):1191-5, 2010. doi: 10.1097/AOG.0b013e3181f60da7.
- Rock, Cheryl L., et al. (2020). American Cancer Society guideline for diet and physical activity for cancer prevention. CA: A Cancer Journal for Clinicians, 70(4), 245-271.
- Roesner M, Grant JP. Intravenous lipid emulsions, Nutrition in Clinical Practice 2 : 96-107, 1987.
- Rombeau JL, Barot LR. Enteral nutrition therapy, Surg Clin North Am 61 : 605-620, 1981.
- Rosenberg IH, Mason JB. Inflammatory bowel disease. In Shils ME, Olson JA, Shike M, eds : Modern nutrition in health and disease, ed 8, Philadelphia, Lea & Febiger, 1994.
- Ross, A. C., Caballero B, Cousins, R. J, Tucker. K. L, Ziegler, T. R. Modern Nutrition in Health and Disease. Kindle Edition, 2012.
- Rubin DC. Gastroenterologic disease. In Woodley M, Whelan A, eds : Manual of medical therapeutics, ed 27, Boston, Little, Brown, 1992.
- Schiro-Harvey K. Renal Dietitians Dietetic Practice Group: National Renal Diet: Professional Guide. Chicago, IL, American Dietetic Association. 2002.
- She Rodwell Williams. Basic Nutrition and Diet Therapy, Tenth E. Mosby, 1995.
- Sitzmann JV. Nutritional support of the dysphagic patient : Methods, risks and complications of therapy, Journal of Parenteral and Enteral Nutrition 14 : 60-63, 1990.
- Slavin JL. Dietary fiber : Classification, chemical analyses, and food sources, J Am Diet Assoc 87 : 1162, 1987.
- Sontag SJ et al. Effect of positions, eating and bronchodilators on gastroesophageal reflux in asthmatics, Dig Dis Sci 35 : 849-856, 1990.
- Standing Committee on the Scientific Evaluation of Dietary Reference Intakes, Food and Nutrition Board, Institute of Medicine: Dietary reference intakes for water, potassium, sodium, chloride, and sulfate, Washington, DC, National Academies Press, 2004.
- Swearingen PL. Manual of medical-surgical nursing care, ed 3, St. Louis, Mosby, 1994.
- Swearingen PL. Manual of nursing therapeutics, ed 4, St. Louis, Mosby, 1995.
- The Association of UK Dietitians, Osteoarthritis and diet: Food fact sheet, Accessed November 27, 2022. https://www.bda.uk.com/resource/osteoarthritis-diet.html.
- Tyus F J and others. Diet tolerance and stool frequency in patients with ileoanal reservoirs, J Am Diet Assoc 92(7) : 861, 1992.
- U.S. Department of Health and Human Services, Public Health Service: Healthy people 2010, ed 2, Washington, DC, 2000.

- U.S. Department of Health and Human Services. Your guide to lowering blood pressure. U.S. Department of health and human services, National Institutes of Health, National Heart, Lung, and Blood Institute. http://www.nhlbi.nih.gov/files/docs/public/heart/hbp_low.pdf. 2003.
- USDA Food Safety and Inspection Service. Molds on Food: Are They Dangerous?: https://www.fsis.usda.gov/wps/wcm/connect/a87cdc2c-6ddd-49f0-bd1f-393086742e68/Molds_on_Food.pdf?MOD=AJPERES accessed on accessed on Nov. 08. 2016.
- US Department of Health and Human Services, Public Health Service : Healthy people 2000 : National health promotion and disease prevention objectives, Washington, DC, 1990.
- Valentine CJ, Wagner CL. Nutritional management of the breastfeeding dyad. Pediatr Clin North Am. 60(1):261-74, 2013. doi: 10.1016/j.pcl.2012.10.008.
- Vaneck AW, Diamant N. Responses of the human esophagus to paired swallows, Gastroenterology 92 : 643-650, 1987.
- Vellas B, Villars H, Abellan G, et al. Overview of the MNA® - Its History and Challenges. J Nutr Health Aging. 2006;10:456-465.
- Webmd. Best Foods for a Gout Diet, Accessed November 27, 2022. Available at: https://www.webmd.com/arthritis/gout-diet-curb-flares.
- Weinsier RL, Morgan SL. Fundamentals of clinical nutrition, St. Louis, Mosby, 1993.
- White HM. Hepatic diseases. In Woodley M, Whelan A, eds : Manual of medical therapeutics, ed 27, Boston, Little, Brown, 1992.
- Williams SR. Essentials of nutrition and diet therapy, ed 6, St. Louis, Mosby, 1994.
- Wilson-Goodman V et al. Factors affecting the dietary habits of adolescents with cystic fibrosis, J Am Diet Assoc 90 : 429-431, 1990.
- World Health Organization, Global strategy for infant and young child feeding: Geneva: World Health Organization; 2003.
- World Health Organization. Complementary feeding: family foods for breastfed children. WHO/NHD/00.1;WHO/FCH/CAH/00.6 ed. Geneva: World Health Organization; 2000.
- Zeman FJ. Clinical nutrition and dietetics, ed 2, New York, Macmillan, 1991.
- Guigoz Y. The Mini-Nutritional Assessment (MNA®) Review of the Literature - What does it tell us? J Nutr Health Aging. 2006; 10:466-487.
- Rubenstein LZ, Harker JO, Salva A, Guigoz Y, Vellas B. Screening for Undernutrition in Geriatric Practice: Developing the Short-Form Mini Nutritional Assessment (MNA-SF). J. Geront. 2001; 56A: M366-377
- ⓒ Société des Produits Nestlé SA 1994, Revision 2009.
- Ⓡ Société des Produits Nestlé SA, Trademark Owners.

찾아보기

한글

ㅇ

ㅈ

ㅊ

영어

S

T

U

V

W, Z

기타

명예저자

송미순 서울대학교 간호대학 명예교수

저자소개

박연환 서울대학교 간호대학
김명숙 강원대학교 간호대학
박정윤 울산대학교 임상전문간호학
방활란 국립안동대학교 간호학과
서경산 충남대학교 간호대학
신계영 신한대학교 간호대학
장선주 서울대학교 간호대학

저자와의 협의로 인지생략

제 5 판

영양과 식사요법의 간호적용

발 행 일 2023년 2월 27일 5판 인쇄
2023년 3월 10일 5판 발행
저 자 박연환 김명숙 박정윤 방활란
서경산 신계영 장선주
발 행 인 김시동
발 행 처 정문각
서울특별시 마포구 백범로 104, 봉화빌딩 4층
출 판 등 록 1990년 10월 25일 제 9–46호
전 화 02)713–0421~3
팩 스 02)704–6265
전 자 우 편 jmk@jmkp.co.kr
홈 페 이 지 www.jungmunkag.co.kr

정 가 **32,000원**

ISBN 978-89-7742-685-6 93510